C 语言程序设计

——程序思维与代码调试

周幸妮　著

冯　磊　任智源　孙德春　参编

電子工業出版社

Publishing House of Electronics Industry

北京 · BEIJING

内容简介

本书站在程序设计的角度，从程序和算法、数据、程序语句、指针、结构体、函数和文件等基本的C语言要素讲起，全面介绍C语言程序设计的方方面面，引导学习者以“程序的思维”看问题，即如何从一个问题入手，算法应该如何设计、程序如何实现的角度去看程序设计问题，让初学者容易理解并掌握程序设计的基本思想与方法。通过对实际问题、解决方法或存在问题的讨论，引入新概念，深入浅出，让学习的过程变得有趣且容易。本书图文、表格并茂，便于直观理解。

本书不仅可作为普通高校本、专科学生及高职高专学生“C语言程序设计”课程的教材或参考书，也可作为相关工程技术人员与自学者的学习参考书。书后习题都有详细答案，程序题全部经过上机调试，并配有全套的微课视频。

图书在版编目（CIP）数据

C语言程序设计：程序思维与代码调试 / 周幸妮著. —北京：电子工业出版社，2019.10

ISBN 978-7-121-37098-4

Ⅰ. ①C… Ⅱ. ①周… Ⅲ. ①C语言－程序设计－高等学校－教材 Ⅳ. ①TP312.8

中国版本图书馆CIP数据核字（2019）第144137号

责任编辑：窦　昊
印　　刷：北京捷迅佳彩印刷有限公司
装　　订：北京捷迅佳彩印刷有限公司
出版发行：电子工业出版社
　　　　　北京市海淀区万寿路173信箱　　邮编：100036
开　　本：787×1092　1/16　印张：29　　字数：742.4千字
版　　次：2019年10月第1版
印　　次：2021年8月第3次印刷
定　　价：89.00元

凡所购买电子工业出版社图书有缺损问题，请向购买书店调换。若书店售缺，请与本社发行部联系，联系及邮购电话：（010）88254888，88258888。

质量投诉请发邮件至zlts@phei.com.cn，盗版侵权举报请发邮件至dbqq@phei.com.cn。

本书咨询联系方式：（010）88254466，douhao@phei.com.cn。

前　言

缘起

2016 年底，电子工业出版社与中新金桥信息技术有限公司合作，计划做一批立体化网络课程建设项目，作者因有《C 语言程序设计新视角》（以下简称《新视角》）一书，有幸参与到项目之中。在 C 语言课程视频的录制过程当中，作者引入了许多新的思路与方法，因此有了对《新视角》进行完善再版的想法。

写作思路

《新视角》一书结合作者多年教学实践经验，针对学生在学习程序设计中的困惑，侧重引入问题、分析问题、讨论解决问题的方法，本书是基于《新视角》的改进版本。在 C 语言、数据结构等程序设计课程的讲授以及课后和学生的沟通中，笔者认识到在编程学习中大家遇到的普遍问题归纳起来有四难：概念晦涩理解难，规则众多记忆难，法无定法编程难，bug 深藏调试难。

著名数学家欧拉（Leonhard Euler）说过，如果不能把解决数学问题背后的思维过程传授给学生，那么数学教学就没有意义，这种观点同样适用于其他各学科或课程的教学。理解原理、掌握解决问题的思维方法是学习过程的要点。分析学生在学习程序设计中的问题，最主要的问题是编程概念建立困难，其次是程序调试技巧难以把握。按照问题轻重的顺序，《新视角》一书尝试从以下这些方面来解决问题——重思维，揭本质，强调试，轻语法。《新视角》经过这些年的使用，发现依然有不少需要改进的地方，特别是在问题引入和解析各种机制设置的原因方面，本书对此做了较大篇幅的增加。

1．重思维

图灵奖获得者、现代计算机科学的先驱人物高德纳，在其代表作《计算机程序设计的艺术》中指出，编程是把问题的解法翻译成为计算机能“理解”的明确术语的过程，这是在人们开始试图使用计算机时最难以掌握的。C 语言又是在高级编程语言中公认属于较难掌握的，有枯燥乏味、规则众多、艰深晦涩的一面。

计算机是一种自动化的工具，人们用这种工具来解决问题，会受到很多机器特性的限制，在一个与人们以往解决问题的运作规则不一样的系统中，已有的处理问题的经验很可能用不上。在程序设计语言中有很多概念是只学习过数理化知识的学生们从未接触过的，课堂上直接按传统教科书的内容讲述解释后，发现他们较难理解和接受。

Garr Reynolds 在《演说之禅》中这样写道：“好的故事可以终生受用，用于传道授业，用于分享，用于启迪，当然，也可以用于劝解。讲故事是吸引观众，满足他们对于逻辑、结构以及情感方面需求的一个重要方式。”本书中许多引例都是从有趣的故事开始，从实际问题引出与编程相关的话题，提出问题，引起读者思考，再从人直接解决问题到使用机器解决问题的不同角度加以讨论，分析相同与不同，最后提出相关的程序设计概念。为在叙述中有代入感，书中设计了布朗教授一家参与问题的讨论。布朗教授或以初学者的视角提出问题、探索解决方案，或以专家的身份讨论问题；布朗太太是编程小白，偶尔会有貌似可笑的外行言论；布朗教授的儿子小布朗是小学生，也常会提些看起来幼稚的问题。另外还有布朗教授的学生、同事及亲属参与“演出”。这样的设计思路，是遵循金出武雄（Takeo Kanade）教授在总结科研成功之道时提出的“像外行一样思考，像专家一样实践”方法论的一次实践。

“如果我们从不同的角度对同一个概念进行学习并研究与其相关的问题，就能建立更多且更深层次的信息链接。这些信息链接和与其相关的内容交织，共同构成了我们日常所说的‘理解’。大脑处理的所有信息都不是孤立的，而是具有逻辑关系的一组信息。当这些信息具有结构性，能够和已经学过的知识、和学生的生活实际建立密切的联系时，就容易让人从不同的角度来思考这一信息，从而对其有深入且透彻的理解。”（Salman Khan，《翻转课堂的可汗学院》）《新视角》通过解析人与计算机解决问题的同与不同，探索问题的解决方法，培养学生基于计算机特点进行逻辑思维的素养。根据计算机解决问题的特点，通过介绍读程列表法、算法设计法以及经典的算法描述法等方法，让学生先学读程再学编程，从大的方向上把握编程的一般方法，逐步建立程序的思维。

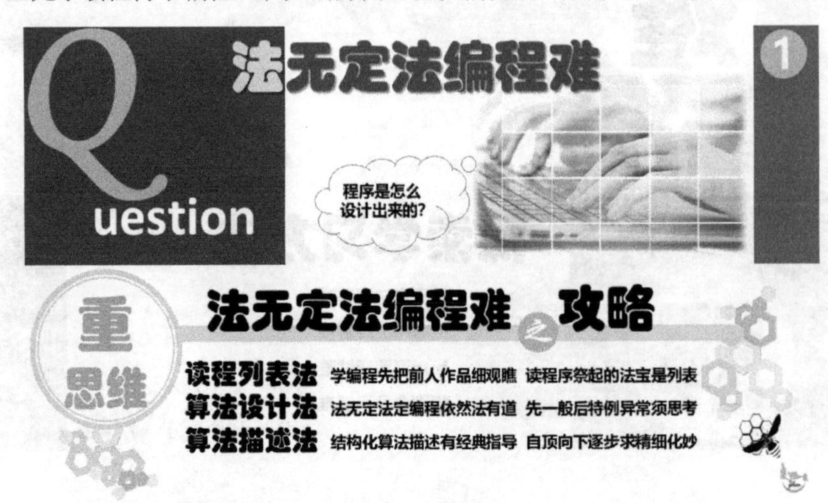

2. 揭本质

“重视知识的本质，对于程序员来说这一点尤其重要。程序员的知识芜杂海量，而且总是在增长变化的。很多人感叹跟不上新技术。应对这个问题的办法只能是抓住不变量。大量的新技术其实只是一层皮，背后的支撑技术其实都是数十年不变的东西。底层知识永远都不过时，算法数据结构永远都不过时，基本的程序设计理论永远都不过时。”（刘未鹏，《暗时间》）

编程没有现成的公式可以套用，虽然学生通过大量实例的学习可以从中总结出一些规律，但对于程序设计语言为什么设这样或那样的处理规则，可能在短时间内不一定能琢磨明白。知其然还要知其所以然，只有清楚了各种规则设计的原理，才能彻底理解规则，进而熟悉和掌握规则，最后举一反三熟练应用。从原理的剖析入手，这样能提高学习效率，学会用计算机解决问题的方法。本书增加了许多从实际的问题引入概念的内容，让学生知道程序设计各重要概念的来龙去脉；增加了对重要机制的设置原因进行本质讨论分析，把有关联关系的概念进行横向或纵向分析链接，对重点的概念或相关联的概念提炼出其中的要素，以期增加学生对课程关键内容的把握。

3. 强调试

“无论一个程序的设计结构如何合理，也无论文档如何完备，如果不能产生正确的结果，则其一文不值。”（Chris H. Pappas 等所著的《C++程序调试》）人们制造的产品，一般都有一定的误差存在，比如设备或仪器。软件产品是一个例外，软件的最终交付形态是二进制的可执行码，执行码是不能容忍误差的，而人类的思维特性正好与之相反，是模糊和充满误差的，因此程序员很难一次就写出完全正确的代码。

张银奎在其《软件调试》一书中指出，“软件调试技术是解决复杂软件问题的最强大工具。如果把解决复杂软件问题看作一场战斗，那么软件调试技术便是一种可以直击要害而且锐不可当的武器。应该说学会调试器命令不难，但如何用调试器调试程序，找到 bug，却是一件很不容易的事情。”调试的技巧和经验需要很长时间的练习才能积累起来，对初学者而言是不容易掌握的，由此造成很多学生惧怕编程。

“我们可以在调试程序和侦破谋杀案之间找出相似点来。实际上，在几乎所有的谋杀悬念小说中，谜案都是通过仔细分析线索，将表面上不重要的细节全联结起来而最终侦破的。”（Glenford J. Myers，《软件测试的艺术》）“调试有点像捕鱼：相同的情绪、热情和刺激。长时间静静地工作后最终得到的是别人所不能体验的喜悦。”（Eugene Kotsuba）掌握了程序调试技术，读者在学习和开发程序时就能独立发现问题、解决问题，这样可以大大提高学习的兴趣和信心。

除了查找程序中的错误，调试其实对程序设计中不少概念的理解也是非常有帮助的，比如地址、存储单元、赋值、参数传递、作用域等，课堂上调试演示给予的直接的感性认识，比抽象的语言描述概念生动直观得多。“除了使用调试器调试程序、寻找代码中的问题，还可以认识其他软件、探索操作系统、观察硬件等。”（张银奎，《软件调试》）不同的调试器，基本调试功能的工作方式和工作原理是基本一致的，“与 MS-DOS 中的第一个调试器 Debug.com 相比，雨后春笋般涌现的各种调试器，它们的大多数在原理上并没有多少进步，只是界面不同而已。”（Kaspersky，*Hacker Debugging Uncovered*）可以说，学会调试，对后续诸多的计算机类课程学习都是有益的，因此，教会学生调试的方法和技巧应该是编程类课程的一个非常重要的内容。

笔者在企业任程序员多年，参与过历时 4 年多、获国家科技进步奖的大型软件开发、开发成功后多用户单位安装调试、售后服务等系列工程工作，对程序测试与调试有一定的实践经验。在授课过程中一直坚持在课堂上穿插演示调试，学生只要有要求，随时可以将任何一个程序展开进行跟踪调试讲解。后来发现，即使在课上多次演示重要程序实例的调试，学生也掌握得并不好。细究原因，调试是一个复杂过程，不同的数据组织、程序逻辑、现场查看处理等情形非简单几句描述就可以清楚明白，学生当时看懂了，但要回想复习时，就没有可以参考的纸面资料，所以在《新视角》一书中把各章很多重点实例的调试过程及技巧都“静态固化”到纸面上，让学习者学习调试时有切实可行的参照方法。调试内容千变万化，技巧也非常多，本书只讨论了最基本的调试方法与技巧，目前鲜有同类教科书有这样全面的处理方法，专门介绍调试的书籍也较少。

编程是一个不断修改才能完善的过程，其间往往要经过多次测试和调试。本书简单介绍了测试样例的设计原则和设计时机，让读者充分认识到程序测试的重要性，在学习编程之初就建立程序健壮性的概念。

4. 轻语法

“轻”不是轻视语法，而是先介绍最基本的语法规则，让初学者在理解中记忆，在使用过程中逐步熟练，使学习者不至于一开始就被C语言繁复的规则所困惑。对于相关深入的语法或复杂的、不常用的规则，作者把握的原则是让学生知道知识归类、会根据线索自己查找说明手册或使用方法。针对计算机编程课程的特点，根据学生程度不同，由浅入深层层递进设置不同难度的练习。

内容结构

本书探究从问题到解的计算机解决问题的方法论，以计算机解决问题的流程做主线，按照数据组织、数据处理、处理结果分别涉及的知识点层层展开，通过问题引入、类比解析概念，自顶向下逐步细化描述算法，数据分析实现存储、代码实现问题得解，到最后的测试调试验证结果。

数据的介绍从基本形式开始，随着问题要处理信息复杂程度的增加，通过讨论各种数据可能的组织方式，如数组、数据地址、复合数据、文件等，介绍数据在计算机中的组织结构和存储方法，另外还有数据的输入、输出方法。

算法是解决问题的步骤和方法，计算机算法需根据计算机解题特点来设计。算法由程序语句来实现，程序语句有相应语法规则及使用方法，程序有基本控制结构，程序开发有特定的步骤和方法。

随着问题复杂程度的增加，程序规模需要从单一模块（函数）变为多模块结构，本书通过讨论处理问题规模改变之后需要增加的处理机制，介绍函数的使用规则及相关问题。

在程序实现后，需要对代码进行测试，结果与预期不符则需要调试。本书介绍测试数据的设计原则、程序的运行环境，讨论调试方法。

本书习题丰富、解答详尽。从相对简单的热身题和基础题，到一般难度直至困难的作业题，让读者在循序渐进中保持学习的兴趣并不断进步。

写作分工

本书共12章，周幸妮老师完成了第1～9章、第12章的写作及部分题目的整理；冯磊老师在原书基础上，对第10章、第11章进行重写，完成部分题目的设计；任智源老师完成所有编程题目答案的编码调试工作，孙德春老师完成部分题目的收集整理等工作；全书由周幸妮老师统稿。

书稿说明

同许多高级程序语言相比，1972 年诞生的 C 语言算是一种“古老”的语言，从 ANSI C 开始，经过不断修订，已经有一系列的标准。本书的 C 语言语法主要基于 ANSI C，可能有些语法规则在最新的 C99、C11 标准中已经做了修改，但这些属于语法细节，并不影响书中的主要内容，根据“轻语法”的规则，书中未逐一按最新标准做修正。

书中例题分“例子”和“读程练习”两类。“例子”一般按照编程步骤，给出数据结构分析、算法描述、程序实现、跟踪调试等过程。“读程练习”一般只给出题目解释和参考程序，较少给出题目分析、程序实现过程解析，这些需要读者按照列表法等方法阅读理解程序。

为节省排版空间，书中代码格式可能部分缩紧，如花括号未单独占一行等。

本书所有例程在 Visual C++ 6.0 集成环境中调试通过。Visual C++ 6.0 虽然是比较老的运行调试环境，但依然是目前国家计算机等级考试要求的 C 语言运行环境，且安装容量小，系统兼容性较好；再者，调试的基本思想具有普适性，并不局限于一种程序设计语言和某种运行环境。

致谢

除了《C 语言程序设计新视角》一书中致谢提及的屈宇澄、屠仁龙、孙蒙等同学，还要感谢在《新视角》一书使用中提出意见和建议的同事和同学们，他们促使作者反思《新视角》中的缺陷和不足，从心理学、认知规律等各方面做更多的学习和思考，加强问题的引入，改变叙述方式等，这些改进在后续出版的《数据结构与算法分析新视角》中获得了较好的效果。感谢为本书提供帮助的丁煜、郭丽萍、宋昀翀等同学。感谢中新金桥信息技术有限公司支持的课程建设项目，使作者从中学习了很多微课制作的知识和技巧，与网络时代共同进步。

《新视角》历久积累再次重写，宛若生命轮回赤子新生，借 2019 年初春感言是以为记：春日花繁，生命绽放，雯华若锦，可喜可贺。

周幸妮

xnzhou@xidian.edu.cn

2019 年仲夏于长安

目　录

第 1 章　程 序 概 论

【主要内容】

- 流程的概念；
- 程序的概念；
- 程序设计方法；
- 简单的 C 语言程序介绍。

【学习目标】

- 掌握程序的概念；
- 理解程序设计的基本步骤；
- 了解 C 语言程序的基本框架结构。

1.1　流程的概念

人们使用计算机来帮助自己高效地工作。计算机是如何工作的呢？回答这个问题，我们要先从人处理问题的过程入手，考查解决问题的思路、方法和手段。

1.1.1　关于流程

我们先来看一些实际生活中的流程。

某高校的开学典礼有若干环节，如图 1.1 所示，其中时序就是时间的先后顺序，这里用带箭头的线表示。把各个环节按完成时间的先后顺序排列起来，这样形成的一个过程流，就叫做流程。

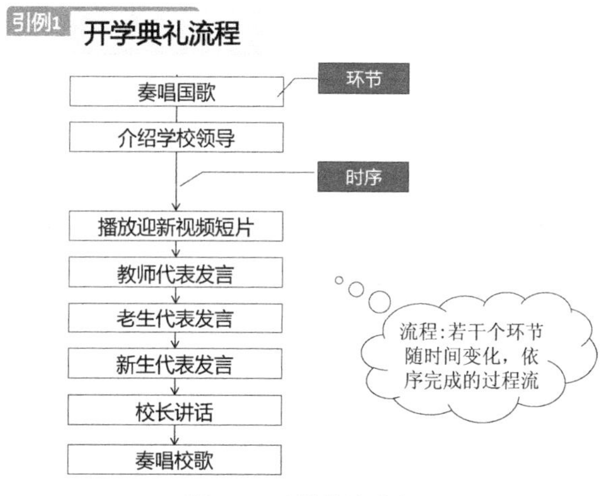

图 1.1　开学典礼流程

很多同学出行都坐过火车，有购买火车票的经验。图 1.2 中列出了通过窗口购票的具体步骤。可以看出，购票流程是预定一个任务，通过具体执行步骤，达到设定目标的一个过程描述。

馒头是我国北方常见的主食之一，馒头的制作是一个比较复杂的工艺过程，图 1.3 列出了其主要制作流程。人们将各种原材料通过一定的设备、按照一定的顺序进行加工，最后制成成品的方法与过程就是制作流程。

引例2 售票处购火车票流程

第1步：旅客提供出行日期、目的地地点等信息
第2步：售票员找到相应日期里可以供选择的车次
第3步：旅客确定车次、购票数量
第4步：旅客付款、拿票

图 1.2 窗口购票流程

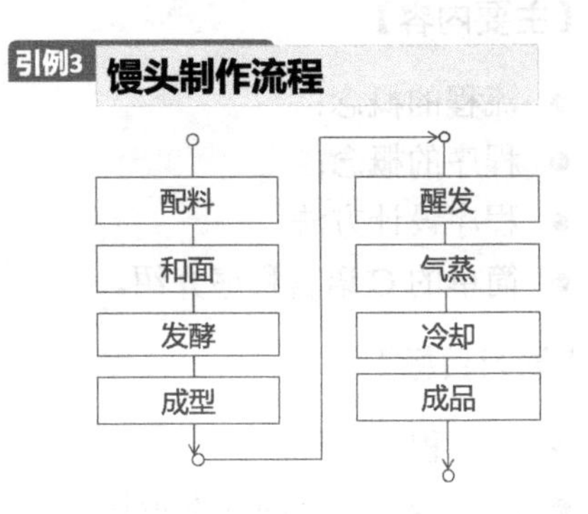

图 1.3 馒头制作流程

现在出远门旅行，越来越多的人选择了乘坐飞机，图 1.4 所示的登机流程，对首次坐飞机的乘客有清晰的指引作用。

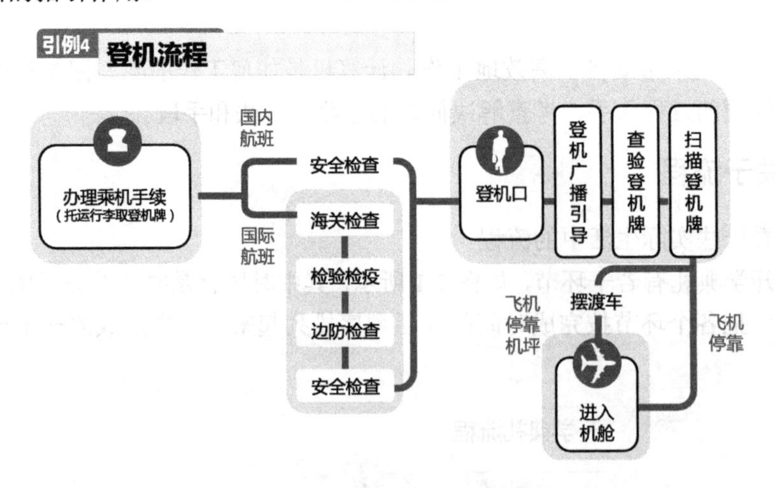

图 1.4 机场登机流程

通过前面的例子，我们可以看出，不论是工作流程还是工艺流程，其目的都是实现特定的结果或产品，它反映完成一项任务、一件事情或者生产、制造某种产品的全过程。不管什么流程，它们的共同特点是由一系列的环节和时序组成，如图 1.5 所示。

流程

流程反映完成一件事情、一项任务或生产制造某种产品的全过程。流程由一系列的环节和时序组成。

环节：完成某个具体目标、组成某项生产或某个活动过程的若干阶段或小的过程。
时序：流程中各个环节在时间上的先后顺序。

图 1.5 流程的概念

1.1.2 流程的表达方式

从前面的例子我们可以看到，流程的表达方式是多种多样的，开学典礼的过程描述，是以流程图的形式；购火车票的流程描述，是用文字表述的；乘机流程采用的是图的解说形式；另外流程还可以用表格、模型、视频等形式来表示。程序设计中经常采用流程图和伪代码等方式描述流程，如图 1.6 所示。

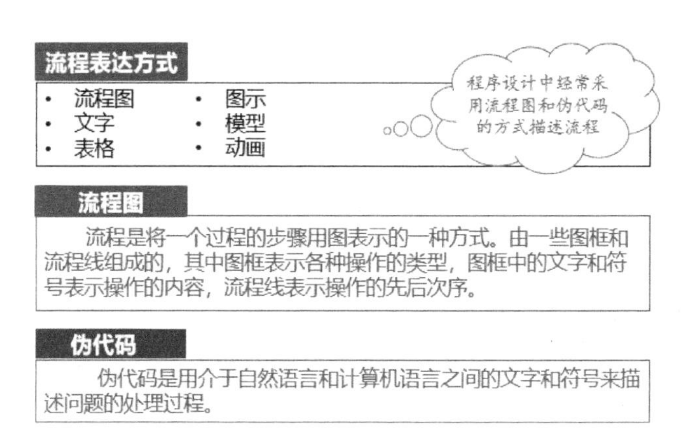

图 1.6 程序设计中常用流程表示方法

流程图是将一个过程步骤用图表示的一种方式。伪代码是用文字和符号来描述处理过程，它不用图形符号，书写方便、格式紧凑、易懂，便于向程序过渡。

本书主要采用伪代码来描述程序处理流程，人们处理问题的方法步骤也称为“算法”。

1. 流程图

美国国家标准化协会（American National Standard Institute，ANSI）规定了一些常用的流程图符号，为世界各国程序工作者普遍采用。最常用的流程图符号如图 1.7 所示。其中处理框、判断框、输入/输出框都是用来表示各种情形的环节，流程线是一条带箭头的线段，用来表示时序。用图形表示流程，直观形象，易于理解。

符号	名称	意义	
（圆角矩形）	起止框	表示流程的开始或结束	
（矩形）	处理框	表示一般的处理功能	环节
（菱形）	决策/判断框	对一个给定的条件进行判断，结果为是或否。要在出口处标明判断结果	环节
（平行四边形）	输入输出框	数据的输入输出	环节
→	流程线	连接处理或判断框，指明流程的路径和方向	时序
○	连接点	将画在不同地方的流程线连接起来	时序

图 1.7 常用流程图符号

2. 伪代码

伪代码（Pseudocode）：用代码的格式表示程序执行过程和算法，伪代码是不依赖于具体程序语言的，它只是用程序语言的结构形式来表示程序执行，因此不能在编译器上编译。其目的是用易于理解和表述的方式展示程序的执行过程。

【知识 ABC】 流程图与伪代码

从 20 世纪 40 年代末到 70 年代中期，程序流程图一直是过程设计的主要工具。它的主要优点有采用简单规范的符号，画法简单；结构清晰，逻辑性强；便于描述，容易理解，是对控制流程的描绘很直观，便于初学者掌握。由于程序流程图历史悠久，为人所熟悉，尽管它有种种缺点，许多人建议停止使用它，但至今仍在广泛使用着。程序流程图是人们对解决问题的方法、思路或算法的一种描述。不过总的趋势是越来越多的人不再使用程序流程图了。程序流程图的主要缺点一是所占篇幅较大，由于允许使用流程线，过于灵活，不受约束，使用者可使流程任意转向，从而造成程序阅读和修改上的困难。二是不利于结构化程序的设计，程序流程图本质上不是逐步求精的好工具，它会使程序员过早地考虑程序的控制流程，而不去考虑程序的全局结构。

人们在用不同的编程语言实现同一个算法时意识到，它们的实现（注意，是实现，不是功能）往往是不同的，尤其是对于那些熟练于某种编程语言的程序员来说，要理解一个用其他编程语言编写的程序的功能可能很困难，因为程序语言的形式限制了程序员对程序关键部分的理解。伪代码就这样应运而生了。

当考虑算法功能（而不是其语言实现）时，常常应用伪代码。计算机科学在教学中通常使用伪代码，以使所有程序员都能理解。

伪代码以编程语言的书写形式指明算法的职能。相比于程序语言（如 Java、C++、C、Delphi 等）它更类似自然语言。可以将整个算法运行过程的结构用接近自然语言的形式描述出来。这里用户可以使用任何一种熟悉的文字，如中文或英文等，关键是把程序的意思表达出来。使用伪代码，可以帮助我们更好地表述算法，不用拘泥于具体的实现。

1.1.3　流程的基本逻辑结构

处理问题的流程描述有哪些逻辑特性呢？下面我们就来讨论这个问题。

先来看一个实际生活中的流程问题——洗衣机的设置。

1. 顺序结构

布朗先生是大学的计算机教授，平时工作比较忙。布朗太太近期要出门一段时间，临走前要教会教授使用家中的洗衣机，洗衣机的功能很多，她怕说得复杂了，布朗先生学不会，所以只教了最基本的设置，如图 1.8 所示。

洗衣服的各步骤按序逐条执行，顺序的先后由步骤的逻辑关系决定，比如应该先浸泡，再洗涤。布朗先生认真做了笔记，按洗衣步骤的先后顺序画了一个洗衣步骤流程图，如图 1.9 所示。在这个洗衣功能中，预设指令是按顺序排列的，因此这样的操作指令的组合结构被称为“顺序结构”。

2. 判断结构

布朗先生第一次用洗衣机，放了大量衣物，按太太教的步骤设置好程序，启动后发现洗衣机似乎有些转不动，赶紧给太太打电话求助，得知前面的洗衣程序是针对衣服量中等的情形设置的，当衣服量多时，就不合适了。

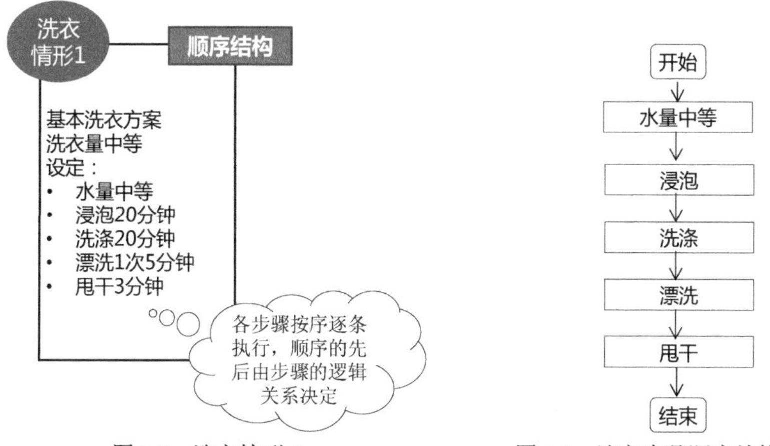

图 1.8　洗衣情形 1　　　图 1.9　洗衣步骤顺序结构流程

衣服量多时，应该对水量进行调整，这时就有先判断衣量多少、再设置水量的情形，如图 1.10 所示，水量设置处理：若衣服量多，则选高水位；否则选中等水位。然后继续基本洗衣程序。

布朗先生又画了一个新的洗衣步骤流程（图 1.11），这样更直观，根据衣量的多少，做不同的处理。这种遇到需要做判断的情况，被称为“选择结构”。注意，这里把判断条件特别放在菱形框里，这样比较醒目。在流程图绘制标准里，菱形框表示条件判断。

布朗先生对前面的衣量变化引起的问题进行思考后，认为水量设置其实还有衣服量少的一种情形，再去洗衣机那里查看，发现其实是有这个选项的。

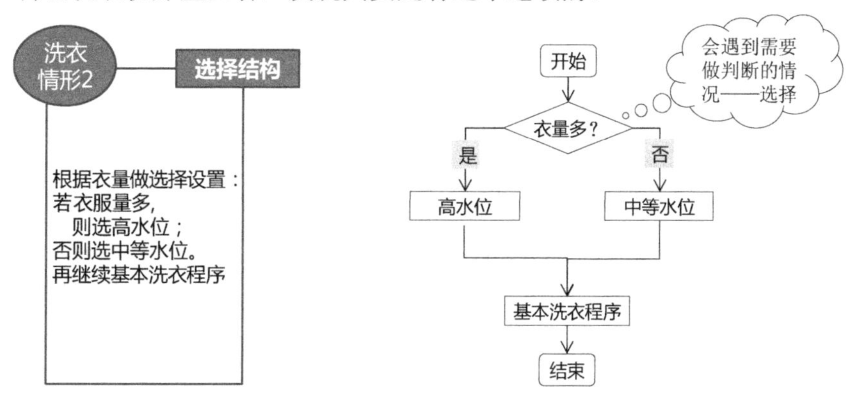

图 1.10　洗衣情形 2，两种选择　　　图 1.11　洗衣步骤选择结构流程

判断衣物量多少再设置水量的情形，如图 1.12 所示，若衣服量少，则选低水位；若衣服量中等，则选中等水位；若衣服量大，则选高水位。

布朗先生根据太太语言的描述画出了洗衣步骤多选择流程图，如图 1.13 所示，这是一个有 3 个分支的选择结构。注意，这里“衣量”这个选择环节没有用菱形框，菱形框只适用判断结果有两个的情形，在后续选择结构的知识点中有更详细的介绍。

3．循环结构

布朗先生来了兴致，像做实验那样仔细观察起洗衣机来，发现在大洗涤量的情形下有漂洗不干净的问题。这次他不打电话求助了，而是思考改进的方法，增加已有的漂洗程序的设置次数即可，再查看机器，多按了一下“漂洗”键，果然次数就增加了。多次漂洗的情形如图 1.14 所示，在原来设定步骤中的基础上，教授把漂洗次数增加到 3。

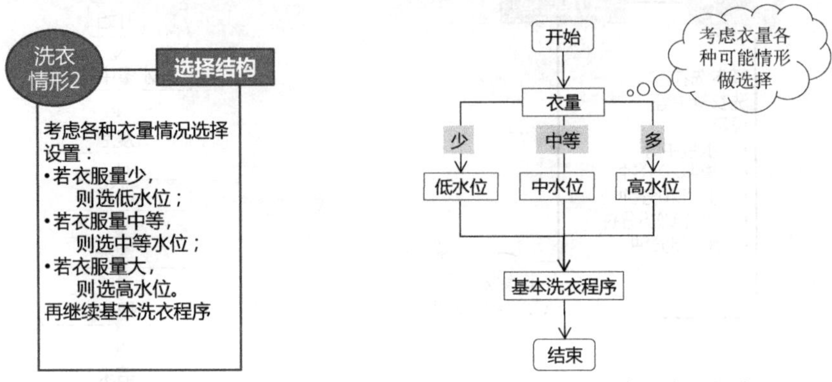

图 1.12　洗衣情形 2，多种选择　　图 1.13　洗衣步骤多选择流程

现在问题又来了，图 1.15 所示的漂洗 3 次的洗衣流程中，漂洗 3 次的表示方式有些烦琐，若漂洗次数再多些，则流程的表达方式就更不合理了，是否能做些改进呢？

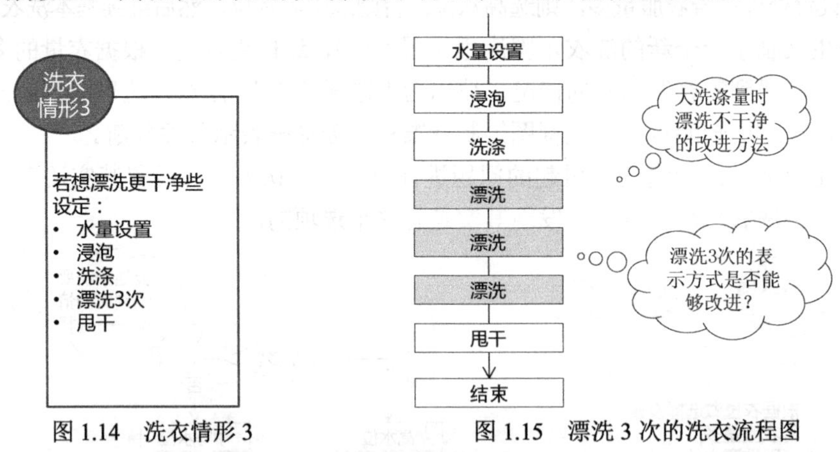

图 1.14　洗衣情形 3　　图 1.15　漂洗 3 次的洗衣流程图

布朗先生改进后的流程如图 1.16 所示，若没有达到预定的漂洗次数，则继续漂洗；若达到漂洗次数，则进入后续的步骤。有重复操作的情况表示形式被称之为循环结构。

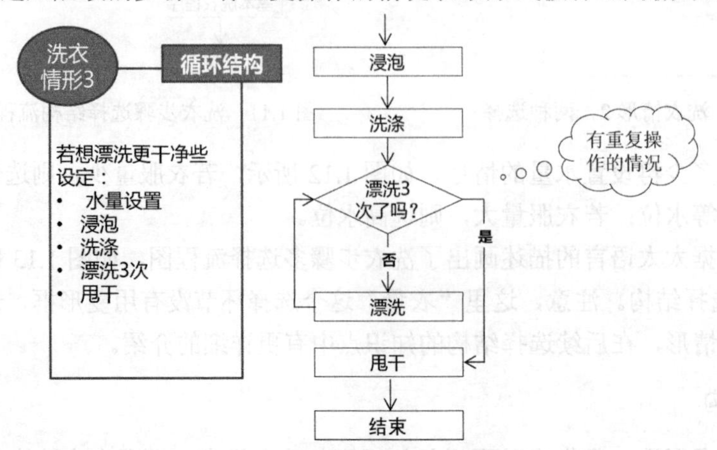

图 1.16　洗衣步骤循环结构流程

4. 流程的逻辑结构

根据前面的实例讨论，我们可以总结出流程的基本逻辑结构，如图 1.17 所示。流程结构是环节执行的逻辑结构，若流程没有判断，则为顺序结构；若有判断但没有重复，则是选择结构；余下的情形就是循环结构，既有判断又有重复。

前面出现的顺序、选择、循环结构，是程序构成的三种基本结构。实践证明，无论是多复杂的流程，均可通过顺序、选择、循环 3 种基本流程结构构造出来，如图 1.18 所示。这类似于红黄蓝三原色，各种五彩缤纷的颜色都可以通过它们调配出来。这 3 种基本结构可以多层嵌套，这样组合构造出来的程序称为结构化程序。

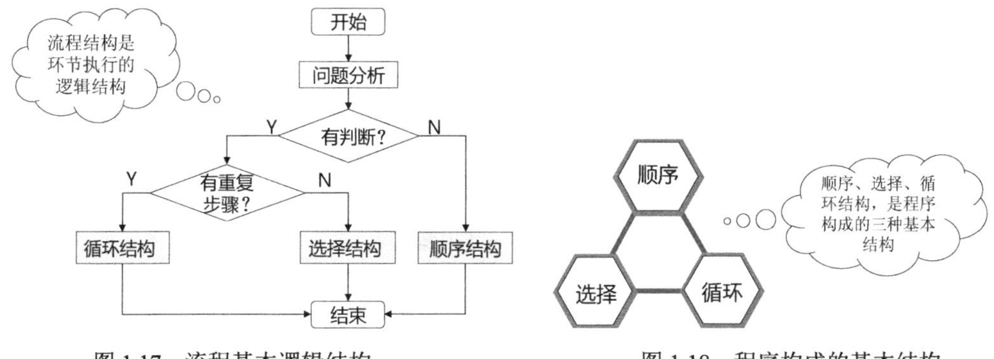

图 1.17 流程基本逻辑结构　　图 1.18 程序构成的基本结构

5. 基本流程结构描述方法

最后，将基本流程结构描述方法归结一下。

顺序结构是由若干个依次执行的步骤组成的，它是任何一个算法都具有的最简单、最基本的结构。它的表示方法，是把操作步骤按出现的先后顺序列出即可。流程图中的矩形框为“处理框”，放置操作的内容，如图 1.19 所示。

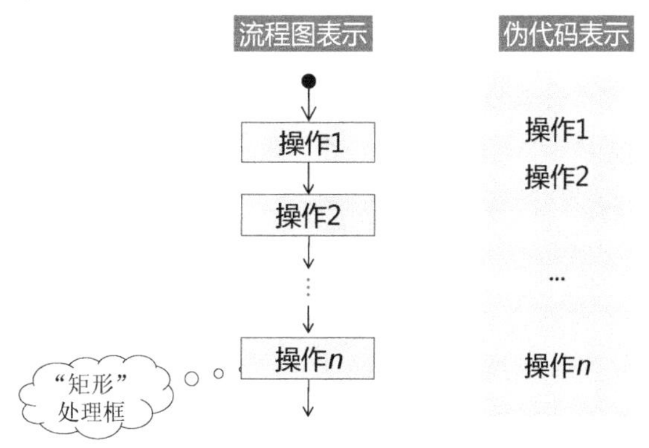

图 1.19 顺序结构表示方法

选择结构是判断给定的条件，根据判断的结果来控制流程的结构，如图 1.20 所示，流程图在菱形框中放置要判断的条件，根据所给定条件的值是真还是假，决定执行不同的分支。若条件为真，即条件成立，则执行操作集 A，此处操作集是操作集合的简称；否则条件为假，即条件不成立，执行操作集 B。在用伪代码表示时，注意大括号中内容格式的缩进。

循环结构是指在流程中从某处开始，按照一定的条件反复执行某些处理步骤的结构。循环结构有两类：当型循环和直到型循环。

第一类，当型循环结构。先对循环条件进行判断，为真时，执行操作集 A，否则停止循环。它的特点是先判断，后操作，如图 1.21 所示。

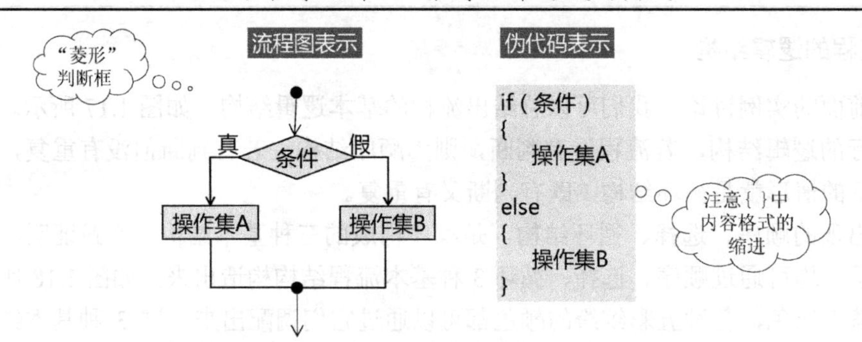

图 1.20　选择结构表示方法

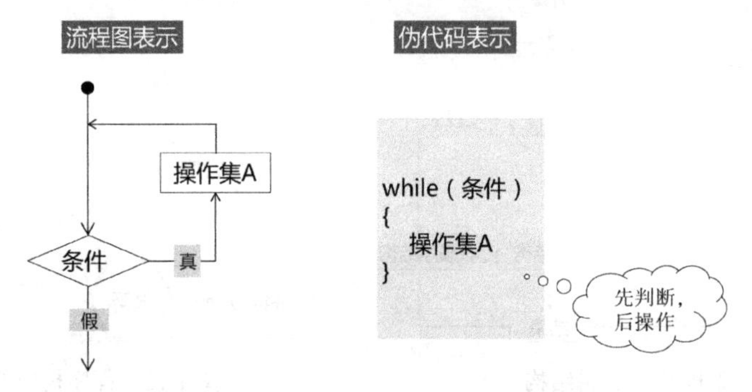

图 1.21　当型循环结构表示方法

第二类，直到型循环。先执行操作集 A，再判断循环条件，为真则执行操作集 A，直到条件为假，停止循环。它的特点是先操作，后判断，如图 1.22 所示。

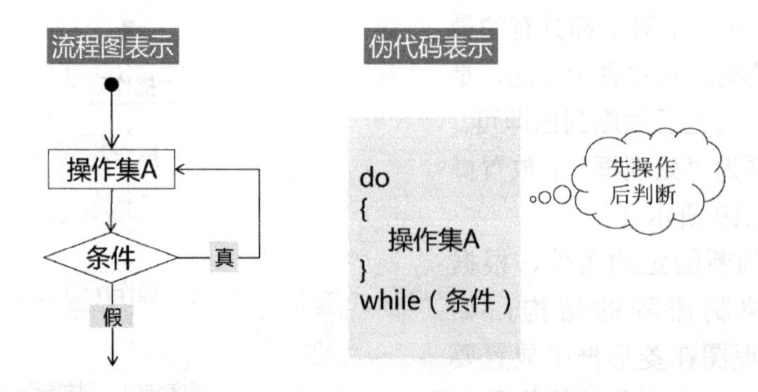

图 1.22　直到型循环结构表示方法

1.2　程序的概念

前面讨论的是人在处理实际问题中的一些方法、步骤及其描述方法。下面来看看计算机处理问题的方法和步骤。

1.2.1 自动化流程

关于洗衣机的洗衣流程设置问题，我们在流程的概念部分已经讨论过了，现在将关注点放在洗衣机的运行上。洗衣机的使用是人在事前预设好各个环节，然后启动，机器就可以自动完成操作，如图 1.23 所示。程序就是预设好步骤后，机器可以自动执行的流程。实际上，全自动洗衣机正是安装了计算机程序才能自动运行的。

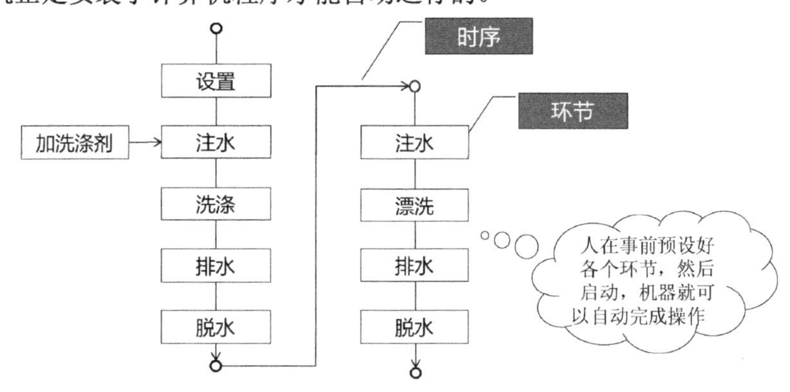

程序——预设好步骤后，机器可以自动执行的流程

图 1.23 洗衣机自动执行的流程

现在网络订票非常方便，它是模仿人工窗口售票流程，做成了适合计算机处理的自动流程，如图 1.24 所示。

网络订火车票的主要步骤：

第1步：进入购票网

第2步："查询"，输入出行日期地点等情况

第3步："预定"，选择合适的车次订购

第4步：登录系统

第5步：提交订单

第6步：网上支付购票款

第7步：确定取票方式

计算机能模仿人工的某些工作流程

图 1.24 网络订票流程

1.2.2 程序的概念

根据前面计算机可以自动执行的流程，现在可以给出程序及程序语言概念的正式定义，如图 1.25 所示。

1. 计算机语言

程序设计语言（Programming Language）是用于书写计算机程序的语言。计算机语言的种类非常多，总的来说可以分成机器语言、汇编语言和高级语言三大类。目前通用的编程语言是汇编语言和高级语言。

（1）机器语言

计算机由很多电子元器件组成，大家看到的多彩视频、听到的美妙音乐，在计算机内部

仅仅是高电压和低电压的变化、组合。因此，计算机接收指令，接收的仅仅是电压的变化，即高电压和低电压。工程师和计算机科学家使用“0”和“1”来代表开和关，这些“0”和“1”称为二进制编码。计算机能认识的也只是这些编码。

程序

程序是将解决实际问题的具体操作流程，用程序设计语言描述出来的指令序列。具体是将计算机能接收的数据，根据指定的预期结果，设计机器能自动执行的处理流程。

程序设计语言

程序设计语言是计算机能够识别的人机交流所使用的语言，有固定的符号和语法规则。

图 1.25　程序及程序语言

编程难道是用“0”和“1”来编写指令的吗？ 的确是这样的。早期编写程序，就是在约一寸宽的纸带上穿孔，每一行有 8 个指令孔位，每个孔代表一个二进制位，无孔是 0，有孔是 1，每条计算机指令用 8 个孔中的若干个孔表示。这种用“0”和“1”编写的代码称为机器语言，它可以直接传递给计算机指令，具有灵活、直接执行和速度快等特点，但开发者编写程序很不方便，非常烦琐，工作效率极低，写出的程序难以理解，不论是阅读程序还是调试程序都非常困难，因此被称为“低级语言”。另外，机器语言是与机器有关的，特定的机器语言只能用在特定的一类机器上，不是通用的。

（2）汇编语言

程序员们很快就发现了机器语言的麻烦，于是开始寻求另外一种方式和计算机交流，能否用记号来替代“0”和“1”写出程序，然后再翻译成机器语言呢？这是个不错的主意，至此，汇编语言诞生。汇编语言中，用助记符代替机器指令，如用 ADD 代表“加”，用 SUB 代表“减”，这些助记符的使用增加了汇编语言的可读性。另外，还需要把写出的程序转换成机器指令的翻译程序，这样的程序人们称之为编译器，用汇编语言编写程序的工作过程如图 1.26 所示。

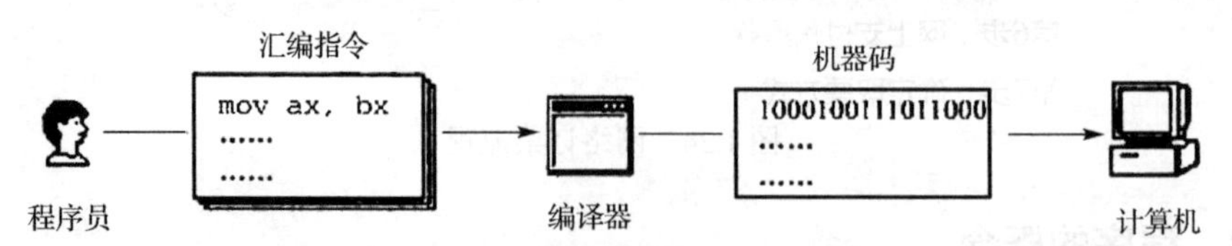

图 1.26　汇编语言编写程序的过程

汇编语言出现后，计算机的用途迅速扩大，但基本上有多少种计算机就有多少种汇编语言，因此汇编语言同机器语言一样也是面向机器的，通用性较差，也属于低级语言。尽管如此，汇编语言一直到现在依然被人们所使用，主要是由于其执行速度快、占用存储空间小、对硬件操作灵活等特性。现代汇编语言常见的应用有：包括嵌入式系统在内的系统开发，如操作系统、编译器、驱动程序、无线通信、DSP、PDA、GPS 等；其他对资源、性能、速度和效率极为敏感的软件开发；以信息安全、软件维护与破解等为目的的逆向工程等。即使不打算从事系统开发，也不想成为红客、黑客或骇客，掌握汇编语言对深入了解计算机内部运行机制、调试软件和改进程序中某些关键代码的算法也是有帮助的。

（3）高级语言

为加速程序开发的进程，1954年人们创造出了第一个高级语言Fortran，宣告了程序设计一个新时代的开始。

高级语言非常接近人类的自然语言和数学语言，和汇编语言相比，它不仅将许多相关的机器指令合成为单条指令，而且去掉了与具体硬件操作有关但与完成功能无关的细节，这样就大大简化了程序中的指令，编程者也就不需要有太多的计算机硬件知识。

高级语言是相对于汇编语言而言的，它并不是特指某一种具体的语言，而是包括了很多编程语言，如目前流行的VB、C、C++、Delphi等，这些语言的语法、命令格式各不相同。

用高级语言所编制的程序不能直接被计算机识别，必须经过转换才能被执行。按转换方式可将它们分为两类：

- 解释类：执行方式类似于我们日常生活中的“同声翻译”。应用程序源代码一边由相应语言的解释器“翻译”成目标代码（机器语言），一边执行，因此效率比较低，而且不能生成可独立执行的可执行文件，应用程序不能脱离其解释器。但这种方式比较灵活，可以动态地调整、修改应用程序。
- 编译类：编译是指在应用源程序执行之前，就将程序源代码“翻译”成目标代码（目标文件后缀为OBJ），因此其目标程序可以脱离其语言环境独立执行，使用比较方便、效率较高。但应用程序一旦需要修改，必须先修改源代码，再重新编译生成新的目标代码才能执行，若只有目标文件而没有源代码，则修改很不方便。现在大多编程语言都是编译型的，如C、C++、Delphi等。

高级语言的优点是具有可移植性，即程序可以在不同型号的计算机上运行；高级语言相对汇编语言更易学易懂易上手，而且程序容易维护；缺点是因为高级语言不针对具体计算机系统，所以基本上不能对硬件直接编程，不易直接控制计算机的各种操作，同汇编程序相比，目标程序比较庞大、运行速度较慢。

2. C语言

1969年至1973年间，贝尔实验室的Dennis Richie（丹尼斯·里奇）与Ken Thompson（肯·汤普森）在B语言基础上开发出C语言，最初是作为UNIX的开发语言。20世纪70年代末，随着微型计算机的发展，C语言逐步成为独立的程序设计语言，一直发展至今。C语言具有高效、灵活、功能丰富、表达力强和较高的可移植性等特点，使得它成为一种通用的编程语言，广泛用于系统软件与应用软件的开发。C语言的设计影响了众多后来的编程语言，如C++、Objective-C、Java、C#等。

C语言既有高级语言的结构和编程环境，又有类似于低级语言（如汇编语言）的系统资源操纵能力，被戏称为“中级语言”，对操作系统和系统使用程序以及需要对硬件进行操作的场合，用C语言明显优于其他高级语言。C语言描述问题比汇编语言迅速，工作量小、可读性好，易于调试和修改，而代码质量与汇编语言相当，C语言一般只比汇编程序生成的目标代码效率低10%～20%。C语言可以代替汇编语言，C语言是迄今为止在底层核心编程中使用最广泛的语言，以前是，以后也不会有太大改变。

C语言具有出色的可移植性，能在多种不同体系结构的软/硬件平台上运行，目前C语言编译器普遍存在于各种不同的操作系统中，如Microsoft Windows、Mac OS X、Linux、UNIX等。

【知识ABC】ANSI C（标准C）及C语言标准

20世纪七八十年代，C语言被广泛应用在各种机型上，从大型主机到小型微机，也衍生了C语言的很多不同版本。1989年，为了避免各开发厂商使用的C语言语法产生差异，由美国国家标准协会（ANSI）为C语言制定了一套完整的标准语法，简称C89标准（也被称为ANSI C——标准C），作为C语言最初的标准。1990年，国际标准化组织和国际电工委员会把C89标准定为C语言的国际标准（简称C90标准），后续不断修订，C99标准（1999年发布）是C语言的第二个官方标准，C11标准（2011年发布）是C语言的第三个官方标准，也是目前C语言的最新标准。

1.2.3 程序的执行特点

程序是机器执行的操作流程，它的特点有哪些呢？

程序是预先设计步骤，启动后按序连续执行的过程，这个过程和多米诺骨牌类似，如图1.27所示。多米诺骨牌游戏大家应该都很熟悉，规则很简单，将骨牌按一定间距的尺寸排成单行，根据事先的精密设计，可以摆成不同的阵型图案。推倒第一张骨牌，其余发生连锁反应依次倒下。

具有预先精密设计\启动后按序连锁反应特征的系统还有鲁布·戈德堡机械，这个系统是一种设计极为精密且相当复杂的机械，它以迂回曲折的方式完成一些动作，设计者必须保证自己的计算精准，这样每个部件才能在正确的时间点完成指定的任务。这种机械系统也有多米诺骨牌的视觉效果。

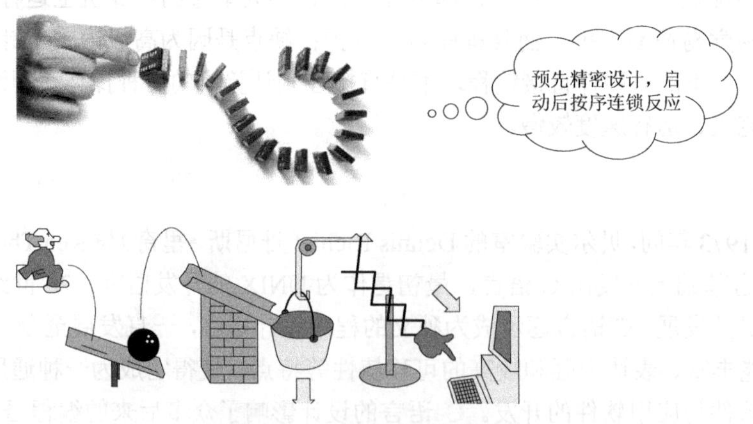

图1.27 自动执行的流程特点

1.2.4 计算机工作流程

程序是在计算机中自动执行的，因此我们需要了解一下计算机的工作流程。

20世纪30年代中期，美籍匈牙利数学家冯·诺依曼提出：抛弃十进制，采用二进制作为数字计算机的数制基础。预先编制计算程序，然后由计算机按照人们事前制定的计算顺序来执行数值计算工作。人们把利用这种概念和原理设计的电子计算机系统，统称为“冯·诺依曼型结构”计算机。计算机要具有信息输入、信息处理和结果输出的功能，为了完成上述功能，计算机必须具备五大基本组成部件，如图1.28所示，其中包括：

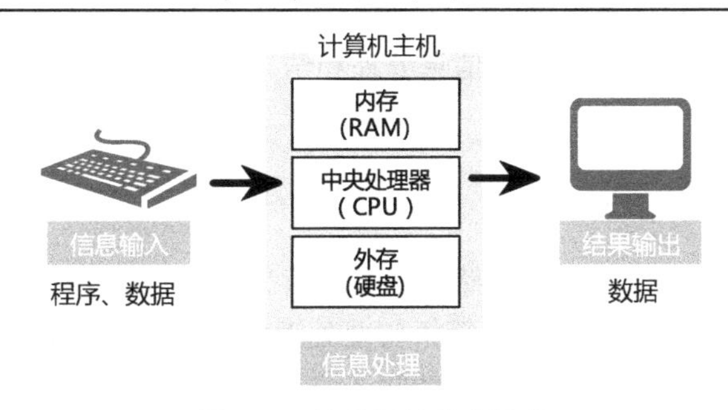

图 1.28 计算机的基本组成

- 输入数据和程序的输入设备——键盘是最常用的输入设备。
- 输出处理结果的输出设备——显示器是最常用的输出设备。
- 记忆程序和数据的存储器——有长效存储器外存（硬盘）和断电数据就消失的内存（RAM）。
- 中央处理器（CPU）完成数据加工处理和控制程序的执行。

中央处理器是计算机中最关键的部件，它由运算器和控制器组成。运算器是用来进行算术运算和逻辑运算的元件。我们前面看到的流程图中做判断的处理，在计算机中就属于逻辑运算。控制器的作用是从存储器中取出指令进行处理，并负责向其他各部件发出控制信号。

冯·诺依曼计算机的工作流程如图 1.29 所示，主要有以下几个步骤：

第 1 步，输入程序和数据，程序员先将要执行的相关程序和数据放入内存储器中。

第 2 步，取指令，控制器先从内存中取出第一条指令。

第 3 步，取数据，按第二步取到的指令要求，从存储器中取出数据放入运算器。

第 4 步，运算，在运算器中进行指定的运算和逻辑操作等加工。

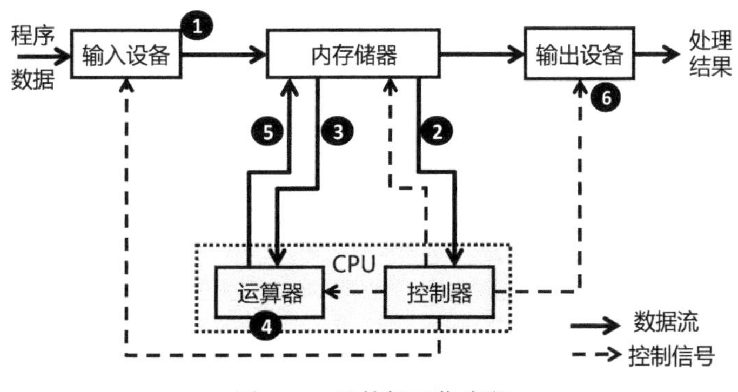

图 1.29 计算机工作流程

第 5 步，保存中间结果，按指定地址把结果送到内存储器中。这是一个循环过程，直到程序指令全部执行完毕。

第 6 步，将程序最终结果输出到输出设备。

1.3 程序的构成

在计算机的工作流程中，数据通过输入设备进入计算机存储器，在控制器的指挥下，运算器进行逻辑运算和算术运算处理，通过输出设备把结果告诉计算机用户。我们可以把计算机解决问题的流程，归结为信息输入、信息处理和结果输出三大部分，如图1.30所示。

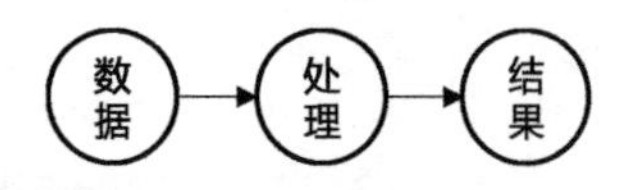

图1.30　计算机解题流程

1.3.1　计算机解题流程之数据

程序中的数据，指的是计算机可存储和运算的信息。我们站在计算机的角度去考虑问题，如果计算机是处理信息的工具，那么计算机与要处理的数据之间的相关问题有哪些呢？从前面的计算机解题流程来看，应该包括信息的输入方法、数据存取方法、运算方法和结果输出方法，如图1.31所示。

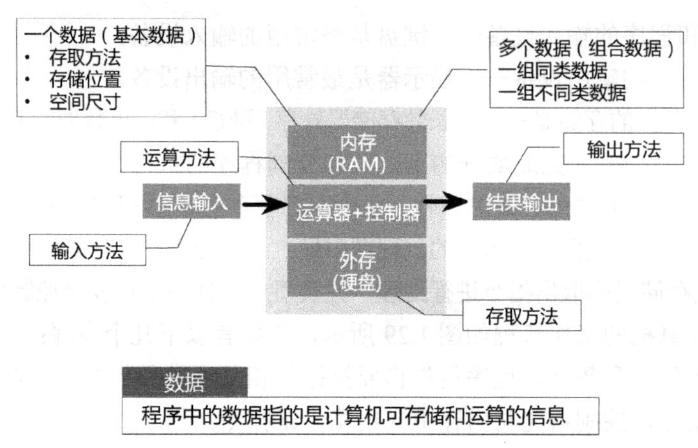

图1.31　计算机与处理信息的关系

根据计算机的硬件结构特点和工作原理，程序中与数据相关的问题，具体涉及数据的输入/输出方法；数据存储到内存（也包括外存）的存取方法，具体的存储位置、占据的空间大小等；如果有多个相关组合数据，还需要根据数据的特点、数据是否同类来决定组合方法和存储处理方法，在程序设计中属于组合数据的问题。

数据的处理涉及在程序中的表现形式、运算规则。

归结起来，程序中与数据相关的问题涉及内存和输入/输出设备两个方面，如图1.32所示。

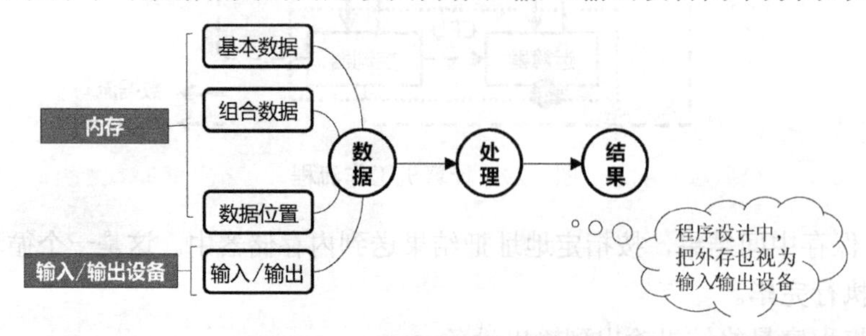

图1.32　计算机解题流程之数据

第一，与内存相关的问题：

- 基本数据问题，涉及数据的存储与运算规则。
- 组合数据，涉及多量有关联的数据问题，包括同类数据与不同类数据的组合方法和处理规则。
- 数据位置，指数据在内存中的地址。

第二，与输入/输出设备相关的问题，包括数据的输入/输出的方法。这里需要注意的是，在程序设计中，把外存也视为输入/输出设备。

1.3.2 计算机解题流程之处理

程序对数据的处理，包括处理过程的描述和处理过程的实现。

处理过程的描述即是算法，算法包括表达形式、阐述方法和设计原则等，如图 1.33 所示。

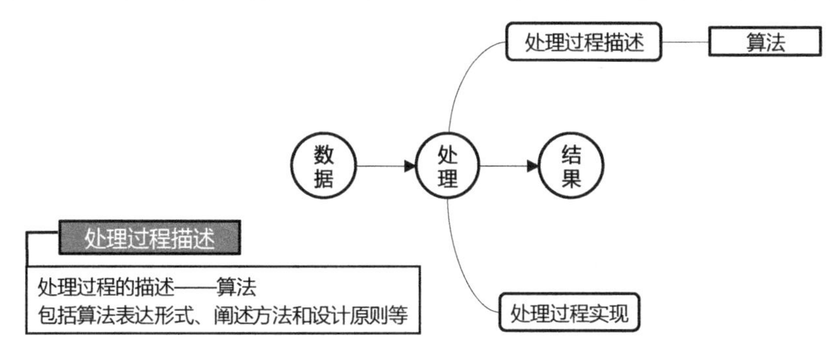

图 1.33 处理过程的描述

处理过程的实现包括四部分内容，如图 1.34 所示，其中处理过程的具体实现是通过程序语句完成的，流程结构指程序运行的逻辑结构，基本流程的逻辑结构有顺序、选择、循环三种。当程序规模大到一定程度时，需要按功能划分成相互有联系的不同部分，即模块化。比如我们日常生活中一件复杂的事情可以分成多件小事，由不同的人分头去做，每一件小事就是一个模块。在 C 语言中，模块被称为“函数”。C 语言的程序框架由主函数和子函数构成。

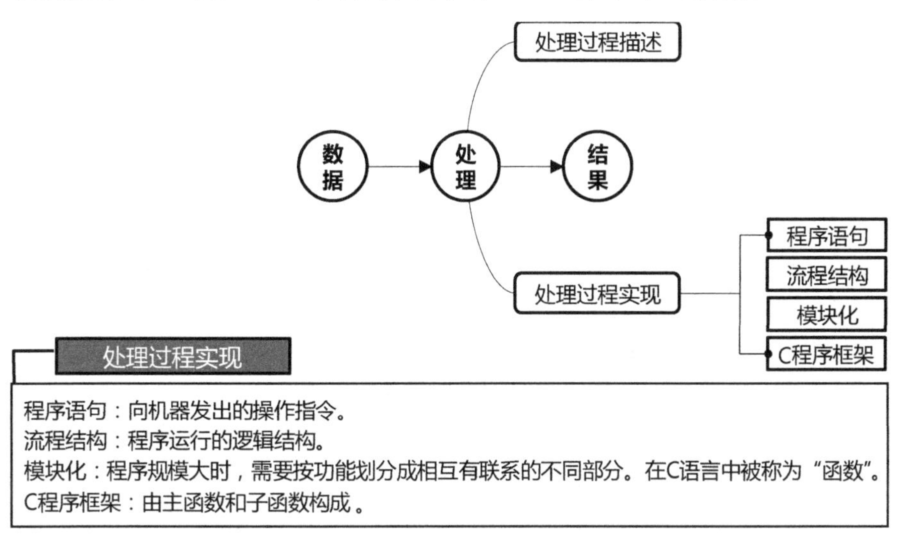

图 1.34 处理过程的实现

1.3.3 计算机解题流程之结果

要得到程序处理数据的结果，需要做一些运行前的工作以及测试与调试等工作，如图 1.35 所示。程序运行之前，先要通过编译器翻译成机器码，和相关的资源链接后，才能形成可以执行的指令。编译预处理是程序编译前要做的一些代码整理工作，比如加入他人编好的程序（上述相关资源链接），做一些字符串的替换，以及指定编译器需要编译哪些代码等。参见“程序的运行”这部分内容。

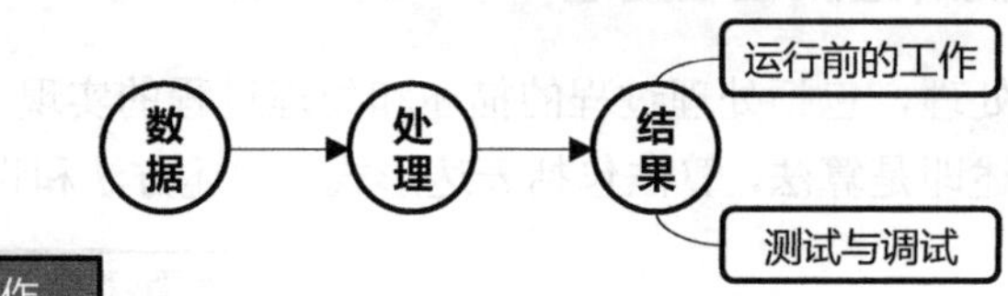

运行前的工作

编译链接：

程序要通过编译器翻译成机器码，和相关的资源链接后才能形成可执行的指令。

编译预处理：

编译预处理是程序编译前要做的一些代码整理工作。

测试与调试

测试：输入预设数据，运行得到结果，将之与预期结果比较的过程。

调试：找出程序错误的技术手段。

图 1.35　计算机解题流程之结果

【知识 ABC】编译预处理

编译预处理也称为预编译命令，是以#号开头的一些命令，在编译开始之前得到处理，用以辅助编译器的编译工作。

编译预处理命令有宏定义、文件包含和条件编译三种。

所谓预处理，是指在进行编译的第一遍扫描（词法扫描和语法分析）之前所做的工作，它由预处理程序负责完成。当对一个源文件进行编译时，系统将自动引用预处理程序对源程序中的预处理部分进行处理，处理完毕，再对源程序进行编译。其详细内容将在“编译预处理”一章介绍。

将程序运行得到的结果和我们预期的结果相比较，若正确，则完成了编程的任务，但稍复杂的程序往往不会一次就得到正确的结果，这时就需要通过测试与调试手段来查找错误，以便改进。

计算机处理问题是通过程序实现的，主要包括三部分：数据、处理和结果，图 1.36 是整个 C 语言知识的体系结构，相应具体内容将在对应章节介绍。

如果把数据和程序语句看成原料，流程逻辑结构和算法看成制作方法和工艺要求，那么程序就是最后加工出来的产品，写成公式的形式如图 1.37 所示。

程序是由程序语句和数据组成的指令序列，按照程序流程的逻辑结构，经过事先的算法设计，完成指定的功能。

图灵奖获得者、瑞士计算机科学家尼古拉斯·沃斯（Niklaus Wirth），根据前面对程序构成的描述，归结出了一个著名的“沃斯公式”，如图 1.38 所示。其中，算法是处理问题的策略，数据结构是描述问题信息的数据模型，包括数据内在的逻辑关系、在计算机中的存储方法以及可以进行的操作。

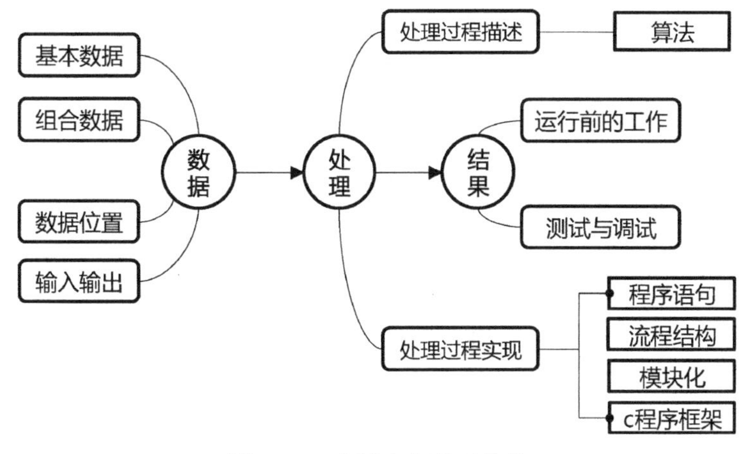

图 1.36　C 语言知识体系结构

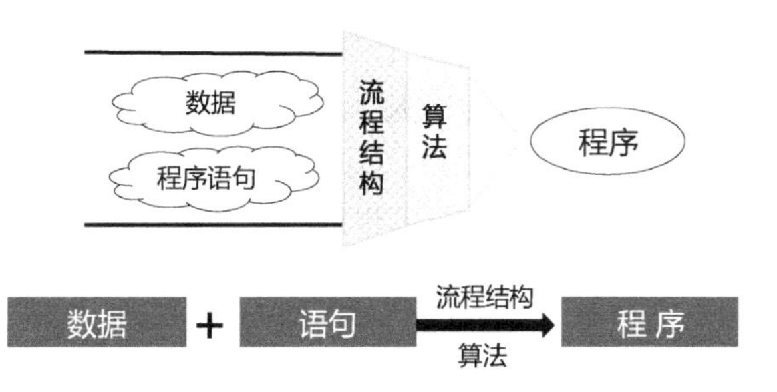

程序

程序是由程序语句和数据组成的指令序列，按照程序流程的逻辑结构，经过事先的算法设计，完成指定的功能。

图 1.37　程序组成

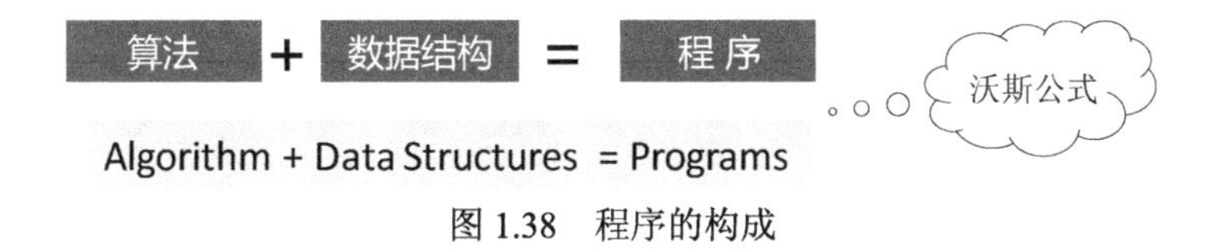

图 1.38　程序的构成

1.4　程序的开发过程

通过前面的介绍，我们已经知道了计算机解题的大致过程。但更具体的过程是怎样的呢？我们先来看问题引例。

1.4.1　问题引例

1. 计算器的操纵

计算器能方便地实现常见的计算，这是我们熟悉的过程。最简单的四则运算，其运算符号有“+”“–”“*”“/”，设运算数据是 a、b，则运算的流程是，先通过按键输入信息，包括运算数据和运算符号，计算器自动实现的功能是加法、减法、乘法或除法的运算，然后把计算结果显示到屏幕上，如图1.39所示。处理问题的流程要素有输入、输出和功能三个部分。

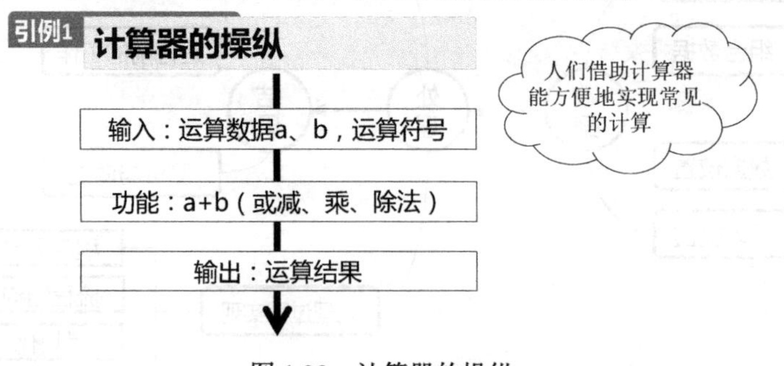

图1.39 计算器的操纵

2. 计算机的操纵

已知某兄弟俩年龄分别为a、b，要让计算机来判断兄弟俩的年龄大小。虽然实现的流程很简单，只是把前面的四则运算改为比大小运算即可，如图1.40所示，但这里面有比大小的运算，简单的计算器就无法进行判断了，同计算器相比，计算机能实现更复杂逻辑的处理。问题的处理流程要素同样有输入、输出和功能三个部分。

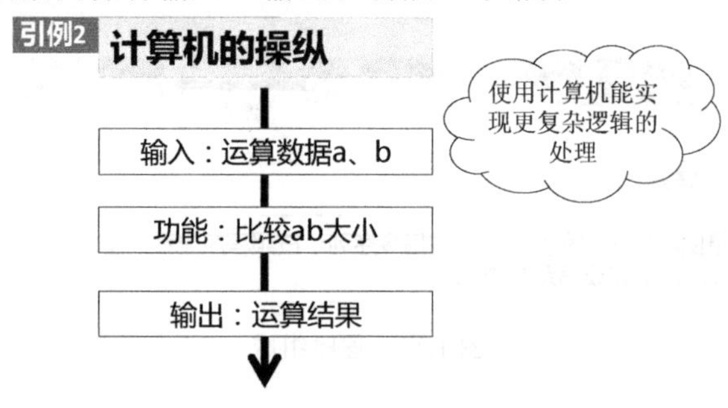

图1.40 计算机的操纵

1.4.2 程序开发基本步骤

一般地，从提出一个较复杂的实际问题到计算机解出答案，主要经过4个步骤，如图1.41所示。

第一步，建立模型，属于问题的分析阶段，由实际的问题抽象出功能和数据，分析问题涉及的对象，对象即是要处理的信息，找出对象之间的关系。

步骤	具体工作
建立模型	提取问题要完成的功能 提取数据对象，分析数据对象之间联系
设计	数据结构设计、算法设计
编程	编写程序代码
测试	软件测试与调试

图1.41 计算机解题步骤

第二步，设计，包括数据结构设计和算法设计。数据结构设计，是找出数据的组织方式和存储方法；算法设计，是按照功能要求设计出求解问题的方法。

第三步，编程，指编写程序代码。

第四步，测试，是对编好的程序进行测试，也称软件测试，若发现有错误，则再进行查找错误的调试工作。

1.4.3　计算机解题实例

【例 1.1】员工的奖励

某公司为激励员工，设立了业绩奖，计算方法如图 1.42 所示，业绩额大于等于 5 单位，奖励 1000 元；超过 10 单位但不超过 50 单位，按业绩额的 200 倍计算；超过 50 单位，按业绩额的 250 倍计算。

题目要求：设计算法的程序框图，当输入业绩额时，能输出相应奖励金额。

业绩额	奖励金（元）
业绩>=5	1000
10<=业绩<50	200*业绩额
业绩>=50	250*业绩额

图 1.42　员工的奖励

【解析】

1. 建立模型

由题目给出的信息，设业绩额为 x，奖励金为 y，我们可以列出分段函数，建立数学模型如图 1.43 所示。

业绩额x	奖励金y
x>=5	1000
10<=x<50	200x
x>=50	250x

$$y=\begin{cases}1000, & 5\leqslant x<10\\ 200x, & 10\leqslant x<50\\ 250x, & x\geqslant 50\end{cases}$$

数学模型

图 1.43　员工奖励问题模型

【知识 ABC】数学模型

数学模型是对某种事物系统的特征或数量依存关系，采用数学语言概括地或近似地表述出来。数学模型只指那些反映了特定问题或特定的具体事物系统的数学关系结构，这个意义上也可理解为联系一个系统中各变量之间关系的数学表达。

2. 算法设计

根据数学模型中 x 的取值范围，分段确定 y 的值，我们可以画出流程图，如图 1.44 所示。

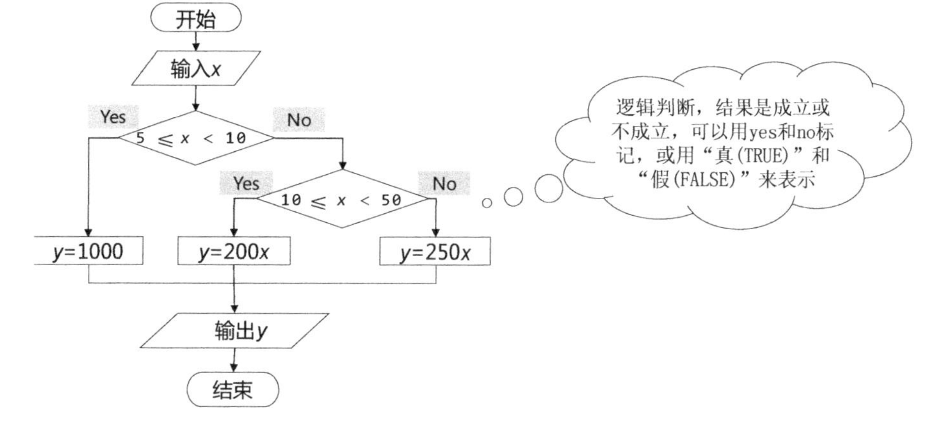

图 1.44　员工奖励问题流程图

注意，这里 x 的取值范围需要用到条件判断，在计算机中是逻辑判断，结果是成立或不成立。对照着流程图，我们看一下流程的执行过程：

- 输入 x，若 $5 \leq x < 10$ 结果成立，则 $y=1000$；
- 否则，转到 no 分支，若 $10 \leq x < 50$ 结果成立，则 $y=200x$，否则 $y=250x$；
- 最后输出 y。

根据数学模型还可以写出伪代码的描述，如图 1.45 所示。注意，伪代码描述时，通过格式的缩进和对齐来表示满足同一级逻辑条件的处理，这里第一个条件的 no 分支后面整个处理都有缩进和对齐。

伪代码描述	程序语句描述
输入 x	scanf("%d",&x);
若 5<=x<10 则 y=1000	if (x>=5 && x<10) y=1000;
否则	else
若 5<=x<10 则 y=200x	if (x>=10 && x<50) y=200*x
否则 y=250x	else y=250*x;
输出 y	printf("y=%f",y);

图 1.45 员工奖励流程伪代码描述

有了伪代码的描述，可以对应写出程序语句，语句的语法会在“程序语句”这一章中介绍，这里只要有感性认识即可。在程序设计中，算法的每一个步骤的描述都要由对应的语句来实现，从流程图和伪代码的表示中我们能看出流程图比较形象直观，便于理解，但绘制麻烦，若流程线转向过于随意，则会造成阅读和修改上的困难。伪代码不用图形符号，书写方便、格式紧凑、易懂，便于向程序过渡。现在国际上通行用伪代码来描述算法。

3. 程序实现

最后，完整的 C 语言程序如下，这个程序是可以在计算机上运行的。

```
#include <stdio.h>
int main(void)
{
    int x;
    int y;
    printf("请输入业绩额：");
    scanf("%d",&x);
    if (x>=5 && x<10) y=1000;
    else
    {
        if (x>=10 && x<50) y=200*x;
        else y=250*x;
    }
    printf("奖金为%d 元\n",y);
    return 0;
}
```

将上述程序运行一下，若输入业绩额为 12，则可以得到 “奖金为 2400 元” 的输出显示，这与我们预计的结果一致，说明程序是正确的。

4. 测试

在程序能得到一个正确结果后，我们要对程序做一个全面的测试。

测试的数据要事前设计好，这个叫做测试样例设计，其中包括输入数据和期望的结果，程序测试更详细的介绍参见“程序的运行”里的相关内容。程序测试时，输入样例中的数据，把程序运行的结果和预期结果比较，不符合即是有错误。本题目的测试样例如图 1.46 所示，可以看出，在 x=2 时，我们预期的结果应该是0，但程序运行的结果是2500，显然有错误。

测试样例

输入数据		预期结果	测试结果
业绩x	x范围	奖金y	判断
2	$x<5$	0	错
5	$5 \leqslant x < 10$	1000	对
10	$10 \leqslant x < 50$	200*10	对
20	$10 \leqslant x < 50$	200*20	对
50	$x \geqslant 50$	250*50	对

图 1.46　员工奖励程序测试样例

程序结果的错误，经观察是由于在算法设计时少了 $x<5$ 的逻辑分支处理造成的。找到了错误，需要先修改算法，然后再修改程序。

由以上测试过程可以看到，若测试样例在算法设计之前就设计好，则可以使算法的设计更完善。

【例 1.2】电话号码查询

电信公司通过电话号码登记表记录客户各项信息。编写一个可以查询某个城市或单位的私人电话号码的程序。要求对任意给出的一个姓名，快速查找电话号码，若查找到，则给出电话号码，否则给出“无号码”标志。

【解析】

图 1.47 为电话号码登记表，为表述数据的方便，我们把一行称为一个数据元素，它由多个数据项组成，如客户姓名、电话、地址等。关键字是能区分出各数据元素的数据项，也就是数据元素中具有唯一性的数据项，比如电话号码具有唯一性，但用户地址可以是一样的。

客户姓名	电话	身份证号	地址
张1	138*****	6101131980***	***
李2	152*****	6101131981***	***
王1	139*****	6101131990***	***
张2	139*****	6101131972***	***
李1	188*****	6101131976***	***
…	……		

图 1.47　电话号码登记表

1. 顺序结构顺序查找

问题的建模、设计和编码方案如图 1.48 所示。

建立模型步骤中，问题涉及的对象为每个客户及其相应的数据项；对象之间的关系是数据元素顺序排列；顺序排列的意思是人的名字按录入的次序排列，没有另外专门整理过。

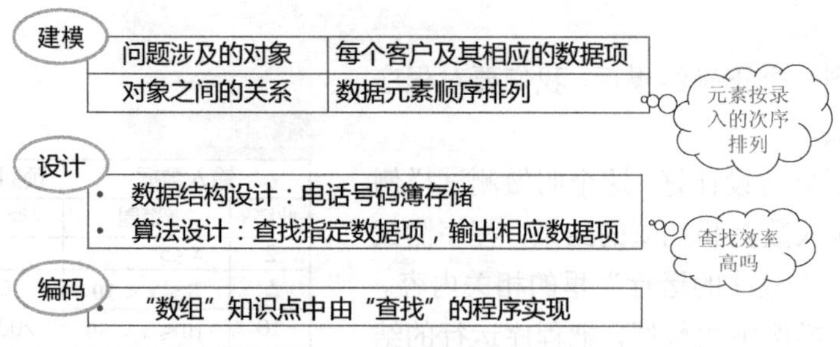

图 1.48　电话号码顺序查找方案

设计步骤包括数据结构设计和算法设计两部分。数据结构设计解决电话号码簿在计算机内的存储和取用问题。算法设计确定查找电话号码的具体方法，在整个数据表中按顺序查找“客户姓名”数据项，若找到，则返回对应“电话号码”数据项；若未找到，则返回约定标志。

编码步骤，参见“数组”一章中相关“查找”程序。

【思考与讨论】顺序查找的效率高吗？

讨论：这种从头至尾逐个在表中查找记录的方法称为顺序查找。显然，查找的次数和被查找的记录在表中的位置相关，当表很大时，顺序查找方法是很费时间的。

为了提高查找效率，可以重新组织电话号码登记表，让数据元素按客户姓氏的拼音顺序排列。

2. 有序结构折半查找

有序结构指的是，数据表中的客户姓名已经按拼音顺序排好，在这样的号码簿上可以进行折半查找，如图 1.49 所示。

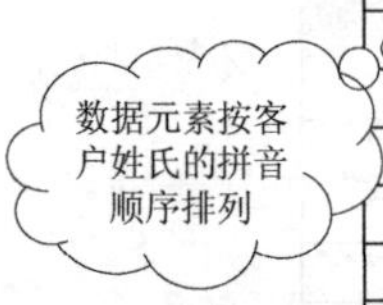

客户姓名	电话	身份证号	地址
李1	188*****	6101131976***	***
李2	152*****	6101131981***	***
王1	139*****	6101131990***	***
王2	138*****	6101131986***	***
张1	138*****	6101131980***	***
张2	139*****	6101131972***	***
…	……		

数据元素按客户姓氏的拼音顺序排列

折半查找（二分查找）

在一组有序序列中，取中间值与给定关键字进行比较，
若给定关键字大于该值，则要查找的关键字位于有序序列的后半部分；
若给定小于该值，则要查找的关键字位于有序序列的前半部分。
每次将有序序列的长度缩小一半之后，再从中间位置的记录进行比较，依次反复进行。

图 1.49　有序结构折半查找

问题求解步骤如图 1.50 所示。建立模型步骤中，问题涉及的对象依然是每个客户及其相应的数据项；对象之间的关系是数据元素有序排列，号码簿按字典序整理过了。数据结构设计同前，算法的设计是用折半法查找指定数据。编码，在后续数组知识点中有“二分查找”的程序实现。

如果电话号码簿的规模很大，为提高查找效率，我们还可以采用索引结构、分级查找的方法。最常见的书的目录，就是一种索引结构。

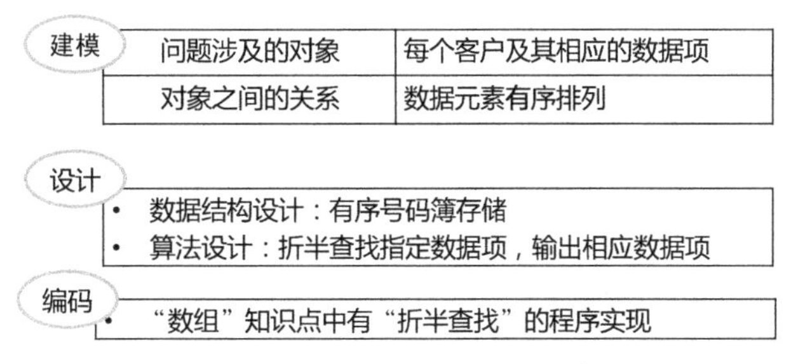

图 1.50　电话号码折半查找方案

3. 索引结构分级查找

在电话号码登记表中我们把同姓氏的客户排列在一起，造一张姓氏索引表，然后把索引表和数据表联系起来，如图 1.51 所示。

索引表

姓氏	表内地址	数量
李	0x2000	***
张	0x4000	***
王	0x6000	***
…	……	

数据表

客户姓名	电话	身份证号	地址
李1	188*****	6101131976***	0x2000
李2	152*****	6101131981***	***
…	……		
张1	138*****	6101131980***	0x4000
张2	139*****	6101131972***	***
…	……		
王1	139*****	6101131990***	0x6000
王2	138*****	6101131986***	***
…	……		

图 1.51　索引数据表

问题求解步骤如图 1.52 所示。建立模型步骤，是组织整理姓氏索引表和数据表。设计步骤中的数据结构设计部分，需要找到程序语言中合适的数据组织方式，以便将上述索引表和数据表存入计算机。算法设计中，根据题目要求，先在索引表中查对应姓氏，然后根据索引表中的地址和数量到数据表中查找姓名。

建模

问题涉及的对象	索引表	客户姓氏、对应数据表中的地址
	数据表	每个客户及其相应的数据项
对象之间的关系	索引表	数据元素有序排列
	数据表	数据元素顺序排列

设计

• 数据结构设计： 索引表存储
• 算法设计： 先查索引表，后查数据表

图 1.52　电话号码索引查找方案

1.4.4 程序开发流程

通过前面的例子，我们对编程解决实际问题有了一些感性认识。一般地，要通过计算机来解题，主要的步骤流程如图1.53所示，图中矩形框中是问题处理的阶段或结果，椭圆框为处理过程。

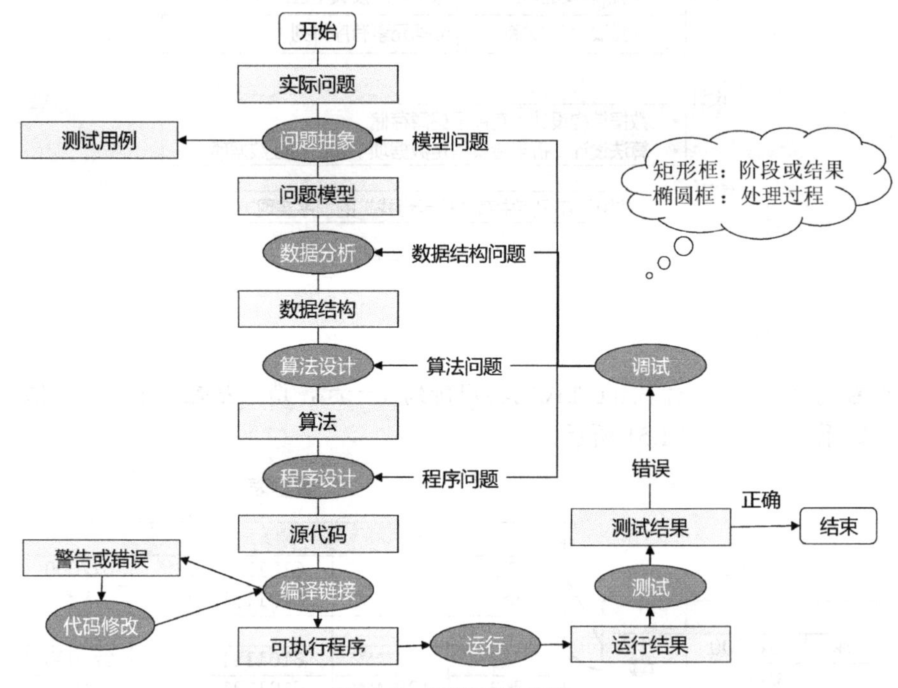

图1.53　程序开发流程

该处理流程包括以下内容：

- 实际问题：问题中要有已知条件及实现要求的描述。
- 问题抽象：从问题中提取出要完成的功能、要处理的信息，并找出这些信息之间的关系，建立问题模型，同时设计出测试用例。建立问题模型是为了将实际问题转化为计算机能"理解"并能"接收"的形式。
- 数据分析：分析问题模型中信息里包含的数据是什么、数据间的联系是什么、以什么形式存储在计算机中，分析后形成数据结构。复杂的数据结构的设计有专门的"数据结构"课程。"C语言"课程重点讨论程序设计的基本问题，包括算法和编程的基本概念和方法。
- 算法设计：根据功能要求，形成处理问题的方案。
- 程序设计：程序设计是将算法"翻译"成相应的命令语句，形成源代码。
- 编译链接：程序员通过编译器，将源代码翻译成计算机可以执行的机器码，若编译出现警告或错误，则需要对代码进行修改，然后再编译链接，直到成功。
- 运行：可执行程序在运行环境被启动运行后，会产生运行结果。
- 测试：把运行结果和测试用例进行比对，若正确，则问题得解，解题过程结束；若有问题，则要进行调试，找出问题所在，到相应的阶段修改方案，做出新的源码。

重复编译链接运行测试的过程，直到测试结果正确为止。

1.5 C语言程序简介

下面对C语言程序进行简要的介绍。

计算机处理问题是通过程序实现的，主要包括数据、处理和结果3部分。处理过程是通过编程来实现的，编程与我们写作文类似，要有遣词造句、段落结构、章节布局。若把语句看成是词语，则流程结构相当于段落结构，在模块化的程序中，函数和C语言的程序框架就是章节布局了，如图1.54所示。

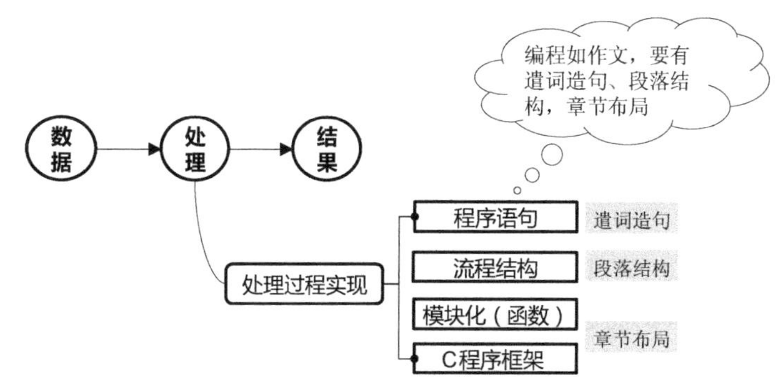

图1.54　处理过程实现架构

我们来看一些具体的程序例子。

1.5.1 C程序样例

【例1.3】C程序样例1

程序如图1.55所示，其功能是在屏幕上显示“hello world！”。

图1.55　程序样例1

1. 函数

在C语言中，功能相对独立的程序段被称为“函数”，图1.56中第5～10行是一个被称为main的主函数，C语言的程序框架由主函数和子函数构成，本例程序只有主函数，没有子函数。第6、10两行的左右大括号{}的作用是将主函数的程序体包括在内，表示主函数的开始和结束，程序体中以分号结束的一行称为程序语句。

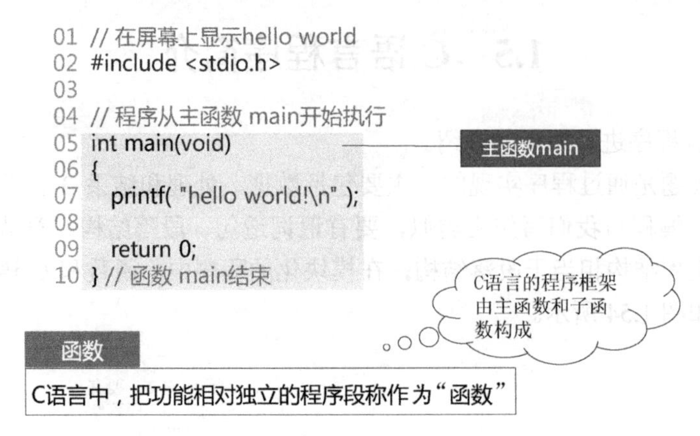

图 1.56　程序样例 1 中的函数

2. 注释

在图 1.57 中，程序第 1 行，以双斜杠开头的中文句子是“程序注释”，它不是程序语句，注意结尾没有分号，程序编译时将忽略注释的内容，即不会把它们翻译成机器码。注释的作用是对程序内容进行说明，因为程序语句是比较抽象的描述，所以其他程序员和过了一段时间后的程序作者本人，都不容易读懂程序语句的含义。

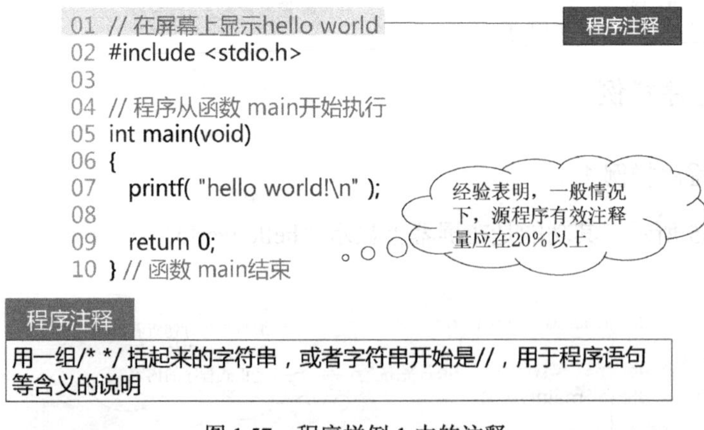

图 1.57　程序样例 1 中的注释

【程序设计好习惯】

一般情况下，源程序有效注释量应在 20％以上。注释的原则是有助于对程序的阅读理解。注释语言必须准确、易懂、简洁。

3. 库函数与文件包含

图 1.58 中，第 7 行 printf()是一个打印函数，它的功能是打印“hello world！”这一串内容到显示器上，printf 的功能实现是一个比较复杂的程序，又是程序员经常要用到的，因此系统把这一类的程序已经都做好了放到系统程序库里，库里的程序就称为“库函数”。

图 1.58　程序样例 1 中的库函数与文件包含

第 2 行 include 是 C 语言的预编译命令，表示“文件包含”，其含义为，一个源程序文件可以将另一个源程序文件的全部内容包含进来，这样就可以把其他的程序拿到本程序中使用。stdio.h 是英文 Standard input output head（标准输入输出头文件）的缩写。

printf 函数的说明放在 stdio.h 的头文件中，程序员通过#include 命令就可以使用这个 printf 库函数了。printf 的功能是把括号内双引号中的内容输出到屏幕上，输出的内容可以由程序员根据需要来填写。

【知识 ABC】库函数、头文件与文件包含

- 库函数：库函数并不是 C 语言的一部分，它是由编译系统把实现常用功能的一组程序放在系统程序库中，用户可以通过引用程序库相应的程序说明文件（头文件）来使用这些程序，即通过“文件包含”命令，就可以使用相应库函数。
  建立函数库是为了把可重复使用的函数放在一起，供其他程序员和程序共享。例如，几个程序可能都会用到一些通用的功能函数，那就不必在每个程序中都复制这些源代码，而只需把这些函数集中到一个函数库中，然后用连接程序把它们连接到程序中。这种方法有利于程序的编写和维护。
- 头文件：头文件的目的是把多个 C 程序文件公用的内容单独放在一个文件里，以减少整体代码尺寸。头文件的扩展名为.h。每个库函数都有对应的头文件，头文件中有相关函数的说明。在程序中要用到库函数时，必须包含该函数原型所在的头文件。 C 语言的头文件中包括了各个标准库函数的说明形式。
  C 语言中常见的库函数参看附录 C。
- 文件包含：把指定的文件插入该命令行位置取代该命令行，从而把指定的文件和当前的源程序文件连成一个源文件。
  形式：#include <文件名>（或者：#include "文件名"）

说明：

（1）被包含的文件可以由系统提供，也可以由程序员自己编写。

（2）一个 include 命令只能指定一个被包含文件，若有多个文件要包含，则需用多个 include 命令。

（3）如果文件名以尖括号括起，那么在编译时将会在指定的目录下查找此头文件；如果文件名以双引号括起，那么在编译时首先在当前的源文件目录中查找该头文件，若找不到，则到系统的指定目录下去查找。

【例 1.4】C 程序样例 2

含有多个函数的程序。在主函数中通过键盘输入两个整数，子函数求出这两个数中的大者，主函数将结果显示到屏幕上。

程序如图 1.59 所示，在主函数 main 输入两个整数 a、b，通过子函数 max 求出其中大的那个数放在 c 中，在屏幕上输出结果。

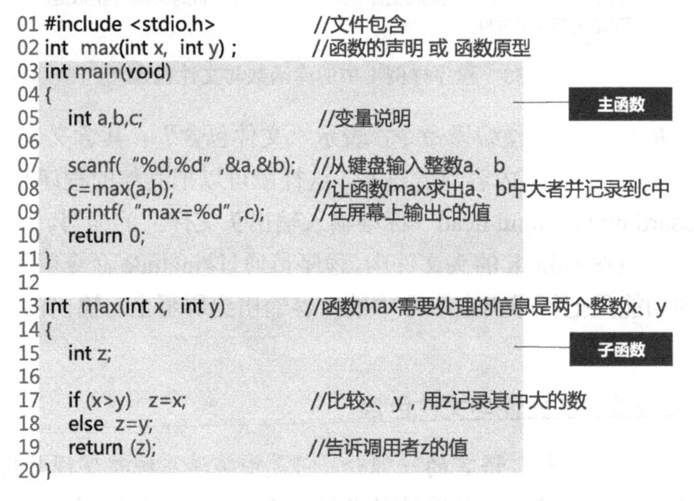

图 1.59 程序样例 2

这段程序除了有主函数 main 外，还有一个子函数 max，它的形式和 main 类似，也是中间的所有语句都被一对大括号{}包括在内。主函数 main 从第 3～11 行，子函数 max 从第 13～20 行。

主函数中的第 7 行，键盘输入两个整数值放入变量 a、b 中，scanf 是接收键盘输入信息的库函数，头文件也是 stdio.h。第 8 行，调用子函数 max，求出 a、b 中大的数并存放到 c 中。第 9 行，在屏幕上输出 c 的值。

子函数 max 只负责区分输入的两个数的大小，输入的数据在第 13 行的括号中获取，放入 x 和 y 中。这是子函数得到处理数据的约定方式，运算的结果是 z。第 19 行，通过 return 语句，把 z 返回到 main 函数。

主函数和子函数的关系是各自完成功能相对独立的工作，通过调用方式，配合起来完成比较复杂的功能。

1.5.2 C 程序框架结构

C 程序框架的一般形式如图 1.60 所示，预编译命令写在程序最开始的地方，比如前面我们见过的包含命令，就属于预编译命令。C 程序必须有一个主函数，它是程序执行的入口，可以有零个或多个子函数，函数之间是通过调用联系起来的。

关于函数的详细内容将在“函数”一章中介绍。

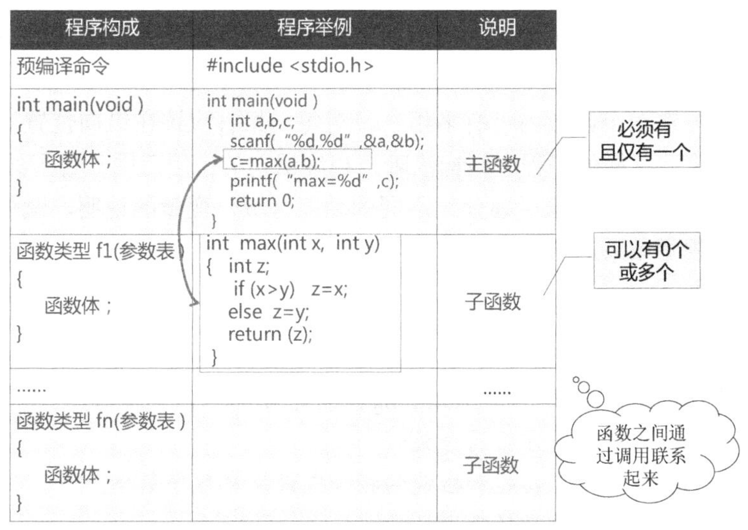

图 1.60　C 程序框架结构

1.5.3　代码格式要求

就像我们写文章有行文格式一样，程序的书写格式也有一定的规范，目的是让代码清晰，增强可读性。具体要求如图 1.61 所示。

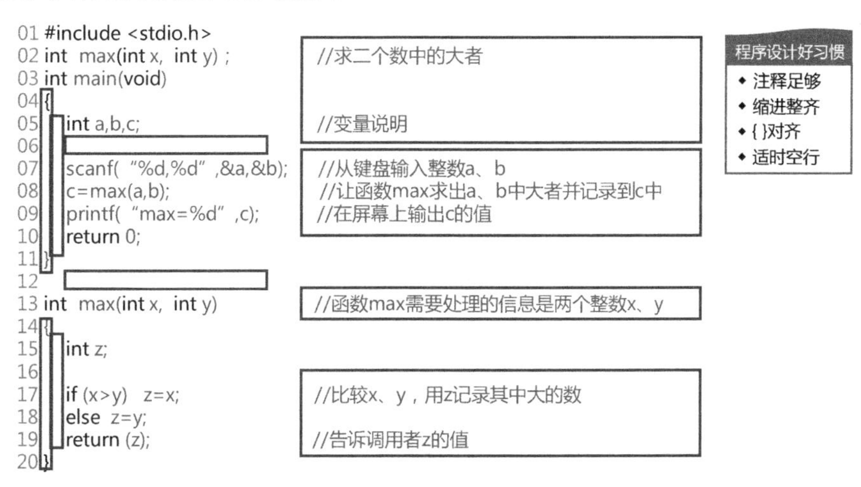

图 1.61　代码格式要求

C 语言的程序语法是以空格和换行（回车）来区分词法单位、以特定的字符来辨认语法的，如分号“;”表示语句的结束。程序设计格式的随意性，给程序设计风格带来了可塑性。

在书写程序时，应遵循相应的程序格式规则如下。

（1）注释足够——要有足量、清晰的注释，解释清楚程序的功能和语句的含义。在程序的最开始位置把程序要实现的功能进行简要说明；对于重要的变量，也要给出其含义说明。这样做的目的只有一个，就是要让“程序的可读性”好。可读性好，一是让读程者容易看明白程序的意思，二是编程者过一段时间自己再看，也很容易回想起来。

（2）缩进整齐——用户可设置自己喜欢的缩进大小约定，然后在程序设计时统一使用这个约定。可用 Tab 键来缩进。Tab 是键盘上的“制表符键”，按一次 Tab 键一般会跳 4 个空格的长度。它与按“空格”键的区别是缩进的效率高。需要注意的是，不同的编辑器，Tab 键所设置的空格数目不同。

（3）{}对齐——在一个函数内可有多组{}，对每一组{}应该在纵向位置对齐，括号对齐和缩进二者配合起来，这样使得程序结构清晰，相应语句的作用范围一目了然，便于阅读。

（4）适时空行——用空行来“划分”不同的功能区域，变量的说明、赋值、执行语句通过空行分隔开，从视觉效果上清晰明了，可以使程序的结构凸现出来。

【知识 ABC】程序设计相关小知识

➢ 软件与程序的关系

常常听到这样的说法：编程（Programming）就是编写软件。但程序与软件在概念上是有区别的。软件应该包含以下三个方面的含义：

（1）运行时能够提供所要求功能和性能的指令或计算机程序集合。

（2）程序能够合理地处理信息的数据结构。

（3）描述程序功能需求以及程序如何操作和使用所要求的文档。

所以，可认为：软件=程序+数据+文档。

1.6　本 章 小 结

程序的相关概念及表示方法等如图 1.62 所示。

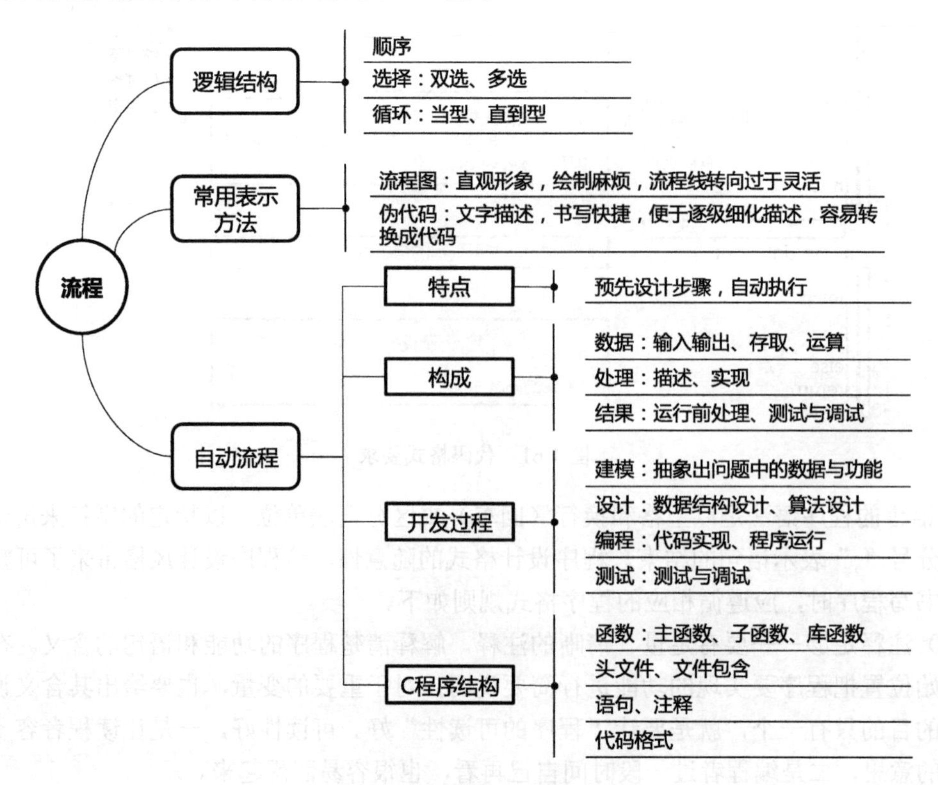

图 1.62　程序的概念及表示方法

习　　题

1.1　思考题

（1）汇编语言与机器语言有哪些区别？

（2）汇编语言与高级语言有哪些区别？

（3）哪种计算机语言与计算机直接相关，并被计算机理解？

（4）区分编译和解释。

（5）列出编程语言翻译中的 4 个步骤。

（6）程序中的数据和相应处理涉及哪些方面的问题？

（7）程序的控制结构有哪几种？

（8）一个程序要运行起来，需要哪些步骤？

（9）面对复杂问题，应该采用什么样的方法处理？

第2章 算　　法

【主要内容】

- 算法的概念；
- 算法的表示方法；
- 算法的可行性；
- 算法的通用性；
- 算法的全面性。

【学习目标】

- 了解算法的相关概念；
- 了解计算机算法的特点；添加
- 掌握算法的表示方法；
- 掌握算法设计的一般步骤；
- 能够用自顶向下逐步求精的方法设计算法。

程序就是蓝色的诗，如果真的是这样，那么算法就是这首诗的灵魂。

——高德纳（唐纳德·克努斯，Donald Ervin Knuth）

2.1 算法的概念

1．实际问题中的算法

我们先来看一个生活中的算法——窗口购票问题。在没有互联网的年代，布朗先生要出差时，必须到售票点在售票窗口购票。购票主要步骤如图 2.1 所示，其中的关键点有确定乘车日期、目的地、车次、车票价格、车票数量等。其实，人们做任何一件事，都是在一定的条件下，按某种顺序执行一系列操作，解决问题的方法步骤就是算法。

引例1 窗口购票

解决问题的方法步骤就是算法

第1步：旅客提供出行日期、目的地等信息

第2步：售票员找到相应日期中可选择的车次

第3步：旅客确定车次、购票数量

第4步：旅客付款、取票

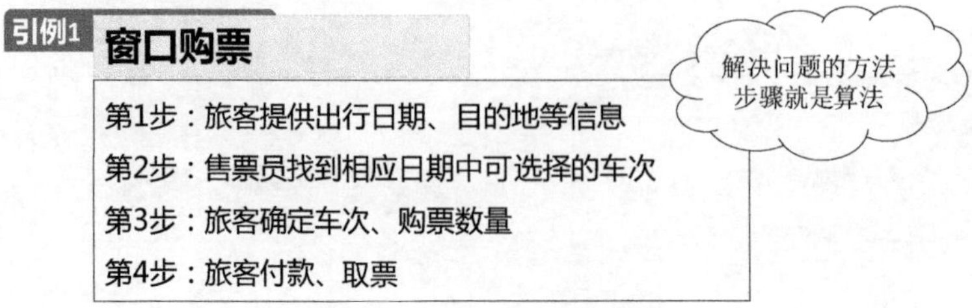

图 2.1　窗口售票流程

在现在的网络时代，布朗先生能很方便地通过网络订票了，网上订火车票的主要步骤如图2.2所示。与窗口购票的步骤相比较可以看到，购票的关键步骤是一样的，只不过人们在网络购票时面对的是计算机系统而已。

计算机能模仿人的部分思维功能、代替人脑的部分劳动，而且更快更精确，可以把人从繁重的、较简单的脑力劳动中解脱出来。但是，至少目前计算机不能自主解决问题，它能做的操作都是人们事先预设好的。

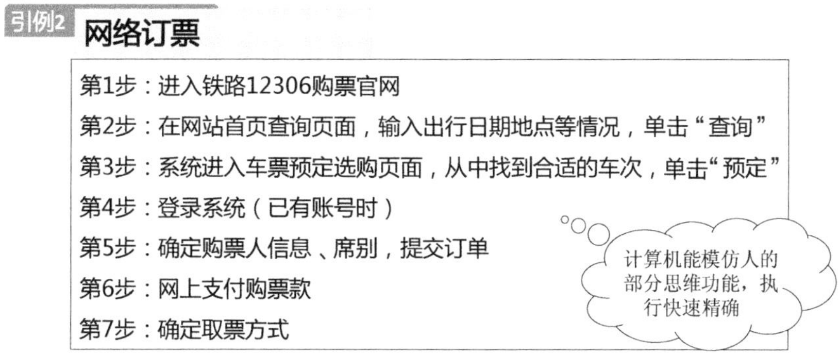

引例2
网络订票
第1步：进入铁路12306购票官网
第2步：在网站首页查询页面，输入出行日期地点等情况，单击“查询”
第3步：系统进入车票预定选购页面，从中找到合适的车次，单击“预定”
第4步：登录系统（已有账号时）
第5步：确定购票人信息、席别，提交订单
第6步：网上支付购票款
第7步：确定取票方式
计算机能模仿人的部分思维功能，执行快速精确

图2.2 网络订票流程

再如洗衣机工作过程的设置，人在事前预设好步骤，机器被启动后就可以自动完成操作，如图2.3所示。在这里，预设好步骤后，机器可以自动执行的指令序列就是程序。特别需要注意的是，这里强调程序是机器执行的指令序列，前面说的算法，可以是人或者机器解决问题的方法步骤。

引例3
洗衣机的设置
• 中等水量
• 浸泡20分钟
• 洗涤20分钟
• 漂洗1次5分钟
• 甩干3分钟
人在事前预设好步骤，机器被启动后就可以自动完成操作
程序——预设好步骤然后，机器可以自动执行的指令序列

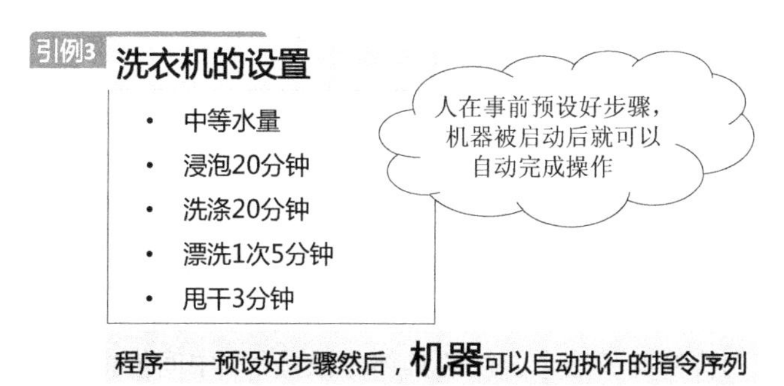

图2.3 洗衣机的设置

2. 算法的定义

通过前面的例子，我们对算法有了感性认识，算法可以理解为由基本运算及规定的运算顺序构成的完整的解题步骤，或者看成是按照要求设计好的有限的、确切的计算序列，并且这样的步骤和序列可以解决一类问题。算法的定义如图2.4所示，计算机算法，特别指的是计算机能够执行的算法，即计算机算法解题的方法和步骤要符合计算机的特点，每一步都很简单，可以不厌其烦地执行简单的步骤。计算机解题也具有一定的局限性，有时日常可行的方案在计算机中却无法实现，即不是所有解决问题的方法都适用于计算机。关于此问题我们将在“算法的可行性”一节中专门讨论。

计算机算法的特点是站在计算机解题的角度来说的，在接收要处理的数据后，经过相应

的处理，产生满足功能要求的结果。因此可以说算法有三要素：输入、功能和结果，如图 2.5 所示。

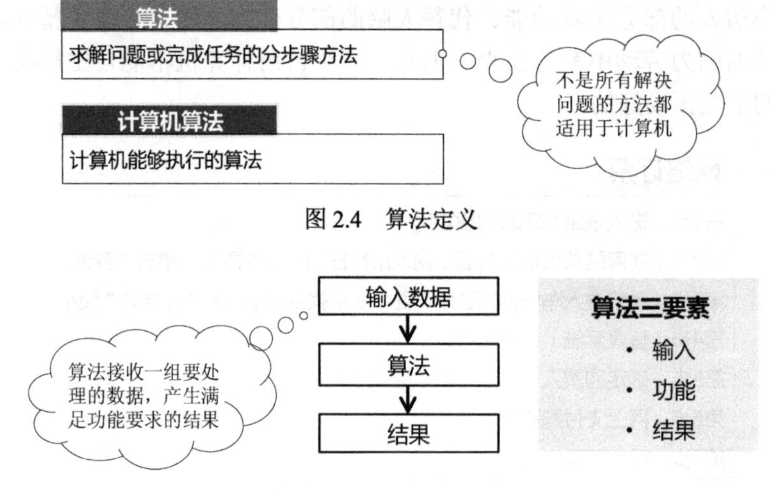

图 2.4　算法定义

图 2.5　计算机算法要素

【例 2.1】计算机算法实例——价格竞猜游戏

电视娱乐节目“猜数”游戏：竞猜者如果在规定的时间内猜出某种商品的价格，就可获得该件商品。主持人每次在报价后会有“高了”或“低了”等提示。现有一商品，价格区间在 0～2000 元（整数），采取什么样的策略才能在总体平均最短时间内说出正确的答案呢？

【解析】

在游戏中，竞猜者每次报出商品的价格后，主持人会有“高了”或“低了”等提示，要采取什么样的策略，才能在总体平均最短时间内说出正确的答案呢？

这个问题有一个经典的解法，称为“二分查找法”（也称“折半查找”），应用此算法有一个先决条件是，整个要查找区域的数值是递增有序的，这个竞猜游戏中的数据为价格，在给定的区间是递增有序的，符合算法的条件。

二分查找法应用到价格竞猜这个游戏的具体方法是“取中间值报数法”，具体步骤如图 2.6 所示。从这个算法可以看出，算法有输入/输出，每一步的方法都是具体可行的，可以在有限的步骤中得到问题的解。

取中间值报数

第1步：报出价格区间的中间值T（首次为1000）

第2步：根据主持人的提示，确定价格区间

(1)高了：下次查找的价格区间为(1,T)

(2)低了：下次查找的价格区间为(T,2000)

(3)猜对了或时间到：游戏结束

第3步：重复第1、2步，直至游戏结束

• 输入/输出
• 方法可行
• 步骤有限

图 2.6　二分查找法应用

3. 算法的特性

我们最后归结一下算法的特性，如图 2.7 所示，算法有零个输入的特殊情况，比如求解一个方程式，在规定好的求解步骤和条件下，不再需要用户输入数据，直接求解即可。

算法特性

- 输　入：有零个或多个输入
- 结　果：产生按功能要求的结果
- 有穷性：一个算法应包含有限的操作步骤
- 确定性：算法中每一个步骤应当是确定的，没有歧义的
- 可行性：算法中每一个步骤应当有效地执行，并得到确定的结果

图 2.7　算法特性

2.2　算法的表示

1. 自顶向下逐步求精

算法是处理问题的步骤和方法。面对一个复杂问题，可以按照先全局、后局部的策略，进行自上而下的描述。比如布朗先生的部分日常活动，在不同的时段里，一件事情又可以细分和具体为多个步骤或活动，如图 2.8 所示。

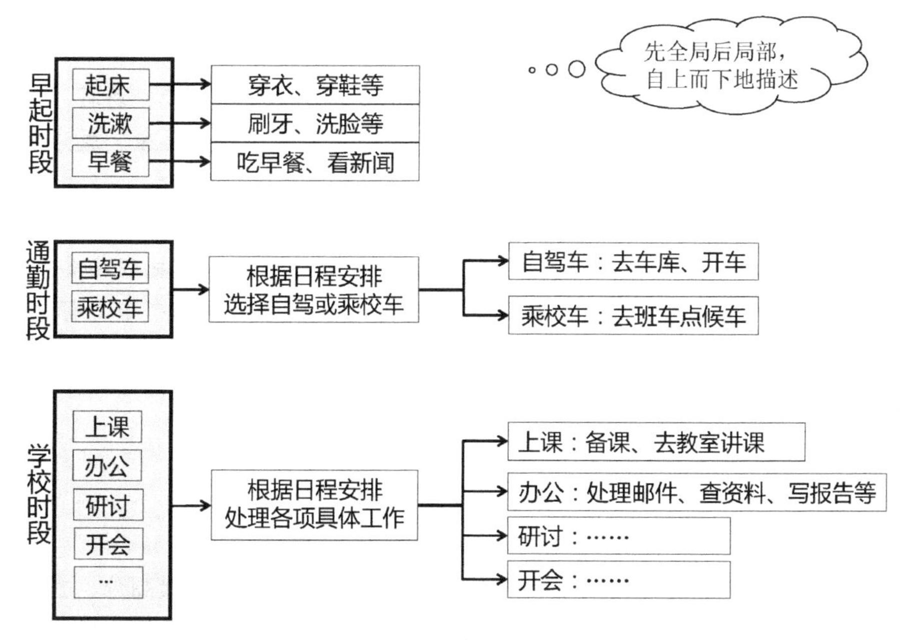

图 2.8　布朗先生的日常

在对问题进行描述时，设计师首先要对所设计的系统有一个全面的理解，然后从顶层开始，连续地逐层向下分解。程序开发标准方法采用的是“自顶向下逐步求精”方法，如图 2.9 所示，不要求一步就编制成可执行的程序，而是分若干步进行，逐步细化实现的方法。

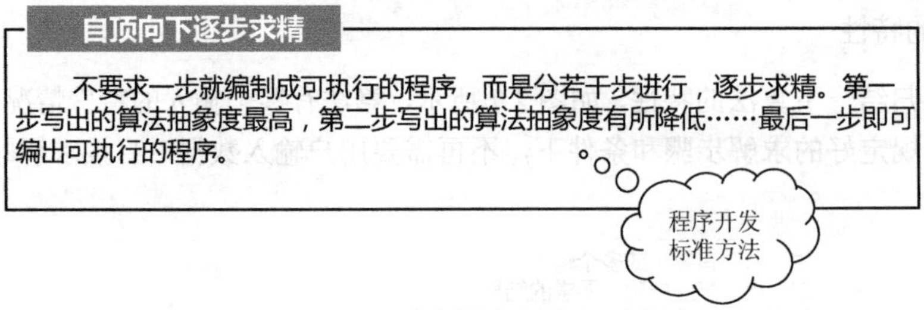

自顶向下逐步求精

不要求一步就编制成可执行的程序，而是分若干步进行，逐步求精。第一步写出的算法抽象度最高，第二步写出的算法抽象度有所降低……最后一步即可编出可执行的程序。

程序开发
标准方法

图 2.9 程序开发方法

【知识 ABC】程序设计相关方法

1. 结构化程序设计

结构化程序设计（Structured Programming）是以模块功能和处理过程设计为主的详细设计的基本原则。其概念最早是由 E. W. Dijikstra 在 1965 年提出的，是软件发展的一个重要里程碑。它的主要观点是：采用自顶向下、逐步求精的程序设计方法；使用三种基本控制结构构造程序，即任何程序都可由顺序、选择、循环三种基本控制结构构造。结构化程序设计主要强调的是程序的易读性。

2. 自顶向下逐步细化

程序设计时，应先考虑总体，后考虑细节；先考虑全局目标，后考虑局部目标。不要一开始就过多追求众多的细节，先从最上层总目标开始设计，逐步使问题具体化。对复杂问题，应设计一些子目标作为过渡，逐步细化。

用这种方法设计程序，看似复杂，实际上优点很多，可使程序易读、易写、易调试、易维护、易保证其正确性及验证其正确性，在程序设计领域引发了一场革命，成为程序开发的一个标准方法，尤其是在后来发展起来的软件工程中获得了广泛应用。

3. 模块化设计

一个复杂问题，一般是由若干稍简单的问题构成的。模块化是把程序要解决的总目标分解为子目标，再进一步分解为具体的容易实现的小目标，每一个小目标被称为一个模块。

2. 算法描述实例

下面通过一个实际案例看一下伪代码描述方法的应用。

【例 2.2】比赛评分统计

在歌手电视大奖赛或跳水比赛中，评委亮分之后，采用去掉一个最高分、去掉一个最低分，再计算平均值的办法来计算选手的参赛成绩。其中的主要步骤如图 2.10 所示，这中间有些步骤还要经过更进一步的处理才能得到结果，比如“去掉最高分”“分数求和”等。下面分析具体的处理方法。

1．找最大数问题

输入 *n* 个数字，判断并显示出这些数字中的最大数。

【解析】

这里主要讨论最大数字的查找算法，为简化问题，设 *n* 等于 10。

这个问题不是简单一两步就能解决的，我们可以逐步描述它的解决方法，伪代码描述如图 2.11 所示，顶部伪代码是把问题进行简要描述，第一步细化，把输入、操作步骤及输出具体化。本题目在第二步细化后，就容易直接写出程序语句了，因此可以不再往下细化。

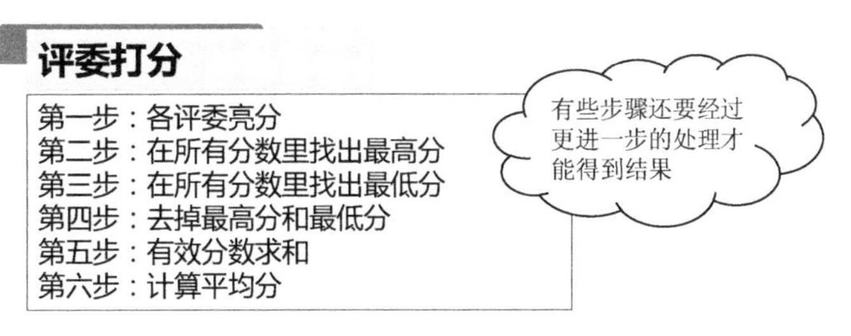

图 2.10　比赛评分流程

顶部伪代码描述	第一步细化	第二步细化
输入10个数字，找到其中最大的	先输入一个数当作Largest	计数器N=1；
		输入x；
		Largest=x；
	再分别输入9个数与Largest比较，将大者记为Largest；	当　计数器N < 10；
		输入x；
		如果 (Largest < x) Largest=x;
		N增加1；
	输出Largest	输出Largest;

把复杂的任务分解为细小且简单的任务——“自顶向下逐步求精”

图 2.11　找最大数问题

把复杂的任务逐步分解为细小且简单的任务，这种处理问题的方法就是“自顶向下逐步求精”。

2．分数求和问题

从键盘中获取一系列正整数，确定并显示出这些数字的和。假定用户以输入标志值“–1”来表示“数据输入的结束”。

【解析】

算法的伪代码描述如图 2.12 所示，可以看到，每细化一步都把解决问题的过程更具体化一些，直到容易直接写出程序语句为止。

顶部伪代码描述	第一步细化	第二步细化
输入系列正整数，求出它们的和，结束标志为“-1”	输入一个数据	输入一个数x；
	当输入的数不是结束标记 将输入的数累加 继续输入数据	累加和sum=0；
		当（x不等于-1）
		sum=sum+x；
		输入数x；
	输出结果	输出sum

图 2.12　分数求和问题

“求最大数”和“求和”问题的程序源码，在“程序语句”一章学习了 C 语言的语法后就不难实现了。

【例子】计算机算法实例——扑克牌的排序方法

打扑克牌时我们希望抓完牌后手上的牌是有序排列的。整理牌的过程可以是这样的：先拿到一张9在手里，再摸到一张3，比9小，插到9前面，摸到一张4，比3大，插到3后面，摸到一张2，比3小，插到3前面……

以上的排序方法在经典排序算法中称为直接插入排序（Straight Insertion Sort），其基本想法是，将待排序的列表分成两部分：一部分是已排序列表，另一部分是待排序列表。将待排序列表中的每个元素依次插入到已排序列表，直至所有元素插入表中。如图2.13所示，比如步骤3中，待插入的数据是4，已排序序列是“3、9”，4比9小、比3大，故排好序的序列为“3、4、9”。数列一共8个数，要进行7次这样的排序过程。

初始排序时，可将列表中的第一个元素看作是有序列表。需要注意的是，直接插入排序算法是在原有数列空间上进行的，真正实现时，只需一个元素的辅助空间。

步骤	已排序序列								待排序序列							
①								9	9	3	4	2	6	7	5	1
②							3	9	3	4	2	6	7	5	1	
③						3	4	9	4	2	6	7	5	1		
④					2	3	4	9	2	6	7	5	1			
⑤				2	3	4	6	9	6	7	5	1				
⑥			2	3	4	6	7	9	7	5	1					
⑦		2	3	4	5	6	7	9	5	1						
⑧	1	2	3	4	5	6	7	9	1							

在插入方法是在原来数据空间进行的

待插入数据

图2.13　直接插入排序示意图

我们再把插入一个数的过程做一下具体分析，以图2.13中的步骤3～4为例，见图2.14。有序区中已有序列为“3、4、9”，待插入数据为2，有序区中，2前面的数是9，大于2，则9后移一位，这样2的值就被覆盖了，所以这里设置了一个“哨兵”把待插入数据记录下来。9后移之后，同理再后移4和3，最后空出的位置放置2。

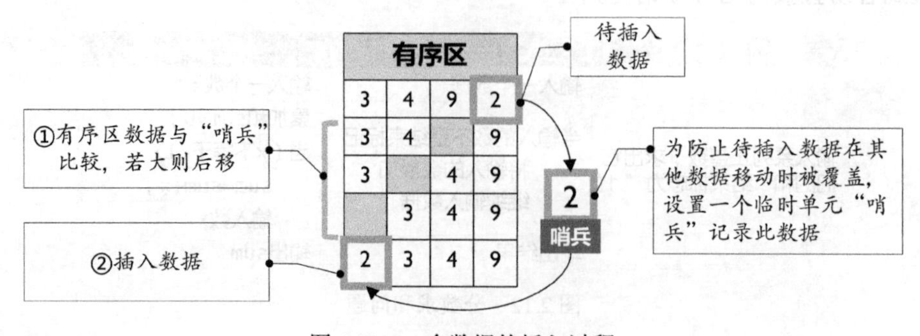

图2.14　一个数据的插入过程

根据前面的描述，把实现过程写出来，即是算法的伪代码描述，见图2.15。

顶部伪代码	第一步细化	第二步细化
从第二个数据开始对所有数据循环处理	从第 i 个数据开始对所有数据循环处理	设共有N个数，data[i]表示第i个数 当 (i<N)
有序区数据逐个与“哨兵”比较， 若大则后移	若第 i 个数据小于它之前的第 i-1 个数据	若（data[i]<data[i-1]）
	将第 i 个数做“哨兵”temp	temp=data[i]
	有序区域的范围 j = i-1~0 在 j 范围内将大于temp的数逐个后移	j = i-1 当（j>=0 并且 data[j]>temp） a[j+1]=a[j]; j=j-1
将“哨兵”数据插入到合适位置	将temp插入到移动后空出的位置	a[j+1]=temp
		i=i+1

图 2.15　直接插入排序算法伪代码逐步细化描述过程

排序的方法另外还有很多种，本书在“数组”一章还介绍了“冒泡排序”“选择排序”等排序算法和程序实现，一般在数据结构课程中会有各种排序算法的介绍和讨论。

2.3　算法的可行性

我们前面已经看到了一些问题的算法描述，对于一个问题，用人工或用计算机解决，二者的解决方法上究竟会有什么区别呢？

实际上人们解决问题的策略常常可以直接用于计算机，但也有不少策略并不适用于计算机。要设计适合计算机解题的算法，就要站在计算机的角度考虑问题，即以计算机的思维去看问题。下面再来看一些算法设计实例。

1．算法实例

【例 2.3】算法实例 1——数据交换

将两个存储单元的数据互换，且互换后的数据不损失。

【解析】

实现数据交换通常使用的方法，是借助第三个空的存储单元，按照图 2.16 所示的步骤即可完成存储单元中数据互换。步骤中的双斜杠在 C 语言中表示说明。

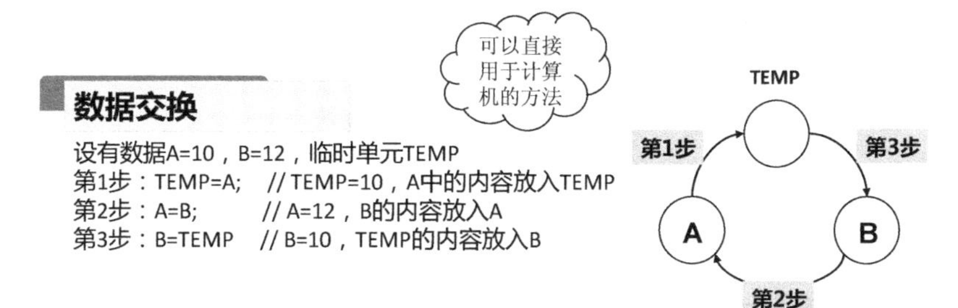

图 2.16　数据交换流程

除上述这种数据交换方法外，我们还可采用以下几种“另类”方法。

- 高空抛物法：把A、B想象成物体，像杂耍一般，将A、B“抛向空中”，然后交换位置。
- 管子运输法：把两个存储单元用两个“管道”连接起来，分别输送A、B至对方单元。
- 原地挪空法：假设A、B所在的单元空间足够大，这样可以把B先放到A所在的单元，然后把A移动到B原先所在的单元。

对于通用法和另类法，在现实世界里，一定条件下都是可行的，但在计算机世界里，通用法是可行的，另类法中的“原地挪空”在一定条件下也是可行的，其他的方法就是强计算机所难了。

【例2.4】算法实例2——小学生的简单除法问题

为简化题目，这里设定是两位数除以一位数，且商为一位数的除法，如23÷3＝7……2。

【解析】

小学老师教的试商方法，比如求23÷3的商和余数，要经过的步骤如图2.17所示。小学老师教的方法针对性比较强，换一组数，要试商的规则就变了，比如找37除以6，就要找6乘哪个数得到的数在30～40范围内，这样处理规则因数据的不同而不同，对计算机而言，不是简单高效的好方法。

人工试商法

23	÷	3	=	7	…	2
37	÷	6	=	6	…	1

（1）找3乘几是二十几，有9、8、7

（2）用23分别与3*9、3*8、3*7比较

（3）当余数小于除数3时即可

小学老师的方法对计算机而言，太灵活难实施

图2.17　小学老师教的试商法

适合计算机解决此问题的可行方法有两种，如图2.18所示，第一个也是试商法，但不管是什么数据，都一律从9开始试商，这样试商的规则就统一而简单，程序员的编程效率就提高了。第二种是用“连减法”，根据除法的定义，可以用被除数连续减除数来得到需要的结果。其实在计算机系统内部，除法正是通过减法来实现的。

图2.18　适合计算机的试商法

适合计算机的解决方案，规则简单，容易实现。有人把计算机不厌其烦做简单的重复工作的特点称为“计算机的英雄本色”。

【例2.5】算法实例3——表达式计算问题

在C语言中，把运算符和运算数据组合在一起的式子称为表达式，比如1+(5–6/2)*3这

样的四则运算式，注意这里的除号写法是斜杠，乘法是星号，C 语言中规定所有的符号都由键盘直接输入，这样比较方便。

小学老师教的策略和计算机的处理方法如图 2.19 所示。计算机中表达式的处理方法是一种称为波兰式表示法的处理方法。波兰式表示法最初由波兰数学家扬・武卡谢维奇（Jan Lukasiewicz）在 1920 年提出，波兰式表示法通过两个步骤简化了表达式的计算。

表达式的计算方法

1+(5-6/2)*3

小学老师教的计算方法

（1）先乘除后加减
（2）有括号要优先

括号配对、运算符优先级的判断，对计算机而言，情况太复杂，处理太麻烦

计算机中的处理方法

波兰式表示法
（1）让表达式无括号
（2）计算中不用考虑运算符的优先级

图 2.19　表达式的计算

前面的 1+(5–6/2)*3 表达式转换后就变成了 1562/–3*+这种形式，至于是如何转换的，数据结构课程里有相应的内容，感兴趣的同学可以自己查阅资料。下面我们来看一下这个去掉了括号的波兰式的计算过程。

图 2.20 中表达式最后的#符号，是为计算方便做的结束标记。放数字的格子是一个数据存放空间，这里列出了在不同的处理步骤中放置数据发生的变化。图中给出了扫描表达式时可能遇到的情形和处理方法，在经过 6 步处理后，数据空间里的值就是最后的运算结果。

1 + (5 - 6 / 2) * 3

1 5 6 2 / - 3 * + #

扫描表达式	遇到数字保存
	遇到运算符，连续两次取数运算，保存结果
	遇到#，取出运算结果，结束

处理步骤
（1）遇数字1、5、6、2，保存
（2）遇运算符“/”运算6/2=3，保存3
（3）遇运算符“-”运算5-3=2，保存2
（4）遇数字3，保存
（5）遇运算符“*”运算2*3=6，保存6
（6）遇运算符“+”运算6+1=7，保存7
（7）遇#，取结果7，结束

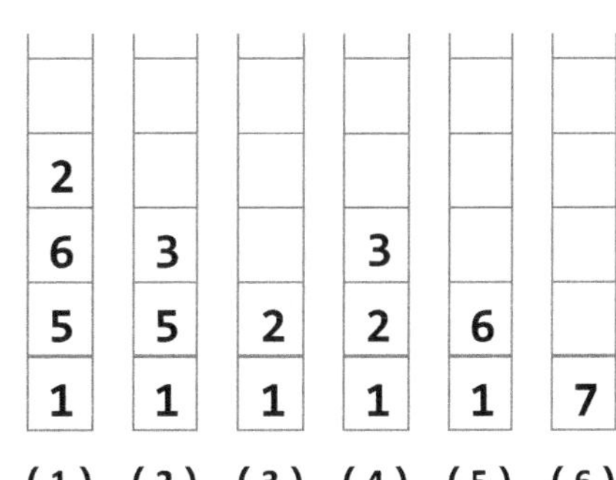

图 2.20　波兰表达式计算方法

2. 计算机的思维方法

通过前面的几个例子，我们可以看到，有时人们习惯的、在已有经验中能行得通的方法，在计算机中难以直接套用。要设计出适合在计算机中执行的算法，就要先了解计算机处理问题的特点和方法，即“计算机的思维方法”。卡内基·梅隆大学的周以真教授说“计算思维，是用计算的基础概念去求解问题、设计系统、理解人类行为。计算思维是建立在计算过程的能力和限制之上的”。计算思维的本质是抽象和自动化，具体到面向过程的程序设计，可以用“程序的思维”来描述。

【知识 ABC】程序的思维

程序设计中信息的抽象是用标识符、常量、变量、数组和结构体等描述和记录信息及信息间的关系；自动处理是用语句及运算符按预设的目的操纵处理信息；语句的组织结构按照功能的独立性划分即是函数。一个大问题分解为多个子问题，相互独立又相互联系的关系是通过函数来完成的；算法则描述了操纵处理的方法和步骤，适合人的思维方式的算法描述方法是按照自顶向下逐步求精的方法来进行的。这些组合在一起构成了面向过程的程序设计语言和程序设计方法。

2.4　算法的通用性

算法通用性指的是对同类问题中相应数据的处理，操作规则应尽可能一致。我们先来看一些经典问题的求解方法。

1. 经典问题的求解方法

【例 2.6】物不知数

我国古代数学名著《孙子算经》中有一个“物不知数”的问题，“今有物不知其数，三三数之剩二，五五数之剩三，七七数之剩二。问物几何？”题目的意思是：有一些物品，不知道有多少个，只知道将它们三个三个地数，剩下两个；五个五个地数，会剩下三个；七个七个地数，剩下两个。这些物品是多少个？

【解析】

题目原文对答案的个数没有要求，可能有多个答案。我们解这道题的思路可以是图 2.21 所示的那样，用排除归纳法分别找出满足上述三个条件的集合，最后在这些集合中找共同的数，容易看出满足条件的最小物品数量是 23。

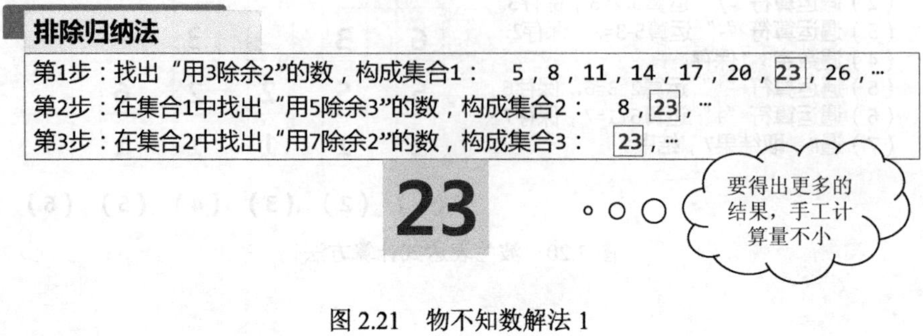

排除归纳法

第1步：找出“用3除余2”的数，构成集合1：　5，8，11，14，17，20，23，26，…
第2步：在集合1中找出“用5除余3”的数，构成集合2：　8，23，…
第3步：在集合2中找出“用7除余2”的数，构成集合3：　23，…

23

要得出更多的结果，手工计算量不小

图 2.21　物不知数解法 1

我们再来看一下计算机的通解方案。先说明一下，C 语言中除 3 余 2 的条件表示方法为：x%3 ==2，其中%是运算符，表示求余数，==表示判断是否相等（注意此处是两个等号）。算法的伪代码描述如图 2.22 所示。第二步细化中当型循环 while 中的判断为“循环条件永远为真”，是因为不知道物品数量，所以查找满足条件的解的操作可以一直进行下去。

顶部伪代码描述	第一步细化	第二步细化
x从1开始	设x=1	x=1
找到满足条件的结果	循环做以下操作 如果x同时满足以下条件 “除3余2，除5余3，除7余2” 则输出x的值 x值增加1	while (循环条件永远为真) 如果（x%3==2且x%5==3且x%7==2） 则输出x x值增加1
输出结果		

循环条件永远为真，算法什么时候能停止呢？

图 2.22　物不知数解法 2

循环条件永远为真，算法什么时候能停止呢？在不需要所有可能的解的前提下，可以设定一个结束的条件，比如 X 大于 2000 时停止。我们会在循环语句中再详细讨论这个“循环条件永远为真”的问题。

这种通过逐个试数的方法来求问题的解，充分体现了计算机解题的特点：可以不厌其烦地做简单重复的工作。

【例 2.7】鸡兔同笼

鸡兔同笼也是《孙子算经》中的一个经典问题，“今有雉兔同笼，上有三十五头，下有九十四足，问雉兔各几何？”题目的意思是，有若干只鸡兔同在一个笼子里，从上面数，有 35 个头，从下面数，有 94 只脚。问笼中各有多少只鸡和兔？

【解析】

我们可以用二元一次方程组的方法来求解，如图 2.23 所示。解题过程中要对不同等式中的变量的系数正负进行判断，或要做代入等处理，对计算机来说规则繁多、实现麻烦，而且不同方程组的具体解法不同。

解方程法

第1步：设有x只鸡，y只兔

第2步：列方程：

$$\begin{cases} x+y=35 \\ 2x+4y=94 \end{cases}$$

第3步：解方程得解：

$$\begin{cases} x=23 \\ y=12 \end{cases}$$

可以采用加减消元法或代入消元法求解

图 2.23　鸡兔同笼解法 1

我们来看一下计算机的通解方案，见图 2.24。鸡兔同笼问题我们依然采用前面的“试数法”，通过把每个变量的可能取值都试一遍来找到符合条件的解。

顶部伪代码描述	第一步细化	第二步细化
x、y分别从1开始	x=1，y=1	x=1，y=1

找到满足方程式的结果	当x<35重复下面操作
	如果y在1至35之间有符合方程条件的值
	则输出结果
	值增加1
		while (x<35)
		while (y<35)
		如果x+y=35并且2x+4y=94
		则输出x、y
		y值增加1
		x值增加1

输出结果		

图 2.24　鸡兔同笼解法 2

第一步细化中，x、y 的初值为 1，它们的结束条件都为 35，因为共有 35 个头。当 x=1 时，把 y 从 1 到 35 所有可能的数都代入方程测试一遍，看是否有符合条件的解，然后 x 加 1 变为 2，再做 y 从 1 到 35 所有的可能的测试，循环进行这样的操作，直到 x=35 时停止，注意这是一个二重循环。

第二步细化，把方程的条件具体化，当"x+y=35 且 2x+4y=94"时，则找到一组解。

2. 计算机解题的三阶段

从前面的例子可以看出，计算机处理问题一般分三个阶段：开始、中间和结束，每个阶段要确定或完成相应的处理，如图 2.25 所示。

计算机处理问题三阶段	
开始阶段	确定程序运行的初始条件
中间处理	按问题要求完成相应数据的处理，达到功能要求
结束阶段	确定程序结束的条件、得到最终的结果

图 2.25　计算机解题三阶段

3. 计算机算法的特点

通过前面的例子可以归结出适合计算机实现的方法，即计算机算法的特点，如图 2.26 所示，计算机处理问题的特点是每一步的操作都是简单的，简单的操作组合起来可以完成复杂的功能。对同类问题中相应数据的处理规则应尽可能一致。

计算机算法的特点

规则简单：数据处理的每一步骤是简单的；

规则通用：对同类问题中相应数据的处理，操作规则应尽可能一致。

图 2.26　计算机算法的特点

2.5　算法的全面性

算法的全面性，指我们设计出的算法，对于各种情形的输入数据都应该能处理：

- 对正常数据能正常处理；
- 遇异常数据要有正确的反应。

下面通过探讨 $n!$ 问题的算法实现来看一下算法的全面性所包含的内容。

1. 问题分析

$n!$ 的数学定义如图 2.27 所示，其中只有抽象的变量 n，不知道 n 的具体值，怎么设计算法呢？对这样的变量值不确定的泛化问题，可以先找一个既符合定义又便于计算的数，比如 n=5，来分析问题的规律和特点。

在设计计算机算法之前，观察一下人工计算 5! 的通用方法。这里强调“通用方法”，含义在于当 n 为其他数时，所设计的计算方法依然有效。

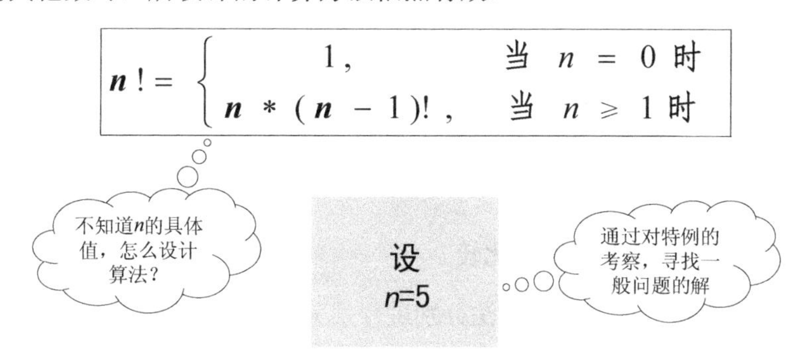

图 2.27 $n!$ 问题

2. 人工处理问题的方法

为表述方便，设变量 S 代表累乘之积，这里的变量可以看成一个储物箱，具有可存入数据、可取出数据、其中的内容可变的特点。计算阶乘的具体步骤如图 2.28 所示，表格中“表示”一栏中的箭头符号，在这里表示放入的意思。

人工计算方法

步骤	操作	表示
1	1乘以2的乘积为2，存入S	1*2→S
2	取S的值2，与数值3相乘，结果为6，再存入S	S*3→S
3	取S的值6，与数值4相乘，结果为24，再存入S	S*4→S
4	取S的值24，与数值5相乘，结果为120，再存入S	S*5→S

设变量S代表累乘之积

变量特点
- 可存
- 可取
- 内容可变

变量可以看成储物箱

图 2.28 $n!$ 算法 1

3. 计算机处理问题的分析

我们再来看计算机算 5! 的通用方法。可以把计算机看成功能更强大的计算器，但你要让它处理的所有数据、所使用的方法，一点一滴都要你“手把手”地交给它，不然它什么都不会做。本题目中计算机需要知道的信息如图 2.29 所示，可以通过下面这些方法来获取运算数据。

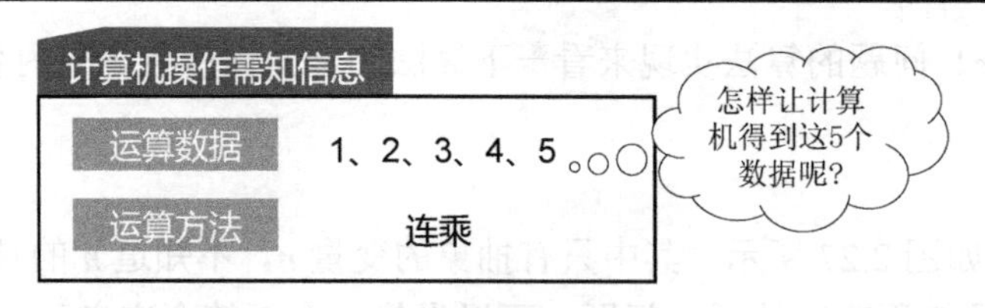

图 2.29　计算机操作需要的信息

方法一：每个数都可以通过键盘输入到计算机中。每计算一次，输入一个数据。

当 *n* 较大时，这种方法就显得比较麻烦了。我们还可以设想另外的方法，根据求阶乘这个问题的特点可以看出，除第一个乘数 1 以外，其他乘数都可以通过前一个乘数加 1 得到。因此我们有第二种方法。

方法二：除了 1 之外，每个数都是前一个数加 1 而来，或者说迭代而来的。

显然方法二简单好用，我们就采用此法。为方便引用数据，这里设乘数为 T，它也是一个变量。

4．人工与计算机处理问题方法的比较

前面对人工与计算机处理问题的方法分别进行了分析，现在重点来看一下二者的不同点，如图 2.30 所示，以此来了解计算机处理问题的特点。

	计算模型	求解主要步骤	解题特点
人工	5！ =1*2*3*4*5	• 按阶乘公式 • 直接取乘数 • 乘积记入*S*	问题中的已知信息，直接取用即可
计算机		• 按阶乘公式 • 乘数由迭加得到：*T*+1→*T* • 乘积记入*S*: *S***T*→*S*	问题中的每一个数据、每一步运算方法都要事前“交代”好

设变量*S*代表累乘之积，变量*T*代表乘数

图 2.30　算法比较

二者的计算模型是一样的，主要的处理步骤也是一样的，最大的不同点在于，在求解过程中，人对已知的信息是直接取用的，而对计算机而言，每一个数据、每一步运算方法都要给它“交代”好。

计算机是一种工具，人们使用工具解决问题，必然会受到工具本身特性的限制，在处理方法和步骤中，必须考虑工具的特点。学习程序设计最重要的是掌握计算机处理问题的方法特点——也就是“计算思维”方法。

5．计算机算法描述

n！求解的算法描述如图 2.31 所示，第二步细化中，while（T<=5）的意思是当 T 小于等于 5 时继续循环，注意此处循环条件的描述，第一步细化中的“直到大于 5 时结束循环”与第二步细化中的“当小于等于 5 时继续循环”，这两个条件是等价的。

可以根据第二步细化的伪代码画出对应的流程图，如图 2.32 所示。

在流程图中看算法的执行过程更直观一些。首先是给乘积 S 和乘数 T 分别赋初值，然后重复进行求乘积 S、乘数 T 加 1 这两步操作，当 T 值小于等于 5 条件为假的时候，循环结束。

每次进行完循环操作后都要判断 T 值是否满足条件，为真则一直循环，直到为假时循环操作结束。

顶部伪代码描述	第一步细化	第二步细化
求5！	由1乘2开始	设乘积 =1，乘数 =2
	重复做以下操作 乘的结果放到S中 乘数每次增加1	do S*T→S T+1→T
	直到乘数大于5结束	while (T<=5)
输出结果	输出结果	输出：S

注意此处循环条件的描述与表示

图 2.31　n！算法伪代码描述

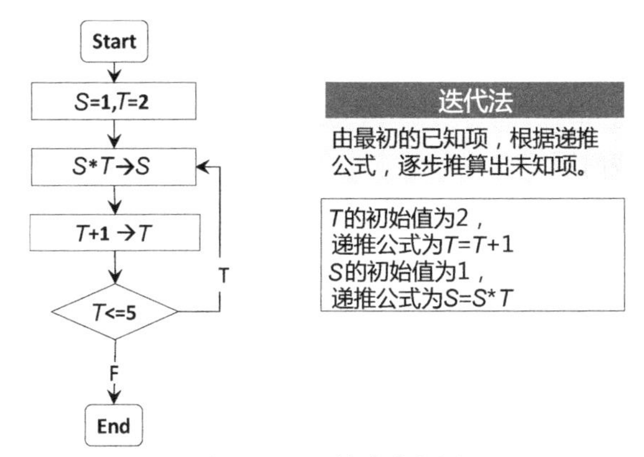

图 2.32　n！算法流程图

T 的初始值为 2，递推公式为 T=T+1；S 的初始值为 1，递推公式为 S=S*T。这种“由最初的已知项，根据递推公式，逐步推算出未知项”的方法叫“迭代法”。计算机解决问题的特点之一是按部就班，本次计算往往要用到上一次计算的结果。

【知识 ABC】迭代（递推）法

递推法是指根据问题的递推关系，由已知项，经过有限次的递推迭代，得到待求的未知项。凡是具有递推公式的数值问题，都可以用迭代法来求解。

迭代步骤：

（1）列出问题的已知项；

（2）根据问题的关系，写出递推公式；

（3）对递推公式进行有限次的递推迭代，直到待求的未知项，即为所解。

6. 算法执行过程分析

我们再来分析一下循环执行时变量 S 和 T 变化的情形。可以设计一个表格，把流程中主要运算步骤 1、2、3 对应的 S 和 T 变化列出来，这样便于查看算法执行的过程，如图 2.33 所示。

表中第一列，S 和 T 的初值分别为 1 和 2，步骤 3 还没有执行到，因此没有结果。然后执行步骤 1，S 的值为 S 乘 T，等于 2。执行步骤 2，T 的值增 1，为 3。执行步骤 3，此时 T 值为 3，小于 5，为真，走“True”分支。继续执行步骤 1，S 等于 2 乘 3 得 6，步骤 2，T=4，T<= 5 为真。继续执行步骤 1、2、3，直到 T<=5 为假，到此算法结束。

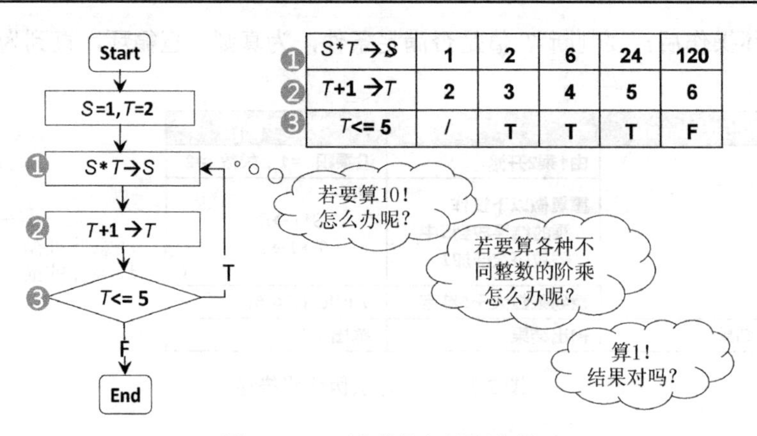

图 2.33　*n*！流程执行过程分析

这个是算 5！的算法，但仅仅只能算一个 5 的阶乘显然不是我们的最终目的。从程序的通用性方面还需要考虑一些问题。

7．算法的测试

要算 10！怎么办呢？我们可以把步骤 3 的条件改为 *T*<=10。

要计算各种不同整数的阶乘怎么办呢？可以在步骤 3 处，判断条件改为 *T*<=*n*，*n* 的值可以通过键盘输入得到。

算 1！结果对吗？当程序运行到步骤 3，此时 *T*=3，*n*=1，*T* 小于 *n* 为假，程序结束时，*S* 的值为 2，显然有问题。

我们把赋初值处的 *T*=2 改为 *T*=1，这样结果就对了。

改进后的流程，添加了 *n* 值的输入，修改了 *T* 的初始值，如图 2.34 所示。

若用户有意或无意输入一个非法的数据，比如 *n*=–1，会出现什么结果呢？

这时流程中的循环只执行一次，最后的结果是 *S*=1，显然还是有问题。

为预防用户输入非法数据，我们要对输入加一个判断，当数据不合要求时，可以给用户一个提示。进一步改进的流程如图 2.35 所示。由此我们应该设置一个程序错误预防规则，对于输入的“非法”数据，程序应该有合适的应对方法，而不能束手无策。

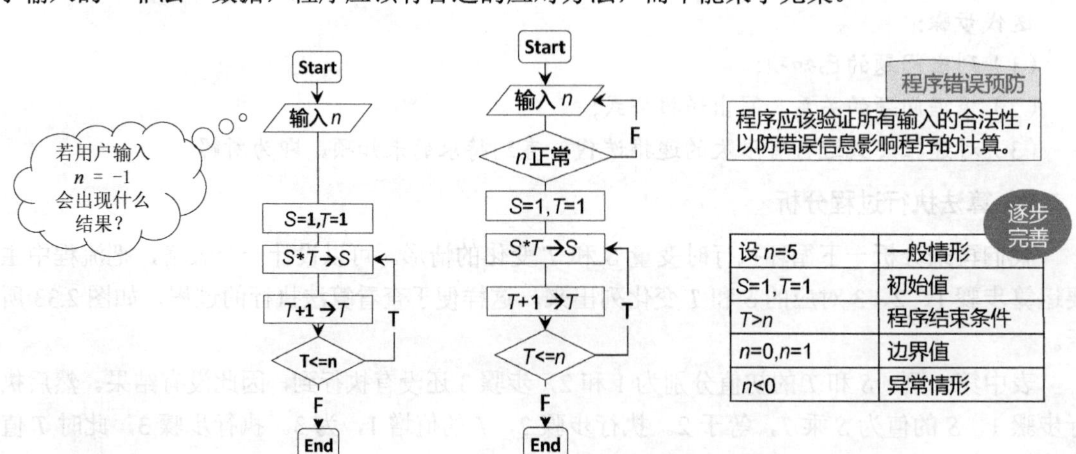

图 2.34　*n*！流程改进 1　　　　图 2.35　*n*！流程改进 2

8．算法设计步骤归结

通过对 n！算法设计中出现的各种情况的讨论，我们最终得到一个较为全面的处理问题的方案，n！整个设计要点回顾如下。

（1）设 n=5——先按问题的一般情形考虑处理流程；

（2）S=1，T=1——确定算法的初始值；

（3）T>n——确定算法结束的条件；

（4）n=0，n=1——要考虑边界值的处理；

（5）n<0——再考虑异常情形的处理。

在基本流程建立起来后，再考虑边界、异常等情形，这样分步骤处理问题会比较清晰。从这个算法设计实例中可以看到，算法设计不是一蹴而就的，而是一个逐步完善的过程，一个好的算法是反复努力、不断修正的结果，这是人解决问题的普遍规律。

9．算法设计要点

通过前面例子的讨论可以总结出算法设计的要点，如图 2.36 所示。

算法设计要点

（1）先按问题的一般情形考虑处理流程
（2）设定初始值
（3）确定程序结束的条件
（4）考虑边界点或特殊点的处理
（5）考虑异常情况

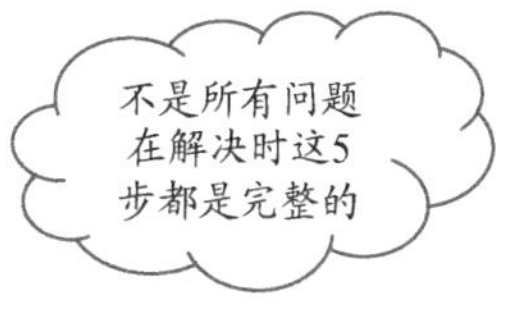

图 2.36 算法设计要点

从算法设计的一般性步骤中可以看到，对于设计出的算法是否完善及能否达到预期的目标，是要经过验证才能判断的。对于算法的验证，最好是在算法设计前就设计出合适的测试数据，我们可以借鉴软件测试的一般性方法，这部分内容详见“程序的运行”一章。

【知识 ABC】软件测试与测试用例

- 软件测试：在规定的条件下对程序进行操作，以发现程序错误、衡量软件品质，并对其是否能满足设计要求进行评估的过程。这是软件测试的经典定义。软件测试是一种实际输出与预期输出间的稽核或比较过程。
- 测试用例：为某个特殊目标而编制的一组测试输入、执行条件以及预期结果，测试某个程序路径或核实是否满足某个特定需求。

2.6 算法设计过程与算法特性

1．计算机求解过程中算法的位置

在程序概论一章中，我们已经知道，从提出一个实际问题到计算机解出答案，主要经过建立模型、数据结构设计和算法设计、编码、测试 4 个步骤。

建立模型是由实际的问题抽象出功能和数据，分析要处理的信息，找出信息间的联系。

数据结构设计，是找出数据的组织方式和存储方法；算法设计，是设计出求解问题的方法。编程是将设计好的算法转换成程序代码。最后，对编好的程序进行测试。

2．算法设计的一般过程

我们前面讨论了算法设计的要点，这是在问题的输入、功能和结果要求即算法的三要素明确的情况下算法实现的处理规则。站在算法设计的角度，对于一个问题的求解，除了算法实现本身，还涉及其他一些相关事项，比如是否有经典的算法策略；一个问题有多种解法，如何比较它们的优劣，是否对算法有统一的评价机制等。结合程序开发步骤，算法设计可以按照以下过程进行。

1）明确算法要素

准确地理解算法的输入信息，明确算法要实现的功能，明确算法出口即结果。

2）设计并描述算法

运用自顶向下逐步细化的方法，根据算法设计的一般规则，构思和设计算法。在算法设计时，可以借鉴一些成熟的解题方法。经典的解题策略有蛮力法、分治法、减治法、动态规划法、贪心法、回溯法、分支限界法、近似算法、概率算法等。在为新问题设计算法时，可以灵活运用这些策略设计出新的算法。用相应的算法描述方法清楚准确地将所设计的求解步骤记录下来。

3）人工检测

逻辑错误无法由计算机检测出来，因为计算机只会执行程序，而不会理解动机。经验和研究都表明，发现算法中的逻辑错误的方法之一是人工运行算法，用测试样例测试算法，测试样例的设计要最大可能地暴露算法中的错误。

4）分析算法的效率

算法效率可以从计算机资源使用的角度来考察，体现在机器使用的时间效率和空间效率两个方面。时间效率显示了算法运行的快慢，空间效率则显示了算法需要多少额外的存储空间。算法效率的内容一般在数据结构课程上进行详细的讨论。

5）实现算法

把算法转变为特定程序设计语言编写的程序。需要强调的是，一个好算法是反复努力和不断修正的结果。

3．算法特性

根据前面对算法的实际案例讨论可以看到，对算法的三个要素是有限定要求的，一般称之为算法的特性，具体见图 2.37，有穷性、确定性和可行性都是算法功能实现时的限定或要求。

算法特性

- 输　入：有零个或多个输入
- 结　果：产生按功能要求的结果
- 有穷性：一个算法应包含有限的操作步骤
- 确定性：算法中每一个步骤应当是确定的，没有歧义的
- 可行性：算法中每一个步骤应当有效地执行，并得到确定的结果

图 2.37　算法特性

（1）输入：一个算法有零个或多个输入，这些输入源自要解决问题的处理信息。算法的输入有零个输入的特殊情况，比如求解一个方程式，在规定的求解步骤和条件下，不再需要用户输入数据，直接求解即可。

（2）输出：一个算法有一个或多个输出（即算法必须要有输出），输出的结果由问题的功能指定。

（3）有穷性：一个算法必须总是（对任何合法的输入）在执行有穷步之后结束，且每一步都在有穷时间内完成。算法中有穷的概念不是纯数学的，而是指在实际应用中是合理的、可接受的。

（4）确定性：算法中的每一条指令必须有确切的含义，不存在二义性。在任何条件下，相同的输入只能得到相同的输出。

（5）可行性：算法描述的操作可以通过已经实现的基本操作执行有限次来实现。

4. 好算法的特性

同一个问题可以有不同的解决方法，评价完成同一功能不同算法的优劣，需要有评价标准。目前公认的、评价一个“好”算法的标准是满足算法的五个重要特性，此外还要具备下列特性。

1）正确性

算法应满足具体问题要求的功能，这是算法设计的基本目标。“正确”的含义在通常的用法中有很大的差别，大体可分为以下四个层次：

（1）程序不含语法错误；

（2）程序对于几组输入数据能够得出满足算法功能要求的结果；

（3）程序对于精心选择的典型、苛刻而带有刁难性的几组数据能够得出满足算法功能要求的结果；

（4）程序对于一切合法的输入数据都能产生满足算法功能要求的结果。

通常以第3层意义的正确性作为衡量程序是否合格的标准。

2）可读性

在算法是正确的前提下，算法的可读性可理解性应该摆在第一位，即程序员的效率是最重要的，这在当今大型软件需要多人合作完成的环境下至关重要。另一方面，晦涩难读的程序易于隐藏错误且难以调试。

3）健壮性

健壮性又称鲁棒性（Robustness），是指算法对不合理数据输入的反应能力和处理能力，也称为容错性。一个好的算法，应该能够识别出错误的输入数据并进行适当的处理和反应。

设计合理有效的测试用例，在软件测试阶段尽可能地发现程序的错误，是保证算法健壮性的有效方法。

4）高效性

高效性，指算法的运行效率高，包括以下两个方面。

（1）时间效率高。算法的时间效率指的是算法的执行时间。执行时间短的算法称为时间效率高的算法。

（2）存储空间少。算法的存储空间指的是算法执行过程中所需的最大存储空间，其中主要考虑运行时需要的辅助存储空间。存储空间小的算法称为内存要求低的算法。

研究实验表明，对于大多数问题来说，在速度上能够取得的改进一般要远大于在空间上的，时间和空间往往可以相互转化。

2.6 本 章 小 结

算法可以理解为由基本运算及规定的运算顺序所构成的完整的解题步骤，或者看成按照要求设计好的有限的、确切的计算序列，并且这样的步骤和序列可以解决一类问题。

计算机算法解题的方法和步骤要符合计算机的特点，即每一步都很简单，可以不厌其烦地执行简单的步骤。计算机解题也具有一定的局限性，有时日常可行的方案在计算机中却无法实现。

虽然在最初的学习时，有一些简单问题容易一下就写出完整的处理程序，但我们在学习过程中应该养成良好的程序设计素养，遵循算法设计的一般规则，这样在今后面对复杂问题时，不至于因为设计的某些步骤缺失而使得设计方案不完备。

本章主要概念及其联系如图2.38所示。

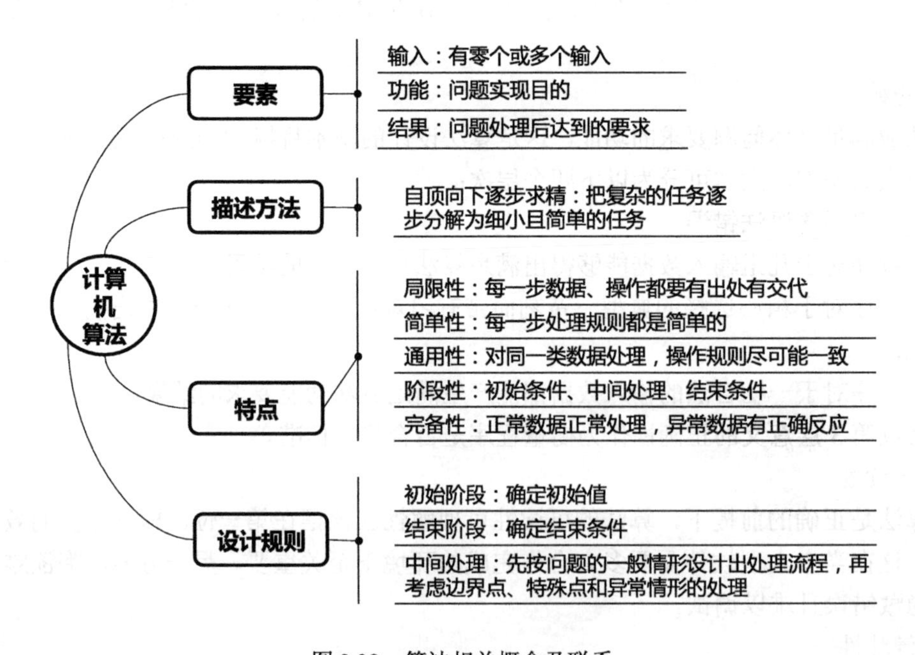

图2.38　算法相关概念及联系

习　　题

一、算法描述题

用伪代码或流程图的形式给出2.1～2.7各题的算法描述。

2.1　为下面的每个叙述系统地阐述一个算法：

（1）从键盘中获取两个数字，计算出这两个数字的和，并显示出结果。

（2）从键盘中获取两个数字，判断出哪个数字是其中的较大数，并显示出较大数。

（3）从键盘中获取 n 个正数，求出这些数字的和。

2.2 输入若干非0实数，统计其中正数与负数的个数，遇到0时结束。

2.3 读入一个5位数，判断该整数是否是回文（注：回文是指顺读和倒读都一样的词语）。

2.4 如果整数只能被1和自身整除，那么这个整数就是质数。例如，2、3、5和7都是质数，但4、6、8和9却不是。写出判断一个数是否为质数的算法。

2.5 斐波那契数列是指后面的每个数据项都是前两项的和的数列，如0，1，1，2，3，5，8，13，21，…。写出能够计算第 n 个斐波那契数的算法。

2.6 某电信部门规定：拨打市内电话时，若通话时间不超过3分钟，则收取通话费0.22元；若通话时间超过3分钟，则超过部分以每分钟0.1元收取通话费（通话不足1分钟时按1分钟计）。试设计一个计算通话费用的算法。

2.7 有5个人坐在一起，问第5个人多少岁，他说比第4个人大2岁；问第4个人多少岁，他说比第3个人大2岁；问第3个人多少岁，他说比第2个人大2岁；问第2个人多少岁，他说比第1个人大2岁；最后问第1个人多少岁，他说是10岁。那么第5个人到底多大？给出通用的计算规则及算法（递归的方法）。

二、算法分析题

2.8 根据求和算法流程，填出表2.1中表格里每个整数被处理后的和值。输入7个数1，3，5，7，9，11，13。

表2.1 求和算法处理过程中的数据

累加次数	0	1	2	3	4	5	6	7
sum	0	1						

2.9 使用查找最大数算法，填出表2.2中表格里每个整数被处理后的最大数的值。输入7个数3，8，20，8，20，32，5。

表2.2 求最大值算法处理过程中的数据

比较次数	0	1	2	3	4	5	6	7
largest	3							

2.10 一个列表包含元素有8，15，27，36，44，65，88，97。使用折半查找算法，跟踪查找88的步骤，要求给出表2.3中每一步first、mid、last等的值。

表2.3 折半查找算法处理过程中的数据

编号	1	2	3	4	5	6	7	8
数据	8	15	27	36	44	65	88	97

查找次数	1	2	3	4	5	6	7	8
first	1	4						
last	8	8						
mid	4							
数据	36							
比较结果	88>36							

第3章 基本数据

【主要内容】

- 基本数据类型、类型本质含义、整型和实型存储机制；
- 变量的定义、引用方法和在内存中的存储方式；
- 运算符及其使用规则、表达式的概念、各类运算的结果归类；
- 数据要素的归类总结。

【学习目标】

- 理解并掌握数据类型、数据存储、数据引用、数据运算的概念；
- 掌握常用运算符和表达式的使用；
- 理解并掌握常量和变量的使用。

3.1 常量与变量

超市购物结算时，收银员会给顾客一张购物小票，上面有购物的相关信息，如图 3.1 所示。

引例 购物账单

商品名称	单价	数量	金额
记事本	15.60	1	15.60
电池	8.00	2	16.00
面包	3.60	2	7.20
牛奶	26.80	1	26.80
合计		6	65.60
优惠金额	3.60	实收金额	62.00
收款金额	100.00	找零金额	38.00

图 3.1　购物小票

其中金额的计算公式是单价乘以数量，这里单价是不变量，数量是可变量。在许多问题中都会有有些量固定不变、有些量不断变化的情形。如物体运动中的速度、时间和距离，圆的半径、周长和圆周率，购买商品的数量、单价和总价等。

程序中的数据，按出现的形式可以分为常量和变量两大类。常量是在程序运行过程中其值不能被改变的量；变量是在程序运行过程中其值可以被改变的量。

3.1.1 常量

常量有直接常量和符号常量之分。直接常量不需要事先定义，在程序中需要的地方直接写出即可。在程序中某个常量在多处出现，则可以使用符号常量来代替这个常量，这样需要修改时，只需改一处即可，使用方便。符号常量需要事先定义后才能使用。定义的方法是用宏命令 define 定义，如#define　LEN 128，意思是，在程序中出现大写 LEN 的地方，都代表 128。“宏命令”在“编译预处理”一章有详细介绍。

【例 3.1】程序中常量表示的例子

记事本的单价是 15.6 元，输出单价和购买 2 本记事本的金额。

```
01 #include  <stdio.h >
02 #define  PRICE  15.6          //定义符号常量 PRICE，在程序中表示数值 15.6
03 int main(void)
04 {
05     printf("单价：%f\n", PRICE);           //PRICE——符号常量
06     printf("金额：%f\n", PRICE*2);         //2——直接常量
07     return 0;
08 }
```

在程序第 2 行，我们用宏命令 define 来定义符号常量 PRICE，程序中出现这个 PRICE 的地方，都表示数值 15.6，比如第 5 行和第 6 行。如果价格改变，只要在第二行修改价格值即可。在编程时我们用 PRICE 来表示价格，比直接写 15.6 更清晰明了，程序的可读性更好。

【程序设计好习惯】

涉及物理状态或者含有物理意义的常量，不应直接使用数字，而应用有意义的标识来替代，C 语言中用有意义的枚举或宏来代替。枚举的概念参见“复合的数据结构”一章。

C 语言有各种类型的常量，如图 3.2 所示。

	形式	表示规则	例子
整型常量	十进制	0~9十个数字	23，127
	八进制	0~7八个数字，以0开头	023，0127
	十六进制	0~9，A~F/a~f十六个数字，以0x或0X开头	0x23, 0xc8
实型常量	十进制形式	带小数点的数	1.0　+12.0　-2.0
	指数形式	数字e/E数字	1.8e-3　-23E+6
字符常量	可视字符常量	单引号括起来的单个可视字符	'a'　'A'　'+'　'3'
	转义字符常量	单引号括起来的符号'\'与可视字符组合	'\n'
	字符串常量	用双引号括起的一个字符序列	"ABC"、"123"、"a"

图 3.2　常量形式

整型常量包括十进制、八进制和十六进制。十进制是我们熟悉的整数形式，八进制只有八个数字，为了和十进制数有所区分，用 0 开头来表示。十六进制除 0～9 十个数字外，10～15 这几个数字分别用大写英文字母 A～F（或小写）来表示，以 0x 或 0X 开头。

实型常量包括十进制和指数形式两种，实型的十进制是带小数点的数字。指数形式也称为“科学计数法”，图 3.2 中例子 1.8e-3 表示 $1.8*10^{-3}$，-23E+6 表示 $-23*10^{6}$，其中 e 或 E 的意义是一样的。

字符常量有可视字符、转义字符和字符串常量三类。可视字符常量是单引号括起来的单个可视字符，可视字符是可以显示在屏幕上的字符，比如字符“a”，符号“+”，字符“3”等，注意字符3和十进制数值3是不同的，字符3的ASCII码值是51。

有一些不能明显显示在屏幕上的特殊字符，比如回车换行，在C语言里就用“转义字符”来表示，C语言转义字符表见附录D。在学习编程时，我们只需记住/n表示回车换行就可以了。

字符串常量是用双引号括起的一个字符序列，如“ABC”“123”等。

【知识ABC】“回车和换行”后面的故事

在计算机还没有出现之前，有一种叫做电传打字机（Teletype Model）的机器，每秒可以打10个字符。但是它有一个问题，就是打完一行换行的时候，要用去0.2秒，正好可以打两个字符。要是在这0.2秒里面又有新的字符传过来，那么这个字符将丢失。

于是，研制人员想了个办法解决这个问题，就是在每行后面加两个表示结束的字符。一个叫做“Carriage Return”即“回车”，告诉打字机把打印头定位在左边界；另一个叫做“Line Feed”即“换行”，告诉打字机把纸向下移一行。这就是“换行”和“回车”的来历。后来，计算机发明了，这两个概念也就被搬到了计算机上。

【知识ABC】 ASCII码和汉字编码

在计算机中，各种信息如数字、字符、声音、图像等都是以二进制编码方式存储的。

➢ ASCII码

ASCII码（American Standard Code for Information Interchange）美国信息交换标准码，是基于拉丁字母的一套电脑编码系统，主要用于显示现代英语和其他西欧语言。它是现今最通用的单字节编码系统。

ASCII 码使用指定的7位或8位二进制数组合来表示128或256种可能的字符。标准ASCII 码也叫基础ASCII码，使用7位二进制数来表示所有的大写和小写字母、数字0~9、标点符号以及在美式英语中使用的特殊控制字符。

256种字符中的后128个字符称为扩展ASCII码，目前许多基于x86的系统都支持使用扩展（或“高”）ASCII码。扩展ASCII 码允许将每个字符的第8 位用于确定附加的128 个特殊符号字符、外来语字母和图形符号。

➢ 汉字编码

为汉字设计的一种便于输入计算机的代码。计算机中汉字的表示也是用二进制编码，同样是人为编码的。根据应用目的的不同，汉字编码分为外码、交换码、机内码和字形码。

1981年，国家标准局公布了《信息交换用汉字编码字符集基本集》（简称汉字标准交换码），其中共收录了6763个汉字。这种汉字标准交换码是计算机的内部码，可以为各种输入/输出设备的设计提供统一的标准，使各种系统之间的信息交换有共同一致性，从而使信息资源的共享得以保证。

3.1.2 变量

1. 变量的要素

我们来看一个实际生活中的物品存储问题。

布朗太太去超市，购物前先用电子储物柜存放个人物品，按下储物柜上的“存”键，机器会吐出一张打印着柜子单元编号的纸条，同时相应编号的单元自动打开，把自己的物品放入后，再关上即可。

这个超市的储物柜有些特别，如图 3.3 所示，每个格子单元的门上都贴了一个动物图案，原来有些顾客会把打印小条弄丢，又记不住单元格的号码和位置，到服务台要求处理就会有些麻烦。动物图案直观好记，方便了顾客，而每个储物柜单元的编号标明了它的位置，方便了超市的管理人员。

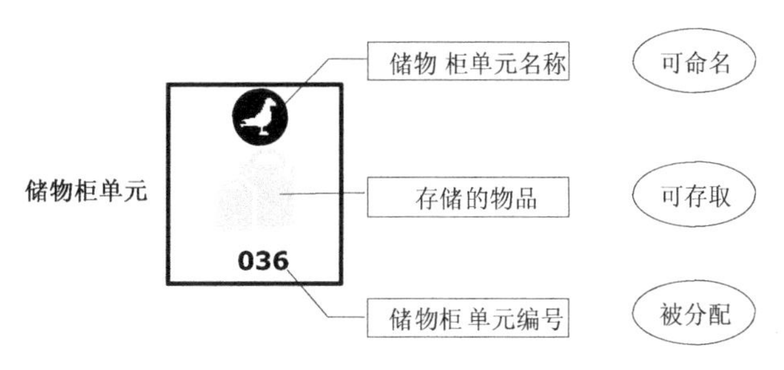

图 3.3 储物柜单元要素

储物单元空间可以存取顾客的物品，每个单元的实际位置，是储物柜系统根据当前的空余情况分配给顾客的。储物柜单元涉及的要素有：名称可命名、内容可存取、位置被分配。

在计算机中，程序要存取数据，和顾客超市储物柜存取物品是类似的过程。数据存放的空间叫存储单元，相当于储物柜的单元格，如图 3.4 所示。存储单元的名称在程序语言中称为变量名，比如这里的 a，当然也可以是别的单词或字母。存储的数据值是变量值，比如现在这样表示变量 a 的值为 6，变量值根据问题的需要可以变化。存储单元的位置在计算机中称为地址。因此变量是具有存储空间，内容可以存取的量。

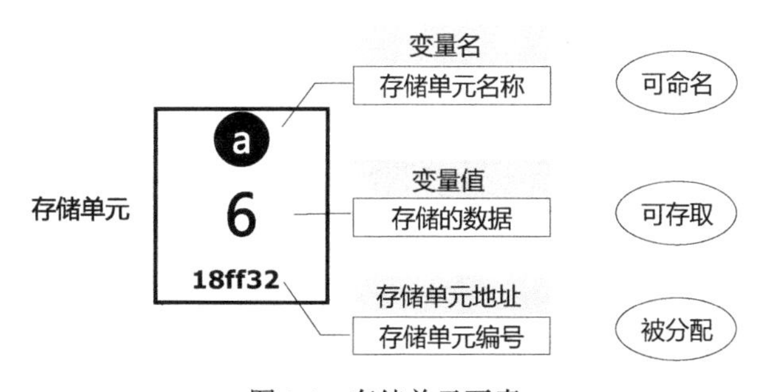

图 3.4 存储单元要素

由此可以归结出变量的三个要素：变量名、变量值和变量的存储位置。对应这些要素，我们需要确定的相关规则有哪些呢？

我们应该确定变量名的命名规则、存储空间的申请方法和存储空间的使用方法。

2. 变量命名规则

变量的命名有相应的规则，C 语言中的变量名、常量名等都是用标识符来标识的，相应规则如图 3.5 所示，由字母、数字、下划线组成，但不能以数字开头。下划线和大小写是为了增加标识符的可读性；在 C 语言中，字符的大小写是不同的变量名，程序中基本上都采用小写字母表示各种标识符。变量名最好是“见名知意”，这样便于记忆和阅读，最好使用英文单词或其组合。某些功能的变量采用习惯命名，如循环变量习惯用 *i*、*j*、*k*。程序员不能使用关键字作为量名，这里的关键字指的是C语言系统已经使用的标识符。ANSI C规定了32个关键字（也称保留字），不能再用作其他的标识符。C语言还使用12个标识符作为编译预处理的特定字，使用时前面应加“#”。

标识符

是指用来标识某个实体的一个符号。在程序中是程序员规定的具有特定含义的词。

不能以数字开头

标识符组成	命名规则	注意	命名禁用
字母、数字、下划线	见名知意	大小写	关键字

关键字

ANSI C规定的关键字(保留字)

auto, break, case, char, const, continue, default, do, double, else, enum, extern, float, for, goto, if, int, long, register, return, short, signed, sizeof, static, struct, switch, typedef, union, unsigned, void, volatile, while。

编译预处理的特定字

define, elif, else, endif, error, if, ifdef, ifndef, include, line, progma, undef。

图3.5　标识符与关键字

【程序设计好习惯】

（1）由多单词组成的变量名，会使程序具有更强的可读性；

（2）标识符的“见名知意”，有助于程序的自我说明（减少注释）。

例如，下面为三个变量名：

- variablename
- variable_name
- VariableName

第二个是UNIX命名格式，第三个是Windows命名格式。从直观上看，显然第一个的可读性不好，而第二个和第三个则一目了然。

3．存储空间的申请方法

存物柜单元是顾客通过按柜子上的“存”键后打开的，存储空间的申请，是程序员通过变量定义的形式完成的。变量的定义格式由数据类型标识符和变量名两项构成，如图3.6所示。

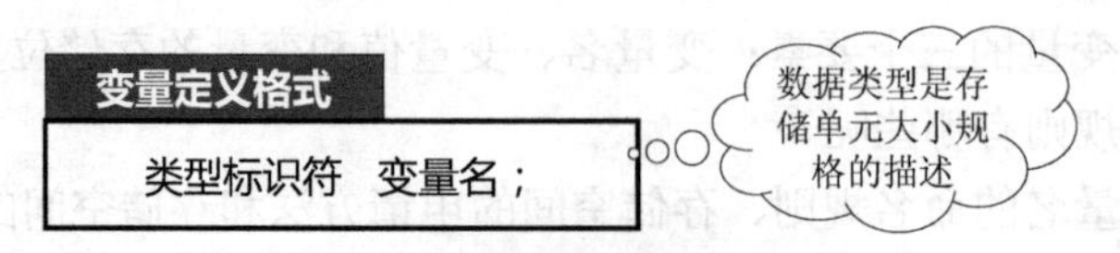

int a;　// 定义整型变量a

图3.6　变量定义格式

其中的类型标识符是C语言数据类型名称，比如int a; 是定义整型变量a，int代表整数类型。数据类型的完整内容稍后介绍。计算机系统根据变量的定义，在内存的合适位置给这个变量分配指定大小的存储空间。

若在定义变量时就把数值放入存储单元中，则在程序语言中称为变量初始化，如图 3.7 所示，存储单元的操作称为变量赋值。

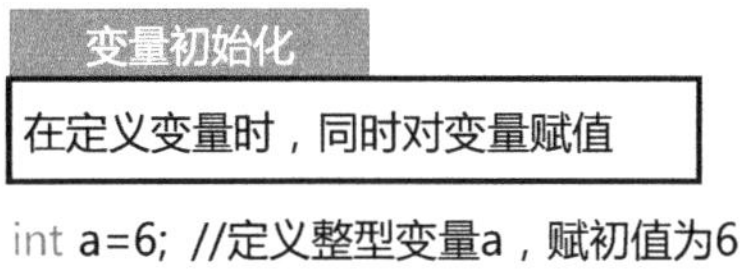

变量初始化

在定义变量时，同时对变量赋值

int a=6; //定义整型变量a，赋初值为6

图 3.7　变量初始化

变量定义的意义是，程序员通过变量定义的形式，向计算机系统申请数据类型规定大小的存储单元，计算机系统会在内存的合适位置，给这个变量分配指定大小的存储空间。

4．存储空间的使用方法

把数据放入存储空间是为了保存和使用，程序员通过变量名来使用存储单元的数据，这种方法被称为“变量引用”，如图 3.8 所示。

变量引用

程序员通过变量名来使用存储单元的数据。

变量在定义后才能引用

图 3.8　变量引用

变量是一段有名字的连续存储空间。在源代码中通过定义变量来申请并命名这样的存储空间，且通过变量的名字来使用这段存储空间。变量空间是程序中数据的存放场所，空间的大小是由变量的类型决定的。下面我们来看变量相关的例子。

【例 3.2】查看变量的三要素

在调试环境中查看程序中变量的要素。

【解析】

编写一个只有一个变量的简单程序，通过跟踪查看给变量定义、赋初值时，变量空间大小、变量地址和变量值的情况。

1．源程序

```
01 #include <stdio.h>
02 int main(void)
03 {
04     int a=6;                  //定义变量 a，赋初值为 6
05     printf("%d\n", a);    //取变量 a 的值输出到屏幕上
06     return 0;
07 }
```

2．跟踪调试

程序第 4 行定义了整型变量 a，并赋初值为 6。第 5 行，取变量 a 的值输出到屏幕上，这里的变量引用，具体是取变量 a 的值来用。

跟踪调试的一般方法参见“程序的运行”一章。

在调试环境的 Watch 观察窗口中，我们可以看到 a 的值是 6，如图 3.9 所示。关于调试环境，相关知识点有更详细的介绍。a 前加“&”符号是取变量的地址，也就是存储单元的内存地址，sizeof(a)是计算变量 a 占用的空间大小，单位是字节，这里 a 的大小是 4 字节，变量的存储尺寸是由变量的类型决定的，这里变量 a 的类型是 int 整型，在这个计算机系统里占的空间大小就是 4 字节。

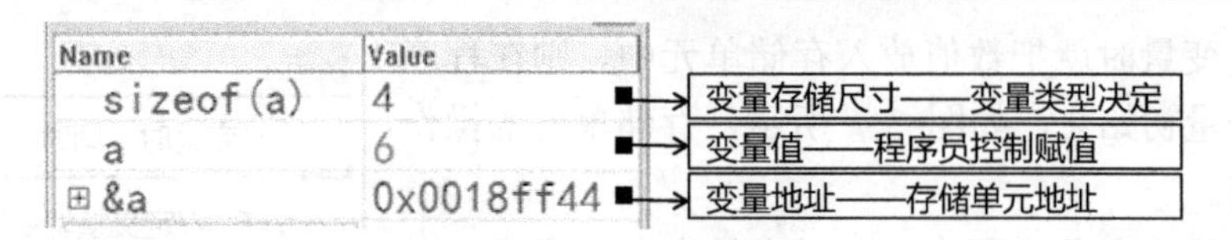

图 3.9　变量的要素

【例 3.3】变量定义及初始化

图 3.10 中设置了一些变量定义及初始化的情形。根据变量的定义及初始化的值，分析表格中变量的相关属性。

行	变量定义	变量名	存储单元内容	存储单元长度
1	int sum ;	sum		sizeof(int)
2	int sum=16 ;	sum	16	sizeof(sum)
3	long m , n=12 ;	m		sizeof(m)
		n	12	sizeof(n)
4	double x=23.568, y;	x	23.568	sizeof(double)
		y		sizeof(y)
5	char ch1= 'a' ,ch2=66;	ch1	97	sizeof(char)
		ch2	66	sizeof(ch2)

变量若没有赋初始值，它的存储单元里是什么？

对变量ch1赋值是'a'，为什么其内存单元的值是97呢？

图 3.10　变量定义及初始化例子

【解析】

图中表格“存储单元内容”列是指在变量定义初始时刻，存储单元内的数值，这个值在随后程序的运行中是可以根据需要被改变的。这些均是在函数内定义变量的情形。

图中的表格第 3 行，定义了 *m* 和 *n* 两个变量为长整型 long，其中 *m* 没有赋初值，*n* 的初始值为 12。

表格第 4 行，定义了 *x* 和 *y* 两个实型变量，查看变量所占的存储单元长度，可以在 sizeof 操作符的括号里写变量名或变量的定义类型。

表格第 5 行，定义了 ch1 和 ch2 两个字符型变量，ch1 赋值是字符常量 a。这里对变量 ch1 赋值是字符常量 a，为什么其内存单元的值是 97 呢？这是因为，在 C 语言环境里，字符在计算机中是以编码的形式存储的。字符 a 的 ASCII 码值是十进制数 97。

变量若没有赋初始值，它的存储单元里会是什么呢？

在计算机中，没被使用的存储单元里也是有数据的，是一个随机的数，不像超市的储物柜是被清空的，只不过这样的数据对程序员而言没有使用意义。

【例 3.4】变量的赋值及存储空间查看

```
1    //变量的赋值
2    #include<stdio.h>
3    int main(void)
4    {
5        char c1,c2;
```

```
6
7       c1=97;                          //在 c1 存储单元里赋值 97
8       c2='b';                         //在 c2 存储单元里赋值 98
9       printf( "%c %c\n ", c1, c2);    //%c—按照字符的形式输出 c1、c2
10      printf( "%d %d ", c1, c2);      //%d—按照数字的形式输出 c1、c2
11      return 0;
12  }
```

程序结果：

```
a b
97 98
```

【解析】

1．*程序分析*

程序第 9、10 行，%c 和 %d 是输出函数 printf 的格式控制符，其功能是把要输出的数据按照约定的形式显示到屏幕上。

以变量 c1 为例，其存储单元的值是 97，要以字符的格式输出时，即是把 97 对应的 ASCII 字符显示到屏幕上；当要求以数字的格式输出时，则直接把 97 显示到屏幕上。

变量 c1、c2 的三要素等如图 3.11 所示。

变量名	存储单元内容	存储单元长度	对应 ASCII 码字符
c1	97	1 byte	a
c2	98	1 byte	b

图 3.11　变量三要素

2．*程序跟踪*

图 3.12 中，变量 c1 和 c2 在定义时，其存储单元的初始值是随机值–52，因为–52 没有对应的 ASCII 码，所以 ASCII 码位显示“?”。

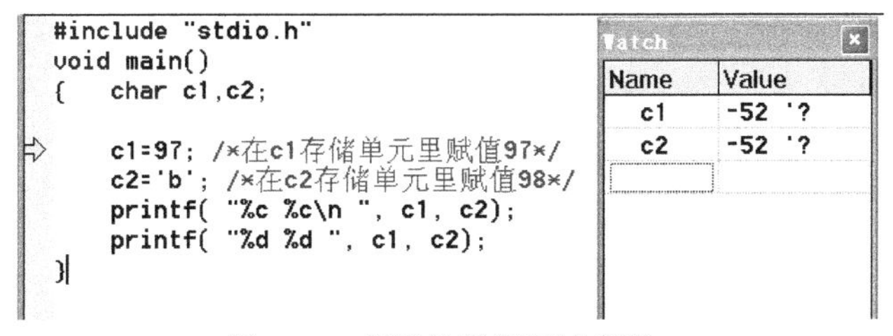

图 3.12　变量的赋值调试步骤 1

在 c1、c2 赋值语句执行后，c1 的值为 97，对应 ASCII 码为 a，c2 的值为 98，对应 ASCII 码为 b，如图 3.13 所示。

```
#include "stdio.h"
void main()
{   char c1,c2;

    c1=97; /*在c1存储单元里赋值97*/
    c2='b'; /*在c2存储单元里赋值98*/
    printf( "%c %c\n ", c1, c2);
    printf( "%d %d ", c1, c2);
}
```

Name	Value
c1	97 'a'
c2	98 'b'

图 3.13　变量的赋值调试步骤 2

3.2 数据类型

计算机要处理的数据各种各样，有不同的属性，我们可以按数据的性质、表示形式、存储空间大小、构造形式等进行如下分类。

- 数据的性质：整数、小数、字符等。
- 表示形式：程序中数据的表示形式有常量、变量等。
- 存储空间大小：不同类型的数据占的存储空间大小不一样。
- 构造形式：根据数据的类型特点可以分为基本型、组合型等。

实际问题中的基本数据有数值和字符两大类，如图3.14所示。要用计算机解决问题，首先要把数据存入机器，然后才能对它们进行相关操作。所以我们先要考虑这些基本数据在计算机中应该如何分类存储的问题。

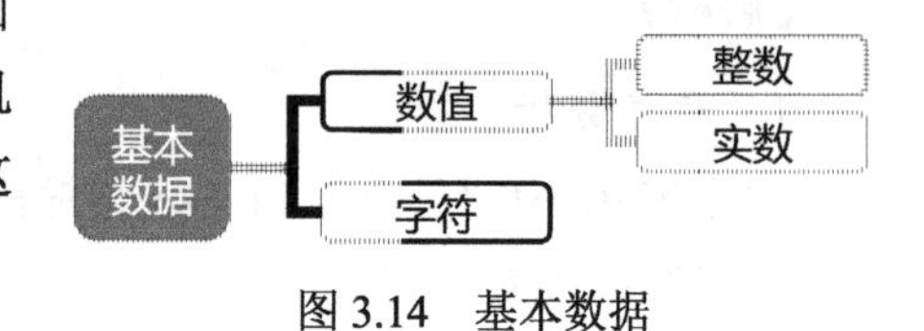

图3.14 基本数据

3.2.1 计算机中的信息表示

1. 二态系统

日常见到的灯泡亮灭、开关开合等，是两种不同的状态，在逻辑上就可以用来表示0和1，人们把这种表示信息的系统称为二态系统，也叫二进制系统，如图3.15所示。

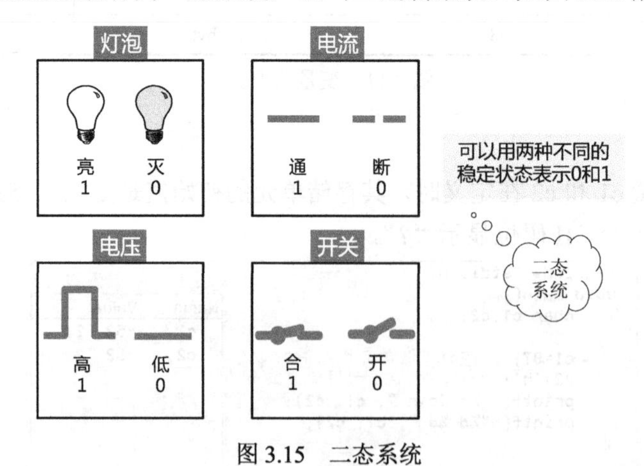

图3.15 二态系统

2. 二进制表示法

通过一组灯泡亮灭的组合，就可以表示一串0和1。计算机内部是由电子元器件构成的，由电路控制，可以将一个开关分别保持为两种不同的稳定状态，同样也可以通过开关状态的组合表示多个0和1，如图3.16所示。在计算机中规定，一个0或者1表示一个比特位bit。现在的问题是，这样组合的01信息能表示什么呢？

我们熟悉的十进制数是一种“位置相关”记数系统，如图3.17所示，比如十进制的256，十位的5表示50，是5乘以十位的位权值10的1次方得到的，百位的2表示200，是2乘以百位的位权值10的2次方得到的。十进制位权的基数是10。

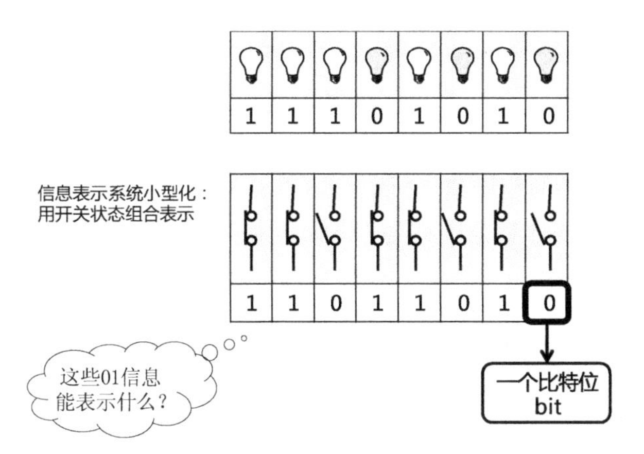

图 3.16　开关表示的二进制串

按照同样的思路，二进制的位值范围是 0 到 1，位权的基数就是 2。进位规则是“逢二进一”，借位规则是“借一当二”。

位	百	十	个
位值 0~9	2	5	6
位权	10^2	10^1	10^0

二进制

位	7	6	5	4	3	2	1	0
位值 0~1	1	1	1	0	1	0	1	0
位权	2^7	2^6	2^5	2^4	2^3	2^2	2^1	2^0

图 3.17　“位置相关”记数系统

以 4 位二进制数为例，按所有可能的排列情形，容易看出，可以表示对应的十进制有 0～15 共 16 个数，如图 3.18 所示，n 位二进制数则可以表示 2^n 个数。

二进制数	0000	0001	0010	0011	0100	0101	0110	0111
十进制数	0	1	2	3	4	5	6	7
二进制数	1000	1001	1010	1011	1100	1101	1110	1111
十进制数	8	9	10	11	12	13	14	15

图 3.18　二进制位数与可表示的数

3.2.2　计算机中的信息处理问题讨论

清楚计算机中信息表示的原理之后，我们再来讨论计算机中的信息处理问题。

1. 模系统

布朗先生开了一天的会，下午 5 点回到办公室，发现墙上的时钟停在 9 点，先生在拨钟的时候发现了一个现象，钟表顺拨和倒拨到同一个时间点的小时数加起来都是 12，比如加 8 和减 4 的效果一样。对时钟的范围值 12 而言，8 和 4 互为补数。时钟可以视为时间的计量器。人们把一个循环计量系统的计数范围称为“模”，任何有模的计量器，均可化减法为加法运算，如图 3.19 所示。

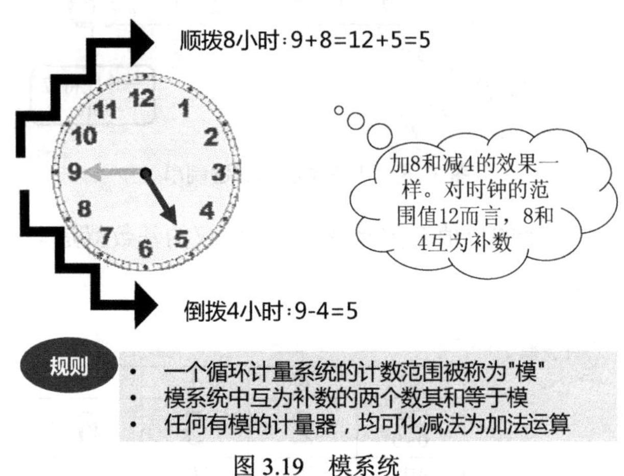

图 3.19 模系统

2. 二进制的模系统

对于模系统，其中的数据有一个取值范围，且可以循环变化。其实二进制存储空间也是一个模系统，比如在 4 位二进制码的一个存储空间里，通过不断加 1，其中的数值可以从全 0 到全 1 循环变化，显然也具有模系统的特征，如图 3.20 所示。

位	3	2	1	0
最小值	0	0	0	0
最大值	1	1	1	1

$$模=[1111-0+1]_2=[1,0000]_2=[2^4]_{10}=[16]_{10}$$

图 3.20 二进制模系统

通过最大值减最小值再加 1，得到 4 位二进制码的模是 2 的 4 次方为 16。

这里我们做一个 0 减 6 的计算，对照着再做一个 0 加 10 的计算，如图 3.21 所示。下面验证一下二者的值是否相等。

按照前面的结论，在模为 16 的系统中，–6 的补数为 10，则减 6 和加 10 的结果应该一样。0 加 10 的二进制是 1010，则这个 1010 应该就是–6 的补数，也就是补码。

那么现在 1010 是表示–6，还是代表+10 呢？

这时就需要制定数据在计算机中的表示规则：这里我们规定最高位为 1 表示负数，为 0 表示正数，这个最高位表示的是数的正负，故称为“符号位”。

通过上面的模系统的验证测试，我们需要解决下面两个问题：

(1)数据表示设置符号位后，需重新审视 4 位二进制数的取值范围(原来是从全 0 到全 1)；

（2）找出带符号系统中二进制系统负数与正数相关关系的一般规律。

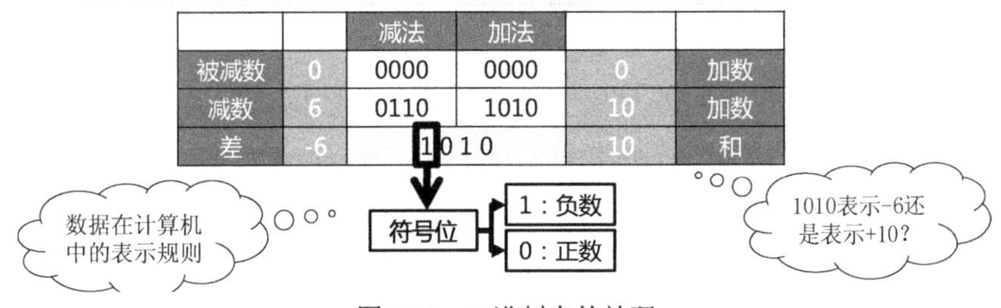

图 3.21 二进制中的补码

3. 二进制模系统中数的表示方法

（1）找出带符号系统中二进制系统负数与正数相关关系的一般规律

我们先来分析上述的第二个问题。

这里设置一个实际的数 6，找出–6 和+6 的二进制值的对应关系，如图 3.22 所示。

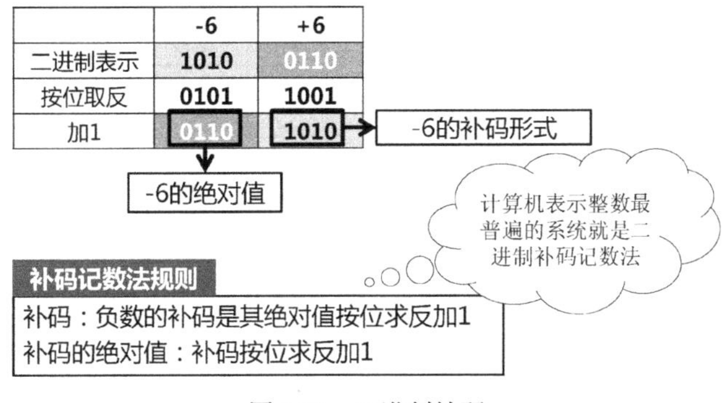

图 3.22 二进制补码

表格第 3 行，这里“按位取反”的意思是，按比特位逐位处理，遇 0 变 1，遇 1 变 0。

在对–6 和+6 的二进制码分别做了按位取反加 1 后，可以发现，–6 变换后的结果等于它的绝对值，+6 变换后的结果是 6 的补码形式。因此我们可以得到补码记数法规则。

因为补码是用在减法情形下的，所以对正数讨论补码没有意义，为完善理论，规定正数的补码是其本身。

补码计数法的好处是可以把减法、乘法、除法运算都转换为加法运算，这样就简化了计算机中运算器的电路设计。带符号的整数在计算机中的表示法可以有不同的方案，但普遍采用的是二进制补码记数法。

4. 二进制系统中数的取值范围

有了计算机中补码计数法的规则，我们再来分析问题 1——带符号位的 4 位二进制数的取值范围，如图 3.23 所示。此时，第 3 位的 1 或者 0 就表示符号了，按照取反加 1 后的绝对值要最大的原则，可以得到最小的负数和最大正数，模值依然是 16。注意此处符号位也参与取反加 1 的运算。由此，我们得到带符号位的 4 位二进制整数的表示范围是：-2^3 到 2^3-1。同理可推得带符号位的 n 位二进制整数的表示范围。

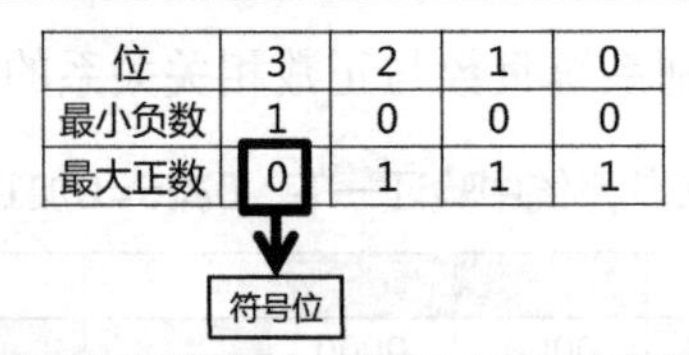

位	3	2	1	0
最小负数	1	0	0	0
最大正数	0	1	1	1

模=$[0111-1000+1]_2=[0111+1000+1]_2=[2^4]_{10}=[16]_{10}$

带符号位的4位二进制整数的表示范围：$-2^3\sim2^3-1$

带符号位的n位二进制整数的表示范围：$-2^{n-1}\sim2^{n-1}-1$

图 3.23　二进制数的取值范围

3.2.3　C 语言的基本数据类型

C 语言数据类型，描述数据占内存空间大小，通过数据类型可以知道数据的取值范围，以及可以对这个数据进行的操作运算。

C 语言基本数据类型有三类：整型、实型和字符型，如图 3.24 所示。

类型	符号	关键字	含义	位数	取值范围
整型	有	int	整型	16	$-2^{15}\sim2^{15}-1$　-32768~32767
		short	短整型	16	$-2^{15}\sim2^{15}-1$　-32768~32767
		long	长整型	32	$-2^{31}\sim2^{31}-1$
	无	unsigned int	无符号整型	16	$0\sim2^{16}-1$　0~65535
		unsigned short	无符号短整型	16	$0\sim2^{16}-1$　0~65535
		unsigned long	无符号长整型	32	$0\sim2^{32}-1$　0~4294967295
实型	有	float	单精度实型	32	$-2^{128}\sim2^{128}$
		double	双精度实型	64	$-2^{1024}\sim2^{1024}$
字符型	有	char	字符型	8	$-2^7\sim2^7-1$　-128~127
	无	unsigned char	无符号字符型	8	$0\sim2^8-1$　0~255

图 3.24　基本数据类型

整型中的无符号类型没有符号位，只能表示正数，实型的表示方法与整数不一样，后续再介绍。

各种数据类型占一定的比特位数，有对应的取值范围。需要说明的是，不同的计算机，同一类型数据位长有可能不一样。C 语言定义的 long 类型长度总是等于机器的字长。机器字长是指计算机进行一次整数运算所能处理的二进制数据的位数。目前一般 PC 系统的整型位数为 32 位。

最常用的基本类型是 int 整型、float 实型和 char 字符类型。

虽然不同的计算机同一类型数据位长可能不一样，但各种数据类型所占的位长有一般性的规律，数据类型所遵循的规则如下。

【数据类型规则】

（1）最小存储单元长度是 8 bit，可以存储一个字符，故 8 bit 也称为“1 字节”，即 byte。其他的数据类型存储单元都是 8 bit 的整数倍。

（2）指针类型存储的是“存储单元编号”即是一个整数，所以和整型的长度是一样的。

（3）浮点数也就是小数的长度一般都是整型长度的 2N 倍（N 为整数），如图 3.25 所示。

（4）存储规则有两大类：整型、字符型、指针型数据属于同一类，都按整数规则处理；浮点数为一类，按小数存储规则处理。

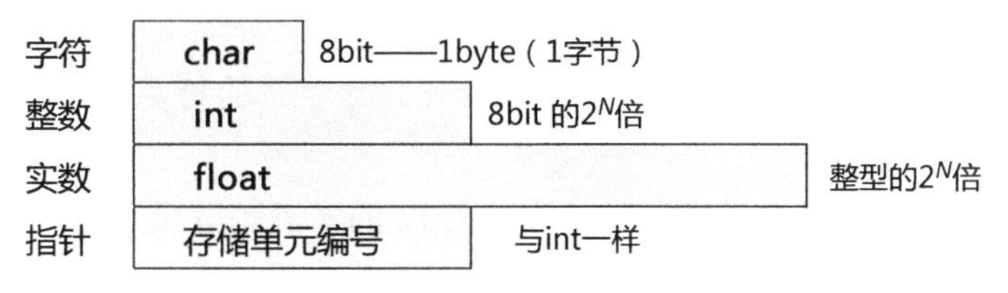

图 3.25 数据类型位长规律

【思考与讨论】类型位长的测试方法

我们前面提到，不同系统中的同一类型数据位长有可能不一样，于是就有这样一个问题：我们怎么才能知道正在使用的机器中某一数据类型的位长是多少呢？

讨论：C 语言提供了一个 sizeof 操作符，可以完成数据类型位长的测试工作。sizeof 是 C/C++中的一个操作符，其作用是返回一个对象或者类型所占的内存字节数。

【例 3.5】用 sizeof 操作符测试数据类型的位长

我们设计一个测试程序来测试常用数据类型的位长。

```
1   //sizeof 运算符测试数据类型位长
2   #include<stdio.h>
3   int main(void)
4   {
5       printf("int size = %d\n", sizeof(int));
6       printf("short int size = %d\n", sizeof(short int));
7       printf("long int size = %d\n", sizeof(long int));
8       return 0;
9   }
```

程序结果：

```
int size = 4
short int size = 2
long  int size = 4
```

说明：int size = 4，表示运行以上程序的 IDE（集成开发环境，见第 12 章），int 的长度是 4byte。

3.3 整数存储规则

C 语言中的整型分为 4 类：

- 基本整型：关键字为 int，取英文 integer（整数） 的前三个字母。
- 短整型：关键字为 short [int]（在语法中[ ] 中的内容表示使用时可以空缺的项）。
- 长整型：关键字为 long [int]。

- 无符号整型：又分为无符号基本整型（unsigned [int]）、无符号短整型（unsigned short）和无符号长整型（unsigned long）三种，只能用来存储无符号整数。

3.3.1　有符号整数

我们先通过一个具体有符号数–12 的存储，来了解存储的特点和规则。这里设 int 类型占 16bit。

整数–12 的二进制有符号的形式存储，是将正 12 的二进制取反加 1 得到的，如图 3.26 所示。可以看到，其中符号位的 1 是在取反加 1 的过程中自动产生的。注意对比看一下+12 和–12，它们的二进制存储形式不仅仅是符号位的不同。

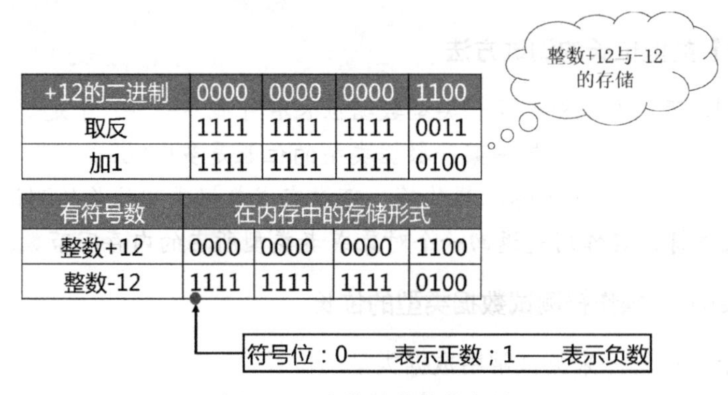

+12的二进制	0000	0000	0000	1100
取反	1111	1111	1111	0011
加1	1111	1111	1111	0100

有符号数	在内存中的存储形式			
整数+12	0000	0000	0000	1100
整数-12	1111	1111	1111	0100

图 3.26　有符号整数的存储

有符号整数的存储规则是，正整数以其二进制形式存储，负整数以其补码形式存储，如图 3.27 所示。

有符号整数	存储规则
正整数	二进制形式
负整数	对应正整数值的二进制取反加1

图 3.27　有符号整数存储规则

3.3.2　无符号整数

这里设 unsigned int 类型占 16bit。

无符号数只能表示正整数和 0，有符号数中的符号位在这里当正常数据位看待。有符号表示法中 12 的补码，在无符号的存储规则中变成了十进制的 65524，如图 3.28 所示。

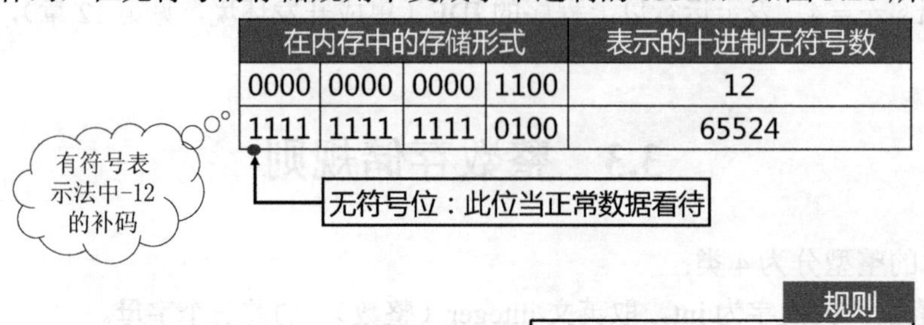

在内存中的存储形式				表示的十进制无符号数
0000	0000	0000	1100	12
1111	1111	1111	0100	65524

图 3.28　无符号整数存储

因此，在数据存储和显示时特别要注意，同一个存储单元的二进制数，以不同的形式去看会得到不同的结果。

3.3.3 字符类型数据

字符类型占 8bit，把一个字符 A 存储到机器中，实际上是把 A 的 ASCII 编码值 65（此处是十进制数）放到存储单元中。因此字符型数据和整型数据之间可以通用，此处通用的含义是存储规则、运算规则等和整型数据是一样的。如图 3.29 所示。

字符	ASCII码	在内存中的存储形式	
A	65	0100	0001

规则

字符以其ASCII码的二进制形式存储

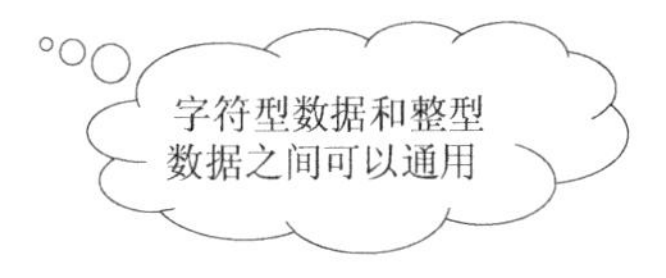

图 3.29 字符数据的存储

【知识 ABC】字符编码

计算机中的信息包括数据信息和控制信息，数据信息又可分为数值和非数值信息。非数值信息和控制信息包括字母、各种控制符号、图形符号等，它们都以二进制编码方式存入计算机并得以处理，这种对字母和符号进行编码的二进制代码称为字符代码（Character Code）。计算机中常用的字符编码有 ASCII 码（美国信息交换标准码）和 EBCDIC 码（扩展的 BCD 交换码）。

【例 3.6】整数的例子

分别以字符和数值的形式输出'a'和'b'的代码，如图 3.30 所示。

【解析】

程序第 4 行，%c 表示要以字符的形式输出数据，输出的结果为字符 a 和 b。

程序第 5 行，%d 表示要以整数的形式输出数据，因此输出的是字符 a 和 b 的 ASCII 码 97 和 98。

```
01 #include <stdio.h>
02 int main(void)
03 {
04     printf("%c %c\n",'a','b');     // %c表示要以字符的形式输出数据
05     printf("%d %d\n", 'a','b');  // %d表示要以整数的形式输出数据
06     return 0 ;
07 }
```

运行结果：
a b
97 98

字符'a' 和 'b' 的ASCII码分别为97和98

图 3.30 整数的显示

从这个输出的例子可以看出，同样的存储内容，通过改变输出内容的格式，就可以显示出不同的形式。

3.4　实数存储规则

我们先来看一个实数输出的程序，如图3.31所示。浮点数是实数在计算机中的存储方式。

程序第4行，定义一个实数变量f，初始化值为123.456。程序第5行，括号里的两个等号连写，是判断是否相等的运算符号，整个语句的意思是如果变量f等于123.456，则在屏幕上显示“Yes”。第6行，意思是若前面的判断不成立，则输出“No”，第5、6两条语句合起来看，逻辑上yes或no只能输出一个。第7行，把变量*f*的值输出到屏幕上。在给出结果前可以猜测一下，理论上应该是输出yes才对，但程序运行的结果是图中那样的，是不是出乎你的预料？

计算机不是很精确的计算工具吗？怎么也会有误差的结果出现呢？以后还能不能相信计算机的计算结果了？

引例　**浮点数的陷阱**

```
01 #include <stdio.h>
02 int main(void)
03 {
04     float f=123.456;
05     if (f == 123.456) printf("Yes");    //若 f 等于123.456，则输出 Yes
06     else  printf("No");                 //否则 输出No
07     printf( "f=%f \ n",f );             //输出 f的值
08     return 0 ;
09 }
```

结果
No
123.456001

为什么会有这样的结果？

图3.31　浮点数的陷阱

究其原因，这是二进制表示法产生的误差，在计算机中以有限的32bit长度来反映无限的实数集合，因此大多数情况下都是一个近似值。

1. 实数的表示方法

要探究问题的缘由，我们先来看一看实数的表示方法。

当一个数非常小或者非常大时，比如电子的质量（9×10^{-28}克）或者太阳的质量（2×10^{33}克），我们可以用一位整数加小数，乘以10的*n*次幂的形式表示，简洁方便，同时也很精确，这样的数的表示方法称为科学计数法。

2. 浮点数表示法

现代的计算机系统采纳了所谓的浮点数表达方式，如图3.32所示。这种表达方式利用科学计数法来表达实数，把一个数的有效数字和数的范围在计算机中分别予以表示，即用一个尾数、一个基数、一个指数以及一个表示正负的符号位来表达实数。

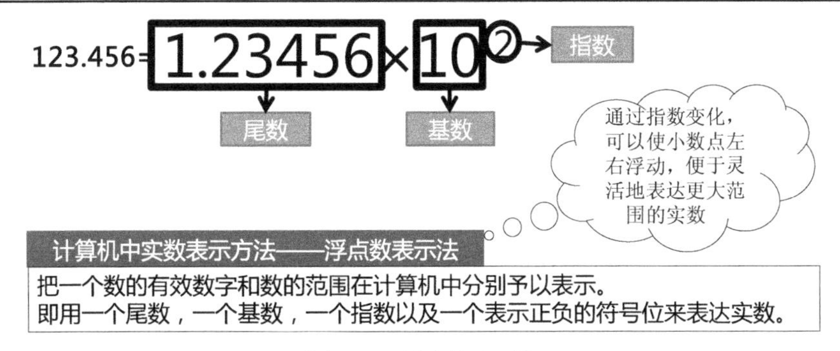

图 3.32 浮点数表示法

我们以 32bit 位的 float 型实数为例，它的比特位分布如图 3.33 所示，尾数 M 占 23bit，e 为指数加上偏移值，称为阶码，表示指数部分，占 8bit。浮点数是有符号数，因此要有 1bit 的符号位。

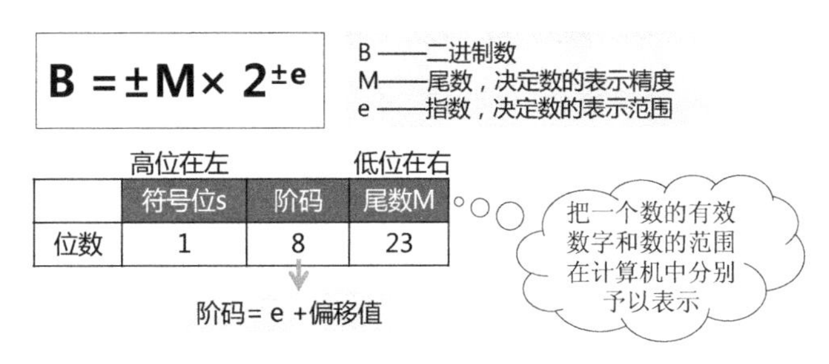

图 3.33 float 实型的存储形式

指数 e 占 8bit，8bit 可以表示的数的范围是–128～127。IEEE-754 标准中规定 e 值的–128 做特殊情况处理，因此，e 的表示范围为–127～+127，float 类型阶码中的偏移值是 127，加偏移值的目的是让指数部分不会变成负数，方便运算。

前面的浮点数存储方式，是 IEEE-754 标准所规定的。有 32 位短实数和 64 位长实数两种存储方式。按照这样的存储方式，还原实数真实值的公式，如图 3.34 所示。

类型	存储顺序及位数			总位数	偏移值
	符号位	阶码	尾数		
短实数(float)	1	8	23	32	127
长实数(double)	1	11	52	64	1023

$$实数真实值=[(-1)^{符号}]\times[1.尾数]\times(2^{阶码-偏移值})$$

图 3.34 实数还原公式

【知识 ABC】IEEE-754 标准

在 20 世纪六七十年代，各家计算机公司的各个型号的计算机有着千差万别的浮点数表示，却没有一个业界通用的标准，这给数据交换、计算机协同工作造成了极大的不便。IEEE（Institute of Electrical and Electronics Engineers，美国电气电子工程师学会）的浮点数专业小组于 70 年代末期开始酝酿浮点数的标准。1980 年，英特尔公司推出了单片的 8087 浮点数协处理器，其浮点数表示法及定义的运算具有足够的合理性、先进性，被IEEE采用作为浮点数的标准，于1985年发布。而在此前，这一标准的内容已在80年代初期被各计算机公司广泛采用，成了事实上的业界工业标准。

IEEE-754标准规定浮点数的存储自左至右由符号位、阶码和尾数三部分构成。

【例3.7】实数的存储

将实数12和0.25转换成浮点数的存储形式，设实数占32bit。

【解析】

转换过程如图3.35所示。

–12转换成二进制是1100，规格化表示为1.1乘以2的3次方，所以指数为3。符号位是1，表示负数。阶码是指数3加偏移127，转换为二进制数见图3.35中“阶码”列。

尾数表示方法：去掉规格化小数点左侧的1，并用0在右侧补齐。

用同样的处理规则，我们可以得到0.25以32位存储的形式。

十进制	规格化	指数	符号	阶码（指数+偏移）	尾数
-12.0	$-1.1x2^{3}$	3	1	10000010	1000000 00000000 00000000
0.25	$1.0x2^{-2}$	-2	0	01111101	0000000 00000000 00000000

$(12)_{10} \rightarrow (1100)_2 \rightarrow 1.1*2^3$

图3.35 实数的浮点数表示

得到了实数–12的存储形式，我们拿它来和整数12的补码存储形式做一个比较，如图3.36所示。不难看出，同为–12，但整数与实数的存储值差别很大。

+12的二进制	0000,0000,0000,0000,0000,0000,0000,1100
取反	1111,1111,1111,1111,1111,1111,1111,0011
加1	1111,1111,1111,1111,1111,1111,1111,0100

	在内存中的存储形式
整数-12	1111,1111,1111,1111,1111,1111,1111,0100
实数-12.0	1100,0001,0100,0000,0000,0000,0000,0000

图3.36 实数与整数存储比较

【结论】数据的存储规则

整数与实数的存储规则是完全不同的，同一个数按整数存储与按实数存储其形式截然不同。当数据以某种类型存储时，除非你知道它的本质，不然不要试图用另一种类型去读，否则可能会引起误差。

【例3.8】123.456的二进制存储形式

分析十进制数123.456的浮点存储形式。

【解析】

通过规格化、求阶码等运算，得到123.456在内存中，以32bit长度存储的形式，如图3.37

所示。再按照实数的二进制存储形式转换成十进制的公式算出结果，在显示时只在尾部多出一个1，这与浮点数在程序中的显示格式有关。

123.456在内存中的存储形式（32bit）

十进制	规格化	指数	符号	阶码	尾数
123.456	1.111011 0111010010111110 01x2^6	6	0	1000,0101	1110110,11101001,01111001

123.456的二进制存储形式转换成十进制

[(-1)^ 符号]×[1.尾数]×(2^[阶码 - 127])
=[(-1)^0]*[1. 1110110,11101001,01111001]*2^[1000,0101-0111,1111]
=1. 1110110,11101001,01111001*2^6
=1.92900002002716*64
=123.456001281738

图 3.37　123.456 的浮点表示

2．浮点数显示精度与范围问题

阶码部分指明了小数点在数据中的位置，决定了浮点数的取值范围，如图 3.38 所示。float 的指数范围为–127～+128，所以 float 的取值范围是-2^{128}到$+2^{128}$。

	符号位s	阶码	尾数M
位数	1	8	23

	bit(位数)	范围	等价值	说明
指数	8	$-2^{8-1}\sim2^{8-1}-1$	-128~127	有符号数
float取值		$-2^{128}\sim+2^{128}$	$-3.40*10^{38}\sim+3.40*10^{38}$	
尾数	23			无符号数
float精度		2^{23}	8388608（七位）	最多7位有效

图 3.38　浮点数显示精度与范围

float 的精度是由尾数的位数决定的。2 的 23 次方，转换成十进制数一共 7 位，这意味着最多能有 7 位有效数字，但绝对能保证的为 6 位，也即 float 的精度为 6～7 位有效数字。

同理可以推得，double 的精度最多为 16 位。

最后做一个归结，如图 3.39 所示，十进制实数存储、十进制实数显示，都有相应的转换规则，只要理解即可。特别需要记住的是，要避免实数比相等，不然可能会得到和设想不一样的结果。

十进制实数存储
系统按规定的国际标准转化成二进制形式存储到计算机中。

十进制实数显示
系统自动将存储在机器中的相应二进制形式按国际标准转化成十进制数，并按用户要求的精度显示。

实数的比较规则
要避免实数比相等。

图 3.39　实数的各种规则

3.5 运算符与表达式

在算法知识点中，我们分析过的问题有评委打分、价格竞猜、物不知数等，涉及的数据运算有加减法、乘除法，数值比大小、数据的关系并列判断等，如图 3.40 所示。

问题	数据处理	涉及的运算
评委打分	去掉最高最低分	数据比较
	求平均值	加法、除法
价格竞猜	价格高、低、相等	数据比较
物不知数	用3除余2、用5除余3、用7除余2	除法（求余数）、关系并列判断

图 3.40 数据处理涉及的运算

这些数据的处理可以归类为 C 语言中最主要的三类运算，如图 3.41 所示。

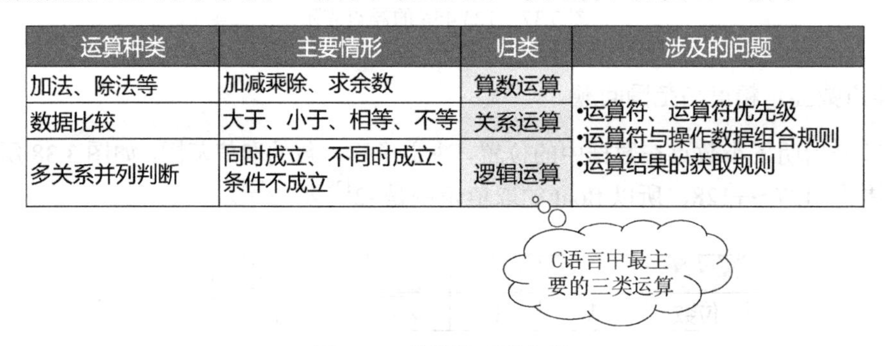

运算种类	主要情形	归类	涉及的问题
加法、除法等	加减乘除、求余数	算数运算	•运算符、运算符优先级 •运算符与操作数据组合规则 •运算结果的获取规则
数据比较	大于、小于、相等、不等	关系运算	
多关系并列判断	同时成立、不同时成立、条件不成立	逻辑运算	

图 3.41 数据处理的归类

1. 运算符

C 语言的运算符如图 3.42 所示，其中前 4 个是较为常用的，它们的具体使用方法将在后续的例子中介绍。

类型	运算符	主要用途
算术运算符	+ - * / % ++ - - + -	数值运算
赋值运算符	= 及其扩展	取得运算结果
关系运算符	> < >= <= = = !=	数据关系比较
逻辑运算符	&& || !	多关系并列判断
位运算符	& | ^ ~ << >>	二进制数运算
条件运算符	? :	方便比较数据大小
逗号运算符	,	多个算式并列
其他运算符	& sizeof	取地址、求存储尺寸

图 3.42 C 语言的运算符

2. 表达式

C 语言中把运算符、操作对象（也称操作数）连接起来，符合语法规则的式子称为表达式，如图 3.43 所示。表达式因运算符种类也可分为各种表达式，如算术表达式、赋值表达式等。

表达式

用运算符将操作对象连接起来、符合C语法规则的式子。

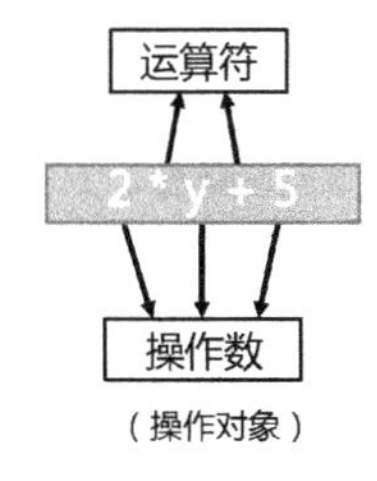

图 3.43 表达式

3. 运算符的优先级

由于一个表达式可以有多种运算，不同的运算顺序可能得出不同结果，因此当表达式中含多种运算时，必须规定运算的顺序，这就是运算符的优先级规则，如图 3.44 所示。

表格中的优先级从上到下依次递减，最上面具有最高的优先级，同优先级的在同一行。

表格最后一列，运算符的结合性，规定同级运算符的运算顺序先后。

一般来说，C 语言中的运算符优先级不需要强记。但可以记住括号的优先级最高，使用括号可修改运算符的优先级，如图 3.45 所示。

运算符的优先级

不同的运算符在表达式中进行运算的先后次序。

运算符	描述	结合性
( )	圆括号	自左向右
!, ++, --, sizeof	逻辑非,递增,递减，求数据类型的大小	自右向左
*, /, %	乘法,除法,取余	自左向右
+, -	加法,减法	自左向右
<, <=, >, >=	小于,小于等于,大于,大于等于	自左向右
= =, !=	等于,不等于	自左向右
&&	逻辑与	自左向右
||	逻辑或	自左向右
=,+=,*=,/=,%=,-=	赋值运算符,复合赋值运算符	自右向左

图 3.44 运算符的优先级

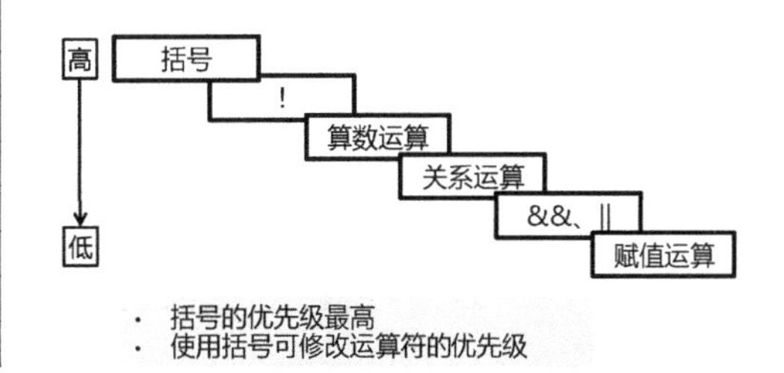

图 3.45 运算符优先级的高低

【程序设计好习惯】

注意运算符的优先级，并用括号明确表达式的操作顺序，避免使用默认优先级，这样可以防止阅读程序时产生误解，防止因默认的优先级与设计思想不符而导致程序出错。

4. 运算符的结合性

运算符结合方向称为结合性，如图 3.46 所示。比如 10/5*2，按自左至右与自右至左两个不同顺序的计算，结果会不一样。

对于算数运算符，其结合性是左结合，从左至右计算，这个是我们以前熟悉的计算顺序。

对于表达式 $x=y=z$; 若从左至右赋值，则 x 先等于 y 值，然后 y 再等于 z 值，结果是 $x=1, y=2$。若从右至左赋值，则 y 先等于 z 值，然后 x 再等于 y 值，结果是 $x=2, y=2$。

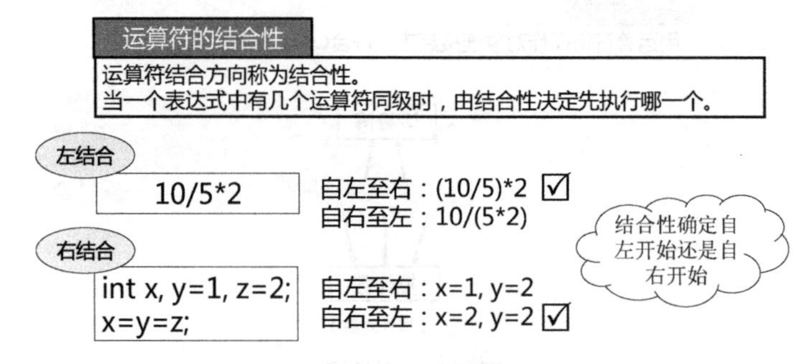

图 3.46 运算符的结合性

那么到底是自左开始还是自右开始呢？对于赋值运算符，它的结合性规定是右结合，所以正确的结果应该是从右至左赋值的情形。

我们来归结一下优先级与结合性的相关规则，如图 3.47 所示。

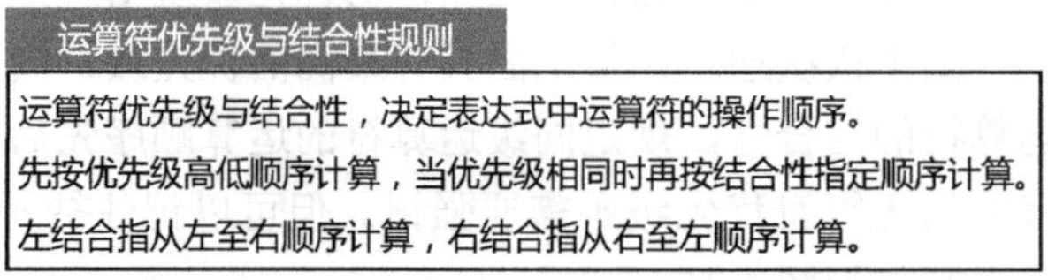

运算符优先级与结合性规则

运算符优先级与结合性，决定表达式中运算符的操作顺序。
先按优先级高低顺序计算，当优先级相同时再按结合性指定顺序计算。
左结合指从左至右顺序计算，右结合指从右至左顺序计算。

图 3.47 优先级与结合性

3.6 数 值 处 理

在实际生活购物中，需要对数值进行各种计算，得到相应结果。在数值计算中，对于一些常见的简单数学计算公式，包括算术运算符、数字和字符操作数等，这些都需要在 C 语言中规定表示方法、运算规则，如图 3.48 所示。

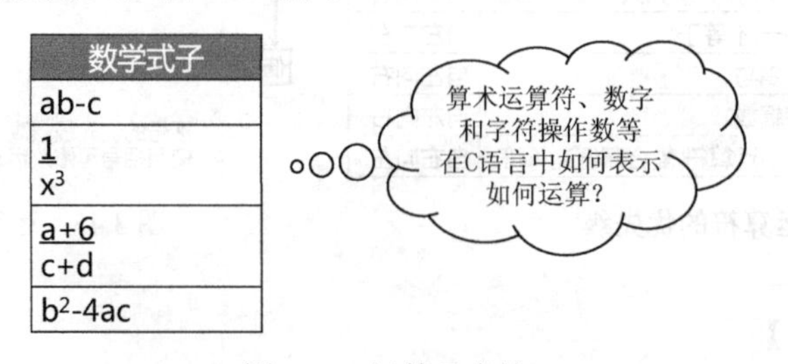

图 3.48 运算及表达

3.6.1 算术运算符和算术表达式

1. 算数运算符和算数表达式

涉及算术运算问题的相关内容有算数运算符和算术表达式，如图 3.49 所示。

算术表达式是用算术运算符把运算对象连接起来的式子。加减乘除运算是我们所熟悉的，乘除运算符号因为键盘输入的限制，在 C 语言中变成了“*”和“/”。这里特别需要注意除法运算的规则，整数相除的结果为整数，这个规则用好了往往可以简化算法。

C 语言里特别有一个求余运算，是求整数相除的余数。除法的本质是重复的减法，减到最后被除数不够除数减了，剩下的自然就是余数。求余运算的使用常会让算法变得简洁。

算术表达式

用算术运算符把运算对象连接起来的式子

运算符	含义	说明
+	加法运算符或正值运算符	
-	减法运算符或负值运算符	
*	乘法运算符	
/	除法运算符	两个整数相除的结果为整数，舍弃小数部分。
%	求余运算符	求余运算要求%的两侧均为整型数据。

图 3.49　算数运算符与表达式

C 语言算术表达式的书写形式，与数学中表达式的书写形式是有区别的，如图 3.50 所示，在表达时要注意以下几点：C 表达式中的乘号不能省略，可添加圆括号保证运算的顺序。

数学式子	表达式	说明
ab-c	a*b-c	• C表达式中的乘号不能省略 • 可添加圆括号来保证运算的顺序
$\frac{1}{x^3}$	1/(x*x*x)	
$\frac{a+6}{c+d}$	(a+6)/(c+d)	
b^2-4ac=0	b*b-4*a*c	

图 3.50　数学式子与 C 语言中的表达式

【例 3.9】算数运算的实例

定义两个整数 a、b，初值分别为 7 和 3，在屏幕上输出它们的和、差、积、商、余数、平均数。

【解析】

程序和运行结果如图 3.51 所示，这里把算数表达式直接写在格式输出函数 printf 里，就可以输出相应的结果。

```
#include<stdio.h>
int main(void)
{
    int a=7;
    int b=3;

    printf("%d ",a+b);        // 求ab的和，输出和值
    printf("%d ",a-b);        // 求ab的差，输出差值
    printf("%d ",a*b);        // 求ab的乘积，输出乘积值
    printf("%d ",a/b);        // 求ab的商，输出商值
    printf("%d ",a%b);        // 求a除以b的余数，输出余数
    printf("%d ",(a+b)/2);    // 求ab的均值，输出均值

    return 0;
}
```

输出：10 4 21 2 1 5

结果体现不出是做什么运算得到的

图 3.51　算数运算实例

可以看到，结果是一串整数，如果不结合程序看，那么就分不清这些数据都对应哪些运算。

我们可以通过在输出函数中添加输出提示，得到有明确描述的结果，如图3.52所示，注意程序的第10行，整数除法，7除以3，得到的结果为整2。printf库函数的使用方法，在“输入/输出”一章中有更详尽的介绍。

```
01 #include<stdio.h>
02 int main(void)
03 {
04     int a=7;
05     int b=3;
06
07     printf("a+b=%d\n",a+b);              // 求ab的和，输出和值
08     printf("a-b=%d\n",a-b);              // 求ab的差，输出差值
09     printf("a*b=%d\n",a*b);              // 求ab的乘积，输出乘积值
10     printf("a/b=%d\n",a/b);              // 求ab的商，输出商值
11     printf("a%%b=%d\n",a%b);             // 求a除以b的余数，输出余数
12     printf("ab的均值为%d\n",(a+b)/2);     // 求ab的均值，输出均值
13     return 0;
14 }
```

改进输出格式

```
结果：
a+b=10
a-b=4
a*b=21
a/b=2
a%b=1
ab的均值为5
```

图3.52　算数运算实例的改进

【例3.10】时间转换

把输入的时间秒数转换对应的分和秒，如500秒就是8分20秒。

【解析】

输入一个时间的秒数（time），输出对应的分钟（minute）和秒（second）。

若time=500，则minute=8，second=20。程序如图3.53所示。

第6行，通过printf输出函数在屏幕上提示要输入一个时间值。

第7行，通过scanf输入函数，把用户在键盘上输入的数据放到变量time中。

第8行，做整数除法，得到time中的分钟数。

第9行，做求余运算，得到剩余的秒数。

最后输出想要的结果即可。

```
01 #include<stdio.h>
02 int main(void)
03 {
04         int time;                              // 定义一个变量接受输入的数值
05         int  minute, second;
06          printf("请输入一个时间值%d秒");        // 屏幕提示
07          scanf("%d",&time);                    // 接收一个秒数数据
08          minute = time/60;                     // 转换分
09          second = time%60;                     // 计算剩余秒数
10          printf("%d分%d秒", minute,second);
11          return 0;
12 }
```

图3.53　时间转换程序

2. 自增和自减运算

在程序设计中，经常会遇到“i=i+1”和“i=i-1”这两种极为常用的操作。C语言为这种操作提供了两个更为简洁的写法，如图3.54所示。

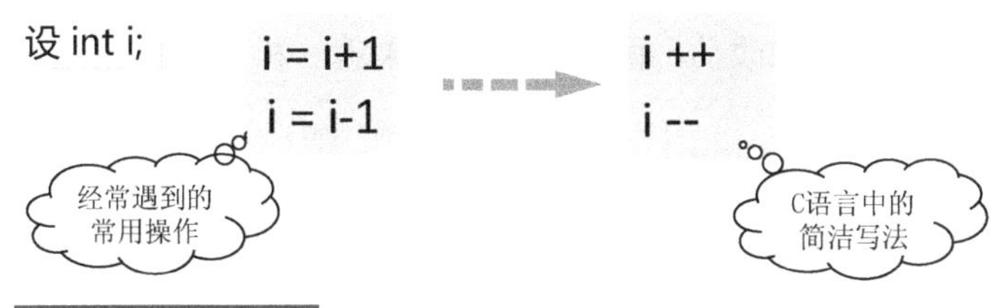

自增和自减运算符

++和--分别称为自增和自减运算符，是单目算数运算符。
++对操作对象进行自身增加1的操作，--对操作对象进行自身减1的操作。
注意：自增和自减运算符的操作对象只能是整型变量。

图 3.54 自增和自减运算符

这里的++和--运算符，分别叫做自增运算符和自减运算符，它们是单目运算符。++对操作对象进行自身增加 1 的操作，--对操作对象进行自身减 1 的操作。需要注意的是，自增和自减运算符的操作对象只能是整型变量。

自增和自减不是我们以前经验中有的概念，要特别注意使用规则，下面我们通过例子来熟悉它们的用法，如图 3.55 所示。

设 int x,y;

运算符	例子	含义	等价语句
++	y = ++x	先使x变量值增1，然后y才能再访问x单元	++x; y=x;
	y = x++	y先访问x单元，然后x变量值增1	y=x; x++;
--	y = --x	先使x单元值减1，然后y才能再访问x单元	--x; y=x;
	y = x--	y先访问x单元，然后x单元值减1	y=x; x--;

图 3.55 自增和自减运算实例 1

第一行，$y = ++x$ 的意思是先使 x 单元值增 1，然后 y 才能再访问 x 单元，等价语句是：$++x; y=x$。

第二行，$y = x++$ 的意思是，y 先访问 x 单元，然后 x 变量值增 1，等价的语句是 $y=x; x++$，--运算与++运算类似。

图 3.56 中的两个程序只有一处不同，左边的程序是先自增再赋值，右边的是先赋值再自增，导致结果是不一样的。当自增或自减的对象在同一个语句中还要被其他量访问时，自增或自减的时机很重要。

```
int main(void )
{
   int x, y ;
   x=10 ;
   y=++x ;
   printf("%d, %d \n", x, y) ;
   return 0 ;
}
运行结果为
11 , 11
```

```
int main(void )
{
   int x,  y ;
   x=10 ;
   y=x++ ;
    printf("%d, %d \n", x, y) ;
   return 0 ;
}
运行结果为
11 , 10
```

结论

当自增或自减的对象在同一个语句中还要被其它量访问时，自增或自减的时机很重要。

图 3.56 自增和自减运算符实例 2

我们把前面标出的语句稍加改动，两个程序的结果就一样了，如图 3.57 所示。

```
int main(void )
{
    int x, y;
    x=10;
    ++ x ;
    y=x ;
    printf("%d, %d \n", x, y);
    return 0;
}

运行结果为
11，11
```

```
int main(void )
{
    int x, y;
    x=10;
    x++ ;
    y=x ;
    printf("%d, %d \n", x, y);
    return 0;
}

运行结果为
11，11
```

结论

当自增或自减的对象作为单独一个语句时，自增或自减的时机就无关紧要了。

图 3.57 自增和自减运算符实例 3

无论++运算符出现在变量 *x* 的哪一边，当它只和一个变量组成表达式时，++的作用就只是使变量本身增加 1。当自增或自减的对象作为单独一个语句时，自增或自减的时机就无关紧要了。

在 C 程序设计中，要慎重使用自增自减运算符，关于自增和自减运算符在使用时需要注意以下问题：

（1）过多的自增和自减运算混合的语句可读性差。

之所以会编出各种晦涩难懂的语句，可能是形成的可执行代码效率高，但在实际的编程中，程序的可读性差的直接结果是导致程序员的效率降低。

（2）不同编译器会产生不同的运行结果。

这点从根本上否定了在一个表达式中过多使用自增自减混合运算这种编程方法。

（3）过多的自增和自减运算混合会丧失调试代码的机会。

调试器在调试程序时，最小的"执行步"是一行语句，当一行有多条语句时，也在一个"执行步"内完成。以语句 x=a++*a++*a++为例，单步跟踪时，一次执行完 4 条语句，则中间 a 的变化过程无法看清，我们调试程序的目的，就是要看清楚变量在执行过程中的变化，如果不是这样，那么也就丧失了调试代码的机会。

高技巧语句不等于高效率的程序，实际上程序的效率关键在于算法。

【程序设计好习惯】

在一行语句中，一个变量最好只出现一次自增或自减运算。

3.6.2 数据运算中的出界问题

无论是哪一种基本数据类型的变量，都有一个规定的取值范围，在运算时，如果对变量的操作超出了其取值的范围，那么将得不到预想的结果。

【例 3.11】无符号数的使用问题

设变量类型如下：

```
unsigned char size;
```

当 size 等于 0 时，再减 1 的值是什么？

答：因为 size 是无符号类型，所以 size 的值不会小于 0，而是 0xFF。

【例 3.12】字符型数据的使用问题

C 语言中字符型变量的有效值范围为−128～127，故以下表达式的计算存在一定风险：

```
char chr = 127;
int sum = 200;
chr +=1;          //127 为 chr 的边界值，再加 1 将使 chr 上溢到-128，而不是 128
sum += chr;       //故 sum 的结果不是 328，而是 72
```

【程序错误预防】

使用变量时要注意其边界值的情况。

3.7　逻辑判断处理

3.7.1　关系运算

在价格竞猜游戏中，竞猜者每次报价后，主持人会有“高了”“低了”“答对了”三种提示。报价与实际价格的关系，在比较判断后可能的情形有三种，大于、小于和等于，可能的结果是成立或不成立。

若商品的实际价格为 1680 元，竞猜者每次报价为 value，则关系判断的表达式在 C 语言中的表示方法如图 3.58 所示，判断结果，用非 0 值和 0 值来表示。

	可能的情形	表示方法
value与1680比较	value大于1680	value>1680
	value小于1680	value<1680
	value等于1680	value==1680

可能的结果	表示方法
成立	非0值
不成立	0

图 3.58　价格竞猜游戏中的关系判断

所谓“关系运算”实际上就是“比较运算”，即将两个数据进行比较，判断两个数据是否符合给定的关系。关系表达式是用关系运算符将两个操作数连接起来进行关系运算的式子，如图 3.59 所示。

C 语言中的关系运算符如图 3.60 所示，因为键盘输入的限制，所以形式上和数学中的同类符号有所区别。特别注意，关系运算符两个等号，赋值运算符一个等号，含义不同不能混用。

关系运算可能的结果有两个：关系成立，结果为真；关系不成立，结果为假。

在 C 语言中，没有专门的逻辑值，而是用非 0 表示“真”，用 0 表示“假”。因此，对于一个关系表达式，如果值为 0，那么就代表一个“假”值；如果值是非 0，那么无论是正数还是负数，都代表一个“真”值。

关系运算

关系运算是对两个数进行比较，判断两个数据是否满足指定的关系。关系成立则为真，用非零值表示；关系不成立则为假，用零表示。

关系表达式

用关系运算符将两个操作数(常量、变量或表达式)连接起来，进行关系运算的式子，称为关系表达式。

图 3.59 关系运算与关系表达式

关系运算符	含义
>	大于
>=	大于等于
<	小于
<=	小于等于
==	等于
!=	不等于

关系运算结果	
0	非0
表示假，关系不成立	表示真，关系成立

:(程序设计错误

关系运算符“==” 和赋值运算符“=”含义不同，不能混用

图 3.60 关系运算符

【例 3.13】关于实数比相等

图 3.61 是一个对实数比相等进行测试的程序及其结果。

```
int main(void)
{
    float x;
    char k;
    x=1.0/10;
    if (x==0.1) k='y';
    else k='n';
    printf( " k=%c,x=%f \n" , k,x);
    return 0;
}
```

结果怎么会是这样？

结果：k=n，x=0.100000

图 3.61 实数比相等测试

这个结果是不是大大出乎你的预料呢？其原因是按照浮点数据的存储格式（IEEE-754 标准），float 类型变量的精度有限。

当我们一定要将 x 和 0.1 比较时，可以写成$(x>=0.1-\varepsilon)\&\&(x<=0.1+\varepsilon)$的形式。其中 ε 为允许的误差，如 $\varepsilon=10^{-5}$。注意：ε 不能太小，原因依然是 float 类型变量的精度有限。

【程序错误预防】

一定要避免实型变量与数字用“==”或“!=”比较。

3.7.2 逻辑运算

我们再来看一个关系判断的实际问题。

有三角形三边长度分别为 a、b、c，要求对这个三角形进行分类。

【解析】

我们需要根据三角形构成的数学定义，对 a、b、c 之间的关系进行判断。对于等边三角

形的情形，我们需要判断 *a* 和 *b* 相等，而且 *a* 和 *c* 也相等，这需要考查两个条件同时成立的情况，如图 3.62 所示。

需要对多个数据关系比较后的的结果，再根据情况做逻辑推理，得到是否成立的结果。

引例　**三角形的形状判断**

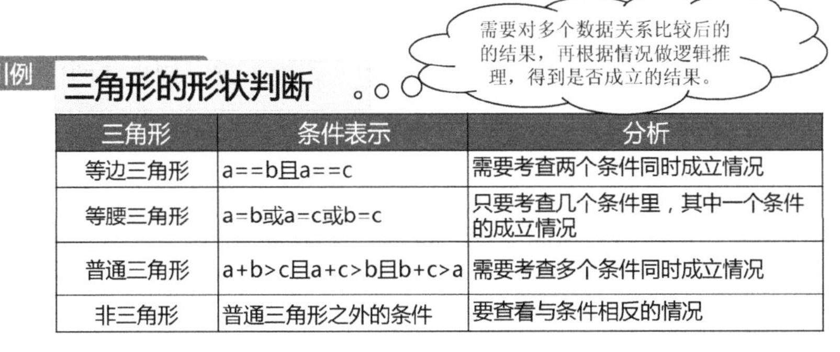

三角形	条件表示	分析
等边三角形	a==b且a==c	需要考查两个条件同时成立情况
等腰三角形	a=b或a=c或b=c	只要考查几个条件里，其中一个条件的成立情况
普通三角形	a+b>c且a+c>b且b+c>a	需要考查多个条件同时成立情况
非三角形	普通三角形之外的条件	要查看与条件相反的情况

图 3.62　三角形形状判断

归结起来，实际问题中需要我们判断多个条件是否同时成立，或只要其中一个成立，或需要得到列出条件的相反情形，等等，也就是需要对多个数据关系进行比较，再根据情况进行逻辑推理，最后得到是否成立的结果。

逻辑运算和逻辑表达式的概念如图 3.63 所示。

逻辑运算

逻辑运算是用逻辑运算符连接一个或多个条件，判断这些条件是否成立。逻辑表达式计算结果为逻辑值（真或假）。

逻辑表达式

用逻辑运算符将一个或多个表达式连接起来，进行逻辑运算的式子。在C语言中，用逻辑表达式表示多个条件的组合。

图 3.63　逻辑运算与表达式

逻辑运算符有三种，逻辑与、逻辑或和逻辑非，相关规则如图 3.64 所示。

名称	运算符	运算规则
逻辑与	&&	当两个运算对象的值都为真时，运算结果为真，否则为假。
逻辑或	||	当两个运算对象的值都为假时，运算结果为假，否则为真。
逻辑非	!	当运算对象的值为真时，运算结果为假；当运算对象的值为假时，运算结果为真。

a和b代表关系运算的结果，1表示“真”；0表示“假”

	运算对象		逻辑运算结果		
	a	b	a && b	a || b	!a
逻辑值	0	0	0	0	1
	0	1	0	1	1
	1	0	0	1	0
	1	1	1	1	0

图 3.64　逻辑运算符与运算规则

1. 逻辑与

当两个运算对象的值都为真时，运算结果为真，否则为假。如果有两个运算对象 *a* 和 *b*，它们代表关系运算的结果，可能取值为真或假，即 1 或 0。当 *a* 和 *b* 都为真时，即都是 1 时，*a* 与 *b* 的结果为真，表示为 1；有一个为假，结果即为假。逻辑与的运算类似于乘法。

2．逻辑或

当两个运算对象的值都为假时，运算结果为假，否则为真。逻辑或的运算类似于加法。

3．逻辑非

当运算对象的值为真时，运算结果为假；当运算对象的值为假时，运算结果为真。

有一个简便记忆法：逻辑与一假全假，逻辑或一真全真，逻辑非结果取反。

【例 3.14】三角形的形状判断

有三角形三边长度分别为 *a*、*b*、*c*，用 C 语言的逻辑和条件表达式表示各类三角形条件表示。

【解析】

三角形条件表示与相应 C 的表达式如图 3.65 所示。

第一行，等边三角形，*a*==*b* 且 *a*==*c* 表示为 *a*==*b* && *a*==*c*。

最后一行，非三角形，惊叹号表示逻辑非，即取其后条件的相反情形，也常称为“取反”。

三角形	条件表示	C表达式
等边三角形	a==b且a==c	a==b && a==c
等腰三角形	a=b或a=c或b=c	a==b || a==c || b==c
普通三角形	a+b>c且a+c>b且b+c>a	a+b>c && a+c>b && b+c>a
非三角形	普通三角形之外的条件	! (a+b>c && a+c>b && b+c>a)

图 3.65 三角形条件表示与 C 表达式

【例 3.15】区分字符种类

键盘输入一个字符，放入字符变量 *c* 中，判断它是否是数字、大写字母或者小写字母。

【解析】

根据 ASCII 码表，若输入的是数字，则 *c* 应该介于字符 0 和字符 9 之间，判断表达式的写法如图 3.66 所示，注意这里 *c* 大于等于字符 0 是一个关系表达式，*c* 小于等于字符 9 是另一个关系表达式，只有同时满足这两个条件，即两个表达式都为真时，*c* 才是数字。其他条件的表达式写法类似。

字符c情形	条件描述	表达式
数字	c介于字符0和字符9之间	c>='0'&& c<='9'
非数字	c不在字符0和字符9之间	! (c>='0'&& c<='9')
大写字母	c介于字符A和字符Z之间	c>='A'&& c<='Z'
小写字母	c介于字符a和字符b之间	c>='a'&& c<='b'

图 3.66 区分字符种类

【例 3.16】表达式结果判断

设 int *x*=1, *y*=1, *z*=1; 求表达式 ++ *x* || ++ *y* && ++ *z* 运算后，*x*、*y*、*z* 的值是多少？

【解析】

这个表达式有多种运算符，它们的优先级不同，记不住则要去查手册。一个有效率的做法是，在编程时，按照问题的逻辑关系，给各个表达式加上括号。

按运算符的优先级加上括号后，表达式的运算顺序就容易看清楚了，表达式结果如图3.67所示。

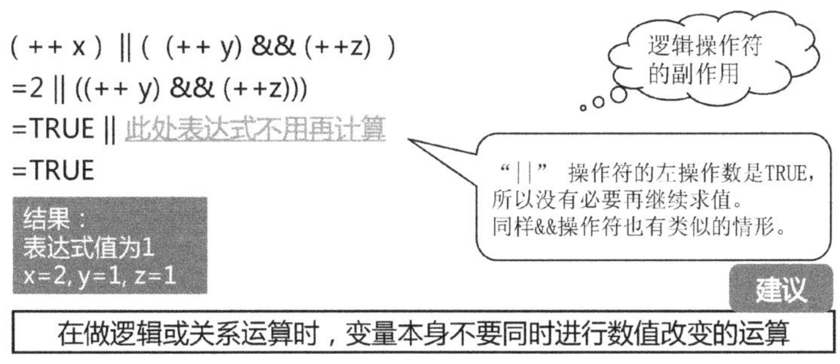

图3.67　表达式结果判断

先算“或”运算符左边的表达式++x，结果为2，作为逻辑运算中，操作对象的结果，C语言中把非零的数视为结果是“真”，TRUE表示“真”，此时“或”运算符右边的表达式就不用再计算了，因为逻辑或是“一真全真”。

同样，“&&”操作符也有类似的情形——“一假全假”，这种情况被称为是“逻辑操作符”的副作用，在编程时要小心。

因此最后的结果是只有 x 做了自增操作，y 和 z 的自增都没有做。

实际上，一条语句中出现多次同一个变量的自增或自减是不合规范的，因为对这类写法，不同的编译器有不同的解释，所以结果会不一样。

【例3.17】推理探案

公安人员审问四名窃贼嫌疑人。已知这四人当中仅有一名是窃贼，还知道这四人中的每一个人要么是诚实的，要么是说谎的。在回答公安人员的问题中，四人的说法如下，请根据这四人的答话判断谁是盗窃者。

甲说：“乙没有偷，是丁偷的。”

乙说：“我没有偷，是丙偷的。”

丙说：“甲没有偷，是乙偷的。”

丁说：“我没有偷。”

【解析】

假设变量 A、B、C、D 分别代表4个人，变量可能的取值为0或1，值为1代表该人是窃贼，为0表示非窃贼。

由题目知4人中仅有一名是窃贼，且这4个人中的每个人要么说真话，要么说假话，而由于甲、乙、丙三人都说了两句话：“X 没偷，X 偷了”，因此不论该人是否说谎，他提到的两人中必有一人是小偷。故在列条件表达式时，可以不关心谁说谎，谁说实话。这样可以写出下列条件表达式：

甲说的“乙没有偷，是丁偷的”，可以表示为：$B+D=1$。

乙说的“我没有偷，是丙偷有”，可以表示为：$B+C=1$。

丙说的“甲没有偷，是乙偷的”，可以表示为：$A+B=1$。

丁说的“我没有偷”，无法判定其真假。可以表示为：$A+B+C+D=1$。

4 人中仅有一名是窃贼的条件即为：$(B+D==1)\&\&(B+C==1)\&\&(A+B==1)\&\&(A+B+C+D==1)$。

4．逻辑运算法则

通过前面的实例，逻辑运算的法则可以归结如图 3.68 所示。

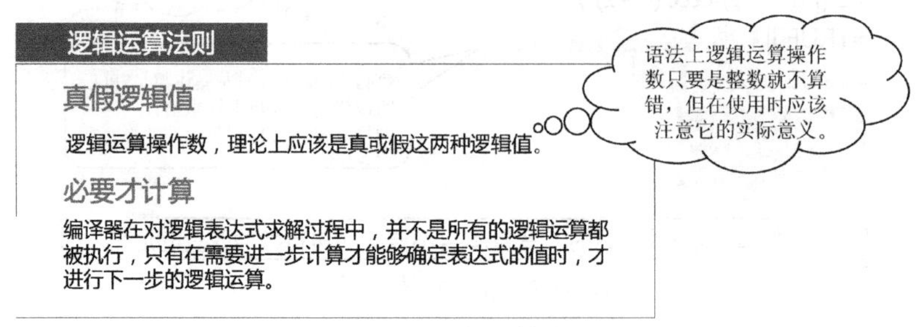

图 3.68　逻辑运算法则

3.8　数据类型转换

1．实际问题中不同类型数据的混合运算情形

【引例 1】购物小票的计算结果

布朗先生看着家里桌上的超市购物小票，思考着一个问题，如图 3.69 所示，小票上金额的计算公式是单价乘以数量，这两个量一个是实型，一个是整型，对这个具体的问题，算出来的结果应该是实型才合理，这个类型的转换在我们人脑中是“自然而然”完成的，在计算机中，更具有普遍意义的问题是，不同类型的数据混合运算后，结果应该是什么类型，这样的类型转换要怎么进行呢？

图 3.69　购物小票中的数据类型转换

C 语言的数值运算，应该确定规则——计算结果赋值时，要变为等式左边变量的类型。

【引例 2】材料费的计算误差

布朗太太去手工体验工场制作陶艺，所用材料需要自费购买。现在制作需 A、B 两种材料，按2∶1混合。当天体验班有12人，共用A材料18袋、B材料9袋，A材料每袋价格为32.6元，B材料每袋价格为15.8元，平均每人的材料费是多少元？

布朗太太手算的结果是60.9元，布朗先生为验证计算机混合计算的规则，设计的计算程序如图3.70所示。

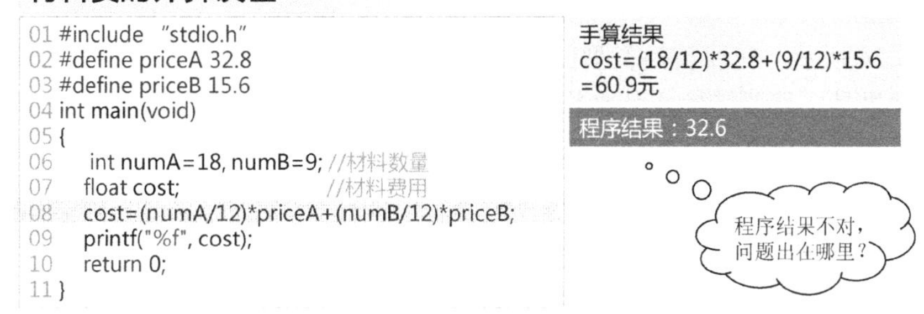

图3.70 材料费的计算

程序第8行，价格的计算公式和布朗太太的一样。程序运行后的结果为32.6，程序结果与手算的结果相差太大，问题出在了哪里呢？

仔细看程序的第8行，材料数量numA和numB都是整数，它们去除以整数12，整数除法的结果在C语言中规定为整数，因此最后得出的结果就出问题了。

我们可以通过改善计算方法来解决这个问题，即不改变已有运算规则，只在计算时按需要改变数据的类型就可以了。具体来说，可以在编程时给整型量numA设置一个实数标记，运算时把它当实数来用。

2. C语言数据类型转换规则

根据前面的设想，C语言中设计有数据类型转换的语法规则，可以在计算时把数值从一种类型转换为另一种类型，如图3.71所示。

数据类型转换
数据的类型转换，是把数值从一种类型转换为另一种类型。

图3.71 数据类型转换

编程时，在数值运算、赋值、输出、函数调用时都会有类型转换的情况发生，C语言系统根据各种情况制定了相应的处理规则，如图3.72所示，我们要在练习中逐步熟悉它们。函数的概念在相应的知识点中介绍。

种类	发生情形	处理规则
运算转换	不同类型数据混合运算时	先转换、后运算
赋值转换	把一个值赋给与其类型不同的变量时	转换为变量类型
输出转换	输出时转换成指定的输出格式	按指定格式输出
函数调用转换	实参与形参类型不一致时	以形参为准
	返回值类型和函数类型不一致时	以函数类型为准

图3.72 数据类型转换情形

数据的类型转换方式有两类，一类是系统自动完成的，称为自动转换或隐式转换，另一类是要程序员通过设置来完成的，称为是强制转换或显式转换，如图3.73所示。

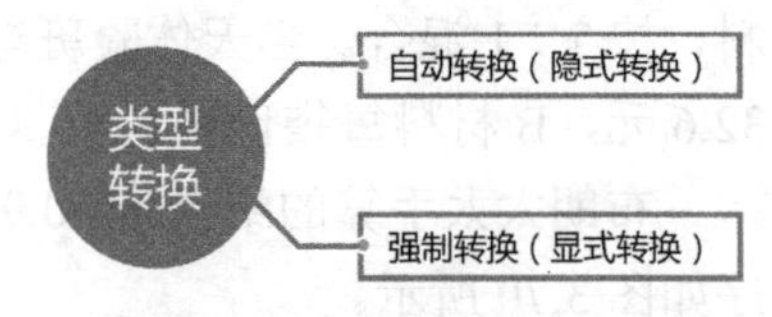

图3.73　数据类型转换方式

3.8.1　强制类型转换

强制类型转换是一种显式的类型变换，它把表达式的类型转换成希望的类型。类型转换格式如图3.74所示，在要转换类型的表达式前面写出要转换成的数据类型标识符。显式的类型变换的意思是，需要转换成什么样的类型是直接写出来的。特别要注意的是，强制转换得到的是所需类型的数值，原变量或表达式的类型不变。

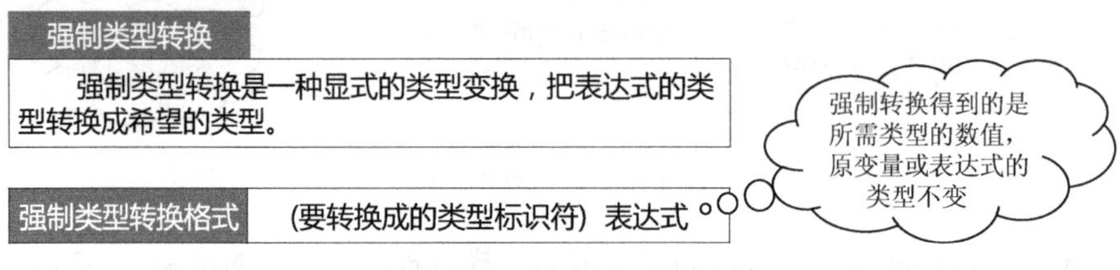

图3.74　强制类型转换

【例3.18】材料费计算的程序改进

布朗先生用强制类型转换方式，对程序进行了改进，如图3.75所示。程序第8行，在整型量numA和numB前加了要转换的float类型。程序第10行，计算后再查看一下这两个变量的值。

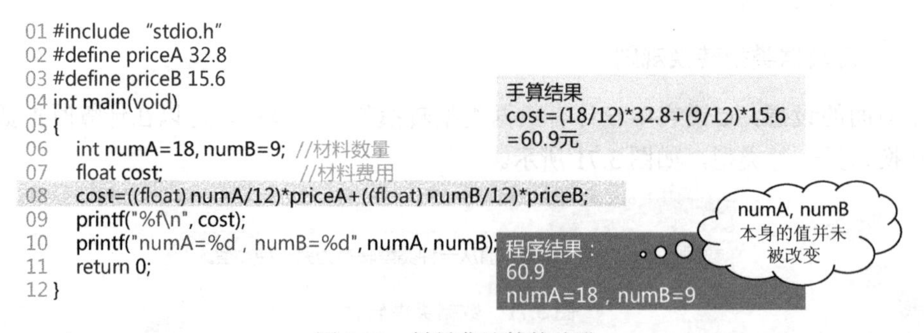

图3.75　材料费计算的改进

最后程序的结果表明，材料费用计算正确，被强制类型转换的整型量numA和numB，本身的值并未被改变。

【例3.19】强制类型转换

检验变量经过强制类型转换后，其本身的值并未发生变化。

1．程序代码

```
1    //强制类型转换的例子
2    #include  <stdio.h>
3    int main(void)
4    {
```

```
5        float  x, y;
6        x=2.3;
7        y=4.5;
8
9        printf("(int)(x)+y=%f\n",(int)(x)+y);
10       printf("(int)(x + y)=%d\n",(int)(x + y));
11       printf("x=%f,y=%f\n",x,y);
12       return 0;
13 }
```

程序结果：

```
(int)(x)+y=6.500000
(int)(x + y)=6
x=2.300000,y=4.500000
```

说明：

（1）第 9 行：(int)(x)+y = (int)(2.3)+4.5 = 2+4.5 = 6.5。

（2）第 10 行：(int)(x+y) = (int)(2.3+4.5) = (int)(6.8) =6。

（3）对表达式的值进行强制转换，并不改变 *x*、*y* 本身的值。

2. 跟踪调试

通过图 3.76 中的 Watch 窗口，可以观察到程序运行至 return 语句，虽然对变量 *x*、*y* 都做了强制类型转换，但它们本身的值并未发生变化。

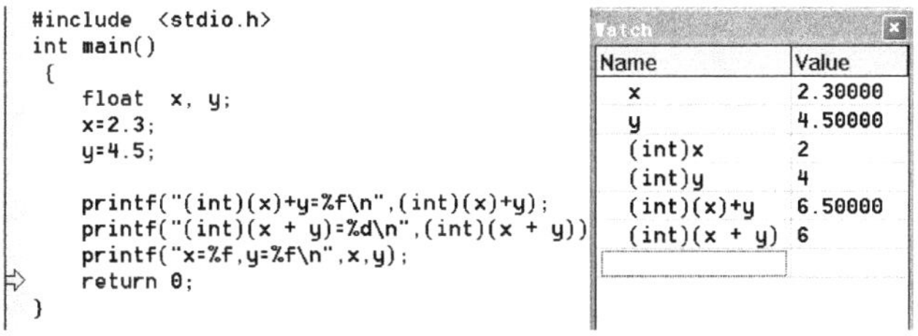

```
#include  <stdio.h>
int main()
 {
     float  x, y;
     x=2.3;
     y=4.5;

     printf("(int)(x)+y=%f\n",(int)(x)+y);
     printf("(int)(x + y)=%d\n",(int)(x + y));
     printf("x=%f,y=%f\n",x,y);
     return 0;
 }
```

Name	Value
x	2.30000
y	4.50000
(int)x	2
(int)y	4
(int)(x)+y	6.50000
(int)(x + y)	6

图 3.76　强制类型转换程序跟踪查看

【程序错误预防】

要尽量减少没有必要的数据类型默认转换与强制转换。

3.8.2　自动类型转换

下面讨论自动类型转换的问题。先看一个实际的例子。

【例 3.20】材料费的优惠价

手工体验工场开展节日优惠活动，材料费在八折基础上再向下取整数。

【解析】

为了对比明显，布朗先生另设了一个打折价格 d_cost，注意它的数据类型是整型，而不是 float 类型，如图 3.77 所示。

手工计算
cost=(18/12)*32.8+(9/12)*15.6=60.9
d_cost=⌊cost *0.8⌋=⌊48.72⌋=48

注意d_cost只是取结果的整数部分，不是四舍五入

程序实现

```
int numA=18, numB=9;  //材料数量
float cost;           //材料费用
int d_cost;           //打折价格
cost=((float) numA/12)*priceA+((float) numB/12)*priceB;
d_cost= cost*0.8;
printf("cost=%f\n", cost);
printf("d_cost=%f\n", d_cost);
```

程序结果
cost=60.9
d_cost=48

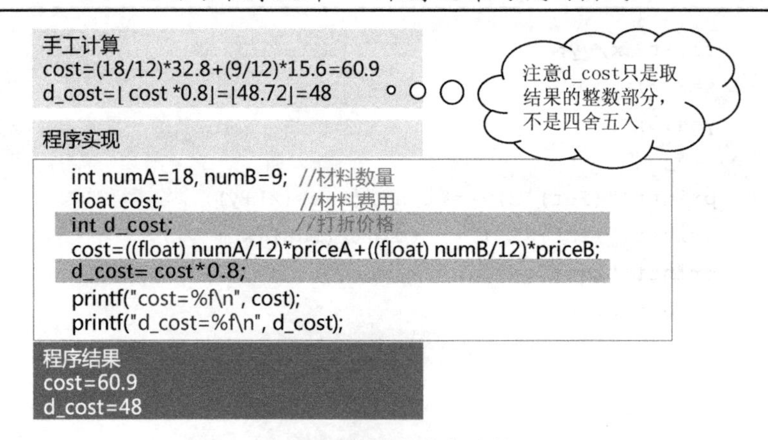

图 3.77　材料费的优惠价

手工计算的结果是 cost=60.9，d_cost 的值是 coat 的 8 折再向下取整，是 48。

程序运算的结果 d_cost 等于 48，注意 d_cost 是整型，只是取结果的整数部分，不是四舍五入。

自动转换是在编译时由编译程序按照一定规则自动完成的，不需人为干预。在算数运算、赋值运算和函数处理中，最重要的一个规则是在赋值运算中，等号右边表达式的值的类型自动隐式地转换为左边变量的类型，如图 3.78 所示。

自动转换

在编译时由编译程序按照一定规则自动完成，不需人为干预。

自动转换规则

算术运算	都转换为表达式中最长的数据类型 先转换，后运算
赋值运算	等号右边表达式的值的类型自动隐式地转换为左边变量的类型
函数处理	(a) 实参的类型转换为形参的类型 (b) 返回表达式值的类型转换为函数的类型

图 3.78　自动转换及规则

3.9 其他运算

3.9.1 条件表达式

对于 if-else 语句的条件判断处理，在 C 语言中，还有一种更简洁的等价表示方法，如图 3.79 所示。

条件表达式形式	含义	
表达式1 ? 表达式2 ：表达式3	表达式1为真	取表达式2的值做整个条件表达式的值
	表达式1为假	取表达式3的值做整个条件表达式的值

等价

```
if(表达式1) 表达式2；
else 表达式3；
```

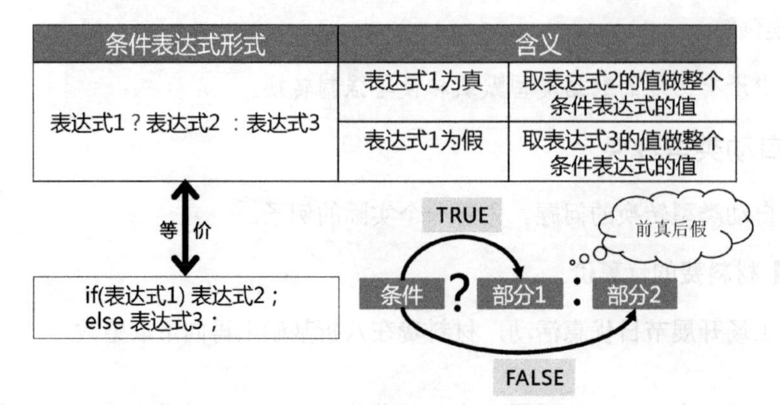

图 3.79　条件运算符与表达式

在实际应用中，C 语言中常用条件表达式构成一个赋值语句。

既然条件运算符是运算符的一种，它在同一个表达式中就有可能出现多次，C 语言规定它的结合性是右结合，如图 3.80 所示，注意这里的运算符是一组问号和冒号。这种表达方法用得过于繁杂时，会让程序员不容易看清其中的逻辑，降低程序的可读性。

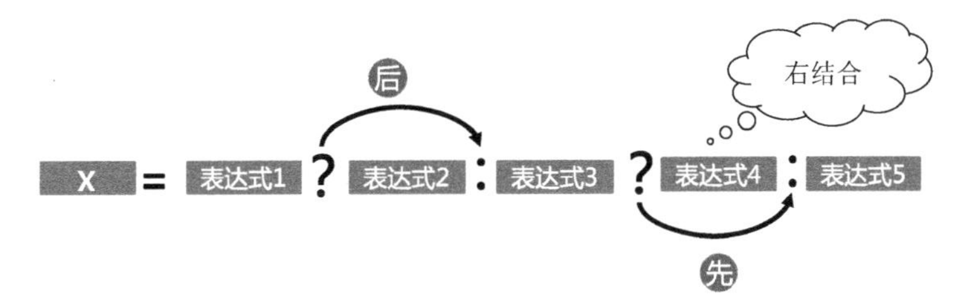

图 3.80　运算符的结合性

【例 3.21】判奇偶

输入一个数字，判断它是奇数还是偶数。

```
int main(void)
{
    int num;
    printf("输入一个数字 : ");
    scanf("%d",&num);
    (num%2==0)  ?  printf("偶数")  :  printf("奇数");
}
```

【例 3.22】用条件表达式计算三个数中的最大值

方法一：

```
int a=90,b=80,c=100,max;
max=a>b?a:b;
max=max>c? max:c;
printf("这三个数中最大的数为: %d",max);
```

结果是，第一次 max=90，第二次 max=100。

方法二：

```
int a=90,b=80,c=60;
printf("这三个数中最大的数为: %d", a>c?a>b? a: b :c );
```

说明：方法二中，有两对条件运算符，根据其属性是右结合，则应该从最右的问号开始找最近的冒号来配对，因此 a>c? a>b?a:b:c 等价于 a>c?(a>b?a:b):c，条件表达式的结果为 100。

3.9.2　sizeof 运算符

sizeof 可以用来计算一个变量或者一个常量、一种数据类型所占内存的字节数，如图 3.81 所示。

形式	含义
sizeof(变量)	计算变量占的内存字节数
sizeof(常量)	计算常量占的内存字节数
sizeof(数据类型)	计算数据类型占的内存字节数

图 3.81　sizeof 运算符

【例 3.23】sizeof 实例

```
#include <stdio.h>
int main(void)
{
    int size_constant, size_variable, size_datatype;
    char c;
    size constant = sizeof(10);
    printf("常数 10 所占的字节数: %d\n", size_constant);
    size_variable=sizeof(c);
    printf("字符变量所占的字节数: %d\n", size variable);
    size_datatype=sizeof(float);
    printf("float 类型所占的字节数: %d\n", size_datatype);
    return 0;
}
```

结果：

常数 10 所占的字节数：4；字符变量所占的字节数：1；float 类型所占的字节数：4。

3.9.3　赋值运算符与表达式

基本的赋值运算符是“=”，它的作用是将一个表达式的值赋给一个变量，如图 3.82 所示，赋值运算符的优先级别低于其他的运算符，所以对该运算符往往最后读取。

赋值运算需要注意以下几点：

- “=”不是等于号，而是赋值运算符。
- 赋值运算符左边必须是变量，不能是表达式，并且赋值运算要由右向左进行。
- 赋值运算符右侧表达式的值即为赋值表达式的值。

赋值表达式	含义	例子	说明
变量=表达式	1.求表达式值 2.赋值	a=b+3*c ;	表达式b+3*c的值赋给变量b
		x=y=z=100;	“=”为右结合
		a+(b=3)	用括号改变优先级

图 3.82　赋值运算符与表达式

3.9.4　复合赋值运算符

在赋值符“=”之前加上其他二目运算符可构成复合赋值符，如图 3.83 所示。

形式	复合运算含义
变量 双目运算符 = 表达式	变量 = 变量 运算符 表达式

运算符	名称	表达式	等价表达式
=	赋值运算符	a=5	a=5
+=	加赋值运算符	a+=5	a=a+5
-=	减赋值运算符	a-=x+y	a=a-(x+y)
*=	乘赋值运算符	a*=2*x	a=a*2*x
/=	除赋值运算符	a/=x-y	a=a/(x-y)
%=	取余赋值运算符	a%=12	a=a%12

图 3.83　复合赋值运算符

3.9.5　逗号运算符和逗号表达式

有时为了编程方便，程序员会想在语法只允许出现一个表达式的地方，同时计算出多个表达式的值，C 语言提供了这种方便的规则，就是用逗号来“粘合”多个表达式，在语法上规定这只是一个表达式，如图 3.84 所示。

逗号表达式形式	求解过程
表达式1，表达式2，…… 表达式n	从表达式1开始，分别计算各表达式的值，最后整个逗号表达式的值是表达式n的值。

图 3.84　逗号表达式

在许多情况下，使用逗号表达式的目的只是想分别得到各个表达式的值，而并非一定需要得到和使用整个逗号表达式的值，最常见的例子是在循环部分的 for 语句中。逗号运算符是所有运算符中级别最低的。

3.10　本 章 小 结

本章主要内容及其之间的联系如图 3.85 所示。

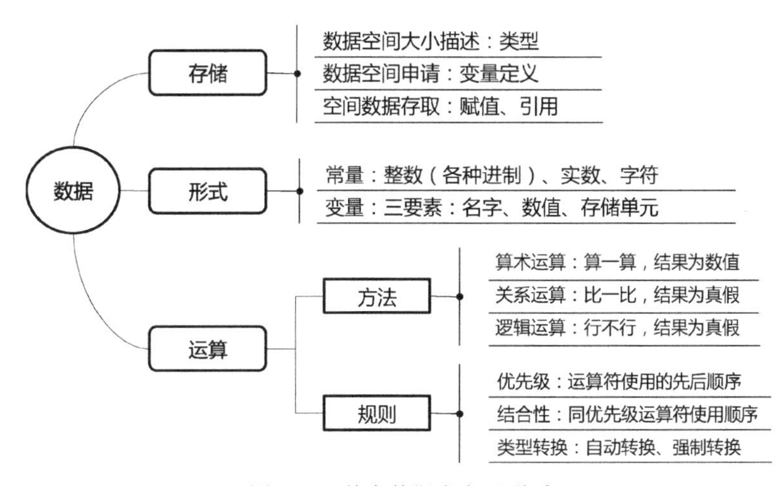

图 3.85　基本数据内容及联系

程序中数据要存储要引用要运算要输入要输出涉及各个方面，
规则琐碎要多看多练。
存储空间的大小由数据类型来描述规格多样，
程序员按数据特点自己把类型选，
常量直接拿来用，定义变量分空间。
常数表示有十、八、十六三种进制为伴，
十原样、八加零、十六是 X 前加零蛋。
调试时看内存，各进制转换要熟练。
模运算是求余数，用得妙算法会简单。
整数相除得整数，定好的规则不为哪般。
数据可以混合算，类型是按最长的算。
自动与强制是运算时常见的类型转换，
自动是赋值时两存储容器间倒来倒去信息流转。

小倒大，全盘接收；大倒小，高位溢满。

强制是按需取，原容器内容不变。

习　题

3.1　编写一个C语句，实现下面每一句话的要求。

（1）把变量c、thisVariable、q76354和number定义为int类型。

3.2　编写一个语句（或注释）实现下面每一句话的要求。

（1）指出一个程序将计算3个整数的乘积。

（2）把变量x、y、z和 result 声明为 int 类型。

（3）提示用户输入3个整数。

（4）从键盘中读取3个整数，并把这3个整数存储在变量x、y、z中。

（5）计算出包含在变量x、y、z中的3个整数的乘积，并把结果赋给变量result。

3.3　华氏温度F与摄氏温度C的转换公式为：C=(F−32sss)*5/9，则“float C, F; C=5/9*(F−32)”是其对应的C语言表达式吗？若不是，说出理由。

3.4　对于“统计一行中数字字符的个数”的要求，写出判别数字字符的条件表达式。

3.5　输入整数a和b，若a+b>100，则输出a+b百位以上的数字，否则输出两数之和。给出题目中的输入/输出语句和判断条件表达式。

3.6　要将“China”译成密码，密码规律是：用原来的字母后面第4个字母代替原来的字母，如字母“A”用“E”代替。因此“China”应译为“Glmre”。请编一程序，用赋初值的方法使c1、c2、c3、c4、c5五个变量的值分别为“C”“h”“i”“n”“a”，经过运算，使c1、c2、c3、c4、c5分别变成“G”“l”“m”“r”“e”，并输出。

3.7　幼儿园有大、小两个班的小朋友。分西瓜时，大班4人一个，小班5人一个，正好分掉10个西瓜；分苹果时，大班每人3个，小班每人2个，正好分掉110个苹果。给出满足题目条件的表达式。

3.8　编写程序，读入3个整数赋值给a、b、c，然后交换它们中的数值，把a中原来的值给b，把b中原来的值给c，把c中原来的值给a。

第 4 章　输入/输出

【主要内容】

● C 语言的基本输入/输出函数的使用方法。

【学习目标】

● 能够熟练使用基本输入/输出函数。

4.1　输入/输出的概念

布朗太太在登录订票网站时有了一个疑问，如图 4.1 所示。

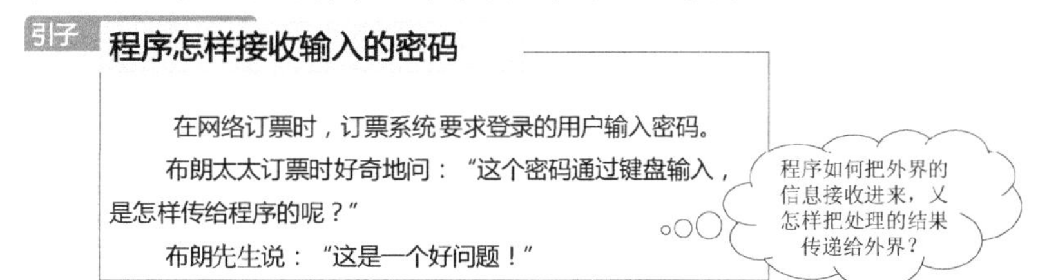

图 4.1　登录密码问题

程序从键盘上读取数据，引申而来的问题是，程序如何与外界进行信息交流？这涉及程序数据的输入/输出处理问题。

所谓输入/输出是以计算机处理器为主体而言的。从计算机向外部输出设备输出数据称为"输出"，从输入设备向计算机输入数据称为"输入"，如图 4.2 所示。

常见的输出设备有显示屏、打印机、磁盘等，输入设备有键盘、磁盘、扫描仪等。

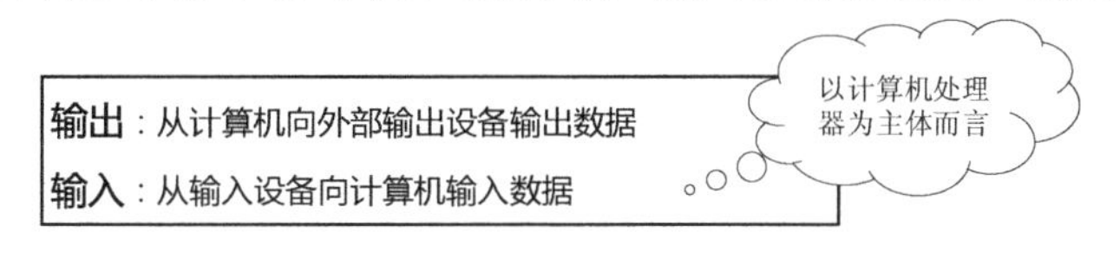

图 4.2　计算机的输入/输出

4.1.1　标准输入/输出

人们通常把键盘和显示器称为标准输入/输出设备，相应的信息输入或输出称为标准输入和标准输出，如图 4.3 所示。

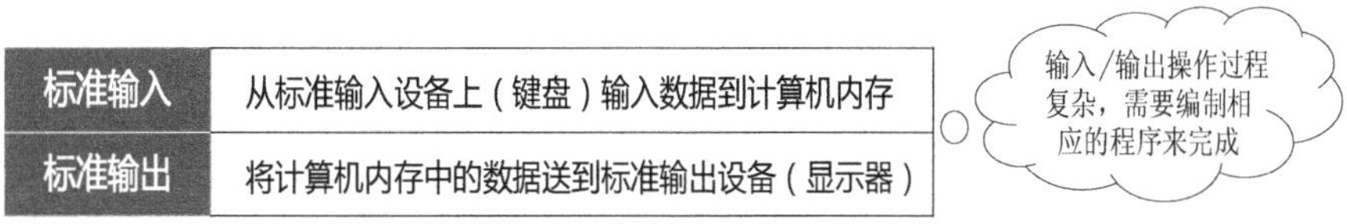

标准输入	从标准输入设备上（键盘）输入数据到计算机内存
标准输出	将计算机内存中的数据送到标准输出设备（显示器）

输入/输出操作过程复杂，需要编制相应的程序来完成

图 4.3　标准输入/输出

4.1.2 C标准库函数

C标准库函数，其中函数的意思是指能完成指定功能的子程序。库函数的意思是程序库里的函数。C语言常用标准库函数及相关问题如图4.4所示。

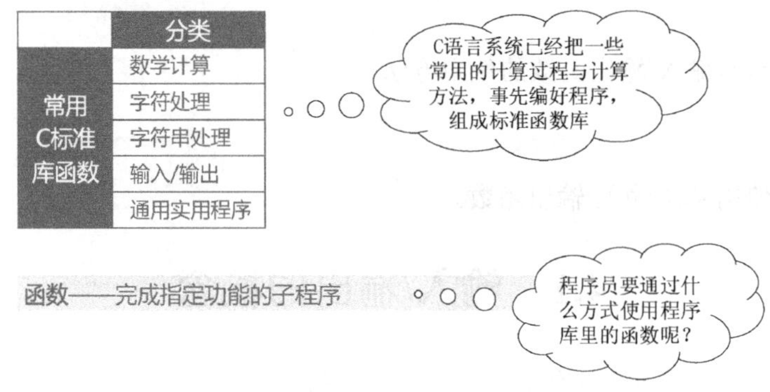

图4.4 C标准库函数

C语言系统给用户提供函数库，这样程序员可以直接使用这些程序。程序开发者应熟悉库函数并尽可能使用库函数，而不是所有的工作都是从头开始的，这可以减少开发时间，使得工作更加容易。使用C标准库函数中的函数的另一个好处是使得程序更易于移植。

【知识ABC】标准库函数

ANSI（American National Standards Institute，美国国家标准学会）标准定义了C语言的标准库函数，如数学类函数、输入/输出类函数、字符处理类函数、图形类函数和时间日期类函数等，其中每一类里又包括几十个到上百个具体功能函数。一般的C编译环境都部分或全部提供了对这些库函数的支持，需要时可以查阅本书的附录，也可以查阅C编译软件的帮助文件。

标准库函数的方便之处在于，用户可以不定义这些函数，就直接使用它们。比如我们想打印输出，只要了解输出函数的功能、输入/输出参数和返回值，具体使用时按照给定参数调用即可。

4.1.3 头文件

C语言常用标准库函数，每一类函数的说明放在相应的头文件中，如图4.5所示。

头文件是放函数说明的文件。比如与输入/输出相关的库函数，它们的说明都放在名为stdio.h的头文件中，stdio是英文“标准输入/输出”的缩写，后缀h，是英文“头”的首字母。

程序员需要用哪个库函数，就用文件包含命令把相应头文件名“包含”一下即可。文件包含的作用就是将指定的文件拿来使用。例如，如果要使用sqrt函数（即求平方根函数），那么需在文件头部增加一行：

```
#include "math.h"
```

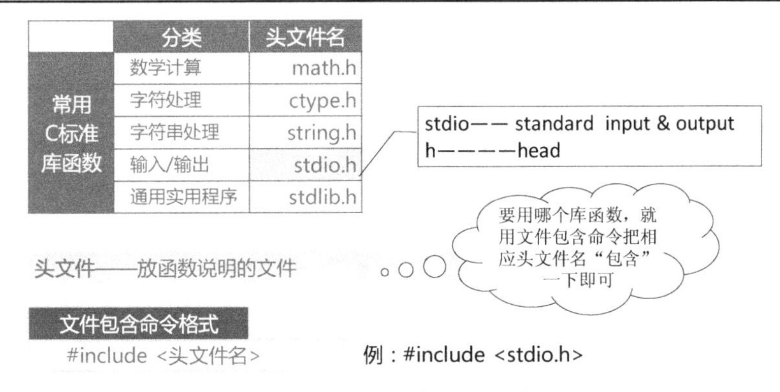

图 4.5　文件包含与头文件

4.2　数据的输出

C 语言的数据输出库函数有两大类——字符输出函数和格式输出函数，其说明都在标准输入/输出头文件里，如图 4.6 所示。

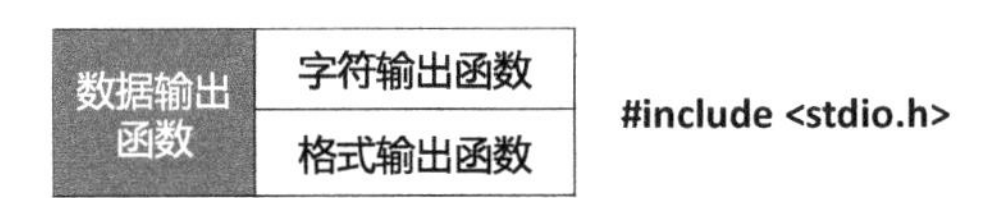

图 4.6　数据输出库函数

4.2.1　字符输出函数

字符输出函数 putchar，其调用形式与功能说明如图 4.7 所示。括号里“字符量”是函数参数，在这里可以是字符变量，也可以是字符常量。

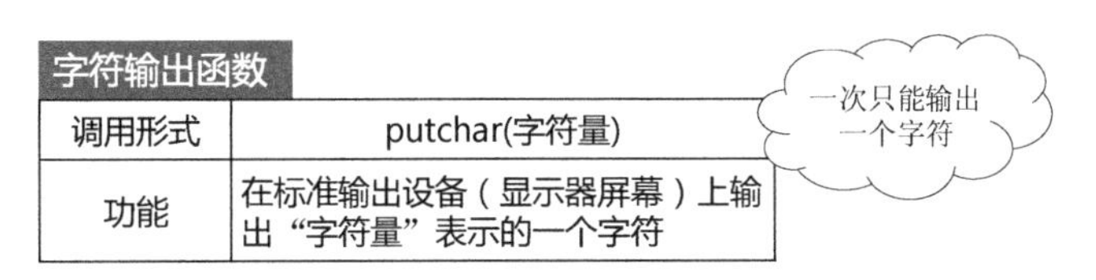

图 4.7　字符输出函数

【例 4.1】字符输出函数实例 1

学习编程的第一个程序，一般是在屏幕打印一个亲切的词语——“Hello，world！”。这个最简单的 C 程序我们已经在程序概论中给出了，现在我们还希望屏幕输出一个笑脸来欢迎大家。程序如下，putchar 相应的执行含义见注释。

```
#include <stdio.h>
int main(void)
{
    printf("Hello, world!\n");
    putchar (2) ;    //在屏幕上画一个笑脸，笑脸的 ASCII 码是 2
    putchar('\n');  //输出回车
```

```
    return 0;
}
```

【例 4.2】字符输出函数实例 2

c1 和 c2 是两个字符类型的变量，图 4.8 中给出了相应的程序和结果。

```
01 #include "stdio.h"
02 int main(void )
03 {
04     char c1,c2;              //定义两个字符变量
05
06     c1='a' ;                 //给字符变量c1赋值
07     c2='b' ;                 //给字符变量c2赋值
08     putchar(c1);             //输出字符a
09     putchar(c2);             //输出字符b
10     putchar('\n');           //输出回车换行
11     putchar(c1-32);          //c1-32='a'-32=97-32=65，对应'A'
12     putchar(c2-32);          // c1-32='b'-32=98-32=66，对应'B'
13     return 0;
14 }
```

这么输出字符是不是有点麻烦？

程序结果：
ab
AB

图 4.8　字符输出函数实例 2

【解析】

程序第 8 行，字符输出函数的作用，是在屏幕上输出变量 c1 存储单元里的字符 a。

程序第 10 行，\n 表示回车换行，语句执行的结果是把光标移动到下一行的开始位置。

程序第 11 行，参数 c1–32='a'–32=97–32=65 对应的 ASCII 码是'A'。

最后得到结果。

这个程序读完后，大家是不是发现了 putchar 函数的缺点？

4.2.2　字符串输出函数

关于字符输出，还有一个更方便的库函数 puts，它能一次输出一串字符，其调用形式和功能如图 4.9 所示。

字符串输入函数	
形式	puts(地址参数)
功能	向标准输出设备（屏幕）输出字符串并换行

图 4.9　字符串输出函数

【例 4.3】字符串输出函数实例

我们把字符输出函数实例 2 用 puts 函数来改写一下，如图 4.10 所示。

【解析】

程序第 4 行，定义的是一组类型为 char 的变量，一共有 8 个，它们是顺序存储的，这些变量是用数组名 c 和相应的下标组合来表示的，关于数组的详细内容将在“数组”一章介绍。

程序的结果好像出了点问题，结尾有些我们并没有赋值的内容出现，这是由 puts 函数的特点引发的问题，puts 输出字符串时要遇到'\0'也就是字符结束符才会停止，我们在上述程序

中并未在 c[4]后的存储单元赋一个字符结束符的值，故 puts 函数会一直在内存中找，直到遇到'\0'。

```
01 #include "stdio.h"
02 int main(void )
03 {
04     char c[8];     //定义一个有8个元素的字符数组
05
06     c[0]='a' ;     //给字符变量c[0]赋值
07     c[1]='b' ;     //给字符变量c[1]赋值
08     c[2]='\n';     //赋值回车换行
09     c[3]=c[0]-32;   //c[3]-32='a'-32=97-32=65，对应'A'
10     c[4]=c[1]-32;  // c[4]-32='b'-32=98-32=66，对应'B'
11     puts(c);
12     return 0;
13 }
```

程序结果
ab AB烫烫

输出效率提高了，但结果后面为什么有一串“烫”？

图 4.10　字符串输出函数实例

4.2.3　格式输出函数

1．格式输出函数的形式和调用方法

下面看看另一种输出效率高的格式输出函数。函数名为 printf，后面的括号中有若干项内容。它的调用形式和功能描述如图 4.11 所示。

格式输出函数	
调用形式	printf (格式控制串, 参数1,...,参数n)
功能	按“格式控制串”所指定的格式，在标准输出设备上输出参数1至参数n的值，参数是表达式

图 4.11　格式输出函数

下面通过一些实例来看 printf 函数的具体用法，然后再介绍相应的规则。

【例 4.4】格式输出实例——格式配合

题目中的变量声明和输出情形如图 4.12 所示。

【解析】

输出情形 1 里，我们要输出整型变量 a 的值，格式控制串的内容即是双引号里面的内容，%d 表示以整数的形式输出数据，参数是 a，这样 printf 函数输出的内容是 12。

输出情形 2 里，我们要输出整型变量 a 和 b 的值，格式控制串里有两个%d，表示要输出 2 个整型数据，为明显起见，此处中间的空格用方框表示，参数是 a 和 b，中间用逗号分隔，这样 printf 函数输出的内容是:12+空格+56。

输出情形 3 里，我们要输出整型变量 a 和实型变量 x 的值，格式控制串里%d 对应变量 a，%f 对应变量 x，中间的两个空格会输出在 a 和 x 分别对应的 12 和 1.8 这两个数据之间。

输出情形 4 里，我们要输出一个算数式子的结果，格式控制串里把算式的形式写出来，

具体数值的地方用格式控制符表示，\n 表示回车换行，是“转义字符”，即屏幕上显示不出来的内容。参数是 a，b 和 a+b，中间用逗号分隔，这样 printf 函数输出的内容就是 12+56=68。

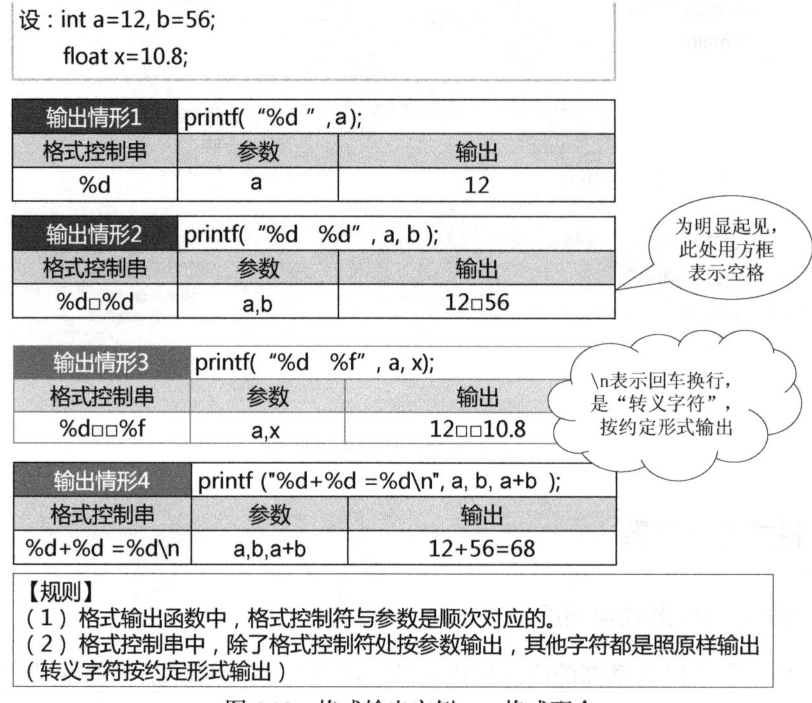

图 4.12　格式输出实例——格式配合

输出规则规定，格式控制串中，除格式控制符处按参数输出之外，其他字符都是照原样输出，转义字符按约定形式输出。

2. 输出格式说明符

格式控制串中，有说明输出数据类型的符号，称为“格式说明符”，如图 4.13 所示。最常用的格式说明符有%d、%f、%c 和%s，刚开始学习时，先掌握这些基本就够了。

	格式说明符	含义	说明
整型数据	%d	以有符号十进制形式输出整型数	• 格式说明符中的字母也可以是大写 • 在%和格式符之间可以使用附加说明符 • ‘\0’ 是字符串的结束标志，系统自动添加的
	%o	以无符号八进制形式输出整型数	
	%x	以无符号十六进制形式输出整型数	
	%u	以无符号十进制形式输出整型数	
实型数据	%f	以小数形式输出实型数	
	%e	以指数形式输出实型数	
	%g	按数值宽度最小的形式输出实型数	
字符型数据	%c	输出一个字符	
	%s	输出字符串（从指定的地址开始，直到遇到 ‘\0’ 停止）	
其他	%%	输出字符 % 本身	

图 4.13　输出格式说明符

3. 格式控制串的形式

格式控制串是用双引号括起来的字符串，用于指定输出数据的类型、格式和个数，包括普通字符和格式说明符。printf 函数格式控制串含义如图 4.14 所示，其中加[]的部分是可以省略的。

%	±	m	.	n	h/l	格式说明符
开始符	[标志字符]	[宽度指示符]	[]	[精度指示符]	[长度修正符]	格式转换字符

图 4.14　printf 函数格式控制串

4．附加格式说明符

在%和格式符之间可以使用附加说明符，用以调整输出数据的位数（如小数点位数）及对齐方式等。如图 4.15 所示。

l	输出长整型数（只可与 d、o、x、u 结合使用）
m	指定数据输出的总宽度（即总位数，小数点也算一位）
.n	对实型数据，指定输出 n 位小数；对字符串，指定左端截取 n 个字符输出
+	使输出的数值数据无论正负都带符号输出
–	使数据在输出域内按左对齐方式输出

图 4.15　附加格式说明符

附加格式说明符使用举例：

%ld——输出十进制长整型数据；

%lf——输出 double 型数据；

%m.nf——右对齐，m 表示位域宽，n 表示位小数或 n 个字符；

%-m.nf——左对齐，m 表示位域宽，n 表示位小数或 n 个字符。

【例 4.5】以各种形式输出–1

以十进制、八进制、十六进制及无符号数的形式查看–1 的值。

【解析】

设 int m=–1；

输出语句 printf("m: %d, %o, %x,%u\n",m,m,m,m);

输出结果：m: –1, 177777, ffff, 65535、

注意：–1 按照不同的格式输出，其形式是不是有点出乎意料？

–1 的二进制值是 1111,1111,1111,1111，即它在内存中的形式是一个全“1”的数，只是以不同的格式看它，呈现的形式不一样而已。

【例 4.6】字符数据的输出实例

查看字符类型和整型变量和输出格式%d、%c 配合输出的情形。

变量定义和输出语句如图 4.16 所示。

【解析】

图 4.16 中，表格第一行里的语句，要输出两个数值，%d 和%c 对应的变量都是 m，第一个 m 是以整数的形式输出的，第二个 m 是以字符的形式输出的，在 m 的定义中，它的值为 97，对应的 ASCII 码是 a。

设：int m=97; char ch='A';

语句	输出	说明
printf("m: %d %c\n",m,m);	m:□97□a	同一变量，格式控制符不同，显示内容不同
printf("ch: %d %c\n",ch,ch);	ch:□65□A	
printf("%s\n","student");	student	%s——输出字符串

图 4.16　字符数据的输出

表格第二行和第一行语句类似，我们可以看到同一变量，格式控制符不同，显示内容会不一样。

第三行，格式控制符是%s，用它可以输出一串字符，参数部分是双引号引起来的一个字符串 student。

【例 4.7】转义字符的使用

通过格式输出函数 printf( )，查看转义字符的作用，程序如下。

```
1   //转义字符的使用
2   #include <stdio.h>
3   int main(void)
4   {
5       char a,b,c;
6       a='n';
7       b='e';
8       c='\167';                          //八进制数 167 代表字符 w
9       printf("%c%c%c\n",a,b,c);          //以字符格式输出
10      printf("%c\t%c\t%c\n",a,b,c);      //每输出一个字符跳到下一输出区
11      printf("%c\n%c\n%c\n",a,b,c);      //每输出一个字符后换行
12      return 0;
13  }
```

程序结果：

```
new
n□□□□□□□e□□□□□□□w
n
e
w
```

说明：\t 是转义字符，表示横向跳格，即跳到下一个输出区，一个输出区占 8 列。

4.3　数据的输入

C 语言的数据输出函数有两大类，字符输入函数和格式输入函数，它们的说明都在标准输入/输出头文件里，如图 4.17 所示。

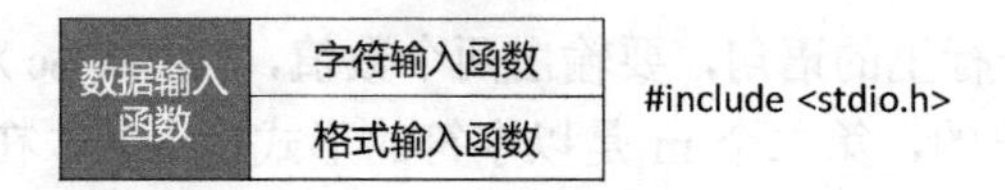

图 4.17　数据输出函数

4.3.1　字符输入函数

字符输入函数的调用形式及功能如图 4.18 所示。

字符输入函数	
调用形式	getchar( )
功能	从标准输入设备（键盘）上交互输入一个字符

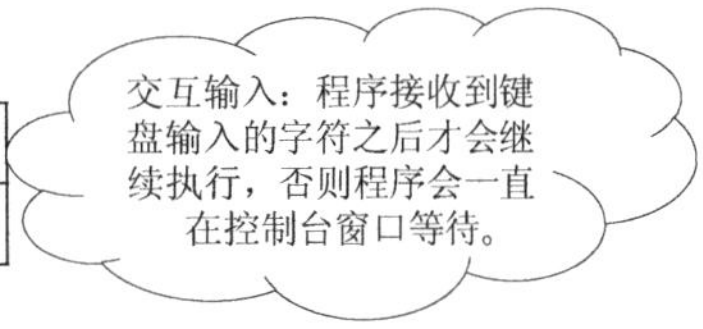

交互输入：程序接收到键盘输入的字符之后才会继续执行，否则程序会一直在控制台窗口等待。

图 4.18　字符输入函数

交互输入的意思是程序接收到键盘输入的字符之后，才会继续向下执行，否则程序一直在控制台窗口等待，控制台窗口就是显示程序运行结果的窗口。

我们通过键盘输入的密码，程序是怎样接收下来的呢？

【例 4.8】字符输入实例——用户密码的接收

若某银行系统限定用户输入的密码必须是 6 位，则相应的接收程序如图 4.19 所示。

程序接收用户输入的6位密码信息

```
01 #include <stdio.h>
02 int main(void)
03 {
04     char c1,c2,c3,c4,c5,c6;//定义6个字符变量接收6位密码
05     c1= getchar();
06     c2= getchar();
07     c3= getchar();
08     c4= getchar();
09     c5= getchar();
10     c6= getchar();
11     return 0;
12 }
```

用getchar重复得是不是有些多了？

图 4.19　密码接收程序

【解析】

程序第 4 行，定义 6 个字符变量接收 6 位密码。

程序第 5 行，从键盘接收一个字符，放入变量 c1 中。

程序第 6 至 10 行，语句完成的功能类同第 5 行。

我们可以看到，用函数 getchar( )每次只能接收一个字符，在这个程序里重复过多，使得程序不够简洁。后面我们会看到接收效率高的函数。

【例 4.9】大小写字符的转换

```
1  #include "stdio.h"
2  int main(void )
3  {
4      char ch;
5      ch=getchar( );                          //从键盘输入一字符,放到变量 ch 中
```

```
6       printf("%c  %d\n",ch,ch);         //显示 ch 字符及对应的 ASCII 码值
7       printf("%c  %d\n\n",ch-32,ch-32);
8       //显示将 ch 的 ASCII 码值减去 32 后相应的字符及 ASCII 值
9       return 0;
10  }
```

程序结果：

```
输入： m
输出： m  109
       M  77
```

在 Watch 窗口中查看 ch 及 ch–32 的值，如图 4.20 所示。

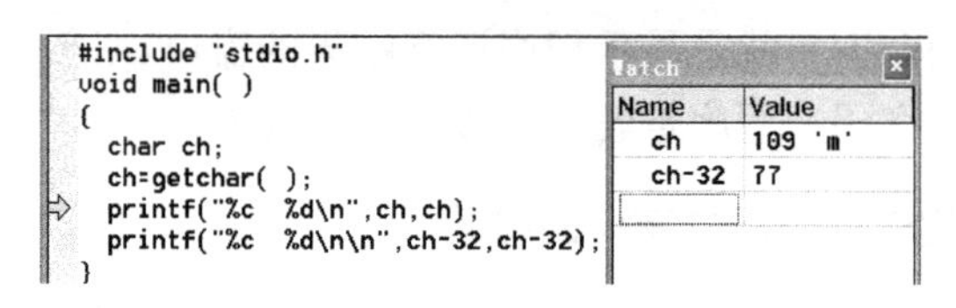

图 4.20　变量 ch 的查看

注：同一字母，其小写和大写的 ASCII 码的差值是 32。

【结论】

字符的 ASCII 码值是不必记忆的，需要时，可以通过“字符引用”的方式显示出来。

【知识 ABC】大写、小写字母的 ASCII 码值与 32

从 ASCII 码表可知，'A'=65，'a'=97，则'a' – 'A'=32

为什么要把大写、小写字母的 ASCII 码之差设计为 32 呢？我们把它们转换成十六进制来查看一下：

'A'=65 =0x41, 'a'=97=0x61,则'a' – 'A'=32=0x20

这样的设计，在二进制或十六进制中，字母间的大小写转换的运算是十分方便的。

4.3.2　字符串输入函数

关于字符输入，还有一个更方便的字符串输入库函数——函数 gets( )，它一次能接收一串字符，它的调用形式和功能如图 4.21 所示。

说明：函数 gets( )可以无限读取输入的字符，所以程序员应该确保存放串的空间足够大，以免在执行读操作时发生溢出。

字符串输入函数	
形式	gets(地址参数)
功能	从标准输入设备读字符串函数。以回车结束读取。

图 4.21　字符串输入函数

【例 4.10】gets 函数实例

用函数 gets( )接收键盘输入的一串字符。

【解析】

程序和测试结果如图 4.22 所示。

```
int main(void)
{
      char str1[60];
      gets(str1);
      printf("%s\n",str1);
      return 0;
}
```

输入：hello world!!
输出：hello world!!

函数gets 接收键盘输入的字符串，就不受空格的限制了

图 4.22　函数 gets()实例

用函数 gets()接收字符串不受空格的限制，但在使用时要注意确保存放串的空间足够大，以防止输入的内容放不下。

注：C11 标准使用一个新的更安全的函数 gets_s() 替代gets() 函数，感兴趣的读者可以自行修改程序并测试。

4.3.3　格式输入函数

格式输入函数的调用形式和功能如图 4.23 所示，函数名 scanf，后带的括号中有若干项内容，其中的格式控制串与 printf 中的类似。需要注意的是，地址参数形式是在变量名前面加一个“&”符号，这个“&”符号是取地址运算符，若变量本身就是地址，则不必加“&”。

格式输入函数	
调用形式	scanf(格式控制串, 地址参数1..., 地址参数n);
功能	按“格式控制串”指定的格式，从键盘输入数据，依次存放到对应变量中

图 4.23　格式输入函数

【例 4.11】格式输入函数实例——教务网站的登录

布朗先生要登录教务网站，把学生的考试成绩上载到系统里。登录需要输入用户名和密码，用户名（ID）学校规定是工资号码，密码必须是 20 位以内的数字或字符。登录程序如图 4.24 所示。

```
01 #include <stdio.h>
02 int main(void )
03 {
04     int id;                    // id为整型变量
05     char password[20];         // 密码20位以内，放在数组里
06
07     printf("用户ID：");
08     scanf("%d", &id);          //&id表示变量id的地址
09     printf("密码：");
10     scanf("%s", password); // 数组名password是地址
11     printf("ID=%d\n",id);
12     printf("密码=%s\n", password);
13     return 0;
14 }
```

程序结果：
用户ID：2468
密码：abc123
ID=2468
密码=abc123

id和password两个量作参数，一个前面有&符号，一个没有，为什么是这样？

图 4.24　格式输入函数实例——教务网站的登录

【解析】

程序第 8 行，第一个 scanf，把键盘输入的用户名放到变量 id 里，id 在前面定义为整型量，所以此处格式控制符为%d。

程序第 10 行，第二个 scanf，把键盘输入的密码放在数组 password 里，注意这里的格式控制符为%s，表示接收一串字符，这里没有写“&”符号，是因为 password 是数组名，C 语言规定数组名就表示地址。数组的概念还会在专门的知识点中介绍。

第 11 行和 12 行是查看变量 id 的值和 password 里的值。

【例 4.12】格式输入函数实例——学生成绩录入

1．输入一个学生的学号 id 和成绩 scores，输入样例：1601 92.5。

2．输入 a 课程和 b 课程的成绩，输入样例：a=76，b=82。

【解析】

按照题目要求，用格式输入函数 scanf()接收键盘输入的数据，如图 4.25 所示。

编号	格式输入	键盘输入	变量接收结果	分割标记
1	scanf("%d%f ", &id, &scores);	1601□92.5	id=1601 scores=92.5	空格（默认）
2	scanf("a=%d, b=%d", &a, &b);	a=76, b=82	a=76 b=82	指定字符

图 4.25 学生成绩录入

表格第 1 行，是输入一个学号，再输入一个成绩，学号是整型数，成绩是实型数，输入时特别注意，在学号 1601 和成绩 92.5 之间要输入一个空格，这样才能把这两个数据区分开，用以区分多个输入数据的符号叫做“分割标记”，空格是默认的分割标记。

表格第 2 行，输入样例中除具体的成绩以外，还有其他字符，所以在 scanf 格式控制串中，就要把这部分内容也写出来。

键盘输入时，同样也得把 a=，b=这样的字符原样输入，这时，这些输入的字符就是指定的分割标记。scanf 中格式控制串的形式和各种分割标记如图 4.26 所示。

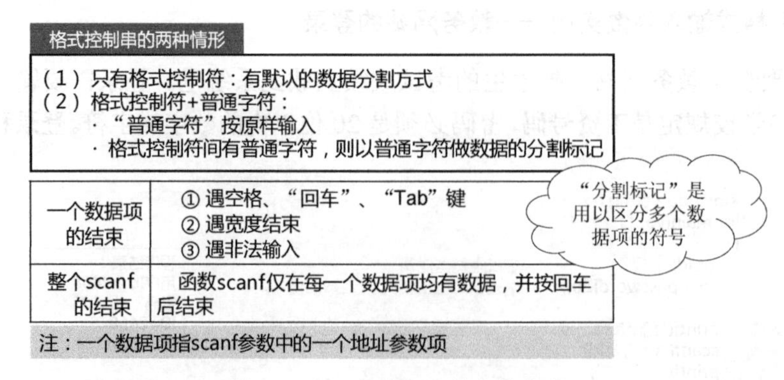

图 4.26 scanf 输入及结束的方式

【例 4.13】格式输入函数实例——字符的输入

1．从键盘输入 3 个字符 a、b、c，分别放入字符变量 ch1、ch2、ch3 中。

2．输入两个整数，放入整型变量 m、n 中，再输入一个字符 d 放入字符变量 ch 中。

【解析】

图 4.27 中给出了正确与错误的输入样例。

编号	语句	输入样例	说明
1	scanf("%c%c%c",&ch1,&ch2,&ch3);	错：a□b□c↙	一个char变量只能接收一个字符
		对： abc↙	
2	scanf(" %d%d ", &m, &n); scanf(" %c ", &ch);	错：32□28↙	错误原因：第二个输入接收了回车字符
		对：32□28d↙	

图 4.27　格式输入函数实例——字符的输入

我们把 1、2 两题的输入放在如下程序中，做个测试，运行一下看看造成错误的原因。

```
01 #include <stdio.h>
02 int main(void)
03 {
04     char  ch1,ch2,ch3;
05     int m,n;
06     char ch;
07
08     scanf("%c%c%c",&ch1,&ch2,&ch3);
09     scanf("%d%d", &m, &n);
10     scanf("%c", &ch);
11     printf("%c%c%c\n",ch1,ch2,ch3);
12     printf("%d,%d\n", m, n);
13     printf("%c\n", ch);
14     return 0;
15}
```

程序的输入和相应变量值的查看如图 4.28 所示，其中的<cr>表示输入回车换行，对应的测试数据分析如图 4.29 所示。

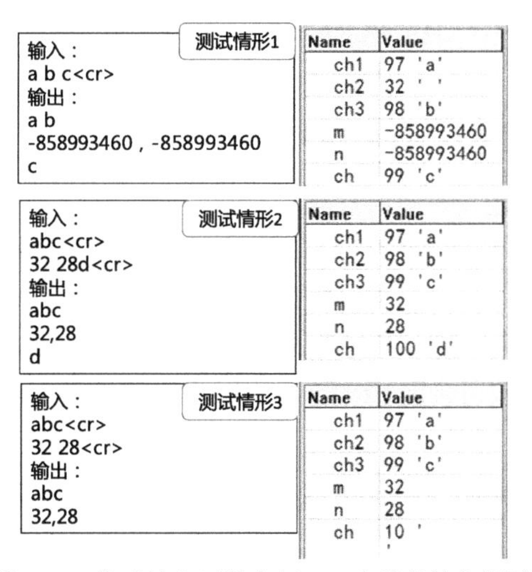

图 4.28　格式输入函数实例——字符的输入测试

	ch1	ch2	ch3	m	n	ch
a□b□c↙	a	□	b	不接收字符输入		c
abc↙32□28d↙	a	b	c	32	28	d
abc↙32□28↙	a	b	c	32	28	↙

图 4.29　字符输入的测试分析

测试情形1里，若在输入字符abc中加了空格，则语句8中变量ch2和ch3接收的值和预想的不一样，原因是输入的空格也是字符。此时只输入了abc，程序就执行完毕，是因为语句9中的scanf依然会接收语句8中变量未接收完的内容，变量m和n的格式控制符是整型，故不接收字符的输入，测试的结果是语句10的scanf接收了最后一个字符c。

测试情形3，在数值28后输入回车，此时已经不可能再输入字符d，出错的原因和前面类似，此时回车也被当做了字符被接收。

测试情形2是能达到预期的正确输入方式。

在多个scanf连续出现的时候，需要注意当前输入的数据会对下面语句有影响。

【知识ABC】scanf输入数据的分割方式

scanf输入字符串、整型、实型等数据判断的方式都一样，回车、空格、Tab键都认为是一个数据的结束。但是字符不同于字符串，回车、空格很可能被当成字符被输进去，要特别注意。输入字符串和整型、实型等数据时这些都被当成分隔符而不会被输入到字符数组或变量里。

【例4.14】格式输入函数实例——字符串的输入

使用scanf接收一串字符，程序如图4.30所示。

【解析】

在使用scanf接收字符串输入时要注意：一个函数scanf()不能把带空格的字符串完全接收下来。

这个例子中输入：hello□world，因为规定%s是遇空格结束接收字符，所以str数组中只有hello，没有world。

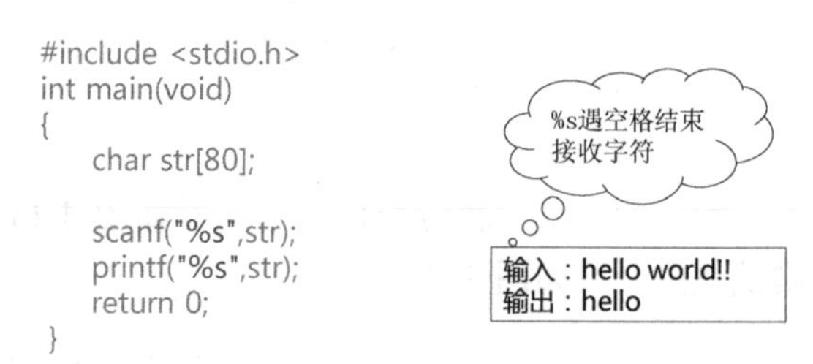

图4.30 字符串输入

【思考与讨论】如何快速发现scanf输入有错？

通过前面的例子可以看出，在使用scanf函数输入数据时，很容易出现数据接收不对的情形，如果不用跟踪或者把所有输入都打印出来的方法，是不是就很难发现错误了呢？

讨论：

其实scanf函数本身有检测输入参数是否正确的方法，简单地说就是告诉调用者，数据输对的个数，全错为0，直接按组合键Ctrl+Z退出时为-1（符号常量为EOF）。

scanf函数的全貌如下：

```
int scanf(格式控制串, 地址参数 1, 地址参数 2, ..., 地址参数 n);
```

测试程序如下面给出的。

【例子】scanf函数的结果返回

通过接收scanf函数的返回值，测试输入数据的正确性。

【解析】

1. 测试程序

在程序中设置一个整数count来接收scanf的返回值，程序如下。

```
#include <stdio.h>
int main(void)
{
    int a,b,c;
    int count;
    printf("以空格做间隔，输入 a,b,c 的值\n");
    count=scanf("%d%d%d",&a,&b,&c);
    printf("a=%d,b=%d,c=%d,count=%d\n",a,b,c,count);
    return 0;
}
```

2. 测试结果

测试结果见图 4.31，从中可以看到 count 的值反映了正确接收的数据个数。当什么都不输入时，按 Ctrl+Z 组合键来退出。

输入样例	结果
2 3 6	a=2,b=3,c=6,count=3
2 3 a	a=2,b=3,c=-858993460,count=2
2 3,6	a=2,b=3,c=-858993460,count=2
2,3,6	a=2,b=-858993460,c=-858993460,count=1
a b c	a=-858993460,b=-858993460,c=-858993460,count=0
^Z	a=-858993460,b=-858993460,c=-858993460,count=-1

注：^z——按 Ctrl+Z 组合键，表示直接退出输入状态

图 4.31 格式输入函数测试

【知识 ABC】EOF 标志

EOF（end of file 的缩写）是在 stdio.h 头文件中定义的符号常量，表示“没有更多的数据可以输入”。之所以说是“file”（文件）输入的结束，原因在于，程序系统将标准的输入和输出都当做“文件”来处理。ANSI 标准强调，EOF 是负的整型值，它的值通常是–1（但没有必要一定是–1）。因此，在不同的系统中，EOF 可能具有不同的值。程序中测试符号常量 EOF，而不是测试–1，这可以使程序更具有可移植性。

在 UNIX 系统和很多其他系统中，EOF 指示符是通过按 Return 键、Ctrl+D>组合键来输入的，在像 Microsoft 公司的 Windows 这样的系统中，EOF 是通过按 Ctrl+Z 组合键来输入的。

函数 scanf()算得上 C 语法学习中的一个难点。我们能保证在单一数据获取的时候不出错，但是不同类型数据的交叉获取，或者同其他输入函数的混用却容易出现问题。

4.4 数据输入的常见问题

初学者上机练习，往往会遇到这样的情况，在控制台窗口输入了 scanf 要求的数据，但机器仍然在控制台窗口等待而不继续运行，这究竟是什么原因造成的呢？主要的原因是输入者认为数据已经按要求输入了，而机器认为数据的输入还未结束。

在此列出初学者上机练习最容易犯的 scanf 错误，如图 4.32 所示。这些错误虽然从表面上看很简单，但程序运行时，错误却不容易找到，致使初学者在最初做编程练习时，常常因为输入数据的不正确，导致结果出现错误，最终花费了大量的上机时间而效率很低。下面对图中的各种问题逐一分析。

编号	输入时出现的错误现象	错误语句样例
1	弹出“access violation”（访问违例）告警视窗	int a; scanf("%d", a);
2	弹出“debug Error”（调试错误）告警视窗	int a; scanf("%f", &a);
3	输入数据回车，回不到程序执行界面	int a; scanf("%d\n", &a);
4	表面无错误提示，但数据空间出界	char c; scanf("%d", &c);

图 4.32　使用 scanf 常见问题

1．使用 scanf 常见错误 1——函数 scanf()的地址参数项出错

函数 scanf()的地址参数项出错是初学者最容易犯的错误。

程序实例：

```
int a;
scanf( "%d ", a );
```

【程序设计错误】

忘记在 scanf 的变量前加“&”。

忘记输入“&”，运行时 a 的值被当成地址。例如，a 的值如果是 100，那么输入的整数就会从地址 100 开始写入内存，系统保护机制起作用，让程序运行停止。

现象：

（1）编译：编译只给出一个下面的告警，却让其编译通过（注：编译通过的程序就是可以运行的）。

```
Warning C4700: local variable 'a' used without having been initialized
```

（2）运行：程序运行时，在输入 scanf 要求的数据后，弹出如图 4.33 所示的提示框后停止运行（注：“一般测试程序.exe”为此例最后生成的可执行文件）。

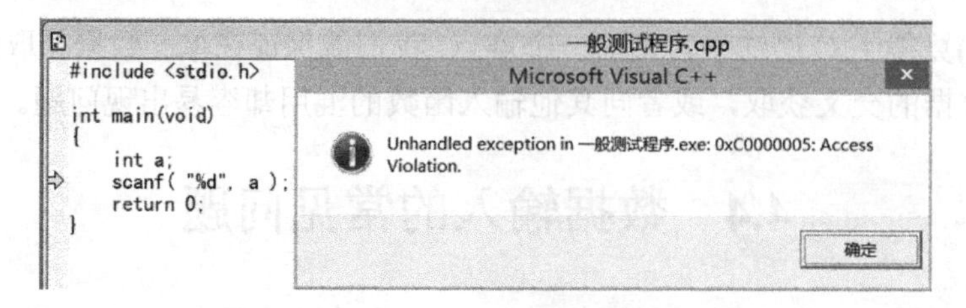

图 4.33　访问违例提示框

说明：

- Unhandled exception——未处理的异常。

- Access Violation——非法访问。Access Violation 错误是计算机运行的用户程序试图存取未被指定使用的存储区时常常遇到的状况。

2．使用 scanf 常见错误 2——格式控制符与对应变量类型不一致

格式控制符与对应变量类型不一致，程序无法继续运行。

程序实例：

```
int a;
scanf("%f",&a);
```

【程序设计错误】

在 scanf 中，格式控制符与对应变量类型不一致。

现象：

（1）编译、链接均无错。

（2）运行：在输入 scanf 要求的数据，如数字 6（无论整数或实数）后，弹出如图 4.34 所示的告警对话框后停止运行。

在单击“忽略”按钮后，User screen 窗口的内容如图 4.35 所示。

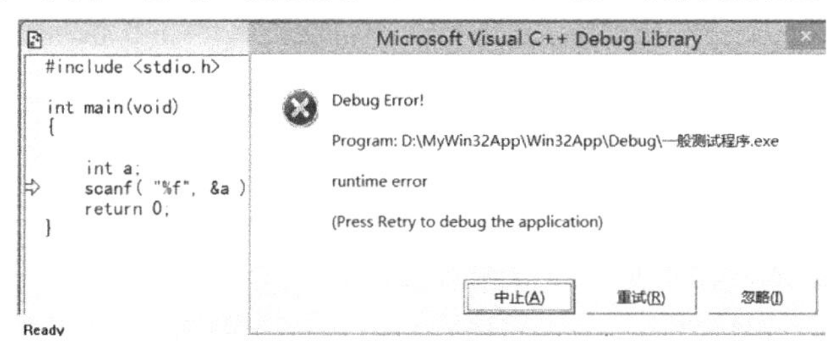

图 4.34　Debug Error 告警对话框

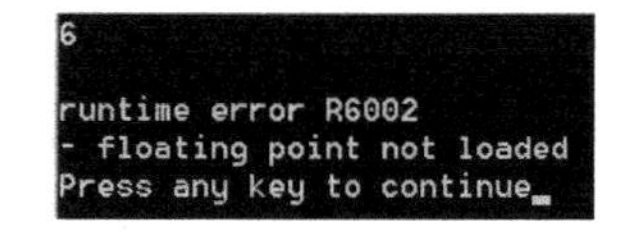

图 4.35　异常执行结果提示

runtime error R6002 中 R6002 的错误解释如下：

A format string for a printf or scanf function contained a floating-point format specification, and the program did not contain any floating-point values or variables. ——格式控制串中有浮点格式控制符，但程序并未包含浮点值或变量。

3．使用 scanf 常见错误 3——格式控制符与对应变量不一致

格式控制符与对应变量不一致，程序可继续运行，接收数据错误。

程序实例：

```
char c;
scanf("%d", &c );
```

输入样例：

（1）输入数值，以 int 的二进制形式写到 c 所在的内存空间。

因为变量 c 所占内存不足以放下一个 int，所以其后的空间将被覆盖。图 4.36 中，显示字符变量 c 输入前的地址和初始值，图 4.37 显示输入数字 10 后，变量 c 所占内存的变化，可以观察到 c 地址 0x18ff44 开始后的 4byte 的内容被修改，虽然 c 的定义是 char 类型只分配有 1byte 大小的空间。

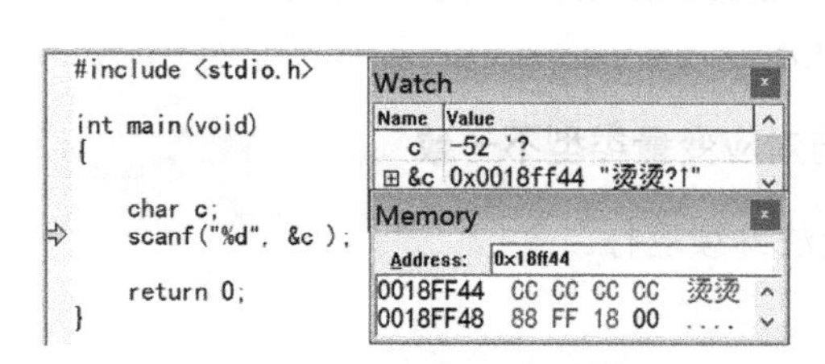

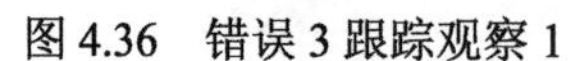
图 4.36　错误 3 跟踪观察 1

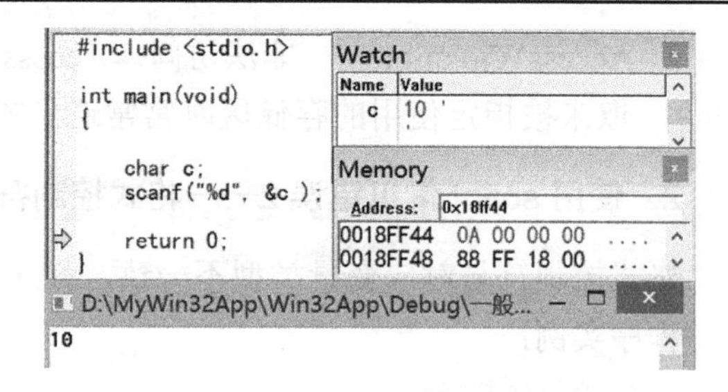

图 4.37　错误 3 跟踪观察 2

可以再设计一个测试，加上一个以字符格式输入的语句，如图 4.38 和图 4.39 所示，观察 c 地址 0x18ff44 开始后的 4byte 和 1byte 内容的变化，可以验证，系统给 c 分配的是 1byte 空间。

（2）若输入非数值字符，则不对变量 c 单元赋值。此输入样例请读者自行测试。

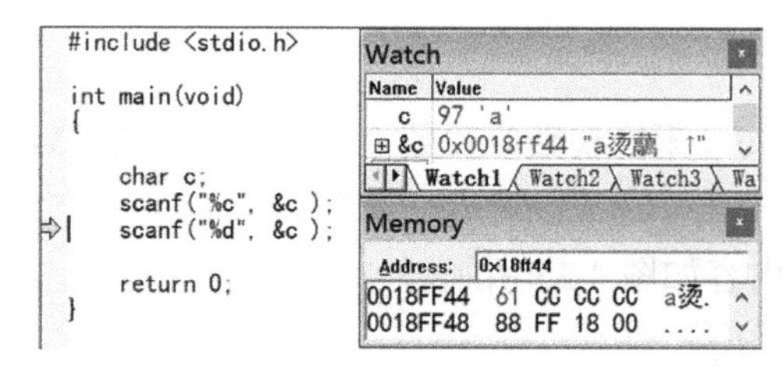

图 4.38　错误 3 跟踪观察 3

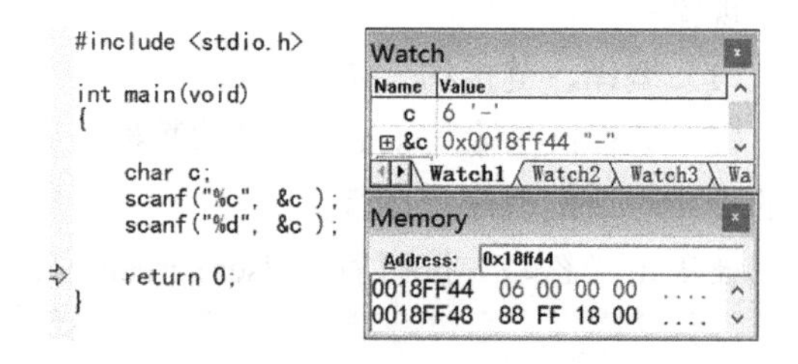

图 4.39　错误 3 跟踪观察 4

4．使用 scanf 常见错误 4——把'\n'当回车输入

格式控制串中，把'\n'当成回车输入，而不是“原样输入”。

程序实例：

```
int a;
scanf("%d\n",&a);
```

【程序设计错】

在 scanf 中的格式控制串里加'\n'。

输入样例：5 ↙

现象：此时机器仍然在控制台窗口等待，而不继续运行。

原因：格式控制中的“%d\n”内容，除了%d 之外，所有的内容都是要按原样输入的，“\n”在此不按“回车换行”的含义解释。

4.5　本 章 小 结

本章主要内容间的联系如图 4.40 所示。

人和计算机打交道信息交流要通过屏幕和键盘，

键盘输入屏幕输出称为标准设备的器件，

相应处理软件是输入/输出库函数包揽处理细枝末节，

程序员调用只需把参数填。
字符的接收显示有专门的函数处理字符和字符串，
putchar、getchar 一次处理一个字符干活儿慢，
puts 和 gets 可高效处理字符一串串。
printf 和 scanf 格式函数什么类型数据都敢接很能干，
使用时要注意类型与格式控制符要匹配不能乱:
char 配百分 c 是处理一个字符影只单，
int 对百分 d，long 是 d 前加 l 来拓宽，
float 有百分 f，double 在 f 前加 l 规则同前款，
还有一个百分 s，专门用在字符串。
scanf 中双引号里是格式控制串，
百分符外原样必须照输入，不能忘地址参数里有&符在变量前，
数据接收不对结果自然不好看。
scanf 熟练了，printf 自然不难。
（注：百分 c 指%c，余类同）

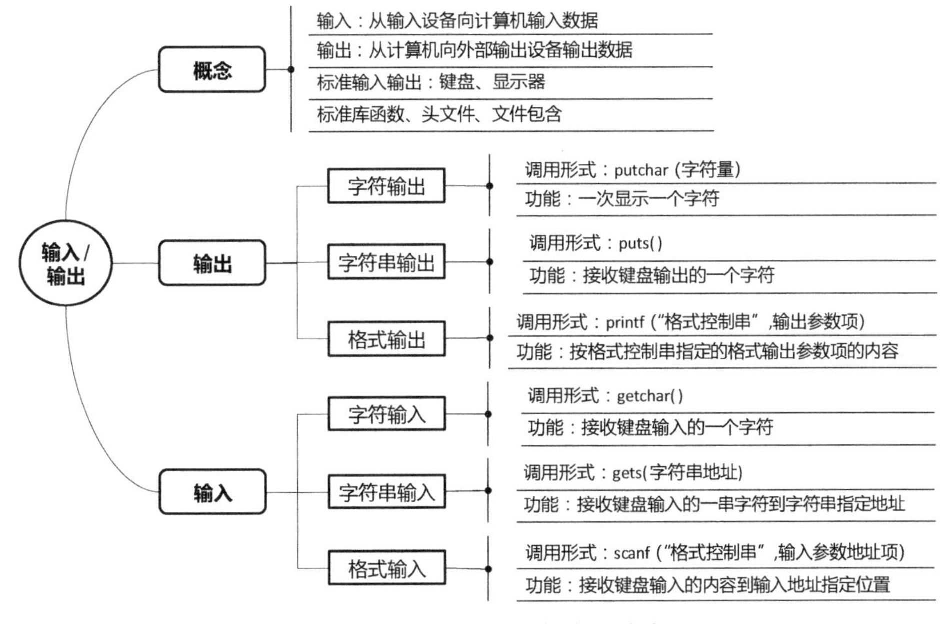

图 4.40　输入/输出相关概念及联系

习　　题

4.1　编写一个 C 语句，实现下面每一句话的要求。

（1）提示用户输入一个整数。使用冒号结束提示信息，在冒号后面跟随一个空格，并把光标定位在这个空格之后。

（2）从键盘中读取一个整数，并把输入的值存储在变量 a 中。

（3）在一行中输出消息“This is a C program.”。

（4）在两行中输出消息“This is a C program.”，并且第一行以字母C结束。

（5）输出消息“This is a C program.”，每行显示一个单词。

（6）输出消息“This is a C program.”，使用制表符把单词分隔开。

（7）输出“The product is”，并在后面输出变量result的值。

4.2 使用习题3.2中所编写的语句，编写一个能够计算3个整数乘积的完整程序。

4.3 编写程序，读入3个双精度数，求它们的平均值并保留此平均值小数后一位数，对小数点后第二位数进行四舍五入，最后输出结果。

4.4 编写程序，输入一行字符（用回车结束），输出每个字符以及与之对应的ASCII码值，每行输出三对。

4.5 编写一个程序，要求用户输入两个数字，从用户处取得这两个整数，然后显示它们的和、积、差、商和模。

4.6 编写程序，输入一行数字字符（用EOF结束——按Ctrl+Z组合键），每个数字字符的前后都有空格。请编程，把这一行中的数字转换成一个整数。例如，若输入“2　4　8　3”，则输出整数“2483”。

第5章　程序语句

【主要内容】

- 程序中构成分支的表达式的使用方法和规则；
- 循环的基本概念；
- 构成循环的三种方法及适用场景；
- 循环的嵌套；
- 同类语句的特点、相互间的联系、选用条件等；
- 流程图分析程序的效率训练；
- 自顶向下算法设计的训练；
- 读程序的训练；
- 程序语句调试方法与技巧。

【学习目标】

- 掌握用基本语句进行顺序、选择和循环结构程序设计的方法；
- 掌握表达式语句的格式，理解表达式与表达式语句的区别；
- 掌握 C 语言的基本控制结构和基本控制语句的使用方法；
- 掌握简单的程序调试方法，了解测试用例选取方法。

5.1　顺序结构

所谓顺序结构程序，就是指按操作的先后顺序执行的程序结构，是结构化程序中最简单的结构，如图 5.1 所示。

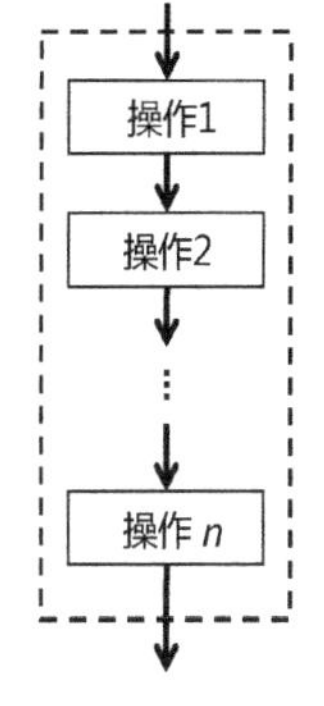

图 5.1　顺序结构

【例 5.1】数据交换

定义两个整型变量，输入两个整数，交换这两个变量的值，输出变量值。

【解析】

1. 算法描述

处理流程如图 5.2 所示，首先定义两个整型变量 a 和 b，然后输入两个整数分别放入 a、b；交换 a、b 的值，输出 a、b 的值。交换 a、b 的值的具体方法已在“算法可行性”中讨论过。

2. 程序实现

数据交换的程序实现如下。

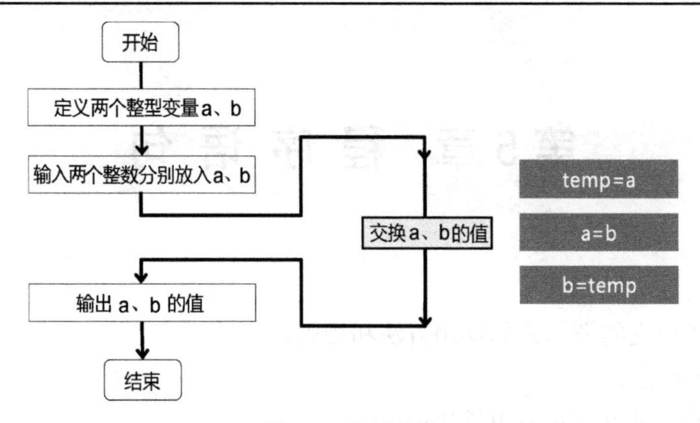

图 5.2　数据交换

```
01 #include<stdio.h>
02 int main(void)
03 {
04     int a,b,temp;
05     printf("输入  a,b: ");
06     scanf("%d,%d",&a,&b);
07     printf("交换前: a=%d,b=%d\n",a,b);
08     temp=a;
09     a=b;
10     b=temp;
11     printf("交换后: a=%d,b=%d\n",a,b);
12     return 0;
13 }
```

注意第 7 行和第 11 行，将 a、b 交换前后的值显示出来，便于查看程序运行的结果是否正确。

【例 5.2】成绩处理

从键盘输入 4 名学生的学号和英语考试成绩，打印这 4 人的学号和成绩，最后输出四人的英语平均成绩。

【解析】

1. 算法描述

程序流程按照输入、求值、输出的顺序执行，如图 5.3 所示。程序如下。

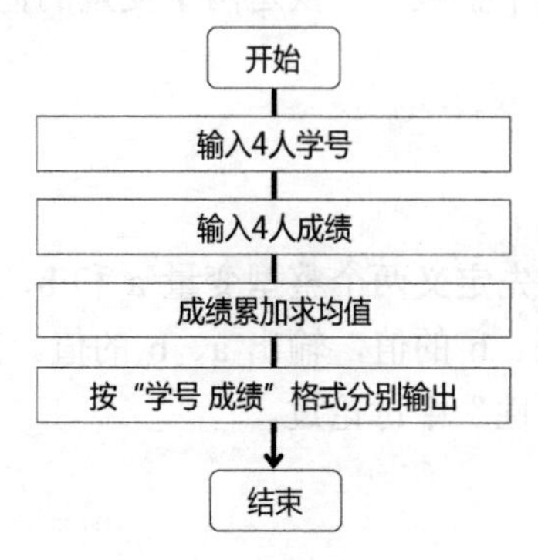

图 5.3　成绩处理流程

程序要处理 4 个人的成绩，所以在第 4 行和第 5 行分别设了 4 个变量，接收学号和成绩。可以看到，在第 13 到 16 行，输出 4 个人的成绩重复用了 4 个格式输出函数。

2. 程序实现

```
01 #include  <stdio.h>
02 int main(void )
03 {
04    int number1,number2, number3, number4;         //设 4 个学号
05    float grade1, grade2, grade3, grade4;          //设 4 个成绩
06    float ave;                                     //平均成绩
07
08    printf("input 4 numbers:\n ");                 //提示输入 4 个学号
09    scanf("%d%d%d%d",&number1,&number2,&number3, &number4);
10    printf("input 4 grades:\n ");                  //提示输入 4 个成绩
11    scanf("%f%f%f%f",  &grade1, &grade2, &grade3, &grade4);
12    ave=(grade1+ grade2+ grade3+ grade4)/4;        //计算平均分
13    printf("%d: %f\n ", number1, grade1);
14    printf("%d: %f\n ", number2, grade2);
15    printf("%d: %f\n ", number3, grade3);
16    printf("%d: %f\n ", number4, grade4);
17    printf("average=%f\n ", ave);
18    return 0;
19 }
```

结果：

```
input  numbers:
 1 2 3 4
input  grades:
 86 92 75 64
 1: 86.000000
 2: 92.000000
 3: 75.000000
 4: 64.000000
average=79.250000
```

3. 问题讨论

成绩问题处理的程序，写法上有什么问题？

讨论：类似变量语句多次重复，如果要处理 100 名学生的成绩，那么这样程序写法就太烦琐了。可以用循环的表示方法进行改进。

5.2　双分支选择结构

5.2.1　双分支选择结构的语法规则

在算法中的基本结构内容中，关于洗衣机的设置，会遇到需要做判断的情况，判断的结

果有“是”和“否”两个分支，我们由实际问题抽象为一般模型，可以用流程图或伪代码表示，具体到C语言中的实际使用，条件判断是用表达式来实现的，这种双分支的选择结构对应的语句称为if-else语句，如图5.4所示。

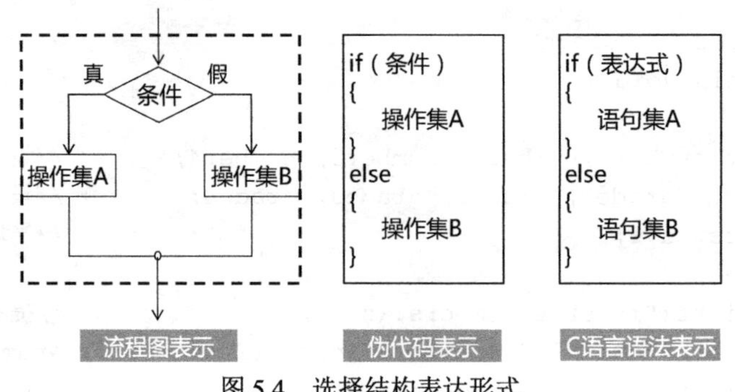

图5.4　选择结构表达形式

if-else语句语法及对应流程图释义如图5.5所示，其含义是：若表达式的值为真，则执行语句集A，否则执行语句集B。

【思考与讨论】if-else语句中的“表达式”可以是哪些种类的表达式？

从实际问题处理的角度看，应该是条件判断，则关系和逻辑表达式符合此处的设计逻辑；但就C语言的语法而言，所有符合语法的表达式编译时都没有错。虽然语法上的约束是宽泛的，但在应用时还是应该按实际问题的逻辑来设计算法。

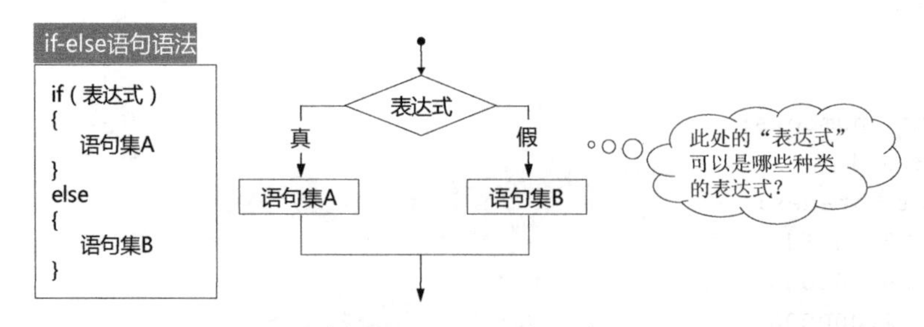

图5.5　if-else语句语法

if-else语句还有一个特例情形，如图5.6所示。单路选择没有else这个分支。

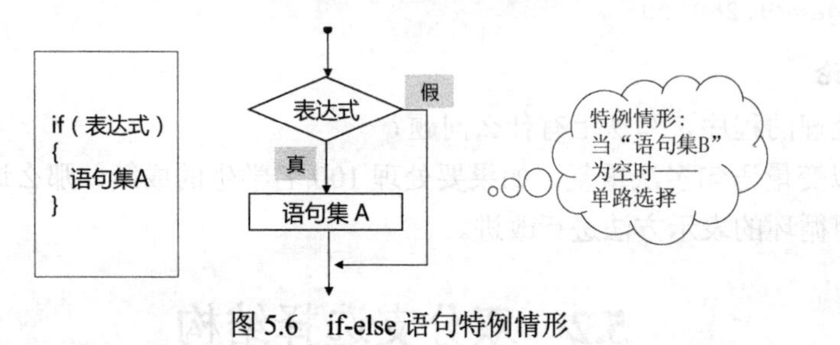

图5.6　if-else语句特例情形

5.2.2　复合语句的作用

有时C语言在语法规则表达时，某些位置只出现一条语句，但在实际应用中，一条语句不足以完成指定的功能，因此需要在语法上有一个变通的处理方法，即“复合语句”。

复合语句从形式上看是多个语句的集合，但在语法意义上它是一个整体，相当于一条语句；凡是出现一条语句的地方，若有需要，则可以扩展为复合语句，复合语句的定义和写法如图 5.7 所示。

复合语句

用括号{}把一组语句括起来的形式称为复合语句。
在C语言语法中，把复合语句当做单条语句，而不是多条语句。

{}可以各写在一行，也可以和语句写在一行

图 5.7　复合语句

【例 5.3】复合语句的作用

有两组程序如图 5.8 所示，分析复合语句的作用。

【解析】

图左边程序，if 语句后的条件判断 1 是否大于 2，按照语法规则，结果为真，执行 if 后的一条语句，现在结果为假，因此第一个 printf 语句不执行，输出结果为“第 2 条语句、第 3 条语句”。

右边的程序，由于加了大括号，if 语句为真的范围就包括前 2 条 printf，因此输出的结果为“第 3 条语句”。

```
# include <stdio.h>
int main(void)
{
    if (1 > 2)
    printf("第1条语句\n");
    printf("第2条语句\n");
    printf("第3条语句\n");
    return 0;
}
```

结果：
第2条语句
第3条语句

```
# include <stdio.h>
int main(void)
{
    if (1 > 2)
    {
        printf("第1条语句\n ");
        printf("第2条语句\n ");
    }
    printf("第3条语句\n ");
    return 0;
}
```

结果：
第3条语句

括号{ }可以控制if作用的有效范围

图 5.8　复合语句的作用

5.2.3　if 语句实例

【例 5.4】用 if 语句实现价格竞猜游戏中的结果判断

在价格竞猜游戏中，在每次报价后主持人会有“高了”“低了”“对了”三种提示。设商品的实际价格为 168 元，竞猜者每次报价为 value，写出结果判断的语句。

【解析】

程序实现语句如图 5.9 所示，其中三条 if 语句在 value 的值分别大于、小于、等于实际价格值 168 时，输出相应的结果。

这样写出来的三个选择语句，执行时候的路径是什么样的呢？

我们先画个流程图来观察一下，如图 5.10 所示。

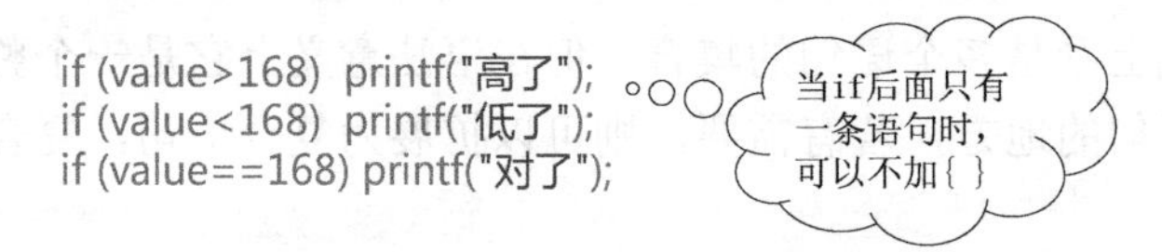

图 5.9 价格竞猜游戏中的结果判断

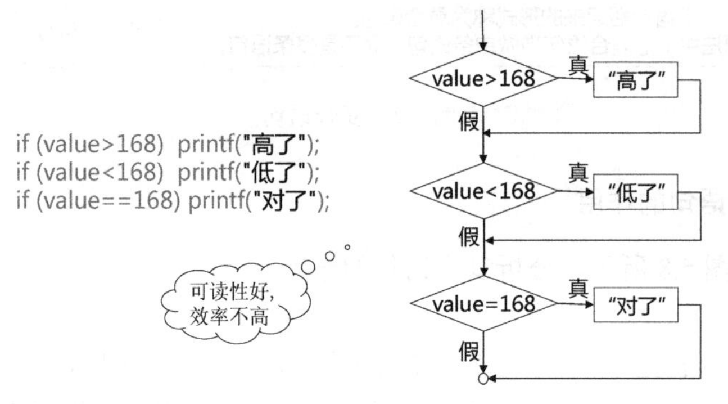

图 5.10 价格竞猜游戏结果判断方案

从逻辑上看，若 value>168，则得到结果“高了”之后，再做 value<168 和 value==168 的判断就多余了。因此，这样的程序设计可读性好但效率不高。

我们按照问题的逻辑，先在流程图上做改进，只要判断结果为真，输出结果后就可以结束流程，然后再写出对应的程序语句，如图 5.11 所示。

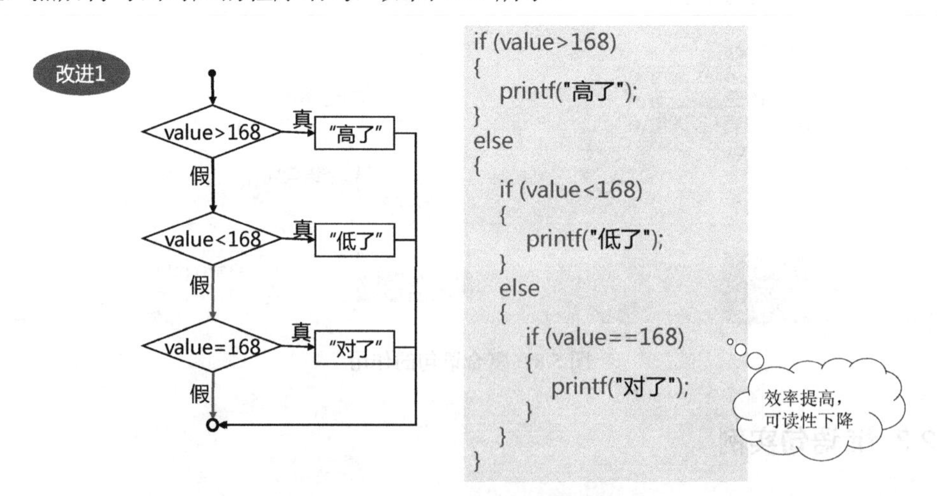

图 5.11 价格竞猜游戏结果判断方案改进 1

先写出 value>168 为真的情况处理，打印“高了”；为假，则处理后面的小于和等于 168 的情况。先看小于 168 为真，打印“低了”；为假，再判断是否等于 168；最后只剩为真的情况，打印“对了”。

注意，if-else 语句大括号对齐的方式。这样改进后的程序，如果没有流程图做对照，那么直接读起来不容易看出它的执行逻辑，因此效率提高，可读性下降。

其实这个流程中的最后一个相等的条件，在逻辑上是不用再判断的，因此我们可以对流程再做改进。改进后的流程如图 5.12 所示，我们对照着再写出语句来。

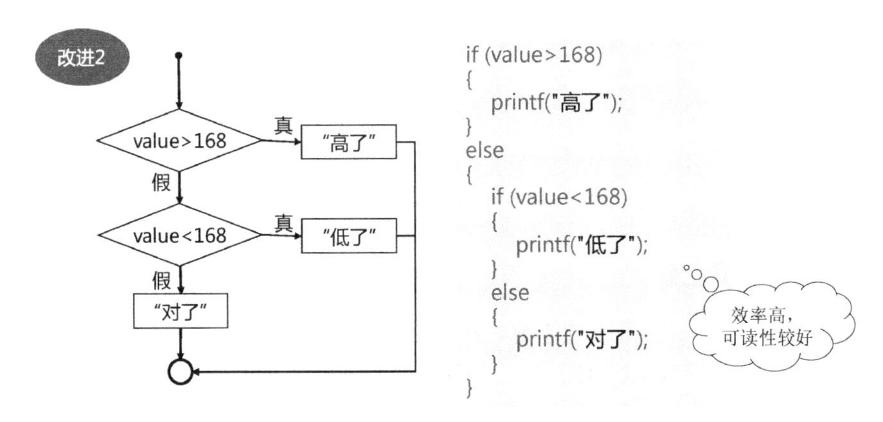

图 5.12 价格竞猜游戏结果判断方案改进 2

先写出 value>168 为真的情况处理，打印“高了”；为假，则处理后面的小于和等于 168 的情况；先看小于 168 为真，打印“低了”；为假，打印“对了”。

从以上的过程可以看出，相对于程序语句，流程图可以帮助我们更直观清晰地观察程序的执行状况。

5.2.4 嵌套的 if-else 语句

1. if-else 嵌套规则

在前面的例子里，我们看到一个 if-else 语句可写在另一个 if 语句中，这样就形成了嵌套的 if 语句。

现在如果有图 5.13 左框中这样的语句情形出现时，那么 else 应该和哪个 if 对应呢？

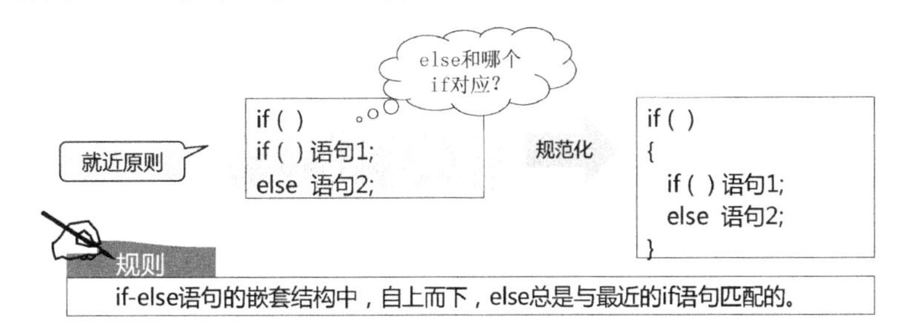

图 5.13 if-else 嵌套匹配情形 1

为避免歧义，需要在语法上制定规则。C 语言规定，if 语句的嵌套结构中，自上而下，else 总是与最近的 if 语句匹配的，也就是匹配就近原则。

此例中为了程序的可读性更好，比较规范的写法是第一个 if 后加上一组大括号，以清晰表示其作用范围。

如果问题的逻辑需要让图 5.13 中框中的 else 和第一个 if 对应，那么又应该怎样写呢？

这时需要用复合语句的规则，写成图 5.14 所示的形式，即把 if 条件为真的情形用大括号全部括起来，在语法上这部分算作复合语句，被视为第一个 if 的作用语句。套用 if-else 语句的嵌套规则，此时离 else 最近的 if 就是第一个了。

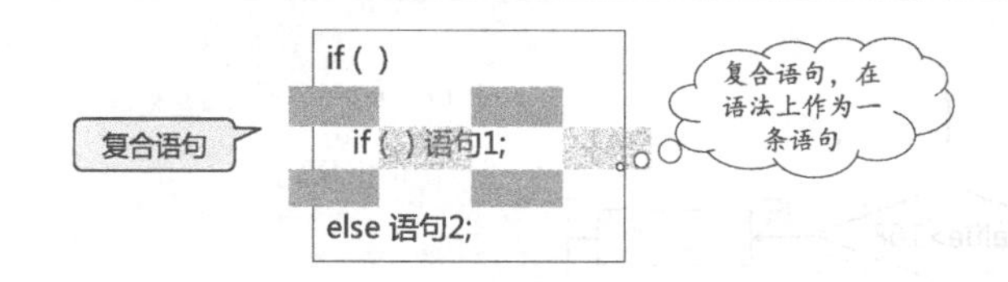

图 5.14　if-else 嵌套匹配情形 2

2. if-else 嵌套使用注意

过多的 if-else 嵌套程序的可读性不好。if-else 作为每种编程语言都不可或缺的条件语句，在编程时会大量用到。就编程经验而言，一般不建议嵌套超过三层，如果一段代码存在过多的 if-else 嵌套，那么代码的可读性就会急速下降，后期维护难度也大大提高。

【程序设计好习惯】

应尽量避免过多的 if-else 嵌套。

【例 5.5】求三个数中的最大值。

求 a、b、c 三个整数中最大者（a、b、c 的值通过键盘输入）。

【解析】

1. 数据分析

按照算法设计的一般步骤，首先分析一下要处理的数据 a、b、c 之间可能的关系，可以有如图 5.15 所示的情形。

数据可能出现的情形	一般情形	a、b、c 不等
	特殊或临界状态	a、b、c 中有相等的

图 5.15　求最大值问题数据分析

按照设计算法的第一个步骤，应该选择一般情形来设计处理的流程，待算法设计完毕，再去测试数据的特殊情形和临界状态，如果有问题，那么再进行修改。

2. 算法设计方案 1

根据题目的要求，可以给出相应的顶部伪代码以及细化的伪代码，如图 5.16 所示。根据伪代码，可以画出相应的执行流程，如图 5.17 所示。

顶部伪代码描述	第一步细化	第二步细化
比较三个数a、b、c找到其中的大者	输入三个数a、b、c	输入三个数a、b、c
	先取a、b 比较	if a>b
	若a大，则a与c比较，取大者	if a > c max=a
		else max=c
		else
	否则，b与c比较，取大者	if b>c max=b
		else max=c
	输出结果	输出 max

图 5.16　求最大值问题算法设计方案 1

3. 方案测试

按照数据的一般情形我们设计出了算法流程，然后再按数据的特例情形进行测试，测试结果如图5.18所示。

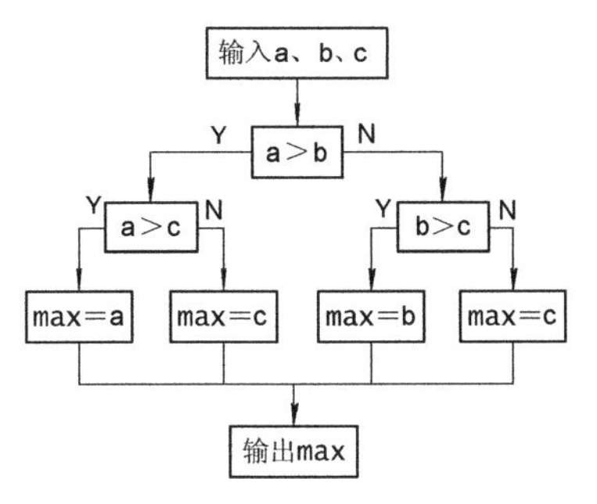

图5.17 求最大值问题算法设计方案1流程图

情 形	结 果
a=b=c	max=c
a=b	max 取 b、c 中大者
a=c	max 取 b、c 中大者
b=c	max 取 a、c 中大者

图5.18 求最大值问题算法测试结果

测试样例验证通过后，根据第二步细化结果或流程图就可以开始编程了。

4. 程序实现

```
1   //求出整数a、b、c三者中大者，放入max
2   #include <stdio.h>
3   int main(void)
4   {
5       int  a, b, c, max;
6   
7       scanf("%d,%d,%d",&a, &b, &c);    //通过键盘输入a、b、c
8       if (a>b)
9       {
10          if (a>c)
11          {
12              max=a;
13          }
14          else
15          {
16              max=c;                   //max取a、c中的大者
17          }
18      }
19      else
20      {
21          if (b>c)
22          {
23              max=b;
24          }
25          else
26          {
27              max=c;                   //max取b、c中的大者
28          }
29      }
30      printf("max=%d", max);           //输出结果
31      return 0;
32  }
```

5. 算法设计方案 2

算法设计方案1中，既然max记录最大值，则可以在a与b的比较时就使用它，改进的伪代码如图5.19所示。

第一步细化
输入三个数 a、b、c
先取 a、b 比较，大者放入 max
max 与 c 比较，大者放入 max
输出结果

图 5.19　求最大值问题算法设计方案 2

6. 算法设计方案 3

用条件表达式实现：

```
max=(a>b)?  a : b;
max=(max>c)? max : c;
```

5.3　多分支选择结构

5.3.1　多分支问题的引入

【引例 1】洗衣机设置中的多选择问题

在算法中的基本结构内容中，关于洗衣机的设置，会遇到需要对多种情形做判断的情况，如图5.20所示，判断的结果有多个分支。根据经验，用双分支结构来描述这个问题，如图5.21所示，可以看出，每次只能对衣量的一种情形进行判断，可以推想，当问题的情形分支很多时，需要逐级判断所有可能的条件，才能遍历所有可能的情形。

引例1 洗衣机设置中的多选择问题

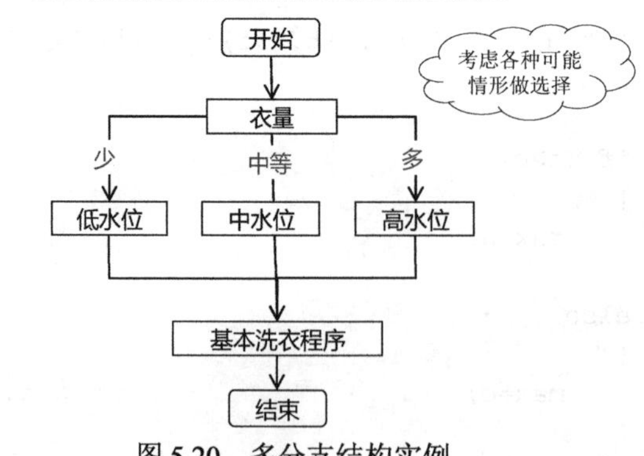

图 5.20　多分支结构实例

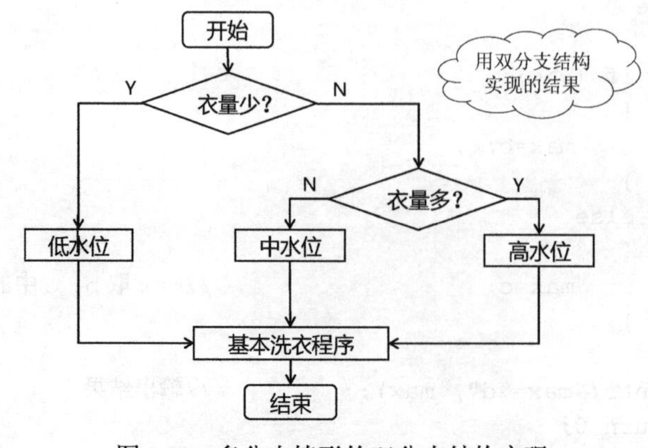

图 5.21　多分支情形的双分支结构实现

【引例 2】生活中的各种挡位开关

我们再来观察一下生活中各种挡位开关，如图 5.22 所示，其实都是多级选择的例子，在实际操作中我们是怎样扳开关的呢？是不是先预定好目标，然后一气连续扳动到位即可？

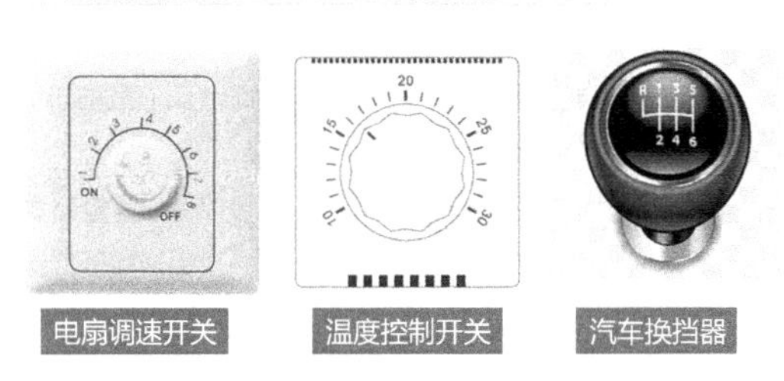

图 5.22　生活中的档位开关

【思考与讨论】多挡位与多级分支的区别

多挡位开关的操作过程和图 5.21 所示情形本质的区别在哪里？

讨论：

多挡位开关的操作过程是直接去满足相应条件的目的地即可，而用双分支结构实现多分支的情形，每一步都要做判断选择，就显得不够简单快捷。在 C 语句中，若有仿照多挡位开关的实现机制，则对实际问题中的多分支情形处理会方便许多。

【引例 3】布朗先生的周记簿

布朗先生工作繁忙，他一般把每周的活动事前记录在电子记事簿里。布朗先生某一周有这样一些工作安排，借鉴挡位开关的思路，布朗先生画出了图 5.23 所示的流程表示。在这样的流程里，查询时只要输入星期数，就可以直接看到当天的活动安排。

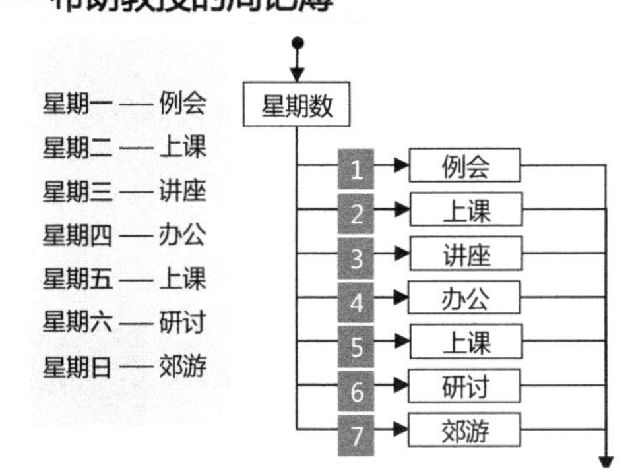

图 5.23　布朗先生的周记簿

5.3.2　多分支结构语法规则

1. 多分支结构模型及语法表示

根据前面的流程图，我们可以归结出多分支选择结构的抽象模型框架。这里列出所有正常情形后，还有一个“例外”的情况，这是系统完备性的设计，在考虑了情形样例所有可能的状态后，给异常设置一个处理出口。对应这个模型，C 语言中设置有 switch 开关语句，它的语法表示如图 5.24 所示。

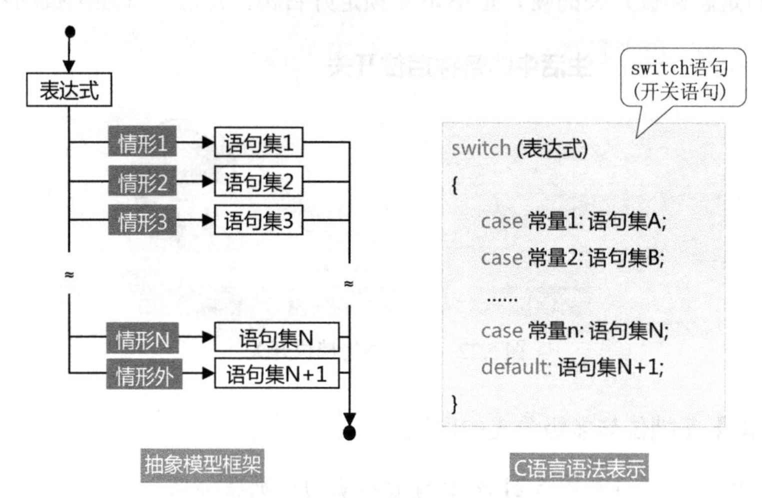

图 5.24 多分支模型及语句表示

switch 语句的语义是：先计算表达式的值，逐个与其后的常量表达式值相比，当表达式的值与某个常量表达式的值相等时，执行其后的语句，然后不再进行判断，继续执行后面所有 case 后的语句。若表达式的值与所有 case 后的常量表达式均不同时，执行 default 后的语句。

2. 开关语句的语法测试

布朗先生按照开关语句的语法，编了一个周计划查询程序，试着查询星期三的计划，发现程序的结果是图 5.25 所示的样子，除星期三的日程以外，还给出了星期三之后的所有日程及错误告警，这究竟是哪里出了问题？

```
#include <stdio.h>
int main(void)
{
    int a;
    printf("输入星期: ");
    scanf("%d",&a);
    switch (a)
    {
        case 1: printf("周一例会\n");
        case 2: printf("周二上课\n");
        case 3: printf("周三讲座\n");
        case 4: printf("周四办公\n");
        case 5: printf("周五上课\n");
        case 6: printf("周六研讨会\n");
        case 7: printf("周日郊游\n");
        default: printf("输入错误\n");
    }
    return 0;
}
```

```
程序结果：
输入星期: 3
周三讲座
周四办公
周五上课
周六研讨
周日郊游
输入错误
```

图 5.25 布朗先生的周计划查询程序

布朗先生仔细查看程序，程序结果应该是当输入3时，执行了情形3以及之后的所有printf语句，对照图5.24中switch语句的语法及对相应流程图，发现switch语法的执行情形与流程图的逻辑不符。因此，要对开关语句的语法模型做改进。

3．改进的开关语句模型及语法表示

布朗先生思考着，在开关语句模型里，应该增加一个中断机制，在某种情形分支里，按逻辑要求功能完成后，应该就可以直接跳出switch结构的语句，如图5.26所示。C语言中就是用break语句来实现这样的中断功能的。这样程序员就可以根据问题的逻辑来决定是否选用break，到此，整个开关语句的模型设计才是完备的，可以处理多种选择的情形。

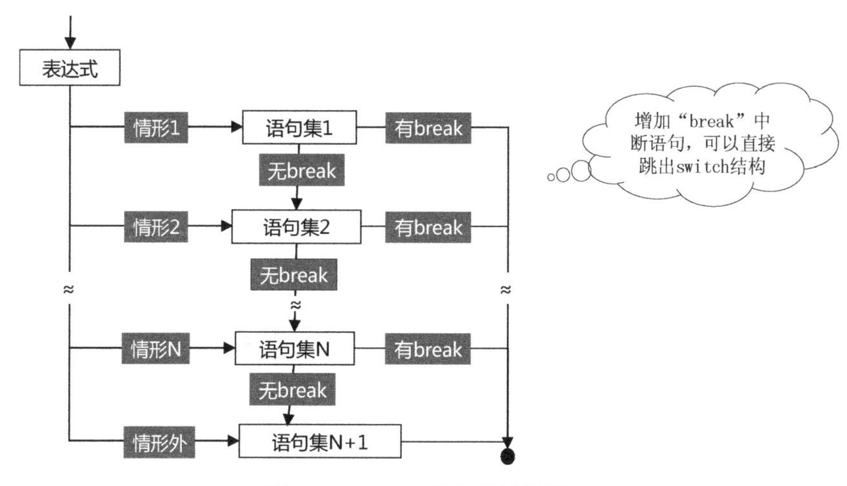

图5.26　switch语句的逻辑流程

改进模型后，相应switch语句的语法如图5.27所示，其中的中断语句break可根据实际问题的需要添加，在语法形式中用方括号[]括起来，表示其中内容为可选项。

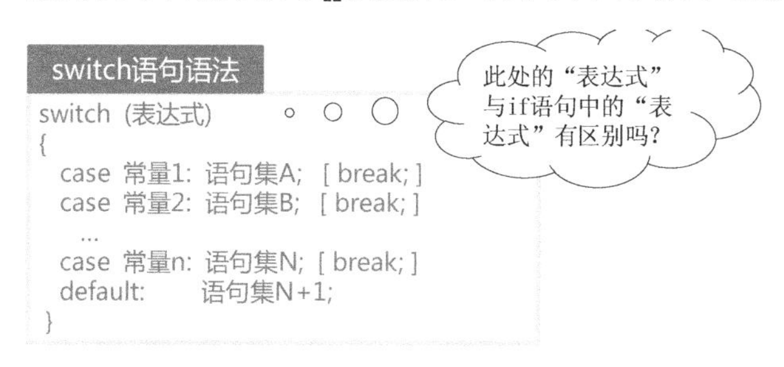

图5.27　switch语句语法形式

4．开关语句的执行过程描述

switch语句执行过程如下：

（1）当执行switch语句时，首先计算紧跟其后的一对括号中的表达式的值，然后在switch语句体内寻找与该值吻合的case标号（常量1到常量n）。

（2）若有与该值相等的标号，则执行该标号后开始的各语句，包括在其后的所有case和default中的语句，直到switch语句结束。

（3）若没有与该值相等的标号，并且存在default标号，则从default标号后的语句开始执行，直到switch语句体结束。

（4）若没有与该值相等的标号，同时又没有default标号，则跳出switch语句体，去执行switch语句之后的语句。

说明：

（1）break语句的作用是跳出switch语句体。

（2）常量1～常量*n*可以是数值常量、符号常量，它们互不相等。

（3）每个case分支可有多条语句，可不用{ }括起来。

（4）不要忽略default处理，在有异常情形时，即表达式的值没有在所列出的所有case中时，有可能会造成程序运行崩溃。

（5）switch后表达式的值可为任何类型的数据，但最好不要是实数，原因是什么呢？

我们在介绍数据类型时，关于实数，有一条规则是“实数避免比相等”，因为实数比相等有可能得出错误的结果。

【思考与讨论】switch中的“表达式”与if语句中的“表达式”有区别吗？

if中的表达式：设计意义为条件判断，结果为真或假，应为关系或逻辑运算表达式。

switch中的表达式：设计意义为各种情形分支编号，结果为整型数值，应为算数运算表达式。

5. 改进后的程序测试

按照改进的switch语句语法，布朗先生在查询程序中增加了break语句，再测试程序结果就对了，如图5.28所示。

```
#include <stdio.h>
int main(void)
{
    int a;
    printf("输入星期: ");
    scanf("%d",&a);
    switch (a)
    {
        case 1: printf("周一例会\n");   break;
        case 2: printf("周二上课\n");   break;
        case 3: printf("周三讲座\n");   break;
        case 4: printf("周四办公\n");   break;
        case 5: printf("周五上课\n");   break;
        case 6: printf("周六研讨\n");   break;
        case 7: printf("周日郊游\n");   break;
        default: printf("输入错误\n");
    }
    return 0;
}
```

改进的程序，
增加break语句

程序结果：
输入星期: 3
周三讲座

图5.28　改进的查询程序

5.3.3　多分支结构实例

【例5.6】百分制改为五分制

输入百分制成绩score，转换成相应的五分制成绩grade并输出。分数和等级的对应关系如图5.29所示。

<table>
<tr><td rowspan="5">grade=</td><td>A</td><td>90≤score≤100</td></tr>
<tr><td>B</td><td>80≤score<90</td></tr>
<tr><td>C</td><td>70≤score<80</td></tr>
<tr><td>D</td><td>60≤score<70</td></tr>
<tr><td>E</td><td>score<60</td></tr>
</table>

图 5.29　成绩转换表

【解析】

此问题是分段对应结果的问题，可以用 if 语句来实现，不难得到以下程序代码。

```
1   #include <stdio.h>
2   int  main(void)
3   {
4       int score;
5       printf("Please input score: ");
6       scanf("%d", &score);                    //输入成绩
7       if ( score>100 || score <0 )
8           printf("input  error! ");           //异常处理
9       else if (score >= 90) printf("%d--A\n", score);
10      else if (score >= 80) printf("%d--B\n", score);
11      else if (score >= 70) printf("%d--C\n", score);
12      else if (score >= 60) printf("%d--D\n", score);
13      else if (score >= 0 ) printf("%d--E\n", score);
14      else  printf("Input  error\n");
15      return 0;
16  }
```

评价：用 if-else 嵌套实现的程序，由于问题中分段情形较多，因此程序分支过多，程序的可读性较差。

下面讨论用 switch 语句实现上面问题的方案。

1．问题分析

先把 switch 语句的框架列出来：

```
switch ( 表达式 )
{
    case 常量1:  printf("%d-----A\n",  score); break;
    case 常量2:  printf("%d-----B\n",  score); break;
    case 常量3:  printf("%d-----C\n",  score); break;
    case 常量4:  printf("%d-----D\n",  score); break;
    case 常量5:  printf("%d-----E\n",  score); break;
    default:     printf("Input  error\n");
}
```

现在的关键问题是要确定 switch（表达式）中表达式的形式是什么。score 的正常取值范围是 0～100，如果要把这 100 个情形都列出，此方案显然不可取；要找到一个公式，把它们分成 5 个非均匀的级别，这可能有些困难。根据题目的特点，我们可以考虑将 score 缩为十分之一，分成 10 级，这样，上面 switch 的框架就可以写成：

```
switch ( score/10 )
{
   case 10:
   case 9: printf("%d-----A\n", score); break;
   case 8: printf("%d-----B\n", score); break;
   case 7: printf("%d-----C\n", score); break;
   case 6: printf("%d-----D\n", score); break;
   case 5:
   case 4:
   case 3:
   case 2:
   case 1:
   case 0: printf("%d-----E\n", score); break;
   default: printf("Input error\n");
}
```

说明：

（1）因为 score 为整型，所以 score/10 的结果为整型值。

（2）score=100 时，score/10=10，在 switch 中跳到 case 10 分支，此分支无语句，语法规定，可以再找下面的语句 printf("%d-----A\n", score)执行，直到遇到 break 语句才跳出 switch。

（3）对于 score<60 时的情形，其执行状况与 score=100 时类似。

2．方案测试及修改

根据题目的数据特点，可以设计如图 5.30 所示的测试用例。

score	score/10
>=110	default
100<score<110	default
100	10
90<= score<100	9
80<= score<90	8
70<= score<80	7
60<= score<70	6
0<= score<60	5/4/3/2/0
score<0	default

图 5.30　成绩转换问题测试用例

用样例数据测试结果，当 100<score<110 时，score/10=10，程序结果显示成绩是“A”，这显然是错误的。

3．方案改进

改进后的程序部分如下：

```
scanf("%d", &score);
if (score>100 && score<110) score=110;//将100至110之间的数归为统一的一种异常情形
switch ( score/10 )
```

```
{
    case 10:
    case 9: printf("%d-----A\n", score); break;
    case 8: printf("%d-----B\n", score); break;
    case 7: printf("%d-----C\n", score); break;
    case 6: printf("%d-----D\n", score); break;
    case 5:
    case 4:
    case 3:
    case 2:
    case 1:
    case 0: printf("%d-----E\n", score); break;
    default: printf("Input error\n");
}
```

【例 5.7】将 if 语句改写为 switch 语句

将下列语句改写为 switch 语句（a 为整数）。

```
if ( a<5) && (a>=0)
{ if (a>2)
    {   if (a<4) x=1;
        else x=2;
    }
else x=3;
}
```

【解析】

1. 题目分析

switch 语句是要表现 a 取不同值时 x 对应的值，这就需要先把 a 与 x 的对应关系表达出来，给定的语句可读性不好，我们可以画出坐标图，列出 a、x 的关系表，如图 5.31 所示，这样写出 switch 语句就比较容易了。

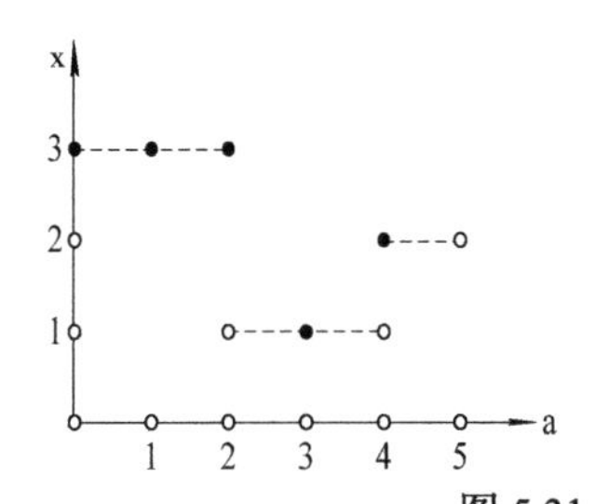

a	x
0	3
1	3
2	3
3	1
4	2

图 5.31　a、x 对应关系 1

2. 程序实现

```
switch (a)
{   case 0:
    case 1:
    case 2: x=3; break;
    case 3: x=1; break;
```

```
        case 4:  x=2;   break;
        default:  printf("a is error\n");
    }
```

3. 问题讨论

若a为实数，则switch语句又该如何写？

分析：switch（表达式）中表达式的值只能是离散的而非连续的，a是实数，其变化是一个连续的状态，根据前面的坐标图，给出a与x的关系图，如图5.32所示。

a	x
0<=a<=2	3
2<a<4	1
4<=a<5	2

图5.32　a、x对应关系2

用取整的方法，将a的取值处理成离散的状态，如图5.33所示。

a	(int)a	x
0<=a<=2	0	3
	1	
	2	
2<a<4	2	1
	3	1
4<=a<5	4	2

图5.33　a、x对应关系3

从图5.33可以看出，当a=2时，x=3；当2<a<3时，x=1。只要在程序中分清这两种情况即可。

程序实现：

```
switch ( (int) a )
{  case  0:
   case  1:
   case  2: if (a>2)    x=1;
               else x=3;  break;
   case  3:  x=1;    break;
   case  4:  x=2;   break;
   default:  printf("a is error\n");
}
```

4. 程序测试

根据测试原则，要测试正常的值、边界值、特殊值和异常情形，测试数据可以有图5.34所示的这些值。

a	<0	0	1	2	2～3	3	4	>4
x	异常	3	3	3	1	1	2	异常

图5.34　测试数据

在实际测试时发现，每测一个数就需要重新运行一次程序，很不方便。理想的测试运行应该是把所有数据都测试完程序再退出。我们在学习了循环语句后，就可以达到这个目的了。

【例 5.8】四则运算计算器

设计程序，用户可通过键盘输入算式即可进行加、减、乘、除的运算。

【解析】

1. 题目分析

先对数据的输入、输出进行分析，具体如图 5.35 所示。根据输入数据的特点，可以用运算符做 switch 语句中的 case 值。

case	输　入			输　出
	float	char	float	float
'+'	a	+	b	a+b
'-'	a	-	b	a-b
'*'	a	*	b	a*b
'/'	a	/	b	a/b

图 5.35　数据分析

2. 程序实现

```
1   #include  <stdio.h>
2   int main(void)
3   {
4       float a,b;                                          //定义两个要运算的数
5       char c;                                             //运算符
6
7       printf("input expression: a+(-,*,/)b \n");          //提示输入
8       scanf("%f%c%f",&a,&c,&b);                           //按序输入计算式
9       switch(c)                                           //对运算符分情形处理
10      {
11          case '+':
12              printf("%f\n",a+b);
13              break;
14          case '-':
15              printf("%f\n",a-b);
16              break;
17          case '*':
18              printf("%f\n",a*b);
19              break;
20          case '/':
21              printf("%f\n",a/b);                     //注意此处未处理除数为 0 的情形
22              break;
23          default:
```

```
24            printf("input error\n");
25        }
26        return 0;
27    }
```

5.3.4 各种分支结构语句的比较

双分支和多分支语句都是分支语句，它们各有特点和适用范围，如图 5.36 所示。开关语句适用于多情形的分类，程序结构清晰，但分类条件仅限于分类表达式结果为整数的情形。条件语句适用于范围判断，各类数值的比较判断。switch 和 if 语句的功能是互补的。

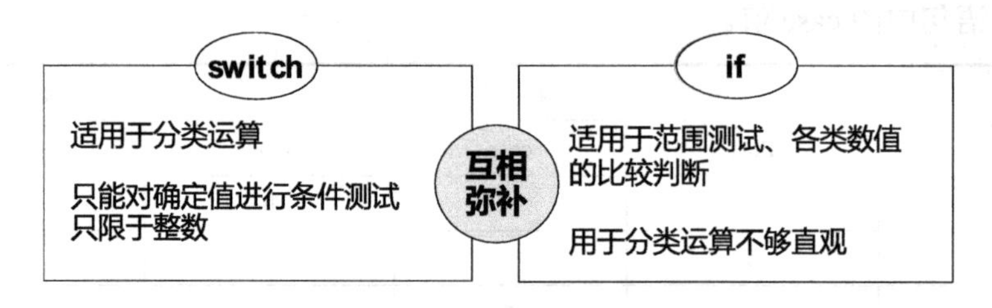

图 5.36　if 与 switch 的比较

5.4 循环问题的引入

5.4.1 循环中的要素分析

在算法中的基本结构内容中，关于洗衣机的设置，有重复操作的设置。重复操作就是循环，如图 5.37 所示。

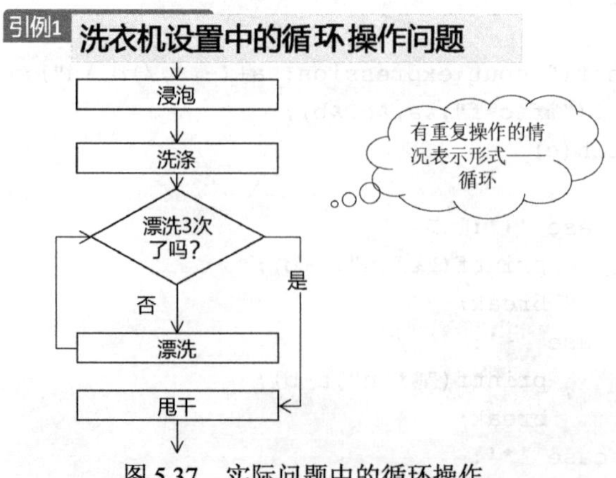

图 5.37　实际问题中的循环操作

在顺序结构部分，我们看到学生成绩处理的程序中，类似变量语句多次重复，如果要处理 100 名学生的成绩，那么这样的程序写法就会很烦琐。按照前面洗衣机循环流程的处理方法，可以把学生成绩处理写成循环的形式，如图 5.38 所示。

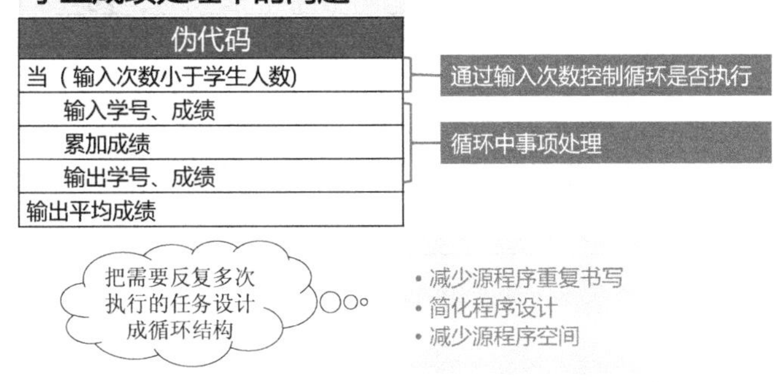

图 5.38　学生成绩处理中的循环

循环执行的判断条件，是比较输入次数小于学生人数，循环中事项处理做输入、累加和输出的工作。把需要反复多次执行的任务设计成循环结构的好处是显而易见的。

我们来看一些具体的循环例子。

【例 5.9】评分问题中的最高分

输入 10 个数字，判断并显示这些数字中的最大数。

【解析】

算法的伪代码及循环控制分析如图 5.39 所示。

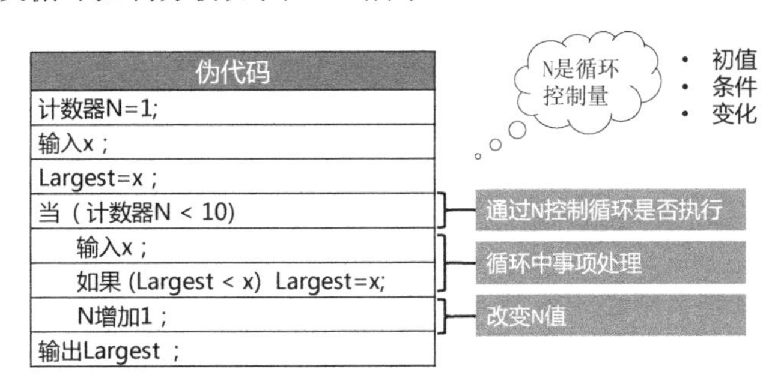

图 5.39　找最高分问题中的循环

设置一个计数器 N，统计输入的分数个数，循环执行的判断条件是 N 小于 10。

循环中事项处理，有输入分数、与最大数 Largest 比较、计数器 N 增 1 的操作。

N 增加 1，改变了判断条件值。

N 是循环控制量，它的特点是：具有初值，参与条件判断，在循环中会变化。

【例 5.10】评分问题中的分数求和

问题具体化，从键盘中获取一系列正整数，确定并显示出这些数字的和。假定用户以输入标志值“–1”来表示“数据输入的结束”。

【解析】

算法的伪代码及循环控制分析如图 5.40 所示。循环执行的判断条件是，输入不是结束标志–1，循环中事项处理，是将输入的分数循环做累加。新输入的 x 改变判断的条件值。x 是循环控制量，它的特点是：具有初值，参与条件判断，在循环中会变化。

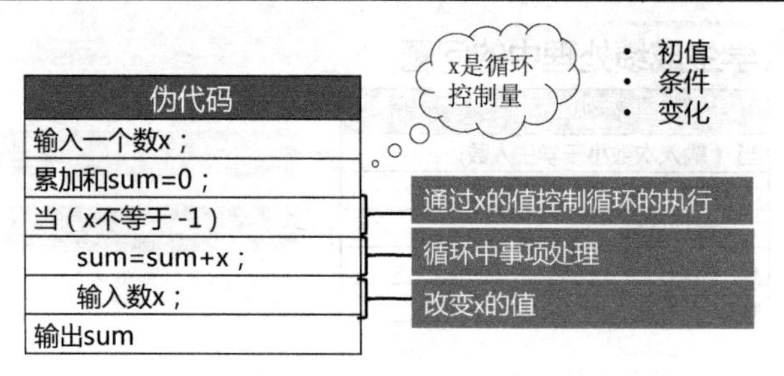

图 5.40　求和问题中的循环

5.4.2　循环三要素

从前面几个循环的例子中可以看出，循环是否执行是由循环量控制的，它包含了三个要素。循环中的事项处理是一组被重复执行的语句，在 C 语言中称为循环体，如图 5.41 所示。

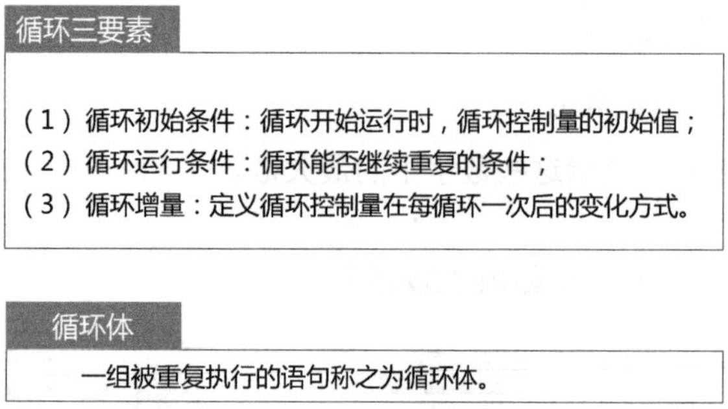

循环三要素

（1）循环初始条件：循环开始运行时，循环控制量的初始值；
（2）循环运行条件：循环能否继续重复的条件；
（3）循环增量：定义循环控制量在每循环一次后的变化方式。

循环体

一组被重复执行的语句称之为循环体。

图 5.41　循环三要素及循环体的概念

【例 5.11】学生成绩处理问题再分析

分析“学生成绩处理”问题中的循环三要素。

【解析】

问题的伪代码见前面图 5.38。

首先确定循环控制量是数据输入的次数。循环初始条件是输入次数的初值，在伪代码中并未给出，按照问题的逻辑，输入次数初值应该为 0。

循环运行条件是输入次数小于学生人数；循环增量是输入次数每次加 1。

因此，这个问题完整的算法描述，应该加上循环的初始条件，才具备了循环的三个要素。改进的伪代码如图 5.42 所示。

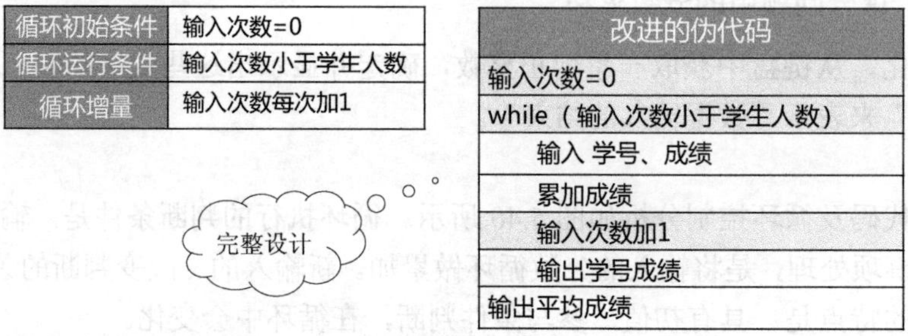

循环初始条件	输入次数=0
循环运行条件	输入次数小于学生人数
循环增量	输入次数每次加1

完整设计

改进的伪代码
输入次数=0
while（输入次数小于学生人数）
输入 学号、成绩
累加成绩
输入次数加1
输出学号成绩
输出平均成绩

图 5.42　学生成绩问题中的循环要素分析

通过前面的讨论，可以给出包含循环三要素的循环流程图形式，如图 5.43 所示。一个算法只要有循环，就应该具有三个要素，否则说明算法描述是不完整的。

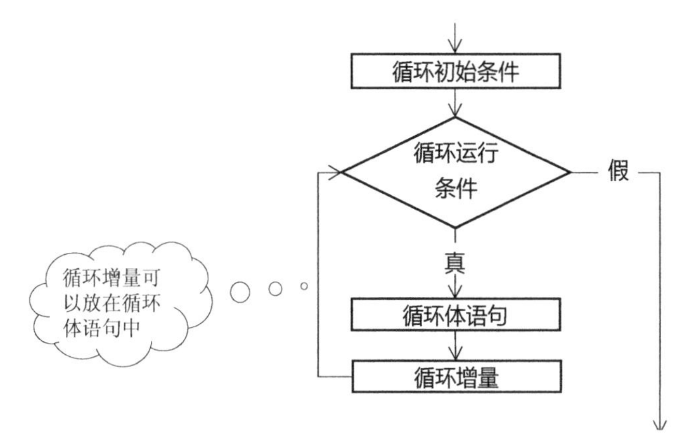

图 5.43　循环流程的一般形式

5.4.3　循环语句

我们在程序概论中已经知道，根据是先判断条件、再执行循环体，还是先执行循环体、再判条件，循环分为当型循环和直到型循环两种结构。

C 语言语法上有 4 种语句可以实现循环，如图 5.44 所示，有 goto 循环、while 当型循环、do-while 直到型循环和 for 循环，其中的 goto 语句属于了解内容，后续将重点介绍后 3 种。

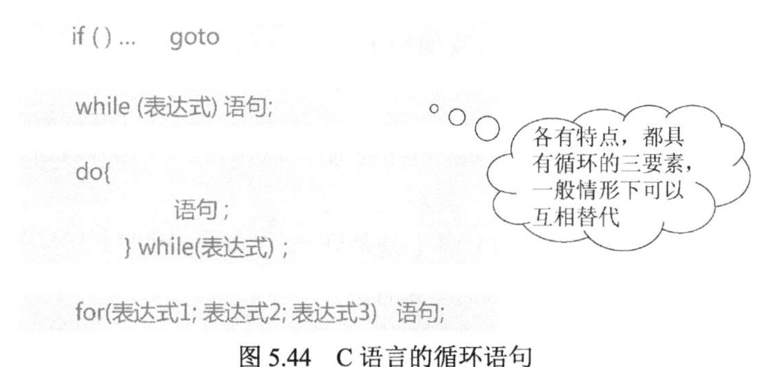

图 5.44　C 语言的循环语句

5.5　当型循环结构

5.5.1　当型循环语法规则

C 语言中，当型循环语句的语法形式和流程图如图 5.45 所示。对照流程图可以看出它的执行过程，若表达式为真，则执行循环体语句，表达式为假则退出循环。

在当型循环的语法中，并没有明显地体现出循环三要素，这就需要程序员根据实际问题的循环特点，找出其中的三个要素，不然程序实现一定是不完备的，我们在后续的例子中将会看到这一点。

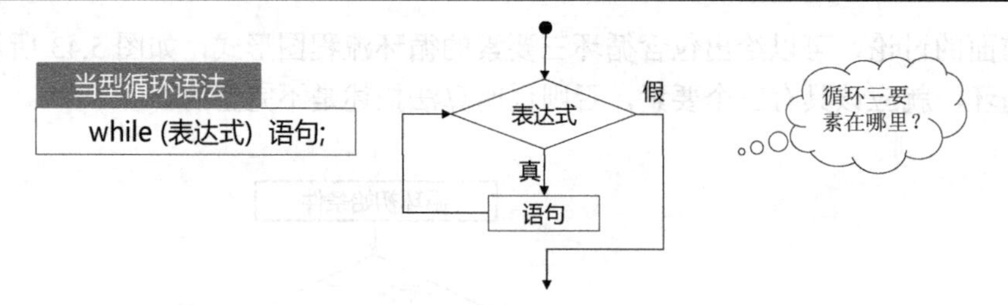

图 5.45　当型循环规则与表示

5.5.2　循环要素必要性验证

【例 5.12】用 while 语句打印有规律的数 2、4、6、8、10

【解析】

1. 问题分析

我们先对要处理的数据进行列表分析，如图 5.46 所示。容易看出，打印数字和打印次数 i 之间的关系，这是一个循环过程，当 i 为 6 时循环结束。

打印次数 i	1	2	3	4	5	6
Printf	2	4	6	8	10	结束

图 5.46　while 打印有规律数的数据分析

这个问题里的循环三要素应该是什么呢？容易看出，相应的要素是图 5.47 中的形式。初始值是 1，运行条件是 i<6，增量是 i 每次增加 1。

2. 算法描述

我们按照循环三要素给出伪代码，根据 while 循环语法画出流程图，如图 5.48 所示，二者对比，可以看出，i<6 是循环条件，打印 i*2 和 i 增 1 是循环体，流程图没有反应出循环控制量 i 的初始条件。

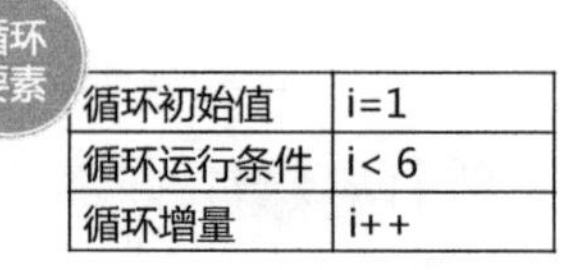

循环初始值	i=1
循环运行条件	i< 6
循环增量	i++

图 5.47　while 打印有规律数的循环三要素

我们可以在运行程序时查看一下没有赋初值的情况。

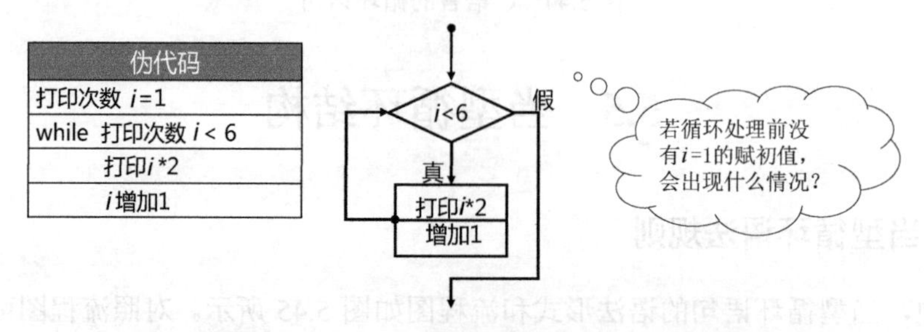

图 5.48　while 打印有规律数的伪代码与流程图

3. 程序实现及跟踪调试观察

完整的程序如图 5.49 所示。在跟踪调试之前，先计划好要查看的内容，对这个循环问题，我们重点关注的是：

- 循环开始到结束的过程；
- 循环控制量 i 没有赋初值时的运行情况；
- i 有赋初值时的运行情况；
- 正常循环结束时 i 的值是多少？

```
//用while语句实现打印 2、4、6、8、10
#include <stdio.h>

int main(void)
{
    int i;
//  int i=1;
   while (i< 6)
   {
      printf( " %d ",2*i );
      i++;
   }
   return 0;
}
```

调试

调试要点

- 循环开始到结束的过程
- *i* 无赋初值（先做）
- *i* 有赋初值
- 循环结束时i的值是多少？

图 5.49　while 打印有规律数的程序实现及调试要点

（1）循环变量无赋初值的情形

图 5.50 中，i 未赋初值，其值是一个随机数，显示是一个绝对值很大的负数，因此输出的 2*i 的值不会是预计的 2，容易看出循环的次数远不止 5 次，根据 i 的值，循环应该执行八亿五千八百多万次才能达到 i>6 的条件，然后循环才会停下来。

（2）循环变量有赋初值的情形

图 5.51 中，i 赋初值为 1，图 5.52 中第二次循环时值为 2，图 5.53 中，循环结束，循环变量 i 值为 6，说明循环体中的语句执行了 5 次。

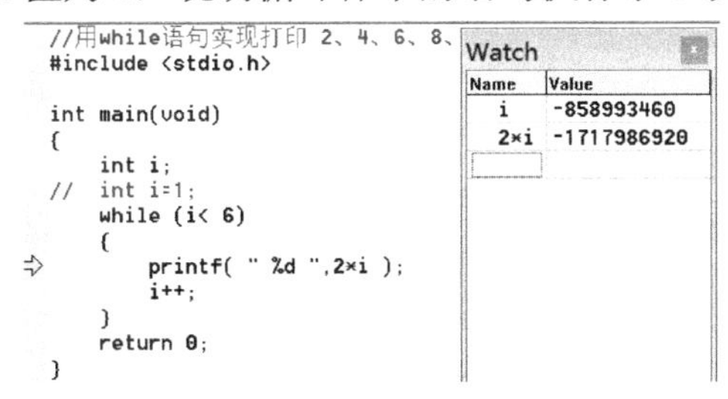

图 5.50　循环变量无赋初值的情形

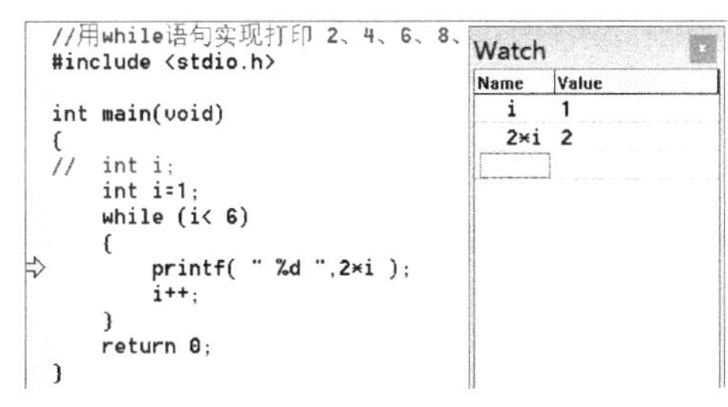

图 5.51　循环变量有赋初值的情形 1

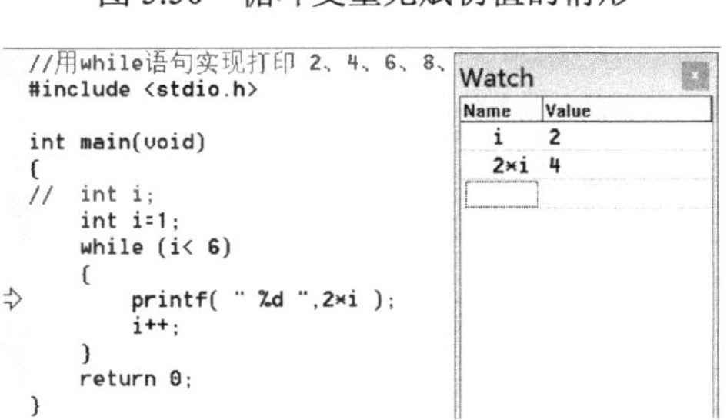

图 5.52　循环变量有赋初值的情形 2

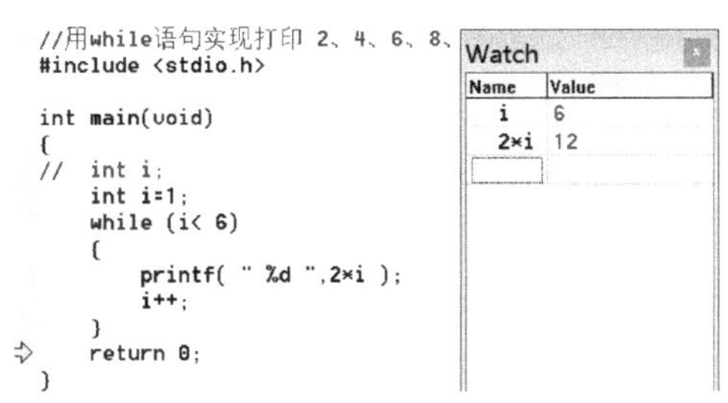

图 5.53　循环变量有赋初值的情形 3

4. 结论

通过程序的实际跟踪测试可以看出，循环的三个要素在循环中的作用是相互配合，让循环体在控制的次数中重复执行，若缺少循环控制量的初始化，则循环的次数是不确定的。

【例 5.13】确定评委人数的分数统计问题

用键盘输入 8 个评委的评分，输出总分和平均分数。

【解析】

1. 算法设计

算法伪代码设计如图 5.54 所示。

伪代码算法描述
总分初始化为 0
计数器初始化为 0
while 计数器 <8
输入下一个评分
该分数加到总分中
计数器加 1
平均分为总分除以 8
输出总分、平均分

图 5.54　确定评委人数的分数统计算法

2. 程序代码

```
 1 int main(void)
 2 {
 3     int counter;                              //计数器
 4     int grade;                                //分数
 5     int total;                                //总分
 6     int average;                              //平均分
 7
 8     //初始化阶段
 9     total = 0;                                //初始化 total
10     counter = 0;                              //初始化计数器
11     //处理阶段
12     while ( counter < 8 )                     //循环 8 次
13     {
14         printf("Enter grade: ");              //提示输入
15         scanf("%d", &grade);                  //读入分数
16         total = total + grade;                //将分数加入总分
17         counter = counter + 1;                //计数器加 1
18     }
19     average = total / 8;
20     //输出结果
21     printf( " total  is %d\n", total );
22     printf( " average is %d\n", average );
```

```
23    return 0;
24  }
```

【思考与讨论】变量初始化是否必要

为什么有的变量需要初始化，而有的不需要？

讨论：这是初学者容易忽视的问题，稍不注意就会造成程序结果的错误。上述程序中，需要初始化的量有计数器 counter 和总分 total，不需要初始化的量有分数 grade 和平均分 average。需要初始化的变量的特点是，第一次被使用前，要有一个确定含义的值，因为它本身的值会影响到后续的计算结果，也就是，其首次是“读操作”。不需要初始化的变量的特点是，其首次使用是“写操作”。

【例 5.14】不确定评委人数的分数统计问题

从键盘输入若干位评委的判分，输出平均分数。

【解析】

1. 算法设计

本例中评委的人数没有具体的数目，所以循环运行的条件必须要重新设置，我们可以找一个不是正常成绩值的数字作为输入成绩时的停止标志，如“–1”，这样，伪代码可写成图 5.55 所示的形式。

伪代码算法描述
总分初始化为 0
计数器初始化为 0
输入一个分数
while　读入的数据不是停止标志
输入一个分数
该分数加到总分中
计数器加 1
平均分=总分 / 计数器值
输出平均分

图 5.55　不确定评委人数的分数统计算法

2. 程序测试及改进

对图 5.55 算法进行测试要考虑哪几类情形？

我们应该从正常和异常两个方面来考虑。

（1）正常情形：首次输入的是分数。

（2）异常情形：首次即输入停止标志，此时，while 循环的循环体语句不会执行，计数器的值为 0，求平均分时，将会出现除以零的状况，这是严重的逻辑错误，将造成程序运行失败。

【程序设计错误】

如果没有初始化计数器或总和，那么程序结果可能不正确。这是一个逻辑错误。

改进后的伪代码如图 5.56 所示。程序实现请读者自行完成。

伪代码算法描述
总分初始化为 0
计数器初始化为 0
输入一个分数
while　读入的数据不是停止标志
输入一个分数
该分数加到总分中
计数器加 1
if　计数器值不为 0
平均分=总分/计数器值
输出平均分
否则，输出“无成绩输入”

图 5.56　不确定评委人数的分数统计改进算法

5.5.3　当型循环实例

【例 5.15】整数求和

从键盘中获取一系列正整数，确定并显示出这些数字的和。假定用户以输入标志值“–1”来表示“数据输入的结束”。

【解析】

1. 问题分析

求总分的问题是一个把数值循环累加的过程，其算法描述已经在“算法的表示”这部分内容中完成了。既然是循环，就应该有循环的三个要素，如图 5.57 所示，但本题的循环三要素并不像“打印有规律数”的例子里那么容易被识别出来。

循环运行条件比较好确定，是 x 不等于 1。

循环的初始条件是什么呢？既然运行条件是对 x 的值进行判断，则 x 的值应该在判断前就要得到，所以初始条件应该为“输入 x 的值”。

循环增量的操作是在循环体中进行的，循环初始时输入的 x 值已经被使用过了，因此，再一次判断运行条件之前，还要再一次输入 x 的值，所以此处的循环增量应该是“再输入 x 的值”。

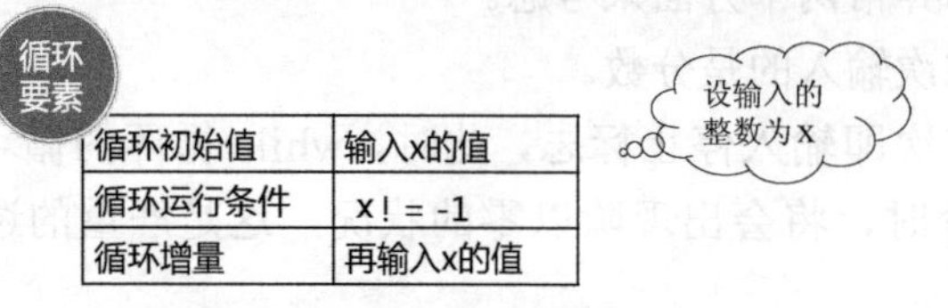

循环初始值	输入x的值
循环运行条件	x！= -1
循环增量	再输入x的值

图 5.57　整数求和的循环要素

2. 算法描述及程序实现

由算法的第二步细化，我们可以直接写出对应的程序语句，最后写出完整的程序，如图 5.58 所示。

第二步细化	程序语句
累加和sum=0；	sum=0;
输入一个数x；	scanf("%d" ,&x);
当（x不等于 -1)	while (x != -1)
sum = sum+x；	{ sum=sum+x；
输入数x；	scanf("%d" ,&x); }
输出sum	printf("sum=%d" ,sum)

```
#include <stdio.h>
int main(void)
{
    int x, sum=0;

    scanf("%d",&x);
    while (x != -1)
    {
        sum=sum+x;
        scanf("%d",&x);
    }
    printf("sum=%d",sum);
    return 0;
}
```

图 5.58 整数求和的程序

【例 5.16】读程序分析

分析给定程序的执行过程，描述关键量的中间结果及程序最后结果，指出程序的功能。

```
1   int  main(void)
2   {
3       char ch;
4
5       while (( ch=getchar( ))!='@')
6       {
7           putchar(('A'<=ch && ch<='Z') ? ch-'A'+'a' : ch);
8       }
9       putchar('\n');
10      return 0;
11  }
```

【解析】

1. 找出程序关键变化量进行列表

本例中循环中的变量是 ch，输出内容的由表达式（'A'<=ch && ch<='Z'）控制，循环中输出内容是字符函数，我们把这三项列在图表 5.59 中，再分别把大小写字母、非字母、约定结束字符等这样几类字符作为输入数据。

根据程序处理，把相应表达式和输出结果列出，这样便于把程序执行过程中的各种变化观察清楚，找到相应的规律。

变量 ch=getchar()	('A'<=ch && ch<='Z') ?	循环中 putchar 输出	
		ch-'A'+'a'	ch
a	no		a
E	yes	e	
&	no		&
@	循环结束		

图 5.59 字符处理程序分析表

2. 功能分析

从图5.59中可以分析出程序的功能为：

（1）输入字符若是大写字母，则输出对应的小写字母；否则原样输出。

（2）此过程可循环不断地执行下去，直到输入字符@。

3. 问题讨论

本例中循环的三要素具体是什么？

讨论：

（1）循环初始条件：ch=getchar( )；

（2）循环运行条件：ch!='@'；

（3）循环增量：ch=getchar( )。

此时的“循环增量”是循环控制量ch接收键盘新输入的一个字符，这也是循环控制量的一种变化方式。

【知识ABC】读程分析方法

读程分析，一般可将循环变化的相关变量、表达式、操作等列于表中，这样便于把程序执行过程中的各种变化观察清楚，找到相应的规律。

【例5.17】鸡兔同笼问题

用程序实现鸡兔同笼问题的求解。

【解析】

1. 算法分析

我们在算法的通用性这部分内容里介绍过鸡兔同笼问题，已经有了算法的逐步细化描述。

设有x只鸡，y只兔，共35个头，94只脚。

图5.60中，循环是二重循环嵌套在一起，需要注意的是，逻辑上y的初值所在的位置应该在第一个while循环之后，第二个while之前。

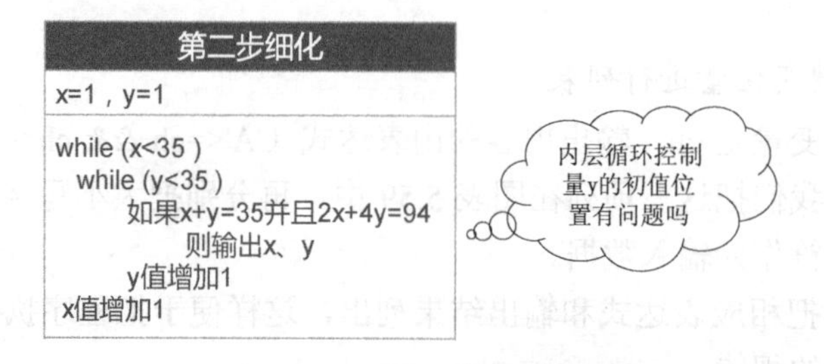

图5.60 鸡兔同笼算法描述

2. 程序实现

```
01 //鸡兔同笼问题
02 #include<stdio.h>
03 int main(void)
04 {
05     int x,y;
06     x=1;
```

```
07     while (x<35 )
08     {
09         y=1;
10         while (y<35 )
11         {
12             if (x+y==35 && 2*x+4*y==94)
13                 printf("鸡有%d只，兔有%d只\n",x,y);
14             y++;
15         }
16         x++;
17     }
18     return 0;
19 }
```

运行结果：

```
鸡有23只，兔有12只
```

【读程练习】斐波那契的兔子繁殖问题

七百多年前，意大利著名数学家斐波那契在他的《算盘全集》一书中提出了一道有趣的兔子繁殖问题。如果有一对小兔，每个月都生下一对小兔，而所生下的每对小兔在出生后的第三个月也都生下一对小兔，那么由一对兔子开始，满一年时一共可以繁殖成多少对兔子？

【解析】

用列举的方法推理：

第一个月，这对兔子生了一对小兔，于是这个月共有2对（1+1=2）兔子。

第二个月，第一对兔子又生了一对兔子，因此共有3对（1+2=3）兔子。

第三个月，第一对兔子又生了一对小兔，而在第一个月出生的小兔也生下了一对小兔。所以这个月共有5对（2+3=5）兔子。

按照以上规律，每个月的兔子数如图5.61所示，从中可以查出，由一对兔子开始，满一年时一共有377对兔子。

月份	1	2	3	4	5	6	7	8	9	10	11	12
老兔子对数	1	2	3	5	8	13	21	34	55	89	144	233
新增兔子对数	1	1	2	3	5	8	13	21	34	55	89	144
兔子总对数	2	3	5	8	13	21	34	55	89	144	233	377

图5.61 斐波那契数

数学家斐波那契对各月的兔子数进行分析，写出了通项递推公式，其中 n 是项数。

$$\mathrm{Fib}(n) = \mathrm{Fib}(n-2) + \mathrm{Fib}(n-1) \quad (n>=3)$$

按斐波那契数列递推公式，可以用循环实现题目的要求。

```
01 #include<stdio.h>
02 int main(void)
03 {
```

```
04    int n,i,fibn1,fibn2,fibn;
05
06    printf("输入增殖的代数 n>3: ");
07    scanf("%d",&n);
08
09    fibn1=fibn2=1;
10    printf("从第一代兔子起的增长速度\n",n);
11    printf("1\t1\t");
12    i=3;                                          //循环初值
13    while (i<=n)                                  //循环条件
14    {
15       fibn=fibn1+fibn2;                          //利用通项公式求解第 n 项的值
16       printf(i%5? "%d\t" : "%d\n" ,fibn);       //每行打印 5 个值
17       fibn2=fibn1;                               //迭代
18       fibn1=fibn;
19       i++;                                       //循环增量
20    }
21    printf("\n");
22    return 0;
23 }
```

运行结果：

```
输入增殖的代数 n>3: 20
从第一代兔子起的增长速度
1      1      2      3      5
8      13     21     34     55
89     144    233    377    610
987    1597   2584   4181   6765
```

5.5.4　循环控制方式

通过前面的例子可以看到，循环包括循环次数确定和循环次数不确定的两类，相应的循环方式控制也就不同，一种通过计数的方式控制，另一种通过标志的方式控制，如图 5.62 所示。

情形	循环控制方式
循环次数确定	计数器控制循环
循环次数不定	标志控制循环

图 5.62　循环控制方式

5.6　直到型循环结构

5.6.1　直到型循环语法规则

在 C 语言中，直到型循环语句的语法形式及流程如图 5.63 所示，对照其流程图可以看出它的执行过程，先执行循环体语句，然后判断表达式，为真则继续循环，为假则退出循环。

直到型循环的语法同当型循环一样，并没有明显地体现循环三要素，这就需要程序员根据实际问题的循环特点，在程序实现时补足三个要素中的缺失部分。

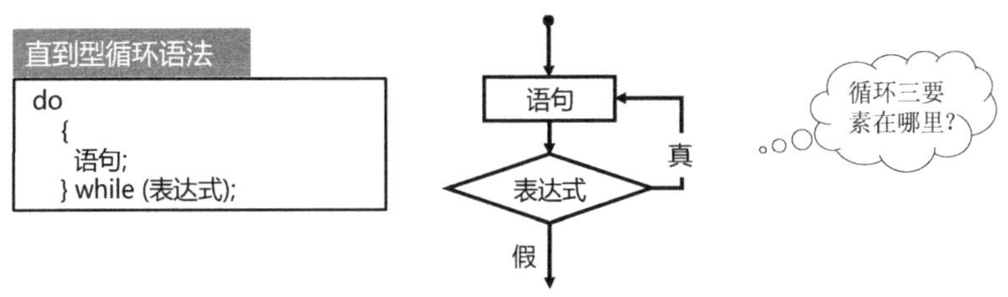

图 5.63　直到型循环结构

【例 5.18】打印有规律的数

用 do-while 语句打印有规律的数 2、4、6、8、10。

【解析】

1. 算法描述

打印有规律的数这个问题，已经在 while 循环内容中介绍过，数据分析和循环要素分析都已经做过，初始值是 1，运行条件是 $i<6$，增量是 i 每次增加 1。

按照循环三要素，对应 do-while 循环的语法实现流程，以及 while 循环已经实现的经验，容易得到流程图和伪代码，如图 5.64 所示。

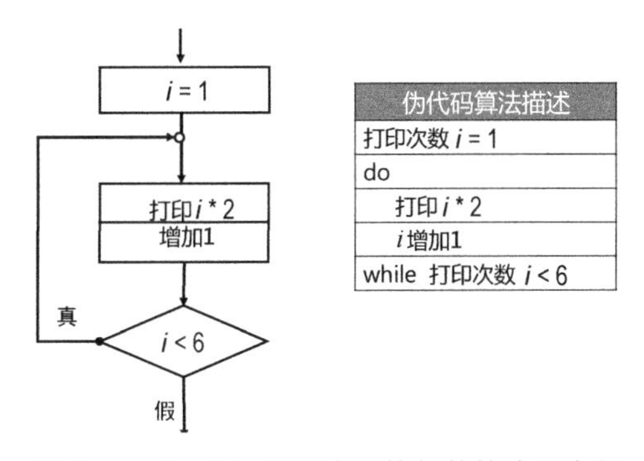

伪代码算法描述
打印次数 i = 1
do
打印 i * 2
i 增加1
while 打印次数 i < 6

图 5.64　do-while 打印有规律的数算法及流程

2. 程序执行过程分析

打印次数 i，初始值为 1，进入 do-while 循环，打印 2；i 自增变为 2，循环条件 $i<6$ 为真，可以进入下一次循环。循环每一步 i 的变化、循环条件和打印结果等我们可以列在一张表中，如图 5.65 所示。

伪代码算法描述	程序
打印次数 i = 1	i = 1 ;
do	do
打印 i * 1	{ printf("%d" , 2*i);
增加1	i++;
while 打印次数 i < 6	} while (i<6);

i	1	2	3	4	5
printf	2	4	6	8	10
i++	2	3	4	5	6
i<6	T	T	T	T	F

图 5.65　do-while 打印有规律的数程序分析

3. while 与 do-while 循环实现对比

我们可以把这两种循环实现语句放在一起，如图 5.66 所示，可以看出，二者的循环三要素都是一样的，不过是把循环体和循环条件的先后顺序做了调换而已。

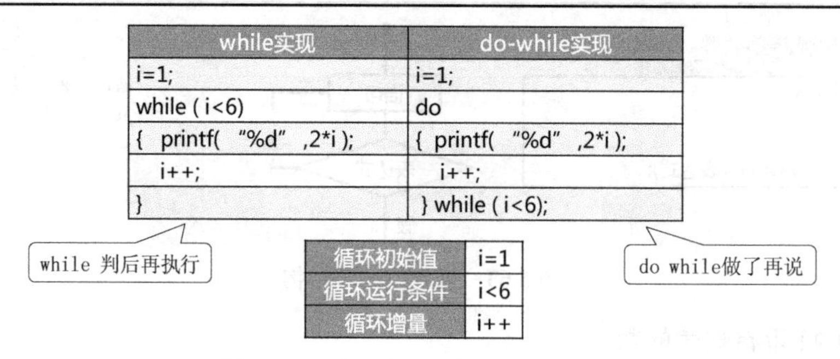

图 5.66　while 与 do-while 循环比较

【例 5.19】不确定循环输入数据问题

从键盘输入整数 num，当输入值比程序预设的值 N 大时停止，显示输入的数字和次数。

【解析】

1. 数据分析及算法描述

根据题目的描述，我们可以确定循环的三个要素如下。

- 循环初始值为首次输入的 num。
- 运行条件为 num <= N。
- 循环增量是再次输入的 num。

把循环要素套用到直到型语法结构中，加上相应的功能要求实现， 就可以形成伪代码算法描述，如图 5.67 所示，循环中先输入整数 num，然后把它输出，计算器加 1，当 num 小于等于预设值 N 时，循环继续。注意此处“输入一个整数”包括了初始条件和循环增量。

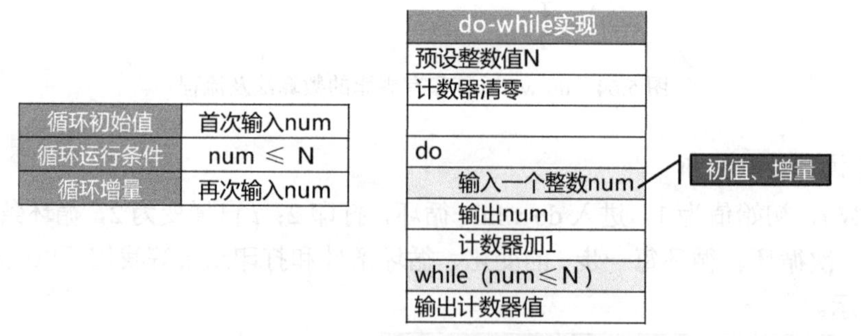

图 5.67　不确定循环输入数据问题

2. 两种循环实现方案比较

我们把两种实现方案放在这里比较一下，如图 5.68 所示。二者循环体内容一样，也是把循环体和循环条件的先后顺序做了调换而已。

我们做一个特例情形的测试，首次输入时的 num 就大于预设的数值 N。

do-while 循环的结果是，有 num 值的输出，计数器值为 1，然后循环结束。

while 循环的结果是，循环条件为假，循环体未被执行，无 num 值的输出，计数器值为 0。

按照题目的要求，这个大于预设 N 的值也要被显示，显然 while 循环的处理逻辑就不合适了。

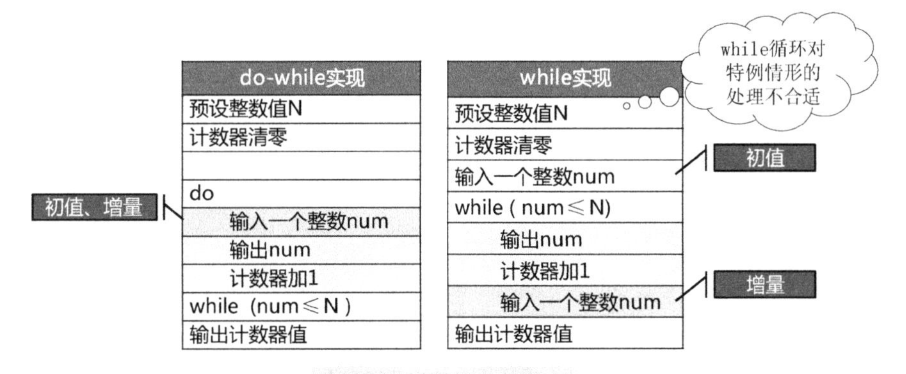

图 5.68 两种循环程序比较

为了处理在while中首次输入num就不满足循环条件的情形，如图5.69所示，需要在while循环前加上三行处理，但这样的算法设计不简洁。

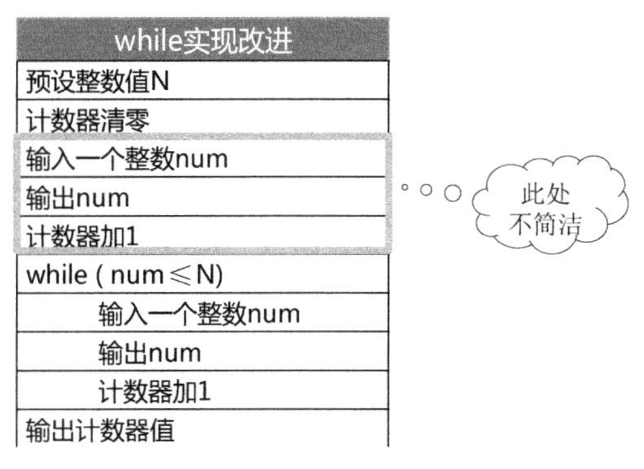

图 5.69 改进的 while 循环

3. 程序实现

根据do-while实现的伪代码，可以写出完整的程序。

```
#include <stdio.h>
#define N 25
int main(void)
{
    int i=0;
    int num;

    do
    {
        scanf("%d",&num);
        i=i+1;
        printf("number=%d\n",num);
    } while ( num <= N );
    printf("total=%d\n", i  );
    return 0;
}
```

在输出中除指定的数据之外，还可以添加一些提示信息，这样结果的可读性更好。

5.6.2 do-while 的适用场合

通过前面的讨论，我们可以得出结论，在解决问题中若有循环处理，则一般先考虑用 while 循环，但当不管条件是否为假循环体都至少执行一次时，do-while 有其使用方便的地方，如图 5.70 所示。

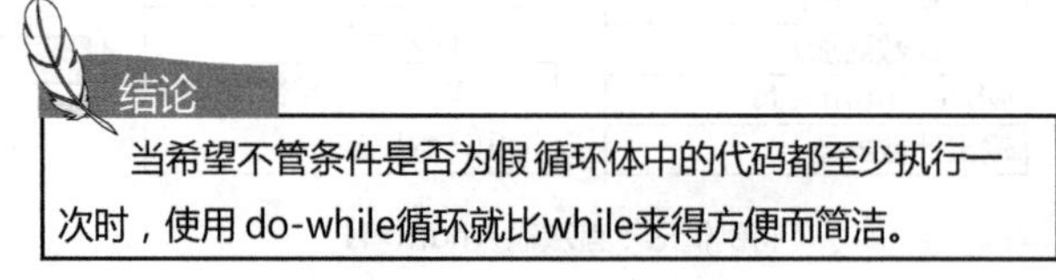

图 5.70 do-while 适用场合

5.6.3 do-while 语句实例

【读程练习】常胜将军

现有 21 颗棋子，两人轮流取，每人每次可以取走 1～4 颗，不可多取，也不能不取，谁取走最后一颗棋子谁输。请编写一个程序进行人机对弈，要求人先取，计算机后取，计算机一方为“常胜将军”。

【解析】

在计算机后走的情况下，要想使计算机成为“常胜将军”，必须找出取子的关键。因为 21%5=1，所以只要保证后取子方取子的数量与先取子方取子的数量之和总是 5，就可保证最后一个子是留给先取子的一方。程序如下。

```
01 //21 颗棋子的游戏
02 #include<stdio.h>
03 int main(void)
04     {
05     int num=21,i;
06     printf("游戏开始\n");
07     while (num>0)
08         {
09         do
10             {
11             printf("你希望在(1～%d)之间拿几颗棋子",num>4?4:num);
12             scanf("%d",&i);
13             }
14         while (i>4||i<1||i>num);                          //接收正在确的输入
15         if (num-i>0) printf(" 当前剩余棋子数是%d: \n",num-i);
16         if ((num-i)<=0)
17             {
18             printf(" 你已经拿了最后一颗棋子\n");
19             printf(" 嘿嘿你输了 游戏结束.\n");          //输出取胜标记
```

```
20            break;
21            }
22        else
23            printf(" 计算机拿%d 颗棋子.\n",5-i);       //输出计算机取的子数
24        num-=5;
25        printf("当前剩余棋子数是%d：\n",num);
26        }
27    return 0;
28    }
```

若改变题目中棋子的数量（如为 22 颗），则后取子的一方就不一定能够保持常胜了，很可能改变成“常败”。此时后取子一方的胜负就与棋子的初始数量和每次允许取的棋子数量的最大值有直接关系，有兴趣的话可以试着编写程序解决这一问题。

5.7　当型循环的另一种形式

5.7.1　for 语句语法规则

在 C 语言中，循环的实现还有一种 for 语句，它的语法形式如图 5.71 所示，for 后面有 3 个表达式，然后是语句。执行流程如下：

第一步，先求解表达式 1；

第二步，求解表达式 2，若为假，则结束循环，若为真，则执行语句；

第三步，求解表达式 3 后，再转回到第二步继续执行。

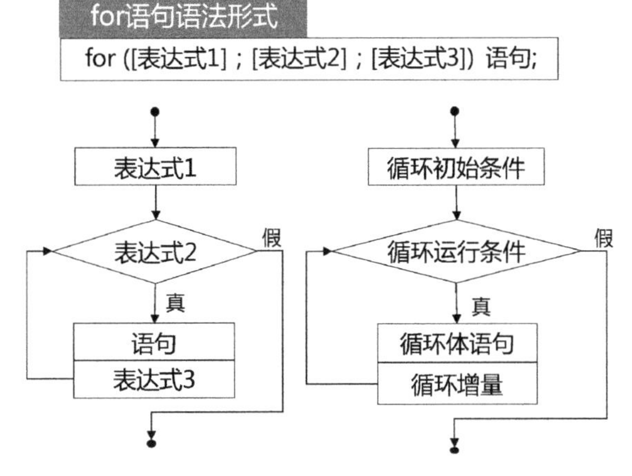

图 5.71　for 语法及执行流程

和当型循环的流程比较，不难发现二者的执行逻辑是一样的，因此 for 语法中 3 个表达式的含义分别对应循环的三个要素。其中，语法格式上的方括号[]表示其内容可省略。

我们只要把需要循环处理问题中的循环三要素提炼出来，写出 for 语句就可以了，如图 5.72 所示。

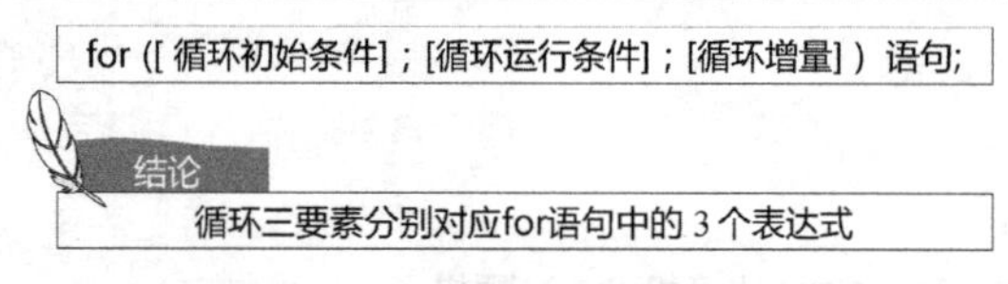

图 5.72　for 语句与循环三要素

5.7.2　for 语句实例

【例 5.20】用 for 语句实现打印有规律的数 2、4、6、8、10

【解析】

1. 问题分析

按照 for 语句的语法特点，把循环要素提炼出来后，直接放在 for 的 3 个表达式位置就可以了，如图 5.73 所示。可以看出，用 for 语句实现循环是一种相当简洁的方式，但程序直接读起来好像不太直观。下面按照语法规定的执行流程进行分析。

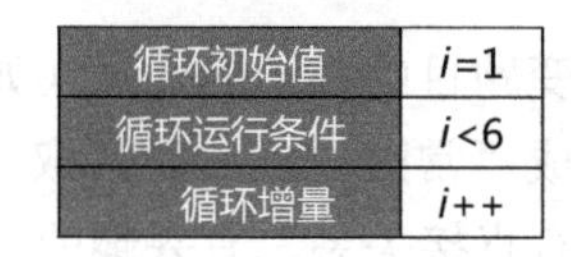

图 5.73　for 语句实现打印有规律数循环要素

2. 流程分析

先按序给流程的每个步骤编上号，如图 5.74 所示。

对照 for 语句语法执行流程，先执行步骤 1，初始化 *i*=1，再执行步骤 2，判断运行条件 *i*<6，第 3 步是执行循环语句，在分析表里，此时 *i* 为 1，则打印 2。然后再执行步骤 4，*i* 自增，再返回到步骤 2，判断运行条件，若为真，则再做下一次的循环，不断打印；若为假，则循环结束。

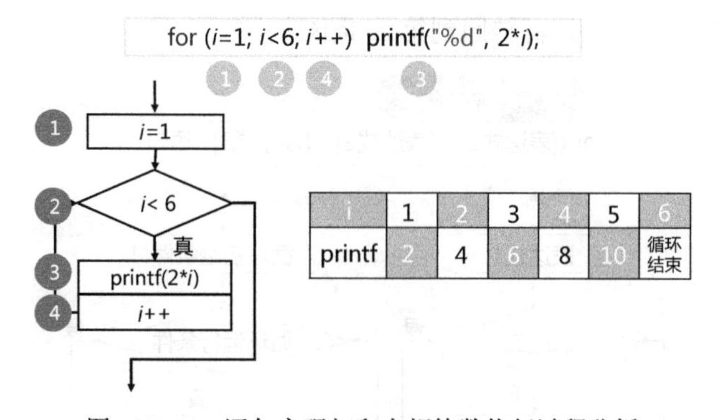

图 5.74　for 语句实现打印有规律数执行过程分析

【思考与讨论】for 循环体问题

比较下面两个程序段，各输出什么结果？

（1）for (i=1; i<6; i++)　printf("%d", 2*i);

（2）for (i=1; i<6; i++);　　printf("%d", 2*i);

讨论：

程序段 1 如上；程序段 2 的循环体只有一个分号，所以是空语句，for 循环结束后，i 的值为 6，故最后的结果是输出 12。

【程序错误预防】

把分号直接放在 for 部分的右侧，这使得 for 语句体成为一个空语句。通常情况下，这是逻辑错误。

【读程练习】

读程序，给出程序功能及结果。

```
1   #include<stdio.h>
2   int  main(void)
3   {
4       int  sum, i;
5       sum=0;
6
7       for (i=1; i<=100; i++)
8       {
9           sum=sum+i;
10      }
11      printf("%d", sum);
12      return 0;
13  }
```

【解析】

可以将 for 中的循环量 *i* 及累加量 sum 列于图 5.75 中，根据其中 sum 迭代的变化规律，可以看出：sum=1+2+3+…+100=5050

i	1	2	3	…	101
sum	0+1	1+2	1+2+3	…	结束

图 5.75　读程分析表

【读程经验】列表分析法

（1）列出循环变化的量

在读程时，可以用列表法把程序中关键的变量列出，在有循环时，把循环控制量和迭代量的对应变化逐步写出，其实这也是程序单步跟踪时看到的变量的变化过程。把这种变量变化的动态过程记录在表格中，使得动态的每一步骤都“静止”下来，这样就可以仔细分析程序运行的特点和规律，从而比较容易得到程序的结果。

（2）列出计算方法

在循环量较大时，不一定要把每次迭代量具体计算出来，而是列出计算方法，这样便于找到每次迭代和最终结果的关系。

【例 5.21】鸡兔同笼问题

此问题我们用 while 语句实现过，现在用 for 循环来实现，如图 5.76 所示，可以看出 for 语句在形式上更简洁。

用 for 语句实现的程序应该不难，不再赘述。

第二步细化	第三步细化
int x=1，y=1	int x=1，y=1

while (x<35)
　while (y<35)
　　如果x+y=35并且2x+4y=94
　　则输出x、y
　y值增加1
x值增加1
	for(x=1; x<35; x++)
	for(y=1; y<35; y++)
	{
	　if (x+y=35&&2x+4y=94)
	　printf("%d%d",x,y);
	}

图 5.76　for 语句实现鸡兔同笼问题

【思考与讨论】for 循环结束时循环控制量的值

for 循环结束时，x 与 y 分别等于多少？

讨论：每个 for 循环都执行了 34 次，循环结束时 x 和 y 的值都是 35，因此在得到结果后，程序还继续做了不少“无用功”，这要如何改进呢？是否可以及时跳出循环？关于循环在满足某种条件后停止的问题，将在“中断循环”这部分内容中介绍。

5.8　无 限 循 环

5.8.1　实际问题中的无限制循环

前面用 while 语句打印有规律的数这个例子中，若循环控制量没有赋初值，则会造成循环体执行非常多次的情况。那么，有没有循环永远不会停止的状况发生呢？

我们在“算法”一章中讨论过“物不知数”这个题目，这是一个循环求解的问题，因此它应该具有循环的三个要素，如图 5.77 所示，根据伪代码容易确定循环初始值和增量，题目原文对答案的个数没有要求，可能会有多个答案。按问题的逻辑，循环应该可以一直做下去，那么它的循环运行条件是什么呢？

引例　**物不知数问题中的循环次数**

顶部伪代码描述	第一步细化
x从1开始	设x=1
找到满足条件的结果 输出结果	循环做以下操作 　如果X同时满足下面条件，则输出结果 　“除3余2，除5余3，除7余2” 　x值增加1

循环初始值	x=1
循环运行条件	?
循环增量	x++

什么时候结束循环？

图 5.77　物不知数问题中的循环条件

对问题的逻辑而言，是运行条件永远为真，循环次数无限制，因此在循环的实现上，应该有这样的无限循环的机制设置。

5.8.2　无限循环的 while 语句表达

C 语言用非零值来表示真，且常用 1 代表真。

while(1)表示条件永远为真的循环，如图 5.78 所示。

第一步细化
int x=1
while (条件永远为真)　【while (1)】
如果（x%3==2且x%5==3且x%7==2） 　则输出x
x值增加1

图 5.78　循环条件永远为真的表示方法

【思考与讨论】当 while 循环的条件表达式为 1 时，循环如何运行？

讨论：这要根据 while 的语法流程来分析。表达式总为 1，即为“真”，从流程图上可以看得更清楚，表达式永远为真，循环就一直进行，如图 5.79 所示。

无限循环

在编程中，一个无法靠自身的控制终止的循环称为“无限循环”或“死循环”

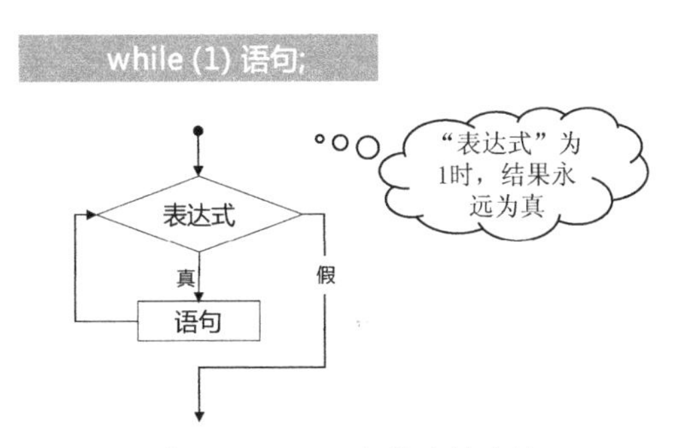

图 5.79　无限循环及 while 语句的表达方法

死循环在系统中的应用非常多，也非常重要，所有的应用系统都需要设置一个死循环来保证系统的正常运行，如果没有死循环，那么会一开机马上就关机，因为这个程序已经运行完毕，所以在系统开发中死循环有着极其重要的作用。

5.8.3　无限循环的 for 语句表达

由于 for 语句的本质和 while 一样，因此用 for 语句也能表示无限循环。

C 语言语法规定，for 语法中的 [循环运行条件] 项空缺时，将永远走“真”分支，因此缺少循环运行条件的 for 循环和 while(1)循环是等价的，如图 5.80 所示。

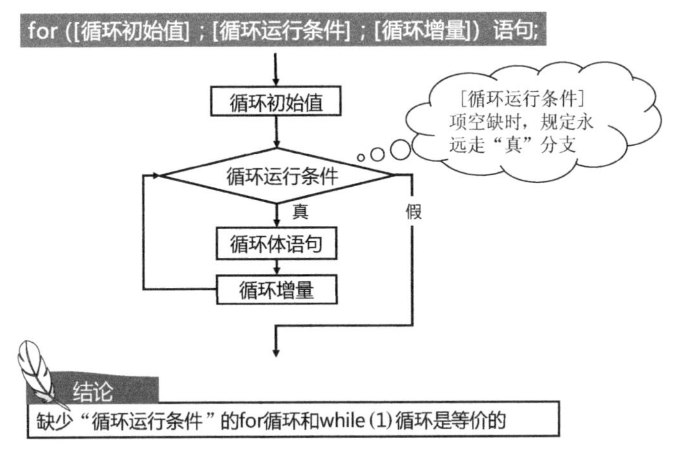

图 5.80　无限循环的 for 语句表达方法

C 语言规定了 for 语句有一些特例，如图 5.81 所示。特别注意，这里把 for 语句中的 3 个表达式都加了方括号，在语法上表示对应项可以空缺，但其中的分号不能少。最特殊的情形是 3 个表达式都没有。

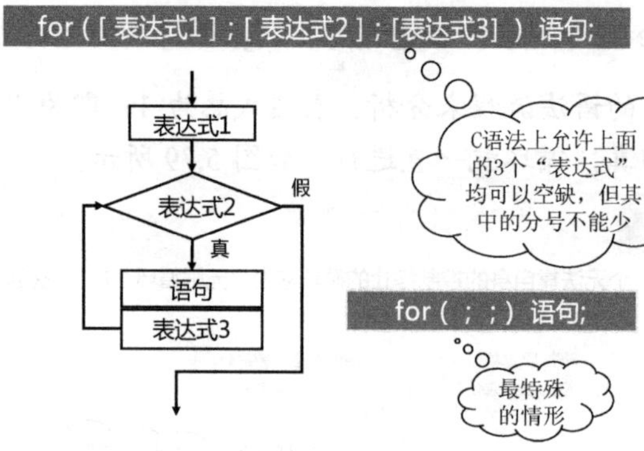

图 5.81　for 语句的特例情形

【读程练习】移动笑脸

程序说明：库函数 gotoxy(x,y)的功能是将光标移动到指定的 x 行 y 列，如 gotoxy(0,0)，作用是将光标移动到屏幕左上角。注意，程序第 15 行是无限循环的，让程序一直进行下去。

```
01 #include <stdio.h>
02 #include<windows.h>
03 void gotoxy(int x, int y)     //移动光标到 x 行、y 列的位置
04 {
05    COORD pos;
06    pos.X = x - 1;
07    pos.Y = y - 1;
08    SetConsoleCursorPosition(GetStdHandle(STD_OUTPUT_HANDLE),pos);
09 }
10
11 int main(void)
12 {
13    int x=0,y=0;                    //屏幕左上角位
14    int xv=1,yv=1;                  //移动速度，一次一个字符宽度
15    while (1)                       //一直循环下去，键入 Ctrl+z 停止
16    {
17       gotoxy(x,y);                 //把光标移到指定的坐标
18
19       //让物体按指定速度运动:
20       x += xv;                     //水平方向按 x 轴的速度运动
21       y += yv;                     //垂直方向按 y 轴的速度运动
22       gotoxy(x, y);
23
24       //打印笑脸
25       putchar (2) ;                //笑脸的 ASCII 码是 2
26       system("cls");               //清屏
27
28       //让将要出界的物体"弹"回
29       if (x >= 80 || x <= 0) xv = -xv;  //屏幕宽度为 80 个字符
30       if (y >= 25 || y <= 0) yv = -yv;  //屏幕高度为 25 个字符
```

```
31     }
32     return 0;
33 }
```

5.9 中断循环

5.9.1 实际问题中的循环中断

1. 循环中断实例

【引例 1】“物不知数”问题扩展——跳出循环

我们把“物不知数”问题进行扩展，求 2000 以内用 3 除余 2、用 5 除余 3、用 7 除余 2 的最大数字 x 是多少？

这样循环初值就是 2000，循环从初值开始，逐个减小去测试，因此循环增量为负数。循环运行条件没有限制，如图 5.82 所示。相应的程序实现中，在 while(1)无限循环中，x 从 2000 起，每次减 1，循环测试 x 的值，是否满足指定表达式的条件，一旦找到符合条件的 x，打印后运算就可以停止，此时应该跳出无限循环。

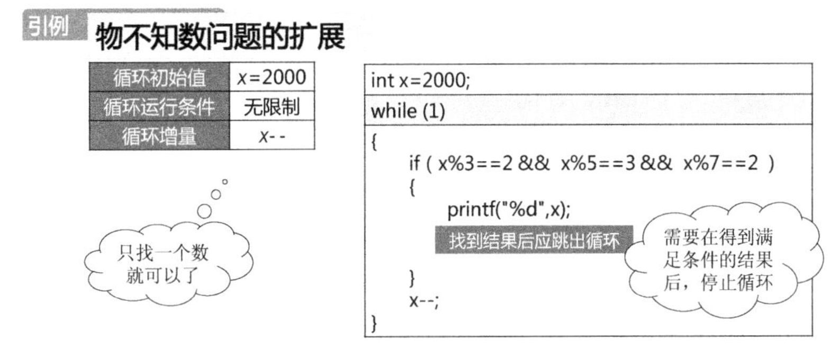

图 5.82 “物不知数”问题扩展

【引例 2】“有条件统计”问题——在循环内跳转

用键盘输入 10 个整数，求其中正整数的和。

【解析】

设输入的整数为 x，把和放在 sum 中，计数器是 i。问题的处理流程如图 5.83 所示，在计数器 i 小于 10 的范围内，对输入的整数 x 进行判断，大于 0 则累加到 sum 中；小于 0 则不做循环体的处理，计数器加 1 后，重新进入下一个循环。

对于这样的循环，它的循环三要素也是容易找出来的，把流程写成 for 语句的形式，可以看到，当 x<0 时，流程是转到“循环增量”处，属于循环内的跳转。这跳转在程序中应该怎样表达呢？

2. 提前结束循环机制设置

以上的“物不知数”和“有条件统计”问题，在处理时都有提前结束循环的需要，只不过一个是要跳出循环，而另一个是结束本次循环，重新开始下一次循环。

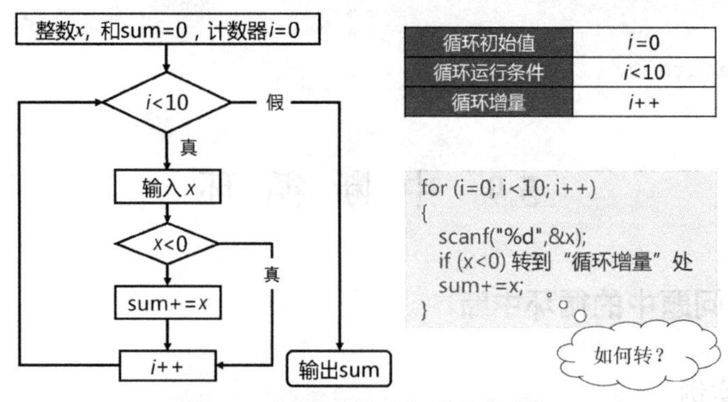

图 5.83　有条件统计问题处理流程

C 语言根据处理实际问题需要跳转的功能要求，提供了提前结束循环的两种语句——break 和 continue，如图 5.84 所示，其中 break 只能出现在循环或 switch 语句中，作用是跳出所在循环或 switch 结构；continue 只能用在循环语句中，作用是结束本次循环，即跳过当前循环中剩余未执行的语句，重新开始下一次循环，也就是跳转到 continue 所在循环体的底部。

语句	出现场合	作用
break	循环语句	跳出所在循环
	switch语句	跳出switch结构
continue	循环语句中	结束本次循环

跳转到 continue所在循环体的底部

图 5.84　两种提前结束循环的语句

5.9.2　跳出循环的 break 语句

根据解决实际问题的需要，C 语言中设置了 break 语句来实现中断循环的功能，如图 5.85 所示。其实我们在 switch 语句的语法中已经见过它的用法了。

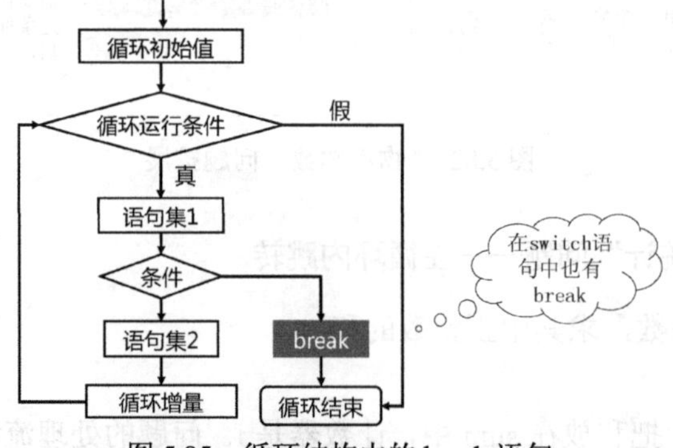

图 5.85　循环结构中的 break 语句

【例 5.22】“物不知数”扩展问题的解析

求 2000 以内用 3 除余 2、用 5 除余 3、用 7 除余 2 的最大数字 x 是多少？要求分别用 while 和 for 循环实现。

【解析】

1. 算法设计

这是一个通过不断循环测试整数是否满足条件的过程：整数 x 从 2000 开始，x 不断减 1

并测试其是否满足题目要求的条件，若满足则跳出循环，其中 x 的大小在什么范围内是未知的，所以循环条件是不确定的。循环三要素和伪代码如图 5.86 所示。

循环的初始条件	x=2000
循环的运行条件	不确定
循环增量	x --

顶部伪代码描述	细化描述
x从2000开始	x= 2000
当 ( )	当 ( )
如果x不满足条件，x减1，直到找到满足条件的x值为止	如果 x%3= =2并且x%5= =3并且x%7= =5 break ; x --
输出 x	输出 x

图 5.86　物不知数问题算法描述

注意，本例中的循环增量是减少的。循环增量的本意是循环控制量的变化，可以是增加的，也可以是减少的，可以是有规律变化的，也可以是无规律变化的，在应用时要灵活掌握。

2. 程序实现

```
1    //物不知数问题——用 for 实现
2    #include<stdio.h>
3    int main(void )
4    {
5        int i;
6
7        for ( i=1;   ; i++)   //运行条件不确定，for 中条件项空缺不写即可
8        {
9            if ( i%3==2 && i%5==3 && i%7==5)
10           {
11               printf("%d\n",i);
12               break;
13           }
14       }
15       return 0;
16   }
```

用 while 语句实现的程序如图 5.87 所示。程序第 10 行加上 break 语句后，程序的结果只有一个，是 1913。如果去掉这个中断语句，改第 5 行的运行条件为 x>1，那么可以得到 2000 以内所有符合条件的数。

【例 5.23】求最大可能满足条件的数

在 100 以内的整数中，求出最大的可被 19 整除的数，要求用 for 语句实现，并显示跟踪查看过程。

【解析】

1. 算法设计

伪代码实现如图 5.88 所示。

```
01 #include <stdio.h>
02 int main(void)
03 {
04     int x=2000;
05     while (1)
06     {
07         if ( x%3==2 && x%5==3 &&x%7==2)
08         {
09             printf("%d",x);
10             break;
11         }
12         x--;
13     }
14     return 0;
15 }
```

跳出循环

结果：
1913

2000以内符合条件的数

1913 1808 1703 1598 1493
1388 1283 1178 1073 968
863 758 653 548 443
338 233 128 23

图 5.87 物不知数问题扩展程序实现

伪代码算法描述	算法细化
i从100开始	i从100开始
当i在100以内	当 i>1时
如果 i 不是19的倍数，则i减1，	如果 i 是19的倍数，则跳出循环
直到找到满足条件的 i 值时跳出循环	i 减1
输出i	输出 i

图 5.88 求最大可能满足条件的数问题算法设计

2. 程序实现

```
1    //求最大可能满足条件的数
2    #include<stdio.h>
3    int main(void)
4    {
5        int i;
6         for ( i=100;  i>18 ; i--)
7         {
8            if ((i%19)==0)  break;
9         }
10        printf("%d\n",i);
11       return 0;
12   }
```

3. 程序调试

单步跟踪时，我们并不知道 i 何时才满足 i%19==0 的条件，因此每次都按 F10 键，一步一步地跟踪，效率很低。

在图 5.89 所示的 for 循环中，我们关心的是当 i%19==0 时 i 的取值，此时，按 break 语句的功能，程序将会跳转到 printf 语句处，如何从 i=100 直接就看到满足条件的 i 值呢？

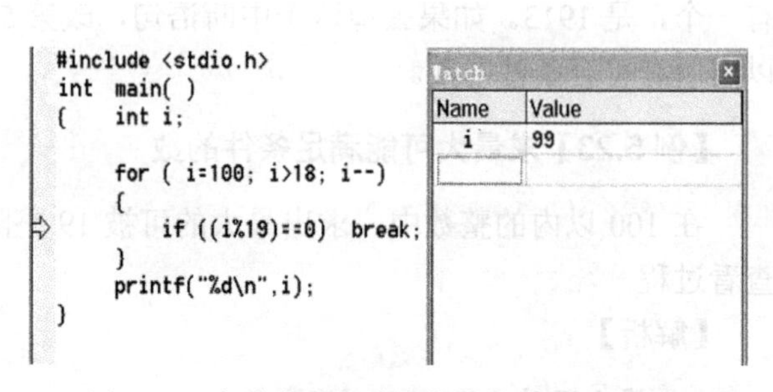

图 5.89 求最大可能满足条件的数调试步骤 1

快速调试的方法有以下两种：

（1）用 Run to cursor 命令跳转法

在图 5.90 中，把光标设在 printf 语句左侧（用鼠标在 printf 左侧点一下），可以看到一个闪烁的光标竖杠，然后在“Debug”菜单中选择“Run to cursor”（运行至光标处）命令。

程序在 i%19==0 条件满足时，跳转到 printf 语句处停止，如图 5.91 所示，可以看到，此时 *i*=95，注意此时 printf 语句还未执行，执行 printf，结果将显示“95”。

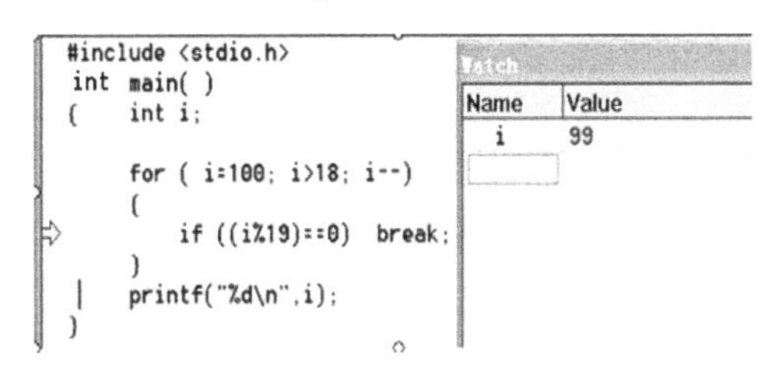

图 5.90　求最大可能满足条件的数调试步骤 2

```
#include <stdio.h>
int main( )
{    int i;

     for ( i=100; i>18; i--)
     {
         if ((i%19)==0)  break;
     }
     printf("%d\n",i);
}
```

Name	Value
i	95

图 5.91　求最大可能满足条件的数调试步骤 3

（2）设置断点法

先在图 5.92 所示的 printf 语句前设置断点。然后执行 Go 命令（按热键 F5），F5 是设置断点以后的单步调试，按一次 F5 就会运行到断点位置，如图 5.93 所示。

图 5.92　求最大可能满足条件的数调试步骤 4

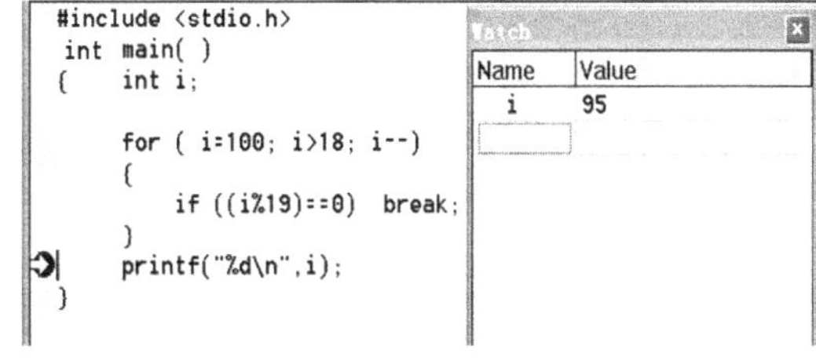

图 5.93　求最大可能满足条件的数调试步骤 5

5.9.3　在循环内跳转的 continue 语句

1．continue 语句的功能

在 5.9.1 节引例“有条件统计问题”中，我们做了初步分析，需要解决的问题是流程跳转到“循环增量”处的表达方式。

for 语句中不容易看清循环要素的执行顺序，我们再把相应的 while 语句也写出来对比查看，如图 5.94 所示。

在 while 循环中，跳转可以用 goto 语句来实现（我们将在 5.10 节讨论 goto 跳转语句），但一般程序设计不提倡用这种 goto 跳转方法。对各种循环的内部跳转，是否有“一揽子”解决方案？

C 语言特别设置了 continue 语句来完成这种内部跳转的情形。for 循环增量位置固定，while 循环增量的位置可变，规则如何统一呢？

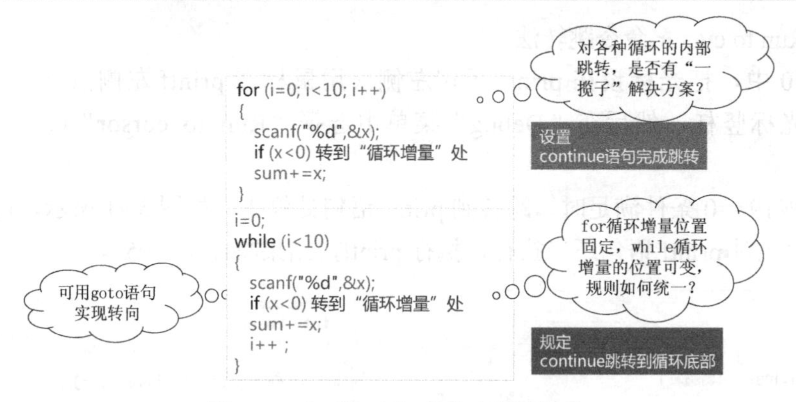

图 5.94　for 和 while 结构内部的跳转

C 语言规定 continue 语句跳转到循环底部。三种循环的循环底部都在循环语句的最后大括号处，如图 5.95 所示。

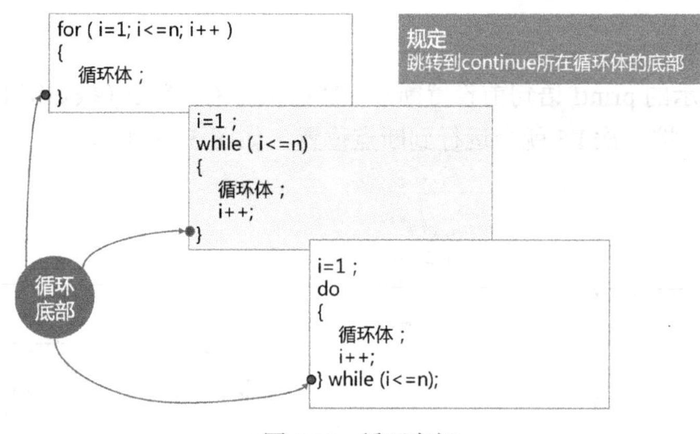

图 5.95　循环底部

2．continue 在不同循环中的控制作用

下面从语法规则的角度讨论 continue 在各种循环中的意义。

对于 for 循环结构，它的循环体不包括“循环增量”，因此 continue 语句跳转后再执行自增语句，对应流程如图 5.96 所示。

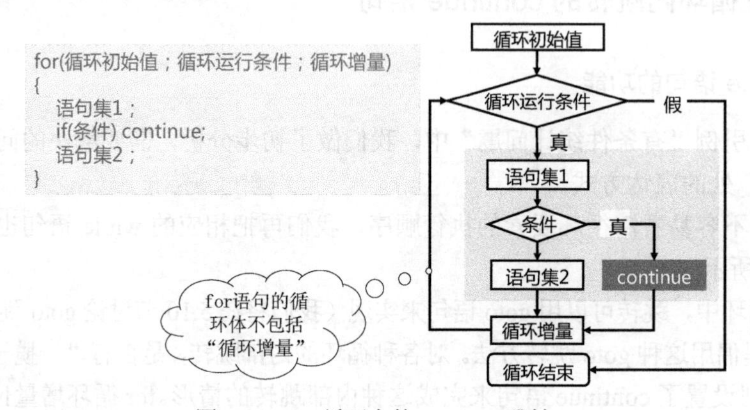

图 5.96　for 循环中的 continue 跳转

对于 while 循环结构，while 语句的“循环增量”可以根据需要放在循环体的任意位置，continue 语句跳转到条件判断语句处，如图 5.97 所示。因此，在跳转前是否做循环增量，在语法上没有明确的规定，只能由程序员根据实际问题的逻辑来处理。

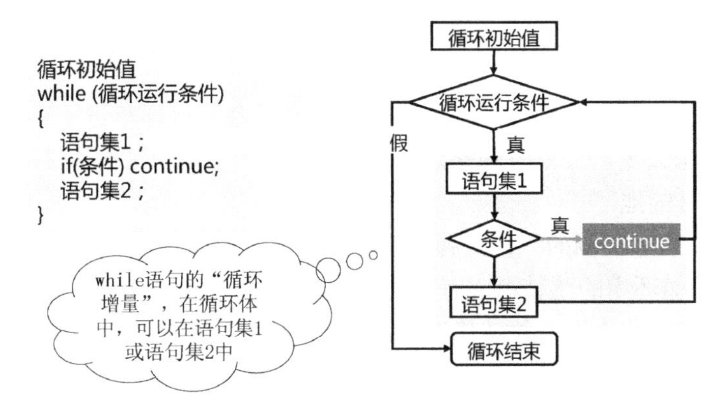

图 5.97　while 循环中的 continue 跳转

在 do-while 循环结构中，continue 语句的情况和 while 结构中的相同，在跳转前是否做过循环增量，在语法上没有明确的规定，如图 5.98 所示。

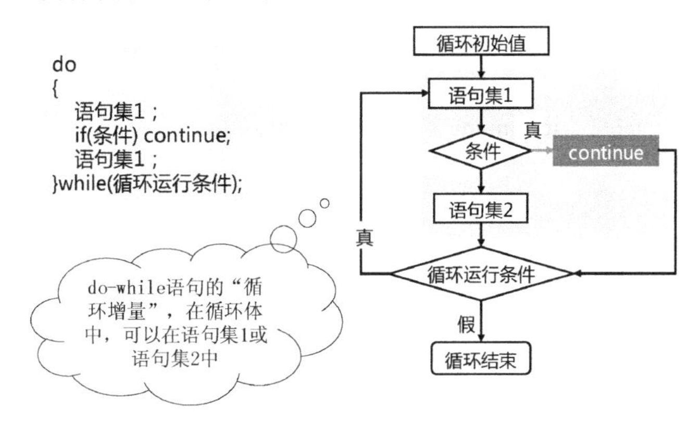

图 5.98　do-while 循环中的 continue 跳转

我们再具体看一下“有条件统计”问题的程序实现，如图 5.99 所示。注意：for 循环中的 continue，不管是否执行，*i*++都是要做的，而 while 中 continue 的执行影响 *i*++是否执行，因此程序逻辑有问题，大家可以自行改进。

```
int main(void)
{
    int i,x,sum=0;

    for (i=0; i<10; i++)
    {
        scanf("%d",&x);
        if (x<0) continue;
        sum+=x;
    }
    printf("sum=%d",sum);
    return 0;
}
```

```
int main(void)
{
    int i=0,x,sum=0;
    while (i<10)
    {
        scanf("%d",&x);
        if (x<0) continue;
        sum+=x;
        i++;
    }
    printf("sum=%d",sum);
    return 0;
}
```

两个程序的逻辑不完全一样

图 5.99　“有条件统计”问题的程序实现方案

5.10 自由跳转机制

5.10.1 自由跳转的概念

布朗先生第一次去同城某大学新校区参加学术研讨会，自驾车进了学校大门，正打算问路人开会的会议室怎么走，突然发现路边有会议地点指路牌，于是一路按照会议专门路标的指引，顺利地到达目的地。

其实 C 语言中也有类似的“指路牌”语句，前面讨论的循环中断设置的跳转机制 break 和 continue，它们在循环中的跳转范围有严格的语法限制，在许多的编程语言中还有另外一种更加自由的跳转语句，称为无条件转移语句，即 goto 语句。

5.10.2 无条件转移语句规则

无条件转移语句的跳转示意及格式如图 5.100 所示。

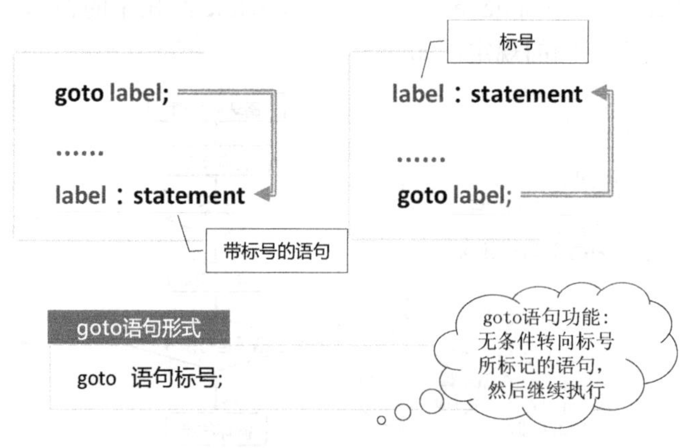

图 5.100 无条件转移语句

这里的“语句标号”的作用就是“指路牌”，goto 是转向的指令。goto 的跳转方向可以向下或者向上。语句标号是按标识符规定书写的符号，与变量命名方式一样，但不分配内存空间，也无需事前声明。标号放在某一语句行的前面，其后加冒号。语句标号起标识语句的作用，与 goto 语句配合使用。如：

```
label: i++;
    while(i<7) goto label;
```

C 语言不限制程序中使用标号的次数，但各标号不得重名。goto 语句的语义是改变程序流向，转去执行语句标号所标识的语句。

5.10.3 无条件转移语句实例

【例 5.24】打印有规律的数

用 goto 语句打印有规律的数 2、4、6、8、10。

【解析】

1. 算法实现

根据 goto 语句可以向下和向上跳转的特点，我们设计了两种实现方案，问题的处理流程和伪代码分别见图 5.101、图 5.102 和图 5.103。

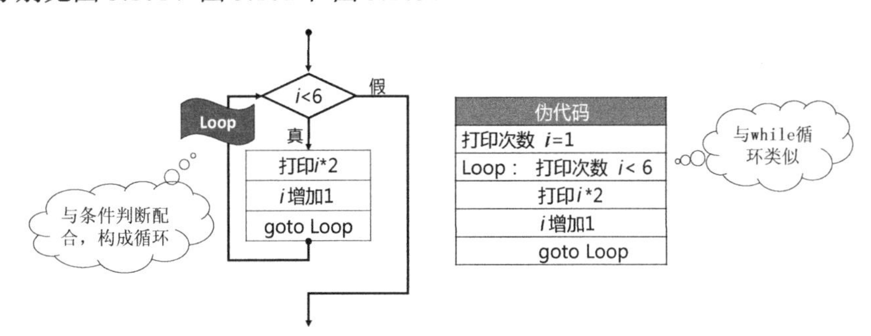

图 5.101　goto 语句打印有规律的数实现方案 1

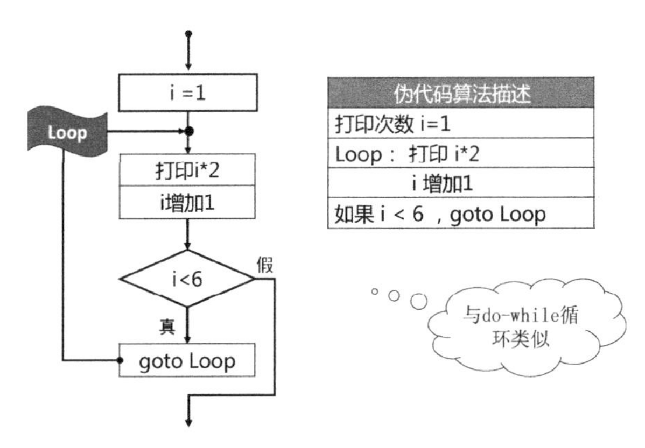

图 5.102　goto 语句打印有规律的数实现方案 2

可以发现，其中向上跳转的方案与 while 循环的处理类似，向下跳转的方案与 do-while 循环的处理类似，这里程序的跳转比循环语句的流程更加直观，是将指令的底层实现直接呈现出来了。

2. 程序实现

goto 语句通常与条件语句配合使用。可用来实现条件转移、构成循环、跳出循环体等功能。

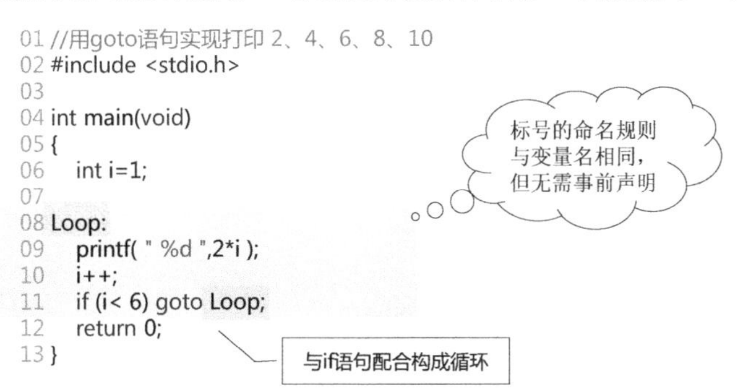

图 5.103　goto 语句打印有规律的数实现方案 2

5.10.4　goto 语句的特点

1．直接跳出多重循环

goto 语句最有用的地方莫过于可以直接跳出多重循环，如图 5.104 所示，两重 for 循环，若用 break 实现，则在每个 for 循环中都要有一次 break 操作，而使用 goto 则直接可以跳出二重循环，干净利落。

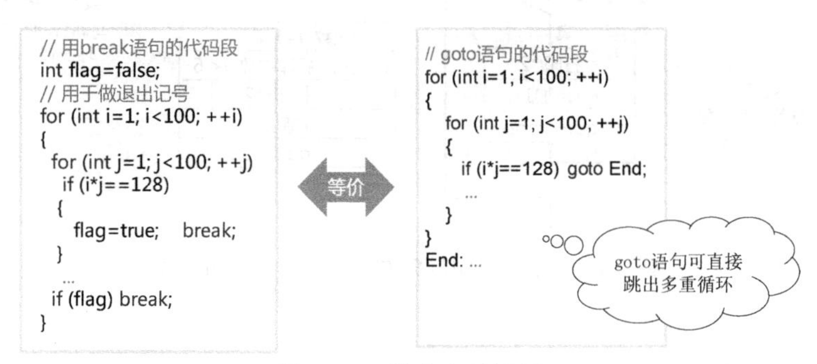

图 5.104　跳出多重循环

2．跳转灵活

整数 1 到 100 的循环累加，简单地，用一个 for 语句就可以实现，要写成复杂的多次跳转的 goto 也是可以的，如图 5.105 所示。

3．goto 语句使用注意

现在的结构化程序设计中一般不主张使用 goto 语句，相应的使用规则建议等如图 5.106 所示。

【知识 ABC】goto 语句的必要性

1974 年，Donald E. Knuth（高德纳）对 goto 语句之争进行了全面公正的评述，其基本观点是：不加限制地使用 goto 语句，特别是使用往回跳的 goto 语句，会使程序结构难以理解，在这种情形下，应尽量避免使用 goto 语句。但在另外一些情形下，提高程序效率的同时又不破坏程序的良好结构，有控制地使用一些 goto 语句也是必要的，如跳出多重循环。

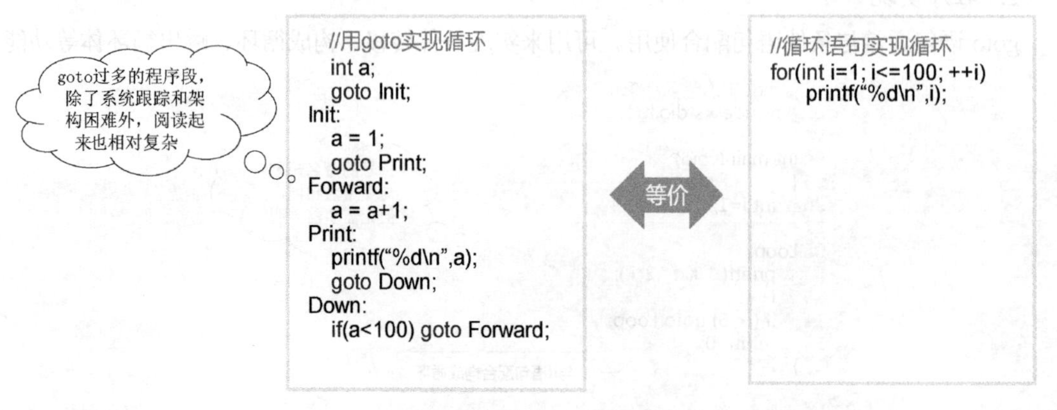

图 5.105　循环的不同实现

使用规则

goto跳转可以由循环内层转到外层，不允许从外层转到内层

存在问题

程序的控制流难以跟踪，程序难以理解、难以修改。

建议

- 除非确有必要，尽量少用goto语句
- 任何使用 goto 语句的程序，都可以改写成非 goto 语句的写法

图 5.106　goto 语句使用规则等

5.11　本 章 小 结

本章主要内容及其之间的联系如图 5.107 所示。

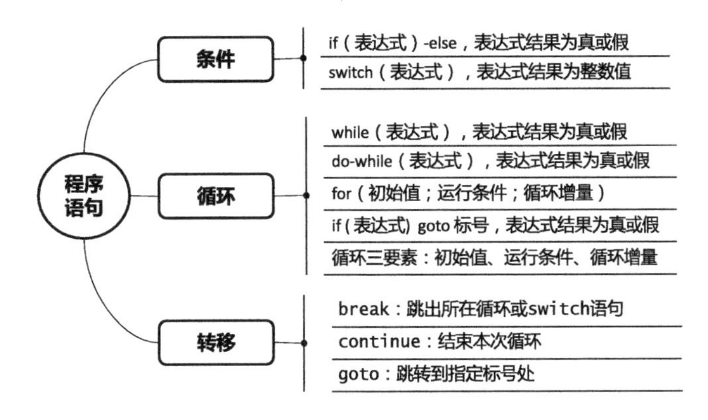

图 5.107　程序语句相关概念

在各种语句的应用过程中，语法上要求有表达式的地方，特别要注意表达式的性质是什么，不同的表达式结果是不一样的，如图 5.108 所示，注意不能混淆。

语　句	语句中表达式含义		
if	条件/逻辑		
switch	算术		
while	条件/逻辑		
do-while	条件/逻辑		
for	表达式 1	表达式 2	表达式 3
	赋值	条件/逻辑	算术

图 5.108　各种语句中表达式的含义

各类表达式的结果类型如图 5.109 所示。

从语法流程上看，for 和 while 语句的本质是一样的，for 循环形式简单明了，建议尽量使用这种语句。若循环体至少要执行一次，则用 do-while 比 for 和 while 语句方便。

表　达　式	结　　果
算术	数值
关系	真假
逻辑	真假

图 5.109　表达式运算结果类型

程序语句是驱动电脑运行的指令，
三选择四循环语句格式规则有对应。
单、双选择用 if；多路选择“开关”灵。
判条件做选择，结果非真即假有两个分支用 if语句
算数值有多个，可能的情形有多种，按常量值走预定的路径，
情形之外有 default 将异常一网打尽。
循环往复不厌其烦迭代是机器秉性，
do while 憨厚老实先做了再说；
while 精明要条件判后再执行；
for 的风格简约是 while 的另一种变形。
goto 做循环容易捣乱，谨慎使用是大师的叮咛。
循环有中途停止的特例情形，
continue 结束本次循环及后续处理，再到条件判断处待命；
break 不犹豫让循环立即停。
四种循环都可以实现功能同样，
探本质该有共通的特性，
初值、条件与增量，循环要素三并行。
遇问题若有循环则提炼要素思路清。

习　　题

5.1　编写 C 语句，实现下列每个任务。
（1）声明变量 sum 和 x 为 int 型。
（2）将变量 x 初始化为 1。
（3）把变量 sum 初始化为 0。
（4）把变量 x 和变量 sum 相加，并把结果赋值给变量 sum。
（5）显示“The sum is:”，后面跟随变量 sum 的值。
5.2　编写 C 语句，使其能够：
（1）使用 scanf 函数来输入整型变量 x。
（2）使用 scanf 函数来输入整型变量 y。
（3）把整型变量 y 的值初始化为 1。
（4）把整型变量 power 的值初始化为 1。
（5）把变量 power 乘以变量 x，并把计算结果赋给 power。
（6）把变量 y 的值增加 1。
（7）测试 y 的值，看它是否小于或等于变量 x 的值。
（8）使用 printf 函数输出整型变量 power。
5.3　把在习题 5.1 所编写的语句组合成一个程序，使其计算出 1～10 所有整数的和。通过计算和递增语句来使用 while 循环。当变量 x 的值为 11 时，循环终止。
5.4　编写一个 C 语言程序，使用习题 5.2 中的语句计算 x 的 y 次方。这个程序中应该有

一个 while 循环控制语句。

5.5　请指出下列每个 for 语句会显示出控制变量 x 的哪些值。

（1）for(x=2;x<=13;x+=2)　printf("%d\n",x);

（2）for(x=5;x<=22;x+=7)　printf("%d\n",x);

（3）for(x=3;x<=15;x+=3)　printf("%d\n",x);

（4）for(x=1;x<=5;x+=7)　printf("%d\n",x);

（5）for(x=12;x<=2;x+=3)　printf("%d\n",x);

5.6　编写出能够显示如下序列值的 for 语句：

（1）1,2,3,4,5,6,7

（2）3,8,13,18,23

（3）20,14,8,2,–4,–10

（4）19,27,35,43,51

5.7　为下面的每个叙述写出相应语句：

（1）从键盘中获取两个数字，计算出这两个数字的和，并显示出结果。

（2）从键盘中获取两个数字，判断出哪个数字是其中的较大数，并显示出较大数。

（3）从键盘中获取一系列正数，确定并显示出这些数字的和。假定用户输入标志值“–1”来表示“数据输入的结束”。

5.8　编程实现：输入整数 a 和 b，若 $a+b$>100，则输出 $a+b$ 百位以上的数字，否则输出两数之和。

5.9　分别用 switch 和 if 语句编程实现下列分段函数：

$$y=\begin{cases}-1, & x<0\\ 0, & x=0\\ 1, & x>0\end{cases}$$

5.10　请将以下语句改写成 switch 语句：

```
if (a<30) m=1;
else  if (a<40) m=2;
else  if (a<50) m=3;
else  if (a<60) m=4;
else  m=5;
```

5.11　编程求下面分段函数的值：

$$y=\begin{cases}x^2+1, & x<-1\\ x^3-1, & -1\leqslant x<0\\ 1-x^3, & 0\leqslant x<1\\ 1-x^2, & x\geqslant 1\end{cases}$$

5.12　某百货公司采用购物打折扣的方法来促销商品，顾客一次性购物的折扣率如下，编写程序，根据输入的购物金额计算并输出顾客实际的付款金额。

（1）少于 800 元不打折；

（2）800元及以上且少于1200元者，按九九折优惠；

（3）1200元及以上且少于2200元者，按九折优惠；

（4）2200元及以上且少于3200元者，按八五折优惠；

（5）3200元及以上者，按八折优惠。

5.13　编写程序：用getchar函数读入两个字符给c1、c2，然后分别用putchar和printf函数输出这两个字符，并思考以下问题：

（1）变量c1、c2应定义为字符型还是整型或两者皆可？

（2）要求输出c1和c2值的ASCII码，应如何处理？用putchar函数还是printf函数？

（3）整型变量与字符型变量是否在任何情况下都可以互相替代？如char c1,c2与int c1,c2是否无条件地等价？

5.14　幼儿园有大、小两个班的小朋友。分西瓜时，大班4人一个，小班5人一个，正好分完10个西瓜；分苹果时，大班每人3个，小班每人2个，正好分完110个苹果。编写程序，求幼儿园大班、小班各有多少个小朋友。

5.15　珠穆朗玛峰高8844 m，如果有一张纸无穷大，厚度为0.05 mm，那么这张纸至少折叠多少次才能超过珠穆朗玛峰的高度？

5.16　编写一个程序，输入一个五位整数，把这个数字分成单个数字，并显示出这些数字，每个数字之间通过3个空格分隔开来（提示：使用整除和求模运算）。

5.17　用一元五角人民币兑换5分、2分和1分的硬币共100枚，共有多少种兑换方案？每一种方案中，每种硬币各多少枚？

5.18　编程求下面数列前20项之和。

$$\frac{2}{1},\frac{3}{2},\frac{5}{3},\frac{8}{5},\frac{13}{8},\frac{21}{13}\cdots$$

5.19　编程输出下列图案。

```
AAAAAAAAAAAA
 BBBBBBBBBB
  CCCCCCCC
   DDDDDD
    EEEE
     FF
```

5.20　编写一个程序，这个程序能够找出几个整数中最小的整数。假定程序读取的第一个值是程序要处理的整数的个数。给出伪代码描述及程序实现。

5.21　找出最大数的处理过程。输入10个数字，判断并显示出这些数字中的最大数。给出伪代码描述及程序实现。

提示：程序中应该使用如下3个变量。

- counter：能够数到10的计数器；
- number：当前输入到程序中的数字；
- largest：迄今为止发现的最大数字。

5.22　从下面的无限序列中计算出π的值。

$$\pi = 4 - \frac{4}{3} + \frac{4}{5} - \frac{4}{7} + \frac{4}{9} - \frac{4}{11} + \cdots$$

输出一个表格，在该表格中显示根据这个序列中的 1 项、2 项、3 项等所得的近似π值。在第一次得到 3.14 之前，必须使用这个序列的多少项？如果是得到 3.141 呢？3.1415 呢？3.14159 呢？

查阅资料，找一找计算π值的其他公式，比较一下它们的收敛速度（即达到相同的精度，迭代次数越少的公式，其收敛速度就越快）。

5.23　我们经常听说别人的计算机如何快速，那么如何确定自己的机器运算速度到底有多快呢？使用一个 while 循环来编写一个程序，该循环从 1 到 3 000 000 进行计数，每次递增 1。每当计数达到了 1 000 000 的倍数，就在屏幕上显示出这个数字。使用自己的手表来测量每百万次循环所需要的时间。

5.24　编写一个程序来显示一个表格，列出 1～32 范围内的十进制数及与其等价的二进制数、八进制数和十六进制数。

5.25　分别用矩形法和梯形法求

$$\int_1^2 x\sin(x)\mathrm{d}x$$

第6章 数　组

【主要内容】

- 数组的概念、使用规则及方法实例；
- 通过数组与数组元素和单个变量的类比，说明其表现形式与本质含义；
- 数组的空间存储特点及调试要点；
- 多维数组的编程要点；
- 自顶向下算法设计的训练。

【学习目标】

- 掌握定义数组、初始化数组及引用数组元素的方法；
- 能够定义和使用多维数组；
- 掌握字符数组的特殊处理。

6.1 数组的概念

程序由程序语句和数据组成，是符合程序控制结构，经过事先算法设计，最终完成的指令序列。在学完 C 语言的语句、基本数据类型、程序控制结构、算法实现方法之后，是不是就能解决所有问题了呢？

我们先来看一些实际问题。

6.1.1 一组同类型数据的处理问题

【引例 1】凯撒密码的破解

布朗先生收到了儿子小布朗的一封邮件，这封小学生的信写得有些奇怪，是一串看不懂意思的英文字符 "lettc fmvxlhec hehhc pszi csy"。

原来，小布朗看了凯撒大帝的故事后，根据 Caesar 密码的方式精心设计了一封加密信，看看老爸是否能破解出来。

古罗马时期，凯撒大帝为确保他与远方的将军之间的通信不被敌人的间谍获知，发明了 Caesar 密码，具体是通过把字母移动一定的位数来实现加密和解密。明文中的所有字母都在字母表上向后（或向前）按照一个固定数目进行偏移后被替换成密文。偏移位数就是凯撒密码加密和解密的密钥，如图 6.1 所示。

老布朗看着密文，想着这个问题的算法不难，只要把密文中每个字符每次加 1，循环 26 次，即可列出所有可能的偏移情形，再查看哪个串是有意义的即可。密文字符个数会有不同，但处理方法是一样的。

- 密文有 2 个字符，每次加 1，列出 26 种可能；
- 密文有 10 个字符，每个字符每次加 1，列出 26 种可能；
- 密文有 100 个字符，每个字符每次加 1，列出 26 种可能。

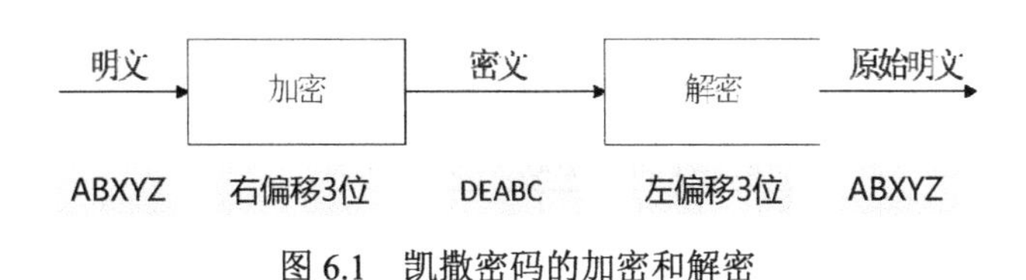

图 6.1　凯撒密码的加密和解密

【思考与讨论】变量设置问题

1. 如果要编程，那么对于 100 个字符的处理，至少需要设置多少个变量呢？

2. 应如何设置变量，使程序能以一种方便、统一的方式处理数据？

讨论：计算机解题的两大步骤是，首先要解决把数据存入计算机的问题，即,用合理的数据结构描述问题，才能用相应的算法来解决问题。以上的问题可以归结为，如何表示多个同类变量，以方便地用同一种方式进行处理。

凯撒密码问题的算法，写出程序稍显复杂，稍后会给出它的解。我们先来看一个更简单的逆序问题。

【引例 2】100 个数的逆序

要求输入 100 个数，然后逆序输出之。

在这里将重点讨论多个同类变量问题的处理机制。为表示方便，用带下标的变量来表示这 100 个数，如图 6.2 所示。

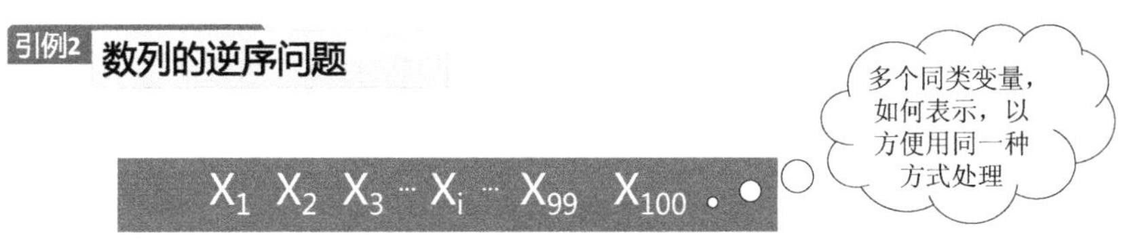

图 6.2　100 个同类数的表示

100 个数逆序输出的流程如图 6.3 所示，先从 X_1 开始，循环输入这 100 个数，然后从 X_{100} 开始，循环输出这 100 个数。

X_i 随 i 的变化而变化，为键盘输入方便，X_i 在程序中的表示方法为 x[i]。

相应的程序实现如下：

```
01 int main(void )
02 {
03     int i;
04     int x[100];
05     for  ( i=1; i<=100;  i++) scanf ("%d", &x[i] );
```

```
06    for  ( i=100;  i>=1;  i- - ) printf ("%d", x[i] );
07    return 0;
08 }
```

特别注意，第 5、第 6 两行，此处数组下标的起始写法与 C 的数组使用规则有些出入。C 语言规定，下标从 0 开始使用。此处只是为“形象”说明问题而已。

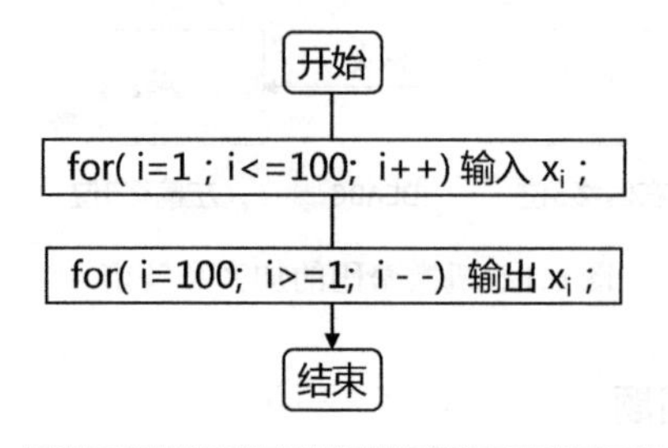

X_i随i作变化，X_i在程序中的表示方法为x[i]

图 6.3 逆序流程

【引例 3】简单情形的表格处理

要求编程实现求一名学生 6 门课程的平均成绩。

成绩的存储与算法描述如图 6.4 所示。成绩的存储可以放在 6 个成绩变量 grade0 到 grade5 中。算法描述中，第一行 int grade[6]就是一次定义了 6 个 int 型变量，在当型循环里，把 grade[i]依次累加到总分 total 中，i 的值，每循环一次增加一次，这样把 grade0 到 grade5 的 6 个成绩都处理了一遍。

这里我们可以看出，只要解决了问题中的同类数据的存储和表示方法，算法的实现就变得很方便。

引例3 **简单情形的表格**

课程1	课程2	课程3	课程4	课程5	课程6	平均分
80	82	91	68	77	78	

i	0	1	2	3	4	5
grade[i]	80	82	91	68	77	78

伪代码描述
将成绩放入 int grade[6]中
总分total =0 ; 计数器 i=0 ;
当 i <6
total= total+grade[i];
i++;
均分 = total / 6

图 6.4 简单情形的表格处理

【引例 4】复杂情形的表格

现有 4 名同学的 6 门课程成绩，求每名同学的平均分。

我们可以把成绩放到一个二维表中，如图6.5所示，每一个成绩的行列下标是唯一的。表格中第1行第2列成绩表示为grade[1][2]，值是82。

引例4 复杂情形的表格

学号	课程1	课程2	课程3	课程4	课程5	课程6	平均分
1001	80	82	91	68	77	78	
1002	78	83	82	72	80	66	
1003	73	50	62	60	75	72	
1004	82	87	89	79	81	92	

第j列

第1个同学，第2门课的成绩 grade[1][2]=82

第i行

grade[i][j]	j=0	j=1	j=2	j=3	j=4	j=5
i=0	80	82	91	68	77	78
i=1	78	83	82	72	80	66
i=2	73	58	62	60	75	72
i=3	82	87	89	79	81	92

图6.5　复杂情形的表格

用一个for循环统计一个同学的成绩，再用一个循环控制就可以求出所有同学的成绩了，具体的算法描述及程序实现见后面的二维数组操作部分。

6.1.2　一组同类型数据所需要的表达方式

我们归结一下前面的内容，一组同类型数据的处理需要设置新的机制。从数据的表达和数据的处理两个方面来看，数组是把数据以一种有规律的方式表达出来，以便有规律地处理的数据结构。

既然数组是一组名称有规律的变量，那么它们也应该具有变量的特征，我们把它们与普通变量进行比较，如图6.6所示。

		普通变量	数组	说明
定义		类型标识符　变量名；	需确定数组的定义形式，应包括：数组的数据类型、数组命名、变量个数	定义分空间 变量类型描述空间大小
存储单元	个数	一个	多个	数组每个存储单元大小一样
	长度	sizeof（变量类型）	sizeof（数组类型）*数组变量个数	长度单位为字节
	地址	&变量名	需设置规则	
引用方式		变量名	变量名[下标]	
初始化		数据类型 变量名= 初值	需设置规则	赋初值方便程序处理

图6.6　一组变量与一个变量的比较

普通变量在定义时，系统根据程序员指定的数据类型确定变量空间的大小和位置，数组的定义形式包括数组的数据类型、数组名，特别地应该确定数组中变量的个数

数组变量值有多个，占多个存储单元，一个单元应该是一个变量的数据类型，存储单元长度可以用sizeof运算符计算，单位是byte。

存储单元的地址需要设置相应的引用方式，让程序员能够查看到。

通过前面的例子，可以确定数组中各变量值的引用方式是变量名加下标。

既然普通变量有初始化的方式，那么数组也应该有这种形式，只是规则上需要进行设置。

6.2　数组的存储

与数组存储相关的问题有 4 个，分别为数组的定义、初始化、空间分配和空间查看。

6.2.1　数组的定义

1．数组的定义

数组是同种类型的数据的集合，它的定义形式如图 6.7 所示，数据类型标识符写在前面，然后是数组名和多组方括号括起来的常量，每一个常量表示相应维度上的变量个数。

定义形式

类型标识符　数组名 [常量1][常量2] … [常量 n];

定义分空间
运行不能变

例

数组定义	数据类型	数组名	维数	变量个数	空间大小
int x[100]	int	x	一维	100	100*sizeof(int)
char c[2][3]	char	c	二维	2*3	2*3*sizeof(char)

图 6.7　数组定义

数组定义的例子中，表格第一行定义的是有 100 个变量的一维数组，它们的类型是整型，数组名为 x，空间大小可以通过 sizeof 计算出类型的字节数，然后乘以变量个数得到。数组同普通变量一样，也是在定义时由系统分配空间的，在运行时空间大小是不能被改变的。

表格第二行定义的是两行三列 6 个变量的二维数组，类型是字符型，数组名为 c。

2．数组元素的引用

对于数组中的变量，C 语言规定了一个特定的词来称呼它——数组元素。数组元素的使用方法同单个变量。数组元素引用形式是数组名加一组方括号括起来的下标。

【思考与讨论】数组定义及数组元素引用形式中，方括号里内容含义有区别吗？

讨论：

数组元素里的下标是数值表达式，含义是数组元素在数组中的位置；数组定义中的方括号内只能是常量，此常量的含义是相应维数中元素的个数。C 语言规定数组元素下标一定要从 0 开始，越界使用会引起逻辑错误，但不是语法错误。

如图 6.8 中定义的一维数组 x，有 100 个元素，下标取值为 0 到 99，超过这个范围，就是下标越界了，从语法上看是使用了没有定义的变量。

数组越界使用说它不是语法错，原因是，编译时编译器不检查下标是否在合理的范围内，所以程序员在使用数组时要自己小心。

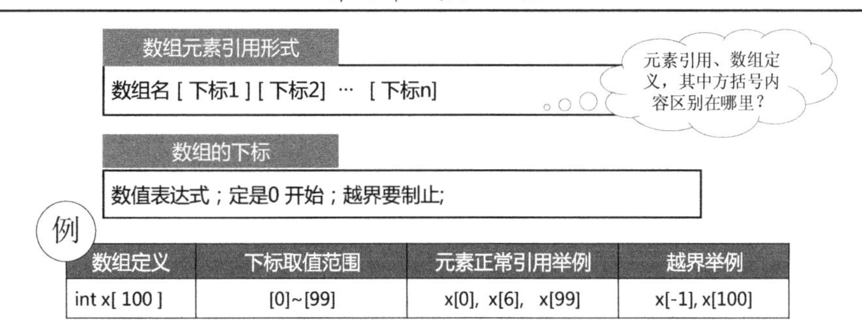

数组定义	下标取值范围	元素正常引用举例	越界举例
int x[100]	[0]~[99]	x[0], x[6], x[99]	x[-1], x[100]

图 6.8　数组元素及引用规则

【知识 ABC】数组下标越界

数组下标取值越界主要是指访问数组的时候，下标的取值不在已定义好的数组取值范围内。C 语言编译器一般不检查数组的下标范围，程序中数组下标的越界使用可能会造成以下两个问题。

第一，对越界的元素做读操作，不会破坏内存单元的值，但用这个值参与运算，会直接造成程序结果错误。

第二，对越界的元素做写操作，会破坏内存单元的值，若此单元另有变量定义，则也会造成程序结果错误，而且这种错误现场很难跟踪查找，因为被改写的单元值在什么时刻被引用是不可预计的。

数组越界错误主要包括数组下标值越界和指向数组的指针的指向范围越界。数组下标越界是程序初学者最容易犯的错误之一，在使用数组时要特别注意。

有了数组定义和数组元素的引用方法，我们再来完善一下逆序问题的程序。

```
01 int main(void )
02{
03     int i;
04     int x[100];                          //数组定义
       //x[i]为数组元素引用，下标为表达式
05     for  ( i=0; i<100;  i++) scanf ("%d", &x[i] );
06     for  ( i=99;  i>=0;  i- - ) printf (" %d ", x[i] );
07     return 0;
08}
```

第 4 行是数组的定义。第 5、6 两行是数组元素的引用，注意数组元素的引用形式，

此处方括号中下标是变量，是表达式的一种特殊方式。下标的起始从 0 开始，到 99 结束。

特别注意，从语法意义上看，数组元素的下标是数值表达式，数组首个元素的下标一定是从 0 开始的。

3．数组的存储特点

数组的连续存储空间，是系统根据数组的定义来进行的，所以我们说，“定义分空间，运行不能变，元素都相连”。

关于数组的定义，有同学写出了图 6.9 例子中的形式，这样会给数组 a 分空间吗？

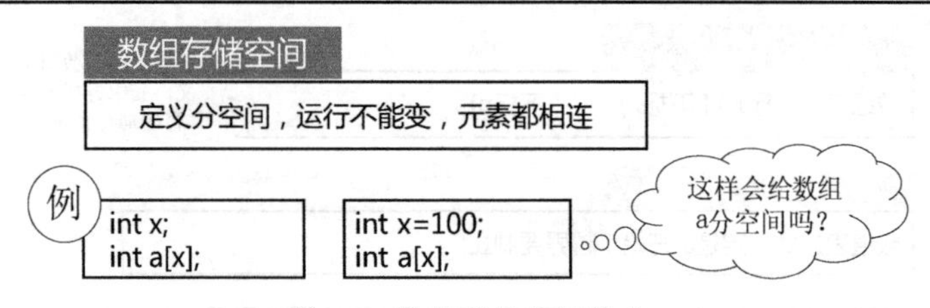

图 6.9 数组存储空间特点

4. 一组同型变量与单个变量的比较

既然数组是一组名称有规律的变量，那么它们也应该具有变量的特征，数组作为一组同类型的变量，与普通变量有哪些异同点，我们来进行比较，如图 6.10 所示。

			普通变量	数组	说明
1	定义		类型标识符 变量名；	类型标识符 数组名[常量] …[常量]	数组的维数与下标组数对应
2	名称		变量名	数组名	标识符
3	变量值		一个	一组	数组元素同类型
4	存储单元	个数	一个	多个	数组各单元空间连续
		长度	sizeof（变量类型）	sizeof（数组类型）*元素个数	
		地址	&变量名	数组名	系统分配
5	引用方式		变量名	数组名[下标]…[下标]	数组的维数与下标组数对应
6	初始化		类型标识符 变量名= 初值	类型标识符 数组名[常量] …[常量] = {一组初值}	

图 6.10 数组与普通变量的比较

（1）在定义形式上，数组的维数与下标组数对应，即几维数组就是几组方括号，方括号中的常量表示数组元素的个数。

（2）名称都是用标识符标识的。

（3）各数组元素的变量值是同类型的

（4）C 语言在数组空间分配时，将所有元素的单元空间连续分配，并规定数组的名称是数组空间的起始位置，即数组名是地址量。

（5）数组元素的引用方式是数组名加相应的下标。

（6）初始化是在定义时进行的，数组的初始化形式上需要加大括号。

6.2.2 数组的初始化

在逆序问题的程序实现中，可以把从键盘输入 10 个数，改为数组初始化的形式赋值。程序如下。

```
01 int main(void )
02{
03     int i;  //数组定义，同时对数组元素初始化
```

```
04    int x[10]={1,2,3,4,5,6,7,8,9,10};
05   //for  ( i=0; i<10;  i++) scanf ("%d", &x[i] );
06    for  ( i=9;  i>=0;  i- - ) printf ("%d", x[i] );
07    return 0;
08}
```

第 4 行语句在数组定义的同时对数组元素赋初值，这样替代了第 5 行的通过键盘输入给数组元素赋值。

给数组赋初值的好处是什么呢？如果程序需要多次调试，那么赋初值比起多次键盘输入，可以提高工作效率。

数组初始化，是在定义数组的同时给数组元素赋初值。C 语言中的数组初始化形式灵活，可以有 3 类情形，如图 6.11 所示。

数组初始化

在定义数组的同时给数组元素赋初值。

例

	情形	例子	数组长度	说明
1	数组元素全部初始化	int m[5]= {1,3,5,7,9}	5	
		int a[2][3] = { {1,3,5}, {2,4,6}};	2行3列	二维数组，行优先存储
2	数组元素部分初始化	int b[5] = {1,3,5}	5	未赋初值的元素，系统自动赋0值
		int x[100] ={ 1,3, 5, 7 };	100	
3	数组大小由初始化数据个数决定	int n[ ] = {1,3,5,7,9}	5	
		char c[ ] = "abcde" ;	6	字符串结束标志 '\0' 也占一个元素位置

图 6.11　数组初始化

1. 将数组元素全部初始化

情形 1 中，一维数组 m 有 5 个元素，赋了 5 个值，二维数组 a 是 2 行 3 列的，有 6 个元素，赋了 6 个值，注意大括号的写法。

2. 将数组元素部分初始化

情形 2 里，b 数组长度为 5，可以只给前 3 个元素赋值，C 语言系统对未赋值的元素，系统自动赋 0 值。

3. 数组大小由初始化数据个数决定

在数组定义的方括号内可以不写数组长度，系统靠赋值的个数来确定数组长度。特别地，C 语言规定可以用字符串对字符数组赋初值，字符串结束标志'\0'也占一个元素的位置，这一点需要记住。

6.2.3　数组的空间分配

我们通过实例来看一下数组的空间分配情况，分别如图 6.12 和图 6.13 所示。

1. 一维数组的空间分配

图 6.12 中定义有一维数组 x，长度为 100，首先看它的下标、元素值和存储顺序的对应关系。

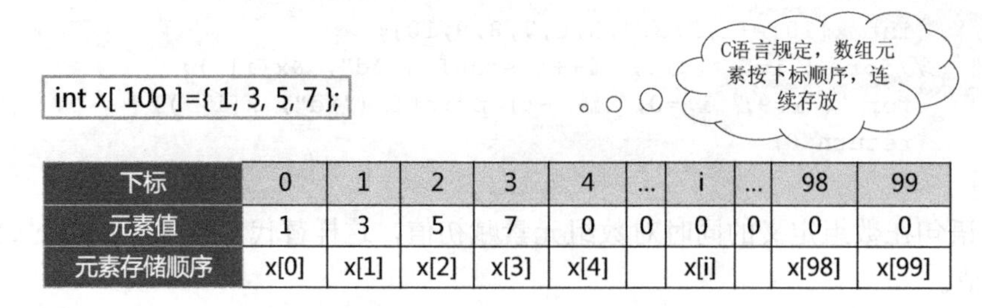

下标	0	1	2	3	4	…	i	…	98	99
元素值	1	3	5	7	0	0	0	0	0	0
元素存储顺序	x[0]	x[1]	x[2]	x[3]	x[4]		x[i]		x[98]	x[99]

图 6.12　一维数组的空间分配

下标一项，范围是 0 到 99。元素值一项，前面赋了 4 个初值，其他值为 0，对应下标元素的存储顺序是从 x[0]到 x[99]连续存放。

2. 二维数组的空间分配

图 6.13 中有 2 行 3 列的二维数组 a，按行优先方式存储。

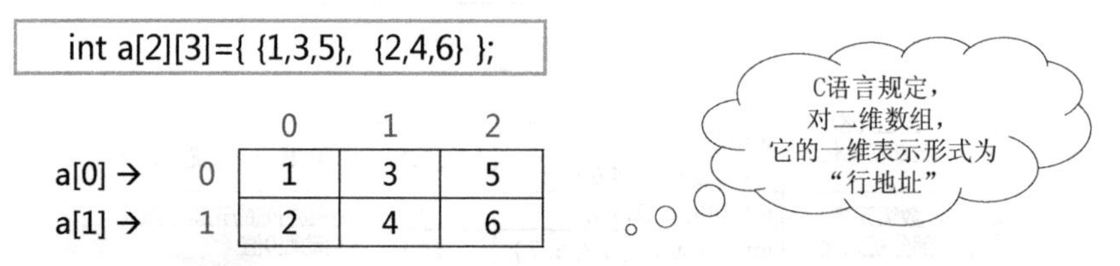

行地址	a[0]			a[1]		
元素存储顺序	a[0][0]	a[0][1]	a[0][2]	a[1][0]	a[1][1]	a[1][2]
元素值	1	3	5	2	4	6

图 6.13　二维数组的空间分配

赋初值，第 0 行为 1、3、5；第 1 行为 2、4、6。元素的存储顺序是先存储第 0 行，再存第 1 行。注意，a[0]表示 a 数组第 0 行的起始位置，a[1]表示第 1 行的起始位置。

C 语言规定，对二维数组，一维表示形式为“行地址”。

6.2.4 数组的空间查看

最后，我们进入运行环境，查看一下数组的空间分配情况。先来查看各种数组赋初值的情形，程序如下。

```
01 //使用初始值列表来初始化数组
02 #include <stdio.h>
03 int main(void)
04 {
05     //使用初始值列表来初始化数组
06     int  m[5]= {1,3,5,7,9};
07     int  n[ ] = {2,4,6,8};
08     int  x[8] = {1,3,5,7};
09     char c[ ] ="abcde";
10     int  a[2][3] = { {1,3,5}, {2,4,6}};
11     int i, j;
```

```
12
13    //以列表形式输出一维数组m
14    printf( "一维数组m[5]\n");
15    printf( "%s%13s\n", "Element", "Value" );
16    for ( i = 0; i < 5; i++ )
17    {
18       printf( "%6d%13d\n", i, m[ i ] );
19    }
20    printf( "\n");
21
22    //以列表形式输出二维数组a
23    printf( "二维数组a[2][3]\n");
24    for (i = 0; i < 2; i++)          //行下标变化范围
25    {
26       for (j = 0; j < 3; j++)    //列下标变化范围
27       {
28          printf( "%d   ", a[i][j] );
29       }
30       printf( "\n");
31    }
32    return 0;
33 }
```

程序第6行，定义长度为5的整型数组m，同时赋初值，在Watch窗口输入数组名m，可以看到数组的起始地址和每个元素的值，如图6.14所示。

程序第7行，定义整型数组n，长度空缺，同时赋4个初值，此时可以看到，系统给数组n分配4个单元。

程序第8行，定义长度为8的整型数组x，赋初值的个数小于数组长度，可以看到，未赋值的元素，系统都设置为0。

程序第9行，定义字符型数组c，长度空缺，用字符串的形式赋值有5个字母，可以看到系统分配了6个单元，最后一个单元的值是0，这个是字符串结束标志，是系统自动添加的，也要占一个存储单元。

程序第10行，定义2行3列的二维数组a，同时赋初值，可以看到，数组的每一行有一个起始地址，第一行的地址即是数组的起始地址。

程序第15行，打印表头信息。

第16到19行，通过for循环输出数组下标i，和对应的数组元素m[i]。

程序结果：

```
一维数组m[5]
Element          Value
     0              1
     1              3
     2              5
     3              7
```

```
       4              9
二维数组 a[2][3]
1   3   5
2   4   6
```

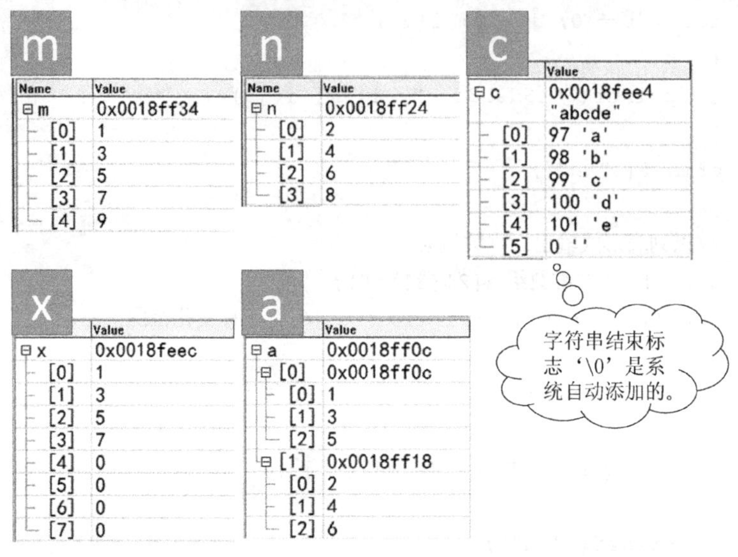

图 6.14 数组空间的查看 1

【知识 ABC】C 语言'\0','0',"0" ,0 之间的区别

在 C 语言中，字符是按其所对应的 ASCII 码来存储的，一个字符占 1 字节。ASCII 码表的第一个值是 0，对应的字符是（Null），即'\0'空字符。系统用它作为字符串的结束标志，自动添加到字符串的末尾。

字符‘0’对应的 ASCII 码是 48，对应的十六进制数是 0x30。编程时若要将数字转化为对应字符，比如要将数字 8 转换为字符 8，则在语句中可以写成 8+‘0’。

字符‘0’是字符常量，数字 0 是整型常量，它们的含义和在计算机中的存储方式截然不同。字符常量可以像整数一样在程序中参与相关运算。

“0”和‘0’的区别：“0”是字符串常量，‘0’是字符常量，二者是不同的量。字符常量由单引号括起来，字符串常量由双引号括起来。字符常量只能是单个字符；字符串常量则可以含一个或多个字符。

输出二维数组 a 部分的内容，是通过两个 for 循环实现的。

第 24 行，第一个 for 控制行下标 i 的变化，从 0 到 1。

第 26 行，第二个 for 控制列下标 j 的变化，从 0 到 2。

注意对照图 6.15 中的表格来看，在 i 为 0 时，j 从 0 到 2 变化一次，在 i 为 1 时，再从 0 到 2 变化一次。

		0	1	2
a[0]→	0	1	3	5
a[1]→	1	2	4	6

行 i	0			1		
列 j	0	1	2	0	1	2
a[i][j]	1	3	5	2	4	6

图 6.15 数组空间的查看 2

定义数组时，系统将按照数组类型和个数分配一段连续的存储空间来存储数组元素，在Memory窗口中我们可以观察到，int n[4]占据了连续的4*4字节存储空间（在64位编译器环境下，一个int类型占用4字节），如图6.16所示。int a[2][3]占据了连续的6*4字节存储空间，如图6.17所示。

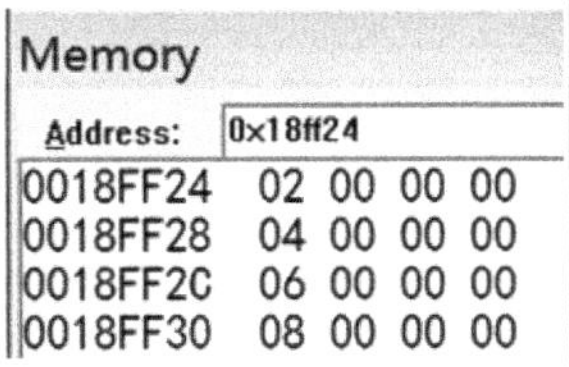

```
Memory
Address: 0x18ff24
0018FF24  02 00 00 00
0018FF28  04 00 00 00
0018FF2C  06 00 00 00
0018FF30  08 00 00 00
```

地址	值	变量
18FF24	2	n[0]
18FF28	4	n[1]
18FF2C	6	n[2]
18FF30	8	n[3]

图6.16　一维数组的连续存储

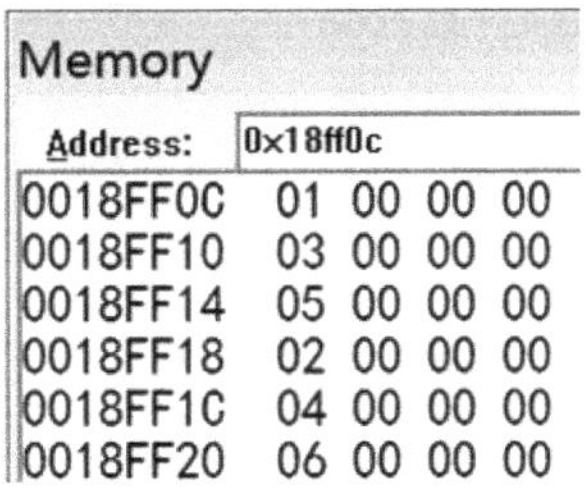

```
Memory
Address: 0x18ff0c
0018FF0C  01 00 00 00
0018FF10  03 00 00 00
0018FF14  05 00 00 00
0018FF18  02 00 00 00
0018FF1C  04 00 00 00
0018FF20  06 00 00 00
```

行	地址	值	变量	行地址
第0行	18FF0C	1	a[0][0]	a[0] 18FF0C
	18FF10	3	a[0][1]	
	18FF14	5	a[0][2]	
第1行	18FF18	2	a[1][0]	a[1] 18FF18
	18FF1C	4	a[1][1]	
	18FF20	6	a[1][2]	

图6.17　二维数组的连续存储

要注意的是，数组名代表着整个数组的地址，也就是数组的起始地址。

有了数组的存储和元素的引用规则，我们就可以对数组中的数据进行操作处理了。

6.3　一维数组的操作

【例6.1】评委打分中最高分

1. 问题描述

评委打分中的“去掉最高分”，是在一系列数值中找出最大数的问题。

2. 算法描述

在“算法的表示”部分有这个题目，当时分数是通过键盘输入的。这里我们把评委所打的分数放在数组score[10]中，如图6.18所示。

顶部伪代码描述	第一步细化	第二步细化
分数放在数组score[10]中找到其中最大的	先将score[0]当作Largest	计数器i=0; Largest=score[0]；
	顺序用score数组的元素与Largest比较，将大数放入Largest；	当 计数器i < 10； 如果 (Largest < score[i]) Largest=score[i]; i增加1；
	输出Largest	输出Largest

图6.18　去掉最高分的数组实现

第二步细化，设一个计数器 i 统计比较的次数，取 score[0]做 Largest；在计数器 i 的值小于 10 的范围内，循环操作用 Largest 与 score[i]比较，将大的值记录在 Largest 中。循环结束，输出 Largest。

3. 程序实现

```
01 //求数组中元素的最大值
02 #include <stdio.h>
03 #define SIZE 10
04
05 int main(void)
06 {
07     int score[SIZE]
08        = {89,92,97,95,90,96,94,92,90,98};
09     int i;                              //计数器
10     int Largest =score[0];              //首次取 score[0]做比较基准
11     for ( i = 0; i < SIZE; i++ )
12     {
13        if (Largest < score[i])
14           Largest=score[i];              //找最大值
15     }
16     printf( "最高分是%d\n", Largest );
17     return 0;
18 }
```

程序结果：

```
最高分是 98。
```

说明：程序第 8 行，给 score 数组赋初值，这样在测试程序时比较方便。

第 11 到 15 行，for 循环找到 Largest 最大值。

根据这个程序，我们容易得到求最小值的程序。这样我们可以用将最小值置零的方式，将评委打分中的最高值和最低值都去掉。

4. 调试

调试前要先计划好查看或验证的情形。本程序的调试要点如图 6.19 所示。

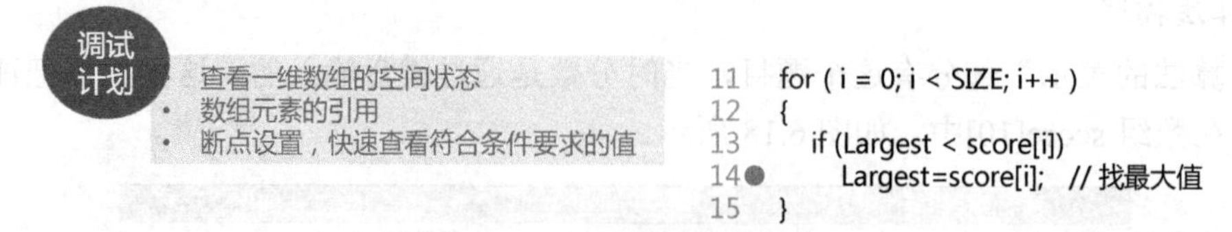

图 6.19 “去掉最高分”程序调试

图 6.20 中，在 Watch 窗口查看 score 数组的情况，有 10 个元素，都赋了初值，最大值 Largest 首次的值是 score[0]，为 89。

图 6.21 中，i=0 时，for 循环中 if 语句条件为假，故 Largest 不变。

图 6.22 中，i 增 1 后值为 1，score[1]=92。

```
//求数组中元素的最大值
#include <stdio.h>
#define SIZE 10

int main(void)
{
    int score[SIZE]
    ={89,92,97,95,90,96,94,92,90,98};
    int i;                      // 计数器
    int Largest =score[0];      // 首次取s
    for ( i = 0; i < SIZE; i++ )
    {
        if (Largest < score[i])
            Largest=score[i];   // 找最
    }
    printf( "最高分是%d\n", Largest );
    return 0;
```

Watch

Name	Value
⊟ score	0x0018ff20
[0]	89
[1]	92
[2]	97
[3]	95
[4]	90
[5]	96
[6]	94
[7]	92
[8]	90
[9]	98
Largest	89

图 6.20　一维数组的空间查看 1

```
//求数组中元素的最大值
#include <stdio.h>
#define SIZE 10

int main(void)
{
    int score[SIZE]
    ={89,92,97,95,90,96,94,92,90,98};
    int i;                      // 计数器
    int Largest =score[0];      // 首次取s
    for ( i = 0; i < SIZE; i++ )
    {
        if (Largest < score[i])
            Largest=score[i];   // 找最
    }
    printf( "最高分是%d\n", Largest );
    return 0;
```

Watch

Name	Value
⊟ score	0x0018ff20
[0]	89
[1]	92
[2]	97
[3]	95
[4]	90
[5]	96
[6]	94
[7]	92
[8]	90
[9]	98
Largest	89
i	0
score[i]	89

图 6.21　一维数组的空间查看 2

```
//求数组中元素的最大值
#include <stdio.h>
#define SIZE 10

int main(void)
{
    int score[SIZE]
    ={89,92,97,95,90,96,94,92,90,98};
    int i;                      // 计数器
    int Largest =score[0];      // 首次取s
    for ( i = 0; i < SIZE; i++ )
    {
        if (Largest < score[i])
            Largest=score[i];   // 找最
    }
    printf( "最高分是%d\n", Largest );
    return 0;
```

Watch

Name	Value
⊟ score	0x0018ff20
[0]	89
[1]	92
[2]	97
[3]	95
[4]	90
[5]	96
[6]	94
[7]	92
[8]	90
[9]	98
Largest	89
i	1
score[i]	92

图 6.22　一维数组的空间查看 3

图 6.23 中，for 循环在 i=1 时，Largest 变为 92。

```
//求数组中元素的最大值
#include <stdio.h>
#define SIZE 10

int main(void)
{
    int score[SIZE]
    ={89,92,97,95,90,96,94,92,90,98};
    int i;                      // 计数器
    int Largest =score[0];      // 首次取s
    for ( i = 0; i < SIZE; i++ )
    {
        if (Largest < score[i])
            Largest=score[i];   // 找最
    }
    printf( "最高分是%d\n", Largest );
    return 0;
```

Watch

Name	Value
⊟ score	0x0018ff20
[0]	89
[1]	92
[2]	97
[3]	95
[4]	90
[5]	96
[6]	94
[7]	92
[8]	90
[9]	98
Largest	92
i	1
score[i]	92

图 6.23　一维数组的空间查看 4

在图 6.24 中，要快速查看程序的运行，可以在图中位置设置断点，用 go 命令，每次当 if 中的条件为真时，程序自动停在此条语句处，此时 i=2，score[2]为 97，大于 Largest 的值 92。

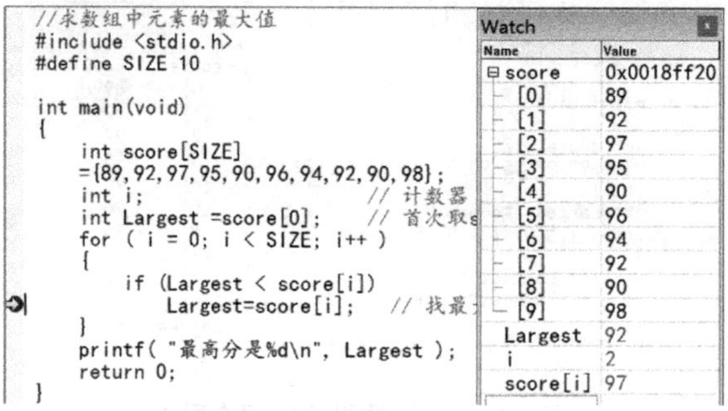

```
//求数组中元素的最大值
#include <stdio.h>
#define SIZE 10

int main(void)
{
    int score[SIZE]
    ={89,92,97,95,90,96,94,92,90,98};
    int i;                      // 计数器
    int Largest =score[0];      // 首次取s
    for ( i = 0; i < SIZE; i++ )
    {
        if (Largest < score[i])
            Largest=score[i];   // 找最
    }
    printf( "最高分是%d\n", Largest );
    return 0;
}
```

Name	Value
score	0x0018ff20
[0]	89
[1]	92
[2]	97
[3]	95
[4]	90
[5]	96
[6]	94
[7]	92
[8]	90
[9]	98
Largest	92
i	2
score[i]	97

图 6.24　一维数组的空间查看 5

图 6.25 中，继续执行 go 命令，程序暂停，此时 i=9，score[9]为 98，大于 Largest 的值 97。

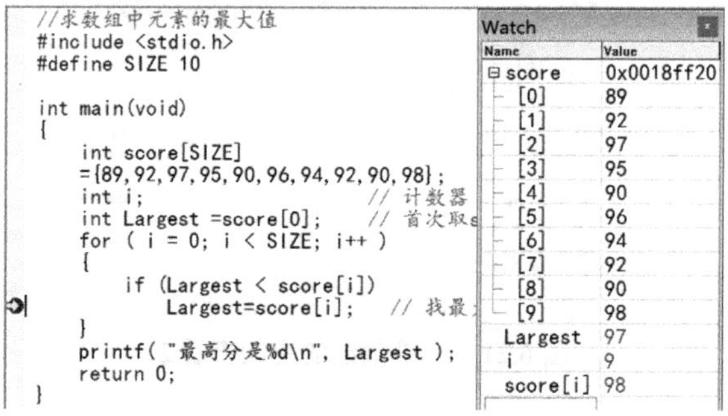

```
//求数组中元素的最大值
#include <stdio.h>
#define SIZE 10

int main(void)
{
    int score[SIZE]
    ={89,92,97,95,90,96,94,92,90,98};
    int i;                      // 计数器
    int Largest =score[0];      // 首次取s
    for ( i = 0; i < SIZE; i++ )
    {
        if (Largest < score[i])
            Largest=score[i];   // 找最
    }
    printf( "最高分是%d\n", Largest );
    return 0;
}
```

Name	Value
score	0x0018ff20
[0]	89
[1]	92
[2]	97
[3]	95
[4]	90
[5]	96
[6]	94
[7]	92
[8]	90
[9]	98
Largest	97
i	9
score[i]	98

图 6.25　一维数组的空间查看 6

图 6.26 中，循环结束，Largest 最后的值为 98。

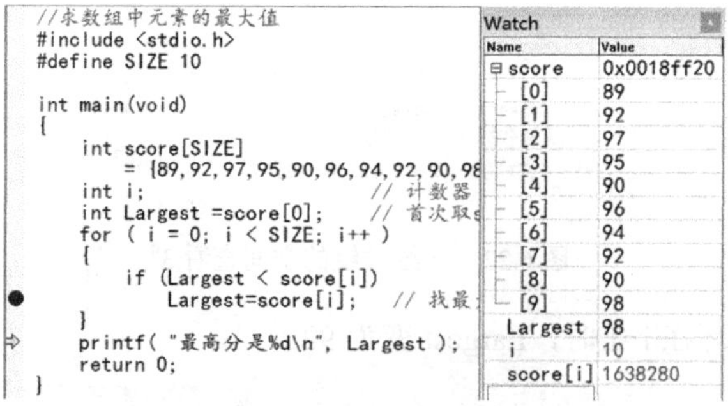

```
//求数组中元素的最大值
#include <stdio.h>
#define SIZE 10

int main(void)
{
    int score[SIZE]
        = {89,92,97,95,90,96,94,92,90,98
    int i;                      // 计数器
    int Largest =score[0];      // 首次取s
    for ( i = 0; i < SIZE; i++ )
    {
        if (Largest < score[i])
            Largest=score[i];   // 找最
    }
    printf( "最高分是%d\n", Largest );
    return 0;
}
```

Name	Value
score	0x0018ff20
[0]	89
[1]	92
[2]	97
[3]	95
[4]	90
[5]	96
[6]	94
[7]	92
[8]	90
[9]	98
Largest	98
i	10
score[i]	1638280

图 6.26　一维数组的空间查看 7

【例 6.2】评委打分中的总分计算

评委所打的分数放在数组 score[10]中。

【解析】

1. 算法设计

算法描述如图 6.27 所示。

顶部伪代码，分数放在数组 score[10]中，求数组元素的和。

第一步细化，循环将 score 元素的值加入累加和 total 中。

第二步细化，初始化分数数组，注意累加和 total 要清零；循环累加 score[i]到 total 中。

<table>
<tr><th>顶部伪代码描述</th><th>第一步细化</th><th>第二步细化</th></tr>
<tr><td rowspan="6">分数放在数组score[10]中求数组元素的和</td><td rowspan="2">累加和为total，分数放在数组 score[10]</td><td>初始化score[10]</td></tr>
<tr><td>累加和 total =0；</td></tr>
<tr><td rowspan="3">循环将score元素的值加入total中</td><td>当(i<10)</td></tr>
<tr><td>total += score[i]；</td></tr>
<tr><td>i++；</td></tr>
<tr><td>输出结果</td><td>输出total</td></tr>
</table>

图 6.27　评委打分中的总分计算

由第二步细化的伪代码，容易写出求总分程序源码。

把评委打分中的最高值和最低值都去掉后，再计算总分，就可以得到按评分规则要求的分数。

2. 程序实现

```
01 //计算数组中元素的总和
02 #include <stdio.h>
03 #define SIZE 10
04
05 int main(void)
06 {
07     int score[ SIZE ] = {98,92,89,95,90,96,94,92,90,97};
08     int i;                            //计数器
09     int total = 0;                    //总和
10
11     for ( i = 0; i < SIZE; i++ )
12     {
13         total +=score[ i ];           //对数组 score 中的元素求和
14     }
15     printf( "总分为%d\n", total );
16     return 0;
17     }
```

程序结果：

```
总分为 933
```

【例 6.3】猜数游戏

数组 R 中元素的有序序列为 5，10，19，21，31，37，42，48，50，55，用折半查找法查找 k 为 19 及 66 的元素。

【解析】

1. 算法分析

折半查找，一般将待比较的 key 值与第 mid=(low+high)/2 位置的元素比较，比较结果分以下三种情况。

- 相等：mid 位置的元素即为所求；
- 大于：将在低值区间查找 low=mid+1;
- 小于：将在高值区间查找 high=mid–1。

查找题目给出的两个关键字的过程如图 6.28 和图 6.29 所示。

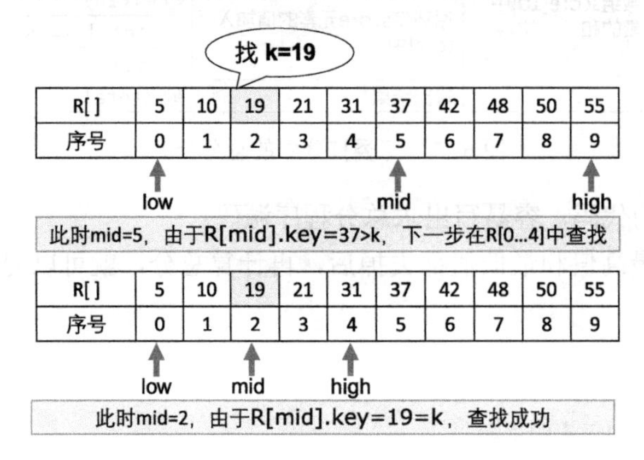

图 6.28　折半查找——查找 k=19 的过程

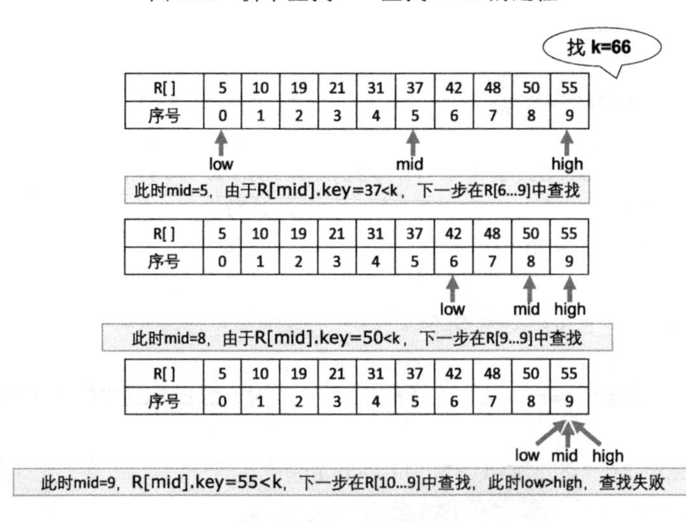

图 6.29　折半查找——查找 k=66 的过程

2. 程序实现

```
#include <stdio.h>
#define N 10
int main(void)
{
    int R[N]={5,10,19,21,31,37,42,48,50,55};
    int low=0, high=N-1,mid;
    int key;
    int flag=0;                                   //查找标记 0—失败，1—成功
    printf("输入要查找的数字:");
    scanf("%d",&key);
    while (low<=high)                             //有查找空间
```

```
    {
        mid = (low+high+1)/2;
        if (R[mid]== key)                              //查找成功
        {
            flag=1;
            break;
        }
        else
        {
            if (R[mid]> key)  high = mid-1;           //将在低值区间查找
            else low = mid+1;                          //将在高值区间查找
        }
    }
    if (flag==1)
        printf("查找成功,%d对应下标为%d\n",key,mid);
    else
        printf("查找失败\n");
    return 0;
}
```

【读程练习】有序数组的插入

有一个已经排好序的数组。现输入一个数，要求按原来的规律将它插入数组中。

1. 算法说明

首先确定插入的位置，然后将此位置及之后的元素依次后移一个位置，最后进行数字的插入。

2. 程序源码

```
#include <stdio.h>
#define N 11
int main(void)
{
    int array[N]={5,10,19,21,31,37,42,48,50,55};
    int number;              //插入的数字
    int insert_sub=N-1;      //插入的位置
    int i;

    printf("原始数组:\n");
    for(i=0;i<N;i++)
        printf("%d ",array[i]);
    printf("\n");
    printf("插入一个新数:");
    scanf("%d",&number);

    //确定插入的位置
    for(i=N-2;i>=0;i--)
    {
if ((number<array[i] && number>array[i-1])|| number==array[i])
```

```
            {
                insert_sub=i;
                break;
            }
        }
        //移动元素，空出插入位置
        for(i=N-1;i>insert_sub;i--)
        {
            array[i]=array[i-1];
        }
        //插入数据
        array[insert_sub]=number;
        printf("插入数据后的数组:\n");
        for(i=0;i<N;i++)    printf("%d ",array[i]);
        printf("\n");
        return 0;
    }
```

【读程练习】冒泡排序

对{49,38,65,97,76,13,27,49,55,04}这个序列的 *n* 个数字进行冒泡排序。

1. 算法说明

我们可以将待排序数列放入一维数组，在排序过程中，通过相邻数的两两比较，把小数往前放，大数往后放，类似气泡往上升，这样的排序方式称为冒泡排序。

冒泡排序（Bubble Sort）的基本思想是，依次比较相邻的两个数，将小数放在前面，大数放在后面。图 6.30 中首先比较第 1 个数 49 和第 2 个数 38，将小数 38 放前，大数 49 放后；然后比较当前的第 2 个数 49 和第 3 个数 65，将小数放前，大数放后；如此继续，直至最后两个数，第一趟排序结束。经过一趟排序后，序列中的最大数就被移到了最后。

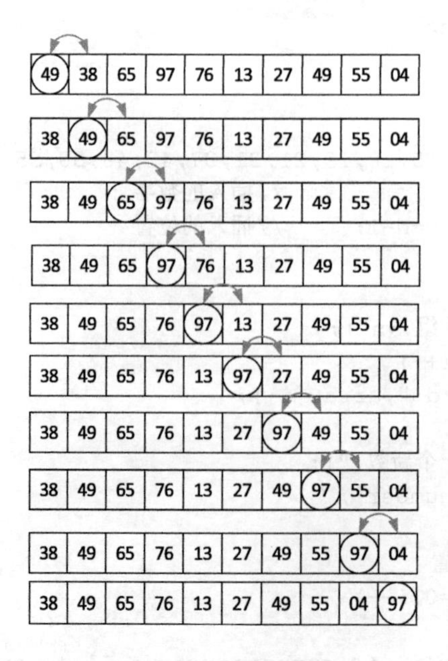

图 6.30 冒泡排序

重复以上过程，仍从第一对数开始比较，由于第 2 个数和第 3 个数的交换，第 1 个数不再大于第 2 个数。第二趟结束，在倒数第二个数中得到一个新的最大数。如此下去，需要 n–1 趟排序，完成整个序列的排序。

一趟排序及 n 趟排序的算法描述如图 6.31 所示。每排序一次，待排序的数字个数就减少一个，故 n 趟排序的算法改进中，内循环变量 i 的循环次数可以改为 n–1–j。

一趟排序的算法	n-1趟排序的算法	n-1趟排序算法改进
i=0 当 i<n-1 　若 a[i]>a[i+1] 　　则交换二者的值 　i++	j=0 当j<n-1 　i=0 　当 i<n 　　若 a[i]>a[i+1] 　　　则交换二者的值 　　i++ j++	j=0 当j<n-1 　i=0 　当 i<n-j-1 　　若 a[i]>a[i+1] 　　　则交换二者的值 　　i++ j++

图 6.31　冒泡排序伪代码描述

2. 问题讨论

一次排序中若无交换，是什么情况？

讨论：若无交换，则序列有序，不需要再进行排序的工作。为提高排序效率，可以设置一个交换标志 change，用来检测一次排序中是否发生过交换，设 change 初值为 0 代表序列无序，需要排序；为 1 表示未做位置交换，即序列有序。

3. 程序实现

```
#include <stdio.h>
#define N 10
int main(void)
{
    int i,j,temp;
    int a[N]={49,38,65,97,76,13,27,49,55,04};
    int change=0;                   //0 表示无序，1 表示有序

    printf("排序前：");
    for(i=0; i<N; i++)
    {
        printf("%d ",a[i]);
    }
    printf("\n");
    //先判断序列是否有序，再决定是否执行排序
    for(j=0; j>n-1 && change==0; j++)
    {
        change=1;                   //无位置交换
        for(i=0; i<n-1-j; i++)  //一次排序
        {
            if(a[i]>a[i+1])         //前一个数大于后一个数
            {
                change=0;           //有位置交换
```

```
                    temp=a[i];
                    a[i]=a[i+1];
                    a[i+1]=temp;
                }
            }
        }
        printf("排序后：");
        for(i=0; i<N; i++)
        {
            printf("%d ",a[i]);
        }
        printf("\n");
        return 0;
    }
```

【例 6.4】对一维数组的循环赋值

求斐波那契（Fibonacci）数列的前 20 项值。

斐波那契数列即 0，1，1，2，3，5，8，13，21，34，…，其递推公式为

$$F(0)=0,\quad F(1)=1,$$
$$F(n)=F(n-1)+F(n-2)$$

【解析】

1. 数据结构设计

由于斐波那契数列的项数与值是一一对应的关系，因此可以把数列的值放到一个类型为整型的一维数组中，具体设为 int f[20]。

2. 算法设计

按斐波那契数列的构成规律，先把全部 20 项构造出来存放到数组，然后再输出。

算法描述如图 6.32 所示。

顶部伪代码描述	第一步细化	第二步细化
用长度20的数组，放生成的数列，输出结果	数组f[20]初始化 放数列前两个值	int f[20]={ 0,1 }
		i=2;
	从f[2]开始， 按数列构造规则填充f 数组	while i<20
		f [i]=f [i-1]+f [i-2];
		i++;
	输出结果	输出 f 数组内容

图 6.32　斐波那契数列求值

3. 程序实现

```
1    //求斐波那契数列的前 20 项
2    #include <stdio.h>
3    int main(void)
4    {
```

```
5       int  i;
6       int  f[20]={0, 1};                  //数组初始化
7
8       for (i=2;  i<20;  i++)              //生成数列内容
9       {
10          f[i]=f[i-1]+f[i-2];             //Fibonacci 数列递推式
11      }
12      for (i=0; i<20; i++)                //输出数组内容
13      {
14          if (i%5==0) printf("\n");       //输出为每行 5 个
15          printf("%8d",  f[i]);
16      }
17      return 0;
18  }
```

程序结果：

```
   0       1       1       2       3
   5       8      13      21      34
  55      89     144     233     377
 610     987    1597    2584    4181
```

4. 程序分析

我们通过静态读程来分析循环处理数据的特点。

程序第 8～11 行是斐波那契数组的填入过程，数组下标为 i，对应数组元素为 f[i]，我们把这两项内容列表，把 f[i]随着 i 的变化值填入表中，如图 6.33 所示，通过这样的静态方法而非跟踪调试的动态方法来分析程序运行的规律。注意数组下标从 0 开始，最后一个元素的下标应该为数组长度减 1。

下标 i	0	1	2	3	4	5	…	18	19	20
f[i]	0	1	2	3	5	8	…	…	…	…

图 6.33　斐波那契数列求值程序分析

5. 问题讨论

（1）如果 f 数组没有赋初值，那么会出现什么问题？

讨论：忘记对需要初始化的数组元素进行初始化，则 f[0]、f[1]中的值是随机数，后续累加的结果不会正确。

（2）如何让程序方便地构造任意项的斐波那契数列？

讨论：将数组的大小定义为符号常量，可以使程序的可伸缩能力更强。

（3）对于程序中的第一个 for 循环（第 8 行），如果循环运行条件写成 i<=20，那么会造成什么问题？

讨论：会造成数组下标越界，因为要对 f[20]单元写操作，但 f[20]并不在数组的定义范围之内，所以这是程序设计的逻辑错误。

【读程练习】直接选择排序

对{49,38,65,97,76,13,27,49,55,04} 这个序列的 n 个数字进行直接选择排序。

【解析】

1. 算法说明

选择排序在算法中有几类，我们在整理无序扑克牌时，经常会采用其中的直接选择排序法，比如整理方块扑克牌 A～K 共 13 张。要升序排列，首先从 13 张牌中找到最小的牌 A，放到第一张牌的位置；再找到次小的牌 2，放到第二张牌的位置；如此反复，就可以实现从 A～K 的排序操作。

直接选择排序的基本思想是，每一趟在所有记录中选取最小的记录放入有序序列中，如此反复就能够实现无序序列的有序化。具体到实施思路，可以按照如下步骤来进行：

第一步：在第 1～n 个数中找出最小的数，然后与第 1 个交换。

第二步：在第 2～n 个数中找出最小的数，然后与第 2 个交换。

……

第 n–1 步：在第 n–1～n 个数中找出最小的数，然后与第 n–1 个数交换，排序结束。

就题目中给出的数字序列，直接选择排序过程如图 6.34 所示。

2. 程序代码

```
01 //直接选择排序
02 #define N 10
03 int main(void)
04 {
05     int i,j,temp;
06     int a[N]= {49,38,65,97,76,13,27,49,55,04};
07
08     for (i=0; i<N-1; i++)
09         for (j=i; j<N; j++)
10         {
11             if (a[j]<a[i])
12             {
13                 temp=a[j];
14                 a[j]=a[i];
15                 a[i]=temp;
16             }
17         }
18     return 0;
19 }
```

【读程练习】学生评教统计

布朗先生所在的大学开通了网上评教系统，对教师的教学按照 6～10 分进行评价，现抽取 50 名学生对某教师的评分存于一数组中，编写程序对各分数出现的频度进行汇总。

初始序列	49	38	65	97	76	13	27	49	55	04
第一趟选择	04	38	65	97	76	13	27	49	55	49
第二趟选择	04	13	65	97	76	38	27	49	55	49
第三趟选择	04	13	27	97	76	38	65	49	55	49
第四趟选择	04	13	27	38	76	97	65	49	55	49
第五趟选择	04	13	27	38	49	97	65	76	55	97
第六趟选择	04	13	27	38	49	49	65	76	55	97
第七趟选择	04	13	27	38	49	49	55	76	65	97
第八趟选择	04	13	27	38	49	49	55	65	76	97
第九趟选择	04	13	27	38	49	49	55	65	76	97
第十趟选择	04	13	27	38	49	49	55	65	76	97

图 6.34 直接选择排序步骤

1. 算法说明

设评定等级数组 rating[ ]，记录相应分数出现频度，其下标 i 与评分值 x（$6 \leqslant x \leqslant 10$）的对应关系为：$i=x-6$，故可以用评分值减 6 作为评定等级数组的下标，同一种评分累加进同一下标元素中。

2. 程序代码

```
1    #include<stdio.h>
2    #define RESPONSE_NUM 50                      //评分数组大小
3    #define RATING_SIZE  5                       //等级数组大小
4
5    int main(void)
6    {
7        int answer;                              //计数器
8        int counter;
9
10       int rating[RATING_SIZE]={0};             //评定等级数组
11       int responses[RESPONSE_NUM]              //评分数组，放评分结果
12       ={  6,8,9,10,6,9,8,7,7,10,6,9,7,7,7,6,8,10,7,
13           10,8,7,7,6,7,8,9,7,8,7,10,6,7,6,7,7,10,8,
14           6,7,7,8,6,6,7,8,9,7,7,10
15        };
16
17   //用评分值减 6 作为评定等级数组的下标，同一种评分累加进同一下标元素中
18       for (answer=0; answer<RESPONSE_NUM; answer++)
19       {
20           rating[ responses[answer] -6 ]++;
21       }
```

```
22
23  //列表打印结果
24      printf("%s%17s\n","Rating","Frequency");
25      for (counter=0; counter<RATING_SIZE; counter++)
26      {
27          printf("%6d%17d\n",counter+6,rating[counter]);
28      }
29      return 0;
30  }
```

程序结果：

```
Rating        Frequency
     6          10
     7          19
     8           9
     9           5
    10           7
```

6.4 二维数组的操作

有了一维数组的处理经验，我们再来看看二维数组的操作特点。

【例 6.5】在二维数组中寻找最大值

布朗先生所带课的班级有 3 个组，每组 6 人。在课程考试完毕后，要求找其中的最好成绩，并显示是哪一组的第几位同学。

【解析】

1. 数据描述

我们将成绩放到一个二维表中，如图 6.35 所示。

这个问题可抽象为在 *N* 行 *M* 列的二维数组 a 中，找出数组的最大值，以及此最大值所在的行、列下标。可以用一维数组求最大值的处理方法，重复 *N* 次即可。

对二维数组按行优先顺序扫描时，行列值的变化规律如图 6.36 所示。先扫描第 0 行，列下标的变化范围是 0 到 *M*–1。再扫描第 1 行，列下标的变化范围同样是 0 到 *M*–1。一直扫描到第 *N*–1 行为止。

组	成绩					
1	80	77	75	68	82	78
2	78	83	82	72	80	66
3	73	50	62	60	91	72

图 6.35 班级考试成绩

行 / 列	0	1	2	3	4	5
0	80	77	75	68	82	78
1	78	83	82	72	80	66
2	73	50	62	60	91	72

	按行优先顺序扫描，行列值变化规律			
行 i	0	1	...	*N*-1
列 j	0~*M*-1	0~*M*-1	...	0~*M*-1

图 6.36 二维数组的扫描顺序

2. 算法描述

伪代码描述如图 6.37 和图 6.38 所示。

顶部伪代码	第一步细化
输入二维数组	输入二维数组
找到其中的最大值，及其行列下标	取数组的第一个值做比较基准max
	按行优先顺序逐个与max比较， 将大者放max， 同时记录相应的行列下标line、col
输出结果	输出结果

图 6.37　在二维数组中寻找最大值伪代码 1

第二步细化	第三步细化
按行优先顺序输入二维数组a[N][M] （也可以初始化）	int i，j，a[N][M]，max，line，col；

	for(i=0；i<N；i++)
	for(j=0；j<M；j++)
	scanf("%d"，&a[i][j])；

max=a[0][0];　line=col=0;	max=a[0][0];　line=col=0;
i=j=0;	
while 行下标 i<N	for(i=0；i<N；i++)
while 列下标 j<M	for(j=0；j<M；j++)
if （max<a[i][j])	if (max<a[i][j])
max=a[i][j]	{
line=i	max=a[i][j]；
col=j	line=i；
j++;	col=j；
i++;　j=0;	}
输出　max、line、col	printf("\n max=%d\t line=%d\t col=%d\n"，max，line，col)；

图 6.38　在二维数组中寻找最大值伪代码 2

3. 程序实现

由第二步细化，可以直接写出代码，这里用 for 语句实现当型循环，相应的完整程序实现如下。

```
01 #include <stdio.h>
02 #define N  3
03 #define M  6
04
05 int main(void)
06 {
07     int i,j,max,line,col;
08     int a[N][M]= {  {80,77,75,68,82,78},
09                    {78,83,82,72,80,66},
10                    {73,50,62,60,91,72}
11                 };
12     max=a[0][0];
13     line=col=0;
14     for (i=0; i<N; i++)
15     {
16         for ( j=0; j<M; j++)
```

```
17          {
18              if (max<a[i][j])
19              {
20                  max=a[i][j];
21                  line=i;
22                  col=j;
23              }
24          }
25      }
26      printf("max=%d\t line=%d\t col=%d\n",max,line,col);
27      return 0;
28 }
```

程序结果：

```
max=91  line=2  col=4。
```

4. 跟踪调试

对于本题目，应该有图6.39中的这些情况。

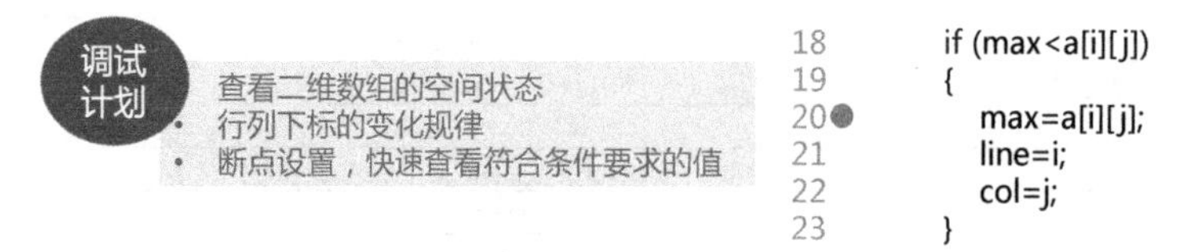

图6.39 在二维数组中寻找最大值程序调试要点

在调试环境中，我们可以观察到，二维数组的行地址是用一维形式表示的，如图6.40所示。要顺序扫描整个二维数组元素，规律是行下标每变化一次，列下标都在整个列值范围内变化一遍。注意在内存中，二维数组是按行优先顺序串行存储的（一维方式存储）。

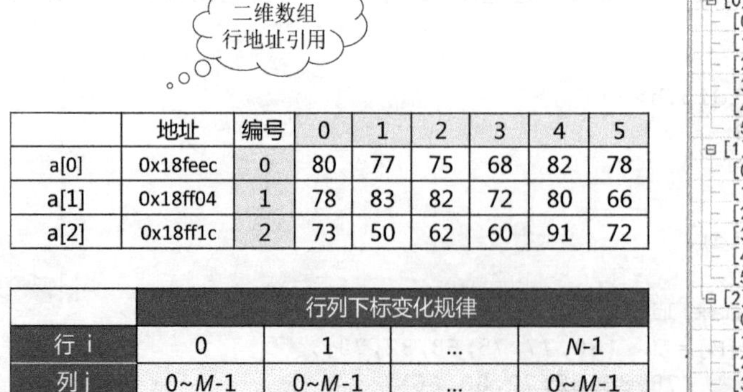

	地址	编号	0	1	2	3	4	5
a[0]	0x18feec	0	80	77	75	68	82	78
a[1]	0x18ff04	1	78	83	82	72	80	66
a[2]	0x18ff1c	2	73	50	62	60	91	72

	行列下标变化规律			
行 i	0	1	...	*N*-1
列 j	0~*M*-1	0~*M*-1	...	0~*M*-1

图6.40 在二维数组中寻找最大值问题数据的存储

在找当前最大值和总的最大值两处设置断点，如图6.41所示。图6.42中，首次进入循环，最大值取数组的第0个元素作为比较基准，值为a[0][0]=80。图6.43中，执行Go命令，程序暂停，找到大于max的值82，对应下标为i=0，j=4。

```
#include <stdio.h>
#define N  3
#define M  6

int main(void)
{
    int i,j,max,line,col;
    int a[N][M]= {  {80,77,75,68,82,78},
                    {78,83,82,72,80,66},
                    {73,50,62,60,91,72}};

    max=a[0][0];  line=col=0;
    for (i=0;i<N;i++)
    {
        for ( j=0;j<M;j++)
        {
            if (max<a[i][j])
            {
                max=a[i][j];line=i;col=j;
            }
        }
    }
    printf("\n max=%d\t line=%d\t col=%d\n'
    return 0;
}
```

Watch

Name	Value
a	0x0018feec
[0]	0x0018feec
[0]	80
[1]	77
[2]	75
[3]	68
[4]	82
[5]	78
[1]	0x0018ff04
[0]	78
[1]	83
[2]	82
[3]	72
[4]	80
[5]	66
[2]	0x0018ff1c
[0]	73
[1]	50
[2]	62
[3]	60
[4]	91
[5]	72

图 6.41　二维数组找最大值调试 1

```
for (i=0;i<N;i++)
{
    for ( j=0;j<M;j++)
    {
        if (max<a[i][j])
        {
            max=a[i][j];line=i;col=j;
        }
    }
```

Watch

Name	Value
max	80
a[i][j]	80
i	0
j	0

图 6.42　二维数组找最大值调试 2

在图 6.44 中，继续执行 Go 命令，找到大于 max 的值 83，对应下标为 i=1，j=1。
在图 6.45 中，继续执行 Go 命令，找到大于 max 的值 91，对应下标为 i=2，j=4。

```
for (i=0;i<N;i++)
{
    for ( j=0;j<M;j++)
    {
        if (max<a[i][j])
        {
            max=a[i][j];line=i;col=j;
        }
    }
}
```

Watch

Name	Value
max	80
a[i][j]	82
i	0
j	4

图 6.43　二维数组找最大值调试 3

```
for (i=0;i<N;i++)
{
    for ( j=0;j<M;j++)
    {
        if (max<a[i][j])
        {
            max=a[i][j];line=i;col=j;
        }
    }
}
```

Watch

Name	Value
max	82
a[i][j]	83
i	1
j	1

图 6.44　二维数组找最大值调试 4

```
for (i=0;i<N;i++)
{
    for ( j=0;j<M;j++)
    {
        if (max<a[i][j])
        {
            max=a[i][j];line=i;col=j;
        }
    }
}
```

Watch

Name	Value
max	83
a[i][j]	91
i	2
j	4

图 6.45　二维数组找最大值调试 5

在图 6.46 中，扫描二维数组的循环结束，跳出循环时，i=3，j=6，找到数组中的最大值 max=91。

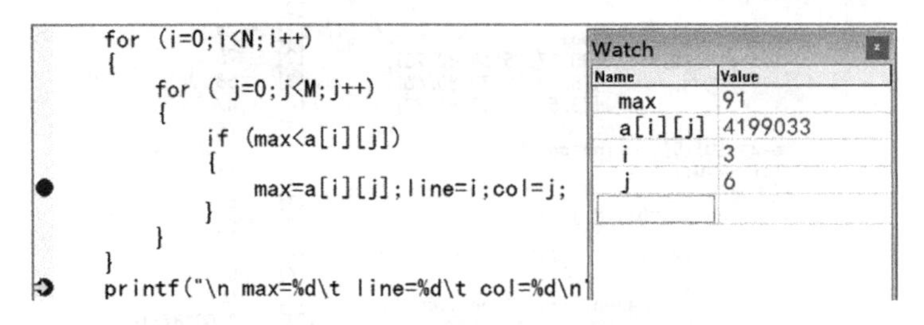

图 6.46　二维数组找最大值调试 6

【结论】嵌套循环执行顺序

关于多个循环的嵌套执行，C 语言制定了相关的规则，如图 6.47 所示。

1. 判断外层循环条件，满足则进入外层循环体，不满足则跳出外层循环。

2. 判断内层循环条件，满足则进入内层循环体，不满足则跳出内层循环，至外层循环增量。

【读程练习】打地鼠游戏

打地鼠是一个经典的电脑游戏。游戏中地鼠会从一个个地洞中不经意地探出脑袋，玩家用锤子道具敲打地洞里的地鼠并获得相应奖励。

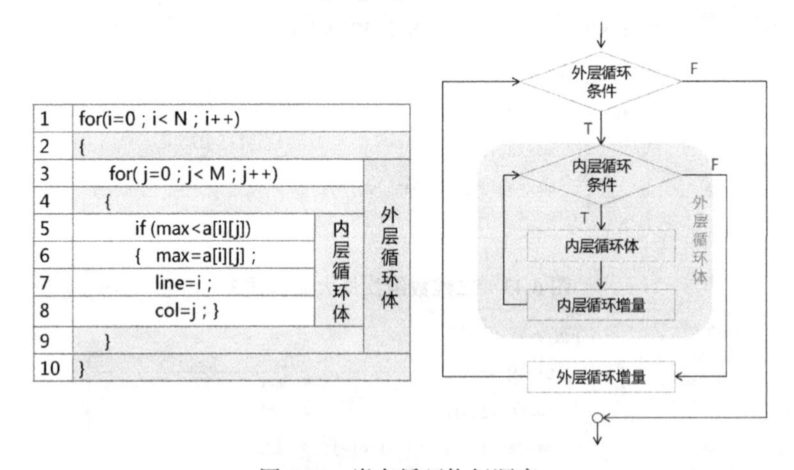

图 6.47　嵌套循环执行顺序

1. 算法说明

程序使用随机函数 srand 和 rand 来生成每次地鼠出现的位置，虽然以下打地鼠程序的结果仅显示在控制台窗口，界面简单，只有 3×3 大小的“草地”，“锤子”击打的位置是用户输入的坐标，但最基本的“打地鼠”算法原理同真正的电脑游戏是一样的。

2. 程序代码

```
#include <stdio.h>
#include <stdlib.h>
```

```
#include <time.h>
int main(void)                  //注：本程序为缩减篇幅，去掉了部分if-else语句的花括号
{
    int times = 0;              //游戏次数
    int mouse_y = 0;            //地鼠所在行号
    int mouse_x = 0;            //地鼠所在列号
    int posy = 0;               //锤子所在行号
    int posx = 0;               //锤子所在列号
    int hits = 0;               //打中次数
    int missed = 0;             //错过次数
    int num = 0, row = 0, col = 0;
    srand(time(0));
    //获得游戏次数
    printf("你想玩几次？：");
    scanf("%d", &times);
    //打印地图
    printf("***\n***\n***\n");
    printf("输入锤子位置为矩阵的行、列数，中间加空格\n");

    //游戏过程
    for (num = 1;num <= times;num++)
    {
        //获得地鼠和锤子的位置
        mouse_y = rand() % 3 + 1;
        mouse_x = rand() % 3 + 1;
        do
        {
            printf("输入锤子所在的位置：");
            scanf("%d %d", &posy, &posx);
        } while (posy < 1 || posy > 3 || posx < 1 || posx > 3);
        //修改打中和错过的个数
        if (mouse_y == posy && mouse_x == posx)  hits++;
        else missed++;
        //打印地图
        for (row = 1;row <= 3;row++)
        {
            for (col = 1;col <= 3;col++)
            {
                if (row == posy && col == posx)  printf("O");
                else if (row == mouse_y && col == mouse_x) printf("X");
                else printf("*");
            }
            printf("\n");
        }
        //提示是否打中
        if (mouse_y == posy && mouse_x == posx) printf("哈哈!打中了\n");
```

```
            else printf("唉!没打中\n");
            //打印总成绩
            printf("打中%d 次，错过%d 次\n", hits, missed);
        }
        return 0;
    }
```

【读程练习】区分旅客国籍

在一个旅馆中住着 6 个不同国籍的人，他们分别来自美国、德国、英国、法国、俄罗斯和意大利，他们的名字叫 A、B、C、D、E 和 F。名字的顺序与上面的国籍不一定是相互对应的。现在已知：

（1）A 和美国人是医生。

（2）E 和俄罗斯人是技师。

（3）C 和德国人是技师。

（4）B 和 F 曾经当过兵，而德国人从未参过军。

（5）法国人比 A 年龄大；意大利人比 C 年龄大。

（6）B 同美国人下周要去西安旅行，而 C 同法国人下周要去杭州度假。

试问由上述已知条件，A、B、C、D、E 和 F 分别是哪国人？

【解析】

1. *数据分析*

先尽可能利用已知条件，确定谁不是哪国人。

由已知条件 1、2、3 可知，A 不是美国人，E 不是俄罗斯人，C 不是德国人。另外因为 A 与德国人的职业不同，E 与美、德人的职业不同，C 与美、俄人的职业不同，所以 A 不是俄罗斯人或德国人，E 不是美国人或德国人，C 不是美国人或俄罗斯人。

由已知条件 4、5 可知，B 和 F 不是德国人，A 不是法国人，C 不是意大利人。

由条件 6 可知，B 不是美国人，也不是法国人（因 B 与法国人下周的旅行地点不同）；C 不是法国人。

整理上述信息如下。

A：A 不是美国人，A 不是俄罗斯人或德国人，A 不是法国人；

B：B 不是德国人，B 不是美国人，也不是法国人；

C：C 不是德国人，C 不是美国人或俄罗斯人，C 不是意大利人，C 不是法国人。

D：无信息；

E：E 不是美国人或德国人；

F：F 不是德国人。

将以上结果汇总放到条件矩阵 **a** 中，各个国家的名称放在另一个一维数组 countries 中，如图 6.48 所示。

矩阵 **a** 中行表示人，列表示国家，第 0 行是一个特殊行，设计为放处理标记，1 为未处理，0 为已处理。其余元素的值表示国籍，比如值为 4，对应 countries 数组中的德国；若值为 0，则表示不是该国人。

2. 算法设计

根据图 6.48 中标号 2 和 3 的步骤，循环使用消元法进行求解，就可以得到问题的答案。

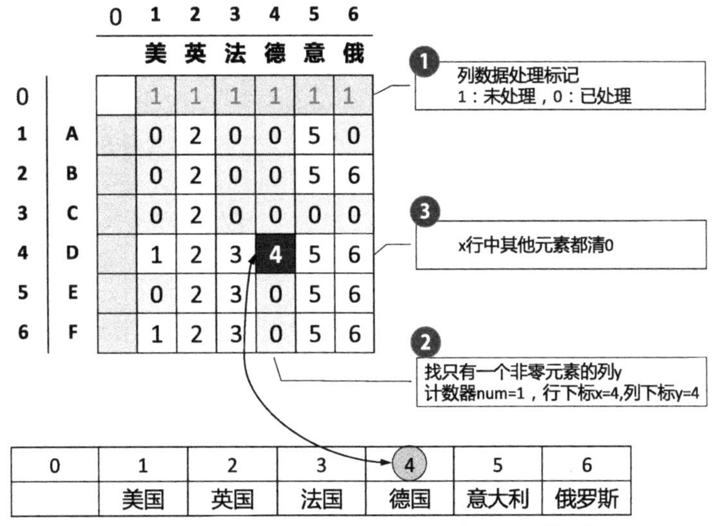

图 6.48　国籍判断数据存储及处理

3. 程序实现

```
#include<stdio.h>
char *countries[7]={" ","美国","英国","法国","德国","意大利","俄罗斯"};
//countries 前的星号表示此数组中放的是地址量，此处的地址为字符串起始地址
int main(void)
{
    int a[7][7],i,j,k,num,x,y;
    for(i=0;i<7;i++)                  //初始化条件矩阵
    for(j=0;j<7;j++) a[i][j]=j; //行为人，列为国家，元素的值表示某人是该国人
    for(i=1;i<7;i++) a[0][i]=1; //条件矩阵每列第 0 号元素为该列数据处理的标记，
                                   1 表示未处理
    //输入条件矩阵中的各种条件,0 表示不是该国人
    a[1][1] = a[1][3] = a[1][4] = a[1][6] = 0;  //A 不是美国、法国、德国或
                                                   俄罗斯人
    a[2][1]= a[2][3]= a[2][4] =0;               //B 不是德国、美国、法国人
    a[3][1] = a[3][3] = a[3][4]= a[3][5] =a[3][6] = 0;
                                  //C 不是德国、美国、俄罗斯、意大利、法国人
    a[5][1] = a[5][4]= 0;                       //E 不是美国人或德国人
    a[6][4]=0;                                  //F 不是德国人

    while(a[0][1]+a[0][2]+a[0][3]+a[0][4]+a[0][5]+a[0][6]>0)
                                        //当所有六列均处理完毕后退出循环
    {
        for(i=1;i<7;i++)                  //i 为列坐标，按列扫描
        {
```

```
            if(a[0][i])                         //若i列尚未处理，则进行处理
            {
                for(num=0,j=1;j<7;j++)   //j为行坐标
                {
                    if(a[j][i])
                    {
                        num++;                  //num为列中非0元素计数器
                        x=j;
                        y=i;                    //记录非零元素所在下标行x，列y
                    }
                }
                if(num==1)                      //若列中只有一个非零元素，则进行消去操作
                {
                    for(k=1;k<7;k++)
                    {
                        if(k!=y)a[x][k]=0;   //非零元素所在行x的其他元素置0
                        a[0][y]=0;              //置列y处理标记为"已处理"
                    }
                }
            }
          }
        }
        for(i=1;i<7;i++)                            //输出推理结果
        {
            printf("%c是",'A'-1+i);               //输出人名
            for(j=1;j<7;j++)
            {
                if(a[i][j]!=0)
                {
                    printf("%s人\n",countries[a[i][j]]);    //输出国家
                    break;
                }
            }
        }
        return 0;
    }
```

运行结果:

```
A是意大利人
B是俄罗斯人
C是英国人
D是德国人
E是法国人
F是美国人
```

6.5　字符数组的操作

【例 6.6】密码核对的问题

用户登录某系统时，系统需要将用户输入的密码与注册时预留的密码进行核对。比如用户预留的密码是 abc24680，如图 6.49 所示，对系统而言，用户预留密码应该如何存储呢？

编号	0	1	2	3	4	5	6	7	8	9	...	18	19
预留密码	'a'	'b'	'c'	'2'	'4'	'6'	'8'	'0'					

图 6.49　用户预留的密码

【解析】

1. 数据的存储结构

在预留密码的存储方案上，可以采用的字符数组赋初值方法有两种，一种是逐个赋字符值，另一种是用字符串赋值方法。两种赋值方法在存储的字符内容上是一样的，区别仅在于字符串在赋值时，系统自动在串的最后添加结束标志\0，如图 6.50 所示。

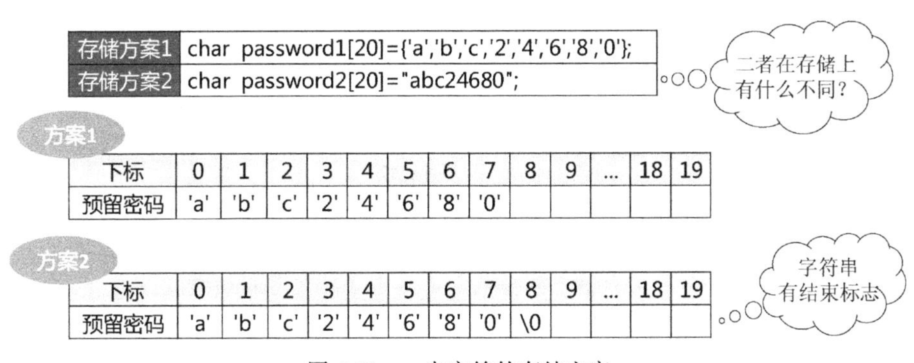

图 6.50　一串字符的存储方案

提示：C 语言允许存储任意长度的字符串。当在字符数组中存储字符串时，要确保数组足够大，以容纳要存储的最长字符串；若字符串的长度超过将存储它的字符数组长度，则超出数组边界的字符将覆盖内存中数组后面的数据。

2. 算法描述

逐步细化的算法描述如图 6.51 所示。

第二步细化中，输入没有结束是因为判断 ch 不等于回车换行。循环控制量 i 同时起计数的作用。strlen 是库函数，功能为求字符串长度，不包括串结束符\0。判断字符串是否全部比较完毕，要依靠比较次数 i 和字符串长度是否相等。

3. 程序实现

```
01 #include <stdio.h>
02 #include <string.h>
03 int main(void )
04 {
```

```
05      int i=0;
06      char ch;
07      char  password[20]="abc24680";
08      ch=getchar();
09      while (ch!='\n')
10      {
11          if (ch != password[i])
12          {
13              break;
14          }
15          ch=getchar();
16          i++;
17      }
18      if (i==strlen(password)) printf("密码正确\n");
19      else printf("密码错误\n");
20      return 0;
21 }
```

注意第 19 行，求串长度的库函数 strlen 的头文件说明在第 2 行。

顶部伪代码	第一步细化	第二步细化
键盘输入字符与预留字符 逐个比较 若不等，输出“密码错误”	预留字符放password[ ]数组	char password[20] ; int i=0;
	键盘输入字符ch	ch=getchar();

	当输入没有结束
	ch与password[ ] 顺序比较
	若不等，输出“密码错误”
		while (ch!='\n')
		if (ch != password[i])
		printf("密码错误");
		跳出循环
		ch=getchar();
		i++ ;

若全部比较完毕 输出“密码正确”	若全部比较完毕 输出“密码正确”	if (i==strlen(password)) printf("密码正确");

图 6.51　密码核对

【例 6.7】凯撒密码的破解

小布朗给老爸的神秘邮件到底应该怎么破解呢？字母的偏移究竟是多少？如图 6.52 所示。布朗先生的算法具体该如何实现？

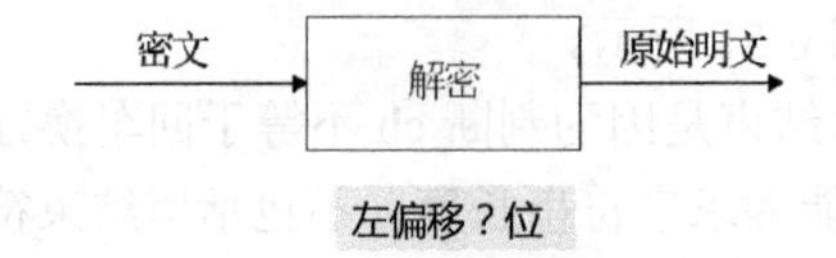

图 6.52　凯撒密码破解

【解析】

1. 数据处理

为计算方便，我们采用循环右移的方法，即每次右移 1 位，把 26 种移位的情形全部列出，然后查看有意义的字符串即可。先来分析字母位移 1 位的情形，如图 6.53 所示。

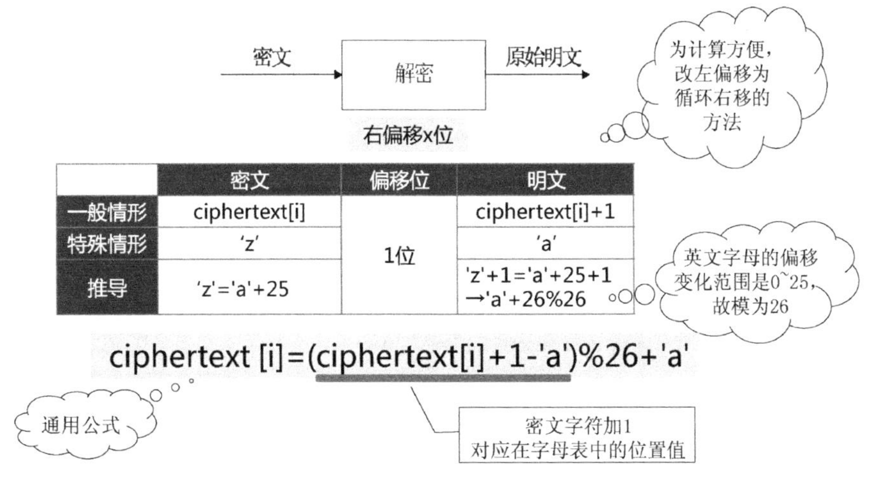

图 6.53　字母偏移分析

一般情形下，密文为 ciphertext[i]，则明文为 ciphertext [i]+1。特殊情形下，密文为'z'，明文为'a'，即到字母表的最后，有一个回到表头的问题。对于这种特殊情形，我们来推导一下。

密文'z'='a'+25，则明文为'z'+1='a'+25+1 应该为'a'。

此处的 26 可以通过模 26 变为 0，只剩下字符 a，模 26 的意义是让出界的部分折回到模系统内。

由此得到右移一位的变换通用公式，其中括号中的内容含义是密文字符加 1 对应在字母表中的位置值。比如，字符 ciphertext[i]如果为'b'，则有：

```
ciphertext[i]+1-'a'='b'+1-'a'=2                //字母 b 在字母表中的偏移为 2
(ciphertext[i]+1-'a')%26+'a'=2%26+'a'='c'    //字母 b 右偏移一位为 c
```

2. 算法描述

伪代码描述如图 6.54 所示。

第二步细化中，用串结束标志'\0'来判断串处理是否完成，空格是用单引号引用方式表示的。密文的右移按照前面推导的公式给出，打印字串，前面加了序号。最后需要人工在打印出的内容中查找有意义的字符串。

顶部伪代码	第一步细化	第二步细化
把字符串的内容每次右偏移1位 打印出内容 重复以上的操作26次	以下操作重复26次	while(j<26)
	当密文串没有结束 密文非空格 则密文右移一位 打印密文串	while(ciphertext[i]!='\0')　//当密文串没有结束
		if (ciphertext[i] ! = ' ')　//跳过空格
		ciphertext[i]=(ciphertext[i]+1-'a')%26+'a'　//右移1位
		i++
		printf("%d:%s\n", j, ciphertext)
		i=0
		j++

（注：最后需要人工找出打印内容中有意义的字符串）

图 6.54　凯撒密码破解算法

3. 程序实现

```
01 #include "stdio.h"
02 #define SIZE 80
```

```
03 int main(void)
04 {
05    char ciphertext[SIZE]="lettc fmvxlhec hehhc pszi csy";
06    int i=0,j=0;
07    printf( "%s\n",ciphertext);
08    while (j<26)
09    {
10       while (ciphertext[i]!='\0')
11       {
12          if (ciphertext[i]!=' ')
13          {
14             ciphertext[i]=(ciphertext[i]+1-'a')%26+'a';
15          }
16          i++;
17       }
18       printf("%d:%s\n",j,ciphertext);
19       i=0;
20       j++;
21    }
22    return 0;
23 }
```

程序结果：

```
lettc fmvxlhec hehhc pszi csy
0:mfuud gnwymifd ifiid qtaj dtz
1:ngvve hoxznjge jgjje rubk eua
2:ohwwf ipyaokhf khkkf svcl fvb
3:pixxg jqzbplig lillg twdm gwc
4:qjyyh kracqmjh mjmmh uxen hxd
5:rkzzi lsbdrnki nknni vyfo iye
6:slaaj mtcesolj olooj wzgp jzf
7:tmbbk nudftpmk pmppk xahq kag
8:unccl ovegugnl qnqql ybir lbh
9:voddm pwfhvrom rorrm zcjs mci
10:wpeen qxgiwspn spssn adkt ndj
11:xqffo ryhjxtqo tqtto belu oek
12:yrggp szikyurp uruup cfmv pfl
13:zshhq tajlzvsq vsvvq dgnw qgm
14:atiir ubkmawtr wtwwr ehox rhn
15:bujjs vclnbxus xuxxs fipy sio
16:cvkkt wdmocyvt yvyyt gjqz tjp
17:dwllu xenpdzwu zwzzu hkra ukq
18:exmmv yfoqeaxv axaav ilsb vlr
19:fynnw zgprfbyw bybbw jmtc wms
20:gzoox ahqsgczx czccx knud xnt
21:happy birthday daddy love you
22:ibqqz cjsuiebz ebeez mpwf zpv
```

```
23:jcrra dktvjfca fcffa nqxg aqw
24:kdssb eluwkgdb gdggb oryh brx
25:lettc fmvxlhec hehhc pszi csy
```

可以看出，在结果序号 21 处是有意义的字串——“happy birthday daddy love you”。看到这个结果，老布朗小小感动了一下，因为小布朗还不会编程，所以密文结果全靠手工算出来。

【例 6.8】姓氏排序

有若干个姓氏如下，要求按字典序升序排序。

Zhao，Zhou，Zhang，Zhan，Zheng

【解析】

1. 数据存储

每个姓氏是一个字符串，多个姓氏就是多个字符串，可以用二维字符数组来存储，如图 6.55 所示。5 个姓氏，则定义字符数组 c 是 5 行，按其中最大长度，再加上字符串结束标志所占的 1 位，所以列数为 6。二维数组的每一行地址，用数组的一维形式引用。

char c[5][6]={ "Zhao","Zhou", "Zhang","Zhan","Zheng"}

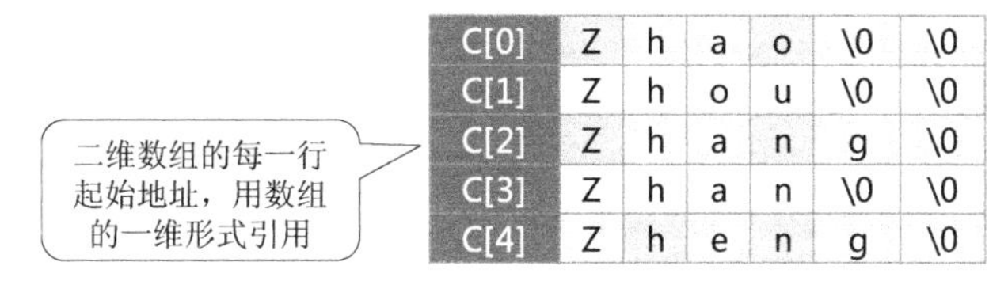

图 6.55　多个字符串的存储

2. 算法描述

伪代码描述如图 6.56 所示。

对应字符串的各种处理，C 语言系统提供了不少库函数。在这个问题中，使用了串复制函数 strcpyhe、串比较函数 strcmp，如图 6.57 所示。

顶部伪代码	第一步细化	第二步细化
在若干字符串中找最大者	将M个字符串放入c[M][6]	char c[M][6]，char str[6]
	取数组的第一个字符串做比较基准str	c[0]做比较基准，复制到str中
	在数组中按行序，逐个字符串与str比较，将大者放str	i=1;
		while i< M
		若 str内容小于c[i]
		将c[i]内容复制到str中
		i++;
输出结果	输出结果	输出 str

图 6.56　多字串排序

函数	功能	返回
strcpy(字符数组, 字符串)	字符串复制到字符数组	
strcmp（字符串1，字符串2）	按字符顺序比较两字符串	0：相等
		正数：串1>串2
		负数：串1<串2

#include <string.h>

图 6.57　字符串处理函数

【知识ABC】字符串处理函数

C语言提供了丰富的字符串处理函数，大致可分为字符串的输入、输出、合并、修改、比较、转换、复制、搜索几类。使用这些函数可大大减轻编程的负担。

用于输入、输出的字符串函数，在使用前应包含头文件“stdio.h”，使用其他字符串函数则应包含头文件“string.h”。

常用的字符串函数原型及功能说明请参看附录C。

3. 程序实现

```
01 #include <stdio.h>
02 #include  <string.h>
03 #define M 5
04 int main(void)
05 {
06    char  c[M][6]= {"Zhao","Zhou","Zhang","Zhan","Zheng"};
07    char  str[6];
08    int   i;
09
10    strcpy(str, c[0]);         //用字符串复制函数，把c[0]复制到str数组
11    for (i=1; i<M; i++)
12    {
13       if (strcmp(str, c[i])< 0)      //若str小于c[i]
14       {
15          strcpy(str, c[i]);          //则c[i]复制到str数组
16       }
17    }
18    printf("最大串为:%s\n", str);
19    return 0;
20 }
```

程序结果：最大串为Zhou。

第10行，用字符串复制函数，把c[0]复制到str数组。

第13行，把str, c[i]的串内容进行比较。

第15行，把大的字符串复制到str中。

4. 跟踪调试

根据程序的特点，列出调试要点如下。

- 二维字符数组的查看——字符串赋初值、串结束标志；
- 二维数组行地址信息的查看——数组名加一维下标表示二维数组的一行起始位置；
- strcpy、strcmp函数的功能查看。

在图6.58中，二维字符数组c赋初值后的情形，每行放一个字符串，一行的长度是6，字串长度不足6时，系统自动在后面补0。每行的地址是字符串的起始地址，以c[i]表示，此处i为0到5的整数。

一维字符数组str未赋初值时，元素内容是十进制数–52，对应汉字是“烫”，在显示字串时后面还有“Zhou”，系统在显示字串要遇到结束符'\0'才会停止。

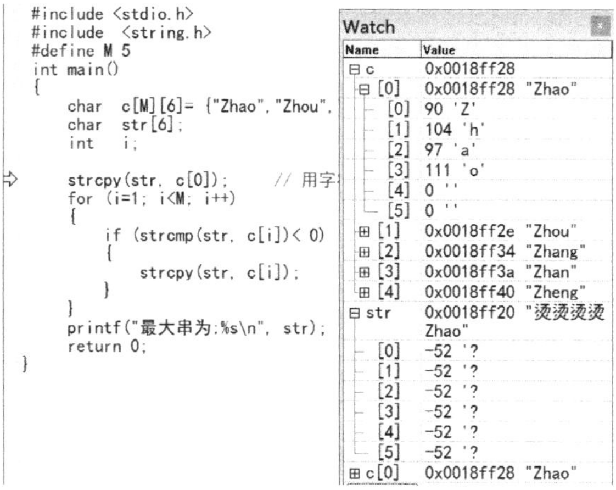

```
#include <stdio.h>
#include  <string.h>
#define M 5
int main()
{
    char  c[M][6]= {"Zhao","Zhou",
    char  str[6];
    int   i;

    strcpy(str, c[0]);      // 用字
    for (i=1; i<M; i++)
    {
        if (strcmp(str, c[i])< 0)
        {
            strcpy(str, c[i]);
        }
    }
    printf("最大串为:%s\n", str);
    return 0;
}
```

Watch

Name	Value
⊟ c	0x0018ff28
⊟ [0]	0x0018ff28 "Zhao"
[0]	90 'Z'
[1]	104 'h'
[2]	97 'a'
[3]	111 'o'
[4]	0 ''
[5]	0 ''
⊞ [1]	0x0018ff2e "Zhou"
⊞ [2]	0x0018ff34 "Zhang"
⊞ [3]	0x0018ff3a "Zhan"
⊞ [4]	0x0018ff40 "Zheng"
⊟ str	0x0018ff20 "烫烫烫烫Zhao"
[0]	-52 '?
[1]	-52 '?
[2]	-52 '?
[3]	-52 '?
[4]	-52 '?
[5]	-52 '?
⊞ c[0]	0x0018ff28 "Zhao"

图 6.58　找最大串调试步骤 1

在图 6.59 中，strcpy 函数的作用是将 c[0]的内容复制到 str 中，此时 Watch 窗口可以看到 str 中元素值的改变。

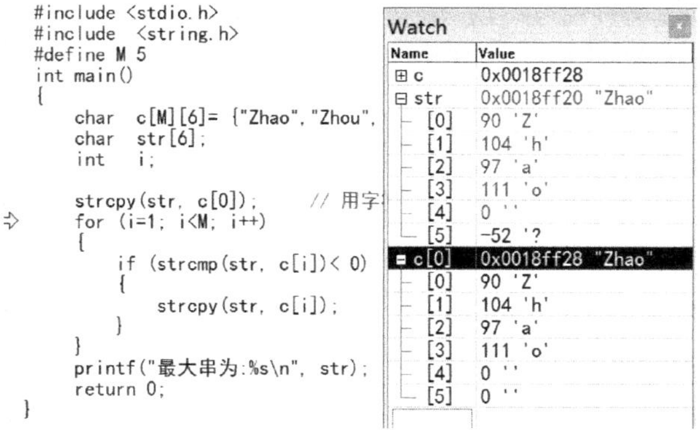

```
#include <stdio.h>
#include  <string.h>
#define M 5
int main()
{
    char  c[M][6]= {"Zhao","Zhou",
    char  str[6];
    int   i;

    strcpy(str, c[0]);      // 用字
    for (i=1; i<M; i++)
    {
        if (strcmp(str, c[i])< 0)
        {
            strcpy(str, c[i]);
        }
    }
    printf("最大串为:%s\n", str);
    return 0;
}
```

Watch

Name	Value
⊞ c	0x0018ff28
⊟ str	0x0018ff20 "Zhao"
[0]	90 'Z'
[1]	104 'h'
[2]	97 'a'
[3]	111 'o'
[4]	0 ''
[5]	-52 '?
⊟ c[0]	0x0018ff28 "Zhao"
[0]	90 'Z'
[1]	104 'h'
[2]	97 'a'
[3]	111 'o'
[4]	0 ''
[5]	0 ''

图 6.59　找最大串调试步骤 2

在图 6.60 中，i 值为 1，进入第一次循环，c[i]的值是“Zhou”。

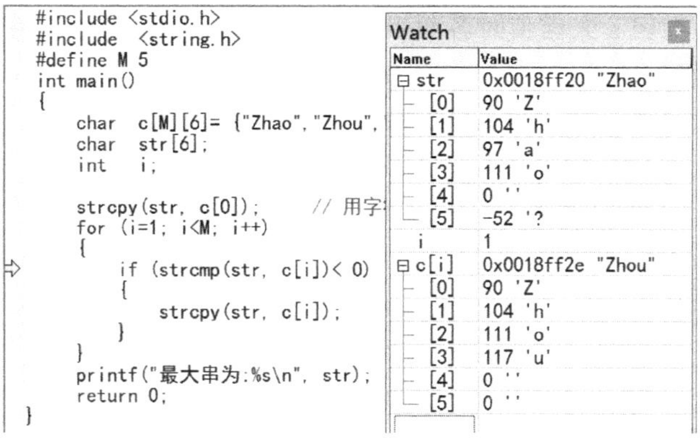

```
#include <stdio.h>
#include  <string.h>
#define M 5
int main()
{
    char  c[M][6]= {"Zhao","Zhou",
    char  str[6];
    int   i;

    strcpy(str, c[0]);      // 用字
    for (i=1; i<M; i++)
    {
        if (strcmp(str, c[i])< 0)
        {
            strcpy(str, c[i]);
        }
    }
    printf("最大串为:%s\n", str);
    return 0;
}
```

Watch

Name	Value
⊟ str	0x0018ff20 "Zhao"
[0]	90 'Z'
[1]	104 'h'
[2]	97 'a'
[3]	111 'o'
[4]	0 ''
[5]	-52 '?
i	1
⊟ c[i]	0x0018ff2e "Zhou"
[0]	90 'Z'
[1]	104 'h'
[2]	111 'o'
[3]	117 'u'
[4]	0 ''
[5]	0 ''

图 6.60　找最大串调试步骤 3

在图 6.61 中，if 语句中的 strcpy 被执行，str 数组被赋值为“Zhou”，说明 strcmp 函数返回的结果是小于 0 的。

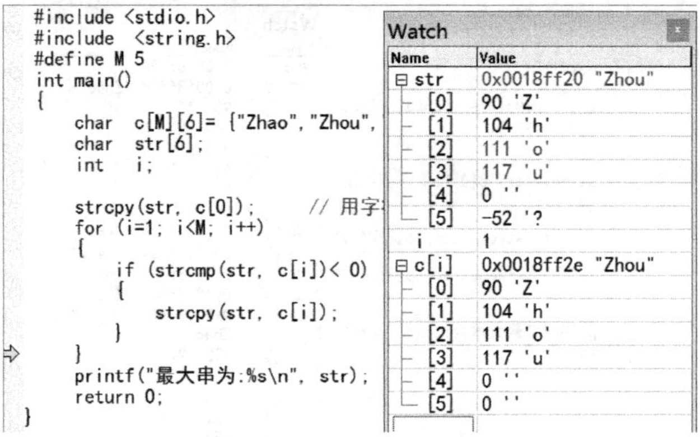

```
#include <stdio.h>
#include  <string.h>
#define M 5
int main()
{
    char  c[M][6]= {"Zhao","Zhou",
    char  str[6];
    int   i;

    strcpy(str, c[0]);      // 用字
    for (i=1; i<M; i++)
    {
        if (strcmp(str, c[i])< 0)
        {
            strcpy(str, c[i]);
        }
    }
    printf("最大串为:%s\n", str);
    return 0;
}
```

Watch

Name	Value
⊟ str	0x0018ff20 "Zhou"
[0]	90 'Z'
[1]	104 'h'
[2]	111 'o'
[3]	117 'u'
[4]	0 ''
[5]	-52 '?
i	1
⊟ c[i]	0x0018ff2e "Zhou"
[0]	90 'Z'
[1]	104 'h'
[2]	111 'o'
[3]	117 'u'
[4]	0 ''
[5]	0 ''

图 6.61　找最大串调试步骤 4

【例 6.9】VC6.0 环境汉字存储方式分析

1. 问题提出

我们常在 Watch 窗口中看到有汉字“烫”的显示，而在相关数组元素中却是一个整数–52，这个数字和汉字“烫”有什么关系呢？

我们可以编程来进行测试。

2. 测试程序

在测试程序中，在一个字符数组 a 中放置汉字、英文字符和数字，以便由熟悉的字符和数字来推理汉字的存储长度和显示规律。程序如下。

```
int main(void)
{
    char a[ ]="你好 Hello123";
    printf("%s",a);
    return 0;
}
```

3. 跟踪分析

图 6.62 所示为在数组 a 未赋值时各数组元素的内容，a[i]值是以十进制形式显示的。整数–52 是否就是汉字“烫”的编码？只由这一个数据还不能得出结论。

图 6.63 是把字符串“你好 Hello123”赋值给数组 a 后的情形。

Name	Value
⊟ a	0x0012ff70 "烫烫烫烫烫烫?■"
[0]	-52 '?
[1]	-52 '?
[2]	-52 '?
[3]	-52 '?
[4]	-52 '?
[5]	-52 '?
[6]	-52 '?
[7]	-52 '?
[8]	-52 '?
[9]	-52 '?
[10]	-52 '?
[11]	-52 '?
[12]	-52 '?

图 6.62　汉字问题 1

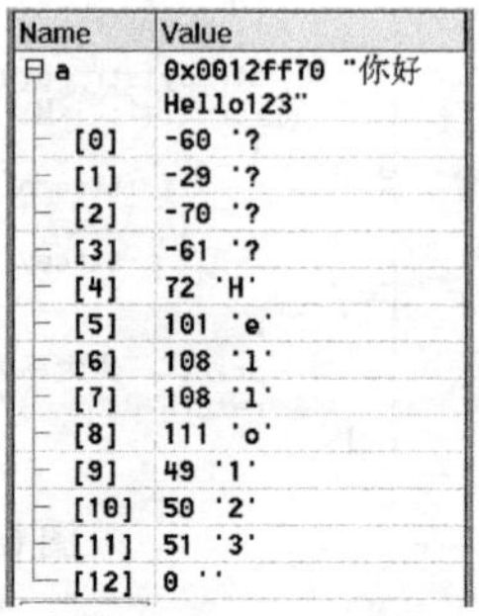

Name	Value
⊟ a	0x0012ff70 "你好 Hello123"
[0]	-60 '?
[1]	-29 '?
[2]	-70 '?
[3]	-61 '?
[4]	72 'H'
[5]	101 'e'
[6]	108 'l'
[7]	108 'l'
[8]	111 'o'
[9]	49 '1'
[10]	50 '2'
[11]	51 '3'
[12]	0 ''

图 6.63　汉字问题 2

现在的问题是要找出汉字和数组元素的对应关系。我们已经知道，字母和数字的 ASCII 码占 1 字节（8bit），如 a[4]=72 是字母 H 的 ASCII 码，根据上面字符串的存储顺序，a[0]、a[1]两个字节存放了汉字“你”的编码，a[2]、a[3]两个字节存放了汉字“好”的编码，故一个汉字占用 2 字节的内存单元。

在图 6.64 中查看 a 数组的内容，Memory 是以单字节十六进制的形式显示的：

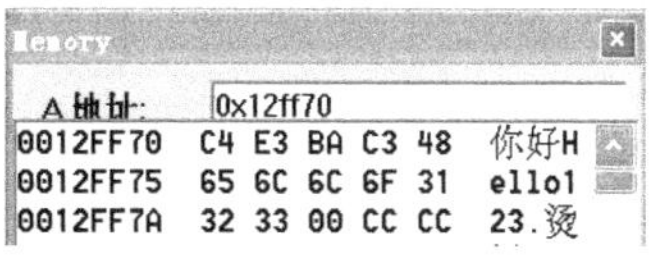

```
Memory
地址: 0x12ff70
0012FF70  C4 E3 BA C3 48  你好H
0012FF75  65 6C 6C 6F 31  ello1
0012FF7A  32 33 00 CC CC  23.烫
```

图 6.64　汉字问题 3

“你”：0xC4E3

“好”：0xBAC3

通过与图 6.65 所示的数值对比，可以得知图 6.63 中，a[0]=–60　a[1]=–29，是系统把 0xC4 和 0xE3 当有符号数处理了。

十六进制	C	4	E	3
二进制	1100	0100	1110	0011
十进制	-60		-29	

图 6.65　数值对应表

4. 结论

通过和常用的几种编码字符集的信息比较，可以知道 VC6.0 所使用的汉字编码是 GBK 编码，如图 6.66 和图 6.67 所示。有了 GBK 的线索，查到“烫”的编码就不是问题了。

以上的讨论，给出了一种分析数据的方法和思路。通过 Watch 和 Memory 窗口可以查看我们感兴趣的数据，再从中找出它们的规律或联系，从而得到想要的结果。

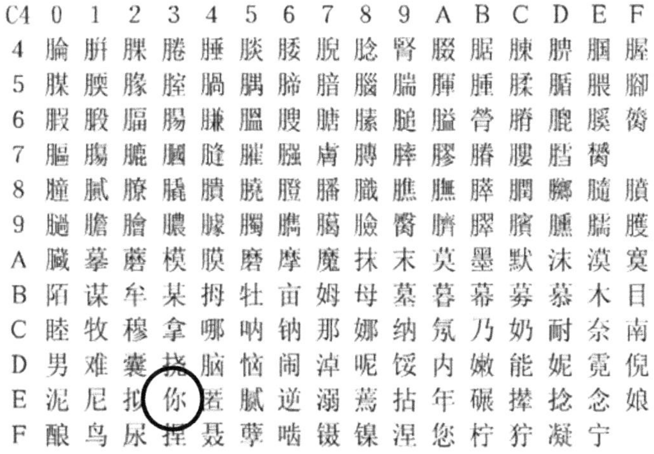

C4	0	1	2	3	4	5	6	7	8	9	A	B	C	D	E	F
4	腀	腁	腂	腃	腄	腅	腇	腉	腍	腎	腏	腒	腖	腗	腘	腛
5	腜	腝	腞	腟	腡	腢	腣	腤	腦	腨	腪	腫	腬	腯	腲	腳
6	腵	腶	腷	腸	膁	膃	膄	膅	膆	膇	膉	膋	膌	膍	膎	膐
7	膒	膓	膔	膕	膖	膗	膙	膚	膞	膟	膠	膡	膢	膤	膥	
8	膧	膩	膫	膬	膭	膮	膯	膰	膱	膲	膴	膵	膶	膷	膸	膹
9	膼	膽	膾	膿	臄	臅	臇	臈	臉	臋	臍	臎	臏	臐	臑	臒
A	臓	摹	蘑	模	膜	磨	摩	魔	抹	末	莫	墨	默	沫	漠	寞
B	陌	谋	牟	某	拇	牡	亩	姆	母	墓	暮	幕	募	慕	木	目
C	睦	牧	穆	拿	哪	呐	钠	那	娜	纳	氖	乃	奶	耐	奈	南
D	男	难	囊	挠	脑	恼	闹	淖	呢	馁	内	嫩	能	妮	霓	倪
E	泥	尼	拟	你	匿	腻	逆	溺	蔫	拈	年	碾	撵	捻	念	娘
F	酿	鸟	尿	捏	聂	孽	啮	镊	镍	涅	您	柠	狞	凝	宁	

图 6.66　GBK 字符集“你”的编码 C4E3

程序跟踪调试的过程，就是一个不断验证设计思路和实际执行结果是否吻合的过程。

【知识 ABC】VC 环境使用的汉字编码

- 汉字存储规则：每个汉字占用 2 个字节，即一个汉字占两个 char 的空间。
- 在 VC6.0 中汉字采用的是 GBK 编码（汉字国标扩展码）。

- GBK 的文字编码也是用双字节来表示的，为了区分中文，将其最高位都设定成 1。
- GBK 总体编码范围为 8140-FEFE，共收入汉字 21003 个。

BA	0	1	2	3	4	5	6	7	8	9	A	B	C	D	E	F
4	篅	篈	築	篊	篋	篍	篎	篏	篐	篒	篔	篕	篖	篗	篘	篛
5	篜	篞	篟	篠	篢	篣	篤	篧	篨	篩	篫	篬	篭	篯	篰	篲
6	篳	篴	篵	篶	篸	篹	篺	篻	篽	篿	簀	簁	簂	簃	簄	簅
7	簆	簈	簉	簊	簍	簎	簐	簑	簒	簓	簔	簕	簗	簘	簙	
8	簚	簛	簜	簝	簞	簠	簡	簢	簣	簤	簥	簨	簩	簫	簬	簭
9	簮	簯	簰	簱	簲	簳	簴	簵	簶	簷	簹	簺	簻	簼	簽	簾
A	籂	骸	孩	海	氦	亥	害	骇	酣	憨	邯	韩	含	涵	寒	函
B	喊	罕	翰	撼	捍	旱	憾	悍	焊	汗	汉	夯	杭	航	壕	嚎
C	豪	毫	郝	好	耗	号	浩	呵	喝	荷	菏	核	禾	和	何	合
D	盒	貉	阂	河	涸	赫	褐	鹤	贺	嘿	黑	痕	很	狠	恨	哼
E	亨	横	衡	恒	轰	哄	烘	虹	鸿	洪	宏	弘	红	喉	侯	猴
F	吼	厚	候	后	呼	乎	忽	瑚	壶	葫	胡	蝴	狐	糊	湖	

图 6.67　GBK 字符集“好”的编码 BAC3

6.6　本 章 小 结

数组是程序设计中最常用的数据结构。数组可以是一维的、二维的或多维的。

数组类型说明由类型说明符、数组名和数组长度 3 部分组成。数组元素又称为下标变量。数组的类型是指下标变量取值的类型。

对数组的赋值可以用数组初始化赋值、输入函数动态赋值和赋值语句赋值 3 种方法实现。数组的赋值方法及适用场合如图 6.68 所示。

本章主要内容及其之间的联系如图 6.69 所示。

	数据特点	适 用 场 合
初始化赋值	有无规律均可	输入一次即可，当数据较多、程序需要反复调试时，比较方便
键盘输入	有无规律均可	运行一次，输入一次，每次输入可以不一样，调试时不方便。适合程序调试通过后，对不同数据进行测试时使用
语句赋值	有规律	自动赋值。数据有规律时，建议使用此方法

图 6.68　数组的赋值方法及适用场合

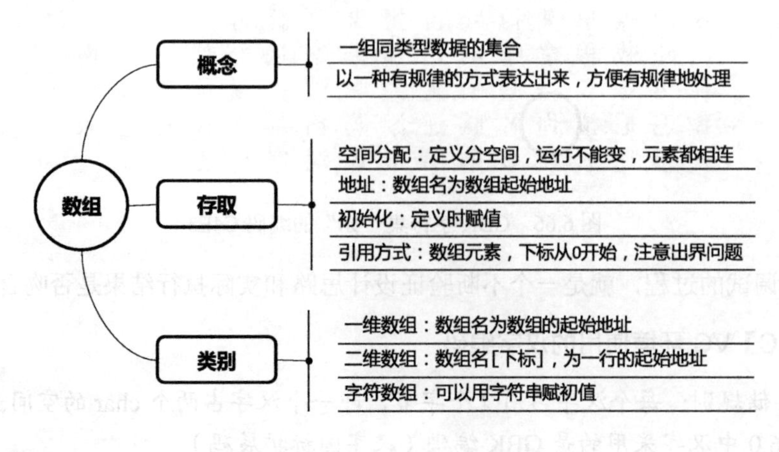

图 6.69　数组各内容间的联系

变量是单个数据只有自己，
数组是一组数据存放在一起，
变量三要素是名字、数值和地址，
数组可以和变量来类比。
数组空间也是在定义时分配，运行中大小不变异，
数组的名字与数组的起始地址是相同的含义，
每个数组元素类型都一样，值可以相异。
数组元素的用法与变量差不离。
元素在空间的位置用下标来表示，
规定是0开始，此点要牢记，
下标出界了会出故障特别要仔细。
'\0'标识字符串数组的结尾是系统规定的。

习 题

6.1 编写语句完成下列任务。

（1）显示字符数组f中下标是7的元素的值。

（2）输入一个值并存储在一位浮点数组b的元素4中。

（3）将一维整数数组g的所有5个元素初始化为8。

（4）计算具有100个元素的浮点数组的总和。

（5）将数组a赋值到数组b的起始部分（假设double a[11]，b[34];）。

（6）找到并输出具有99个元素的浮点数组w中的最小值和最大值。

6.2 编写程序，统计一行字符中数字字符的个数。

6.3 有一个数组，其内存放10个数，编程找出其中最小的数及其下标。

6.4 编写程序，找出10个元素的一维数组中其值为x的元素，找到则报出位置，找不到则提示检索不成功。

6.5 编写程序求两个相同大小矩阵的和。

6.6 编写程序，要求将字符串a的第n个字符之后的内容由字符串b替代，a、b、n在运行时输入。

6.7 输入若干有序数放在数组中，然后输入一个数，插入到此有序数列中，插入后，数组中的数仍然有序。测试以下三种情形，以验证程序是否正确。

（1）插在最前；（2）插在最后；（3）插在中间。

6.8 编写程序，其功能是：自己确定一整数m（2≤m≤9），在m行m列的二维数组中存放如下所示的数据，并在显示器中输出结果。

例如，若输入3，则输出：

```
    1    2    3
    2    4    6
    3    6    9
```

若输入5，则输出：

```
1   2   3   4   5
2   4   6   8   10
3   6   9   12  15
4   8   12  16  20
5   10  15  20  25
```

6.9 将 10 个人员的考试成绩进行分段统计，考试成绩放在 a 数组中，各分数段的人数存到 b 数组中：成绩为 60～69 的人数存到 b[0]中，成绩为 70～79 的人数存到 b[1]中，成绩为 80～89 的人数存到 b[2]中，成绩为 90～99 的人数存到 b[3]中，成绩为 100 的人数存到 b[4]中，成绩为 60 分以下的人数存到 b[5]中。

6.10 对于下面每组整数，编写一个语句，从下列数组中随机显示一个数字（提示：可以使用库函数中的随机函数）。

（1）2,4,6,8,10；

（2）3,5,7,9,11；

（3）6,10,14,18,22。

6.11 输入 5×5 的数组，编写程序实现：

（1）求出对角线上各元素的和。

（2）求出对角线上行、列下标均为偶数的各元素的积。

（3）找出对角线上其值最大的元素和它在数组中的位置。

6.12 输入一行数字字符，请用数组元素作为计数器来统计每个数字字符的个数。例如，用下标为 0 的元素统计字符“1”的个数，下标为 1 的元素统计字符“2”的个数，等等。

6.13 使用一维数组解决下列问题。读入 20 个数字，每个都在 10～100 之间（含 100）。当读取每个数字时，仅在它不是重复已经读取数字的情况下才输出它。要考虑到最糟糕的情况，即所有 20 个数字都完全不同。使用最小的可能数组来解决这个问题。

6.14 有一篇文章，共有 3 行文字，每行有 80 个字符。要求分别统计出其中英文大写字母与小写字母、中文字符、数字、空格及其他字符的个数（提示：中文字符占 2 字节，且数值均大于 128）。

6.15 编写程序：

（1）求一个字符串 S1 的长度。

（2）将一个字符串 S1 的内容复制给另一个字符串 S2。

（3）将两个字符串 S1 和 S2 连接起来，结果保存在 S1 字符串中。

（4）搜索一个字符在字符串中的位置（例如：“I”在“CHINA”中的位置为 3），若没有搜索到，则位置为–1。

（5）比较两个字符串 S1 和 S2，若 S1>S2，则输出一个正数；若 S1=S2，则输出 0；若 S1<S2，则输出一个负数；输出的正、负数值为两个字符串相应位置字符 ASCII 码值的差值，当两个字符串完全一样时，则认为 S1=S2。

以上程序均使用 gets 或 puts 函数输入、输出字符串，不能使用 string.h 中的系统函数。

6.16 13 个人围成一圈，从第 1 个人开始顺序报号 1～3，凡报到“3”者退出圈子，找出最后留在圈子中的人原来的序号。

6.17 计算两个矩阵的乘积（可自行定义矩阵的大小）。

第 7 章　指　　针

【主要内容】

- 指针的含义、使用规则及方法实例；
- 通过指针变量与普通变量的对比，说明其表现形式与本质含义；
- 指针变量与普通变量的不同之处以及使用上的相同之处；
- 指针与数组的关系；
- 指针偏移量的本质含义；
- 读程序的训练；
- 自顶向下算法设计的训练；
- 指针调试要点。

【学习目标】

- 理解并掌握指针的概念；
- 理解指针、数组和字符串之间的关系；
- 掌握指针对变量、数组的引用方法；
- 能够通过指针使用字符串数组；
- 能够用自顶向下、逐步求精的方法确定算法；

7.1　指针的概念

7.1.1　名称引用和地址引用

我们先来看实际生活中的名称引用和地址引用。

【引例 1】导航系统的目的地设置

现在送货的小哥开车到陌生的地点送货，常会用导航系统定位目的地。对目的地的设置有两种，一种是输入地名或单位名称，另一种是输入地址，例如，“西安电子科技大学北校区”是一种名称引用的方式，“雁塔区太白南路 2 号”是一种地址引用的方式，如图 7.1 所示。

归结起来，对于有位置属性的对象，可以用名称引用，也可以用地址引用。

【引例 2】课堂上的点名和作业布置

老师在课堂教学时往往会提问学生，在不知道学生姓名的情况下，会说："第三排，左数第二个同学"。在这种情形中，学生姓名就是"名称引用"，学生的座位坐标就是"地址引用"。老师在布置作业时，会说"C 语言教材第 3 章后的题目 6 和 8"，或者"p126：6、8 两题"。这里，章节就是"名称引用"，页码就是"地址引用"，如图 7.2 所示。

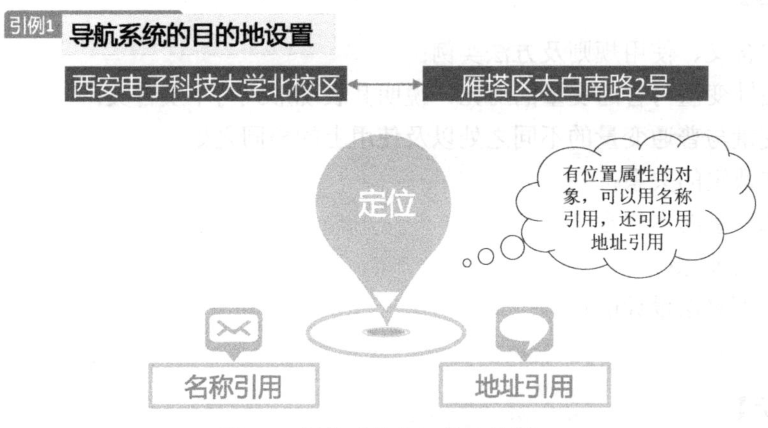

图 7.1 导航系统的目的地设置

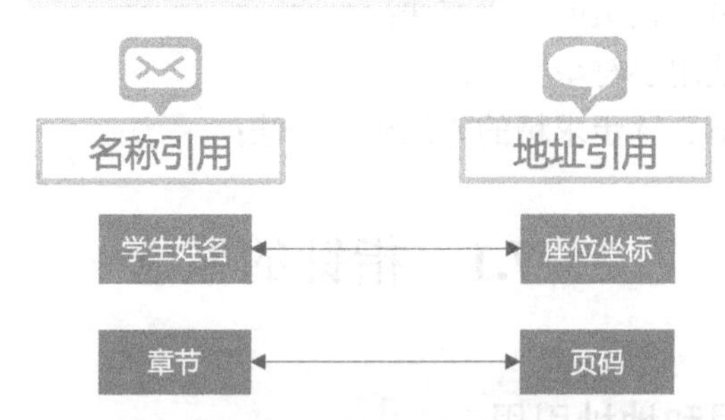

图 7.2 课堂上的提问和作业布置

从前面的例子可以看到，在实际生活中，对一个具有地址属性的对象进行访问，可以通过名称访问，也可以通过位置进行访问。

程序中的数据也是具有地址属性的对象，在程序访问数据时也会遇到同样的情形。

【引例 3】程序设计中的数据引用方式

我们学习 C 语言到现在，已知的经验是通过引用变量的名称来实现对数据的访问，比如变量 x，从原理上说，也可以通过地址引用来访问数据，只要在机制上设置相应的规则即可。其实我们在 scanf 函数中已经看到过，变量的地址引用方法，是在变量前加一个"&"符号，所以&x 即是取变量 x 的地址，如图 7.3 所示。

有了变量地址的概念，我们再来讨论一下计算机存储空间的管理问题。

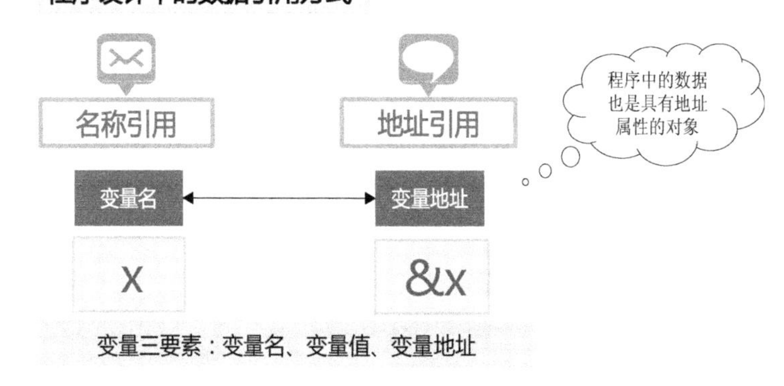

图 7.3 程序设计中数据的引用方式

7.1.2 存储空间的管理

先来看看实际生活中的存储空间问题。

【引例 1】幼儿园里的储物格

幼儿园老师为了帮助不太认得数字的小朋友记住自己的储物格，上面贴了不同的动物图案，直观形象，小朋友们就不会认错格子了，如图 7.4 所示。

图 7.4 图案中的名称引用

同样，对程序员而言，通过见名知意的标识符命名的变量来对数据进行操作，非常直观方便。

【引例 2】超市的存包柜

超市存包柜是一个大的存储空间，被分为同样大小的多个单元格，每个单元格都有编号。

存包柜是自动管理的，当顾客按下“存”键时，系统根据当前存储空间的状态查找空闲的单元，按照一定的规则打开一个；若无空闲单元，则显示“柜满”。

在以上处理中，单元编号就是一个必不可少的重要信息。若把编号当成是单元格的地址，则通过编号对单元格进行操作就是“地址引用”，如图 7.5 所示。

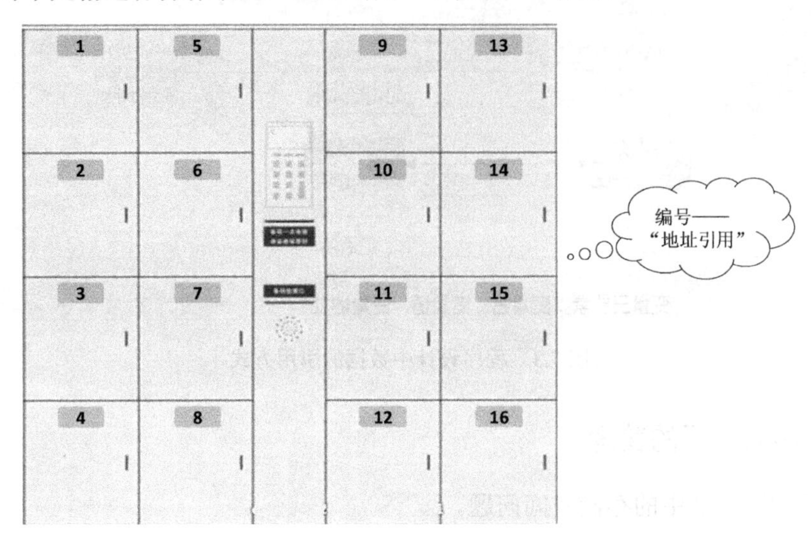

图 7.5　储物柜的地址引用

1. 计算机内存空间管理方式

布朗先生看了超市存包柜的形式，拍拍脑袋说:“啊哈，这不就是计算机内存嘛!”内存是计算机暂时存储程序及数据的地方。为方便管理内存，人们把它分成一个个同样大小的单元来使用，类似超市存包柜把每个格子称为存包单元，人们把 1 字节，即 8bit 作为一个单位，称为内存中数据存取的单元，简称为内存单元，如图 7.6 所示。

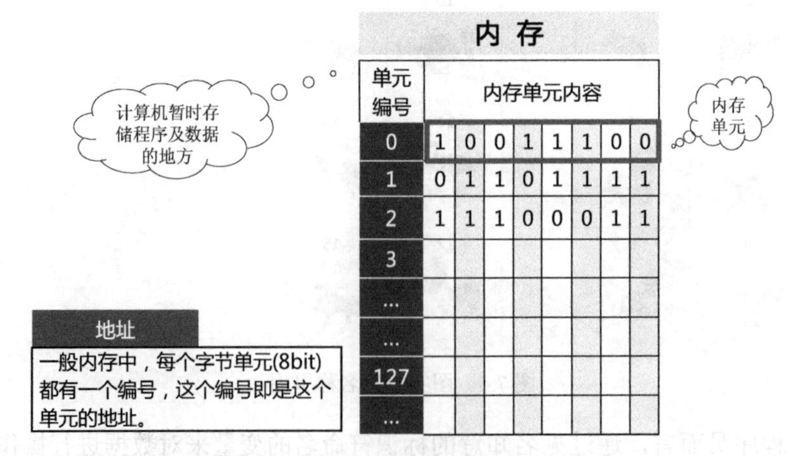

图 7.6　计算机内存

为管理方便，每个内存单元都编上号码，这样的编号叫做地址，通过地址，计算机能快速进行内存读写操作。一个内存单元长度是 1 字节，变量的地址是存储单元的编号，是系统分配的。

【知识 ABC】内存及其地址表示方法

内存（Memory）也被称为内存储器，其作用是用于暂时存放 CPU 中的运算数据以及与硬盘等外部存储器交换的数据。只要计算机在运行中，CPU 就会把需要运算的数据调到内存中进行运算，运算完成后，CPU 再将结果传送出来。

计算机内的数据都是以二进制的方式存储的，地址也以二进制的形式表示和处理。内存地址的表示方法可以使用二进制、八进制、十六进制，为了方便编程，一般汇编和高级语言中采用十六进制来表示地址，十六进制和二进制转换很容易看出来。C 语言中表示十六进制是加前缀 0x，而汇编和有些语言中是加后缀 H（Hexadecimal）。

2. 数据在内存的存储规则

某系统中，整型长度为 2byte，布朗先生嘀咕着“我现在要存两个包”，随即定义了一个 int 类型的变量 x，2 字节的 int 型的变量，1 字节的内存单元放不下，系统怎么办呢？很简单，系统只要找 2 个连续的单元，分配给 x 变量即可。即程序系统根据程序员指定的数据类型，确定存储单元个数，然后在内存找到连续的存储单元，再分配给这个变量。

现在问题又来了，系统现在找到当前的 2000 和 2001 两个连续的空单元，分配给了变量 x，如图 7.7 所示，那么 x 的地址是哪一个呢？

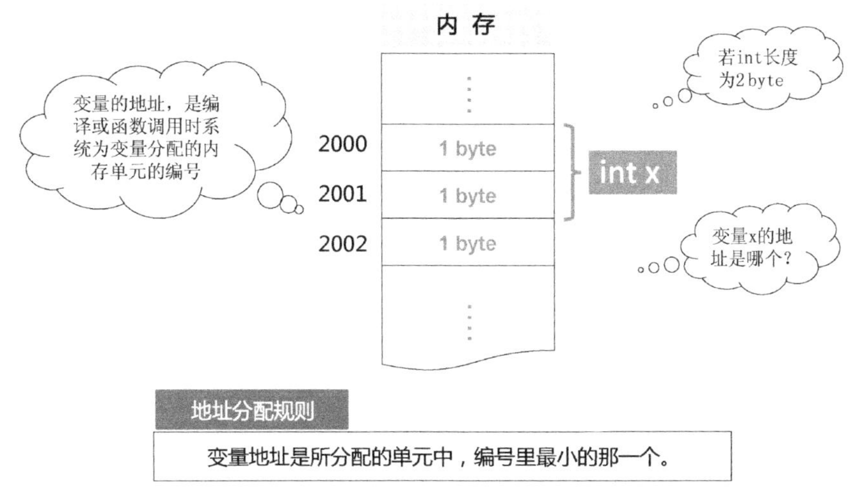

图 7.7　地址分配规则

这就需要制定“地址分配规则”，计算机系统规定，变量地址是所分配的单元中编号里最小的那一个。

3. 内存的地址管理方式

布朗先生觉得直接和内存打交道很有意思，自言自语说，“让我来做一回系统管理员吧。”

这里依然假定机器中整型占 2byte，教授分别定义了 3 个整型变量 i，j，k，然后说，我先来看看内存哪里有空闲单元，比如图 7.8 中，灰底色部分表示内存的空闲单元，那么可以给 i 分配的地址是 2000；给 j 分配 2002 的地址；给 k 分配 2004 的地址。

同存包柜管理类似，系统管理内存也需要记录哪些单元已经分配给用户，哪些是空闲单元，这也是通过单元地址来管理的。因此，这里需要有记录单元地址的空间，也需要单元地址的引用。

用什么方式可以记录单元地址呢？

教授另外定义了一个特别的变量 ptr，用 ptr 来存储变量 k 的地址，人们常常在二者间加一箭头来表示指针 ptr 和 k 的关系，当然 ptr 也可以存储另外的变量地址，它是一个值可以变化的量，在 C 语言中称变量 ptr 是指向 k 的指针，简称 ptr 指向 k。

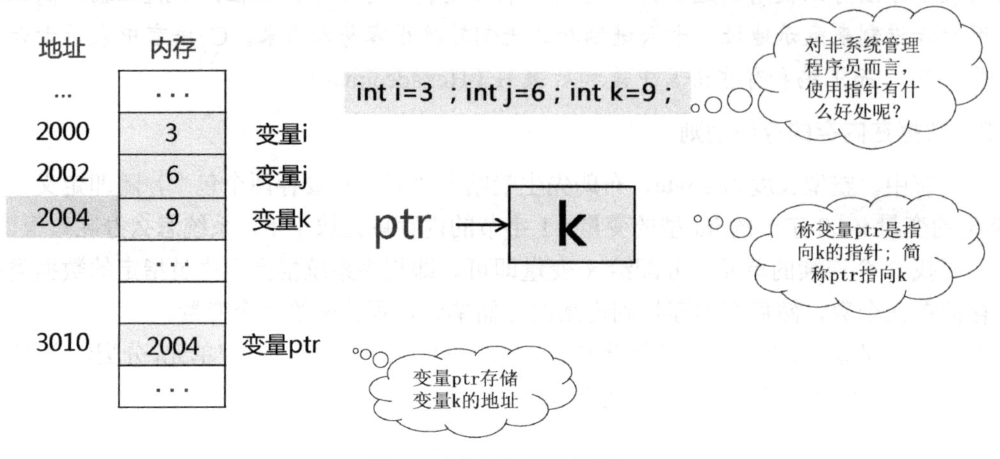

图 7.8　内存使用及管理

有了指针这样一个专门记录地址的量，系统管理员就可以通过它来对地址进行处理了。

当布朗先生晃了一下脑袋，从自我虚拟的计算机管理者恢复到现实的计算机使用者身份时，想起来另一个问题，对非系统管理程序员而言，使用地址变量有什么好处呢？

对程序员而言，使用标识符命名的变量直观方便，但系统真正运行程序时，还是要把变量名对应的存储单元位置找到才能进行运算，这样机器处理的速度就会受影响。系统允许程序员通过指针直接对内存单元进行操作，以提高程序的运行效率，如图 7.9 所示。另外，在涉及数据批量传递、用户空间申请等问题中，使用指针会很方便。

图 7.9　计算机中的名称引用与地址引用

有了前面的各种讨论，下面就可以正式介绍指针的概念了。

7.1.3 指针的概念

指针变量是用来存放内存地址的变量。

1. 指针变量与普通变量的比较

既然指针变量也是变量，那我们来看看它与普通变量有什么不同。

变量有三个要素：名字、内容和地址。对于普通变量而言，名字是通过标识符进行标识的；内容是数值；地址是内存单元的编号。对指针变量而言，名字和地址项的意义与普通变量一样。指针变量的特殊地方在于，它的值只能是地址。

与指针的值的意义相关联的一个问题是“指针的类型是什么？”

按C语言对普通变量的定义解释，变量的类型就是其数值的类型，但对指针变量这个特殊的量，C语言的语法规则改变了指针变量类型含义的解释，有特别的规则，如图7.10所示。

变量三要素		普通变量	指针变量
	名字	标识符	标识符
	内容	数值	地址
	地址	内存单元编号	内存单元编号

指针的类型是什么？

规则

指针是一种特殊的变量，和普通变量相比：

- 它的值是地址；
- 它的类型是它指向单元的数据的类型。

图7.10 指针变量与普通变量的同与不同

2. 指针变量的定义形式

我们再来看指针变量的定义形式，指针变量的定义和普通变量的定义相比，唯一不同的地方是变量名前要加*号，如图7.11所示。

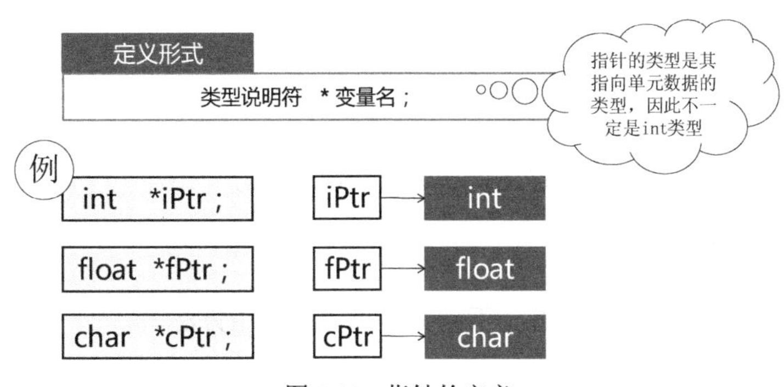

图7.11 指针的定义

C语言规定指针的类型是其指向单元数据的类型，因此不一定是int类型。比如，定义了整型指针iPtr，画成示意图是指针iPtr指向整型量单元；定义实型指针fPtr，画示意图是指针fPtr指向实型量单元；字符型指针也是类似的。

由于指针的使用规则和普通变量不大一样，因此在指针变量的命名时，最好加上 ptr，这是英文 pointer 的缩写，起提醒作用。

7.2 指针的运算

有了指针的存取方法，接下来就可以对指针数据进行处理了。

7.2.1 指针运算符

与指针有关的运算符只有两个，一个是取地址运算符“&”，另一个是指针运算符“*”，如图 7.12 所示。我们把指针的两个运算符配合使用，就可以通过对地址的引用，实现对地址单元内容的存取。

运算符	名称	作用
&	取地址运算符	取普通变量的地址
*	指针运算符	取指针指向单元的内容

通过对地址的引用，实现对地址单元内容的存取

图 7.12　指针运算符及作用

指针的运算符只有两个，那么指针可以进行哪些运算呢？

7.2.2 指针运算种类

指针运算是对地址的运算，不同于普通变量的运算，因此它的运算种类较少，而且有限定条件，其运算种类及功能等如图 7.13 所示。

运算种类	功能	实现方法	说明
赋值运算	指针定位	指针赋值	指针赋值只能赋同型地址
算术运算	指针移动	指针加减整数	用于指向数组的指针
	求两个指针间隔的元素个数	指针相减	
关系运算	判断两个指针的先后位置	指针比较	

指针运算是对地址的运算，不同于普通变量的运算

图 7.13　指针运算

赋值运算是给指针定位。算术运算可以让指针移动，还可以求指针之间间隔的元素个数。关系运算用于判断两个指针的先后位置。

指针在数组中的操作，更多内容在“指针与数组”部分介绍。

7.2.3 指针运算基本规则

我们先通过一个简单的例子，看一下指针运算符的使用方法。

【例 7.1】指针的使用方法

设有整型数组 x[5]，指针变量 aPtr 和 bPtr，写出实现下列功能的语句。

- 给出图 7.14 中的程序语句描述。
- 将 bPtr 指向单元的内容，放入 aPtr 指向的单元。

1. 程序实现

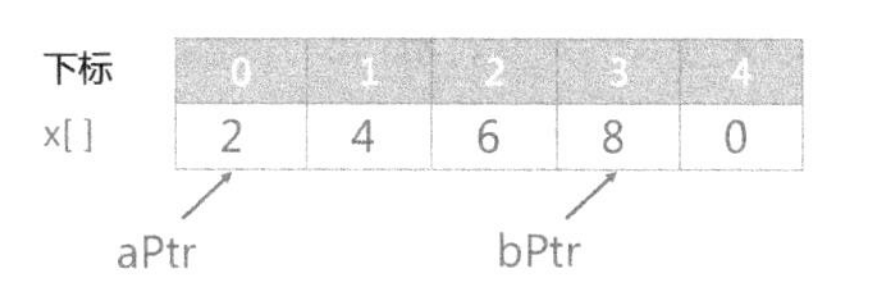

图 7.14　指针的使用示例

程序实现如图 7.15 所示，先定义整型数组 x，并初始化。

程序第 2 行，定义两个整型指针变量 aPtr 和 bPtr。

第 3 行，aPtr=x，aPtr 指向数组 x 的起始地址，也就是第 0 个单元，因为 C 语言规定数组名代表数组的起始地址，也就是下标为 0 的数组元素的地址。

第 4 行，bPtr 指向下标为 3 的单元，数组元素 x[3]前面加了&符号，是取其地址。

前面这 4 行语句实现了题目的第一个要求。下面再来完成题目的第二个要求。

程序第 5 行，取 bPtr 指向单元的内容表达形式为*bPtr，单元的值是 8，aPtr 指向的单元的内容为*aPtr，赋值后，aPtr 指向单元的值就被改为 8。

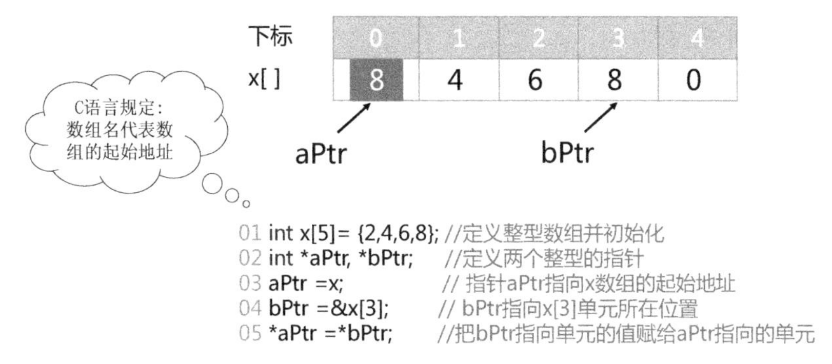


```
01 int x[5]= {2,4,6,8}; //定义整型数组并初始化
02 int *aPtr, *bPtr;    //定义两个整型的指针
03 aPtr =x;             // 指针aPtr指向x数组的起始地址
04 bPtr =&x[3];         // bPtr指向x[3]单元所在位置
05 *aPtr =*bPtr;        //把bPtr指向单元的值赋给aPtr指向的单元
```

图 7.15　指针使用示例程序实现

2. 跟踪调试

对照调试环境中 Watch 窗口和 Memory 窗口的数据查看，我们把各种地址和数据的关系画出图来分析一下，如图 7.16 所示。

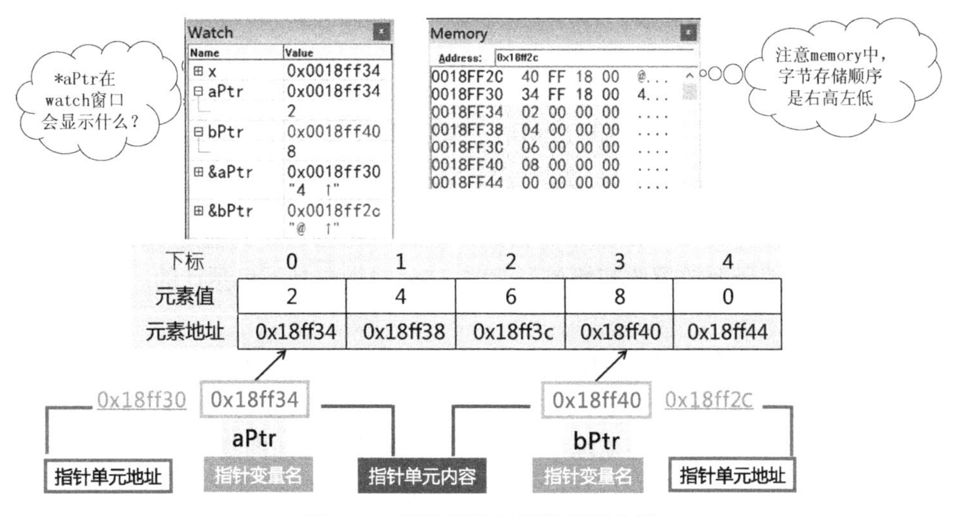

图 7.16　指针使用示例的调试分析

首先查看数组 x 的情形，在 Watch 窗口，数组的起始位置为 0x18ff34，在 Memory 窗口

可以看到，从 0x18ff34 开始，x 数组各元素的地址和值，注意 Memory 中，字节存储顺序是右高左低。我们把这些地址值填入数组表中。

根据题目已知信息，aPtr 指向 x[0]，bPtr 指向 x[3]，Watch 窗口里，指针 aPtr 的值与 x[0] 的地址都是 18ff34 也验证了这一点。bPtr 指针的值和 x[3]的地址都是 18ff40。aPtr 和 bPtr 上方方框里的内容是指针单元的值，是其他变量的地址。

指针变量单元的地址是什么呢？

在 Watch 窗口，&aPtr 显示这个 aPtr 单元的地址为 0x18ff30，指针 bPtr 存储单元的地址也相同。变量的三个要素：变量名、变量地址、变量内容，指针变量的所有要素都在这里了。

还有一个问题，*aPtr 在 Watch 窗口会显示什么？

我们可以先从定义上推理一下，然后再去查看验证。其实在 Watch 窗口中，aPtr 的下一行已经显示出来了。

3. 指针使用的异常情形

在实际生活中，如果送快递的小哥要去一个新地址送货，打开导航系统，但没有设置导航目的地就直奔系统默认的地址，到达后要人签收，那么结果可想而知。在指针使用时，初学者稍不注意常就犯和上面粗心小哥类似的错误。

在图 7.17 中，若无第 3 行语句，即无 aPtr 指向的确定，程序会出现什么情况呢？

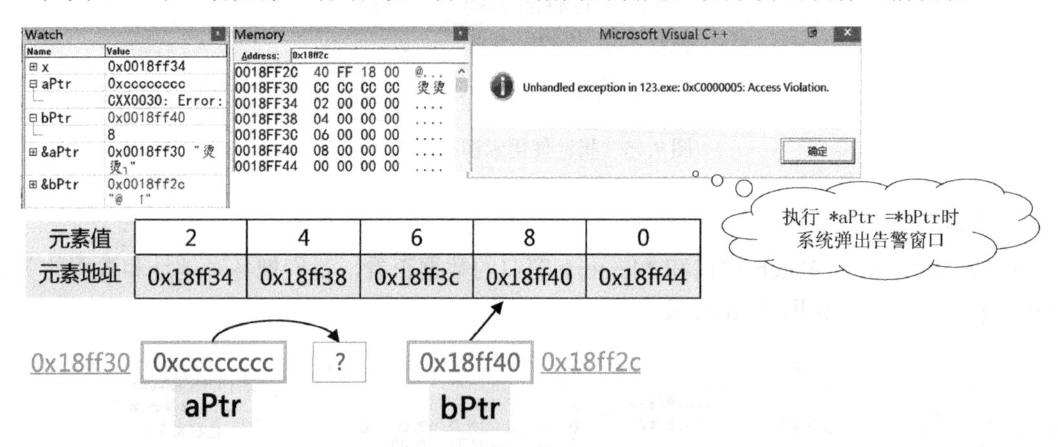

图 7.17　指针使用示例异常情形

程序跟踪查看的结果，在 Watch 和 Memory 窗口看到的所有数据和前面的都一样，除注释掉的第 3 行之外，没有给 aPtr 赋数组 x 的起始地址，此时 aPtr 的值是 0xcccccccc，这不是程序员指定的而是由编译器放置的初始值，此时 aPtr 的指向是不可预计的。这种指针通常被称为“野指针”。

系统在执行第 5 行语句 *aPtr =*bPtr 时，启动保护机制，弹出告警窗口，阻止程序继续执行。Unhandled exception 意为未处理的异常，Access Violation 是访问违规。系统这样处理阻止了用户向未知单元写入数据，避免埋下数据被非法修改而不知的隐患。

指针变量是特殊的变量，特别需要注意它的使用原则，指针使用最容易犯的错误就是没有对它做指向的设置就开始使用。以上两点的具体含义如图 7.18 所示。

指针使用的原则也是指针使用的关键点。对一个没有指向特定位置的指针进行赋值，其可能的危害有两种。

指针使用原则

- 要清楚使用的指针指向了哪里；
- 要清楚指针指向的位置中放的是什么类型的数据；

程序设计错误

对一个没有被正确初始化或者没有指向内存中特定位置的指针进行赋值。

图 7.18　指针使用原则及常见错误

（1）产生严重的运行错误，即逻辑错误。程序不能够继续运行，有可能造成系统崩溃。

（2）程序能够继续运行，对指向单元的数据修改将造成数据的非法修改，这种错误在程序跟踪调试中很难查找。因为被修改的单元数据在被使用的时刻是不可预计的，如果此种错误环境很难再次重现，那么这种错误将是程序跟踪调试最难查找的问题之一。

7.2.4　指针偏移的意义

1．问题的提出

现在有这样一个问题，有整型数组 a，aPtr 首次指向 a[0]，要求输出 aPtr 指向单元的内容，之后希望依然通过 aPtr，再输出相邻单元 a[1]的内容。

通过前面的例子，我们已经会用指针指向数组单元，并取其内容，如图 7.19 所示。

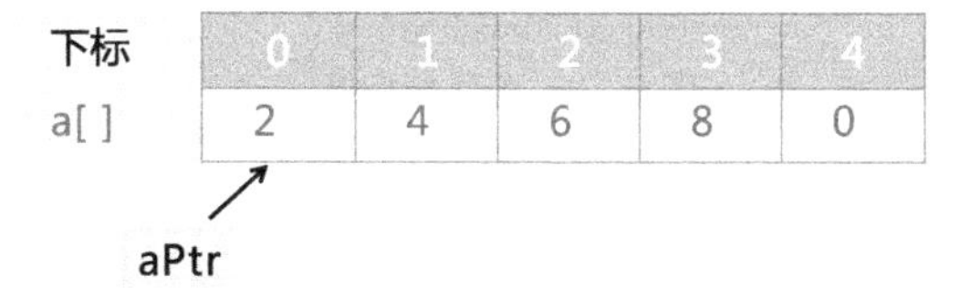


```
aPtr =a;                    // 指针aPtr指向a数组的起始地址
printf("%d",*aPtr);         // 输出aPtr指向单元的内容
```

图 7.19　数组内容的地址引用

至于 aPtr 指针如何后移，我们可以用位置引用方式，即 aPtr=&a[1]来实现，这样处理涉及下标的具体位置，这是使用数组的名称引用方法，系统在处理时依然要转换成元素对应的内存地址。在需要多次指针后移时显得不那么方便，执行效率不高，这算是一种方案，我们再来看看是否还有移动指针的其他方法。

既然要把指针移到相邻的位置，那是否可以直接用地址引用的方式，即采用指针加偏移的方法呢？若可以，显然这种方法更简洁方便，特别是需要多次指针后移时，如图 7.20 所示。

2．问题讨论与结论

这里我们假设 int 类型占 2byte 空间。某次运行时，数组 a 在内存空间的分配状况如图 7.21 所示，aPtr 指向 2000。

假设 aPtr 加 1 指向的是 2001 单元，如图 7.22 这样的假设是需要验证的。

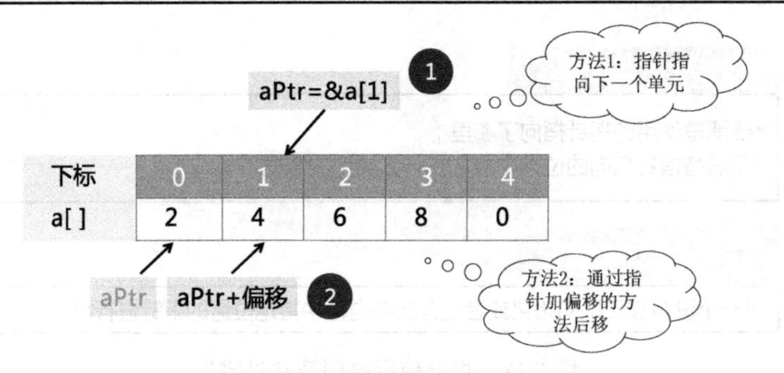

图 7.20　数组内容的两种引用方法

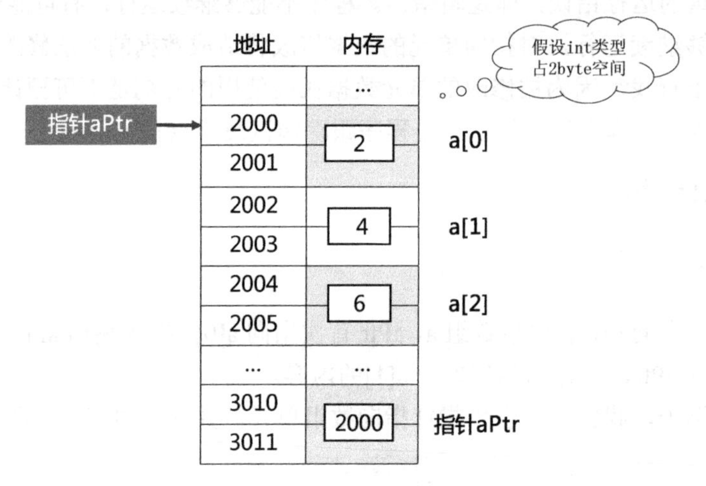

图 7.21　内存与指针

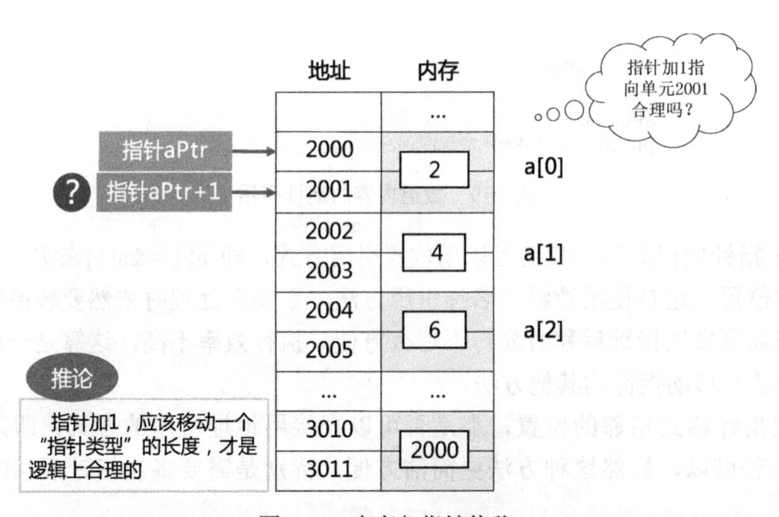

图 7.22　内存与指针偏移

首先，这样与“指针类型”的概念不符，因为指针的类型是指针指向空间的类型，若 aPtr+1 指向 2001 单元，此处的空间是属于 a[0]元素的下半部分，则空间大小应该怎么算呢？其次，2001 单元的值是 a[0]存储区的一半信息。

综上分析，指针加 1 指向单元 2001 逻辑上是不合理的，因此可以推理，指针加 1，应该移动一个“指针类型”的长度，在这里应该移动到 2002 的位置才是合理的。

C 语言中关于指针偏移的规则如图 7.23 所示，指针加减整数的操作表示空间位置上的挪动，挪动的字节数与其数据类型相关。

对float指针加6，实际偏移为 6*sizeof(float)=24字节；
对char指针减7，实际偏移为 7*sizeof(char)=7字节；

图 7.23　指针的偏移规则

3. 程序验证

我们通过程序来验证一下指针移动的结果。

```
01 #include <stdio.h>
02 int main(void)
03 {
04     int a[5]= {2,4,6,8};        //定义整型数组并初始化
05     int *aPtr;                  //定义整型指针
06     aPtr =a;                    //指针 aPtr 指向 a 数组的起始地址
07     printf("%d",*aPtr);         //输出 aPtr 指向单元的内容
08     aPtr++;                     //aPtr 指向 a 下一单元
09     return 0;
10 }
```

程序第 6 行，aPtr 指向 a[0]，程序第 8 行，aPtr 加 1，应该指向 a[1]。

在调试环境，跟踪查看情形如图 7.24 所示。

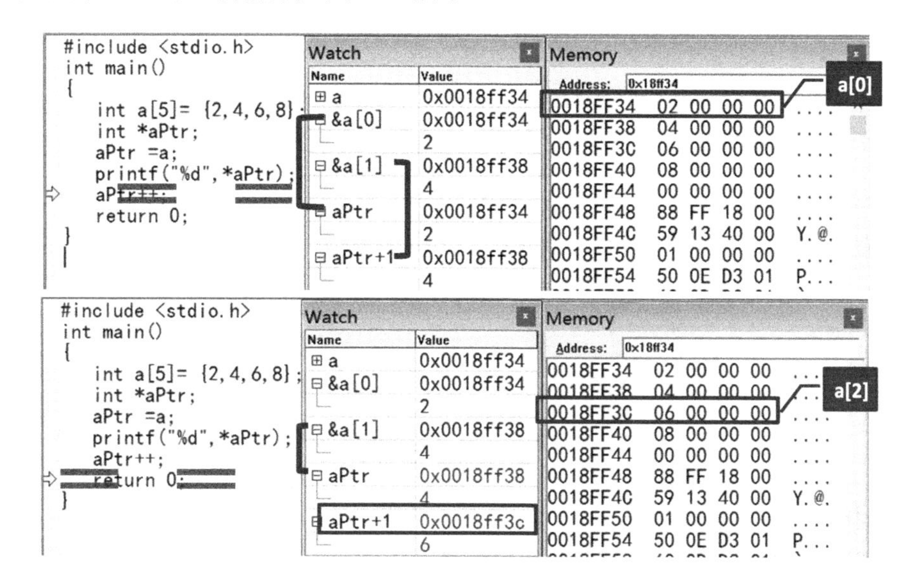

图 7.24　指针偏移情形查看

在 aPtr 增 1 之前，aPtr 指向的是 a[0]，aPtr+1 指向的是 a[1]。
在 aPtr 增 1 之后，aPtr 指向的是 a[1]，aPtr+1 指向的是 a[2]。

7.2.5　空指针的概念

1．NULL 的含义

NULL 是在<stdio.h>头文件中定义的符号常量，其值为 0，用来表示空指针常量。

2．空指针

若把 NULL 赋给了一个有类型的指针变量，则此时这个指针就是空指针，它不指向任何对象或者函数，即空指针不指向任何存储单元。

空指针在概念上不同于未初始化的指针。空指针可以确保不指向任何对象，而未初始化指针则可能指向任何地方。空指针的机器内部表示不等于内存单元地址 0。

设置空指针的意义，在某些指针处理异常情形时，返回 NULL 可以和正常地址值有所区别。

7.3　指针与数组

指针与数组的关系，主要是使用指针来实现对数组元素的地址引用。这里我们讨论指针在一维、二维数组中的使用。

7.3.1　指针与一维数组

【例 7.2】用地址引用方式求一组总分

已知一名同学 6 门课程的成绩，用地址引用的方式求总分。

【解析】

这个题目与“一维数组操作”中评委打分中的“分数求和”问题的算法思路相同。不同点在于评委分数求和时数据是通过引用数组元素名称得到的，本题目要求用地址引用的方式。

1．数据结构设计

这里设置一个指针 ptr 指向数组，就可以取得元素的值，如图 7.25 所示。

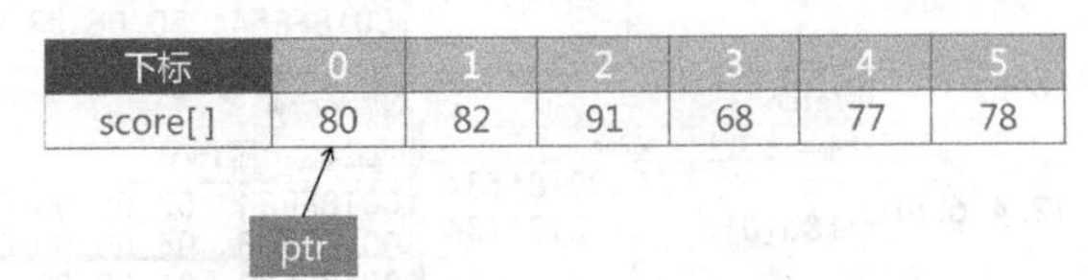

图 7.25　分数数组取值的地址引用方式

2．算法描述

算法伪代码如图 7.26 所示，顶部伪代码和第一步细化，这两步未涉及数据的引用细节，因此无论是数组名称引用还是地址引用，算法思路都是一样的。第二步细化，先做初始化的工作，然后让 ptr 指向要取值的数组单元，确定循环控制量、循环判断条件，ptr 每次的偏移量，构造完整的累加循环结构即可完成指定功能。

顶部伪代码描述	第一步细化	第二步细化
分数放在数组score[6]中求数组元素的和	累加和为total，分数在score[6]	初始化score[6]，total =0，i=0
		ptr=score;
	循环将score元素的值加入total中	当（i<6）
		total += *ptr ;
		i++ ;
		ptr++;
	输出结果	输出total

*ptr是取ptr指向单元的内容

图 7.26　分数求和算法描述

3. 程序实现

由第二步细化的伪代码容易写出程序源码。我们把名称引用和地址引用的程序实现都列在此，做一对比，如图 7.27 所示。

名称引用

```
01 //计算数组中元素的总和
02 #include <stdio.h>
03 #define SIZE 10
04
05 int main(void)
06 {
07     int score[ SIZE ] =
{98,92,89,95,90,96,94,92,90,97};
       int i;
09     int total = 0;              // 总和
10

12     {
         total += score[ i ];
14     }
15     printf( "总分为%d\n", total );
16     return 0;
17 }
```

地址引用

```
01 //计算数组中元素的总和
02 #include <stdio.h>
03 #define SIZE 10
04
05 int main(void)
06 {
07     int score[ SIZE ] =
{98,92,89,95,90,96,94,92,90,97};
       int i, *ptr=score;          指向数组的指针
09     int total = 0;              // 总和
10
                                   ptr++)
12     {
         total += *ptr;            中的元素求和
14     }
15     printf( "总分为%d\n", total );
16     return 0;
17     }
```

int *ptr=score;
等价于
int *ptr;
ptr=score;

图 7.27　分数求和程序实现

第 8 行，增加指针 ptr 的定义，注意这里 int *ptr=score;，这样的写法等价于先定义 ptr 指针，然后再给指针赋值。

第 11 行，ptr 也需要自增。

第 13 行，将 ptr 指向的内容加到总分中。

【例 7.3】指针指向常量字符串的问题

字符串数组与指向字符串的指针，比较二者使用上的区别。

【解析】

设计测试程序如下。

```
1    int main(void)
2    {
3      char a[]="dinar##";
```

```
4      char *b="dollar##";
5
6      a[6]=':';
7      b[5]=':';
8      return 0;
9   }
```

程序运行后，出现“Access violation”告警，跟踪一下，具体是执行第 7 行时出现的，即对指针 b 指向的字符串内容不能进行写操作。其原因是，常量字符串所在的内存区域是常量区，此区间的内容是不能被修改的；而给数组赋值的意义是将常量字符串值赋给一个变量空间，变量空间的内容是可以改变的。关于内存的分区管理，请参见第 9 章。

【结论】指针与常量字符串

不能对常量字符串所在区域进行写操作。

【例 7.4】分析程序给出结果

分析程序，给出指针 aPtr 和 bPtr 指向单元内容的迭代变化。

```
1   int main(void)
2   {
3       int a[10], b[10];
4       int *aPtr, *bPtr, i;
5       aPtr=a;  bPtr=b;
6       for ( i=0; i< 6; i++, aPtr++, bPtr++)
7       {
8           *aPtr=i;
9           *bPtr=2*i;
10          printf("%d\t%d\n", *aPtr,* bPtr);
11      }
12      aPtr=&a[1];              //步骤①
13      bPtr =&b[1];             //步骤②
14      for (i=0; i<5; i++)
15      {
16          *aPtr +=i;           //步骤③
17          *bPtr *=i;           //步骤④
18          printf("%d\t%d\n", *aPtr++,* bPtr ++);
19      }  //*aPtr++的含义是先取 aPtr 内容再使 aPtr 加 1
20      return 0;
21  }
```

【解析】

程序第 6 行 for 循环结束后，数组 a 和 b 的值如图 7.28 所示。

a	0	1	2	3	4	5
b	0	2	4	6	8	10

图 7.28　数组 a 和 b 的值

根据步骤①、②指针的指向 aPtr=&a[1]和 bPtr =&b[1]可知，此时*aPtr 等于 1，*bPtr 等于 2，第 14 行为 for 循环，从 i=0 开始，逐步将*aPtr 和 *bPtr 迭代的值填入图 7.29 中的各项。

i	0	1	2	3	4
步骤①中 *aPtr	1	2	3	4	5
步骤③中 *aPtr	1	3	5	7	9
步骤②中 *bPtr	2	4	6	8	10
步骤④中 *bPtr	0	4	12	24	40

图 7.29 数据分析表

【例 7.5】分析程序给出结果

分析程序运行过程中 pPtr 和 sPtr 指针的指向变化及程序的结果。

```
1  int main(void)
2  {
3     char a[2][5]={"abc","defg"};
4     char *pPtr=a[0],*sPtr=a[1];
5     while (*pPtr)  pPtr++;
6     while (*sPtr)  *pPtr++=*sPtr++;
7     printf("%s%s\n",a[0],a[1]);
8     return 0;
9  }
```

【解析】

pPtr 和 sPtr 指向 a 数组的情形如图 7.30 所示。

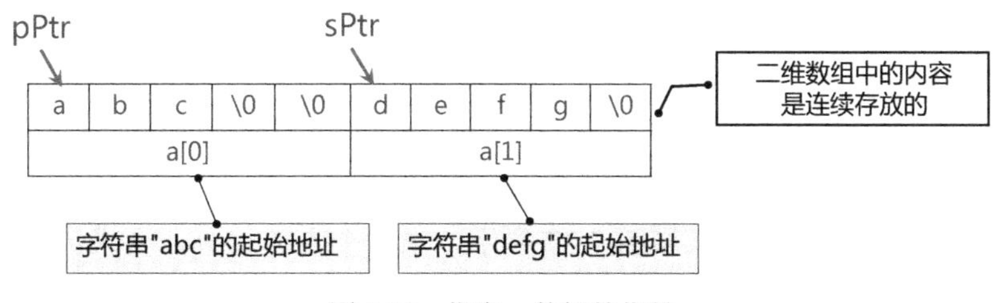

图 7.30 指向 a 数组的指针

（1）第 5 行语句执行完的情形如图 7.31 所示。

（2）sPtr 指向单元的内容为‘d’，循环执行第 6 行语句“while (*sPtr) *pPtr++=*sPtr++”，循环条件为真，sPtr 单元内容赋值给 pPtr 单元，原来单元的值‘\0’被改写为‘d’，如图 7.32 所示，然后两个指针均后移一位。

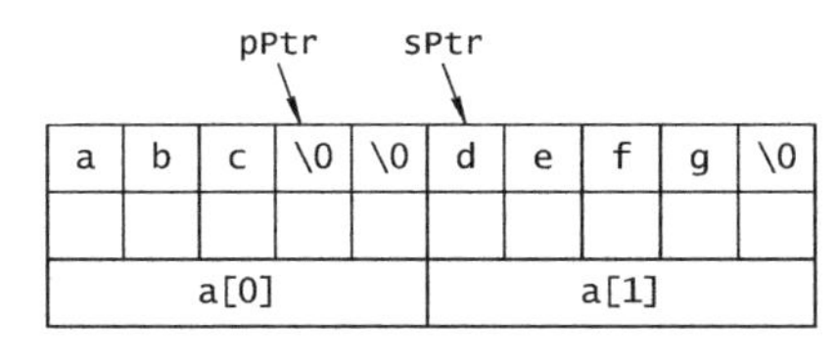

图 7.31 读程分析 1

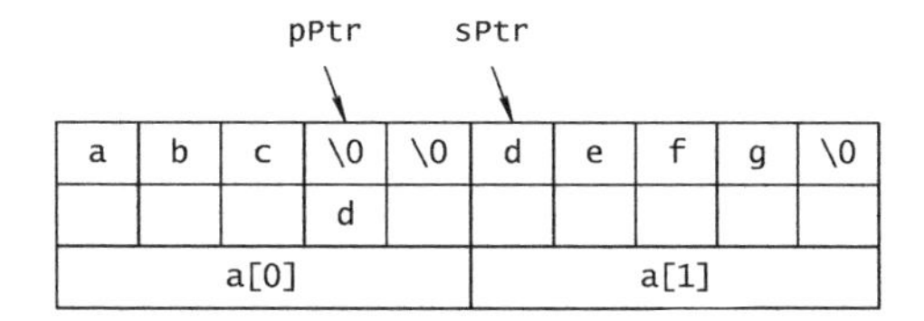

图 7.32 读程分析 2

（3）sPtr 指向单元的内容为‘e’，继续循环执行第 6 行语句，pPtr 指向单元的值‘\0’被改写为‘e’，如图 7.33 所示。

（4）sPtr 指向单元的内容为‘f’，循环执行第 6 行语句，pPtr 指向单元的值‘d’被改写为‘f’，如图 7.34 所示。

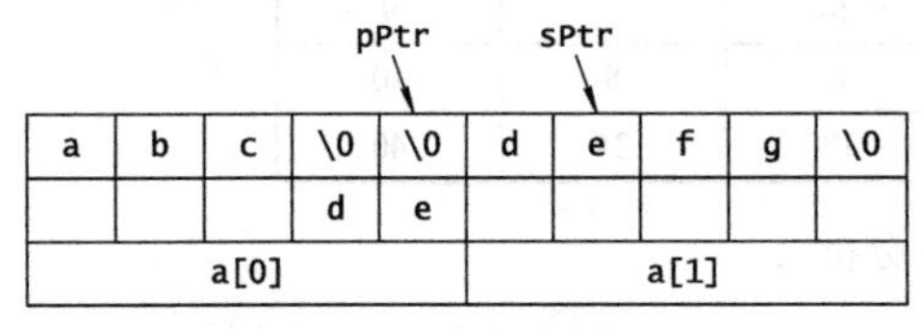

图 7.33 读程分析 3

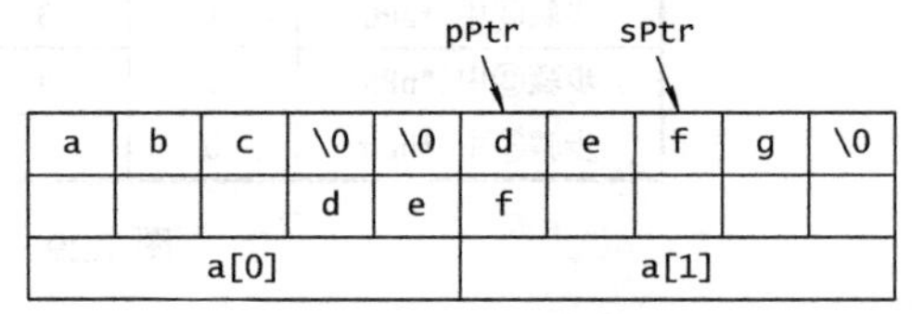

图 7.34 读程分析 4

（5）sPtr 指向单元的内容为‘g’，循环执行第 6 行语句，pPtr 指向单元的值‘e’被改写为‘g’，如图 7.35 所示。

（6）sPtr 指向单元的内容为‘\0’，循环执行第 6 行语句，循环条件为假，循环结束，如图 7.36 所示。

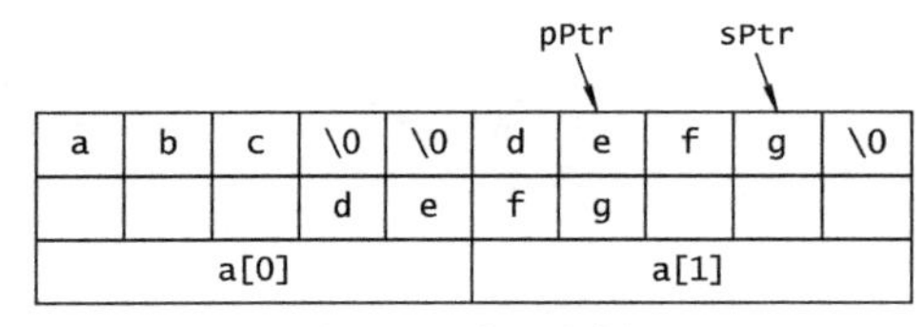

图 7.35 读程分析 5

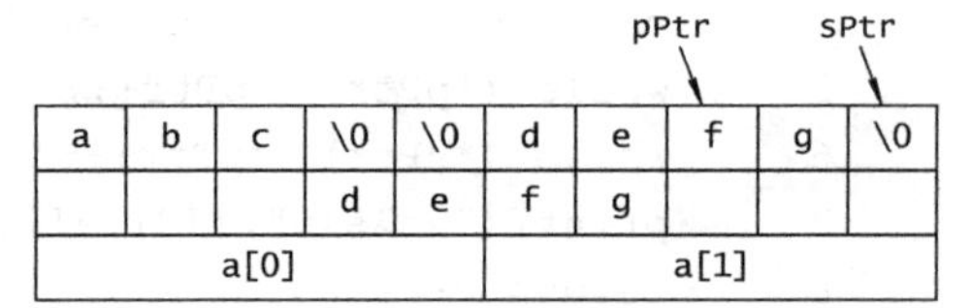

图 7.36 读程分析 6

（7）第 7 行语句，按%s 格式控制符输出的功能是，从给定地址开始输出字符，遇到空字符‘\0’停止。从地址 a[0]开始输出字符串的结果为 abcdefgfg，从地址 a[1]开始输出字符串的结果为 fgfg，所以最后的输出结果为 abcdefgfgfgfg。

7.3.2 指针与二维数组

【例 7.6】多个学生多门课程成绩求和

现在有 4 名同学，4 组成绩，如图 7.37 所示，求每个人的总分，要求依然是用地址引用的方式实现。

学号	课程1	课程2	课程3	课程4	课程5	课程6	总分
1001	80	82	91	68	77	78	
1002	78	83	82	72	80	66	
1003	73	50	62	60	75	72	
1004	82	87	89	79	81	92	

图 7.37 学生各科成绩表

【解析】

可以用前面求一组成绩总分的算法，重复 4 次即可。

1. 数据分析

先来分析一下要处理的数据。在一行里，取每个元素的地址，这个与一维数组相同，我们依然用 ptr 指针，处理完一行后要取得下一行的起始地址。

用一维元素行地址引用方式，即用 score[1]来得到新一行的地址，虽然可以，但这属于名称引用，是否可以用地址引用的方式呢？即用一个指针 sPtr 来实现二维数组行指针的作用，如图 7.38 所示。

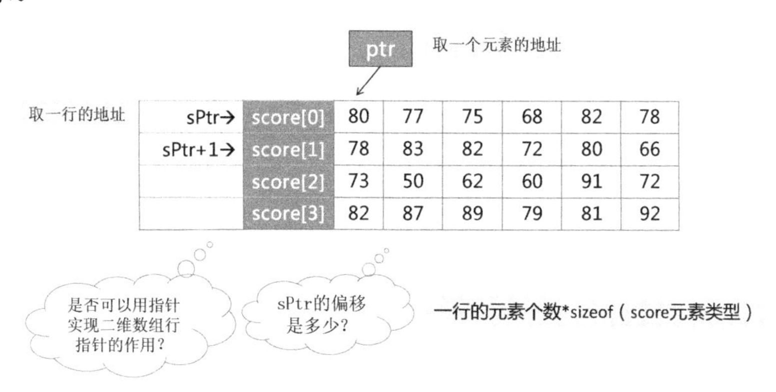

图 7.38　二维数组的行指针

应该是可以的，因为 score[0]到 score[3]也可以当成数组元素。那么若可以，sPtr 的偏移是多少呢？

按照指针偏移的定义，逻辑上偏移应该是 score 数组一行的元素个数乘以 score 元素类型所占的字节数。

在 C 语言中，指向二维数组行地址的指针是有定义的，如图 7.39 所示，被称为“数组的指针”，这是一个特征不明显容易混淆的名词，数组的指针是指向二维数组的行起始位置的指针。为了与普通指针和数组有所区别，特别在数组的指针名上加了一个括号。

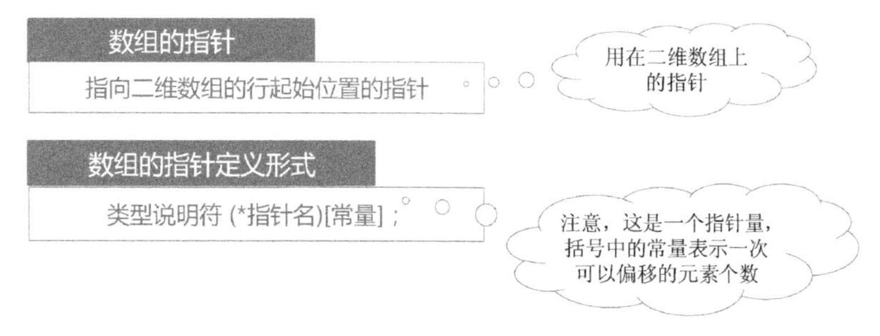

图 7.39　数组的指针

注意，这样定义出的指针是一个指针量，不要被后面的方括号加常量给误导了，此常量表示的是数组指针一次可以偏移的元素个数。

对于本题目的数组指针，定义如图 7.40 所示。

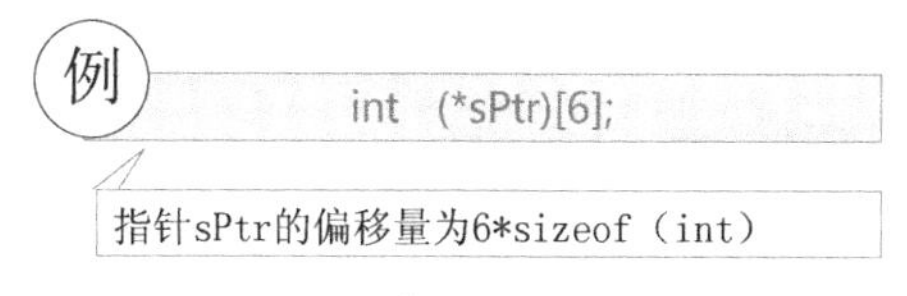

图 7.40　数组的指针实例

现在要用地址引用的方式取得二维数组的信息，即找出图 7.41 中 ptr 与 sPtr 的关系。

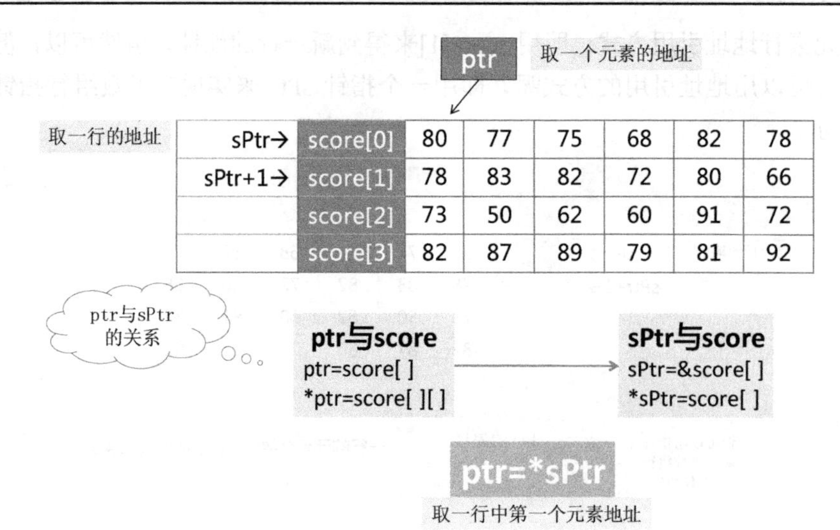

图 7.41 行指针与元素指针的关系

ptr 与 score 的关系为，ptr 指向单元的内容是二维数组元素。sPtr 与 score 的关系为，sPtr 指向单元的内容是一维数组行地址。所以，最后可以找到 ptr=*sPtr 这样的关系，*sPtr 的实际意义是一行的开始地址。

2. 程序实现

```
01 #include <stdio.h>
02 #define N  4 //行数
03 #define M  6 //列数
04 int main(void)
05
06    int score[N][M]=
07    {
08            {80,77,75,68,82,78},
09            {78,83,82,72,80,66},
10            {73,50,62,60,91,72},
11            {82,87,89,79,81,92}
12    };
13    int i,j;
14    int total;                  //总和
15    int *ptr;                   //指向数组行的指针
16    int (*sPtr)[M];             //指向数组的指针，偏移为 M 个 int
17    sPtr=&score[0];             //sPtr 定位在数组行指针的起始位置
18
19    for (i=0; i<N; i++, sPtr++)
20    {
21        total = 0;
22        ptr=*sPtr;              //取一行的开始位置
23        for ( j= 0;  j< M;  j++, ptr++)
24        {
25            total +=*ptr;       //*ptr=score[ ][ ]
```

```
26        }
27        printf( "第%d个同学，总分为%d\n", i+1,total );
28    }
29    return 0;
30 }
```

程序结果：

```
第1个同学，总分为460
第2个同学，总分为461
第3个同学，总分为408
第4个同学，总分为510
```

说明：

程序第16行，定义数组指针sPtr，指针的偏移量为M个int，M等于6。

第17行，首次定位在数组行指针的起始位置。

第22行，ptr取一行的开始位置。

第23～26行的for循环中，通过ptr指针取score数组元素，累加到总分中。

每循环一次，ptr指针都在for的循环增量部分增加1，移动到数组的下一个元素。

第19行的for，在循环增量部分，行指针sPtr增加1，移动到数组的下一行。

3. 跟踪调试

在Watch和Memory窗口对照查看，如图7.42的score数组中各行的起始地址。

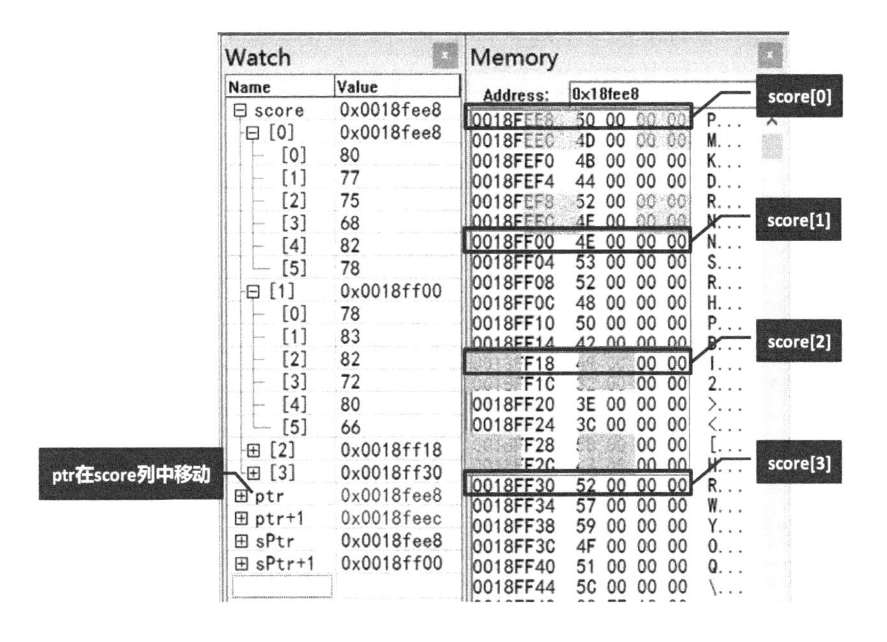

图7.42 二维数组元素引用情形

score[0]是0x18fee8，对应Memory中灰底色区域是二维数组第0行的元素。

score[1]是0x18ff00，白色区域是二维数组第1行的元素，后面是类似的情形。

score[2]是0x18ff18，score[3]是0x18ff30。

容易看出ptr在score列中移动，Watch窗口中ptr的值是Memory中score[0]区域第0个元素的地址，为0x18fee8。ptr+1的值是score[0]区域的第1个元素的地址0x18feec。

sPtr在score行中移动，sPtr的值等于score[0]，sPtr+1的值等于score[1]。

Memory中元素值显示是十六进制数，score[0][2]的值是4B，对应在Watch窗口的十进制数是75。

在Memory中可以看到运行程序的系统中int为4byte。仔细观察一下，Memory中数组第0行最后一个元素的地址是18fefc，偏移了4byte后是18ff00，刚好是第1行第一个元素的地址，这说明二者地址是连续的。观察其他行的首尾元素地址，可以发现二维数组元素的每一行地址都是连续的。

我们又一次观察到，多维数组元素都是连续存储的，这是数组存储的普遍规则。

7.4 指针与多组字符串问题

【例7.7】找最大串

有若干个姓氏如下，按字典序找出其中最大的字符串。要求用地址引用的方式来实现。

Zhao，Zhou，Zhang，Zhan，Zheng

【解析】

1. 数据结构分析

每一个姓氏是一个字符串，多个姓氏就是多个字符串，可以用二维字符数组来存储，如图7.43所示。

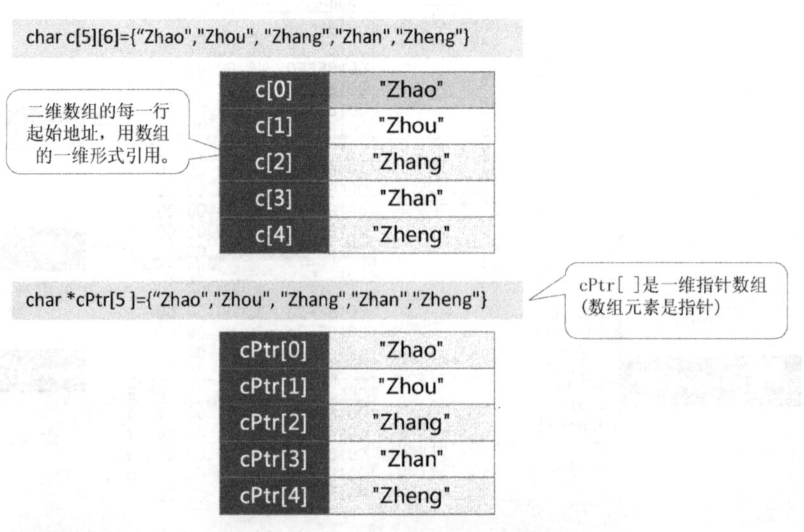

图7.43 多字符串的两种存储结构

5个姓氏，则需定义字符数组c为5行，按其中最大长度，再加上字符串结束标志所占的1位，所以列数为6。

二维数组的每一行地址用数组的一维形式引用，这里c[0]到c[4]可以看成是一个数组的元素，数组的元素比较特殊，是指针。

由此可以写出指针数组的定义形式。cPtr[ ]是一维指针数组，有5个元素，每个元素都是字符串的地址。

2. 算法描述

伪代码如图7.44所示。

顶部伪代码	第一步细化	第二步细化
在若干字符串中找最大者	将M个字符串放入*cPtr[M]	char *cPtr[M]，char str[6]
	取数组的第一个字符串做比较基准str	cPtr[0]做比较基准，复制到str中
	在数组中按行序，逐个字符串与str比较，将大者放str	i=1;
		while i< M
		若 str内容小于cPtr[i]
		将c[i]内容复制到str中
		i++;
输出结果	输出结果	输出 str

图7.44 找最大串算法

3. 程序实现

```
01 #include <stdio.h>
02 #include  <string.h>
03 #define M 5                                  //串个数
04 #define N 5                                  //最长串字符数+1
05
06 int main(void)
07 {
08    char  *cPtr[M]= {"Zhao","Zhou","Zhang","Zhan","Zheng"};
09    char  str[N];
10    int   i;
11   //用字符串复制函数，把cPtr[0]复制到str数组，注意复制内容可能出界
12    strcpy(str, cPtr[0]);
13    for (i=1; i<M; i++)
14    {
15       if (strcmp(str, cPtr[i])< 0)  //若str小于cPtr[i]
16       {
17          strcpy(str, cPtr[i]);       //则把cPtr[i]复制到str数组
18       }
19    }
20    printf("最大串为:%s\n", str);
21    return 0;
22 }
```

程序结果：

```
最大串为：Zhou
```

说明：

程序第8行，定义指针数组cPtr，初始化的内容是5个字符串。

第 9 行，定义一维字符数组，注意数组的长度是最长串字符数+1。

在 Watch 窗口可以看到指针数组的情况，如图 7.45 所示，每个元素值都是字符串的起始地址。

第 12 行，用字符串复制函数把 cPtr[0]复制到 str 数组。

第 15 行，把 str, cPtr[i]的串内容进行比较。

第 17 行，把大的字符串复制到 str 中。

Watch

Name	Value
⊟ cPtr	0x0018ff34
⊞ [0]	0x00420f9c "Zhao"
⊞ [1]	0x00420f94 "Zhou"
⊞ [2]	0x00420f8c "Zhang"
⊞ [3]	0x00420034 "Zhan"
⊞ [4]	0x0042002c "Zheng"

图 7.45 指针数组的查看

7.4.1 一维指针数组与指向指针的指针

上面找最大串的例子中，如果我们希望用一个指针来指向 cPtr 数组的元素，那么这种指向指针数组的指针，应该是什么样子？

设指向指针数组 cPtr 的指针为 cPtrPtr，它与 cPtr 数组元素的关系示意图见图 7.46。这里需要定义新的指针概念。

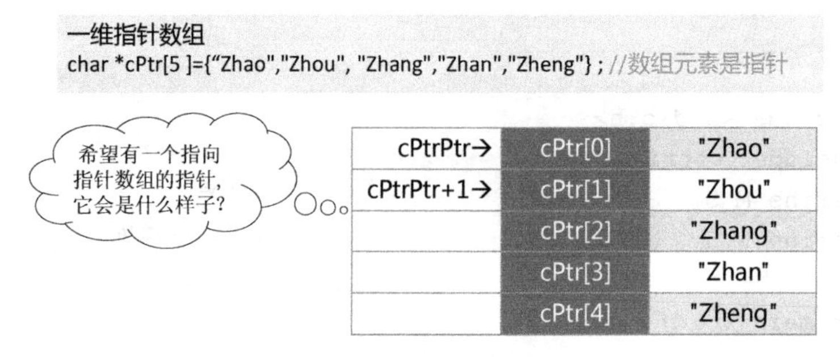

图 7.46 一维指针数组

cPtrPtr 指向的内容是 cPtr，cPtr 是一个指针，故 cPtrPtr 为指针的指针——通常称为二级指针。语法定义形式和赋值如图 7.47 所示，二级指针，就在指针变量名前加两个星号。

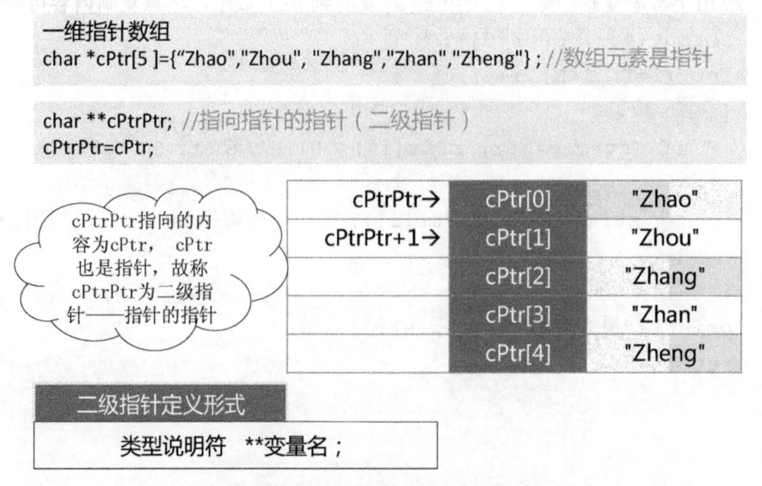

图 7.47 指针的指针定义

我们可以通过图 7.48 中的 3 行语句查看二级指针的情形。

一维指针数组

```
char *cPtr[5 ]={"Zhao","Zhou", "Zhang","Zhan","Zheng"} ; //数组元素是指针
char **cPtrPtr; //指向指针的指针（二级指针）
cPtrPtr=cPtr;
```

Watch

Name	Value
⊟ cPtr	0x0018ff34
⊞ [0]	0x00420f94 "Zhao"
⊞ [1]	0x00420f8c "Zhou"
⊞ [2]	0x00420034 "Zhang"
⊞ [3]	0x0042002c "Zhan"
⊞ [4]	0x0042001c "Zheng"
⊟ cPtrPtr	0x0018ff34
⊞	0x00420f94 "Zhao"
⊟ cPtrPtr+1	0x0018ff38
⊞	0x00420f8c "Zhou"
⊞ &cPtr[0]	0x0018ff34
⊞ &cPtr[1]	0x0018ff38

Memory

Address: 0x18ff34

```
0018FF34  94 0F 42 00  ..B.
0018FF38  8C 0F 42 00  ..B.
0018FF3C  34 00 42 00  4.B.
0018FF40  2C 00 42 00  ,.B.
0018FF44  1C 00 42 00  ..B.
0018FF48  88 FF 18 00  ....
0018FF4C  59 13 40 00  Y.@.
0018FF50  01 00 00 00  ....
0018FF54  50 0E C5 01  P...
0018FF58  60 0D C5 01  `...
0018FF5C  70 12 40 00  p.@.
0018FF60  91 91 48 77  惘Hw
```

图 7.48　指针数组的查看

在 Watch 窗口看到 cPtr 的内容，各个元素的内容是字符串的起始地址。配合 Memory 可以查看到各元素的地址，比如在 Watch 窗口看，数组元素 cPtr[0]的内容是 0x420f94，是字符串“Zhao”的起始位置。cPtr[0]的地址，在 Memory 窗口看其是 18ff34。二级指针 cPtrPtr 指向 cPtr 数组元素，后移一位，指向下一个元素。

用二级指针方式的程序实现，请读者试着完成。

7.5　本 章 小 结

本章主要内容及其之间的联系如图 7.49 所示。

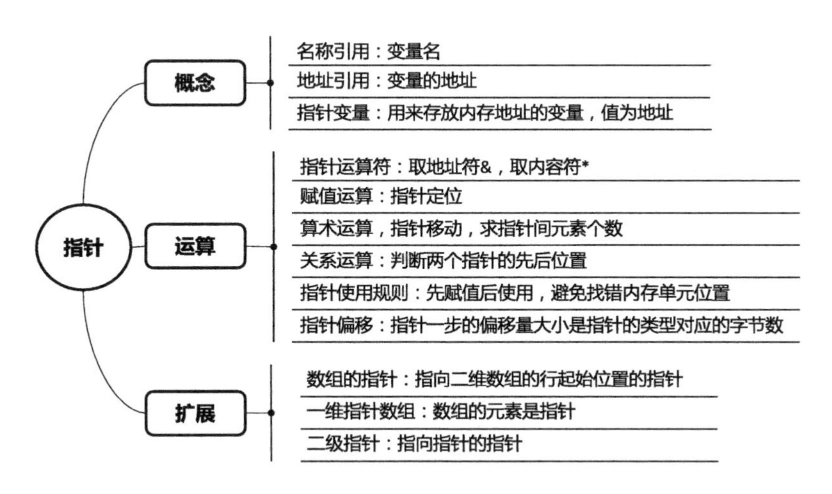

图 7.49　指针相关内容间的联系

指针特殊存地址，变量运算受限的。
指针类型要注意，不一定是整型的。
想要存取单元值，先定地址是哪的。
指针若要移一下，步长类型确定的。

习　题

7.1　编写语句完成下列功能。假设变量c的类型是char，变量ptr的类型是char*，而数组s1[100]和s2[200]的类型是char（提示：尽量用库函数）。

（1）将s1中最后一次出现变量c的位置赋给ptr。

（2）将s2中第1次出现s1的位置赋给ptr。

（3）将s1中第一次出现s2中任意字符的位置赋给ptr。

（4）将s1中首次出现变量c的位置赋给ptr。

（5）将s2中第一个记号的位置赋给ptr，s2中的记号用逗号分开。

7.2　假设无符号整数存储在4个字节中，而内存中数组的起始地址是1002500。回答下列问题。

（1）定义类型unsigned int的数组values，它有5个元素，并将元素初始化为2～10的偶数。假设将符号常量SIZE定义为5。

（2）定义指向unsigned int类型对象的指针vPtr。

（3）使用数组下标符号输出数组values的元素。使用for循环，并假设已经定义了整数控制变量i。

（4）编写两条不同的语句，将数组values的起始地址赋给指针变量vPtr。

（5）使用指针/偏移量表示法来输出数组values的元素。

（6）用数组名称作为指针，使用指针/偏移量表示法来输出数组values的元素。

（7）通过使用数组指针的下标来输出数组values的元素。

（8）分别使用数组下标表示法、数组名称的指针/偏移量表示法、指针下标表示法和指针/偏移量表示法来引用数组values的元素4（元素下标从0起算）。

（9）vPtr+3所引用的地址是什么？那个位置存储的值是什么？

（10）假设vPtr指向values[4]，vPtr-=4所引用的地址是什么？那个位置存储的值是什么？

7.3　设一个数组为整型，有10个元素，分别使用以下三种方法输出各元素：使用数组下标、使用数组名、使用指针变量。

7.4　编写一个子函数，用指针处理，输出一维数组的内容和地址；在主函数里输入一维数组，调用上述子函数。

7.5　将两个字符串连接成一个，不要使用strcat函数。

要求：在主函数中实现字符串的输入和输出；以指针作为形参，在子函数中实现连接。

7.6　把5个字符串按字母顺序由小到大输出。int strcmp（const char *,const char *）是字符串比较函数，若第一个字符串大于第二个字符串，则返回正值；若相等，则返回0；其他情况返回负值，原型在“string.h”中。

7.7　用指针处理以下问题：将*n*个数按输入顺序的逆序重新排放。

要求：（1）用一个主函数完成所有要求；

（2）写出满足上述要求的函数，在主函数中完成数据的输入和输出。

7.8　编写一个程序，它从键盘输入文本行和搜索字符串。使用库函数strstr在文本行中查找出现搜索字符串的第1个位置，它将位置赋给类型char*的变量searchPtr。若找到了搜索字符串，则输出从字符串开始的文本行的剩余部分。然后，再次使用 strstr 来查找文本行中下一次出现搜索字符串的位置。若找到了第 2 次出现的位置，则输出从第 2 次出现位置开始的文本行的剩余部分（提示：对 strstr 的第二次调用应该包含 searchPtr+1 作为它的第一个参数）。

7.9　从字符串中删除指定的字符。同一字母的大、小写按不同字符处理。若程序执行时输入字符串为“turbo c and borland c++从键盘上输入字符:n”，则输出后变为“turbo c ad borlad c++”。若输入的字符在字符串中不存在，则字符串照原样输出。

7.10　编写一个程序，使它读取一系列字符串，并仅仅输出那些以字母“b”开头的字符串（提示：可用 strchr 函数）。

7.11　编写函数 fun(char *str, int num[ ])，它的功能是：分别找出字符串中每个数字字符（0，1，2，3，4，5，6，7，8，9）的个数，用 num[0]来统计字符 0 的个数，用 num[1]来统计字符 1 的个数，用 num[9]来统计字符 9 的个数。字符串由主函数通过键盘读入。

7.12　使用指针将一个 3×3 阶矩阵转置，用一函数实现之。在主函数中用 scanf 函数输入字符，存放在数组中初始化矩阵，以数组名作为函数实参，在子函数中进行矩阵转置并输出已转置的矩阵。

第 8 章　复合类型数据

【主要内容】

- 给出结构体类型变量的定义、使用规则及方法实例；
- 通过结构体与数组的对比，说明其表现形式与本质含义；
- 通过结构体类型与基本类型的对比，说明其表现形式与本质含义；
- 通过结构成员与普通变量的对比，给出其使用的规则；
- 读程序的训练；
- 自顶向下算法设计的训练；
- 结构的空间存储特点及调试要点。

【学习目标】

- 理解自定义数据类型结构体的意义；
- 掌握结构体的类型定义、变量定义、初始化、引用的步骤和方法；
- 掌握结构体与数组、指针、函数的关系；
- 了解联合的概念及其使用；
- 了解枚举的概念及其使用。

8.1　结构体的概念

8.1.1　问题引入

布朗先生带领的一个学习小组有 4 位同学，他们的相关信息被记录在学籍管理表中，如图 8.1 所示。教授对学生说，前面我们已经学习了二维表的成绩统计，现在你们能编程统计出这个综合表中每个人的成绩，然后打印出这个整张的信息表吗？

学号	姓名	性别	入学时间	计算机原理	C语言	编译原理	操作系统	总分
1001	赵毅	男	2009	90	83	72	82	
1002	钱尔	男	2009	78	92	88	78	
1003	孙珊	女	2009	89	72	98	66	
1004	李思	女	2009	78	95	87	90	

图 8.1　学籍管理表

与二维数组相比，这个表格中的数据项并不都是同一种类型的，要对这样的表格进行处理，根据计算机解题的通用规则，首先要解决的问题是数据的存取，而后才是算法问题。存取问题在此具体为综合数据表以什么方式存储到机器中，表格中的成绩信息如何取出。这也是站在计算机的角度去思考解决问题的一般方法。

8.1.2　综合数据表的存储方案

1. 综合数据表可能的存储方案讨论

我们来讨论一下综合数据表可能的存储方案。

根据表格的特点及已有数组存储的概念，可以按列或按行的方式来存储数据表，二者的特点及存在的问题如图 8.2 所示。

方案	特点	问题
按列存	• 每一列是一个一维数组 • 成熟方案	总分涉及多个一维数组 运算不方便
按行存	• 一行有多个不同类型的数据项 • 方便按行偏移存取 • 与实际处理数据的习惯一致	没有现成的存储和处理方案 可以借鉴数组的存储方案

图 8.2　存储数据表的可能方案

可以把表格中的每列信息分别构造为多个一维数组，但这样做，在求一个人的总分时涉及多个一维表，程序处理起来显然是很麻烦的，若把求总分做成一个模块，则主函数不能方便地把一行信息传递给子函数。

若按行存储，一个人的各数据项是连续存储的，则成绩求和的处理和一维数组的处理方式是一样的。若做成求和模块，则可借鉴二维数组的处理方式，只要传递表格行地址即可。

综上，从数据处理方便的原则出发，还是按行存储的方式比较好。

2. 构造“组合的数据”需要考虑的问题

表格中的数据有多行，多行信息只是一行的多次重复。因此，只要把一行的信息如何组合存储的方式分析清楚即可，现在解决问题的关键变成如何把相关的一组不同类型的数据“打包”放在一个连续的空间，传递时能够传递这个空间的起始地址。

根据上述结论，可列出所有已知的条件和希望的结果如下：

- 有多个数据项，每个数据项都可以用已有的数据类型描述；
- 数据项的多少、内容是由用户自己确定的；
- 希望上述各数据项“组合”在一起，有连续的存储空间，可以作为一个整体，方便传址；
- 要求每个数据项可以单独引用。

3. 构造型数据的要素

数组是一组类型相同的变量，而这种“组合的数据结构”，需要我们在数组的基础上重构新的概念和方法，形成新的“构造型数据”。

根据数据存储的三要素，应该从存储尺寸、空间分配和数据引用这三个方面来分析，如图 8.3 所示，对应的内容应该是“组合数据”的类型、“组合数据”的变量定义以及“组合数据”的变量引用。

数据存储三要素			
存储尺寸	"组合数据"的类型	类型长度 各数据项长度之和	类型名称 关键字+标识符
空间分配	"组合数据"的变量定义	系统按照自定义数据类型分配空间 多个数据项按序连续存储	
数据引用	"组合数据"的变量引用	单个数据项引用、整体引用、地址引用	

图 8.3　构造型数据的存储要素

（1）构造型数据的类型

存储尺寸是由数据类型确定的，数据类型包括类型长度和类型名称两部分内容。

组合数据表中的内容是用户根据需要确定的，系统无法预先得知，这就需要用户自己“构造”出数据表的类型。组合数据表中有多个不同类型的数据项，因此，它的数据类型的长度应该是各数据项类型的长度之和。

由于这样的组合类型和具体的表格内容相关，长度不一，若只有一个统一的类型名，则系统无法实现按指定大小分配空间，因此需要程序员自己定义类型名称，需要有定义类型的语法规则。对此，C 语言中的语法格式是：特定关键字+标识符，这里的标识符是由程序员自己命名的。

（2）构造型数据的变量定义

“组合数据”的变量定义，系统将按照自定义数据类型分配空间，多个数据项按序连续存储。

（3）构造型数据的变量引用

“组合数据”的变量引用，应该包括单个数据项引用、整体引用和地址引用各种形式，以获取表格中的数据。

“组合的数据”在 C 语言中被称为结构体，结构体是由不同数据类型的数据构造而成的集合体。C 语言的结构体机制为处理复杂的数据结构提供了存储方式和处理基础。

8.2　结构体的存储

8.2.1　结构体类型定义

结构体（struct）及其中数据项的释义如图 8.4 所示。在 C 语言中，结构体属于复合数据类型（aggregate data type）。

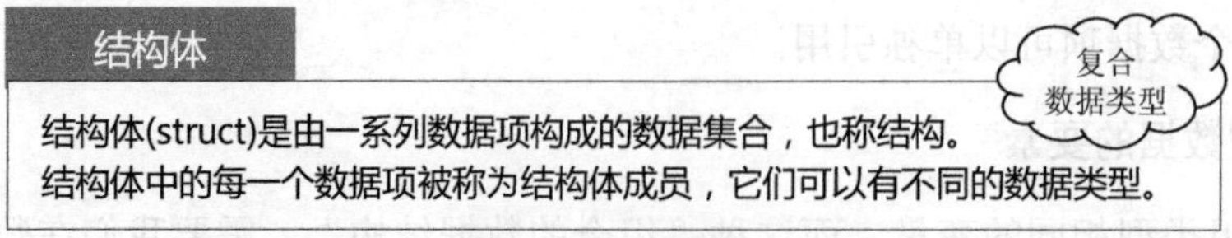

结构体

复合数据类型

结构体(struct)是由一系列数据项构成的数据集合，也称结构。
结构体中的每一个数据项被称为结构体成员，它们可以有不同的数据类型。

图 8.4　结构体概念

关于结构体的类型，有下面一些相关描述，如图 8.5 所示。

结构体名是为引用方便而由程序员用标识符给结构体作的命名。结构体类型名由关键字 struct 和结构体名两部分构成。结构体类型定义形式，由结构体类型名加上所有结构体成员的定义构成，此处结构体名在语法上可以省略，但不建议省略。结构体类型要先定义、后使用。结构体成员的数据类型可以是 C 语言允许的所有类型。

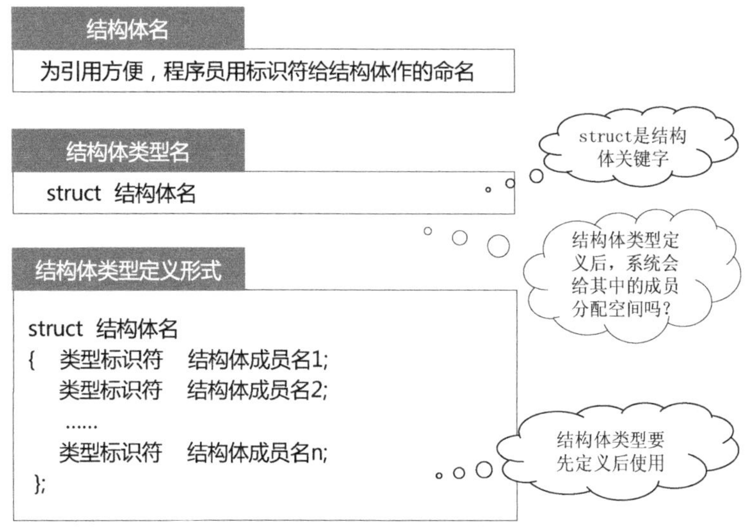

图 8.5　结构体类型的相关描述

【思考与讨论】结构体类型定义后，系统会给其中的成员分配空间吗？

讨论：

注意，这里是用户自己定义的数据类型，在 C 语言中，类型是分配空间大小尺寸的描述，不会引发空间分配的操作，变量定义时才会按照数据类型指定的大小分配空间。

【例 8.1】学籍管理表的结构体类型定义

给出图 8.6 中数据表的结构体类型定义。

学号	姓名	性别	入学时间	计算机原理	C 语言	编译原理	操作系统	总分
id	name	gender	time	score_1	score_2	score_3	score_4	total

图 8.6　学生学籍管理表

【解析】

设计方案如图 8.7 所示。这里设计了两种方案。

方案1

```
struct student
{
   int     id;           // 学号
   char    name[10];    // 姓名
   char    gender[3];   // 性别
   int     time;         // 入学时间
   int     score_1;      // 成绩1
   int     score_2;      // 成绩2
   int     score_3;      // 成绩3
   int     score_4;      // 成绩4
   int     total;        // 总分
};
```

方案2

```
struct student
{
   int  id;
   char name[10];
   char gender[3];
   int  time;
   int  score[4]; //四项成绩合成一组
   int  total ;
}
```

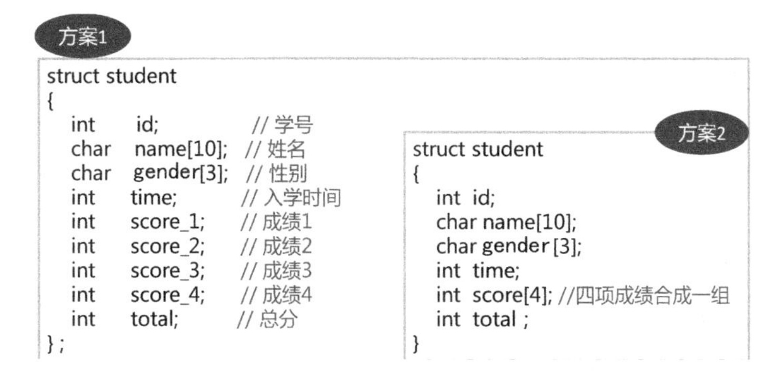

图 8.7　学籍管理表结构体类型设计方案

方案一，先根据表格的属性，给结构体起名为 student，与结构体关键字 struct 一起组成结构体类型名，然后按序列出所有结构体成员，给出相应的类型定义。注意，因为一个汉字占 2byte，故汉字给数组赋值只能用字符串的形式，此时需要给串结束符留一个位置，所以“性别”数组的长度是 3。

方案二，可以把同属性同类型的四项成绩合成一组，这样在表述上更简洁。

8.2.2 结构体变量定义

有了结构体类型的定义后，我们就可以定义结构体变量了，它的定义形式和普通变量的定义形式是一样的，不过类型部分是结构体类型而已，如图 8.8 所示。

我们来看看结构体定义的实例。

结构体变量定义
结构体类型 变量名；

图 8.8 结构体变量定义形式

【例 8.2】关于学籍表格的各种变量定义

布朗先生带课的班级有 30 人，现要求使用前面的学籍管理表格形式记录信息，写出下面不同情况的结构体变量定义：

- 一个结构体变量；
- 30 个人的结构体数组；
- 一个指向结构体的指针。

【解析】

按题目要求，各种定义如图 8.9 所示，其中结构类型是 struct student，结构变量名是 x，结构数组为 com[30]，结构指针名是 sPtr。

学号	姓名	性别	入学时间	计算机原理	C 语言	编译原理	操作系统	总分
id	name	gender	time	score_1	score_2	score_3	score_4	total

描述	形式
结构类型	struct student
结构变量定义	struct student x;
结构数组定义	struct student com[30];
结构指针定义	struct student *sPtr;

图 8.9 学籍表相关变量定义

8.2.3 结构体初始化

与数组初始化形式类似，结构体也可以进行初始化的工作，其形式如图 8.10 所示。

结构体初始化格式
struct 结构体名 变量名 = {初始数据}

图 8.10 结构体初始化格式

【例 8.3】结构体数组初始化

按照给定的学籍管理表格数据，给结构体数组 com[30]初始化。

【解析】

作为示例，我们只给 com 数组的前面 4 行赋初值，如图 8.11 所示。未初始化的元素，系统自动清 0。

果然是复合的数据结构，各种类型的数据都可以放在里面了。

学号	姓名	性别	入学时间	计算机原理	C语言	编译原理	操作系统	总分
1001	赵 毅	男	2009	90	83	72	82	
1002	钱 尔	男	2009	78	92	88	78	
1003	孙 珊	女	2009	89	72	98	66	
1004	李 思	女	2009	78	95	87	90	

```
//结构数组的初始化
struct  student  com [30]
= {  { 1001, "赵毅",  "男", 2009, 90, 83, 72, 82 },
     { 1002, "钱尔",  "男", 2009, 78, 92, 88, 78 },
     { 1003, "孙珊",  "女", 2009, 89, 72, 98, 66 },
     { 1004, "李思",  "女", 2009, 78, 95, 87, 90 }
  };
```

未初始化的元素，系统自动清0

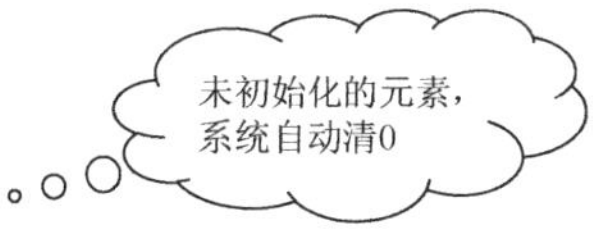

图 8.11　结构数组初始化

8.2.4　结构体变量空间分配

变量通过定义分配空间，我们通过前面定义的结构变量 x、结构指针 sPtr、结构数组 com，来查看一下它们的空间分配情况。

1. 结构体相关定义

```
struct student                          //结构类型定义
{
    int  id;
    char name[10];
    char gender [3];
    int time;
    int  score[4];
    int  total;
};
struct student x;                       //结构变量定义
struct  student  com [10]               //结构变量定义及初始化
        ={ {1001,  "赵毅",  "男", 2009, 90, 83, 72, 82 },
           {1002,  "钱尔",  "男", 2009, 78, 92, 88, 78 },
           {1003,  "孙珊",  "女", 2009, 89, 72, 98, 66 },
           {1004,  "李思",  "女", 2009, 78, 95, 87, 90 }
         };
struct student  *sPtr;                  //定义结构指针
sPtr=com;                               //结构指针指向结构数组
x=com[2];                               //com[2]的内容赋给 x
```

2. 结构体变量的空间分配示意

结构体变量空间分配情况如图 8.12 所示。

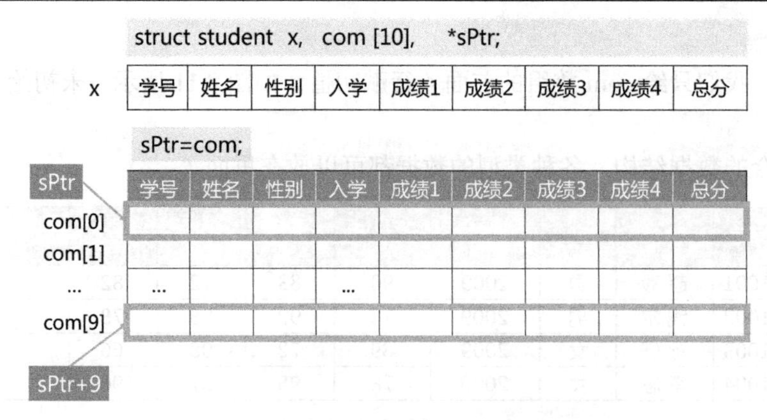

图 8.12 学籍管理表相关变量的空间分配示意

系统分配空间给结构变量 x，空间的大小为各个数据项所占用的空间和。

结构体数组 com，占 10 行，每行的大小同一个结构变量 x。

让指针 sPtr 指向 com 数组的起始位置，赋值语句为 sPtr=com，同类型指针可以赋值，sPtr+9，就指向 com[9]。

3．结构体变量所在内存空间的查看

各变量在内存中的情形如图 8.13 所示。

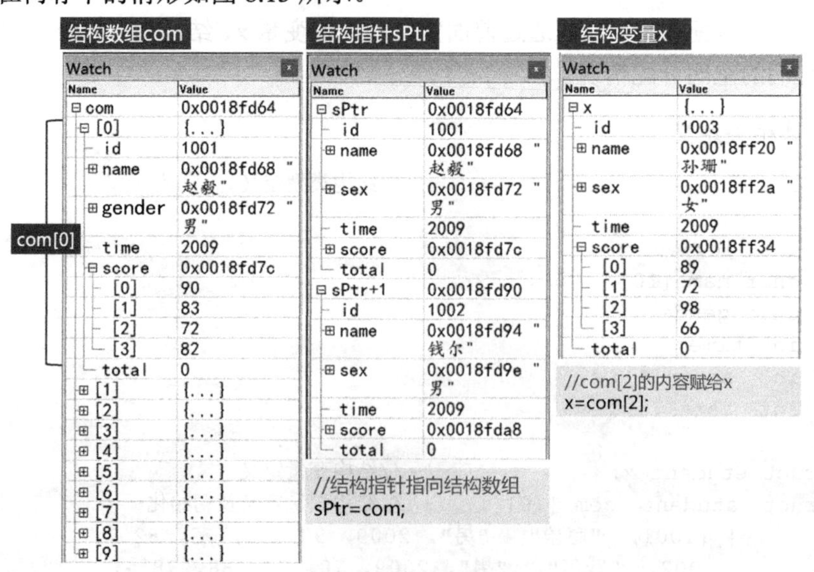

图 8.13 学籍管理表相关变量的内存查看

结构数组 com 空间分配情况，com 有 10 个元素，这里只展开了一个 com[0]，每个元素前面的加号都可以点开，每个元素都由结构体类型描述的数据项构成。

我们给结构变量 x 赋值为 com[2]，可以看到，结构变量的赋值是把所有的数据项一次全部复制了。

结构指针 sPtr 指向 com 的起始位置，可以看到 sPtr 的内容，其中数据项 id 是 1001。sPtr 后移一位，id 是 1002，所以指向的是 com[1]，和指针偏移的定义相符。

4. 结构体空间分配中的内存对齐问题

为了提高 CPU 访问内存的效率，程序语言的编译器在进行变量的存储分配时就进行了分配优化处理，对于基本类型的变量，其优化规则（也称对齐规则，alignment）如下。

```
变量地址 % N=0  （对齐参数 N=sizeof(变量类型)）
```

注：不同的编译器，具体的处理规则可能不一样。

【知识 ABC】结构体空间分配规则（VC++ 6.0 环境）

1. 结构成员存放顺序

结构体的成员在内存中顺序存放，所占内存地址依次增高，第一个成员处于最低地址处，最后一个成员处于最高地址处。

2. 结构对齐参数

（1）结构体一个成员的对齐参数：

```
N=min(sizeof(该成员类型), n)
```

注：n 为 VC++ 6.0 中可设置的值，默认为 8 字节。

（2）结构体的对齐参数 M：M=结构体中所有成员的对齐参数中的最大值。

3. 结构体空间分配规则

（1）结构体长度 L：满足条件 L % M=0 （不够要补足空字节）。

（2）每个成员地址 x：满足条件 x % N=0 （空间剩余，由下一个成员做空间补充）。

结构内的成员空间分配以 M 为单位开辟空间单元；若成员大小超过 M，则再开辟一个 M 单元；若此单元空间剩余，则由下一个成员按对齐规则做空间补充（结构体嵌套也是一样的规则）。

【例 8.4】结构体成员是基本数据类型时的内存对齐

已知三个结构变量 A、B、C 的定义和初值，它们所在的运行环境中，short 和 long 类型的长度分别为 2 字节和 4 字节，在运行环境中测得变量 A、B、C 的长度分别为 6、8、8，如图 8.14 所示，通过查看内存，分析结果原因。

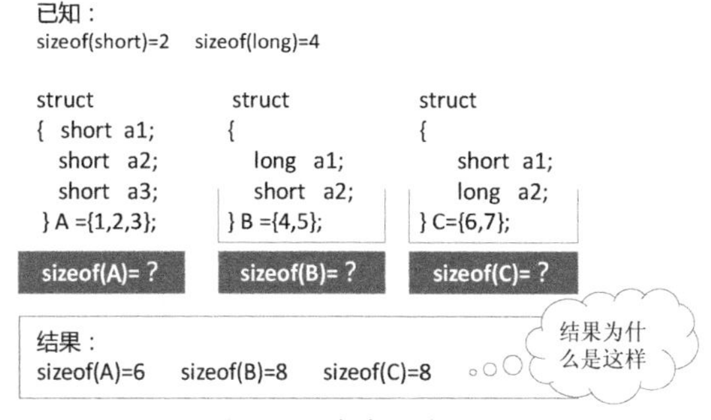

图 8.14　内存对齐问题

【解析】

由于结构体的对齐参数 M 为结构体中所有成员的对齐参数中的最大值，因此在内存中需要注意查看结构体变量成员的地址，是否按对齐参数 M 做了偏移。

结构体变量 A 的对齐参数 M=sizeof(short)=2(byte)，观察其三个结构成员地址，如图 8.15 所示，三个成员连续存储，长度为 2byte。

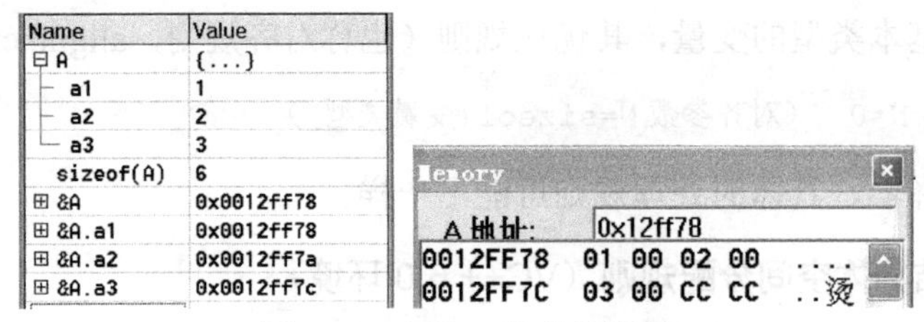

图 8.15 变量 A 的存储情形

结构体变量 B 的对齐参数 M= sizeof(long)=4(byte)，其两个结构成员地址如图 8.16 所示，B.a1 的地址为 0x12ff70，长度为 4byte，B.a2 紧邻其后，地址为 0x12ff74，sizeof(B)值为 8，说明 B.a2 的空间分配长度也是 4byte。

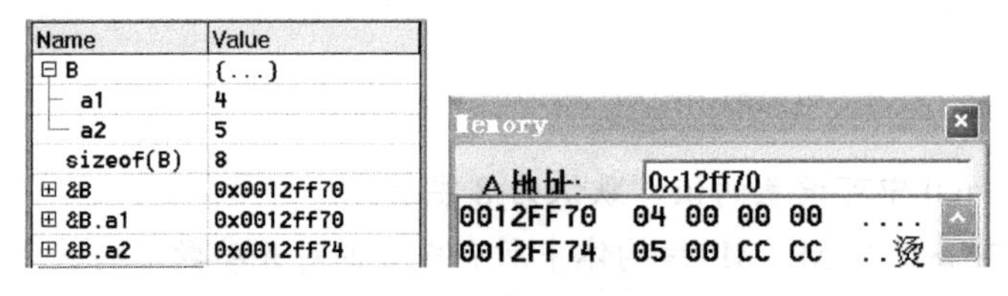

图 8.16 变量 B 的存储情形

结构体变量 C 的对齐参数 M=sizeof(long)=4(byte)，其两个结构成员地址如图 8.17 所示，C.a1 的地址为 0x12ff68，C.a1 的类型为 short，长度本应为 2byte，但 C.a2 的地址为 0x12ff6c，偏移了 4byte。C.a2 的类型为 long，长度为 4byte。sizeof(C)值为 8，说明 C.a1 的空间分配长度也是 4byte。

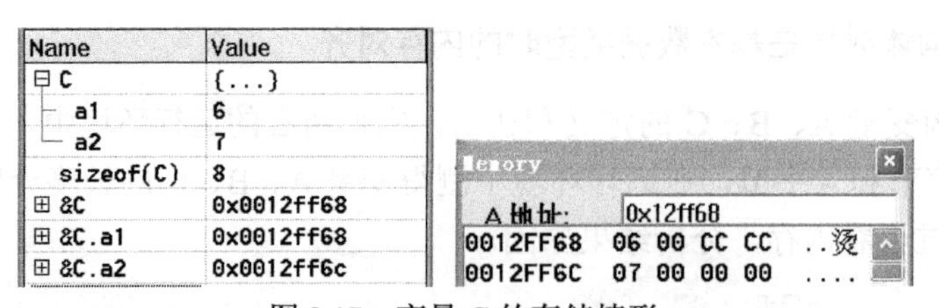

图 8.17 变量 C 的存储情形

【例 8.5】结构体成员是构造数据类型时的内存对齐

设 struct student x={1, "赵壹", "男", 3, 4, 5, 6, 7 }，图 8.18 中，Watch 和 Memory 窗口列出了 x 变量的相关信息。

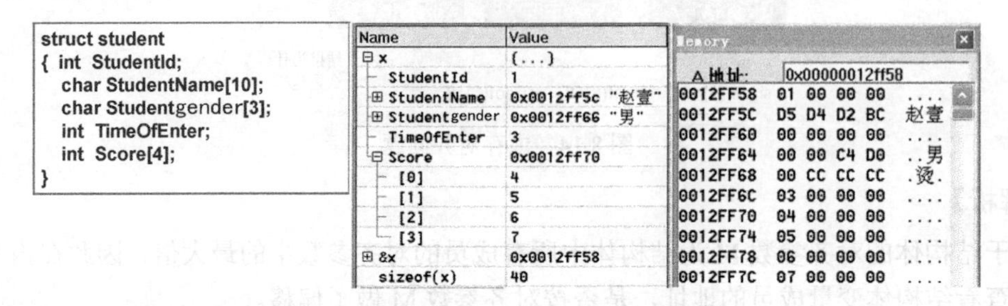

图 8.18 结构变量 x 的存储情形

x 的存储空间长度=0x12ff7c-0x12ff58+4 = 0x28 = 40(byte)；x 成员定义长度和=(int+char*10+char*3+int+int*4)=37(byte)。二者相差 3 byte，即存在如图 8.19 所示的内存“空洞”，这是如何产生的呢？

成员	起始地址	4byte			
int StudentId	12FF58	01	00	00	00
char StudentName[10]	12FF5C	D5	D4	D2	BC
		00	00	00	00
char Studentgender[3]	12FF66	00	00	C4	D0
	12FF68	00			
int TimeOfEnter	12FF6C	03	00	00	00
int Score [4]	12FF70	04	00	00	00
		05	00	00	00
		06	00	00	00
		07	00	00	00

内存“空洞”
3byte

图 8.19　内存“空洞”

【解析】

结构体 x 的对齐参数 M=sizeof(int)=4。

注意：

（1）0x12FF64、0x12FF65 两个单元放的是 StudentName[8]和 StudentName[9]。

（2）Studentgender 的起始地址是 0x12FF66。因为 Studentgender 的对齐参数 N=min (sizeof（该成员类型），8)=sizeof(char)=1，0x12FF66%N=0，所以 Studentgender 的三个元素从 0x12FF66 开始存储。

（3）TimeOfEnter 的起始地址是 0x12FF6C。因为 TimeOfEnter 的对齐参数 N=sizeof(int)=4，Studentgender 存储后的起始地址是 0x12FF69，0x12FF69 至 0x12FF6B 都不是 4 的整数倍，如图 8.20 所示，而 0x12FF6C 是 4 的整数倍，所以 TimeOfEnter 的起始地址是 0x12FF6C。因此，Studentgender 后的 3 byte 内存“空洞”是由于 TimeOfEnter 的“对齐”产生的。

Name	Value
0x12ff69%4	1
0x12ff6a%4	2
0x12ff6b%4	3
0x12ff6c%4	0

图 8.20　地址模 4 运算

仔细设计结构中元素的布局与排列顺序，可使结构容易理解、节省占用空间，从而可提高程序运行效率。

8.2.5　结构体成员引用

我们通过结构体变量的定义得到了系统分配的空间，可以通过赋初值的方法给它们赋值。根据数据要存得进、取得出的原则，结构体变量的各个成员还应该有引用方式。

在 C 语言中，成员引用的形式有 3 类，如图 8.21 所示。形式 1 属于名称引用，是通过结构变量名和成员名中间加一圆点完成的。形式 2 和形式 3 属于地址引用，是先用一个结构指针指向结构，然后通过指针名和成员名的配合来完成的。形式 2 和 3 在引用功能上是一样的。

【例 8.6】结构体成员的引用实例

根据前面学生学籍表格的结构类型和变量定义，我们来看一下成员引用的具体形式，如图 8.22 所示。

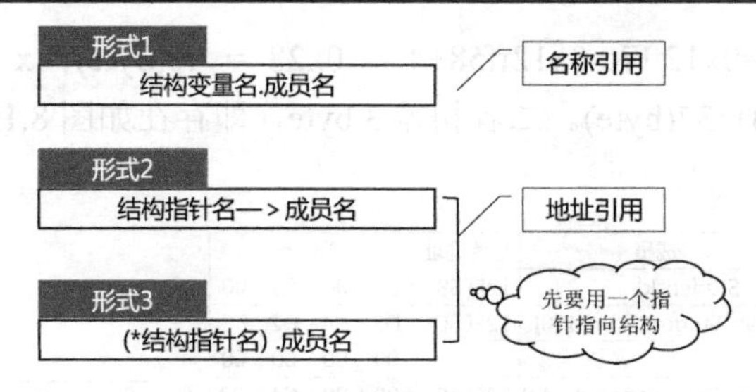

图 8.21　结构成员的引用方式

```
struct student
{
    int id;
    char name[10];
    char gender[3];
    int time;
    int score[4];
    int total ;
}
struct student
x , com[30],*sPtr;
```

结构量	需要引用的量	成员引用形式	引用前缀
结构变量x	总分	x. total	x
	第0项成绩	x.score[0]	
结构数组 com[30]	第1个学生的总分	com[1].total	com[i]
	第2个学生的第0项成绩	com[2].score[0]	
结构指针 sPtr	总分	sPtr->total	sPtr->
	第3项成绩	sPtr->score[3]	
	总分	(*sPtr).total	(*sPtr)
	第2项成绩	(*sPtr).score[0]	

图 8.22　结构成员引用实例

对结构变量 x，成员引用形式是引用前缀 x 加点再加成员名。

对结构数组 com，成员引用形式是引用前缀 com[下标]加点再加成员名。

对结构指针 sPtr，成员引用形式是引用前缀 sPtr->加成员名，或者是引用前缀（*sPtr)加点再加成员名。

8.3　结构体应用实例

【例 8.7】结构与数组的比较

编程找出图 8.23 中的最高成绩及对应座位号，显示此组信息，并将之与表中的第一列信息交换。

座位号	1	2	3	4	5	6
成绩	90	80	65	95	75	97

图 8.23　数据表

【解析】

1. **数据结构设计**

数据结构设计可采用以下 3 种方式：

（1）使用一维数组

成绩数组：int score [6]={90,80,65,95,75,97};

座位数组：int seat[6]={1,2,3,4,5,6};

（2）使用二维数组

成绩与座位的组合：int score[2][6]={{90,80,65,95,75,97},{1,2,3,4,5,6}};

用一维或二维数组的方式存储数据的规则我们已经熟悉了，即把同类型的数据按序存放，元素用数组名配合下标引用。

（3）使用结构

方式 1：

```
struct node {
int score[6];
int seat[6];}
struct node x={{90,80,65,95,75,97},{1,2,3,4,5,6}}
```

方式 2：

```
struct node {
int score;
int seat;}
struct node y[6]={{90,1},{80,2},{65,3},{95,4},{75,5},{97,6}};
```

用结构的方式存储的思路是，把相关的一组数据“打包”放在一起。结构的类型是用户自己定义的，结构的空间是在定义结构类型变量时分配的。

按照结构的形式，把数据存储到内存后，要对它们进行处理，就引出了数据如何引用的问题。图 8.24 给出了一维数组、二维数组、结构三种数据的组织形式以及其中数据项的引用形式。

结构变量 x 和结构数组 y 的成员引用及取值如图 8.25 所示。

	地　址	类　型	变量引用	存储顺序	特　点
一维数组	数组名 score	int	score[下标]	一维数组内的元素连续存储；两个数组间不一定连续	当处理大量的同类型的数据时，利用数组很方便
	数组名 seat	int	seat[下标]		
二维数组	数组名 score	int	score[下标][下标]	二维数组内的元素连续存储；按行优先顺序	
结构	x 的地址	struct node	x.score[下标]	结构内成员连续存储；先 score 数组，后 seat 数组	将有关联的数据有机地结合起来，并利用一个变量来管理
			x.seat[下标]	结构内成员连续存储；以对应 score、seat 为一组，按序存储	
	y 的地址	struct node	y[下标].score		
			y[下标].seat		

图 8.24　数据存储及引用

结构变量 x 的存储顺序		结构数组 y[6]的存储顺序	
结构成员变量	值	结构成员变量	值
x.score[0]	90	y[0].score	90
x.score[1]	80	y[0].seat	1
x.score[2]	65	y[1].score	80
x.score[3]	95	y[1].seat	2
x.score[4]	75	y[2].score	65
x.score[5]	97	y[2].seat	3
x.seat[0]	1	y[3].score	95
x.seat[1]	2	y[3].seat	4
x.seat[2]	3	y[4].score	75
x.seat[3]	4	y[4].seat	5
x.seat[4]	5	y[5].score	97
x.seat[5]	6	y[5].seat	6

图 8.25　x 与 y 的存储

2. 算法设计及实现

伪代码描述如图 8.26 所示。

伪代码描述
在 score 中选当前的最大值 max，记录 seat 中对应座位号 num
将 max 的值与 score 第 0 位置的值交换
将 num 的值与 seat 的第 0 位置的值交换
输出 score 和 seat 数组的内容

图 8.26　查找成绩并交换位置

3. 程序实现方案 1

```
1   //用一维数组实现
2   #include <stdio.h>
3   #define MAX 6
4
5   int main(void)
6   {
7     int  score[MAX]={90,80,65,95,75,97};
8     int  seat[MAX]={1,2,3,4,5,6};
9     int  max, num;
10    int  temp1, temp2;
11
12  //在 score 中找最大值,并将之记录在 max 中，对应下标值记录在 num 中
13     max=score[0]; //取第一组值作为比较基准
14     num=1;
15     for (int i=1; i< MAX; i++)
16     {
17        if (max < score[i])
18        {
19            max=score[i];
20            num=seat[i];
21        }
22     }
23
24  //最大值与第一个值交换
25     temp1=score[0];
26     temp2=seat[0];
27     score[0]=max;
28     seat[0]=num;
29     score[num-1]= temp1;
30     seat[num-1]= temp2;
31
32  //输出
33     printf("第 1 名: %d 号,%d 分\n", seat[0],score[0]);
34     return 0;
35  }
```

程序结果：

```
第 1 名：6 号,97 分
```

4. 程序实现方案 2

```
1    //用二维数组实现
2    #include <stdio.h>
3    #define MAX 6
4    int main(void)
5    {
6        int score[2][MAX]=
7        { {90,80,65,95,75,97},
8          { 1, 2, 3, 4, 5, 6}
9        };
10       int max, num;
11       int temp1, temp2;
12
13   //在 score 中找最大值，并将之记录在 max 中，对应下标值记录在 n 中
14       max=score[0][0]; //取第一组值作为比较基准
15       num=1;
16       for (int i=1; i< MAX; i++)
17       {
18           if (max < score[0][i])
19           {
20               max=score[0][i];
21               num=score[1][i];
22           }
23       }
24
25   //最大值与第一个值交换
26       temp1=score[0][0];
27       temp2=score[1][0];
28       score[0][0]=max;
29       score[1][0]=num;
30       score[0][num-1]= temp1;
31       score[1][num-1]= temp2;
32
33       //输出
34     printf("第 1 名：%d 号,%d 分\n",score[1][0],score[0][0]);
35     return 0;
36   }
```

程序结果：

```
第 1 名：6 号,97 分
```

5. 程序实现方案 3

```
1    //用结构方式 1 实现
```

```
2    #include <stdio.h>
3    #define MAX 6
4    int main(void)
5    {
6        struct node
7        {
8          int   score[MAX];
9          int   seat[MAX];
10       } x = { {90,80,65,95,75,97}, {1,2,3,4,5,6} };
11      int   max,num;
12      int   temp1,temp2;
13
14   //在score中找最大值，并将之记录在m中，对应下标值记录在n中
15       max=x.score[0]; //取第一组值作为比较基准
16       num=1;
17       for (int i=1; i< MAX; i++)
18       {
19           if (max < x.score[i])
20           {
21               max=x.score[i];
22               num=x.seat[i];
23           }
24       }
25
26   //最大值与第一个值交换
27       temp1=x.score[0];
28       temp2=x.seat[0];
29       x.score[0]=max;
30       x.seat[0]=num;
31       x.score[num-1]= temp1;
32       x.seat[num-1]= temp2;
33
34   //输出
35       printf("第1名: %d号,%d分\n", x.seat[0],x.score[0]);
36       return 0;
37   }
```

程序结果：

```
第1名: 6号,97分
```

6. 程序实现方案4

```
1    //用结构方式2实现
2    #include <stdio.h>
3    #define MAX 6
4    int main(void)
5    {
6        struct node
7        {
8            int   score;
9            int   seat;
10       } y[6]={{90,1},{80,2},{65,3},{95,4},{75,5},{97,6}};
```

```
11      int   max,num;
12      int   temp1,temp2;
13
14  //在 score 中找最大值，并将之记录在 m 中，对应下标值记录在 n 中
15      max=y[0].score;              //取第一组值作为比较基准
16      num=1;
17      for (int i=1; i< MAX; i++)
18      {
19          if (max < y[i].score)
20          {
21              max=y[i].score;
22              num=y[i].seat;
23          }
24      }
25
26  //最大值与第一个值交换
27      temp1=y[0].score;
28      temp2=y[0].seat;
29      y[0].score=max;
30      y[0].set=num;
31      y[num-1].score= temp1;
32      y[num-1].seat= temp2;
33
34  //输出
35      printf("第 1 名: %d 号,%d 分\n",y[0].seat,y[0].score);
36      return 0;
37  }
```

程序结果：

```
第 1 名: 6 号,97 分
```

【例 8.8】学籍管理表格打印

在本章问题引入部分，布朗先生提出要在机器上打印出整张的学籍管理表信息。

【解析】

1. 数据结构设计

学籍管理信息表格的存储问题已在“结构体的存储”部分讨论，对于学籍表，我们采用如下的结构体类型。

```
struct student
{
    int  id;
    char name[10];
    char gender [3];
    int time;
    int  score[4];
    int  total;
};
```

求总分，需要把 score 部分的数据取出来使用，需要结构成员引用。

（1）名称引用法

设成绩有 i 行 j 列，如图 8.27 所示。一个成绩的引用是 com[i].score[j]，结构数组 com 的下标 i，控制行的变化，成员 score 的下标 j，控制列的变化。

（2）地址引用法

先用 sPtr 指针指向 com 的起始位置，如图 8.28 所示。注意 sPtr 的偏移是一行，为方便计算，我们再设置一个指向单个成绩的指针 ptr，ptr=sPtr->score，注意这里的 score 是数组名，属于地址量。这样我们就可以用 sPtr 控制行信息，通过 ptr 引用成绩的各列。

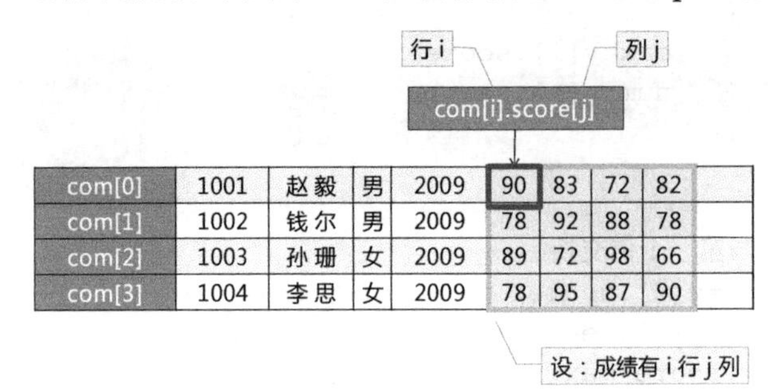

图 8.27　学籍管理表中的成绩引用 1

取一个成绩的地址
方便score引用

ptr　ptr=sPtr->score

sPtr→	com[0]	1001	赵毅	男	2009	90	83	72	82	
sPtr+1→	com[1]	1002	钱尔	男	2009	78	92	88	78	
	com[2]	1003	孙珊	女	2009	89	72	98	66	
	com[3]	1004	李思	女	2009	78	95	87	90	

sPtr 控制行信息，ptr 引用 score[ ]的各列

图 8.28　学籍管理表中的成绩引用 2

2. 程序实现

程序如图 8.29 所示。

说明：

程序第 4～12 行，结构体数据类型定义。

第 15～20 行，结构体数组定义和初始化。

第 23 行，打印表格的第一行，是表头信息。

第 27～30 行，求表格一行的总分。

第 24 行的 for，控制循环，将求每一行总分的操作，根据人数重复 N 次。

第 31～33 行，打印出一行的各种数据项。

程序结果：

```
学 号  姓名  性别   入学   计原理   C语言   译原理   操作   总分
1001   赵毅   男    2009     90       83       72      82    327
1002   钱尔   男    2009     78       92       88      78    336
```

```
1003  孙珊  女   2009    89    72    98    66   325
1004  李思  女   2009    78    95    87    90   350
```

```
01 #include <stdio.h>
02 #define N 4 //人数
03 #define M 4 //课程数
04 struct student
05 {
06     int id;
07     char name[10];
08     char gender[3];
09     int time;
10     int score[M];
11     int total;
12 };
13 int main(void)
14 {
15     struct student com [N]
16       = {{ 1001, "赵毅", "男", 2009, 90, 83, 72, 82 },
17           { 1002, "钱尔", "男", 2009, 78, 92, 88, 78 },
18           { 1003, "孙珊", "女", 2009, 89, 72, 98, 66 },
19           { 1004, "李思", "女", 2009, 78, 95, 87, 90 }
20       }; //结构数组的初始化
21
22     int i , j;
23     printf( "学 号 姓名 性别 入 学 计原理 C语言 译原理 操作  总分\n" );  //表头
24     for (i=0; i<N; i++)
25     {
26        com[i].total = 0;
27        for ( j= 0; j< M; j++)
28        {
29           com[i].total +=com[i].score[j];
30        }
31        printf( "%d  %s  %s   %d",com[i].id,com[i].name,com[i].gender,com[i].time);
32        printf( "    %d    %d",com[i].score[0],com[i].score[1]);
33        printf( "    %d    %d    %d\n",com[i].score[2],com[i].score[3],com[i].total);
34     }
35     return 0;
36 }
```

结构体类型定义

结构体数组定义初始化

求一行的总分

图 8.29　学籍管理表处理程序 1

地址引用的实现和名称引用的实现算法是一样的，只是成绩引用的方式不同而已，如图 8.30 所示。前面 20 行结构体的定义和“名称引用”程序一样。

```
21    struct student  *sPtr; //定义结构指针
22    int *ptr;      //指向分数的指针
23    sPtr=com; //结构指针指向结构数组
24    int i , j;
25    printf( "学 号 姓名 性别 入 学 计原理 C语言 译原理 操作  总分\n" );
26    for (i=0; i<N; i++, sPtr++)
27    {
28       sPtr->total = 0;
29       ptr=sPtr->score;            // 取一行分数的开始位置
30       for ( j= 0; j< M; j++, ptr++)
31       {
32          sPtr->total +=*ptr;  //取分数累加
33       }
34       printf( "%d  %s  %s   %d",sPtr->id,sPtr->name,sPtr->gender,sPtr->time);
35       printf( "    %d    %d",sPtr->score[0],sPtr->score[1]);
36       printf( "    %d    %d    %d\n",sPtr->score[2],sPtr->score[3],sPtr->total);
37    }
38    return 0;
39 }
```

前面20行和“名称引用”程序一样

求一行的总分

图 8.30　学籍管理表处理程序 2

【例 8.9】自动计票器

现有 3 名候选人的名单，需要分别统计出他们的得票数，如图 8.31 所示。用键盘输入候选人的名字来模拟唱票过程，每次只能从 3 名候选者中选择一人。选票数为 N。

候选人姓名	票数
Zhang	
Tong	
Wang	

图 8.31　选票

【解析】

1. 数据结构设计

根据选票中的数据项内容可以确定这是两个类型不同的数据，因此要用结构体来描述选票，结构体的成员有两项：候选人和票数。选票中有 3 人，可以用结构数组描述。

（1）选票的结构类型设计

选票中一名候选人的信息描述如下。

```
struct person
    {   char name[16];      //候选人姓名
        int sum;            //得票数
    }
```

（2）选票统计表信息描述

选票统计表里有 3 名候选人，用一个长度为 3 的结构数组描述，初始值只有人名，票数为 0。

```
struct person vote[3] ={"Zhang",0, "Tong",0, "Wang",0};
```

2. 算法设计及实现（见图 8.32）

伪　代　码
当验票次数<选票数 N
输入候选人名 in_name
在选票统计表中按序查找是否有 in_name，若有，则相应名下的票数加 1
输出结果

图 8.32　算法示意

```
//统计选票
#include <stdio.h>
#include <string.h>
#define N 50                        //投票人数
struct person
{   char name[20];                  //候选人姓名
    int sum;                        //得票数
```

```
};

int main(void)
{
    struct person  vote[3]
    ={"Zhang",0, "Tong",0, "Wang",0};
    int i,j;
    char in_name[20];

    for(i=0;i<N;i++)                    //N 位投票人，处理 N 次
    {
        scanf("%s",in_name);        //输入候选人名
        for(j=0;j<3;j++)            //选中的候选者得票数加 1
        if (strcmp(in_name, vote[j].name)==0)
        {
            vote[j].sum++;
        }
    }
    for (i=0;i<3;i++)                   //输出结果
    {
        printf("%s,%d\n",vote[i].name,vote[i].sum);
    }
    return 0;
}
```

【读程练习】找到年龄最大的人

将人名和年龄综合到一个结构体中，找到其中年龄最大的那个人，并输出结果。

```
#define N 4
#include "stdio.h"
static struct man
{
   char name[8];
   int age;
} person[N]= {"li",18,"wang",19,"zhang",20,"sun",22};
int main(void)
{
   struct man *q,*p;
   int i,m=0;
   p=person;
   for (i=0; i<N; i++)
    {
        if (m < p->age) q=p++;
        m=q->age;
    }
    printf("%s,%d",(*q).name,(*q).age);
    return 0;
}
```

8.4 共　用　体

8.4.1 问题引入

布朗先生所在学校有一个专业实验室，对全校相关研究室的人员开放，只要事前预约登记即可，但每次只能由一个单位的人员使用。仿照 C 语言的数据特点描述，可以将有权使用这个实验室的单位和人员列出如下。

```
公共   专业实验室
{
    研究室 1:    成员名 1;
    研究室 2:    成员名 2;
    …
    研究室 n:    成员名 n;
}
```

在计算机中，为了节省内存空间，也会采用这种共用空间的策略，就是让几个不同时出现的变量成员共享一块内存单元，这种数据结构称为“union”，翻译为“共用体”或“联合体”。当若干变量每次只使用其中之一时，给共用体数据中各成员分配同一段内存单元。

8.4.2 共用体的空间存储描述

同结构体类似，共用体的存储空间描述也对应有共用体类型定义、变量定义和成员引用等相关问题。

1. 共用体类型定义

共用体类型定义的一般形式如图 8.33 所示。

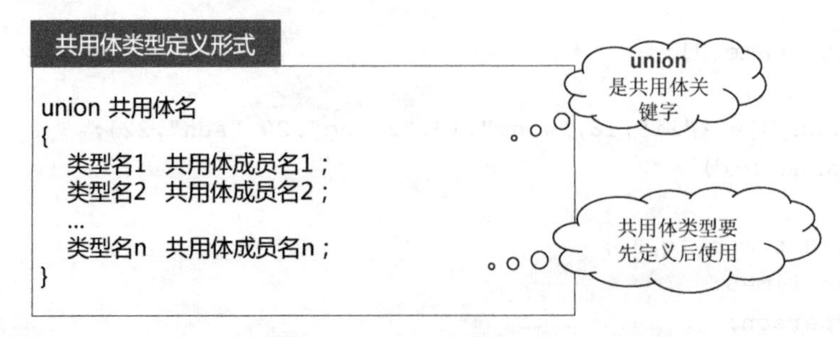

图 8.33　共用体类型定义形式

和 struct 类型定义一样，union 类型定义仅是一个类型声明，系统并不会分配实际存储空间。

2. 共用体变量定义

共用体变量定义的一般形式如图 8.34 所示，与结构体变量定义形式也是一样的。

图 8.34　共用体变量定义形式

3．共用体成员引用

共用体成员引用的一般形式如图 8.35 所示，与结构体成员引用形式也是一样的。

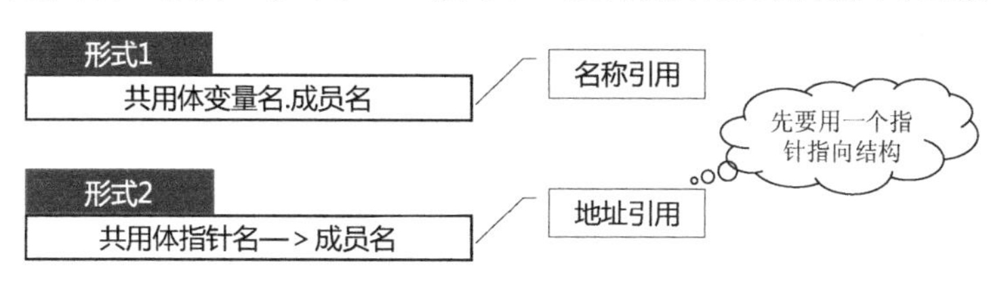

图 8.35　共用体成员引用形式

【例 8.10】union 成员的空间分配

有一个定义共用体类型定义如图 8.36 所示，与 struct 成员不同的是，union 中的成员 x、ch 和 y 具有同样的地址，空间长度由尺寸最大的那个成员确定。

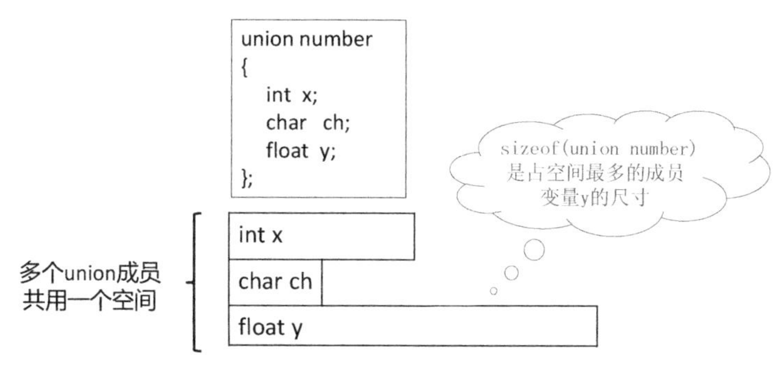

图 8.36　共用体成员共用同一个地址

4．共用体与结构体的比较

共用体与结构体有很多的相似之处，共用体与结构体的比较如图 8.37 所示。

	共用体	结构体
空间长度	所有成员只分配一个共用存储空间，其长度为所有成员中最长的	所有成员长度和
成员关系	每一瞬时只有一个成员有效，有效的是最后一次存放的成员	所有成员顺序存储
二者关系	共用体类型可以出现在结构体类型定义中	

图 8.37　共用体与结构体的比较

【例 8.11】共用体的使用

在调试环境中跟踪查看共用体成员共用一个存储空间的情形。

1. 设计测试代码

设计一个共用体，顺序给共用体成员赋值，以便在跟踪运行时观察共用体空间的使用情况。程序如下。

```
#include <stdio.h>
int main(void)
{
    union number                //定义共用体类型
    {
        int  x;
        char  ch;
        float  y;
    };
    union number unit;          //定义共用体变量
    unit.x=1;                   //共用体成员引用
    unit.ch='a';
    unit.y=2;
    return 0;
}
```

2. 跟踪调试

由图 8.38 可以看出，3 个共用体成员的地址都是 0x12ff7c，其中显示了给成员 x 赋值 1 时的情形。此时 Memory 中的值显示为 1。

图 8.39 显示了给成员 ch 赋值'a'时的情形。Memory 中的值为 0x61，此 ASCII 码对应字符为'a'，说明共用体当前有效值由 1 变为 0x61。

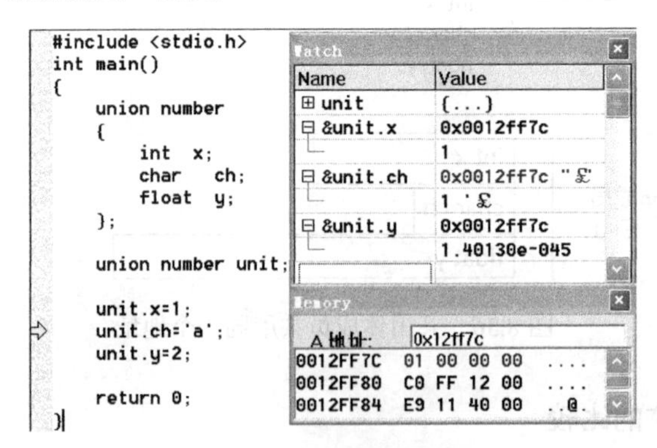

图 8.38　共用体空间使用观察步骤 1

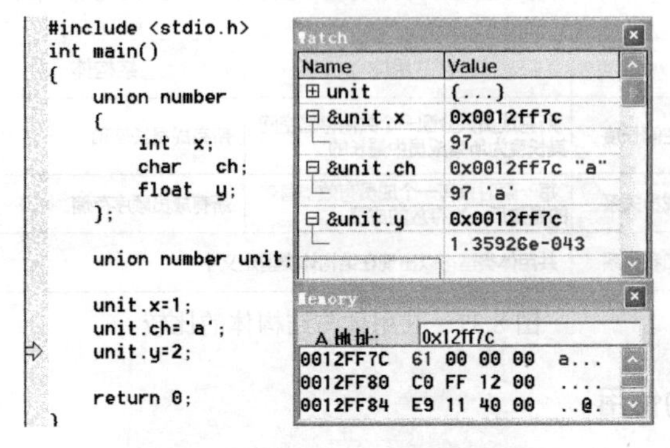

图 8.39　共用体空间使用观察步骤 2

图 8.40 显示了给成员 y 赋值实数 2 时的情形。注意，Memory 中的值显示的是 0x40000000，这是什么原因呢？

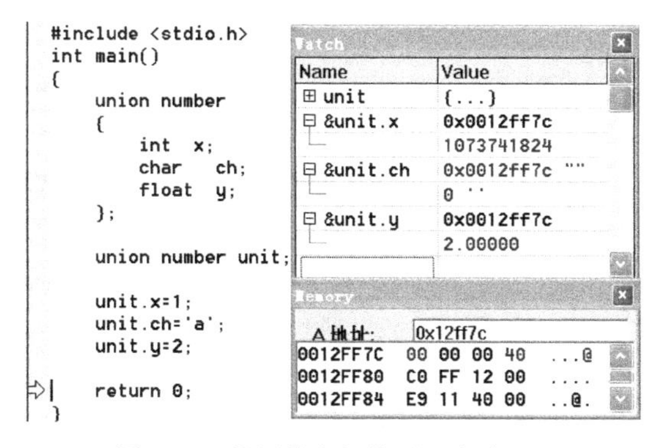

图 8.40　共用体空间使用观察步骤 3

【思考与讨论】实型变量的值在内存中的显示形式

float 型变量的值是 2，为什么在内存中显示为 0x40000000？

讨论：根据“基本数据”一章中介绍的 IEEE754 标准，按 float 占 32 位的情形，实数 2 的存储形式如图 8.41 所示，即 0x40000000。

十进制	规格化	指数	符号	阶码 8 位(指数+127)	尾数 23 位
2	$1.0x2^1$	1	0	100 0000 0	000 0000　0000 0000　0000 0000

图 8.41　实数 2 的存储形式

【读程练习】共用体的数据操作

设有若干教师的数据，包含有教师编号、姓名、职称，若职称为讲师（Lecturer），则描述其所讲的课程；若职称为教授（Professor），则描述其所发表的论文数目。统计论文总数。具体数据如图 8.42 所示。

编　号	姓　名	职　称	课程或论文数
1	Zhao	L	program
2	Qian	P	3
3	Sun	P	5
4	Li	L	english
5	Zhou	P	4

图 8.42　共用体的数据表

```
1   //共用体的数据操作
2   #include <stdio.h>
3   #define  N 5              //教师人数
4
5   union work
6   {   char  course[10];     //所讲课程名
7       int   num;            //论文数目
```

```
8  };
9
10 struct  teachers
11 {  int   number;          //编号
12    char  name[8];         //姓名
13    char  position;        //职称
14    union  work  x;        //可变字段，所讲课程或论文数目
15 } teach[N];
16
17 int main(void)
18 {
19     struct teachers teach[N]
20     ={  {1, "Zhao",'L',"program"},
21         {2, "Qian",'P',3},
22         {3, "Sun",'P',5},
23         {4, "Li",'L',"english"},
24         {5, "Zhou",'P',4},
25      };
26     int sum=0;
27
28     for(int i=0; i<N; i++)
29     {
30         printf ( " %3d %5s %c ",teach[i].number,
31                    teach[i].name,  teach[i].position);
32         if (teach[i].position =='L')
33         {
34             printf ("%s\n", teach[i].x.course);
35         }
36         else if ( teach[i].position =='P' )
37         {
38             printf ("%d\n", teach[i].x.num);
39             sum=sum+teach[i].x.num;
40         }
41     }
42     printf ("paper total is %d\n", sum);
43     return 0;
44 }
```

程序结果：

```
1  Zhao L program
2  Qian P 3
3  Sun P 5
4  Li L english
5  Zhou P 4
paper total is 12
```

8.5　枚　　举

8.5.1　问题引入

小布朗在刚刚开始接触彩色笔四处涂鸦时，对色彩的混合所呈现的颜色觉得很不可思议，就不断去问老爸，红加蓝、黄加红等会变成什么颜色，布朗先生不堪其扰，灵机一动，何不编个小程序，让儿子自己输入颜色名称，让机器自动显示出答案。

以红、黄、蓝三原色为例，这三种颜色两两混合后可呈现的颜色如图 8.43 所示。

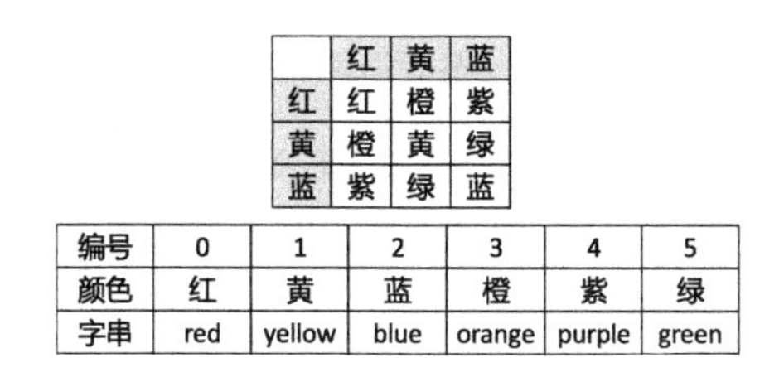

	红	黄	蓝
红	红	橙	紫
黄	橙	黄	绿
蓝	紫	绿	蓝

编号	0	1	2	3	4	5
颜色	红	黄	蓝	橙	紫	绿
字串	red	yellow	blue	orange	purple	green

图 8.43　配色表

布朗先生在编程时，先设计数据结构，对图 8.43 中各种颜色的单词用了一个指针数组来存储：char *ColorName[]={"red","yellow","blue","orange","purple","green"};

对于图 8.43 的这个二维数组，应该填入 ColorName 数组中各颜色单词字串的下标编号，而非直接填入字符串，这样数据量小，处理方便。

```
int ColorTab[3][3]={{0,3,4},{3,1,5},{4,5,2}};
```

布朗先生在数组初始化时发觉这些和颜色对应的数字很容易写错，如果配色的种类更多、表格更大，就更容易错了，原因在于描述颜色的单词是直观的，而数字是抽象的。布朗先生首先想到的方法是为每种颜色定义一个字符常量，这样在程序中直接使用这些直观的字符常量即可。

```
int  ColorTab[3][3]={{red,orange,purple},{orange,yellow,green},{purple,
green,blue}};
```

程序如下：

```
01 #include "string.h"
02 #include "stdio.h"
03 #define red 0
04 #define yellow 1
05 #define blue 2
06 #define orange 3
07 #define purple 4
08 #define green 5
09
10 //定义配色表
11 int ColorTab[3][3]={{red,orange,purple},{orange,yellow,green},{purple,
green,blue}};
```

```
12
13 int main(void)
14{
15    char color1[8];        //接收输入的颜色字串
16    char color2[8];        //接收输入的颜色字串
17    char *ColorName[]= {"red","yellow","blue","orange","purple","green"};
18    int i=0,j=0;
19
20    printf("输入红黄蓝三种颜色中的两种\n");
21    gets(color1);
22    gets(color2);
23    while (0!=strcmp(color1,ColorName[i])) i++;
                                  //找到第1个输入颜色字串的编号i
24    while (0!=strcmp(color2,ColorName[j])) j++;
                                  //找到第2个输入颜色字串的编号j
25    //在配色表中根据ij，查出两种颜色混合后的对应颜色
26    printf("%s+%s=%s\n",ColorName[i],ColorName[j],ColorName[ColorTab[i][j]]);
27
28    return 0;
29 }
```

布朗先生思考着，3种基本色彩的配色就有6种可能，要是颜色的基数再多些，这常量定义就未免太多了些。

在程序设计语言中，一般用一个数值代表某一状态，这种处理方法不直观、易读性差。用数值代表色彩，就不如用“红橙黄绿青蓝紫”直接。如果能在程序中用自然语言中有相应含义的单词来代表某一状态，那么程序就很容易阅读和理解。

8.5.2　枚举的概念及定义形式

事先考虑到某一变量可能取的值，用自然语言中含义清楚的单词来表示它的每一个值，在C语言及有些编程语言中提供了这样的表示方法，这种方法称为枚举（enum）。

在C语言中，枚举是一个用标识符表示的一组整型常数的集合，枚举类型变量的取值范围只限于此集合内。需要说明的是枚举变量出了范围取值系统也并不告警。

枚举的定义形式与结构和联合相似，其形式如图8.44所示。我们对一个星期的7天可以定义一个枚举数据集如下：

```
enum WeeksType {Mon, Tues, Wed, Thurs, Fri, Sat, Sun} ;
enum WeeksType Day;
```

其中，WeeksType是枚举类型名，Day是枚举变量，花括号中是所有枚举常数。

关于枚举的类型及变量的说明：

（1）枚举类型定义中的标识符是符号常量。

（2）枚举类型定义时要列出所有成员。

（3）方括号中是可选项，若枚举没有初始化，即省掉“=整型常数”时，则从第一个标识符开始，顺次赋给标识符0，1，2，…。但当枚举中的某个成员赋值后，其后的成员按依次加1的规则确定其值。

我们也可以显式地设置枚举量的值，注意指定的值必须是整数。如：enum WeeksType

{Mon=1, Tues=2, Wed=3, Thurs=4, Fri=5, Sat=6, Sun=7};

也可以只显式地定义一部分枚举量的值：enum WeeksType {Mon=1, Tues, Wed=1, Thurs, Fri, Sat, Sun}；这样 Mon、Wed 均被定义为 1，则 Tues=2，Thurs、Fri、Sat、Sun 的值默认分别为 2、3、4、5。

（4）枚举变量只能被赋枚举成员值，如 Day=Wed。

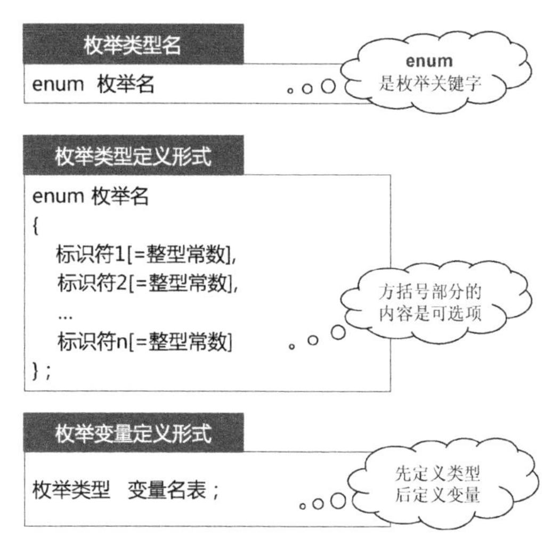

图 8.44　枚举类型及变量的定义格式

8.5.3　枚举实例

【例 8.12】枚举表示的配色表

布朗先生按照颜色枚举表示的方式，把前面配色表的程序做了如下改进。

```
#include "string.h"
#include "stdio.h"
//定义三原色和相应混合色的枚举常量
enum Color{red,yellow,blue,orange,purple,green};
//定义配色表
int ColorTab[3][3]={{red,orange,purple},{orange,yellow,green},{purple,green,blue}};
int main(void)
{
    //主函数中程序同问题引入部分
}
```

枚举和宏其实非常类似，宏在预处理阶段将名字替换成对应的值，枚举在编译阶段将名字替换成对应的值。我们可以将枚举理解为编译阶段的宏，关于宏的详细内容见“编译预处理”一章。

【例 8.13】商品的价格管理

某超市经常开展限时打折的优惠活动，同一种商品在不同的时段有不同的折扣，写出处理模型及程序实现。

【解析】

把各时间段列出，构成一个枚举类型：

```
enum enumType{Time1, Time2, Time3} rebateTime ;
```

再用switch语句分情形处理即可：

```
scanf("%d", &rebateTime);
switch (rebateTime)
{
    case Time1:{...;break;}
    case Time2:{...;break;}
    case Time3:{...;break;}
    default:break;
}
```

具体实现如下：

```
#include<stdio.h>
int  main(void)
{
    enum enumType{Time1=3, Time2=5, Time3=6};
    float x=1.0;
    int weekday;
    scanf("%d", &weekday);

    switch (weekday)
    {
   case Time1:  x=0.5;  break;
   case Time2:  x=0.8;  break;
   case Time3:  x=0.9;  break;
   default: break;
    }
    printf("星期%d,折扣为%f",weekday,x);
    return 0;
}
```

8.5.4　枚举的使用规则

基于枚举的特殊性，枚举量在使用时有不少限制。设：

```
enum WeeksType {Monday, Tuesday, Wednesday, Thursday, Friday, Saturday, Sunday};
enum WeeksType Weekday
```

1．不能将其他类型值赋给枚举变量

例如，Weekday = 10; //是不允许的。

说明：因为10不是枚举量。但可以利用强制类型转换，将其他类型值赋给枚举变量。

2．枚举变量不能进行算术运算

例如：

```
Weekday = Sat;
Weekday++;  //非法
```

说明：因为自增操作可能导致违反类型限制。此例中Weekday首先被赋予枚举量中的最后一个值 Sunday（值为 6），再进行递增的话，Weekday 增加到 7，而对于 enum 类型来说，7 是无效的。

8.6　声明新的类型名

8.6.1　问题引入

1．音乐文件跨平台使用中的问题

小布朗高兴地拿着生日礼物——音乐播放器，听了个不亦乐乎，忽然问了老布朗一个问题，这么多歌曲原来是在电脑里播放的，现在怎么"躲进"这么个小小的盒子里面了呢？"哈哈，这是个好问题"，布朗先生笑道。

我们现在可以在各种各样的设备上播放音乐，各种美妙的音乐是怎样存储在机器中的呢？电脑存储信息都是以二进制数据的方式存储的，音乐也不例外。WAV（Waveform Audio File Format）文件是目前在 PC 平台上很常见的最经典的多媒体音频文件，它是一种存储声音波形的数字音频格式，由微软和 IBM 公司联合设计，最早在 1991 年出现在 Windows 3.1 操作系统上。经过多次修订，现可用于 Windows，Macintosh，Linux 等多种操作系统。

WAV 文件的数据组织分文件说明信息的文件头和真正的音乐数据两个部分，WAV 文件头的各项信息如图 8.45 所示，它们由多个数据项组成，其中各数据项的长度是按标准固定的长度，并不会随着不同的机器上整型或字符类型长度的不同而变化。

我们在 C 的数据类型部分提到过，C 的基本数据类型，如 int 型的长度和具体使用的机器相关，这样在代码移植时会引起相应问题，我们要在不同的平台上使用处理 WAV 文件的代码，若这一个整型长度的描述不同，则需要专门去修改相应每一处的整型数据定义，以保证 WAV 各数据项的长度是标准的指定的位数，这样一来，代码的移植就不方便了。

	偏移地址	字节数	数据类型	内　容
文件头	00H	4	Char	"RIFF"标志
	04H	4	int32	文件长度
	08H	4	Char	"WAVE"标志
	0CH	4	Char	"fmt"标志
	10H	4	Char	过渡字节
	14H	2	int16	格式类别
	16H	2	int16	通道数
	18H	2	int16	采样率
	1CH	4	int32	波形音频数据传送速率
	20H	2	int16	数据块的调整数
	22H	2	Char	每样本的数据位数
	24H	4	Char	数据标记符 " data "
	28H	4	int32	语音数据的长度

图 8.45　WAVE 文件格式说明

在此例中，如果分别把32位和16位的int类型另外起名为UIN32和UIN16，则WAV文件格式类型定义可写为如下结构体形式，在移植时只要将UIN32和UIN16替换回机器对应的长度类型即可。

```
struct tagWaveFormat
{
    char cRiffFlag[4];
    UIN32 nFileLen;
    char cWaveFlag[4];
    char cFmtFlag[4];
    char cTransition[4];
    UIN16 nFormatTag ;
    UIN16 nChannels;
    UIN16 nSamplesPerSec;
    UIN32 nAvgBytesperSec;
    UIN16 nBlockAlign;
    UIN16 nBitNumPerSample;
    char cDataFlag[4];
    UIN16 nAudioLength;
} ;
```

这个问题用宏定义就可以解决，似乎没什么悬念。

2. 宏定义无法解决的问题

我们来看一些特别的情形。对下面的第1、2行代码，我们的本意是让变量 *a* 和 *b* 都定义为整型指针，但结果是，第3行的变量 *b* 并不是我们期望的指针类型，这是宏简单替换结果的问题。

```
01  #define PTR int*
02  PTR a, b;
03  int *a, b;
```

其实从形式上看，第2行是一个变量的定义，可以设想，若PTR是一个与int*等价的数据类型，则可以避免用宏做简单替换出现的问题。此时需要在编程语言的机制中添加一个可以给数据类型命名别名的规则。

3. 给类型起个别名

C语言中命名别名的关键字是typedef（type+define），改写前两行代码的结果如下。

```
01  typedef (int *) PTR
02  PTR a, b;
03  int *a, *b;
```

typedef的存在是解决一些宏定义的问题，让代码更好看。实际应用中，对于网络、驱动等关注变量类型字节宽度的地方，typedef的作用很重要。为了应付各种编译器的要求，最好的办法是自己定义好类型、使用自己定义的类型，当需要迁移到新平台时，改几个头文件就可以了。typedef 能隐藏复杂的语法构造、平台相关的数据类型，从而增强代码的可移植性和可维护性。

下面给出 typedef 的语法格式和应用的例子。

8.6.2　typedef 声明形式及使用

声明新类型的形式如图 8.46 所示，typedef 的功能是给已定义的数据类型定义别名。

在编程中使用 typedef，除给类型起一个易记且意义明确的新名字之外，还有一个作用是简化一些比较复杂的类型声明。typedef 的例子如图 8.47 所示。

声明新类型形式
typedef　原类型名　新类型名；

图 8.46　typedef 声明新类型的形式

	样例1	样例2
声明新类型	typedef int integer;	typedef struct student Stu;
语句	integer x,y;	p=(struct student *)malloc(sizeof(struct student));
等价语句	int x,y;	p=(Stu *)malloc(sizeof(Stu));

图 8.47　typedef 使用示例

在样例 1 中，给类型 int 起新的名字是 integer，integer 和 int 是等价的类型。

在样例 2 中，已有结构类型 struct student，声明的新类型别名是 Stu，在出现 struct student 的地方，用 Stu 替代，代码显得简洁易读。

#define 和 typedef 的区别在于，define 是在预编译时处理的，它只能进行简单的字符串替换，而 typedef 是在编译时处理的，能够实现更灵活的类型替换。

8.7　本 章 小 结

本章讨论了将逻辑相关的一组数据组织在一起的描述、存储及引用方法。结构体主要内容间的联系如图 8.48 所示，共用体主要内容间的联系如图 8.49 所示，枚举主要内容间的联系如图 8.50 所示。

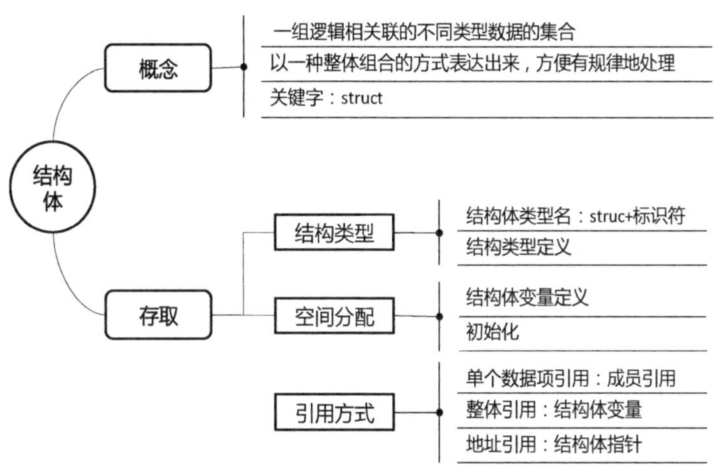

图 8.48　结构体概念及联系

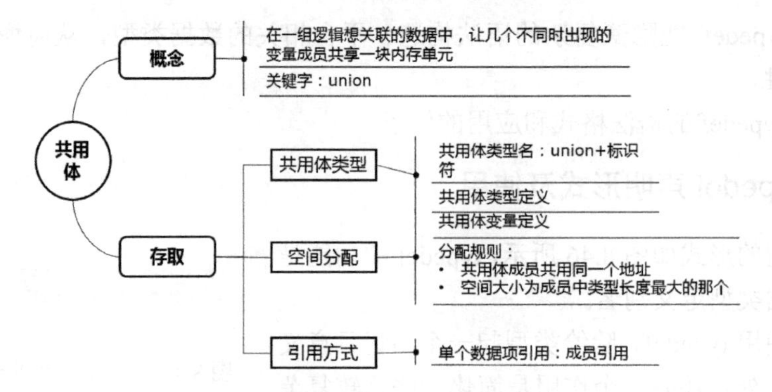

图 8.49 共用体概念及联系

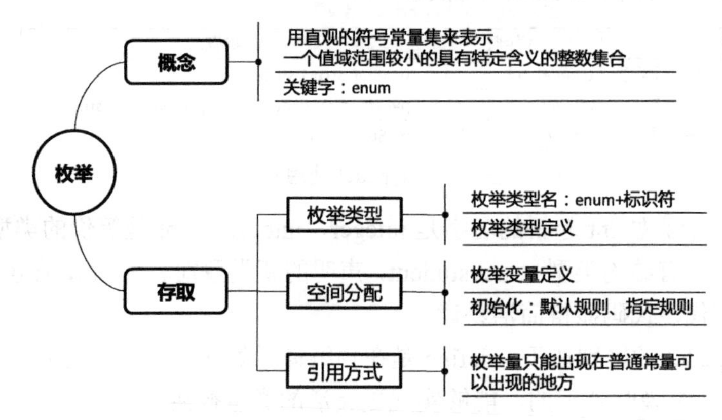

图 8.50 枚举概念及联系

习　　题

8.1 编写一条或者一组语句完成下列任务。

（1）定义包含成员 int 变量 partNumber（部件编号）和 char 数组 partName（部件名称）的结构 part，其中 partName 的值可能有 25 个字符长。

（2）定义 part 作为类型 struct part 的同义词。

（3）使用 part 来声明变量 a 的类型是 struct part，数组 b[10]的类型是 struct part，变量 ptr 是指向 struct part 的指针。

（4）从键盘读取部件编号和部件名称到变量 a 的单个成员中。

（5）将变量 a 的成员赋值给数组 b 下标为 3 的元素。

（6）将数组 b 的地址赋给指针变量 ptr。

（7）通过使用变量 ptr 和结构指针运算符引用成员，来输出数组 b 下标为 3 的元素的成员值。

8.2 假设已经定义了结构：

```
struct person
{
    char lastName[15];
    char firstName[15];
    char age[4];
}
```

编写语句，完成 10 组姓（lastName）、名（firstName）和年龄的输入。

8.3　有结构的定义：

```
struct person
{
    char   name[9];
    int    age;
} pr[10]={"Johu",17,"Paul",19,"Mary",18,"Adam",16};
```

根据上述定义，能输出字母 M 的语句是（　　）。

A．printf("%c",pr[3].name);

B．printf("%c",pr[3].name[1]);

C．printf("%c",pr[2].name[1]);

D．printf("%c",<<pr[2].name[0]);

8.4　定义一个结构体变量（包括年、月、日），计算该日在本年中为第几天（注意考虑闰年问题）。要求写一个函数 days，实现上面的计算。由主函数将年、月、日传递给 days 函数，计算后将日子传递回主函数输出。

8.6　读入五位用户的姓名和电话号码，按姓名的字典顺序排列后，输出用户的姓名和电话号码。

8.7　假设一名学生的信息表中包括学号、姓名、性别和一门课的成绩。而成绩通常又可采用两种表示方法：一种是五分制，采用的是字符形式；另一种是百分制，采用的是浮点数形式。现要求编写一程序，输入一名学生的信息并显示出来。

8.8　由键盘任意输入一个 1～7 之间的数字，输出其对应星期。

8.9　从键盘上读入数据，第一个数据是数组长度 N，后面的 N 个值，每个值从一新行开始读起，以字符 I 或 C 开头，指出此值是整数还是字符。把这些值保存在数组中，并重新显示。

8.10　声明枚举类型如下：

一周的星期 enum day{Sunday,Monday,Tuesday,Wednesday,Thursday,Friday,Saturday}

求以下各项的值，假设每次运算前 today（day 类型）的值是 Tuesday。

（1）int(Monday)；

（2）int(today)；

（3）today < Tuesday；

（4）day(int(today) + 1)；

（5）Wednesday + Monday；

（6）int(today) + 1；

（7）today >= Tuesday；

（8）Wednesday + Thursday。

8.11　试构造出一枚举类型，包含颜料的三原色。然后编写程序，显示三原色两两搭配所呈现的三种间色。

8.12　试构造一联合体，可以表示一维空间（直线）、二维空间（平面）或三维空间中的一个点，要求联合体包括维度指示和坐标点的表示。

第9章　函　　数

【主要内容】

- 函数机制设置的原因、原理及多个函数间相互关系的本质含义；
- 函数的声明、定义、调用形式；
- 函数参数的含义、使用规则；
- 函数的设计要素及方法实例；
- 读程序的训练；
- 自顶向下算法设计的训练；
- 函数间信息传递调试的要点。

【学习目标】

- 理解程序规模足够大时分模块（函数）构建程序的概念；
- 理解并掌握在函数之间传递信息的机制；
- 理解并掌握在函数之间信息屏蔽的机制；
- 熟练掌握创建新函数的要素；
- 理解如何编写和使用能够调用自身的函数。

9.1　函数的概念

9.1.1　问题的提出

1. 实际问题中的功能复用和分块完成

【引例 1】排列组合问题

我们在处理实际问题时，往往会遇到要重复做的事情，比如，从 n 个不同元素中取出 m 个的排列数 A_n^m 和组合数 C_n^m，有相应的数学计算公式，中间多处有求阶乘的计算，如图 9.1 所示。如果要编程实现排列组合的计算，那么把求阶乘的程序功能多次重复使用即可。

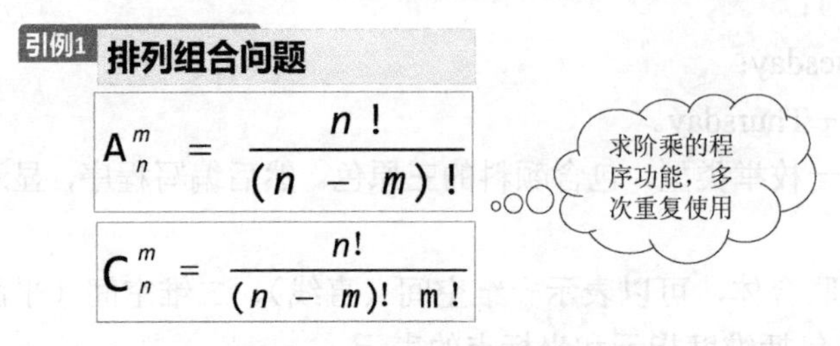

图 9.1　排列组合的计算

【引例 2】奖学金评定流程

布朗先生所在的学校每年都会给学生发奖学金，奖学金的评定流程如图 9.2 所示，其中有些事项的工作量比较大，可以交给专人去完成，比如第 3 步涉及数据表求和，第 5 步涉及数据表排序、分类，第 6 步涉及数据表查找、删除、插入等。

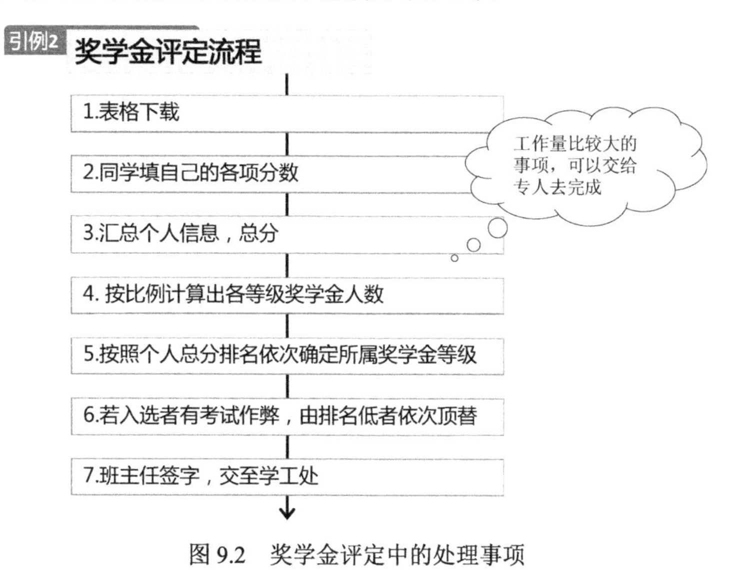

图 9.2　奖学金评定中的处理事项

2. 实际问题的概念抽象——独立的程序块

一般地，在编程中要处理的实际问题会有各种情形。当问题的规模比较大且功能复杂时，需要大家分工合作来完成。按功能分块处理，分块编制，分块调试。当有些功能是大家普遍需要使用的时，这种问题就归为功能复用，可以建立功能独立的程序块。这两类问题的处理实质都需要把程序按功能独立分块，如图 9.3 所示。

实际问题情况	处理策略	具体方法
问题规模大 功能复杂	分工合作	按功能分块处理 • 分块编制 • 分块调试
程序功能需重复使用	功能复用	建立功能独立的程序块

处理的实质是按功能独立分块

图 9.3　独立的程序块

9.1.2　模块的概念

1. 多人合作工作中涉及的配合问题

在讨论程序实现功能独立分块机制之前，我们先来看一下人们在实际处理事情时的做法。对问题进行进一步的分析，在奖学金评定中，涉及分工合作的关键流程如图 9.4 所示，一个人做这些工作与多个人分工做这些工作，有哪些不同点呢？

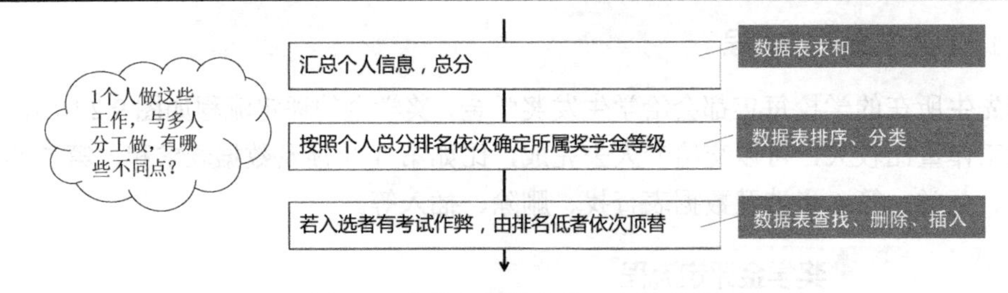

图 9.4　奖学金评定中分工合作事项

可以从图 9.5 中列出的几个方面来分析。

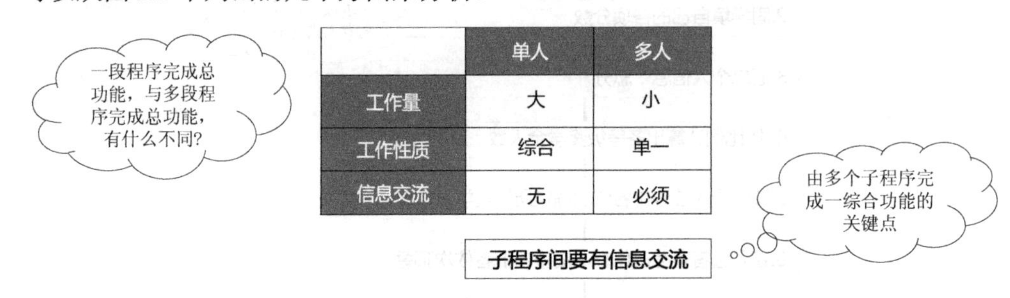

图 9.5　各种情形下完成多功能工作的分析

工作量一项，是单人大、多人小。工作性质一项，对单人完成总的工作而言，需要综合能力，对多人合作来说，每个人只要完成分配给自己的、功能单一的事情就可以了。信息交流一项，一个人工作不需要和他人交流；多人合作完成，一个工序的工作结果，往往就是下一个工序的输入，因此必须相互沟通信息。

2. 程序分块机制涉及的配合问题

关于程序分块处理问题，我们需要思考以下问题。

【思考与讨论】程序分块中涉及的问题

1. 一段程序完成总的功能，与多段程序配合完成总功能，它们的不同点有哪些？
2. 由多个子程序完成一综合功能的关键点是什么？

讨论:

对计算机而言，程序完成工作的量的大小、复杂还是简单，没有本质上的差别，除此之外，就是子程序间要有信息交流，程序设计语言应提供这样的交流机制。

3. 模块的概念

根据前面的按功能分块解决问题中可能出现情况的讨论，我们可以对这种功能独立的程序块做一个完整的规划设计。

在程序设计中，把能够单独命名并独立完成一定功能的程序语句的集合称为模块，如图 9.6 所示。模块包括两部分内容——功能和接口。接口的设计是让其内部实现和数据部分外界不可见，模块与外界的联系只通过信息接口进行。接口信息是其他模块或程序使用该模块的约定方式，包括输入/输出信息等。

关于模块还有一些概念，如模块复用和多模块结构等。

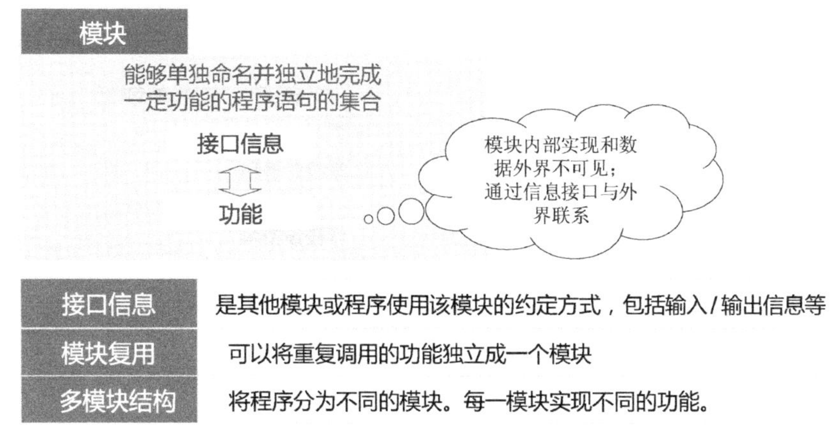

图 9.6　模块的概念

"模块"这个词有很多别名，如函数、子程序等。在 C 语言中，用"函数"一词来描述模块，如图 9.7 所示。在结构化分析和设计方法中，人们常说的就是"模块"；在面向对象分析和设计中又把它说成是"类（class）"；在基于构件的开发方法中的说法则是"构件"。

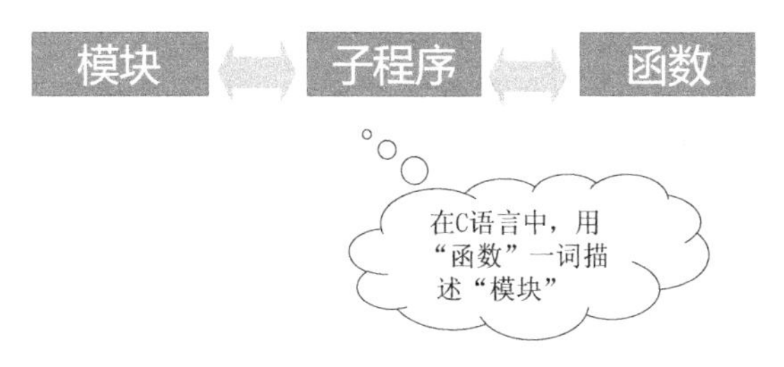

图 9.7　模块的各种别名

模块化程序设计的特点如下：

（1）各模块相对独立、功能单一，程序逻辑清晰，便于编写和调试。

（2）降低了程序设计的复杂性，缩短了开发周期。

（3）提高了模块的可靠性。

（4）避免了程序开发的重复劳动。

（5）易于维护和扩充功能。

9.2　函数形式设计

9.2.1　模块间信息交流方法

布朗先生所在的学校要举行毕业典礼，后勤部门负责进行主席台的布置，流程如图 9.8 所示。布置流程中，有些事项可以通过"外包服务"交给专业的公司来处理，比如广告公司、绿化公司等，这样比较高效快捷且质量有保障。

引例1 **流程中的外包项目**

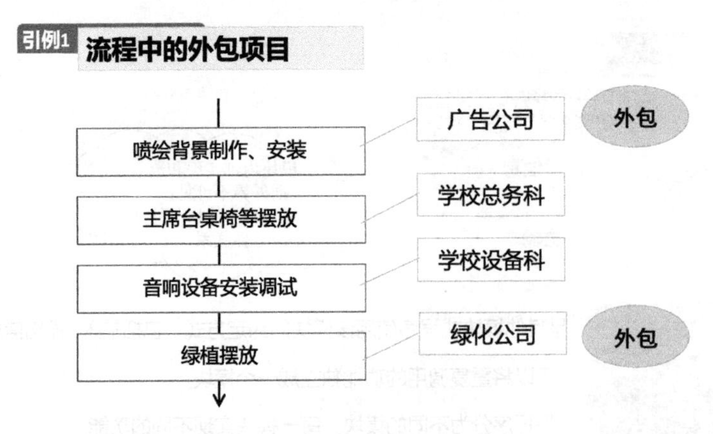

图 9.8 毕业典礼主席台布置流程

【思考与讨论】外包方式中信息交流的方式有哪些？

讨论:

根据问题性质的不同，外包方式中信息交流的方式有下面两种形式，如图 9.9 所示。

（1）以发包方为主调度（如毕业典礼主席台布置流程）;

（2）各功能完成者之间互相交流（如奖学金评定流程）。

其实在程序设计模式中，这两种方式都可以采用。若各模块执行先后有一定的顺序，则属于面向过程的方式；若模块的执行时刻要根据某些特定的事件是否发生才能决定，则属于面向对象的方式，这些内容的进一步讨论参见附录 G。C 语言函数机制采用的是“以发包方为主调度”的方式。

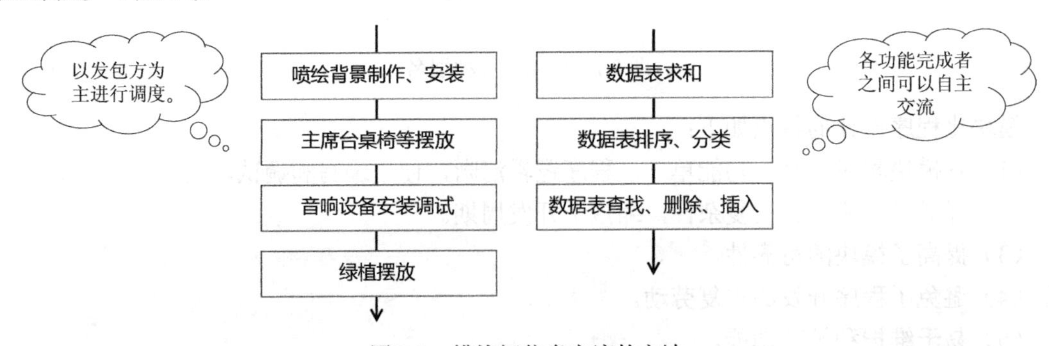

图 9.9 模块间信息交流的方法

9.2.2 函数形式设计

1. 外包系统结构分析

以广告公司为例，我们来分析一下外包系统的结构。

对于“背景制作”这样一个需要外包的项目，广告公司是制作方，学校是外包用户，如图 9.10 所示。广告公司对外宣称自己可以做什么，包括材料、规格、效果、单位价格的描述，这些可以看成是“制作的定义”，定义并不是真实产品的生产。只有当外包用户提供了实际图片、背景的尺寸大小和制作费用后，广告公司才会真正按“制作定义”开始制作，此时是外包用户让制作功能实施，即“驱动制作”。

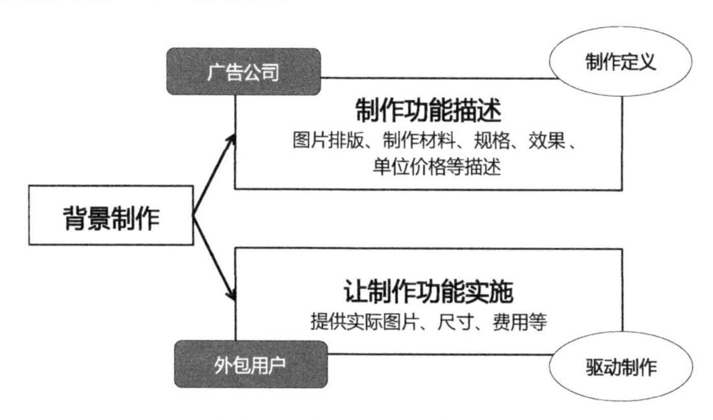

图 9.10　外包系统结构分析

2. 外包系统结构抽象

我们把前面的外包系统做更进一步的抽象，如图 9.11 所示。可以把外包看成是“加工制造”的过程，对加工场来说，加工定义有三个要素：输入、输出和功能，即，需要什么原料素材、可以进行什么样的加工处理、得到什么样的结果。对用户而言，要让加工定义能够实施，就要按加工厂的输入要求，提供相应的实际原材料素材等，也就是实际数据。

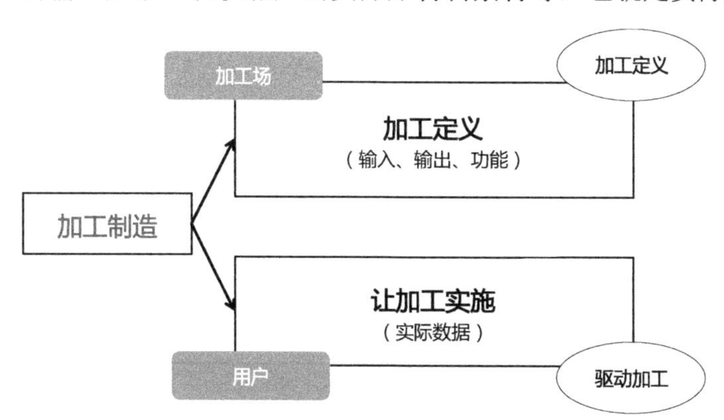

图 9.11　外包系统结构抽象

3. 函数形式设计

函数作为功能独立的程序段，和我们前面分析的外包项目是类似的，如图 9.12 所示。编制功能程序段的过程是进行函数的功能定义，包括输入、输出和功能三个要素。这里的用户，即函数功能的使用者，在程序设计语言中被称为是“调用者”，调用者通过提供实际数据让函数功能具体实现。

4. 函数信息传递机制设计

在实际生活中，人们可以通过直接上门、快递、网络等途径，把要处理加工的东西交给加工厂，加工厂按与用户的约定要求制作完成后，再选择方便的途径交给用户。在程序设计中，数据的处理只在计算机中进行，因此，要设计出符合机器特点的数据交流方式。

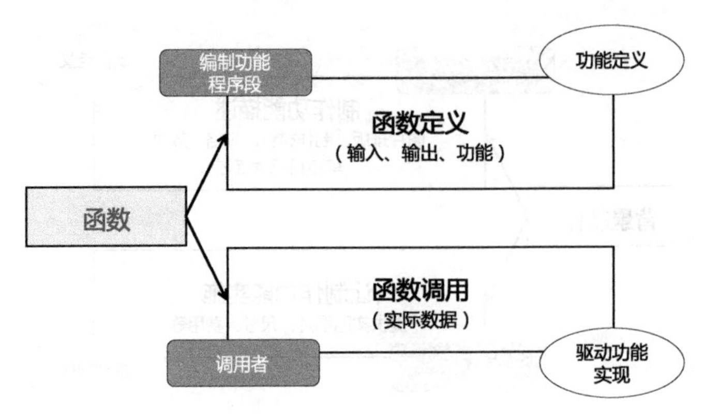

图9.12　函数形式设计

在函数机制的设计中，要制定调用者把数据交给函数的规则，还要规定函数把结果交给调用者的规则。

在程序设计语言中，是通过设计软件接口来完成数据传递的，如图9.13所示。

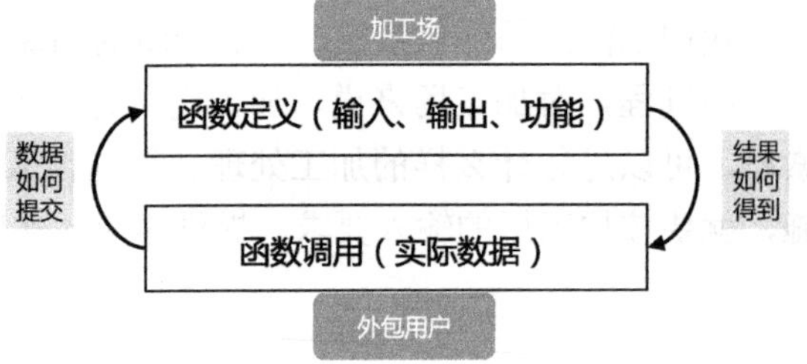

图9.13　函数中的数据传递机制设计

因此，函数机制设计对应于“加工厂”也就是函数的定义者而言，需要的要素包括：接收信息的接口、函数的实现程序、提交结果的途径。为了方便称呼相应的加工项目，我们需要给它起一个名字——函数名。对应于“外包用户”也就是函数的调用者来说，要素应包括：提交信息的接口，接收结果的方式，如图9.14所示。

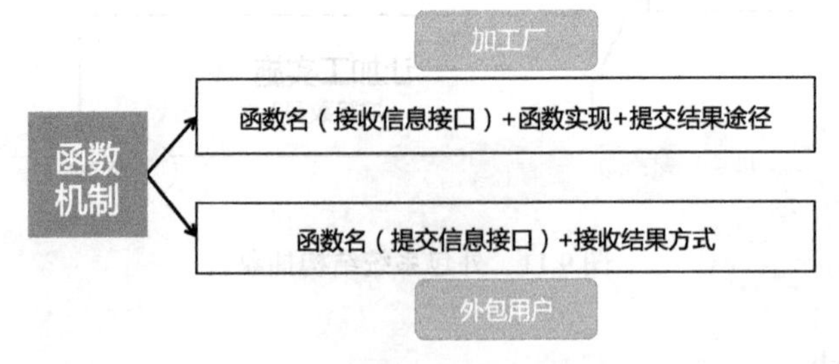

图9.14　函数信息传递设计

5．函数的三种格式

在C语言的函数机制设计中，有对应“加工厂”的函数定义，对应“外包用户”的函数调用，另外还设计了一个“函数的声明”（也称“函数原型”），其作用是对函数做一个简要的介绍。函数的这三种格式如图9.15所示。

在函数定义格式中，信息的接口功能由“形式参数表”实现，函数功能由花括号括起来的声明和语句部分实现。函数处理结果的类型由“函数类型”描述。在函数调用格式中，提交信息的接口由“实际参数表”实现。图 9.14 函数机制设计中提及的加工厂“提交结果途径”，在 C 语言中有两个途径，一个是通过信息接口提交，另一个是在函数的语句部分用相应的语句实现。用户的“接收结果方式”并未在函数的调用这种格式中显式地表达出来。结果的提交与接收后续再详细讨论。

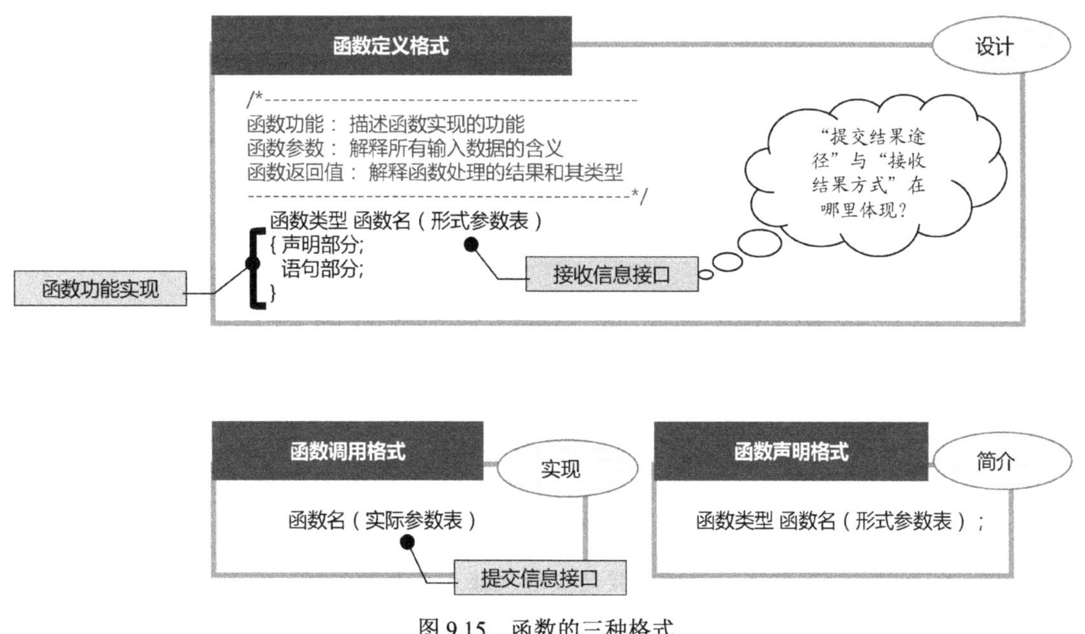

图 9.15　函数的三种格式

【知识 ABC】函数声明及出现位置

由于 C 语言算是一种历史比较悠久的语言，因此各种规则也在不断完善和改进。对于函数的声明、定义和调用，三者的顺序以及是否必须有函数的声明，曾经限制是较松的，各种编译器编译遵循的规则也不尽相同。较新的 C 标准（如 C99、C11）规定函数必须先声明再调用，这样有利于编译器检查函数调用时参数类型和个数方面的错误，通常函数声明应该写在函数定义外、代码的最前面，而对函数的定义和调用位置不设限制。

9.3　函数间信息交流机制设计

9.3.1　函数间信息交流特点分析

1．函数间信息交流的数据分类

在函数的概念里我们讨论过，由多个子程序完成一个综合功能的关键点，是子程序间要有信息交流，程序设计语言应提供这样的交流机制。

在奖学金评定的例子中，涉及分工合作的关键流程有总分、分类、递补这样三步，可以分别做成 3 个程序段，也就是子函数，涉及数据表求和、排序、分类、查找、删除、插入等操作。

对于总分、分类、递补三个部分的处理，我们把对应的输入/输出信息都列出来，如图 9.16

所示。可以观察到，要处理的数据有单个、成组的情形，比如总分功能，要处理的是原始的数据表，输出的是计算了总分后的数据表；分级功能，要处理的数据有数据表和分级的参数，输出的结果应该是各等级数量、人名等。

【思考与讨论】将要处理的数据通过函数的接口传递给函数，数据的特点与传递的方法是什么？

讨论：

通过对需要传递数据的观察分析可以看到，数据传递涉及的问题有数据的类型和数量的大小，如图 9.17 所示。不同类型的数据的区别在于所占空间单元的多少，可以归结为数据量的问题，因此我们只要讨论数据量多少的问题就可以了。

功能	输入	输出	注
总分	• 数据表	数据表	输出的数据表中包含了总分
分级	• 数据表 • 分级参数	各等级数量、人名	先排序，后分级
递补	• 排好序的分级数据表 • 要删除的人名	各等级数量、人名	

图 9.16 奖学金评定关键流程数据分析

在实际生活中，我们传递东西有直接递交和间接递交两种方式。比如快递，可以直接把货物交给收件人，也可以放在寄存柜里，让收件人自取。

在函数的信息交流方式上也可以借鉴这两种方法。在程序语言中，按照效率原则，一般少量数据采用的是直接递交；大量数据用间接递交，具体是给出连续数据空间所在起始位置，让使用者到指定位置自取数据。

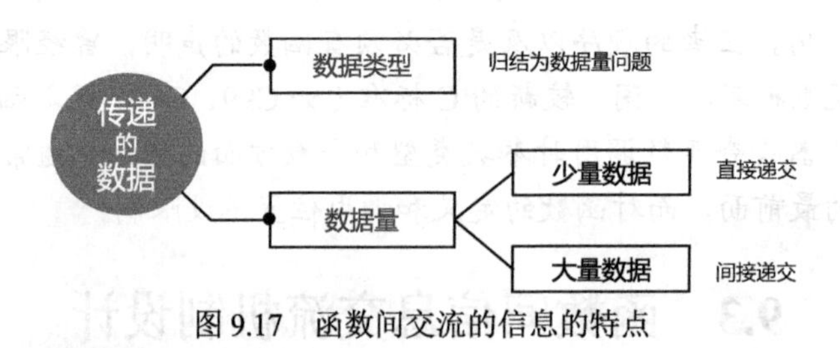

图 9.17 函数间交流的信息的特点

2. 函数间信息交流的数据表述

对于函数中的信息交流，站在不同的立场，对要处理的数据有不同的称呼方式。函数的调用者相当于“外包用户”，待处理的实际数据，在 C 语言中被称为“实际参数”；函数定义相当于“加工厂”，它通过软件接口接收的数据，在C语言中被称为“形式参数”，如图 9.18 所示。至于加工厂的结果如何交给用户，这个问题我们先搁置一下，待后续再讨论。

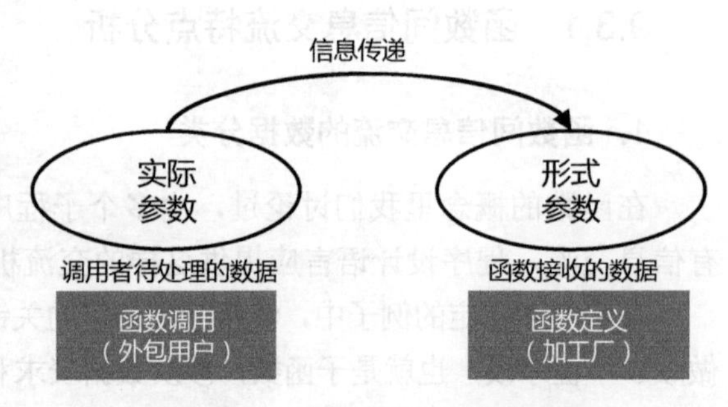

图 9.18 函数中信息描述术语

9.3.2　函数间信息交流之处理数据的提交与接收

C 语言中根据函数的调用者待处理数据量的多少，用不同的方式接收处理。

1. 少量数据的提交方法

先来讨论函数调用者少量数据的提交方法。

函数调用者要处理的实际数值，系统给它分配的空间叫“实际参数空间”，系统把实际数据值复制了一份，交给函数定义，如图 9.19 所示，因此函数定义这个“加工场”收到的是实际数值的副本，注意这里是“副本”，如用户把图片文字等数据拷贝一份交给广告公司印刷，系统给数据副本分配的空间叫“形式参数空间”。

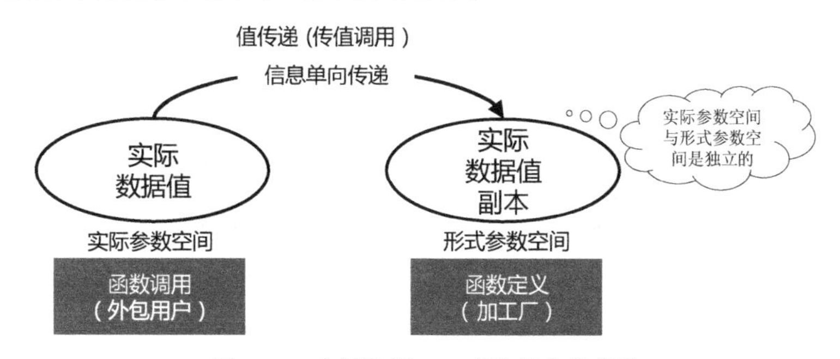

图 9.19　少量数据——直接提交数据值

实际参数空间与形式参数空间是独立的，因此形式参数空间数据的改变并不影响实际参数空间的数据，这样的信息传递是单方向的，传递的是数据值，在 C 语言中称为“值传递”，这种函数的调用方式称为“传值调用”。

2. 大量数据的提交方法

再来讨论函数调用者提交大量数据的情形。

如果数据量比较大时，再通过复制副本的方式传递，那么系统开销会比较大，函数间的通信效率降低。为了解决这个问题，函数调用者可以把数据的存储位置传递给“加工厂”，当然这里的大量数据应该是连续存储的，“加工厂”直接到指定位置获取数据处理即可，如图 9.20 所示。

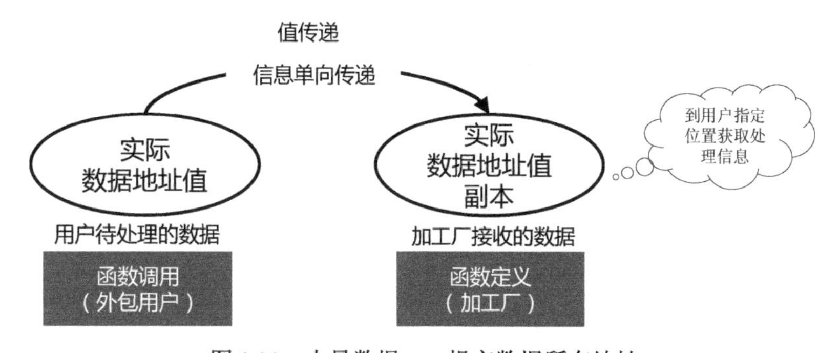

图 9.20　大量数据——提交数据所在地址

注意，这里传递的信息是“实际数据地址值”的副本，如图书馆服务器的数据维护，服务商只要知道IP地址和密码就可以远程处理。

实际上对于图书馆服务器数据维护，还有一种方式是服务商到用户现场处理。借鉴这样的方式，在函数中提交大量数据的另外一种方法，是“加工厂”直接到用户数据所在的地址进行处理，如图9.21所示，这样的方式在C语言中被称为是“地址传递”，函数调用者可以把大量数据的存储起始位置传递给“加工厂”，“加工厂”直接到指定位置取数据处理。

注意，此处“地址传递”与前面的“值传递”不同的是，实际参数（实参）和形式参数（形参）空间是同一个。

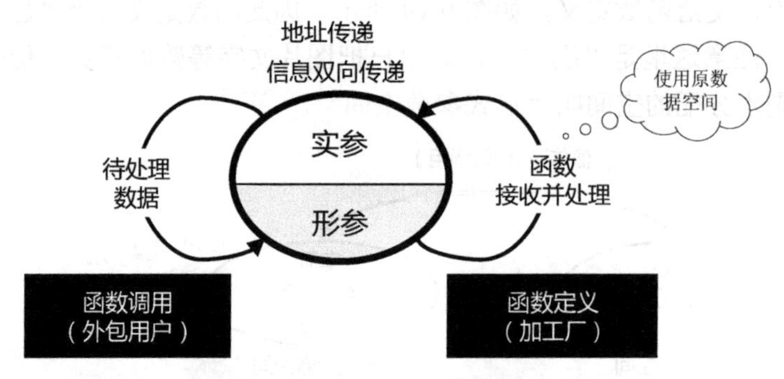

图9.21　大量数据——原地使用信息

前面我们讨论了数据量小和大两种情形下，C语言中调用者的数据提交方式有值传递和地址传递两种。关于函数运算处理结果的获取，C语言中的相应机制与数据的提交方式密切相关。

9.3.3　函数结果的获取方式

1. 值传递信息情形下函数结果的获取

值传递信息的情形下，当值传递的信息不同时，C语言中规定“加工厂”提交结果的途径有两种，如图9.22所示。第一种是通过return语句返回一个结果，注意只能是一个结果。第二种，形参传递的是地址值，调用者可以直接在这个地址值的空间位置得到结果，这样的结果可以有多个。

2. 地址传递信息情形下函数结果的获取

在地址传递的情形下，通过共用的数据空间得到处理结果，可以有多个结果，如图9.23所示。

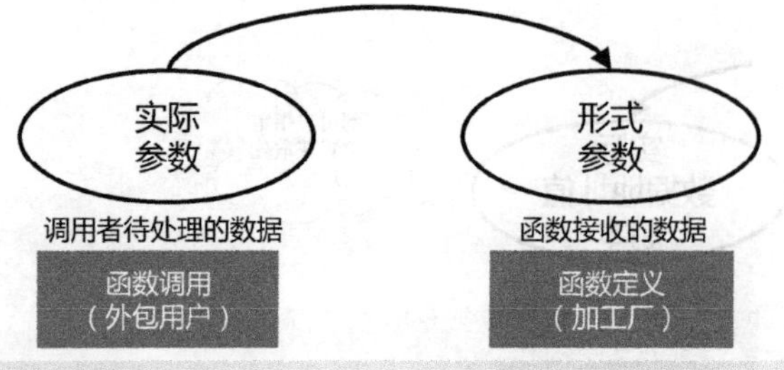

图9.22　值传递信息情形下结果的提交与获取

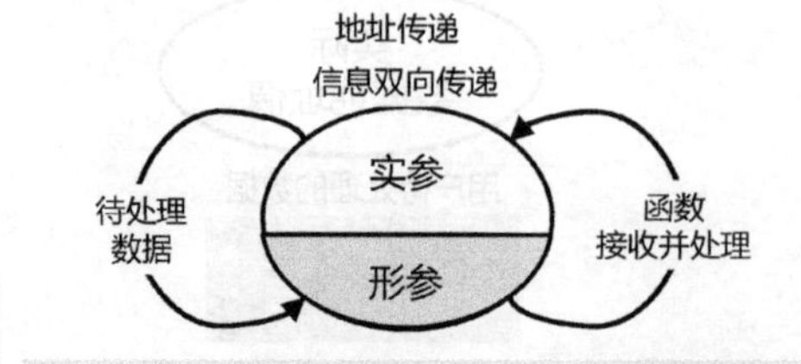

图9.23　地址传递情形下处理结果的提交与获取

9.4　函数总体设计

9.4.1　函数设计要素

1. 函数的要素

在前面函数形式设计及函数间信息交流机制设计中，我们通过实际问题的“加工厂”与程序模块的类比讨论，可以看出其中的对应关系如图 9.24 所示。一个函数的要素有三个：输入、输出与功能。

加工名称	需要的信息中的数据部分		完成功能	提交结果中的数据部分	
	信息的种类	数量		数据的种类	数量
	数值、地址	≥0个		数值、地址	≥0个
函数名称	输入信息(接口信息)		函数体实现	输出信息(接口信息)	
	输入信息参数表：(数据类型 变量1，数据类型 变量2，…)			一个：return(数值) 多个：放到约定地址的存储区域 (1) return(约定地址) (2) 在参数表中约定地址	

图 9.24　函数设计要素

函数名简要描述功能，函数体具体实现功能。

函数接收要处理的数据和提交结果都是通过信息接口完成的，输入信息接口是形式参数表，信息的种类有数值和地址两类。输出结果的方式有两类，一类是通过 return 语句，另一类是以放置在约定地址的方式提交给调用者的。结果的类型也有数值和地址两类。

2. 函数格式与函数设计要素之间的关系

函数的输入信息决定了形参表的形式，输出信息决定了函数的类型，如图 9.25 所示。

C 语言的函数又分函数头和函数体两部分。函数头是函数的框架描述，函数体是功能的描述，由此，函数的输入、输出和功能决定了函数的框架结构。

9.4.2　函数间信息传递归结

1. 信息传递方向 1——从调用者到函数

在程序设计中，实参（用户数据）传递信息给形参（加工厂数据）的方式，一般分为值传递和地址传递两类，如图 9.26 所示。值传递是形参、实参各分存储单元，地址传递是形参、实参共用存储单元。在 C 语言中，多了一个模拟地址传递，传递的内容是地址，但形参和实参是各分单元的。根据信息传递的特点，高级语言编程中，把值传递的调用称为“传值调用或值调用（call by value)”，地址传递的调用称为“传址调用或引用调用（call by reference）”。

2. 信息传递方向 2——从函数到调用者

对于处理结果的返回，如图 9.27 所示，若结果是一个值，则可以通过 return 语句，若结果是多个值，则有两种传递方法，一种是 return 一个地址值，另一种是形参为地址，调用者可以从指定地址取得相应的多个结果。特例情形是函数没有计算出的结果没有返回值。

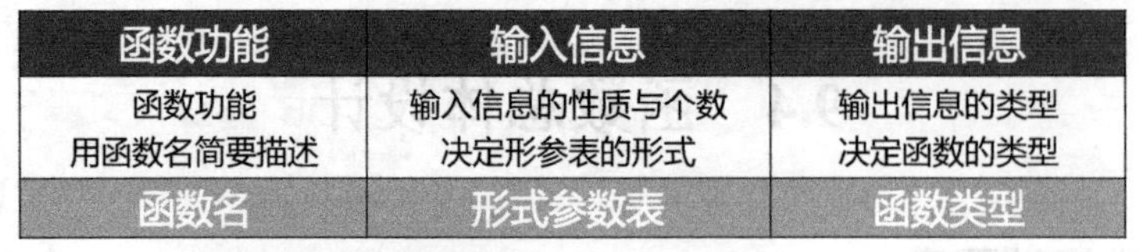

函数功能	输入信息	输出信息
函数功能 用函数名简要描述	输入信息的性质与个数 决定形参表的形式	输出信息的类型 决定函数的类型
函数名	形式参数表	函数类型

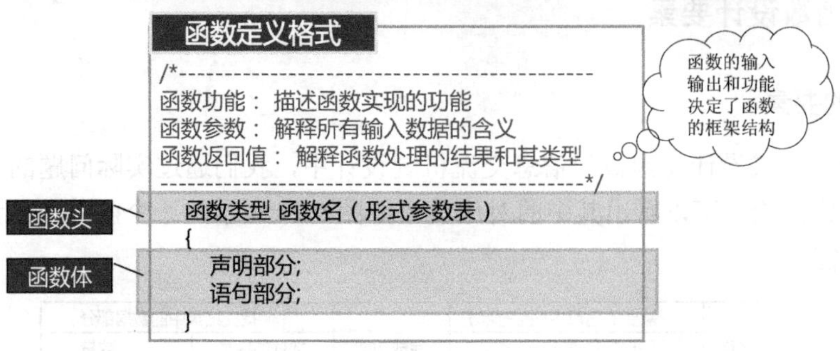

图 9.25　函数设计要素与表现形式

传递方向	方式	参数空间分配	调用类型
实参->形参	值传递	形参、实参各分存储单元	传值调用 (值调用call by value)
	模拟地址传递		
	地址传递	形参、实参共用存储单元	传址调用 (引用调用call by reference)

图 9.26　调用者到函数的信息传递

处理结果的传递	方式
一个值	return(数值)
多个值	return(地址)
	形参为地址

特例情形
没有返回值

图 9.27　函数到调用者的信息传递

9.4.3　函数的调用

1．函数的运行与调用顺序

在 9.2 节毕业典礼主席台布置的例子中，工作流程里有两个需要外包的项目，按照外包方总的处理顺序，再具体把承包方的处理过程也列出来，各步骤的流程如图 9.28 所示。

函数运行顺序和实际的工作流程是类似的，主函数相当于外包方，子函数是各子项目的承包方，主函数和子函数配合运行时，程序总是从主函数开始运行，遇到有子函数的调用时，进入子函数运行，直至运行完毕，然后再回到主函数，继续运行，过程示意如图 9.29 所示。

2．函数的嵌套调用

期中考试过后，布朗先生希望知道所授课程的最高成绩、最低成绩以及二者的差值，于是让班级学习委员小 A 把这些数据统计出来告诉自己。

小 A 很快完成了任务，给布朗先生汇报了这 3 个数据。布朗先生突然问道，若编程模拟这个任务，我是主函数，你实现其中的子函数，该怎样做呢？

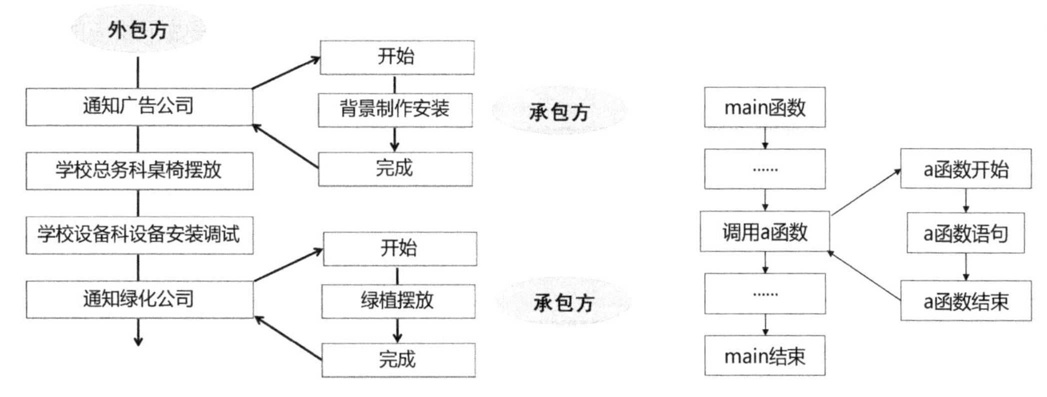

图 9.28　有外包项目的主席台布置流程　　　图 9.29　函数的运行顺序

小 A 说，这个很简单呀，编两个函数就行了，一个求最高成绩 max，一个求最低成绩 min，主函数中分别调用这两个函数，即可得到最大数、最小数和它们的差值。

布朗先生微笑了一下，这是完全模拟吗？小 A 拍拍脑袋，求差值这里有问题，应该再编一个求差值的函数。布朗先生说，那求差值程序实际的执行过程是怎样的呢？

小 A 想了想说，若求差值函数名是 dif，则各函数的运行顺序应该是图 9.30 这样的，我们前面学过嵌套的 if 语句、嵌套的循环，这里是否能说“嵌套的函数调用”呢？布朗先生说，很不错呀，C 语言中就是有函数的嵌套调用这个说法。

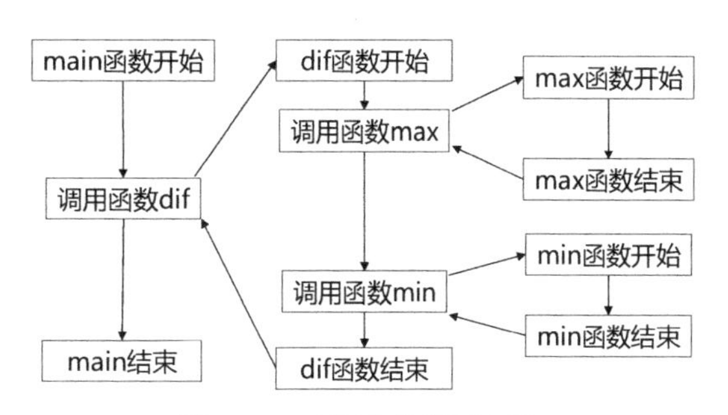

图 9.30　函数嵌套调用流程

C 语言规定，一个函数可以调用另一个函数，这个被调用函数还可以调用其他函数，这就是函数的嵌套调用。嵌套调用可以形成任何深度的调用层次，函数之间层层调用，最终完成复杂的程序功能。

C 程序全部都是由函数组成的，每个函数的定义都是独立的，即在函数的定义中，不能包含另一个函数。

3．函数形参与实参的对应关系

函数定义中接收要处理的信息是在“形式参数表”中，而函数调用时，是把要处理的实际数据放入“实际参数表”中，二者的形式一个是变量的定义形式，一个是变量的引用形式，如图 9.31 所示。

要严格按照其语法格式的要求来使用函数的不同格式，初学者最容易犯的错误就是不注意形式参数与实际参数的正确形式，造成编译通不过，还不知道问题出在哪里。

（1）形式参数表：在函数定义里，形式参数表中放参数的定义形式，即变量的定义形式。

（2）实际参数表：在函数调用时，实际参数表中放参数的使用形式，即变量的引用形式；对数组则仅仅放置数组名。

4．函数的调用方式

根据函数是否有计算结果，C 语言中的函数分为有类型函数和无类型函数。有类型函数，是函数有计算出的结果，规定结果类型就是函数类型；无类型函数是函数对数据做了相应的处理，但没有计算出的结果，比如排序，把数据按要求整理了顺序，但并没有计算出一个结果值。

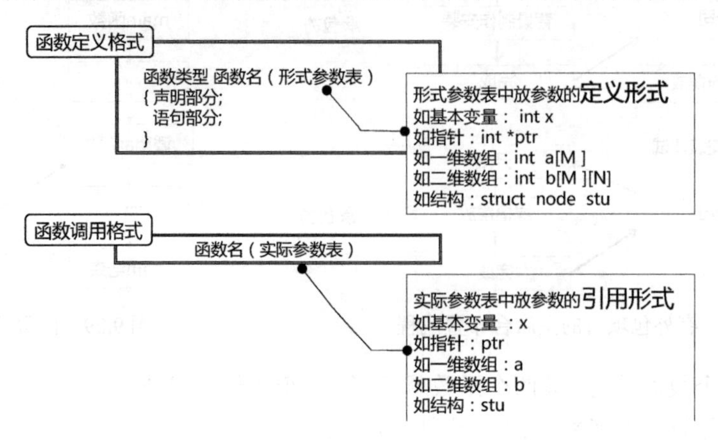

图 9.31　函数调用时参数对应关系

有类型函数返回的结果，需要变量来接收，无类型函数调用则不需要，二者的调用形式如图 9.32 所示。

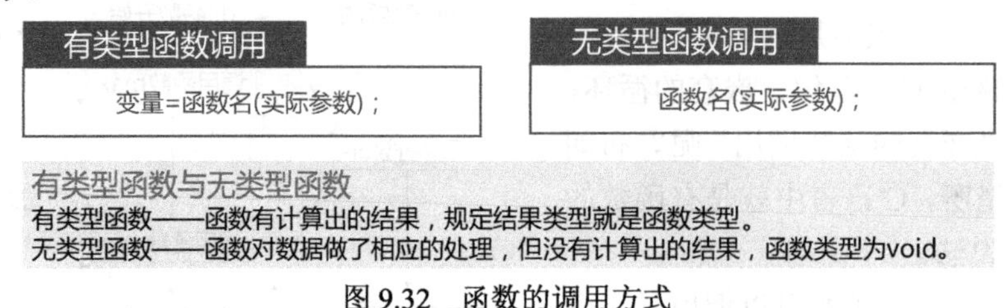

图 9.32　函数的调用方式

9.5　函数设计实例

前面讨论了函数的概念、函数间信息交流机制及函数的框架设计要素，下面我们来看一些函数的设计实例。

9.5.1　传值调用

【例 9.1】在 3 个数中找最大值

1. 函数框架设计

函数框架设计是通过分析问题，提炼出其中的输入、输出和功能。本问题的功能是求最大值，函数名是 max。输入信息是 3 个整数，决定了形参表的内容。输出的是最大值，类型为整型，所以函数类型是 int 型，函数要素如图 9.33 所示。

功能	输入信息	输出信息
max	int a,b,c	int 值
函数名	形参表	函数类型

图 9.33　max 函数要素

2. 主函数与子函数功能实现比较

我们分别用主函数和子函数来实现求最大值的功能，借此来观察它们的不同，如图 9.34 所示。主函数中 a、b、c 的值通过键盘输入得到，子函数中 a、b、c 的值是通过软件接口即形式参数表得到的。主函数中的结果显示在屏幕上，子函数的输出通过 return 语句返回给调用者。

通过主函数和子函数实现程序的比较可以看出，两种函数的输入、输出方式不一样，功能实现语句是一样的，都是通过条件运算比较大小得出结果。

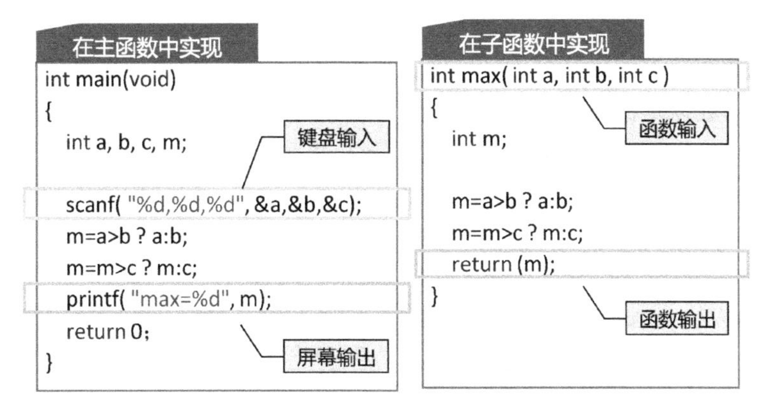

图 9.34 max 功能的不同实现方式

3. 子函数的调用

子函数要通过被调用才能实现相应的功能，调用者可以是主函数，也可以是其他子函数。本例的子函数与主函数的配合程序如图 9.35 所示，注意，函数在程序出现的三种形式及它们出现的顺序。在 C 语言中，函数与变量类似，也是要先定义或声明才能调用。

第 2 行是子函数 max 的声明，内容是函数头的部分。

第 6～12 行是 max 函数的定义。

第 16 行，在主函数里通过键盘输入 3 个数。

第 17 行是 max 函数的调用，属于有类型函数调用，max 函数返回的结果赋给整型变量 x。

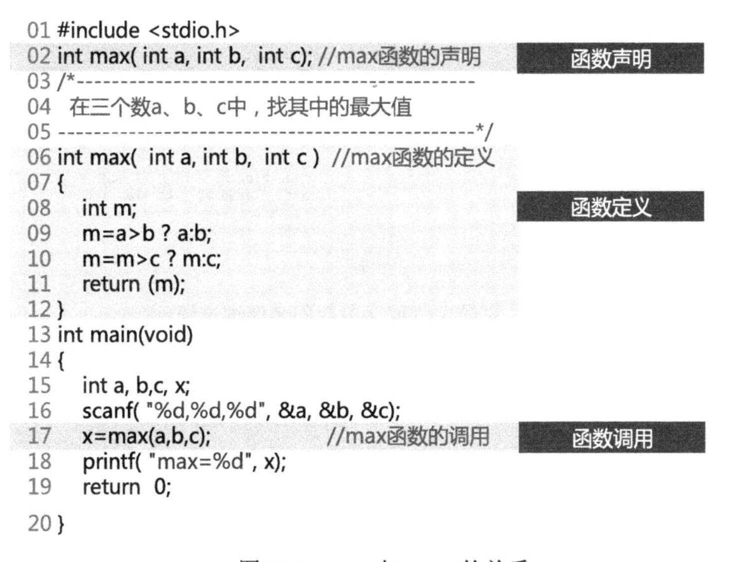

图 9.35 max 与 main 的关系

4. 程序调试

调试计划

- 形参、实参单元的位置是否一样？
- 形参、实参是如何传递的？
- 形参、实参重名是否方便调试？

图 9.36 找最大值程序调试计划

我们通过跟踪程序的执行过程来查看函数是如何被调用的。

调试前我们要先计划一下，需要验证查看哪些问题，做好规划再行动。与值传递相关的问题如图 9.36 所示。

主函数和子函数输入的参数为 a、b、c，我们可以先列出表格，然后在调试过程中，跟踪查看变量，填入数据，方便后续分析。已经在表格中填了相关数据的表格如图 9.37 所示，其中“地址”一栏的数据是在调试过程中填入的，调试过程如图 9.38 所示，其中左图为 max 函数调用之前的情形，右图为进入 max 函数的情形，单步跟踪具体的指令在“程序的运行”一章有详细介绍。在 Watch 窗口查看 a、b、c 的值和对应地址，将它们填入图 9.37 的表格中。注意程序中的变量地址在每次编译链接后不一定一样。

主函数中实际参数			子函数中形式参数		
变量	地址	值	变量	地址	值
a	0x0018ff44	2	a	0x0018fee0	2
b	0x0018ff40	3	b	0x0018fee4	3
c	0x0018ff3c	6	c	0x0018fee8	6
x=max(a,b,c)			int max(int a, int b, int c)		

图 9.37 找最大值程序调试数据

在调试数据表中我们可以看到，值传递时，主函数中实参 a、b、c 的地址和对应子函数中形参 a、b、c 的地址都不一样，说明的确各分单元。实参的值被复制了一份，放在形参中。

形参、实参虽然同名，但在子函数和主函数中有不同的存储空间，应该是不同的变量，主函数与子函数中的同名变量在调试时稍不注意就容易混淆，因此在编程时最好将实参和形参取不同的名字，以方便调试。

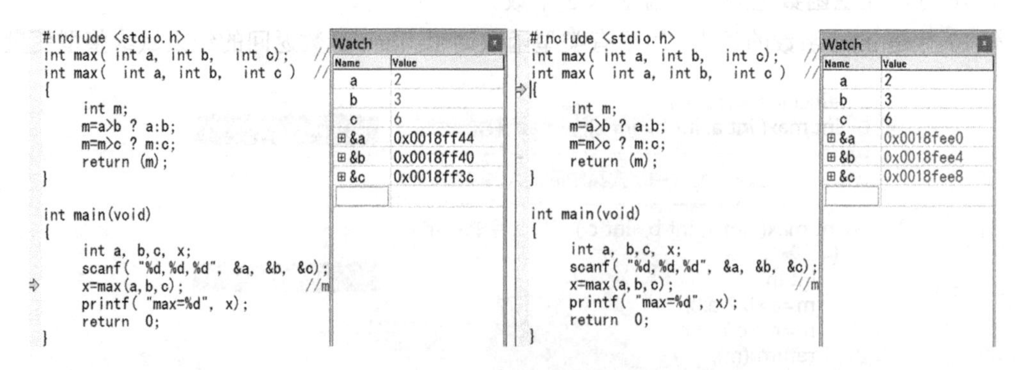

图 9.38 找最大值程序参数同名调试过程

下面我们将实参名改为 d、e、f，再跟踪查看一下。

5. 另一种程序实现的调试

单步跟踪进入主函数，我们在 Watch 窗口列出了主函数和子函数的参数，如图 9.39 所示，主函数中的变量 d、e、f 等在 value 列显示情形：

```
CXX0069: Error: variable needs stack frame
```

其意为变量需要栈帧（stack frame）。造成错误的原因是，要查看的变量还未分配栈存储空间，在“程序的运行”一章介绍了程序运行中存储函数运行环境的栈的概念。

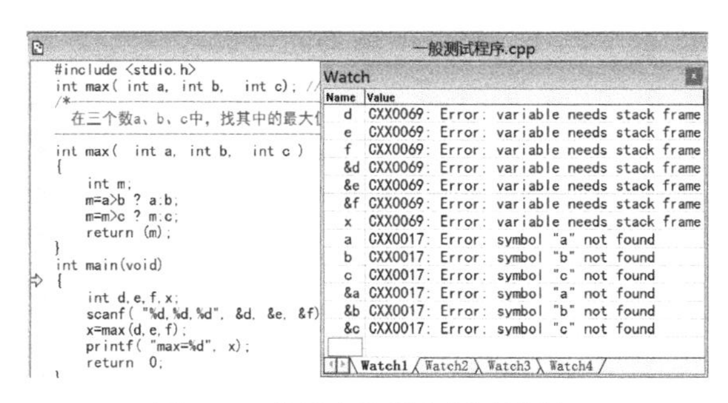

图 9.39　找最大值程序调试过程 1

【知识 ABC】栈帧（Stack Frame）

栈帧也常被称为“活动记录”，是编译器用来实现函数调用的一种数据结构。从逻辑上讲，栈帧就是一个函数执行的环境，包含所有与函数调用相关的数据：主要包括函数参数、函数中的局部变量、函数执行完后的返回地址，被函数修改的需要恢复的任何寄存器的副本等。一次函数调用对应一个栈帧入栈，调用结束对应着弹栈。

在主函数中再单步执行一步，如图 9.40 所示，此时主函数中的各个变量已经分配了内存空间，有对应的单元地址，但单元值是随机数。子函数 max 中的各个变量显示是“未找到”，这个是模块的屏蔽机制起的作用，即在当前函数中看不见其他函数内部的数据。

执行 scanf 函数后，调用 max 函数之前的状态如图 9.41 所示，此时 d、e、f 变量的值分别为 2、3、6，x 的值为随机数。

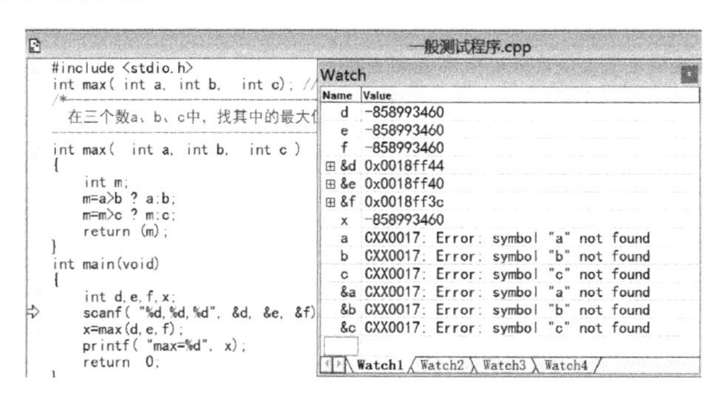

图 9.40　找最大值程序调试过程 2

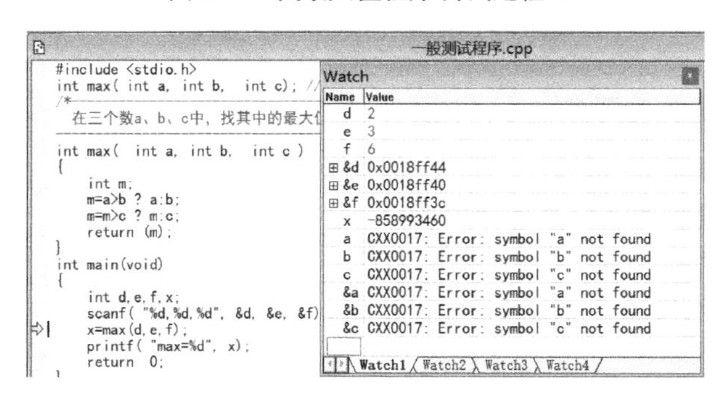

图 9.41　找最大值程序调试过程 3

按 F11 键，跳转进入子函数 max，如图 9.42 所示，此时主函数中的各变量变为不可见，而 max 中的变量 a、b、c 及相应地址都显现了，此时形参 a、b、c 分别接收了实参 d、e、f 的值，而它们的地址和 d、e、f 均不一样。m 值为随机数。

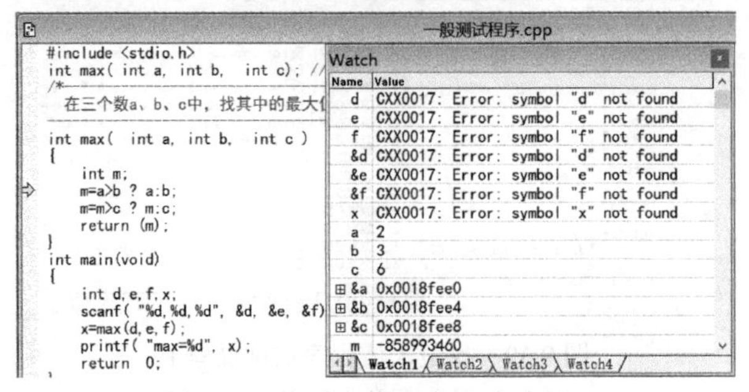

图 9.42 找最大值程序调试过程 4

max 函数执行完，结果值 6 放入 m 中，如图 9.43 所示。

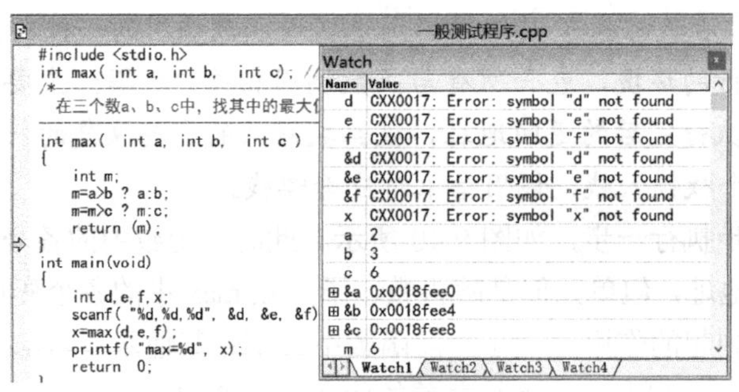

图 9.43 找最大值程序调试过程 5

继续单步执行，程序从 max 函数返回 main，如图 9.44 所示，此时 x 接收到子函数的结果 6。

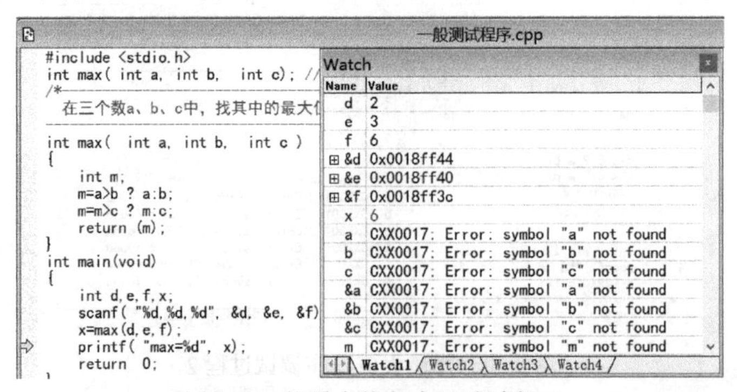

图 9.44 找最大值程序调试过程 6

【例 9.2】结构变量作为形参

1. 题目描述

结构变量作为形参时，跟踪调试观察结构体变量的传递特点。

2. 程序代码

```
#include <stdio.h>
struct  student
```

```
{   int   num;
    float grade;
};
struct student func1(struct student stu)    //形参为结构变量
{
    stu.num=101;
    stu.grade=86;
    return (stu);                           //返回结构变量
}
int main(void)
{
    struct student x={0, 0};
    struct student y;
    y = func1(x);                           //实际参数为一个结构变量
    return 0;
}
```

3. 跟踪调试

在图 9.45 中，注意结构类型实参 x 的地址为 0x12ff78。

在图 9.46 中，形参 stu 的地址为 0x12ff14，与实参 x 的存储单元不是同一个。实参的值被复制了一份，放在形参中。

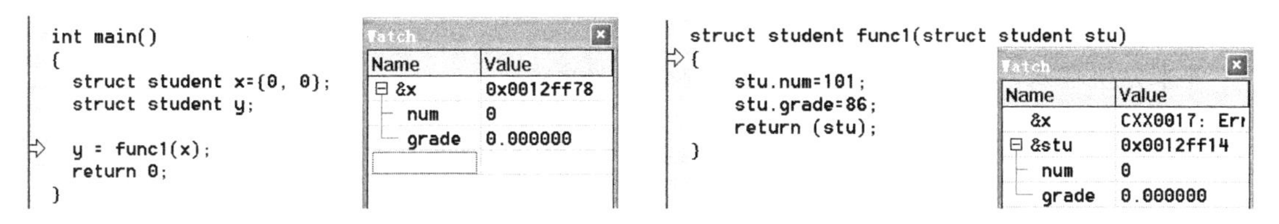

图 9.45　结构变量做形参调试步骤 1　　　图 9.46　结构变量做形参调试步骤 2

在图 9.47 中，结构成员在子函数 func1 中被修改。

在图 9.48 中，返回主函数，结构变量 y 接收 func1 返回的结构变量的值。

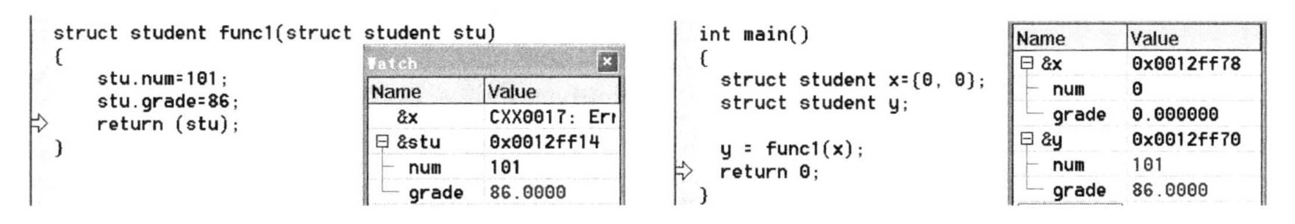

图 9.47　结构变量做形参调试步骤 3　　　图 9.48　结构变量做形参调试步骤 4

注意：x、y 与 stu 三者的存储单元地址都是各分单元的，x 的值并未被修改。

【结论】关于值调用

（1）形参、实参有各自的存储单元;

（2）函数调用时，将实参的值复制给形参;

（3）在函数中参加运算的是形参，形参单元值的改变不能影响实参单元。

值调用（call by value）的方法是把实际参数的值复制到函数的形式参数中。这样，函数中的形式参数的任何变化不会影响到调用时所使用的变量。传值调用起到了数据隔离的作用，即不允许被调函数去修改元素变量的值。

9.5.2　传址调用

【例 9.3】数组元素部分求和

求整型数组 score 中下标为 m 到 n 项的和，示意图如图 9.49 所示。

主函数负责提供数组 m、n 的值及结果的输出，求和功能由子函数 func 完成 。

【解析】

这个题目中参数传递的方式可以有多种，我们用三种方式分别来实现一下。

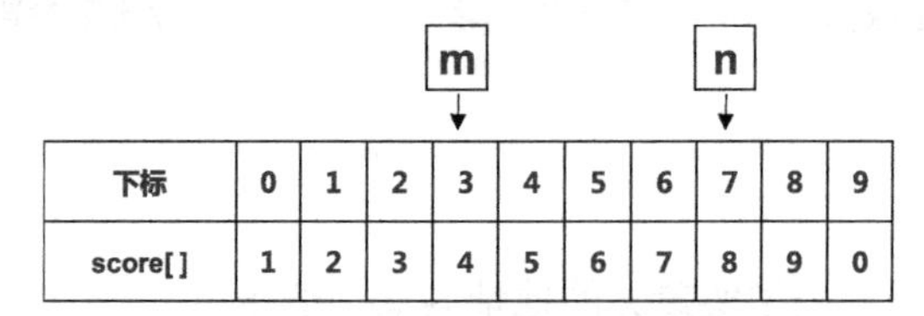

图 9.49　数组元素部分求和

【解题方案 1】

1. 函数框架设计

先来分析输入、输出信息的数量，如图 9.50 所示。

	内容	数量	参数传递方案		参数传递实现
输入	数组score全部信息	多个	传址	形参	int score[ ]
	m、n的值	单个	传值		int m,int n
输出	数组m到n项的和	单个	return	返回	int类型

形参为一维数组时，数组名后可只有方括号，不写数组长度

图 9.50　数组元素部分求和方案 1 函数要素分析

对于输入，需要数组 score 的全部信息，下标 m、n 的值，score 元素值有多个，m、n 的值分别是一个，因此 score 数组的传递选传址，m、n 选传值。由此确定形参的形式。

输出信息是输出数组 m 到 n 项的和，结果只有一个，因此用 return 方式返回即可，返回值是 int 型。

2. 函数实现设计

根据函数要素就能确定函数头。函数体部分，通过 for 循环，把下标为 m 到 n 的元素值累加到 sum 中，用 return 返回结果，如图 9.51 所示。

3. 程序实现

程序如图 9.52 所示。

说明：

程序的第 5～15 行是子函数部分，第 16 行以后是主函数。

函数头	函数类型	函数名	形参表
	int	func	(int score[ ], int m, int n)
函数体	{ int i, sum=0;		
	for (i= m; i<=n; i++)		
	sum=sum+score[i]; //累加数组score的m到n项		
	return sum;		
	}		

图 9.51　数组元素部分求和方案 1 函数设计

```
01 #include "stdio.h"
02 #define SIZE 10
03 int func( int score[ ],int m,int n);
04
05 //求数组int score[ ]中下标为m到n项的和
06 int func( int score[ ],int m,int n)
07 {
08     int i,sum=0;
09
10     for ( i= m; i<=n; i++)
11     {
12         sum=sum+score[i];
13     }
14     return sum;
15 }
16 int main(void)
17 {
18     int x;
19     int a[SIZE]= {1,2,3,4,5,6,7,8,9,0};
20     int p=3 , q=7;              //指定求和下标的位置
21
22     printf( "数组a下标%d至%d项的元素为:",p,q);
23     for ( int i= p; i<=q; i++)
24     {
25         printf( "%d  ",a[i]);
26     }
27     printf( "\n");
28     x=func(a,p,q);
29     printf( "数组a下标%d至%d项的元素和为：%d\n",p,q,x);
30     return 0;
31 }
```

显示数组指定值

C语言规定，实参为数组时，只写数组名

程序结果：
数组a下标3至7项的元素为:4 5 6 7 8
数组a下标3至7项的元素和为：30

图 9.52　数组元素部分求和方案 1 程序实现

第 22～27 行，为验证方便，先把数组指定下标位置的值显示出来，然后再调用。

第 28 行，调用 func 函数，实参有数组 a，数组下标 p、q。注意这里数组名作实参的形式。

4. 跟踪调试

调试前，我们列出需要验证查看的问题、与地址传递相关的问题以及需要查看的参数，在调试环境中的 Watch 和 Memory 窗口查看这些变量，如图 9.53 所示。在调试过程中，将各变量的值填入表中。通过调试数据分析我们可以看到，传址调用，形参、实参是共用单元；传值调用，形参、实参各是分单元。

【解题方案 2】

1. 函数框架设计

我们把求取结果的途径换一种方式，c 共用地址的方式求得，如图 9.54 所示，因此函数类型是 void，结果放在 score 数组的某个位置指定位置，位置值是单个数值量，用变量 size 表示。

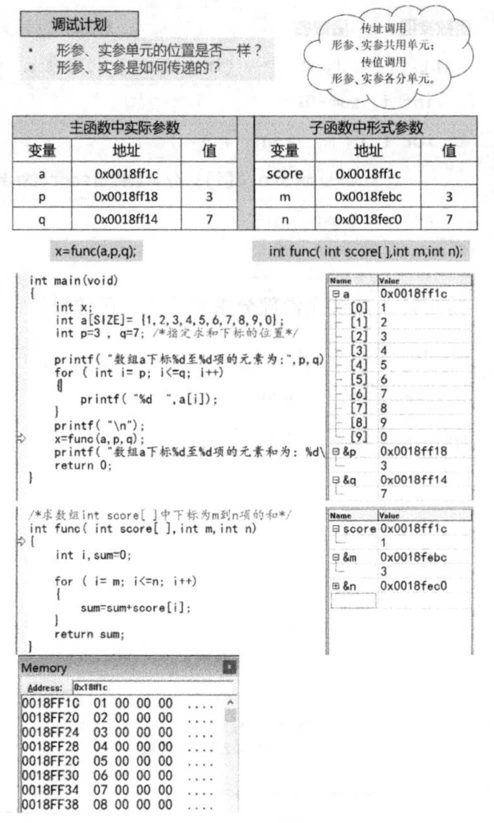

图 9.53　数组元素部分求和方案 1 的程序调试

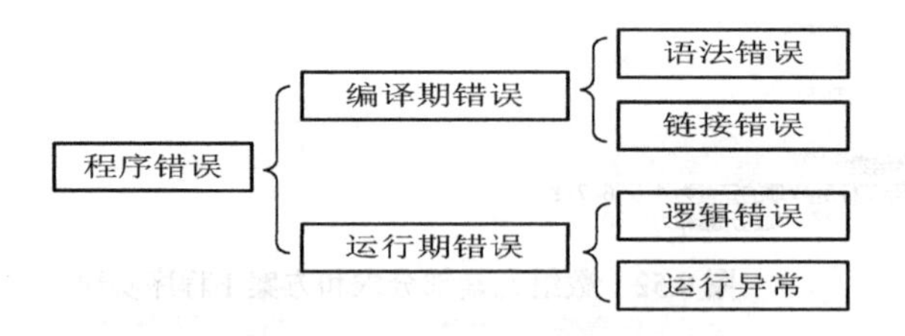

图 9.54　数组元素部分求和方案 2 函数要素分析

2. 函数实现设计

方案 2 的函数框架确定后，写出函数头，在函数体的 for 循环里累加求出 m 到 n 项的和 sum，求和的结果 sum 放在 score 数组指定位置，如图 9.55 所示。

	函数类型	函数名	形参表
函数头	void	func	(int score[], int m, int n, int size)
函数体	{ int i, sum=0;		
	for (i=m; i<=n; i++)		
	sum=sum+score[i];		
	score[size]=sum; //求和的结果放在score数组指定位置		
	}		

图 9.55　数组元素部分求和方案 2 函数设计

3. 程序实现

程序实现如图 9.56 所示。

```
01 #include "stdio.h"
02 #define SIZE 10
03
04 void func( int score[ ],int m,int n,int size);
05
06 //求数组int score[ ]中下标为m到n项的和，结果放在下标是size的位置
07 void func( int score[ ],int m,int n,int size)
08 {
09     int i,sum=0;
10
11     for ( i= m; i<=n; i++)
12     {
13         sum=sum+score[i];
14     }
15     score[size]=sum; //求和的结果放在score数组指定位置
16 }
17 int main(void)
18 {
19     int a[SIZE]= {1,2,3,4,5,6,7,8,9,0};
20     int p=3, q=7;     //指定求和下标的位置
21
22     printf( "数组a下标%d至%d项的元素为:",p,q);
23     for ( int i= p; i<=q; i++)
24     {
25         printf( "%d  ",a[i]);
26     }
27     printf( "\n");
28     func(a,p,q,SIZE-1);
29     printf( "数组a下标%d至%d项的元素和为：%d\n",p,q,a[SIZE-1]);
30     return 0;
31 }
```


图 9.56　数组元素部分求和方案 2 程序实现

代码第 16 行前是子函数的声明和定义。注意第 28 行，func 函数的类型是 void，因此是无类型调用。

主函数，除函数调用形式改变之外，其他内容不变。

4. 跟踪调试

调试前，我们列出需要验证查看的问题。本方案关注的是与地址传递相关的问题，如图 9.57 所示。主函数中 a 数组的最后位置的元素值，在子函数 func 调用前后，应该分别为 0 和 30。程序跟踪查看现场如图 9.58 所示。

下标	0	1	2	3	4	5	6	7	8	9
调用前a[ ]	1	2	3	4	5	6	7	8	9	0
调用后a[ ]	1	2	3	4	5	6	7	8	9	30

图 9.57　数组元素部分求和方案 2 的调试计划

【解题方案 3】

1. 函数框架设计

解决问题的第三种方案如图 9.59 所示，与方案 1 相比只有一处不同，数组 score 起始位置，参数传递方式是通过指针接收的，“传址调用”的另一种形式——参数是变量指针的情形。

2. 函数实现设计

方案三的函数实现如图 9.60 所示，形参通过 sPtr 指针接收 scor 数组的地址，函数体第 2 行，将 sPtr 指针指向要操作的元素地址，即下标为 m 的位置。for 循环累加数组 score 的 m 到 n 项。注意这里是通过 sPtr 指针引用 score 数组的内容，最后通过 return 返回累加和的。

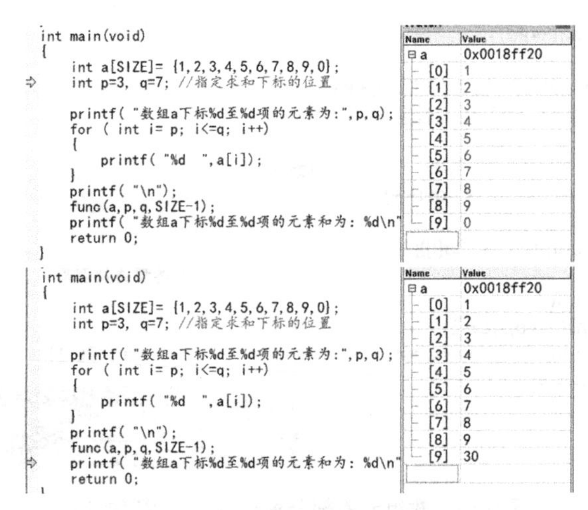

图 9.58　数组元素部分求和方案 2 的跟踪

	内容	数量	参数传递方案	参数传递实现	
输入	数组score全部信息	多个	传址	形参	int *sPtr
	m、n的值	单个	传值		int m,int n
输出	数组m到n项的和	单个	传值	返回	int类型

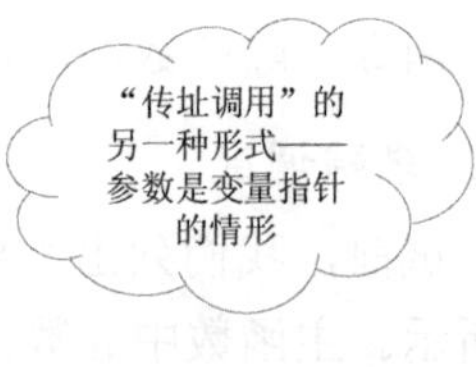

图 9.59　数组元素部分求和方案 3 函数要素分析

函数头	函数类型	函数名	形参表
	int	func	(int *sPtr, int m, int n)
函数体	{ int i, sum=0;		
	sPtr = &sPtr[m];　　//将sPtr指针指向要操作的元素地址		
	for (i= m; i<=n; i++, sPtr++)		
	sum = sum + *sPtr;　//累加数组score的m到n项		
	return sum;		
	}		

图 9.60　数组元素部分求和方案 3 函数实现设计

3. 程序实现

```
01 #include "stdio.h"
02 #define SIZE 10
03 int func( int *sPtr,int m,int n);
04
05 int func( int *sPtr, int m, int n)
06 {
07     int i,sum =0;
08
09     sPtr = &sPtr[m]; //将 sPtr 指针指向要操作的元素地址
10     for ( i= m; i<=n; i++, sPtr++)
11     {
12         sum = sum + *sPtr;
13     }
14     return sum;
15 }
16 int main(void)
17 {
18     int x;
19     int a[SIZE] = {1,2,3,4,5,6,7,8,9,0};
20     int *aPtr = a;
21     int p=3 , q=7; //指定求和下标的位置
22
23     x=func(aPtr,p,q);
24     printf( "%d\n",x);
25     return 0;
26 }
```

4. 跟踪调试

调试前，我们列出与地址传递相关的问题及相应需要查看的量，如图 9.61 所示，其中要查看的实参 aPtr 和形参 sPtr 的值，它们的预期值应该都是数组 a 的地址。

调试计划

- 查看指针做参数，形参、实参单元的位置是否一样？

模拟传址调用
形、参实参各分单元；
传值调用
形、参实参各分单元

主函数中实际参数			子函数中形式参数		
变量	地址	值	变量	地址	值
a	a数组地址				
aPtr			sPtr		
p		3	m		3
q		7	n		7

x=func(aPtr,p,q);　　int func(int *sPtr, int m, int n)

图 9.61　数组元素部分求和方案 3 的调试计划

程序跟踪步骤 1 如图 9.62 所示。

主函数中，数组 a 的地址是 18ff1c。aPtr 也就是变量 a 指针的单元地址，通过前面加“&”符号可以看到，是 18ff18，aPtr 的内容与数组 a 相同。

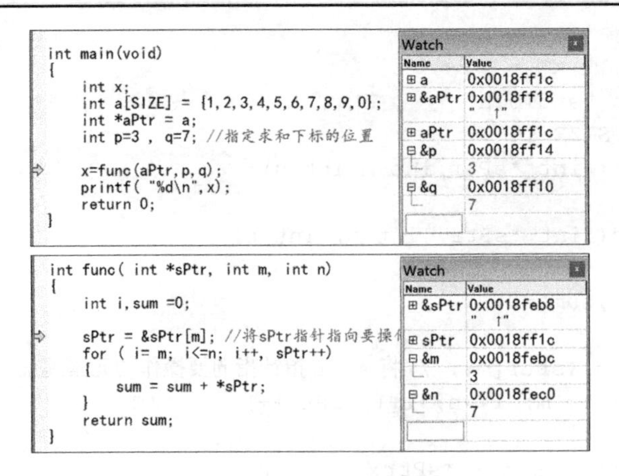

图 9.62　方案 3 跟踪步骤 1

在子函数 func 中，sPtr 也就是变量 s 指针的单元地址，是 18feb8，sPtr 的内容与数组 a 相同。

根据调试现场的各变量值，我们可以把相关数据填入表中，查看的结果就是：指针作参数，形参、实参单元的位置不一样，即模拟传址调用，形参、实参各分单元；传值调用，形参、实参各分单元。如图 9.63 所示。

主函数中实际参数		
变量	地址	值
a	0x0018ff1c	
aPtr	0x0018ff18	0x0018ff1c
p	0x0018ff10	3
q	0x0018ff14	7

x=func(aPtr,p,q);

子函数中形式参数		
变量	地址	值
sPtr	0x0018feb8	0x0018ff1c
m	0x0018febc	3
n	0x0018fec0	7

int func(int *sPtr, int m, int n)

图 9.63　数组元素部分求和方案 3 调试数据表

再继续跟踪，如图 9.64 所示，sPtr 将要指向下标 m 为 3 的位置，注意，此时 sPtr 值为 18ff1c。往下走到 for 循环中，i 初始值为 3，sPtr 的指向，由原来的 18ff1c 变为 18ff28，sPtr 前加星号是取指针指向单元的值，为 4。在 memory 窗口也可以看到地址和其中的内容。

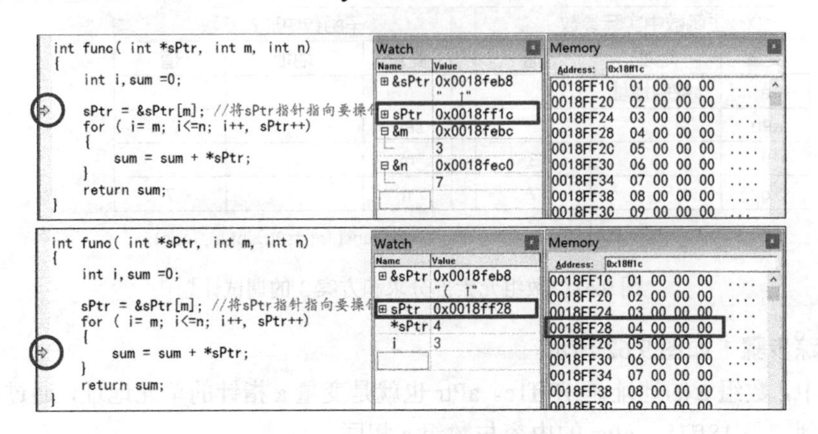

图 9.64　方案 3 跟踪步骤 2

继续循环，如图9.65所示，i=4，sPtr加1，指向了18ff2c的位置，值为5。再继续循环，i=5，sPtr加1，指向了18ff30的位置，值为6。

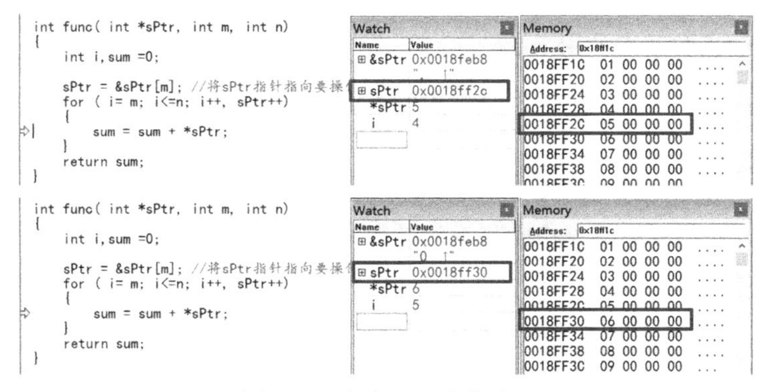

图9.65　方案3跟踪步骤3

i=8时，for循环结束，如图9.66所示。注意此时sPtr的位置已经指到数组a的18ff3c位置，函数func执行完毕，回到主函数，x得到累加值30。注意aPtr的地址和内容并没有随着sPtr的变化而发生改变。

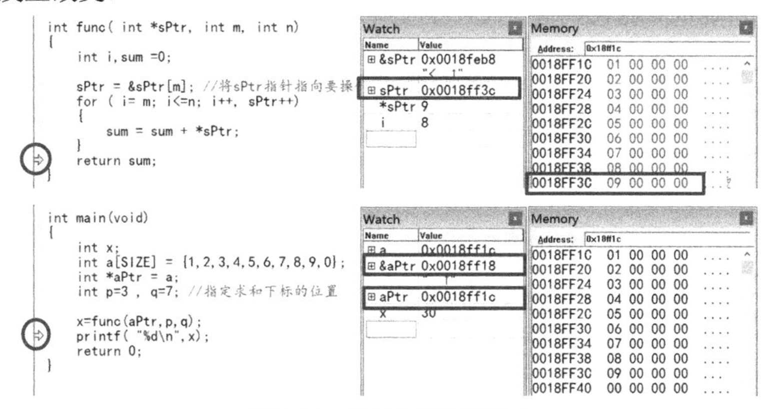

图9.66　方案3跟踪步骤4

【结论】关于传址调用与模拟传址调用

最后我们对传址调用进行总结，如图9.67所示。在C语言中，当传递参数是数值或指针时，形参、实参是各分单元的。只有传递参数为数组名时，形参、实参才是共用地址的。

传址调用的好处，是可以减少函数间信息传递时需要复制的数量，从而提高信息传递效率。

结论

	类型	形参实参单元分配	信息传递方向	调用类型
参数	数值	各分单元	单向	传值调用（值调用，call by value）
	指针	各分单元	双向	传值调用(模拟传址调用)
	数组名	共用地址	双向	传址调用（引用调用，call by reference）

图9.67　函数间传递参数规则总结

9.5.3　函数综合实例

【例 9.4】同一函数多次调用

用程序实现从 *n* 个不同的元素中，每次取 *k* 个元素的组合数目。

【解析】

通过图 9.68 中的计算公式可以看出，组合的结果由多个不同数值的阶乘组合运算而成，这属于功能复用，我们只要编一个求阶乘的函数并多次调用即可。

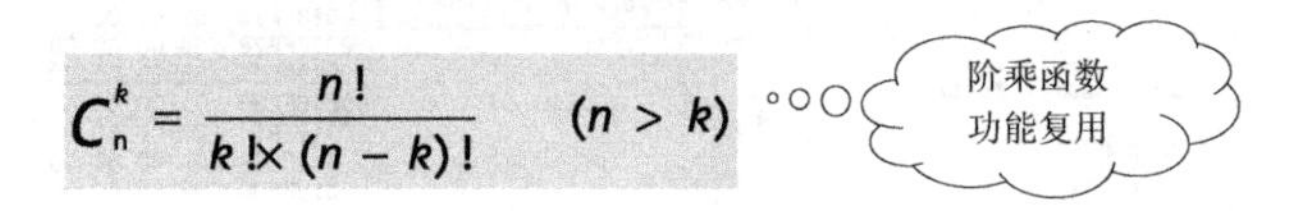

图 9.68　组合计算公式

1．函数框架设计

函数要素如图 9.69 所示，函数功能用 factorial 一词描述，输入一个整数 x，输出 x 的阶乘值。当输入值异常时，返回约定值–1，正常时返回计算出的阶乘的值。

功能	输入信息	输出信息	
求阶乘 factorial	int x	int 值	异常：-1
			正常：>0
函数名	形参表	函数类型	

图 9.69　factorial 函数要素

根据函数要素写出函数头，然后按照功能要求写出函数体。注意这里有个异常处理，当 x<0 时，返回–1。for 循环求出累乘积，放在变量 f 中。

函数体中有两个 return 语句，我们从流程图上就能看得比较清楚，每次只能从一个出口结束。

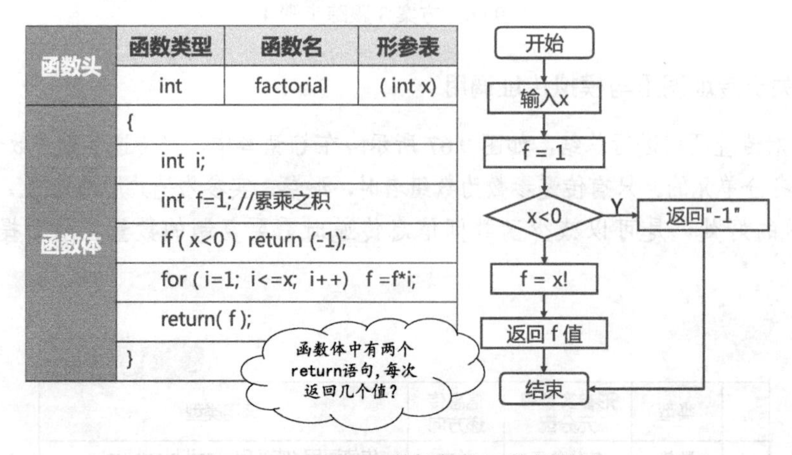

图 9.70　factorial 函数框架及函数体设计

2．程序实现

函数在一个表达式里多次调用阶乘函数，如图 9.71 所示。

```
#include <stdio.h>
int factorial (int x);                                  函数声明

int  factorial (int x)
{
   int  i;
   float  t=1;
   for (i=1;  i<=x;  i++)  t=t*i;
   return (t);                                           函数定义
}

int main(void )
{
   int  c;
   int m,n;

   printf("input m,n:");
   scanf(" %d%d",&m, &n);
   c=factorial (m)/(factorial (n)*factorial (m-n));      函数调用
   printf("The result  is %8.1f", c);
   return 0 ;
}
```

图 9.71　factorial 函数的多次调用

【例 9.5】多个不同函数的调用

有一个已经排好序的数组。现输入一个数，要求按原来的规律将它插入数组中。

要求：用二分查找函数找到插入位置，位移函数移动指定个数的数据元素，主函数提供排好序的数组和要插入的数字，并根据得到的插入位置插入数字。

1. 算法设计

用二分查找函数无论是否找到关键字，最后 mid 值都是在有序数列的插入位置下标，有了这个下标后，再将数组元素后移，最后将数字插入 mid 位置。

2. 程序实现

```
/*==================================================
函数功能：折半查找
函数输入：排好序的数组地址，数组长度，要查找的关键字的值
函数输出：最后查找的位置
==================================================*/
int BinarySearch  (int a[], int n, int key)
{
    int low=0, high=n-1;
    int mid;
    while (low<=high)
    {
        mid = (low+high+1)/2;
        if (a[mid]== key) break;                //查找成功
        else
        {
            if (a[mid]> key)  high = mid-1; //将在低值区间查找
            else low = mid+1;               //将在高值区间查找
        }
    }
    return mid;
}
```

```
/*==================================================
函数功能：移动元素
函数输入：数组地址，数组长度，移动位置
函数输出：无
==================================================*/
void move(int a[],int n,int subscript)
{
    int i;
    for(i=n;i>subscript;i--)
    {
        a[i]=a[i-1];
    }
}

#include <stdio.h>
#define N 11
int main(void)
{
    int array[N]={5,10,19,21,31,37,42,48,50,55};
    int number;                                 //插入的数字
    int insert_sub;                             //插入的位置

    printf("原始数组:\n");
    for(i=0;i<N;i++) printf("%d ",array[i]);
    printf("\n");
    printf("插入一个新数:");
    scanf("%d",&number);
    insert_sub=BinarySearch (array,N-1,number);//确定插入的位置
    move(array,N-1,insert_sub+1);               //移动元素，空出插入位置
    array[insert_sub+1]=number;                 //插入数字
    printf("插入数据后的数组:\n");
    for(i=0;i<N;i++) printf("%d ",array[i]);
    printf("\n");
    return 0;
}
```

【例 9.6】函数的嵌套调用

求三个数中最大数和最小数的差值。

【解析】

题目中的功能很简单，我们设计三个函数来实现问题要求的功能，主要是展示函数的嵌套调用，程序如下。

```
int dif(int x,int y,int z);      //求x、y、z中最大数和最小数的差值
int max(int x,int y,int z);      //求x、y、z中的最大值
int min(int x,int y,int z);      //求x、y、z中的最小值
int main(void)
{
```

```
    int a,b,c,d;
    scanf("%d%d%d",&a,&b,&c);
    d=dif(a,b,c);
    printf("Max-Min=%d\n",d);
    return 0;
}
int dif(int x,int y,int z) //求x、y、z中最大数和最小数的差值
{
    return (max(x,y,z) - min(x,y,z));
}
int max(int x,int y,int z) //求x、y、z中的最大值
{
    int r;
    r= x>y ? x:y;
    return(r>z?r:z);
}
int min(int x,int y,int z) //求x、y、z中的最小值
{
    int r;
    r = x<y ? x:y;
    return(r<z ? r:z);
}
```

【例9.7】二维数组做参数

处理3名学生4门课程的成绩，求所有成绩中的最高成绩。

【解析】

1. 数据结构设计

把3名学生4门课程的成绩存储在二维数组studentGrades[学生数][课程门数]。

2. 函数设计

按功能要求，相应函数要素如图9.72所示。

函数名	功　能	形　参	函数类型
maximum	确定最高分数	学生成绩表，学生人数，课程门数	int

图9.72　学生成绩处理函数要素

3. 程序实现

```
//子函数对二维数组的处理
#include <stdio.h>
#define STUDENTS 3
#define EXAMS 4

//函数声明，其中const含义见9.6.6节
int maximum( const int grades[ ][EXAMS], int pupils, int tests );
//二维数组作形参，在定义和声明时行维度的长度可以省略，列维度的长度不能省略
```

```
int main(void)
{
    //初始化 3 个学生(行)的成绩
    int studentGrades[STUDENTS][EXAMS]
    = { { 77, 68, 86, 73 },
      { 96, 87, 89, 78 },
      { 70, 90, 86, 81 }
      };
    printf( "Highest grade: %d\n",maximum(studentGrades,STUDENTS,EXAMS));
    return 0;
}
int maximum(const int grades[ ][EXAMS], int pupils, int tests )
{
    int i;                                      //学生计数器
    int j;                                      //课程计数器
    int highGrade = 0;                          //初始化为可能的最低分数
    for ( i = 0; i < pupils; i++ )              //循环数组的行
    {
        for ( j = 0; j < tests; j++ )           //循环数组的列
        {
            if ( grades[i][j] > highGrade )
            {
                highGrade = grades[i][j];
            }
        }
    }
    return highGrade;                           //返回最高分数
}
```

【例 9.8】结构数组做形参

编写函数 output()输出 5 名学生的数据记录。

【解析】

1. 算法设计

学生的数据记录放在结构数组 student stu[]中，main 函数通过传送结构数组的传址，将数据记录传送给函数 output()。

2. 程序源代码

```
#include <stdio.h>
#define N 5
struct student
{
   int num;
   char name[8];
   int score[4];
};
```

```
void output(struct student stu[])
{
   int i,j;
   printf("\nNo. Name   Sco1  Sco2  Sco3\n");            //打印表头
   for (i=0; i<N; i++)
    {
      printf("%-6d%-6s",stu[i].num,stu[i].name);        //打印学号、姓名
      for (j=0; j<3; j++) printf("%-6d",stu[i].score[j]); //打印成绩
      printf("\n");
    }
}
int main(void)
{
   struct student stu[N]=
    {
       {1001,"zhao",98,78,86,76},
       {1002,"qian",92,68,76,67},
       {1003,"sun",78,65,81,72},
       {1004,"li",91,73,85,74},
       {1005,"zhou",90,73,85,71},
    };
   output(stu);
   return 0;
}
```

【例 9.9】返回值是指针

【解析】

1. 程序代码

```
#include <stdio.h>
struct  student
{  int   num;
    float grade;
};
struct student* func2(struct student stu)
{
    struct  student *str=&stu;
    str->num=101;
    str->grade=86;
    return (str);   //返回结构指针
}
int main()
{
    struct student x={0, 0};
    struct student *stuPtr;
    stuPtr = func2(x);
    return 0;
}
```

2. 跟踪调试

调试步骤如下。在图9.73中，注意实参x的地址为0x12ff78。

```
int main()
{
  struct student x={0, 0};
  struct student *stuPtr;

  stuPtr = func2(x);
  return 0;
}
```

Name	Value
⊞ &x	0x0012ff78
⊞ stuPtr	0xcccccccc

图9.73　返回值是指针程序调试步骤1

在图9.74中，注意形参stu的地址为0x12ff20。

```
struct student* func2(struct student stu)
{
    struct  student *str=&stu;
    str->num=101;
    str->grade=86;
    return (str);
}
```

Name	Value
⊟ &stu	0x0012ff20
num	0
grade	0.000000

图9.74　返回值是指针程序调试步骤2

在图9.75中，修改stu结构中的成员值。

```
struct student* func2(struct st
{
    struct  student *str=&stu;
    str->num=101;
    str->grade=86;
    return (str);
}
```

Name	Value
⊞ &stu	0x0012ff20
⊟ str	0x0012ff20
num	101
grade	86.0000

图9.75　返回值是指针程序调试步骤3

在图9.76中，主函数中sutPtr接收返回的局部量str的值。局部量即函数内定义的变量。

```
int main()
{
  struct student x={0, 0};
  struct student *stuPtr;

  stuPtr = func2(x);
  return 0;
}
```

Name	Value
&stu	Error: cann
str	CXX0017: Er
⊟ stuPtr	0x0012ff20
num	101
grade	86.0000

图9.76　返回值是指针程序调试步骤4

注意：一般不建议返回局部量的地址，因为函数返回后，局部量的存储空间被系统回收，所以若再要使用局部量的相关信息，则不能保证正确性。

【例9.10】函数值是空类型指针

定义一个动态数组，保存 *n* 个学生的成绩，并计算平均值。学生的人数和成绩由键盘输入。

【解析】

1. 问题说明

在数组一章介绍的数组定义方法，其空间分配属于静态的，即在程序运行过程中数组的大小和在内存中的位置不会被改变，如果在程序运行过程中，有新的数据进入需要保存到数组中，而事前申请的数组空间已经满了，此时是否还能对数组空间进行扩展呢？在C

语言中有一种称为“动态存储分配”的内存空间分配方式：程序在执行期间需要存储空间时，通过“申请”分配指定的内存空间；当闲置不用时，可随时将其释放。相关的库函数有 malloc()、calloc()、free()、realloc()等，使用这些函数时，必须在程序开头包含文件 stdlib.h 或 malloc.h

1）内存分配函数 malloc()

函数格式：void *malloc(unsigned size);

函数功能：从内存中分配一大小为 size 字节的块。

参数说明：size 为无符号整型，用于指定需要分配的内存空间的字节数。

返回值：新分配内存的地址，如无足够的内存可分配，则返回 NULL。

说明：

（1）当 size 为 0 时，返回 NULL。

（2）void *为无类型指针，可以指向任何类型的数据存储单元，无类型指针需强制类型转换后赋给其他类型的指针。

2）释放内存函数 free()

函数格式：void free(void *block);

函数功能：将 calloc()、malloc()及 realloc()函数所分配的内存空间释放为自由空间。

参数说明：block 为 void 类型的指针，指向要释放的内存空间。

返回值：无。

例如：void free(void *p);

从动态存储区释放 p 指向的内存区，p 是调用 malloc 返回的值。free 函数没有返回值。

2. 程序实现

```
1   #include <stdio.h>
2   #include <malloc.h>
3
4   int *DefineArray(int n);     /*动态定义长度为n的int型数组*/
5   void FreeArray(int *p);      /*释放p指针指向的存储区*/
6
7   int main()
8   {
9       int *p, i;
10      int nCount;             /*学生人数*/
11      float fSum=0;           /*总成绩*/
12
13      /*输入学生的人数*/
14      printf("\nPlease input the count of students: ");
15      scanf("%d",& nCount);
16
17      /*动态定义数组p*/
18      p= DefineArray(nCount);
19      if (p==NULL) return 1;       /*异常返回*/
20
21      /*输入每个学生的成绩*/
```

```
22      printf("Please input the scores of students: ");
23      for( i=0; i< nCount; i++ )
24      {
25          scanf("%d", &p[i]);
26      }
27
28      /*计算成绩总和*/
29      for(i=0;i< nCount;i++)
30      {
31          fSum+=p[i];
32      }
33
34      /*打印成绩平均值*/
35      printf("\nAverage score of the students: %3.1f", fSum/nCount);
36
37      /*释放动态数组 p*/
38      FreeArray(p);
39      return 0;
40  }
41
42  /*动态申请 n*sizeof(int)个字节的内存空间，当有 n 个 int 型元素的数组使用时*/
43  int *DefineArray(int n)
44  {
45      return (int *) malloc( n*sizeof(int) );
46  }
47
48  /*释放 malloc 申请的空间*/
49  void FreeArray(int *p)
50  {
51      free(p);
52  }
```

程序结果：

```
Please input the count of students: 5
Please input the scores of students: 87 97 77 68 98

Average score of the students: 85.4
```

说明：DefineArray 函数的输入参数 n 是数组的元素个数。函数用 malloc 分配了数组需要的内存，并将返回的 void *类型的指针转换为 int *类型。最终 DefineArray 函数返回一个 int 型变量或数组的指针，该指针的值就是 malloc 分配内存的首地址。

【知识 ABC】内存泄漏

应用程序一般使用 malloc、realloc 等函数从堆中分配得到一块内存，使用完后，程序必须负责相应的调用，释放该内存块；否则，这块内存就不能被再次使用，我们就说这块内存泄漏了。

内存泄漏造成内存的浪费，降低计算机的性能。在最糟糕的情况下，过多的内存泄漏导致全部或部分设备停止正常工作，或者导致应用程序崩溃。

在现代操作系统中，一个应用程序使用的常规内存在程序终止时被释放。这表示一个短暂运行的应用程序中的内存泄漏不会导致严重后果。

在以下情况，内存泄漏将导致较严重的后果：

（1）程序运行后置之不理，并且随着时间的流逝将消耗越来越多的内存（比如服务器上的后台任务，尤其是嵌入式系统中的后台任务，这些任务可能被运行后很多年都置之不理）；

（2）新的内存被频繁地分配，比如当显示电脑游戏或动画视频画面时；

（3）程序能够请求未被释放的内存（比如共享内存），甚至是在程序终止的时候；

（4）泄漏在操作系统内部发生；

（5）泄漏在系统关键驱动中发生；

（6）内存非常有限，比如在嵌入式系统或便携设备中；

（7）当运行终止时，内存并不自动释放的操作系统（如 AmigaOS），内存一旦丢失只能通过重启来恢复。

【读程练习】

读程序分析结果，填出读程表格中的数据。

```
#include "stdio.h"
#include "string.h"
void i_s(char in[ ], char out[ ]);
void i_s( char in[ ], char out[ ])
{
    int i, j;
    int l=strlen( in);
    for (i=j=0;  i<l;  i++, j++)
    {
        out[j]= in[i];        //步骤1
        out[++j] = '__';      //步骤2
        in[i] += 1;           //步骤3
    }
    out[j-1]= '\0';
}
int main(void )
{
    char s[ ]= "1234";
    char g[20];
    i_s( s,  g );
    printf("%s\n", g);
    return 0;
}
```

通过上面函数间信息传递的规则，读者可以试着自己分析程序，每个执行步骤的中间结果项已经列在图 9.77 中了，以方便读程。如果直接读程序分析不清楚，可通过跟踪调试的方法来查看相应的变量值。

下　标	0	1	2	3	4	5	6	7
(s[ ]) in[ ]	1	2	3	4	\0			
(g[ ]) out[ ]	1							
步骤 3 中 in[ ]	2							

图 9.77　读程练习

9.5.4　main 函数的参数

1. 引子

布朗先生给小布朗编了一套做算数练习的小程序，机器能随机出四则运算的题目，并判断输入的答案是否正确，小布朗玩得不亦乐乎，然后想推荐给住在另一个城市的表妹安妮。布朗先生知道安妮的父母对安装程序软件有些发憷，就只发了一个 EXE 文件，不需要 C 编译环境，可以直接从资源管理器中运行该程序。测试时发现，双击 EXE 文件后，程序运行一闪而过，然后自动退出，根本无法看清运行的结果。

这该如何是好？布朗先生拍拍脑袋，想起来一个计算机图形界面出现之前就有的一个办法。那时计算机系统是 DOS 当家，所有的用户命令只能通过键盘输入到机器中，应用程序的执行当然也不例外，输入命令的界面背景黑黑的，这个也就是我们在 vc6.0IDE 环境中执行程序后，结果显示的那个界面——控制台，也叫命令行界面，命令行（command line）是在命令行环境中，用户为运行程序输入命令的行，也可以在此看到程序的运行结果。

在图形界面已经全面普及的今天，还有可能退回到这个“控制台”界面吗？Windows 系统还真保留了这个功能，只需打开 Windows 的“运行”程序，输入 cmd，就可以进入命令行界面了，如图 9.78 所示。这样在没有编译软件的电脑上，我们可以在 cmd 命令行中运行控制台程序，程序运行退出后返回到 cmd，在 cmd 中可以查看运行结果。

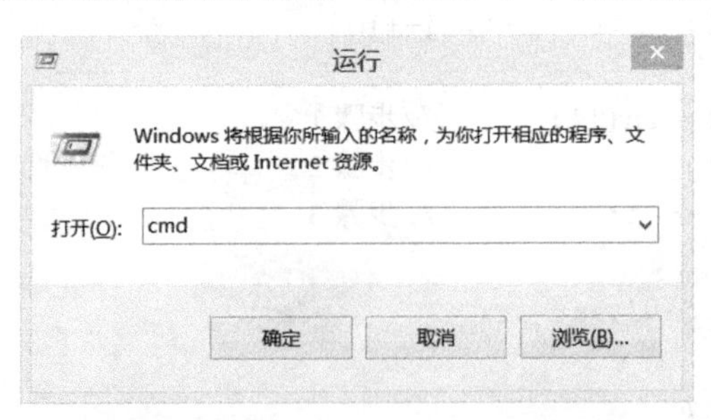

图 9.78　Windows 中的“运行”程序

2. main 函数的参数

前面我们见到的 main 函数的形式如下，是无参数形式。

```
int main( void )
{
    ...
    return 0;
}
```

main 返回值类型是 int 型的，程序最后的 return 0 正与之遥相呼应，0 就是 main 函数的返回值。那么这个 0 返回到那里呢？main 退出时，返回值是返回给操作系统的，表示程序正常退出。

既然普通函数可以带参数，那么 main 函数是否也可以有带参数的形式呢？对于有参的形式来说，就需要向其传递参数。但是其他任何函数均不能调用 main 函数，当然也同样无法向 main 函数传递，只能由程序之外传递而来。这个具体的问题怎样解决呢？

当一个 C 的源程序经过编译、链接后，会生成扩展名为.EXE 的可执行文件，这是可以在操作系统下直接运行的文件，换句话说，就是由系统来启动运行的。对 main 函数既然不能由其他函数调用和传递参数，那么就只能由系统在启动运行时传递参数了。C 语言系统提供了这种方式，具体做法是打开命令提示符，在命令行里输入相关参数即可。

我们先看一下 main 函数的带参的形式。

```
int main(int argc, char *argv[])
{
    ...
    return 0;
}
```

C 中的命令行参数又叫位置参数，它可以被传到程序里面。argc（argument count）的值等于位置参数总个数（包括程序名字），指针数组 argv（argument value）中，argv[0] 存程序名字，argv[1] 存第一个位置参数，argv[i]存第 i 个位置参数，直到 argv[argc-1]。这样，不必通过输入语句，命令行参数就可以传入 C 程序。

3. 带参数的 main 函数的例子

【例 9.11】通过命令行输入，计算矩形面积

【解析】

实现程序如图 9.79 所示。

程序第 13 行，sscanf 函数功能与 scanf 类似，都是用于输入的，只是后者以键盘（stdin）为输入源，前者以固定字符串为输入源，输入函数功能详见附录 C。sscanf 从一个字符串中读进与指定格式相符的数据，这里就是从变量 argv[1]中读数据到变量 w 中。

```
01 #include <stdio.h>
02 #include <stdlib.h>
03
04 int main( int argc, char *argv[ ] ) //argc为参数个数；argv[0]放程序名，其后字串放其他参数
05 {
06    float w,h;     // 矩形的宽与高
07    if (argc < 3)  // 输入的参数少于3个
08    {
09       printf("输入信息格式:文件名 宽度 高度\n");
10       printf("例如: %s 3.2 4.5\n",argv[0]);
11       exit(0);    //退出程序
12    }
13    sscanf(argv[1],"%f",&w); //宽度参数
14    sscanf(argv[2],"%f",&h); //长度参数
15    printf("area = %f\n",w*h);
16    return 0;
17 }
```

输入异常的处理

除文件名外，有两个输入参数

图 9.79　带参数的 main 实例测试结果

程序第 11 行，exit()是头文件在 stdlib.h 或者 windows.h 中的库函数，其功能为：关闭所有文件，终止正在执行的进程。在 exit(x)中，x 为 0 表示正常退出，非 0 表示各种特定的异常退出，x 值返回给操作系统。

通过 cmd 命令打开命令行界面，如图 9.80 所示，通过改变目录的命令 cd，进入可执行程序所在目录，本例的目录是 D:\MyWin32App\Win32App\Debug，可执行程序名为“一般测试程序.exe”。main 的命令行参数是在命令行输入的，本例中按预先规定的顺序输入程序名、宽和高的数值，程序输出相应的矩形面积 ares。这里做了三组数据的测试，两组正常输入，一个异常输入。程序的异常处理中，给出了正确输入的格式和示例。

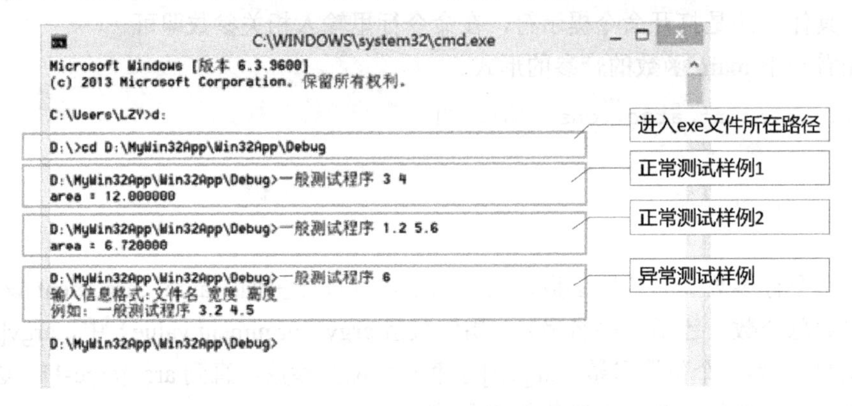

图 9.80 带参数的 main 实例测试结果

【知识 ABC】exit()和 return 的区别

按照 ANSI C，在最初调用的 main()中使用 return 和 exit()的效果相同。

但要注意这里所说的是“最初调用”。如果 main()在一个递归程序中，那么 exit()仍然会终止程序；但 return 将控制权移交给递归的前一级，直到最初的那一级，此时 return 才会终止程序。return 和 exit()的另一个区别在于，即使在除 main()之外的函数中调用 exit()，它也将终止程序。

【知识 ABC】main 函数的形式

在最新的 C99 标准中，只有以下两种定义方式是正确的（参阅 ISO/IEC 9899:1999 (E) 5.1.2.2.1 Program startup）。

```
int main( void )——无参数形式
{
    ...
    return 0;
}
int main( int argc, char *argv[] )——带参数形式
{
    ...
    return 0;
}
```

int 指明了 main()函数的返回类型，函数名后面的圆括号一般包含传递给函数的信息。void 表示没有给函数传递参数。浏览老版本的 C 代码，将会发现程序常常以下面这种形式开始。

（1）main()

C90 标准允许这种形式，但是 C99 标准不允许这种形式。因此，即使你当前的编译器允许如此使用，也不要这么写。

（2）void main()

有些编译器允许这种形式，但是还没有任何标准考虑接受它。C++ 之父 Bjarne Stroustrup 在他的主页上的 FAQ 中明确地表示：void main( ) 的定义从来就不存在于 C++ 或者 C 中。所以，编译器不必接受这种形式，并且很多编译器也不允许这么写。

坚持使用标准的意义在于：当把程序从一个编译器移到另一个编译器时，照样能正常运行，简而言之，“程序的可移植性好”。

9.6 作　用　域

我们用程序设计语言解决实际问题，当问题规模较大且足够复杂时，程序规模也相应变大，编程中会遇到一系列的问题，我们前面讨论的对策是采用多模块机制，具体在 C 语言中引入函数机制，用函数解决问题需要考虑的各个方面，我们前面已经讨论过的问题如图 9.81 所示。

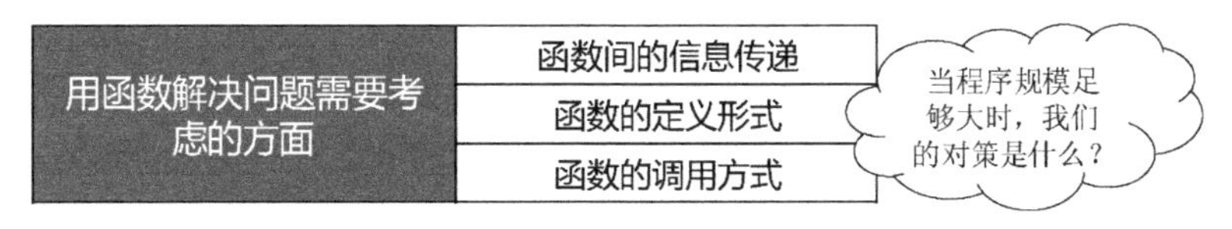

图 9.81　讨论过的函数的设计问题

9.6.1　问题引入

1．多人合作编程中的问题

布朗先生所在的科研团队的一个项目，需要团队的多名老师和学生共同编程来完成任务。经过方案总体讨论把问题划分为多个模块，分配给相关人员，准备让大家编程，最后汇总，以提高工作效率。

众人领命而去，忽然发现动手编程之前就分工合作这种模式就有不少问题需要解决。

有学生说，我以前编的都是小程序，主函数和子函数都在一个文件里，现在大家一起合作，那所有函数都放在一个文件里多不方便呀！最好是自己做的模块，存在自己的文件中。另一个学生又说，循环变量我喜欢用 i、j、k，要是布朗教授也用这些变量了，那我还能用吗，是不是定义变量之前大家需要先商量一下？

有老师想了想说，从工作流程的合理性上讲，应该是大家都创建自己的程序文件，但一个文件里只有子函数的话，这个程序就没法运行啊，但从程序执行的流程上说，我们这是一个大程序而已，只能有一个 main 函数。这个问题应该怎么解决呢？

布朗先生把大家提出的问题归纳总结了一下，如图 9.82 所示，开口说道，“大家提出的这些问题，都需要在程序语言系统设计上制定相应的规则，大家可以设想一下，我们现在这种多人独立工作、最后总体合成的工作模式下，方便合理的工作机制应该是什么呢？是否应该是程序员们各自的文件独立，不同的文件使用的变量可以重名，一个程序应该只有一个 main 函数？”大家点头称是。

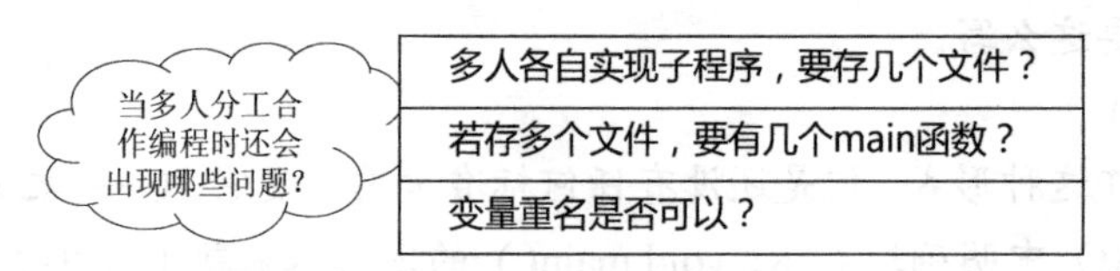

图 9.82　程序规模增大引发的问题

布朗先生又说，真要这样的话，程序运行机制中必须有什么规则来保证可行性呢？有老师说，可以设置变量的作用范围及起作用的时间，在文件中或函数中进行隔离限制，保证不造成混乱即可，众人附和。

如众人希望的那样，C 语言的程序规则是，一个 C 程序文件可以由多个子文件构成，一个子文件可以有多个函数，如图 9.83 所示，不同文件中的变量可以重名，一个 C 程序只能有一个 main 函数。

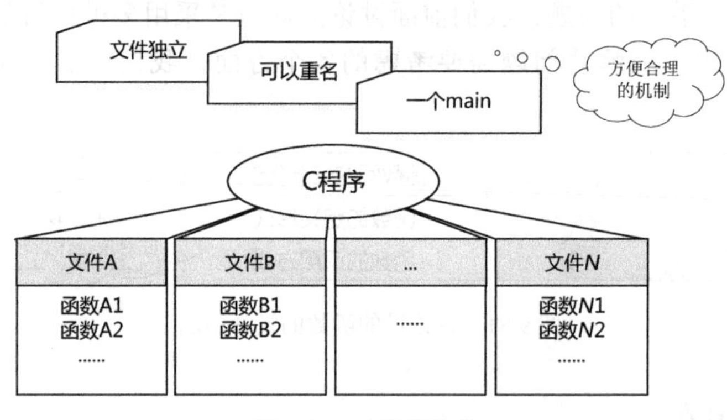

图 9.83　C 程序结构

2. 流程中的外包项目

在毕业典礼主席台布置流程中，有些事项需要“外包服务”。每个外包服务都可以视为一个子函数，完成相应独立的功能。外包处理中的内部信息，如材料、尺寸、金额等，不需要也不必要，往往也不希望让其他的外包商知道，这个问题属于信息的有效范围限制问题。在程序设计的多模块机制中，也采用了我们实际生活中限制数据范围的策略。

3. 学校的资源共享问题

布朗先生所在的学校有礼堂、图书馆、食堂、医务室等配套的设施或服务部门等资源，根据政府和学校的相关规则，礼堂和图书馆可以向社会开放，外单位或个人只要办理一定的手续就可以使用，而食堂和医务室只对校内人员服务，根据资源的开放程度，可以分为内部资源和共享资源。

代码也是一种资源，在程序多模块机制中，当一个源程序由多个源文件组成时，程序的设计者也可以根据问题的功能，决定各函数能否被其他源文件中的函数调用，即函数也应该有“开放程度”这种属性才合理，从这个角度看，C语言中的函数分内部函数和外部函数两类。

在学校部门内，布朗先生学校的图书馆，图书的借阅服务需要借阅者提供校园一卡通，一卡通在学校里同时也可以在食堂、医务室等多处使用，图书馆等部门对一卡通相关数据的汇总整理则属于部门内部数据，一般不与其他部门共享。所以在学校的各个部门，既有每个部门都能处理使用的公用数据，又有自己的内部数据。

如果把学校的一个部门视为一个函数，那么函数处理的信息有两类，每个函数都能处理使用的数据称为全局量，只能在函数内处理使用的数据称为局部量。

9.6.2 模块的屏蔽机制

我们回顾一下模块化设计思想，是让模块内部实现和数据外界不可见，只通过信息接口与外界联系。设计函数间信息的屏蔽机制应该从哪些方面考虑？通过前面的引例中问题的讨论可以看出，应从函数内部数据的限制措施和函数之间的屏蔽规则来设计机制。

1. 函数内部数据的限制措施

将子函数内的数据信息对其他函数屏蔽，即是不让内部数据被其他函数访问到。函数内的数据具体主要是变量，因此对于函数内的变量需要考虑的问题如图9.84所示。

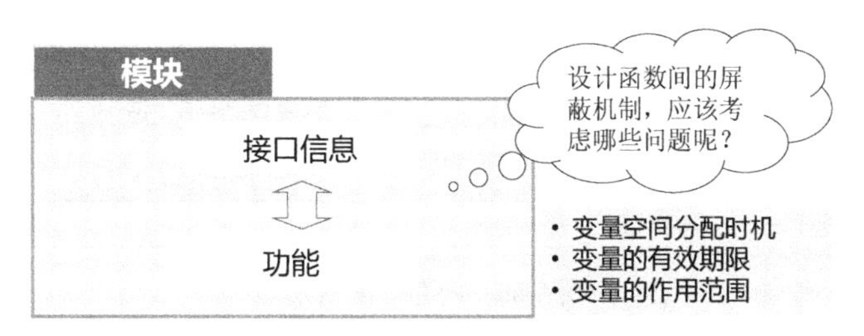

图9.84 函数内部信息屏蔽涉及的问题

2. 函数之间的屏蔽规则

函数的“开放程度”属性，在C语言中分内部函数和外部函数两类，通过特别的标记来标明，如图9.85所示。具体标记方法在“函数的有效范围”一节介绍。

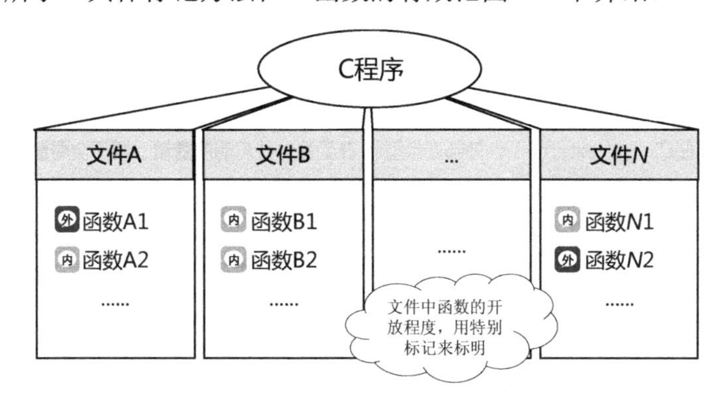

图9.85 多文件结构中的函数共享机制

9.6.3　内存分区与存储分类

1．程序的内存分区管理

在实际生活中，根据内部数据和对外开放数据的使用权限，限制数据范围经常采用的策略是把它们分类管理，在计算机中对数据和代码的管理也使用同样的原理。一个 C 程序占用的内存如图 9.86 所示，其中程序代码区存放函数的二进制代码；常量区存放字符串常量和其他常量；动态存储区存放函数调用时的内部数据即局部量。静态存储区存放程序运行中可共享的数据即全局量。

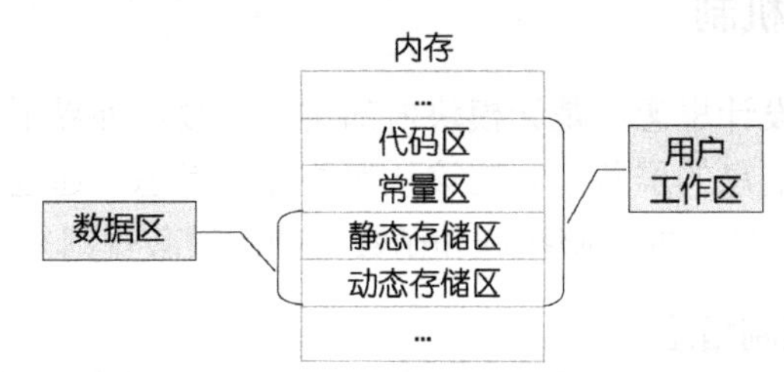

区域		内容	说明
动态存储区	栈	局部量、形参	系统自动分配与释放
	堆	通过动态分配函数申请的内存	程序员分配与释放； 程序员不释放，系统可回收
静态存储区		全局量、静态变量	系统自动分配与释放
常量区		常量	系统自动分配与释放
代码区		程序代码	

图 9.86　内存分配情形

2．变量的存储类别

为区别在不同存储区域的变量，C 语言给变量增加了一个属性——变量的存储类别，用以描述变量在内存中存续的时间；标示在程序中的作用范围等，如图 9.87 所示。

存储区域	生存期	存储类别	称呼	说明
动态	与函数共存亡	Register	寄存器型	存放在寄存器中的的变量
		auto	自动变量型	只在所在声明的函数内一次有效的变量，是局部量
静态	与程序共存亡	static	静态变量型	只在所在声明的函数内多次有效的变量，是局部量
		extern	外部变量型	在函数体外声明的变量，属于全局量

图 9.87　变量的存储类别

寄存器是 CPU 内的高速存储数据的器件，存取速度比内存快得多，但容量有限。Register 寄存器类型现在一般不用程序员设定，编译器会自动处理，常常用于需要多次读取的循环变量等。

函数内定义的变量，若没有声明，则系统默认是 auto 类别。auto 型变量在函数结束时值消失，本质上是 auto 型变量的存储单元被系统回收。

局部 static 型变量在函数结束时值保留，是系统在函数返回时并不回收此 static 变量的单元，以便在这个函数再次被调用时，这个 static 变量的值依然可用。

9.6.4 屏蔽机制 1——变量的有效期和作用范围

1. 作用域的概念

在多模块结构中，每个子函数都有内部的数据，这些信息没有必要让其他的子函数访问到。在 C 语言中，变量等在代码中的有效作用范围被称为“作用域”。作用域及其规则如图 9.88 所示。

作用域
变量等在代码中的有效作用范围

作用域规则
C语言中的每一个函数都是一个独立的代码块。 构成一个函数体的代码对程序的其它部分来说是隐蔽的，不能被任何其它函数中的任何语句（除调用它的语句之外）所访问。

图 9.88 作用域及其规则

2. 变量的属性

对于信息的表达载体变量而言，由于信息在函数间有屏蔽的限制和需要，因此它的属性应该增加。变量的属性包括数据类型和存储类别。

数据类型描述变量在内存中需要的空间大小。存储类别描述表示变量在内存中存储持续时间的长短及作用范围。完整的变量说明格式如图 9.89 所示，在数据类型前再加上“存储类别”。

变量属性	数据类型	表示变量在内存中需要的空间大小
	存储类别	表示变量在内存中存储持续时间的长短及作用范围

完整的变量说明格式
存储类别 数据类型 变量名

图 9.89 变量属性及说明格式

【例 9.12】局部 static 静态变量的用法

在图 9.90 中，在子函数 varfunc()中设置了一个自动存储类 auto 的局部变量 var，一个静态存储类 static 的局部变量 static_var，多次调用 varfunc 函数后，在程序运行的结果中可以观察到，auto 类的局部变量是“函数结束值即消失”，static 类的局部变量是“函数结束，值仍然保留”。

3. 局部量与全局量

根据在函数中定义的位置不同，变量分为局部量与全局量，它们的相应描述如图 9.91 所示。

extern 可置于变量或者函数前，以表示变量或者函数的定义在别的文件中。提示编译器遇到此类变量或函数时，会在其他模块中寻找其定义。

【例 9.13】评委判分的平均分

有 N 名评委，参赛选手的成绩采用去掉一个最高分、去掉一个最低分，再求出平均分的方式得到。

```
01 #include "stdio.h"
02 void varfunc()
03 {
04     int var=0;  //局部变量
05     static int static_var=0; //局部静态变量
06     printf("var=%d   ",var);
07     printf("static_var = %d \n",static_var);
08     var++;
09     static_var++;
10 }
11 int main(void)
12 {
13     int i;
14     for (i=0; i<3; i++)
15     {
16         printf("第%d次循环\n",i);
17         varfunc();
18     }
19     return 0;
20 }
```

局部量：函数结束，值消失

静态量：函数结束，值保留

程序结果：
第0次循环　var=0　static_var = 0
第1次循环　var=0　static_var = 1
第2次循环　var=0　static_var = 2

图 9.90　变量属性及说明格式的例子

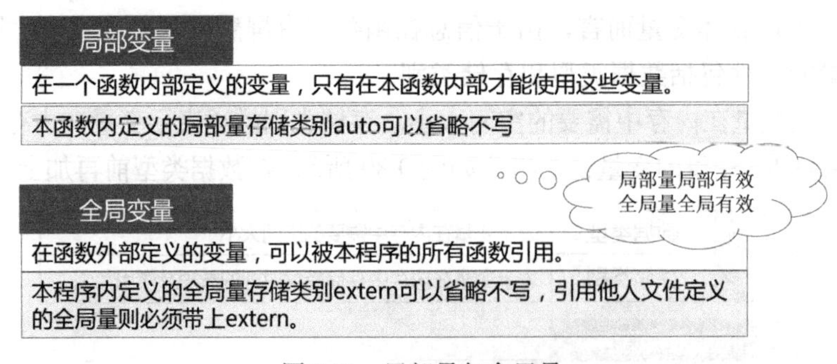

图 9.91　局部量与全局量

【解析】

1. 数据结构设计

设分数放在数组 data[N]中，由于每个分数处理环节都要处理分数数组，因此可以把 data 数组作为全局量，在程序中可以给 data 数组赋初值，这样测试更加方便，如图 9.92 所示。

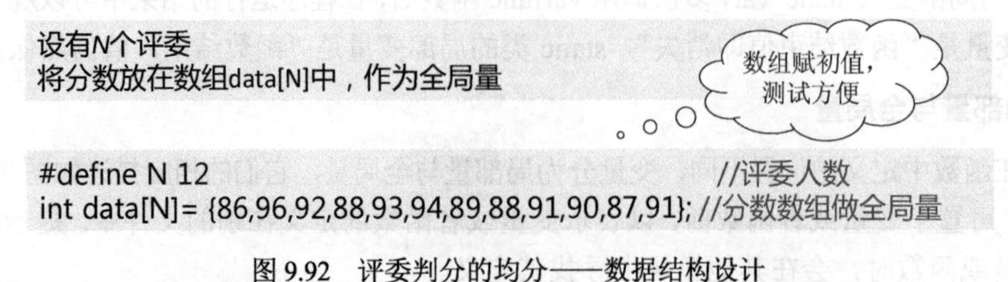

图 9.92　评委判分的均分——数据结构设计

2. 算法设计

按题目要求，算法设计如图 9.93 所示。

伪代码	细化
去掉data中的最小值Least	找到data中的最小值Least，然后置0
去掉data中的最大值Largest	找到data中的最大值Largest，然后置0
求data中的均分	求data中的均分

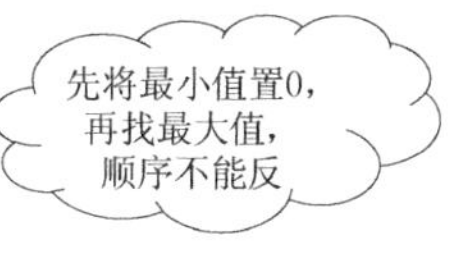

图 9.93　评委判分的均分——算法设计

3. 函数框架设计

因为分数数组 data 为全局量，每个函数都可以直接访问，所以函数处理的数据就不必从形参处接收，改变了 data 的结果也不用返回，如图 9.94 所示。

Functionality	Input information	Output information	Function header
Discard the minimum score Least	No (use global variable)	No (use global variable)	void Del_Least()
Discard the maximum score Largest	No (use global variable)	No (use global variable)	void Del_Largest()
Compute the average of data	No (use global variable)	Float value	float average()
Function name	Parameter list	Function type	

图 9.94　评委判分的均分——函数设计

4. 程序实现

图 9.95 中列出了每个子函数的实现，各函数内定义的局部量都没有写存储类，默认是 auto。去掉 data 中的最小值 Least，首次把 data 数组的第一个元素作为最小值 Least，把数组元素循环和 Least 比较，找到最小的值，然后置 0。按同样的方法处理去掉 data 中的最大值 Largest。求均分，先累加 data 中的值，然后除以评委人数减 2。

```
//去掉data中的最小值Least
void Del_Least()
{
    int Least,tag=0;
    Least=data[0];
    for (int i=0; i<N; i++)
    {
        if (Least>data[i])
        {
            Least=data[i];
            tag=i;
        }
    }
    printf("Least=%d\n",Least);
    data[tag]=0;
}
```

```
//去掉data中的最大值Largest
void Del_Largest()
{
    int Largest,tag=0;
    Largest=data[0];
    for (int i=0; i<N; i++)
    {
        if (Largest<data[i])
        {
            Largest=data[i];
            tag=i;
        }
    }
    printf("Largest=%d\n",Largest);
    data[tag]=0;
}
```

```
//求data中的均分
float average()
{
    float sum=0;
    for (int i=0; i<N; i++)
    {
        sum+=data[i];
    }
    return (sum/(N-2));
}
```

图 9.95　评委判分的均分——函数代码

图 9.96 截取了程序的一部分内容，包括函数声明、全局量说明和主函数部分。

注意第 7 行，数组 data 是在函数外说明的，因是在本文件中声明的，故存储类型 extern 可以省略。

第 63～65 行，是去掉最低分、去掉最高分和求均分的函数调用。前两个是无类型函数，后一个是有类型函数。

```
02 #define N 12          //评委人数
04 void Del_Least();     //去掉data中的最小值Least
05 void Del_Largest();   //去掉data中的最大值Largest
06 float average();      //求data中的均分
07 int data[N]= {86,96,92,88,93,94,89,88,91,90,87,91}; //分数数组做全局量

55 int main(void)
56 {
57     float x;
58     for (int i=0; i<N; i++)
59     {
60         printf("%d ",data[i]);
61     }
62     printf("\n");
63     Del_Least();
64     Del_Largest();
65     x=average();
66     printf("average=%.2f\n",x);
68     return 0;
69 }
```

全局数组的定义，其位置在函数外

```
86 96 92 88 93 94 89 88 91 90 87 91
Least=86
Largest=96
average=90.30
```

图 9.96　评委判分的均分部分代码

【例 9.14】全局变量作用范围示例

在一个程序中有 4 个函数。变量 a、b、c、m、n 都是全局变量，但作用域不同，如图 9.97 所示。

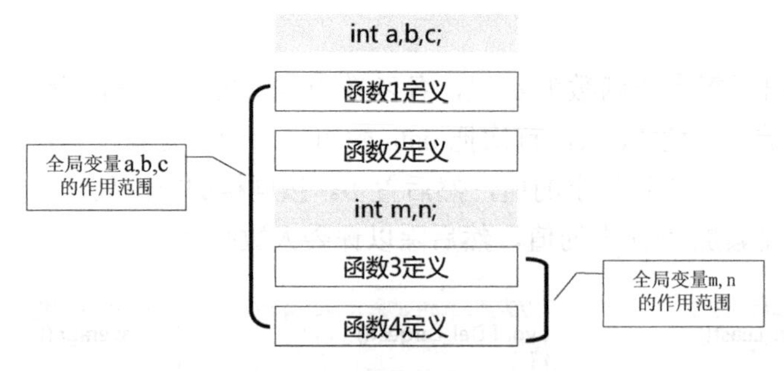

图 9.97　全局量作用范围示例

全局变量 a、b、c 的作用范围是函数 1 到函数 4；全局变量 m、n 的作用范围只有两个函数。也就是函数 3 与函数 4 可以用变量 a、b、c、m、n；而函数 1 与函数 2 只能使用变量 a、b、c。

可以看出，在一个程序文件中，全局量的作用范围与其出现的位置相关。

【例 9.15】局部量重名问题

设计一个局部量重名的程序，观察重名变量在不同时刻的取值情况。

【解析】

1. 程序设计

设变量 a、b 为局部量，在主函数和子函数 sub 中都各做赋值等操作。显示主函数调用 sub 前后 a、b 值的变化。代码如下。

```
1    #include <stdio.h>
2    void  sub();
```

```
3
4   int main(void)
5   {
6       int a,b;                              //此处的 a、b 为 main 的局部量
7
8       a=3;  b=4;
9       printf("main:a=%d,b=%d\n",a,b);       //在 main 中查看 a、b 的值
10      sub();                                //调用 sub，对其中的 a、b 重新赋值
11      printf("main:a=%d,b=%d\n",a,b);       //在 main 中查看 a、b 的值
12      return 0;
13  }
14
15  void  sub()
16  {
17      int a,b;                              //此处的 a、b 为 sub 的局部量
18
19      a=6;   b=7;
20      printf("sub: a=%d,b=%d\n",a,b);       //在 sub 中查看 a、b 的值
21  }
```

程序结果：

```
main:a=3,b=4
sub: a=6,b=7
main:a=3,b=4
```

说明：sub 调用前，a、b 的值是 main 中局部量的数值。在调用 sub 时，a、b 的值被改为 sub 内局部量的值，main 的值被屏蔽。sub 调用返回到 main 后，a、b 又是 main 中的局部量。

2. 程序调试

图 9.98 中，main 里的局部量 a、b 的地址分别是 0x12ff7c 和 0x12ff78。

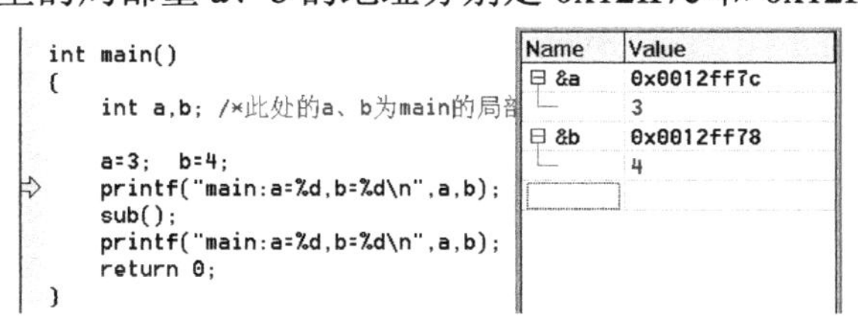

图 9.98　局部量重名问题调试步骤 1

图 9.99 中，调用 sub，程序刚刚转到 sub 内时，a、b 的地址出现 CXX0069 错误：variable needs stack frame，即变量需要栈帧。造成错误的原因是要查看的变量 a、b 要分配存储空间才能看到。此时的 a、b 究竟是 main 函数中的还是 sub 中的局部量呢？由“执行箭头”的指向可以看到，此时已进入 sub 函数中 sub 的局部量 a、b 还未做声明，所以这个错误是针对 sub 中的变量而言的。

```
void  sub()
{
    int a,b; /*此处的a、b为sub的局部

    a=6;    b=7;
    printf("sub: a=%d,b=%d\n",a,b);
}
```

Name	Value
&a	CXX0069: Error:
&b	CXX0069: Error:

图 9.99　局部量重名问题调试步骤 2

图 9.100 中，注意此时的 a、b 地址，与前面 main 中对应名称的变量地址是不一样的。虽然在不同的函数中用相同的变量名，但它们的存储单元是不同的。

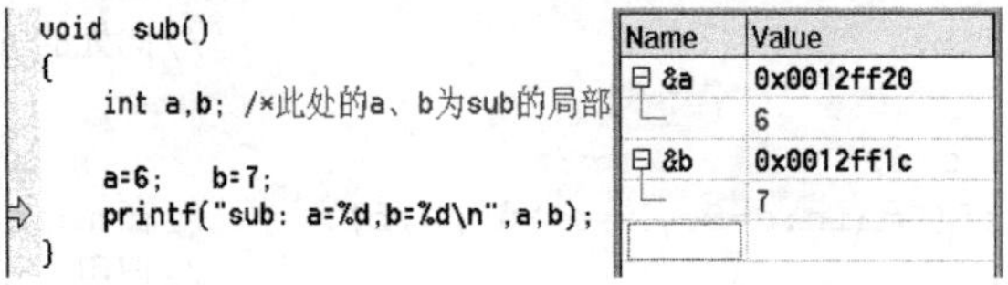

```
void  sub()
{
    int a,b; /*此处的a、b为sub的局部
    
    a=6;   b=7;
    printf("sub: a=%d,b=%d\n",a,b);
}
```

Name	Value
&a	0x0012ff20
	6
&b	0x0012ff1c
	7

图 9.100　局部量重名问题调试步骤 3

图 9.101 中，此时返回 main 函数，a、b 的地址又变成本地可见的局部量了。

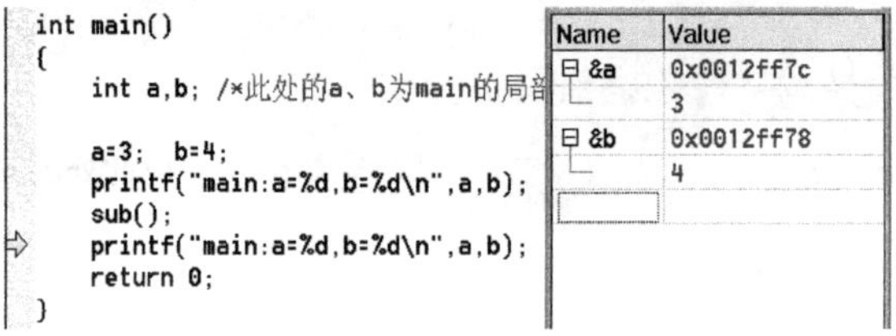

```
int main()
{
    int a,b; /*此处的a、b为main的局部
    
    a=3;  b=4;
    printf("main:a=%d,b=%d\n",a,b);
    sub();
    printf("main:a=%d,b=%d\n",a,b);
    return 0;
}
```

Name	Value
&a	0x0012ff7c
	3
&b	0x0012ff78
	4

图 9.101　局部量重名问题调试步骤 4

【例 9.16】局部变量和全局变量重名问题

查看全局变量和局部变量重名情形下，各变量的作用范围。

【解析】

设计变量 a、b 为全局变量，在子函数 max 和主函数有局部变量和全局变量重名。主函数和子函数中有对重名变量的操作。程序如下。

1. 程序源码

```
1   #include <stdio.h>
2   int max(int a, int b);
3
4   int a=3,b=5;                                //定义 a、b 为全局变量
5
6   int max(int a, int b)                       //此处 a、b 为局部变量
7   {
8       return (a>b ? a:b);
9   }
10
11  int main(void)
12  {
13      int a=8;                                //定义局部变量 a
14
15      printf( "max=%d\n", max(a,b));          //局部变量 a 和全局变量 b 作实参
16      return 0;
17  }
```

程序结果：

```
max=8
```

2. 跟踪调试

图 9.102 显示此时刚进入 main，全局变量 b 显示地址与值，而局部变量 a 与全局变量 a 重名，故不显示。

图 9.103 显示此时局部变量 a 分配空间地址为 0x12ff7c，但还未赋值。

```
#include <stdio.h>
int max(int a, int b);

int a=3,b=5;  /*定义a,b为全局变量

int max(int a, int b) /*此处a,b为
{
    return (a>b ? a:b);
}

int main()
{
    int a=8;  /*定义局部变量a*/

    printf("max=%d\n",max(a,b));
    return 0;
}

Watch
Name  Value
&a    CXX0069: Error:
&b    0x0042316c int b
      5
```

图 9.102　局部变量和全局变量重名调试步骤 1

```
#include <stdio.h>
int max(int a, int b);

int a=3,b=5;  /*定义a,b为全局变量

int max(int a, int b) /*此处a,b为
{
    return (a>b ? a:b);
}

int main()
{
    int a=8;  /*定义局部变量a*/

    printf("max=%d\n",max(a,b));
    return 0;
}

Watch
Name  Value
&a    0x0012ff7c
      -858993460
&b    0x0042316c int b
      5
```

图 9.103　局部变量和全局变量重名调试步骤 2

图 9.104 显示此时已对局部变量 a 赋值。在图 9.105 的子函数中，局部变量 a 的地址为 0x12ff28，与主函数中的局部变量 a 的地址 0x12ff7c 不一样，此时全局变量 b 不可见，局部变量 b 的地址为 0x12ff2c。

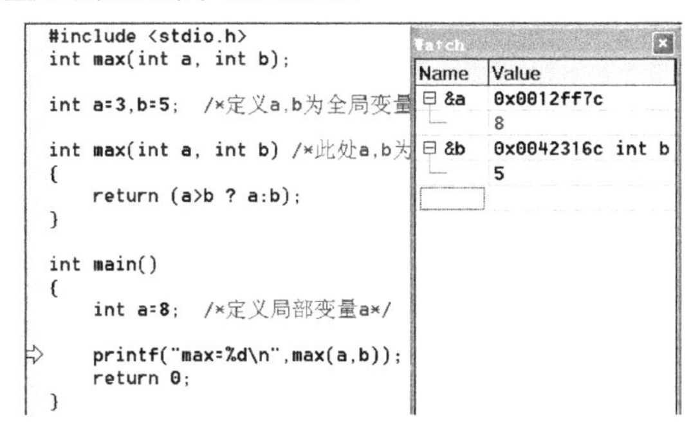

图 9.104　局部变量和全局变量重名调试步骤 3

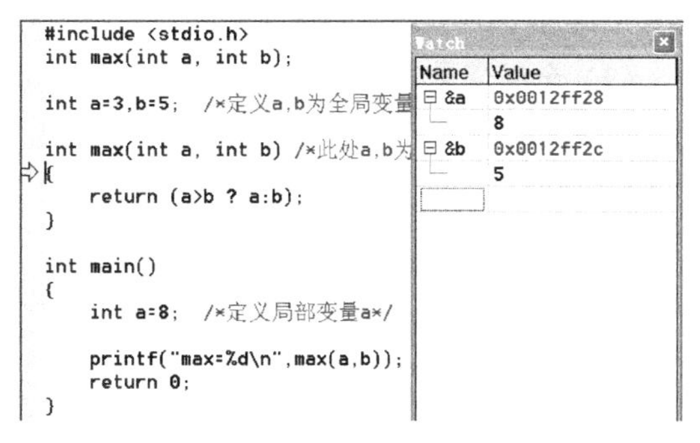

图 9.105　局部变量和全局变量重名调试步骤 4

图 9.106 中显示了返回 main 后 a、b 的地址。图 9.107，把 main 中原先的局部变量 a 改为 c，进入 main 执行时，则全局变量 a、b 均可见。

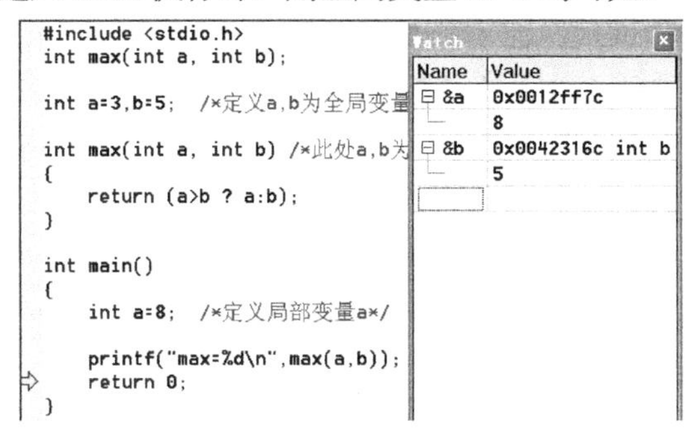

图 9.106　局部变量和全局变量重名调试步骤 5

```
#include <stdio.h>
int max(int a, int b);

int a=3,b=5;  /*定义a,b为全局变量

int max(int a, int b) /*此处a,b为
{
    return (a>b ? a:b);
}

int main()
{
    int c=8;  /*定义局部变量a*/

    printf("max=%d\n",max(a,b));
    return 0;
}

Watch
Name  Value
&a    0x00423168 int a
&b    0x0042316c int b
&c    0x0012ff7c
      8
```

图 9.107　局部变量和全局变量重名调试步骤 6

【结论】

最好避免让局部变量与全局变量重名，重名会隐藏全局变量，容易造成混淆。

3. 局部变量和全局变量问题归结

根据前面的讨论，我们把局部变量与全局变量问题进行归结，如图 9.108 所示。如果函数中定义的局部变量与全局变量重名，那么全局变量在此函数中会被屏蔽，即，在此函数中更改局部变量的值不会影响全局变量的值。

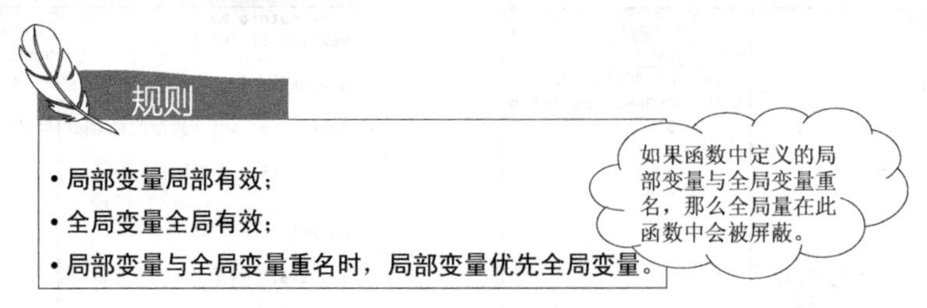

图 9.108 局部变量与全局变量规则

（1）全局变量优点：

- 方便数据传递：在函数间传递信息，通过全局变量直接引用，比通过函数的参数和 return 语句要简单方便。
- 提高运行效率：利用全局变量可以减少函数的参数个数，节省函数调用时的时空开销，提高程序运行的效率。

（2）全局变量缺陷：

- 降低通用性：最大的问题是降低了函数的封装性和通用性。
- 降低可读性：增加了调试的困难。出现全局数据错误，可能不容易分清是哪个函数造成的。
- 占据空间；全局变量在程序的全部执行过程中始终占用存储单元，而不是仅在需要时才开辟存储单元。

根据全局变量的特点，使用原则是应尽量避免使用全局变量，除非应用程序性能非常重要。

9.6.5 屏蔽机制 2——函数的有效范围

在前面的“学校资源共享问题”中，我们提到函数也有“开放程度”这种属性，如果在一个源文件中定义的函数，只能被本文件中的函数调用，而不能被同一程序其他文件中的函数调用，那么这种函数称为内部函数；反之能被其他文件中的函数调用的，称为外部函数。

内部函数和外部函数的标志，是采用了存储类型中的关键字 static 和 extern，但并无对变量描述时具有的存储方式的含义，仅用来作为标识。

内部函数的定义格式与外部函数的定义格式和声明格式，如图 9.109 所示。内部函数的作用域仅局限于本文件，外部函数的作用域为本程序。若在定义函数时省略 extern，则隐含为外部函数。在需要调用外部函数的文件中，要用 extern 说明所用的函数是外部函数。

建立内部函数的好处是，不同的人编写不同的函数时，不用担心自己定义的函数是否会与其他文件中的函数同名，因为同名也没有关系。比如，布朗先生的学校教学楼编号为 A、B、C 等，布朗先生的同学在另一所学校任教，教学楼凑巧也编号为 A、B、C，本校的师生绝不会把自己学校的教学楼和其他学校的同样编号的楼搞混。

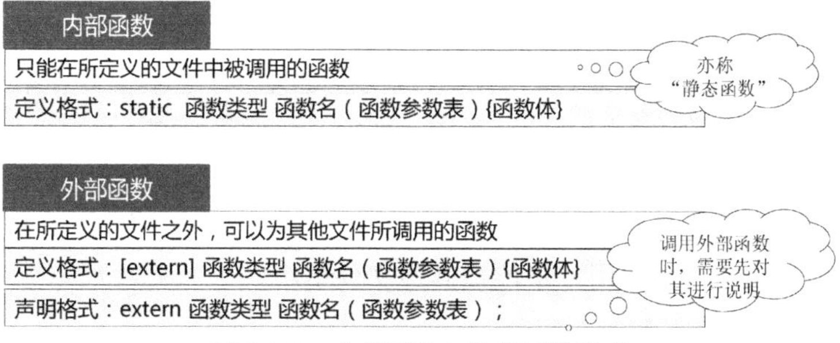

图 9.109 内部函数与外部函数格式

【例 9.17】一个程序多个文件的例子

一个C程序由三个文件组成，它们分别是测试文件 1.cpp、测试文件 2.cpp 和测试文件 3.cpp，分别如图 9.110、图 9.111 和图 9.112 所示，main 函数在测试文件 1 中，图中有各函数的定义、外部声明注释以及全局变量的注释等，在 IDE 环境中，把多个文件添加到同一工程中的步骤参见附录 F。

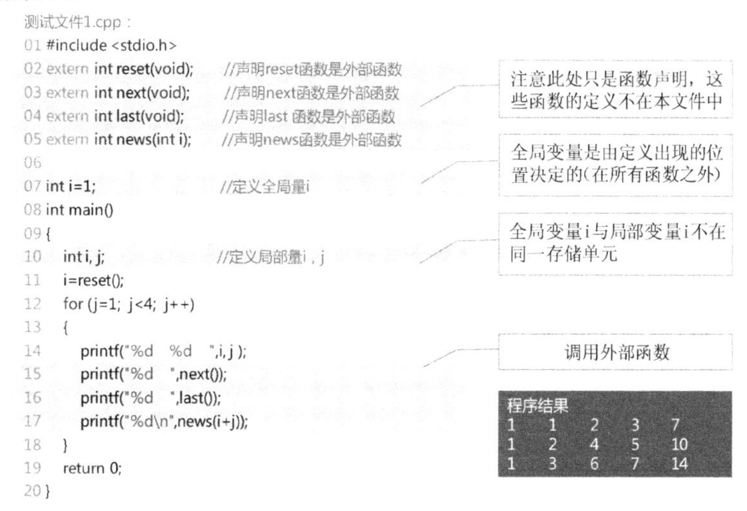

图 9.110 一个程序多个文件 1

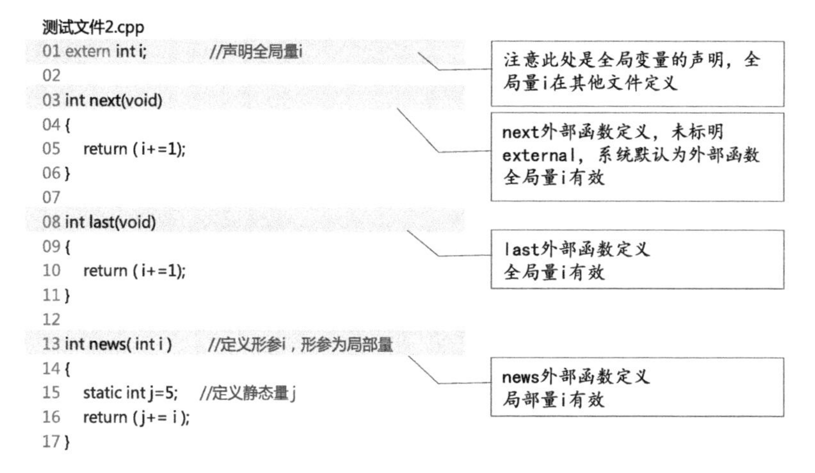

图 9.111 一个程序多个文件 2

声明与定义的区别：函数或变量在声明时，并没有给它实际的物理内存空间，这么做的目的是让所编写的程序能够编译通过。当函数或变量定义时，它就在内存中有了实际的物理空间，对同一个变量或函数的声明可以有多次，而定义只能有一次。

多个文件的情况如何引用全局变量呢？假如在一个文件中定义全局变量，在别的文件中引用，就要在此文件中用 extern 对全局变量进行说明。但如果全局变量定义时用 static，那么此全局变量就只能在本文件中引用，不能被其他文件引用。

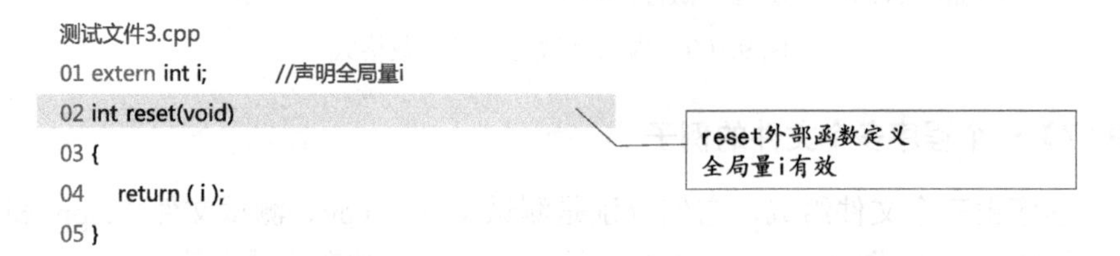

图 9.112　一个程序多个文件 3

9.6.6　屏蔽机制 3——共享数据的使用限制

通过前面的例子可知，函数间信息传递时有些数据往往是共享的，程序可以在不同的场合通过不同的途径访问同一个数据对象，有时在无意之中的误操作会改变有关数据的状况，而这是我们所不希望出现的。

既要使数据能在一定范围内共享，又要保证其不被任意修改，这时可以使用 const 关键字把形参中的有关数据定义为常量。const 是 C 语言的一个关键字，它限定一个变量不允许被改变。使用 const 在一定程度上可以提高程序的安全性和可靠性。

【例 9.18】使用 const 类型限定符来保护数组不被修改

```
1    //const 的例子
2    #include <stdio.h>
3    #define SIZE 3
4    void modify( const int a[ ] );      //函数原型
5    int b[SIZE];          //全局量，在函数之外定义的量，b 数组用于保存修改后的数组
6
7    //程序从函数 main 开始执行
8    int main(void)
9    {
10     int a[SIZE] = { 3, 2, 1 };        //初始化
11     int i;                            //计数器
12
13     modify(a);                        //调用函数
14     printf( "\nmodify 函数运行后的 a 数组为：" );
15     for( i = 0 ; i < SIZE ; i++ )
16     {
17       printf( "%3d" ,a[i] );          //打印出函数执行后的数组
18     }
19
20     printf( "\nmodify 函数运行后的 b 数组为：" );
```

```
21      for( i = 0 ; i < SIZE ; i++ )      //打印出修改后的数组
22      {
23        printf( "%3d" , b[i] );
24      }
25      return 0;
26    }
27
28    //取得数组a中的值，处理后保存在数组b中
29    void modify(const int a[])
30    {
31       int i;  //计数器
32       for(i=0;i<SIZE;i++)
33       {
34          //a[i]=a[i]*2; 试图修改数组a的值，编译将会报错
35          b[i]=a[i]*2;
36       }
37    }
```

程序结果：

```
函数modify运行后的数组a为:   3  2  1
函数modify运行后的数组b为:   6  4  2
```

9.7 递 归

To Iterate is Human, to Recurse, Divine.
迭代者为人，递归者为神

——L. Peter Deutsch

9.7.1 引例

这周末，布朗先生带小布朗参加了一个家族大聚会。小布朗第一次参加这种聚会，布朗先生把儿子介绍给房间里其他4个孩子认识。5个孩子围坐在一起，当布朗先生问到年龄时，第一个孩子A调皮地说，我比我左边的B大2岁；B孩子看样学样，说，我比我左边的C大2岁；C说，我比我左边的D大2岁；D说我比小布朗大2岁；最后轮到小布朗，他老老实实地说，我今年10岁。

布朗先生大笑起来，哈哈，这真是个好玩的游戏，你们想想这个题应该怎么解？

小布朗赶紧抢着说，我10岁，则D是10+2=12，C=12+2=14，B=14+2=16，A=16+2=18，布朗先生说，真不错，那谁能总结出一个公式？B同学说，这是一个迭代关系式，正在学习程序设计的A同学说，对应的流程也不难，一个循环就能实现，如图9.113所示。

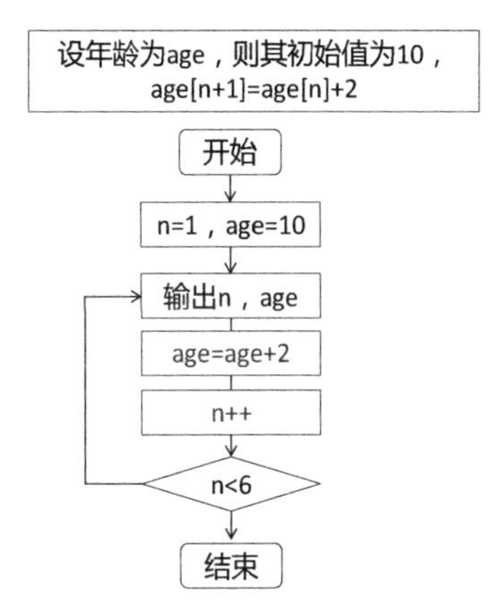

图9.113 年龄问题的计算方案一

布朗先生问谁还有另外的解法？

A 同学沉思道，若模拟布朗先生询问年龄的过程，则可以将上面的迭代公式换一种写法，即把 age[n+1]=age[n]+2，改为 age[n]=age[n-1]+2，推算过程示意如图 9.114 所示。一开始要计算第 5 个人的年龄 age[5]，是没法直接得出结果的，但他和相邻的第 4 个人的年龄 age[4]相关，age[4]也没法直接得到结果，需要再去查看相邻的 age[3]，以此类推，按照改写的迭代式，一直推到边界 age[1]，得到直接的结果，然后再反推回去即可。反推的过程就和前面的迭代是一样的了。

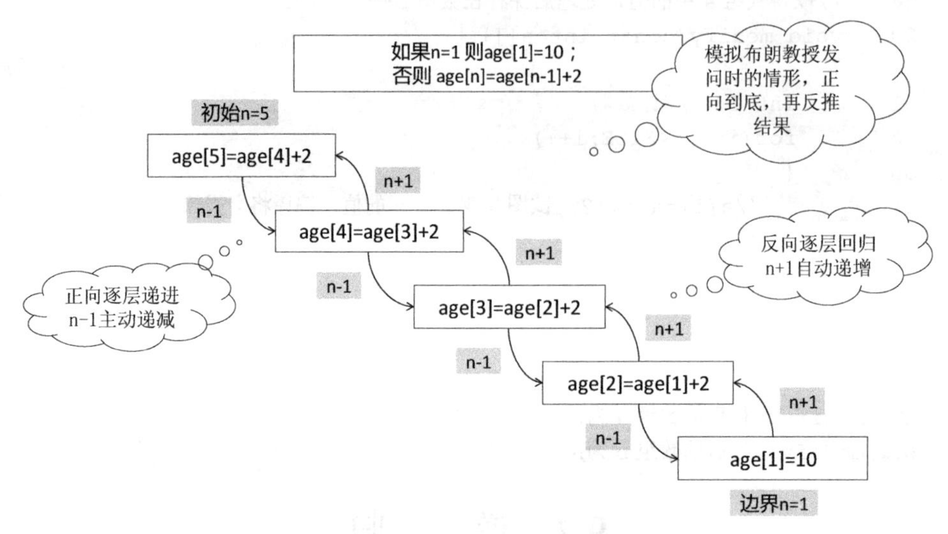

图 9.114　年龄问题的计算方案二

布朗先生击掌道，非常好，只是什么叫“*n*–1 主动递减”，又何谓“*n*+1 自动递增”呢？

A 同学答，所谓“主动递减”，是指问题给出的条件或情形规模的缩小，这里是人数 *n* 的减少，这是要解题者确定的参数及递减的幅度；而“自动递增”，是指从边界开始回归过程中返回到上一级时，情形规模的增加，这里是 *n* 的增加。上一级的问题规模比当前问题规模大多少，是递进过程中就决定了的，这里的增量是 1。

布朗先生说，据此思路，能画出执行的流程图吗？过了好一阵，大家依旧默然，布朗先生想了一阵，画出了流程图，如图 9.115 所示。

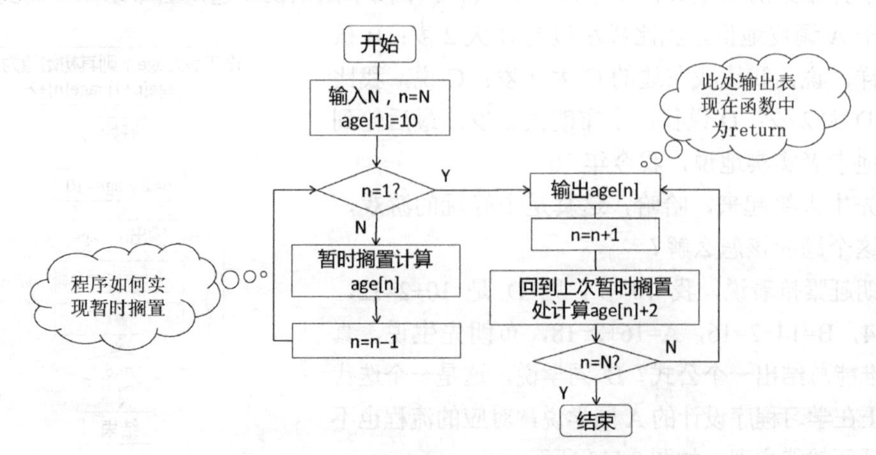

图 9.115　年龄问题的计算方案二流程图

A 同学问，程序语句是按序一句一句执行的，这“暂时搁置”在叙述中可以这么说，但在程序中如何实现？

布朗先生说，其实子函数的调用过程，就是一个调用者的程序执行暂停转向子函数执行的过程，既然方案二中必须有“暂停”的过程，那么这种方法只有调用子函数才有可能实现。

A 同学说，这个流程图的执行过程，每一次 n 的变化和 age[n]的对应并不容易看清楚呀。

布朗先生道，我们这个问题中，如果设子函数形式为 int age(int n)，那么对应图 9.115 中的流程，函数 main 与 age 的调用关系可以用图 9.116 来表示，注意其中的“搁置点”有多个，在灰色区域中的 age()都是搁置点。

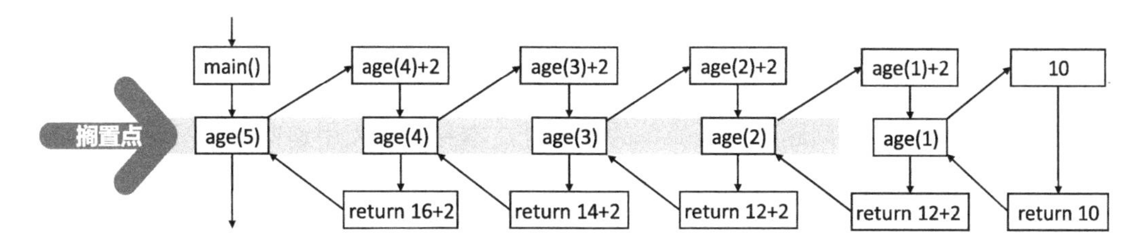

图 9.116　年龄问题的计算方案二执行过程示意图

根据方案二的执行过程示意图，可以写出具体程序，如图 9.117 所示。

查看程序可以发现，在第 5 行，函数 age 调用自己本身，只不过参数减小了。

A 同学说，想起来了，这个和照镜子很像啊，站在两面镜子之间，可以看到许许多多的自己，只不过每一个都要小一些，如图 9.118 所示。

```
01 #include <stdio.h>
02 int age(int n)
03 {
04     if (n==1) return (10);        // 问题边界
05     else return (age(n-1)+2);  // 正向逐层递进，反向逐层回归
06 }
07
08 int main(void)
09 {
10     printf("%d",age(5));
11     return 0;
12 }
```

age函数调用自己

图 9.117　年龄问题的计算方案二程序实现

图 9.118　镜中镜中间的猫

当问题中出现了计算过程直接调用自己（也包括间接调用自己）的情形，通常这样的过程被称为是递归的过程。若一个对象的解释部分地包含它自己，或用它自己给自己定义，则这样的对象称为递归的对象。

递归过程是一个有去有回的过程。在问题不断从大到小、从近及远的过程中，有一个终点，一个到了那个点就不用再往更小、更远的地方走下去的点，然后从那个点开始，原路返回原点。

9.7.2 递归概念

前面我们通过年龄问题的讨论了解了递归的概念，下面给出递归的定义。

1．递归的定义

【名词解释】递归

在数学与计算机科学中，递归是指在函数的定义中使用函数自身的方法。

递归的基本思想是把规模大的问题转化为规模小的相似的子问题来解决。在函数实现时，因为解决大问题的方法和解决小问题的方法往往相同，所以就产生了函数调用它自身的情况。另外，这个解决问题的函数若要得到结果，则必须有明显的结束条件，否则会无限递归下去。因此，递归过程必须具有两个要素：

- 递归边界条件：当问题达到最简单的状态时，本身不再使用递归的定义。
- 递归继续条件：使问题向边界条件转化的规则。

2．递归的种类

在调用一个函数的过程中，函数的某些语句又直接或间接地调用该函数本身，这就形成了函数的递归调用。图 9.119 所示为直接递归调用。在 func 内部的某条语句调用 func 函数本身，构成直接递归调用。

图 9.120 所示为间接递归调用。func1 函数内部的某条语句调用 func2，而 func2 函数的某条语句又调用 func1，构成间接递归调用。

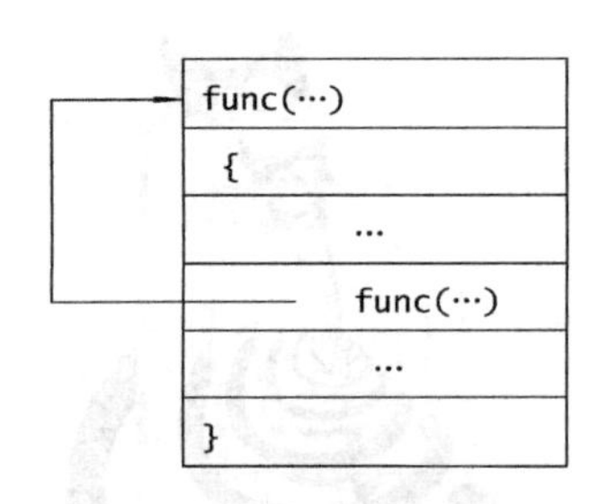

图 9.119　直接递归调用

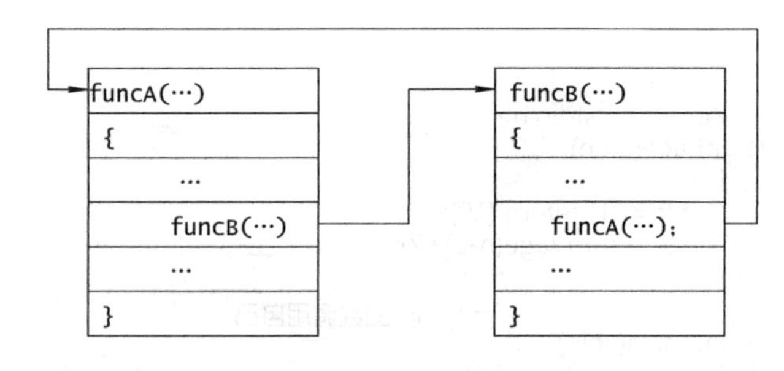

图 9.120　间接递归调用

与一般函数的嵌套调用相比，递归调用是一种特殊情形的嵌套调用，即嵌套调用的函数都同名且为自己。不论是直接递归调用还是间接递归调用，递归调用都形成调用的回路。如果递归的过程没有一定的中止条件，那么程序就会陷入类似死循环一样的情况。

3．递归与迭代的比较

递归和迭代方式均基于程序控制结构，迭代使用的是循环结构，递归使用的则是选择结构。迭代和递归均涉及循环，迭代显式使用一个循环结构，递归则通过重复性的函数调用实现循环。迭代和递归均涉及终止测试，迭代在循环条件失败时终止，递归则在碰到基本情况时终止。

9.7.3 递归实例

【例 9.19】用递归方法给出阶乘函数的求解过程

$$n!=\begin{cases}1, & n=0\\ n\cdot(n-1)!, & n>0\end{cases}$$

【解析】

1. 算法描述

递归的求解过程如下：

- 求 n!的问题可以转化为求(n–1)!的问题；
- 求(n–1)!的问题可以转化为求(n–2)!的问题；
- 以此类推，n 越来越小。当 n=1 时，1 的阶乘为一个可知的数；
- 回推得到 2 的阶乘；
- 再回推得到 3 的阶乘；
- 依次回推，最终可以得到 n 的阶乘。

2. 程序实现

```
#include "stdio.h"
float fac(int n);

//定义 fac 函数求 n 的阶乘
float fac(int n)
{
   float f;
   if (n<0)  printf("Error!\n");     //n<0 时，数据无效
   if (n==0||n==1) return 1;         //边界条件
   return n*fac(n-1);                //n 的阶乘等于 n 乘 n-1 的阶乘
}

int main(void)
{
   printf("%f",fac (4) );
   return 0 ;
}
```

3. 递归程序执行过程描述

递归的调用过程如图 9.121 所示，它和前面多个函数的嵌套调用的区别在于，每个子函数的名字都一样。

4. 递归程序效率分析

递归函数有一个很大的缺陷，就是增加了系统的开销。因为每当调用一个函数时，系统需要为函数准备栈空间存储参数信息，如果频繁地进行递归调用，那么系统需要为其开辟大

量的栈空间。如本例中求 n! 的递归，若传递一个很大的整数作为 fac 的实际参数，则很容易造成系统的崩溃。

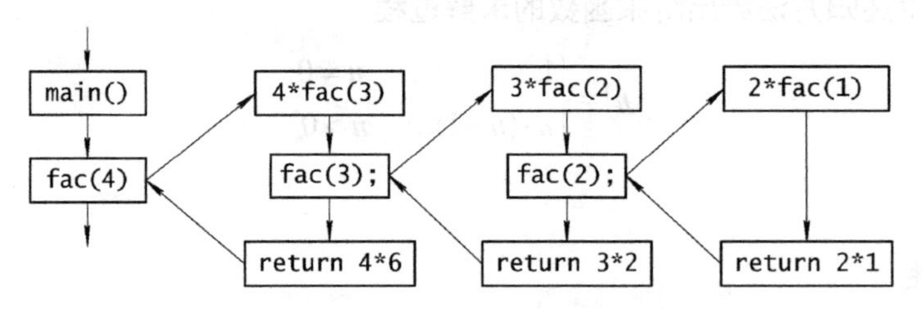

图 9.121　主函数调用 fac 函数的过程

【程序设计好习惯】

应尽量减少函数本身或函数间的递归调用。递归调用特别是函数间的递归调用影响程序的可理解性，递归调用一般都占用较多的系统资源，递归调用对程序的测试有一定影响。因此，除非为了便于实现某些算法或功能，否则应减少没必要的递归调用。

在事先不知道第一个值的时候使用递归，进而一步一步推出要输出的值，为倒序得出；而循环是用重复的方法一个个往下执行，一个个得出值，是顺序得出。

【读程练习】递归法求斐波那契数列的第 *n* 项

【解析】

根据斐波那契数列递推公式可以写出递归的两个要素。

- 递归边界条件：Fib(1)=1,Fib(2)=1。
- 递归继续条件：Fib(n) = Fib(n–2) + fab(n–1)。

程序实现如下。

```
int Fib(int n)
{
    if(n==1 || n==2) return 1;
    else return (Fib(n-1)+Fib(n-2));
}
```

【读程练习】用递归法求 1 + 2 +⋯+ *n* 的和

【解析】

- 递归边界条件：$f(1)=1$。
- 递归继续条件：$f(n)=n+f(n-1)$。

程序实现如下。

```
int fn(int n)
{
   if (n < 1) return 0; //异常处理
   else  if (n == 1) return 1;
        else return (n + fn(n - 1));
}
```

【读程练习】用递归方法求 *n* 个元素整数数组中的最大值

【解析】

设数组长度为 len，数组为 arr[ ]。

- 递归边界条件：len=1 时，最大值为第一个元素 arr[0]。
- 递归继续条件：arr[0]与第二个元素起的最大值相比，取二者中的较大者。

函数的三要素分别如下。

- 函数功能：求数组中的最大值。
- 函数输入：数组地址，数组长度。
- 函数输出：最大值。

算法的关键点：第二个元素起的最大值的表示：max(arr+1, len−1);。

程序如下。

```
#include <stdio.h>
int max(int arr[], int len)
{
    if(1 == len)                          //只有一个元素
    {
        return arr[0];
    }
    int a = arr[0];                       //第一个元素
    int b = max(arr + 1, len - 1);        //第二个元素起的最大值
    return a > b? a : b;
}
int main(void)
{
    int a[] = {1,2,3,4,5,6,7,8,9,10};
    printf("最大值:%d\n", max(a, sizeof(a) / sizeof(a[0])));
    return 0;
}
```

9.8　本 章 小 结

1．函数的三种形式：声明形式、定义形式、调用形式。

2．函数设计三要素：输入、输出和功能三个要素决定函数的架构。

（1）要素一：函数名是功能的描述；

（2）要素二：输入决定形参的数量和类型；

（3）要素三：输出决定函数的类型。

3．函数间信息传递的三种方式：return 语句、参数传递、全局变量。

（1）return 语句：由被调者返回给主调者，只能传递一个值；

（2）参数传递：由主调者传递给被调者，有传值和传址两种方式；

（3）全局变量：被调、主调之间互相影响。

本章主要内容及其之间的联系如图 9.122 所示。

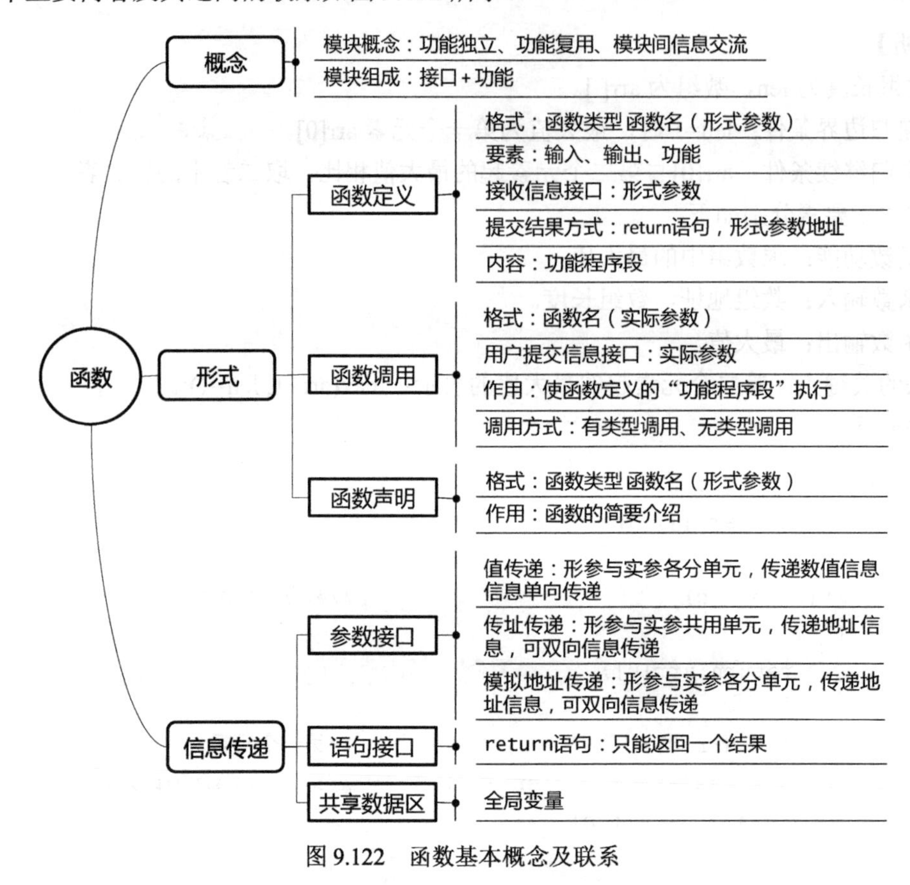

图 9.122　函数基本概念及联系

习　题

9.1　给出下面每个函数的函数头。

（1）函数 hypotenuse，它需要两个双精度的浮点参数 side1 和 side2，并返回一个双精度的浮点值（hypotenuse 为直角三角形的斜边）。

（2）函数 smallest，它需要 3 个整数 x、y 和 z，并返回一个整数值。

（3）函数 instructions，它不接收任何参数，并且不返回值。

（4）函数 intofloat，它需要整型参数 number，并返回浮点型的结果。

9.2　编写函数 find，对传送过来的 3 个整数选出最大和最小数，并通过形参传回调用函数。

9.3　编写函数，其功能是对传送过来的两个浮点数求出和值与差值，并通过形参传送回调用函数。

9.4　编写函数，求一个字符串的长度，在主函数中输入字符串，并输出长度。

9.5　编写程序，输入一系列正整数，并把它们传递给函数 even，每次传递一个整数。函数 even 使用求模运算符来判断整数是否是偶数。函数需要整形参数，如果这个整数是偶数，那么就返回 1，否则返回 0。

9.6　编写函数，求 1–1/2+1/3–1/4+1/5–1/6+1/7–…+1/n 的结果，其中 n 为参数。

9.7 编写函数，对具有10个整数的数组进行如下操作：从第 *n* 个元素开始直到最后一个元素，依次向前移动一个位置。输出移动后的结果。

9.8 编写程序，输入几行文本，并使用库函数 strtok 计算单词的总数。假设单词用空格或者换行符来分隔。

9.9 编写函数，把数组中所有奇数放在另一个数组中并返回给调用函数。

9.10 编写函数 multiple，判断一组正整数中的第二个整数是否是第一个整数的倍数。函数应该需要两个整型参数，如果第二个数是第一个数的倍数，那么返回 1（真），否则返回 0（假）。在输入了一系列整数对的程序中使用这个函数。

9.11 从键盘上输入多个单词，输入时各单词用空格隔开，用'#'结束输入。编写一个函数，把每个单词的第一个字母转换为大写字母，其主函数实现单词的输入。

9.12 编写函数，把任意十进制整数转换成二进制数。提示：把十进制数不断被2除的余数放在一个一维数组中，直到商数为零。在主函数中进行输出，要求不得按逆序输出。

9.13 停车场的最低收费是2美元，可以停车3小时。之后超过3小时的部分每小时收取费用0.5美元，停车24小时收取的最高费用是10美元。假定没有任何汽车一次停车超过24小时。编写一个程序，计算并显示出昨天在这个停车场中停车的3位顾客中每位顾客的停车费用。所编写的程序应该按照一种简洁的表格形式来显示结果，计算并显示出昨天的总收入。这个程序应该使用函数 caculatecharges 来确定每位顾客的费用。程序的输出结果应该是如下形式。

```
car     hours     charge
1       1.5       2.00
2       4.0       2.50
3       24.00     10.00
Total   29.5      14.50
```

9.14 如果整数只能被1和自身整除，那么这个整数就是质数。例如，2、3、5和7都是质数，但4、6、8和9却不是。

（1）编写函数判断一个数是不是质数。

（2）在程序中使用这个函数来判断并显示1～10000的所有质数。在确定已经找到所有质数之前，需要对这10000个数进行多少次测试？

（3）最开始，你也许认为 *n*/2 是检测一个数是否是质数的上限，但只需要进行 *n* 的平方根次测试即可。为什么？重新编写自己的程序，按照这两种方法运行。估计一下程序性能的提高。

9.15 编写函数 fun 求 x^2-5x+4，x 作为参数传送给函数，调用此函数求：

$$y1=2^2-5*2+4$$
$$y2=(x+15)^2-5*(x+15)+4$$

x 的值从键盘输入。

9.16 编写程序段，实现下列每句话的要求：

（1）当整数 a 除以整数 b 时，计算商的整数部分。

（2）当整数 a 除以整数 b 时，计算出整型余数。

（3）使用在（1）和（2）中开发的程序段来编写函数，输入1～32767的一个整数，并把这个整数显示为一系列数字，每组数字都用两个空格分开。例如，整数 4562 应该显示为：4　5　6　2。

9.17　编写函数，该函数需要一个整型值，并返回其数字颠倒之后的数。例如，给定数字 7631，那么这个函数将返回 1367。

9.18　回文是前后两个方向拼写完全相同的字符串，如“radar”“able was i ere I saw elba”和“a man aplan a canal panama”。编写一个递归函数 testpalindrome，若存储在数组中的字符串是一个回文，则返回 1，否则返回 0。函数应该忽略字符串中的空格和逗号。

9.19　有一斐波那契数列：0，1，1，2，3，5，8，13，21，…

这个数列的属性是：从数据项 0 和 1 开始，后面的每个数据项都是前两项的和。

（1）编写一个非递归函数 fibonacci(n)，使它能够计算第 *n* 个斐波那契数。

（2）确定能够在自己系统中显示的最大斐波那契数。

（3）修改（1）部分的程序，使用 double 型而不是 int 型来计算并返回斐波那契数。让这个程序不断循环，直到它由于过大的数值而出现故障。

第 10 章　编译预处理——编译前的工作

【主要内容】

- 预处理的概念及特点；
- 宏的定义及使用；
- 文件包含的含义及使用；
- 条件编译的规则及方法。

【学习目标】

- 领会文件包含的使用及效果，能够使用#include 开发多文件的程序；
- 能够使用#define 创建普通的宏；
- 理解条件编译。

10.1　问题的引入

你是否在编程中遇到过，类似于利用约定的提成百分比，对销售总额乘以该百分比来计算销售提成的需求？这种需求具有一个共同点，那就是诸如提成百分比这样一个固定值，会在程序中多处使用。通常，初学编程者在需要时直接利用字面常量（字面常量：字面上是一个具体的数据值）来完成程序，这种做法在逻辑和功能实现上没有问题，但是很快你会发现这样的处理方式至少会带来两个后遗症。一是当你过一段时间后在程序中看到诸如“0.2”“0.5”这样的常量时，会茫然不知所措，早已将其所代表的具体含义忘到九霄云外了；二是如果这个百分比发生的变动，就要在你的程序中翻个底朝天，找出所有使用的地方，并保证一并修改了这个常量值，否则漫漫调试路会在前方等着你。

除上面说到的常量问题之外，你是否有时会面对诸如使用多国语言显示外币汇率这样的业务需求？对这种需求进行分析不难发现，此时的程序，除需要用多国语言显示汇率比值之外，其读取、计算和显示汇率的业务逻辑是完全一致的。也就是说，不同国家语言显示汇率，仅仅是界面显示时需要支持不同国家语言的多语言版本问题。这时，如果给每种语言建立一个对应的程序工程分别开发，那么同样恭喜你，一是相同的业务逻辑代码需要在工程里都实现，需要做大量重复工作；二是当你需要更改某个逻辑处理流程时，要将所有版本中的对应位置都做修改。

相信大家都不喜欢上面这样的处理方式，那么 C 中可否有更好的处理方式帮助我们解决这些需求？答案是肯定的，那就是下面要介绍的预处理指令。

1．编译预处理

什么是编译预处理呢？其实这个概念很简单。当我们用 C 语言编程时，允许我们在源程序中包含一些编译命令，这些编译命令告诉编译器对源程序如何进行编译。在程序编译时，会优先处理这些编译命令，然后再进行源程序编译，所以这些编译命令也被称为编译预处理（预处理器指令）。从源程序生成可执行文件的过程参如图 10.1 所示。

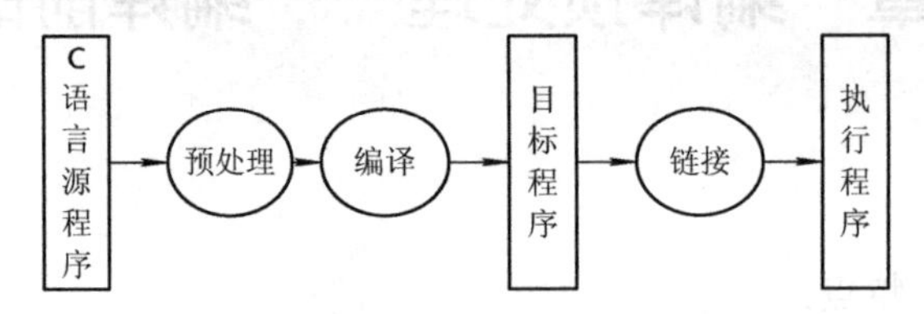

图 10.1　源程序生成执行文件的过程

2．预处理命令

预处理命令是由 ANSI C 统一规定的，主要包括宏定义、文件包含和条件编译，其对应的命令字如图 10.2 所示。

内容	命令字
宏定义	#define、#undef
文件包含	#include
条件编译	#if、#ifdef、#else、#elif、#endif

- “#”开头
- 单独一行
- 末尾无分号

程序设计错误

用分号结束#define或者#include预处理命令。

预处理命令不是C语句

图 10.2　预处理命令

从上述命令字中可以看到，所有预处理命令都是以“#”开头的，其作用范围到其后第一个换行符为止，其本质作用范围是一个逻辑行。如果在实际编程中命令的具体内容过长，那么可以利用“\”将一个逻辑行拆分为多个物理行。编译器在编译前会自动识别并将其按照一个逻辑行处理。

实际上，编译预处理命令并不是 C 语言语句，但它扩展了 C 程序设计的能力，合理使用编译预处理功能，可以使编写的程序便于阅读、修改、移植和调试。例如，可以利用文件包含命令，根据用户需求和功能设计，采用模块化设计思想，将系统设计为多个相对独立的功能模块。还可以利用条件编译指令实现根据需求，在共用基本代码的情况下，编译不同版本的程序，提高代码的复用率。

注意，不要在预处理命令后添加分号。请记住，预处理命令不是 C 语句，其结束是以逻辑行的结束为标记的。

10.2　宏　定　义

10.2.1　简单的宏定义

有时候，程序中有多个地方用到同一个常量值，而且这些值在测试时有可能根据需要改变，方便的做法应该是设一个专门的符号，只给这个符号在最初定义的地方赋值即可。在这个常量值需要改变的时候只要改变定义处的值就行了，不用从代码中一处一处地改，这样就不会因为漏掉某个地方而导致程序出错。这就是宏定义所要完成的工作。简单地说，宏定义相当于在编译前对源码做了一个文本替换的工作。

简单的宏定义形式如图 10.3 所示，其中 define 是宏定义命令的关键字；<宏名>是一个标识符；<字符串>可以是常数、表达式、格式串等。

说明：

（1）在程序被编译前会检查源码，如果遇到宏名，那么先将宏名用宏定义中指定的字符串替换，然后再进行编译。

简单的宏定义形式

#define <宏名> <字符串>

图 10.3　简单的宏定义形式

（2）ANSI 标准将替换过程称为宏替换。

（3）C 语言程序普遍使用大写字母定义标识符。这种约定可使得读程序时很快发现哪里有宏替换，也可以避免将其与普通标识符混淆。因为其本质是一个标识符，故其中不允许有空格出现，只能使用字母、数字和下划线，且第一个不能为数字。

（4）良好的编程习惯会使你受益匪浅。关于宏定义，好的使用方法是将共用的宏定义放在一个头文件的开始处，通过#include 指令完成文件包含。这样模块化定义后功能明显，将来发生宏定义修改时也很容易实现。

下面通过几个例子看看宏定义具体是如何工作的。

【例 10.1】宏的例子 1

用串替换标识符。

```
#define MAX 128
int main(void)
{
    int max_value =MAX;
    return 0;
}
```

【解析】

本例定义了宏 MAX，其对应为 128，这样，当编译器处理时，直接把源码中的 MAX 替换成 128。即真正参与编译的源码是“int max_value = 128”。这里需要注意的是，这一过程仅仅是简单的文本替换，并不存在变量赋值，程序中自始至终都不存在 MAX 这个量。这一过程相当于在文本编译软件中利用“查找→替换”功能查找 MAX，并替换成 128 的过程。

【例 10.2】宏的例子 2

用串替换标识符。

```
#define TRUE    1
#define FALSE   0
printf("%d %d %d", FALSE, TRUE, TRUE+1);
输出:
0 1 2
```

【解析】

printf 时，利用宏定义替换了需要给定的输出参量值，printf 语句在编译前被替换为 printf("%d %d %d"，0，1，1+1)。需要说明的是，预处理器指令不生产代码和参与具体的指令执行，其仅是一个代码的搬运工。所以，上述程序中 1+1 的实际运算将在编译阶段才会执行。

【例 10.3】宏的例子 3

宏替换的最一般用途是定义常量的名字。

【解析】

用宏 MAX_SIZE 做数组的长度，描述如下。

```
#define MAX_SIZE 100
float  balance[MAX_SIZE];
```

【例 10.4】宏的例子 4

宏替换仅作用于标识符，对字符串中的值不起作用。

【解析】

宏定义及包含宏的语句如图 10.4 所示。

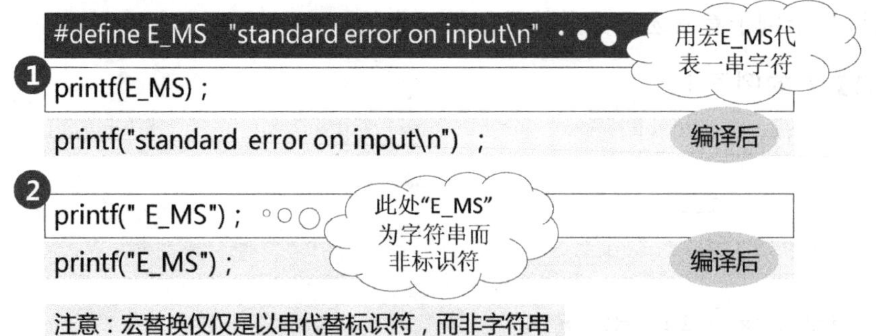

图 10.4 宏为字符串的情形

可以看出，程序中第一个 E_MS 是一个标识符，故被对应的字符串所替换，而第二个 E_MS 在“”中，其本身是一个字符串，故不进行对应的替换。这是一些初学者容易犯错误的地方。

此外，上面这个例子里可以看到，第一个 E_MS 是一种格式输出语句，如果在程序中对同一个格式的输出语句有大量使用，那么可以像这个例子一样，将其定义为一个宏来实现。这样一方面可以减少具体代码书写，避免因为笔误带来输出格式的不同；另一方面在修改格式时，也只用修改一处即可。

10.2.2 带参数的宏定义

上面介绍的都是简单的宏定义，其所能实现的仅是简单文本替换。下面来看一种更加复杂的宏定义——带参宏定义。

带参宏定义的特点是在定义时加大了抽象性和通用性，允许像定义函数时抽象函数形参，在具体调用时传递实参一样，在宏定义中定义参数。带参宏定义的形式如图 10.5 所示。

其中：

（1）<宏名>仍然是一个标识符；

（2）（参数表）中的参数可以是一个，也可以是多个，当有多个参数的时候，每个参数之间用逗号分隔；

（3）<宏体>是被替换用的字符串，宏体中的字符串是包含有参数表中的各个参数的表达式。

带参数的宏定义形式

```
#define <宏名>(参数表) <宏体>
```

图 10.5　带参宏定义形式

【例 10.5】宏的例子 5

带参数的宏定义如图 10.6 所示。

```
#define SUB(a,b) a-b
```

编译前	编译后
result=SUB(2, 3)；	result=2-3；
result= SUB（x+1, y+2）；	result=x+1-y+2;

带参的宏定义与函数类似，在宏替换时，就是用实参来替换<宏体>中的形参。

图 10.6　带参宏定义的例子 1

可以看出，本例宏 SUB 的定义被抽象为完成 a–b 这样的减法定义，与前面不带参的宏定义不同，这里的 a 和 b 被设定为参数，这是因为其具体值在宏定义时不能确定，只能在编译前进行文本替换时，根据获取的参数值来执行，这是不是和函数定义很类似？在宏替换时，就是用实参来替换<宏体>中的形参。下面看一个例子。

【例 10.6】宏的例子 6

带参宏定义及程序如图 10.7 所示。

```
#define MIN(a , b)  (a<b) ? a:b
int main(void)
{
      int   x , y ;
      x = 10 ;
      y = 20 ;
      printf("the minimum is: %d"  , MIN(x , y)) ;
      return 0;
}
```

编译后

```
printf("the minimum is: %d"  , (x<y) ? x : y) ;
```

编译时，MIN(a，b)表达式被替换，x和y用作操作数

图 10.7　带参宏定义的例子 2

在这个例子中，表面上看去 MIN(x，y)仿佛是在调用一个函数，但当编译该程序时，由 MIN(a，b)定义的表达式 MIN(x，y)将被替换，x 和 y 用作为参数将代替 a 和 b。

用宏替换代替真实的函数调用的好处是取了函数的形式而无函数调用的开销，其使得源码书写风格和函数调用一致。但因为不存在函数调用的开销，增加了代码的执行速度。凡事有利必有弊，这样的处理仅仅是文本替换，在增加速度的同时，实际上依然是重复编码而增加了程序长度。

虽然带参数的宏定义和带参数的函数很相似，但它们还是有本质上的区别，具体区别如图 10.8 所示。

	带 参 宏	函 数
处理时间	编译时	程序运行时
参数类型	无类型问题	定义实参、形参类型
处理过程	不分配内存，简单的字符置换	分配内存，先求实参值，再代入形参
程序长度	变长	不变
运行速度	不占运行时间	调用和返回占时间

图 10.8 宏与函数的区别

【程序设计好习惯】

当一个函数中对较长变量（一般是结构的成员）有较多引用时，可以用一个意义相当的宏代替。这样可以增加编程效率和程序的可读性。

10.2.3 宏定义的副作用

细心的读者或许已经发现，在例 10.5 中简单地使用宏替换其实是有逻辑错误的。让我们再来看看例 10.5 吧，此例中的内容如下。

```
#define SUB(a,b) a-b
result=SUB(2, 3);              //被替换为: result=2-3;
result= SUB(x+1, y+2);         //被替换为: result=x+1-y+2;
```

很明显，这里设计的本意是实现 a 和 b 两个数的差值运算。那么，SUB(2–3)替换后为 result=2–3，没有任何问题，符合我们的设计思路。但是，SUB(x+1,y+2)在替换后变成了 result=x+1–y+2，这显然不是我们想要的 result=x+1–y–2 的结果。

之所以产生这样的问题，根本原因还在于宏替换仅仅是简单的文本替换，其并不参与具体计算，也不考虑各种操作符的优先级。所以，在设计宏替换时一定要小心，避免其副作用的出现。

那么对于上述例子，是不是就不能使用宏定义了？答案是否定的，我们依然可以使用，只是在定义时需要做些额外工使用括号大法。如在例 10.5 中，如果把宏定义修改为#define SUB(a,b) (a)–(b)，那么此时无论实际使用中的 a 和 b 是什么，都不影响其 a–b 的功能实现。

至此，似乎大功告成，但是需要注意的是，在宏中需要避免使用自增或自减运算符。比如在例 10.5 中，如果要运算 SUB(++x,++x)，那么按照宏定义，其实现为(++x)–(++x)，虽然不影响 a–b 的逻辑，但是由于系统对“–”两个操作数的读取顺序没有定义，实际执行时，表达式的值依赖于不同编译器的具体实现。

10.3 文件包含

编写一些规模较大的程序时，常常按照模块化划分原则，将系统功能定义为不同的模块，每一个模块对应有自己的一个或多个文件去实现，模块间彼此会有调用接口。为了使用这些接口，或者使用模块中的变量，经常要对同一个变量（函数接口）在多个文件中进行定义。

例如，计算圆形、圆环和球面面积时，因为计算公式不同，为便于扩展，将不同几何图形的面积计算放在各自独立的 C 文件中去实现，此时这些公式里都有 r^2的计算，假设我们为了复用代码，将这一计算用一个函数 pow 来统一实现。我们知道，如果在每一个 C 文件都定义一个该函数，那么会存在同一作用域内同一标识符重复定义的问题，解决的方法是采用一次定义、多次声明来解决这一问题。但对声明的多次重复也很令人头疼。那么有没有更加简便的方法呢？

这一节，就让我们来学习一下如何使用文件包含命令来解决这一问题吧。

文件包含命令是把指定的文件内容插入该命令行位置，从而把指定的文件和当前的源程序文件连成一个源文件，可以把该命令看成加强版的文本替换。

文件包含命令格式如图 10.9 所示。

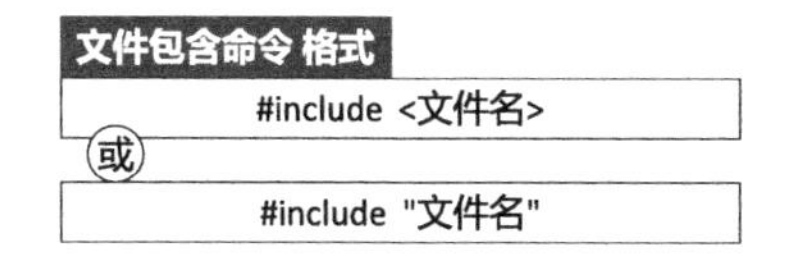

图 10.9　文件包含命令格式

其中：

（1）include 是关键字。

（2）文件名是指被包含的文件全名。若文件名以尖括号括起，则编译时在系统指定的目录下查找此头文件（如在 UNIX 系统中就是在一个或多个标准系统目录下查找）；若文件名以双引号括起，则编译会首先在当前的源文件目录中查找该头文件，找不到则到系统的指定目录去查找。

预编译时，用被包含文件的内容取代该预处理命令，再把“包含”后的文件当成一个源文件进行编译，处理示意图如图 10.10 所示。

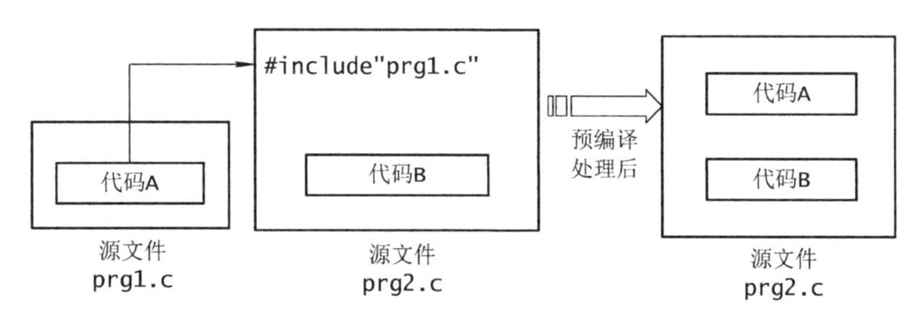

图 10.10　文件包含处理

在程序设计中，文件包含是很有用的。当一个程序比较大时，可以把它分为多个功能相对独立的小程序，由多个程序员分别编程。这些小程序中有些公用的信息可单独组成一个文件，在其他文件的开头用包含命令包含该文件即可使用。如符号常量、函数的定义等放到一个.h 文件中（即文件扩展名为 h 的文件，称之为头文件）。在其他文件的开头用包含命令包含该头文件，这样可避免在每个文件开头都书写那些公用量，从而节省时间并减少出错。头文件可以是自己编写的，也可以是系统提供的。如 stdio.h 是一个由系统提供的、有关输入/输出操作信息的头文件。

需要注意的是，如图 10.10 所示，文件名的类型并没有限制，在该图中，把一个“.c”文件包含进另一个“.c”文件。但是，这仅仅是为了说明其对文件名类型没有限制，在实际使用中，为了遵循良好的编程风格和避免重复定义等问题，在 include 中一般包含“.h”文件。

【例10.7】编辑一个文件，在另外一个文件中被包含

图10.11中，文件fun.c中有函数fun的定义，文件fun.h里是函数fun的声明；文件main.c中通过包含fun.h来获取fun函数的声明，fun由主函数调用。

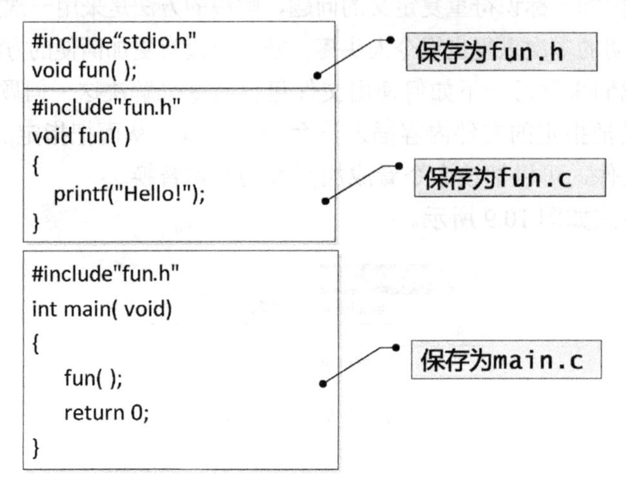

图10.11　多个源程序文件与文件包含

10.4　条件编译

条件编译命令可以使编译器按不同的条件编译程序的不同部分，产生不同的目标代码文件，如图10.12所示。即通过条件编译命令可以灵活设定条件，使得某些程序代码要在满足一定条件下才被编译，否则将不被编译。

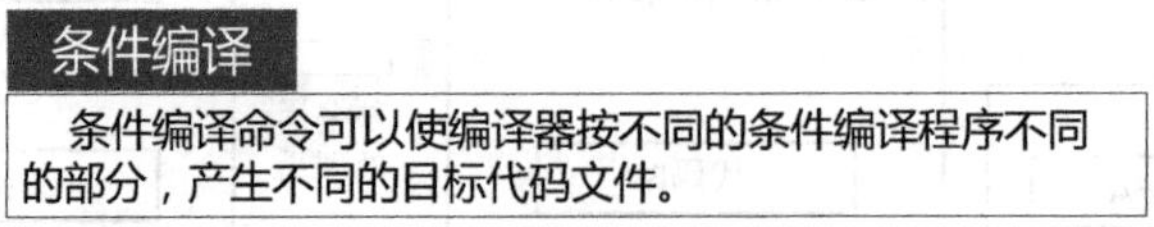

条件编译

条件编译命令可以使编译器按不同的条件编译程序不同的部分，产生不同的目标代码文件。

图10.12　条件编译概念

1. 条件编译格式1

常用的条件编译命令有3种格式，格式1如图10.13所示。其中ifdef、else和endif为关键字。程序段1和程序段2是由若干预处理命令和语句组成的。它的功能是，若标识符已被#define命令定义，则对程序段1进行编译；否则对程序段2进行编译。

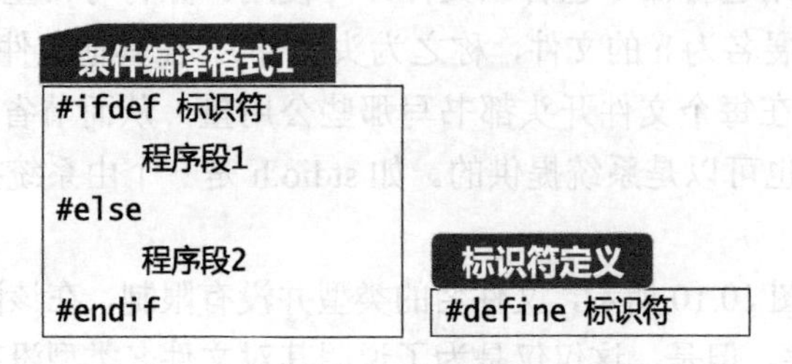

图10.13　条件编译格式1

本格式中的#else 也可以没有，即为如下形式：

```
#ifdef 标识符
    程序段
#endif
```

【例 10.8】条件编译命令的例子 1

```
1   #include <stdio.h>
2   #define TIME
3   int main(void)
4   {
5   //#undef TIME 当需要取消 TIME 定义时，可以将这一行取消注释即可
6   #ifdef TIME
7       printf("Now begin to work\n");
8   #else
9       printf("You can have a rest\n");
10  #endif
11      return 0;
12  }
```

由于在此程序中加入了条件编译预处理命令，因此要根据 TIME 是否已被#define 语句定义过来决定编译哪一个 printf 语句。若定义过，则编译第 6 行“printf("Now begin to work\n");”语句，否则编译第 8 行“printf("You can have a rest\n");”语句。本例 TIME 已经定义过，所以输出的结果为：

```
Now begin to work
```

当需要改变编译条件时，例如本例中需要输出"You can have a rest"时，用户不需要重复书写代码，只要将第 2 行注释掉，使 TIME 未被定义即可，也可以在需要时如同上例中第 5 行一样，使用#undef 将 TIME 的定义取消。

2. 条件编译格式 2

条件编译格式 2 如图 10.14 所示。

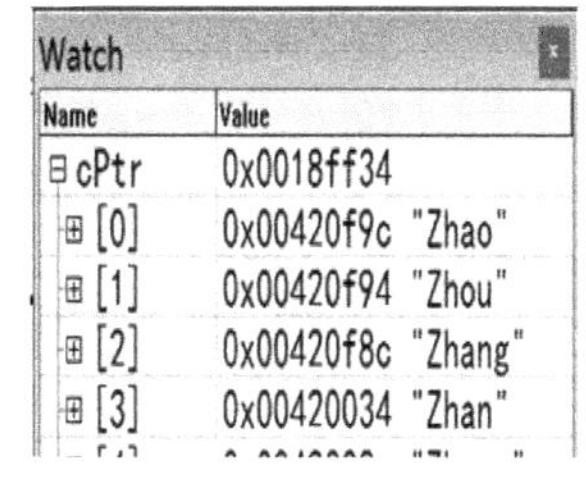

图 10.14　条件编译格式 2

格式 2 与格式 1 形式上的区别仅仅在于 ifdef 关键字换成了 ifndef 关键字，其功能是：若标识符未被#define 命令定义过，则对程序段 1 进行编译；否则对程序段 2 进行编译。这与格式 1 的功能正好相反。例如：

```
#ifndef NULL
#define NULL ((void *)0)
#endif
```

本段代码能够保证符号 NULL 只有一次定义为((void *)0)。其工作原理是，当 NULL 尚未被定义时，编译到该语句时，由于满足#ifndef 的条件，将继续执行接下来的 NULL 的宏定义。以后，当再次出现该预处理器指令时，因为NULL 已经被定义过，所以不会再执行对应的NULL 宏定义，从而确保其只被定义一次。

【程序设计好习惯】

在实际编程中，对于大型程序，各文件间的包含关系复杂，经常出现嵌套包含的情况。例如，文件 file1.h 中包含文件 file2.h 和 file3.h，而 file2.h 中又包含 file3.h。此时，如果没有防范措施，会造成在 file1.h 中 file3.h 实际上被包含了两次。这会造成源文件中的代码重复，同时，一旦在 file3.h 中存在标识符定义时，会引发重复定义的错误。所以在定义一个头文件时，通过在文件中一开始就引入格式 2 这样的格式保护，并把原头文件内容都放在#endif 前，就可以很好地避免二次包含问题。

3. 条件编译格式 3

条件编译格式 3 如图 10.15 所示。

格式 3 中 if、else 和 endif 是关键字。程序段 1 和程序段 2 都是由若干条预处理命令和语句组成的。它的功能是：若常量表达式的值为真（true），则对程序段 1 进行编译；否则对程序段 2 进行编译。因此，可以使程序在不同条件下完成不同的功能。

条件编译格式3

```
#if 常量表达式
    程序段1
#else
    程序段2
#endif
```

图 10.15 条件编译格式 3

【例 10.9】条件编译命令的例子 2

```
1   #include <stdio.h>
2   #define R 1
3   int main(void)
4   {
5       float c,s;
6       printf("input a number: ");
7       scanf("%f",&c);
8   #if R
9       s=3.14*c*c;
10      printf("area of round is:%f\n",s);
11  #else
12      s=c*c;
13      printf("area of square is%f\n",s);
14  #endif
15      return 0;
16  }
```

在这个例子中，若常量表达式 R 为真，则编译第 9、10 行语句：

```
s=3.14159*c*c;
printf("area of round is:%f\n",s);
```

否则编译第 12、13 行语句：

```
s=c*c;
printf("area of square is%f\n",s);
```

4. 嵌套的条件编译格式

仅有#if 和#else 指令只能进行两种情况的判断，C 语言还提供了#elif 指令，其意思即为“else

if”，它与#if 和#else 指令一起构成了 if-else-if 嵌套语句，用于多种编译选择的情况。其一般格式如图 10.16 所示。

图 10.16　嵌套的条件编译格式

【例 10.10】条件编译的应用场合

使用条件编译的原因，一是便于程序调试，二是便于程序的移植。当一个程序有多个用户版本时，为方便程序移植，可以做如图 10.17 所示的处理，如果希望这个程序在 Borland C 环境下编译运行，那么可在程序的前面写上#define　BORLAND_C。

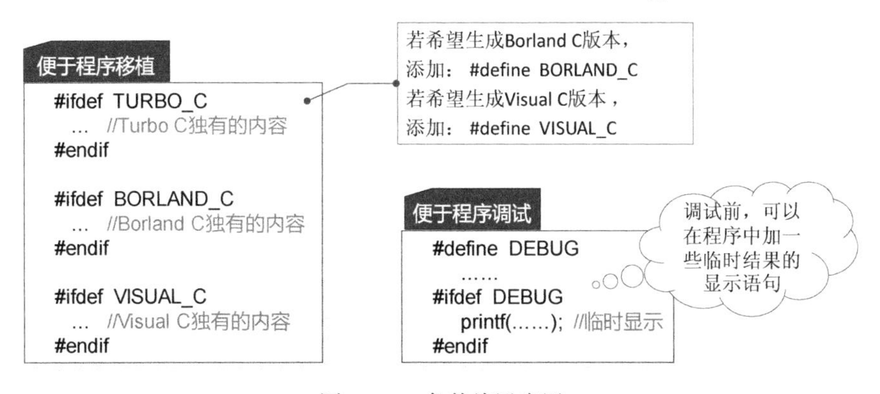

图 10.17　条件编译应用

调试前，可以在程序中加一些临时结果的显示语句。调试完成后，去掉#define DEBUG，则这些临时显示的语句不被编译。

【程序设计好习惯】

用调测开关来切换软件的 Debug 版和正式版，而不要同时存在正式版本和 Debug 版本的不同源文件，以减小维护的难度。

10.5　本 章 小 结

本章主要内容及其之间的联系如图 10.18 所示。

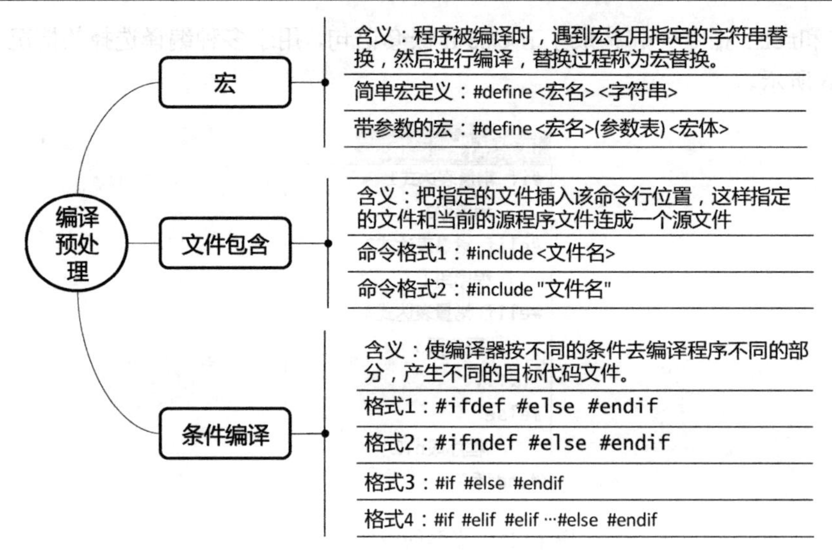

图 10.18　编译预处理基本概念间的联系

编译是把语句翻译成机器码，
预编译是在翻译前进行的处理，
文件包含把已有的文件为我所用来添加，
宏定义的作用是替换，方便程序编辑的好方法，
条件编译可实现按需编译，方便调试让代码适应性更佳。

习　　题

10.1　分析程序，写出结果。

```
#define ADD(x)  x+x
  int main(void)
  {
int m=1,n=2,k=3;
  int sum=ADD(m+n)*k;
 printf("sum=%d\n",sum);
return 0;
}
```

10.2　分别用函数和带参数的宏从 3 个数中找出最大者。

10.3　定义一个带参数的宏，使两个参数的值互换，并写出程序，输入两个数作为使用宏时的实参，输出已交换后的两个值。

10.4　由键盘输入 y 值，求下列表达式的值：

$$3(y^2+3y)+4(y^2+3y)+y(y^2+3y)$$

10.5　用函数和宏两种方法计算 1～10 的平方。

10.6　定义一个带参数的宏，使两个参数的值互换，并写出程序，输入两个数作为使用宏时的实参，输出已交换后的两个值。

10.7　输入两个整数，求它们相除的余数。用带参的宏来实现程序。

10.8　三角形的面积公式为

$$\text{area} = \sqrt{s(s-a)(s-b)(s-c)}$$

其中，$s=(a+b+c)/2$，a、b、c 为三角形的三边，定义两个带参的宏，一个用来求 s，另一个用来求 area。写出程序，在程序中用带实参的宏名来求面积。

10.9　给年份 year 定义一个宏，以判别该年份是否为闰年。

提示：宏名可定义为 LEAP_YEAR，形参为 y，即定义宏的形式为

```
#define  LEAP_YEAR(y)   (所设计的字符串)
```

在程序中用以下语句输出结果：

```
if (LEAP_YEAR(year)) printf("%d is a Leapyear", year);
else printf("%d is not a Leapyear", year);
```

10.10　编写函数求一个整数的阶乘 long fac(int n)，并保存在文件 prg1.c 中，主函数在文件 prg2.c 中调用 fac 函数。

10.11　用条件编译实现以下功能：输入一行电报文字，可以任选两种输出，一种为原文输出，一种为将字母变成其下一字母（如“a”变成“b”，…，“z”变成“a”。其他字符不变）。用#define 命令来控制是否要译成密码。例如：

```
#define  CHANGE  1 则输出密码。
或#define  CHANGE  0 则不译成密码，按原码输出。
```

第 11 章　文件——外存数据的操纵

【主要内容】

- 文件的概念；
- 通过人工操作文件与程序操作文件的对比，说明文件操作的基本步骤；
- 文件操作库函数的介绍及使用方法实例；
- 分类简要介绍可以对文件进行操作的库函数功能。

【学习目标】

- 理解文件存储的作用；
- 能够创建、读取、写入、更新文件；
- 熟悉顺序访问文件处理；
- 熟悉随机访问文件处理。

11.1　问题的引入

学生张明最近刚刚学习了 C 语言，总想着用所需的知识解决一些实际问题。

这天班长找到他，要他帮忙统计一下班里期末考试的平均成绩排名。张明说干就干，利用所学的知识，很快完成了任务。程序要求用户输入班级里每个学生的成绩信息，计算后精确地将排好序的成绩排名输出在屏幕上。

谁知班长使用程序后大发牢骚："张明啊，你放着我们班的电子版成绩不用，要求我从键盘一个个输入所有成员的信息，这太不方便了；另外，你这结果只是输出在显示屏上，程序退出就没有了，总不能让我再手动抄写一份结果吧！"。

闻听此言后张明仔细一想，确实，自己的程序大有问题，用户友好度太差，无法实际使用。那么，问题的本质是什么呢？其实答案很简单，张明只是学习了最基本的标准输入输出，并没有深入学习如何从持久化存储中自动批量获取所需数据和输出结果。那么接下来，就让我们看看如何更好地完成班长提出的需求吧。

众所周知，编程的目的是根据需求对数据进行处理，从而完成特定的功能。按照流程依次排开，数据的处理包括数据的输入、加工处理及结果的输出。同样，对程序的运行及测试也涉及数据的输入/输出。那么如何学习数据的输入/输出呢？知己知彼、百战不殆，先让我们了解一下数据的输入/输出有哪些特点。

对于普通的数据输入/输出进行抽象分析，可以看到其具备如下特点。

（1）待处理的数据由程序员编程时在程序中设定（该程序只能处理固定的数据）或在程序运行时由用户输入（每次运行时都要重新输入）。

（2）程序处理的结果输出到显示屏，无法实现永久性的保存。

可见，普通数据输入/输出的这两个特点，是张明的程序用户友好度差的问题所在。实际编程中，存在有如下特点的数据处理需求。

（1）输入：输入的数据量很大；输入的数据每次都相同。

（2）输出：需要多次查看程序结果；程序结果较多，一屏显示不下。

可以看出，此时需要把这些数据保存起来，以达到查看方便或反复使用的目的。在计算机系统长久保存数据的方法是把数据存储到外存上，操作系统以文件为单位对外存的数据进行管理。为此，为了更好、更灵活地完成任务，学会对文件进行操作必不可少。

下面，就从基本的概念出发，揭开文件的“面纱”。

11.2　文件的概念

文件是一组相关数据的有序集合，其名称为文件名。实际上在前面各章中我们已经多次使用了文件，如源程序文件、目标文件、可执行文件、库文件（头文件）等。文件可长期保存数据，并实现数据共享。

在 C 语言中，按内容存放方式，文件可分为二进制文件和文本文件两种。

1．二进制文件

二进制文件的核心是按二进制的编码方式存放数据。例如，整数 5678 的存储形式为 00010110 00101110，只占 2 字节（5678 的十六进制为 0x162E）。

二进制文件虽然也可在屏幕上显示，但通常由于其内容夹杂大量非文本字符，通常显示出来是乱码。

2．文本文件

文本文件也称为 ASCII 码文件，这种文件在磁盘中存放时每个字符对应 1 字节，用于存放对应的 ASCII 码。例如，数 5678 的存储形式如图 11.1 所示。

二进制	0011 0101	0011 0110	0011 0111	0011 1000
字符	'5'	'6'	'7'	'8'

图 11.1　文本文件中的字符表示

ASCII 码文件可在屏幕上按字符显示。例如，源程序文件就是 ASCII 码文件，由于是按字符显示，因此我们能读懂文件内容。

文本文件与二进制文件的区别是：文本文件将文件视为是由一个一个字符组成的，一个字符为一个单位；而二进制文件则是由 bit（位）组成的，一个 bit 为一个单位。需要注意的是，不论是二进制文件还是文本文件，其在 C 语言中的处理并无不同，均是按照“流式文件”处理的。

【名词解释】

流式文件：C 语言将文件视为“数据流”，即文件是由一串连续的、无间隔的字节构成，这种结构称为“流式文件结构”，其中每一个字节都是可以单独读取的，类似于字符串结束标志，整个文件的最后也有专门的结束标志。

流式文件在处理时不需考虑文件中数据的性质、类型和存放格式，访问时只是以字节为单位对数据进行存取，而将对数据结构的分析、处理等工作都交给后续程序去完成。因此，这样的文件结构更具灵活性，对存储空间的利用率更高。

3．文件结束标志及相应的判断函数

（1）EOF——文本文件结束标志。EOF 是 End of File 的缩写，整型符号常量，在<stdio.h>头文件中定义，它的值通常是–1。需要注意，由于–1 本身也会作为合法数据出现在二进制文件中，因此 EOF 仅用于作为文本文件的结束标志。

（2）feof 函数——标准函数，可以用来判断文件是否结束。对于二进制文件与文本文件均适用。

【知识 ABC】关于 EOF

在程序中，测试符号常量 EOF 而不是测试–1，可以使程序更具有可移植性。ANSI 标准强调，EOF 是负的整型值（但没有必要一定是–1）。因此，在不同的系统中，EOF 可能具有不同的值，即输入 EOF 的按键组合取决于系统，如图 11.2 所示。

系统	EOF 的输入方法
UNIX 等	<return><ctrl-d>
Windows	<ctrl-z>

图 11.2　不同系统 EOF 的输入方法

在 C 语言中，文件被视为数据流，并有相应的结束标志及判断方法。在实际使用中，用户用程序打开文件时，文件的内部指针默认指向这个流的开始位置。随着用户的操作，内部指针可以指向该流的后续位置，并通过判断文件是否结束，来明确文件是否完全读取。

11.3　文件的操作流程

通过前面的介绍，我们对文件有了基本的认识，那么实际应用中是如何对文件进行操作的呢？由前文可知，文件通常是驻留在外部介质（如磁盘等）上的，在使用时才被调入内存中。这样，对文件进行的操作必然涉及文件的读写操作，通常把数据从磁盘流到内存称为“读”，数据从内存流到磁盘称为“写”。

在操作系统中，每个文件由唯一的文件名来标识，计算机按文件名对文件进行读、写等有关操作。

对文件人工操作的经验是，如果想找存在外部介质上的数据，那么必须先按文件名找到指定的文件，再从该文件中读取数据，文件使用完毕，再关闭它。那么用程序对文件进行操作，是否也是这样的步骤呢？具体又是怎么处理的呢？

上面这些问题的答案其实很简单，用程序来访问文件，与我们直接人工对文件的操作与步骤是类似的。程序访问文件的三个步骤如下。

（1）打开文件；

（2）操作文件；

（3）关闭文件。

程序对文件可进行的操作步骤如下。

（1）在磁盘上建立、保存文件；

（2）打开已有文件；

（3）读写文件。

如前面章节所述，在 C 语言中，没有输入/输出语句，对文件的读写都是调用库函数来实现的。ANSI 规定了标准输入/输出函数，用它们对文件进行读写，相应的库函数请参见附录 C。在随后的章节中，我们会对部分常用库函数加以详细分析。

广义上，操作系统将每一个与主机相连的输入/输出设备都视为文件，把对它们的输入/输出等同于对磁盘文件的读和写。

通常把显示器定义为标准输出文件，一般情况下在屏幕上显示有关信息就是向标准输出文件输出。如前面经常使用的 printf、putchar 函数就是这类输出。

键盘通常被指定为标准输入文件，从键盘上输入就意味着从标准输入文件上输入数据。如 scanf、getchar 函数就属于这类输入。

11.4 内存和外存的数据交流

从 11.3 节中的文件操作流程可以看到，要对文件中的数据进行读写操作，必然要在内存和外存间进行数据交流，理想状态下，我们希望这种交流是同步完成的。但现实是不完美的，由于计算机系统中不同部件的工作速率不同，各部件间并不总是同时完成的，为解决这个问题，在内存和外存的数据交流中使用缓冲文件系统。

【知识 ABC】缓冲文件系统

由于 CPU 与内存的工作速度非常快，而对外存（磁盘、光盘等）的存取速度很慢，因此当访问外存时，主机必须等待慢速的外存操作完成后才能继续工作，这严重影响了 CPU 效率的发挥。解决二者速度不匹配的方法是采用“缓冲区”技术。

缓冲读写操作可使磁盘得到高效利用。标准 C 采用缓冲文件系统，如图 11.3 所示。

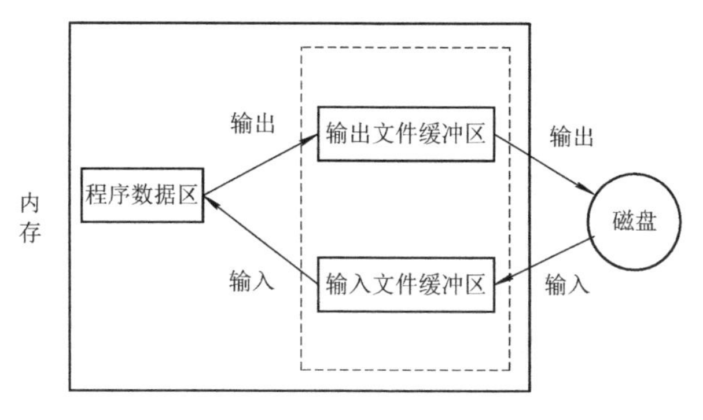

图 11.3 缓冲文件系统

缓冲区是在内存中分配的一块存储空间，由操作系统在每个文件被打开时自动建立并管理。缓冲区的大小由 C 的具体版本确定，一般为 512 字节或其倍数。

缓冲区的作用：当需要向外存文件中写入数据时，并不是每次都直接写入外存，而是先写入缓冲区，仅在缓冲区的数据存满或文件关闭时，才自动将缓冲区的数据一次性写入外存。读数时，也是一次将一个数据块读入缓冲区中，以后读取数据时，先到缓冲区中寻找，找到则直接读出，否则再到外存中寻找，找到后将其所在的数据块一次读入缓冲区。缓冲区可有效减少访问外存的次数。

使用缓冲文件系统时，系统将自动为每一个打开的文件建立缓冲区，此后，程序对文件的读写操作实际上转换为对文件缓冲区的操作。

为便于编程，ANSIC 将有关文件缓冲区的一些信息（如缓冲区对应的文件名、文件所允许的操作方式、缓冲区的大小以及当前读写数据在缓冲区的位置等）用一个结构体类型进行了汇总，通过对该结构体变量的访问，就可以获取文件缓冲区的所有信息。该结构体的类型名为 FILE，具体的定义包含在 stdio.h 文件中（备注：根据这点和前面所学头文件相关知识，使用 FILE 完成文件操作时，必须在合适的位置引入该头文件）。

文件类型 FILE 描述文件缓冲区的信息，具体内容为

```
typedef struct _iobuf
{
    char* _ptr;          //指向 buffer 中第一个未读的字节
    int _cnt;            //记录剩余未读字节的个数
    char* _base;         //指向一个字符数组，即这个文件的缓冲区
    int _flag;           //标志位，记录了 FILE 结构所代表的打开文件的一些属性
    int _file;           //用于获取文件描述，可使用 fileno 函数获得此文件的句柄
    int _charbuf;        //单字节的缓冲，若为单字节缓冲，则_base 无效
    int _bufsiz;         //缓冲区大小
    char* _tmpfname;     //临时文件名
} FILE;
```

当定义了 FILE 类型后，每次当成功打开一个文件时，操作系统自动为该文件建立一个 FILE 类型的结构体变量，对其分配相应空间并返回指向它的指针，系统将被打开文件及缓冲区的各种信息都存入这个 FILE 型数据区域中，程序通过上述指针获得文件信息及访问文件，如图 11.4 所示。

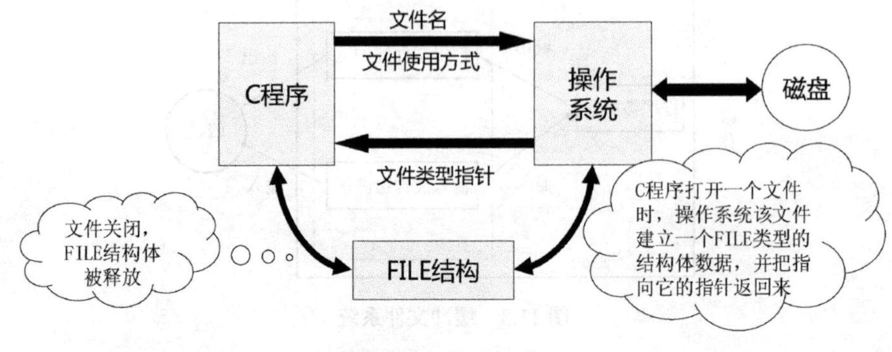

图 11.4 文件操作

文件关闭后，它的文件结构体被释放。

只要我们获取了这个文件指针，具体的文件操作就可以由系统提供的文件操作函数实现，而不需要了解文件缓冲区的具体情况，这样就极大方便了程序员关于文件操作的编程。下面让我们来了解一下具体的文件操作是如何实现的。

11.5　程序对文件的操作

从 11.3 节中文件的操作流程我们知道，程序对文件的操作，同样遵循打开、读取、关闭三个步骤。在 ANSI C 中，针对这些步骤定义了相应的库函数来具体实现相关功能。下面我们依次对这些库函数加以分析。

11.5.1　打开文件

打开文件所需的库函数是 fopen，其详细信息如下：

- 声明形式：FILE fopen（char　*filename, char　*mode）。
- 函数功能：在内存中为文件分配一个文件缓冲区。
- 参数说明：
  filename——字符串，包含欲打开的文件路径及文件名；
  mode——字符串，说明打开文件的模式。
- 返回值：文件指针（NULL 为异常，表示文件未打开）。

特别提示：新手在刚开始进行程序设计时，通常没有容错思路，在调用 fopen 函数后，习惯性地认为文件一定会被打开，从而直接使用返回的文件指针，这样是有问题的。fopen 函数的调动并不意味着每一次都成功，文件名非法、存取权限不够等都会导致该函数返回异常。所以好的编程习惯是，在文件打开后，检查此操作是否成功，即判断文件指针是否为空（NULL），然后决定能否对文件继续访问。

在 fopen 函数中有一个参数 mode 用来定义文件的具体打开模式，该模式有多种，具体参数取值如图 11.5 所示。

文件使用方式		含　义
只读	"r"	以只读方式打开一个文本文件，不存在则失败
	'rb"	以只读方式打开一个二进制文件，不存在则失败
只写	"w"	以写方式打开一个文本文件，不存在则新建，存在则删除后再新建
	"wb"	以写方式打开一个二进制文件，不存在则新建，存在则删除后新建
读写	"r+"	以读写方式打开一个文本文件，不存在则失败
	"rb+"	以读写方式打开一个二进制文件，不存在则失败
	"w+"	以读写方式建立一个新的文本文件，不存在则新建，存在则删除后新建
	"wb+"	以读写方式建立一个新的二进制文件，不存在则新建，存在则删除后新建
	"a+"	以读写方式打开一个文本文件，不存在则创建，存在则追加
	"ab+"	以读写方式打开一个二进制文件，不存在则创建，存在则追加
追加	"a"	向文本文件尾部增加数据，不存在则创建，存在则追加
	"ab"	向二进制文件尾部增加数据，不存在则创建，存在则追加

图 11.5　文件打开模式

说明：

（1）打开的文件分文本文件与二进制文件。

（2）文本文件用“t”表示（可省略）；二进制文件用“b”表示。

【程序设计错误】

由图 11.5 可知，模式“w”不论是对二进制还是文本文件，在使用时都首先判断文件是否存在，若已经存在，则删除已有的文件，再建立新的文件。故针对该模式的使用一定要小心确认，在用户希望保存原有文件内容时，使用模式“w”打开文件会使文件的内容丢失而没有任何警告。

之所以产生这种无编程语法错误但带来实际逻辑执行错误，是因为使用了不正确的文件模式。例如，当应该用更新模式“r+”时用写入模式“w”打开文件将删除文件内容。所以，在进行文件读写操作前，要根据实际需求确定好打开的模式。

【知识 ABC】文件的路径

用户在磁盘上寻找文件时，所历经的文件夹线路叫路径。路径分为绝对路径和相对路径。绝对路径是从盘符开始的路径，它是完整描述文件位置的路径。相对路径是相对于目标位置的路径，是指在当前目录下开始的路径。

能唯一标识某个磁盘文件的字符串形式为

```
盘符：\路径\文件名.扩展名
```

例 1：我们要找 c:\windows\system\config 文件，若当前在 c:\windows\在，则相对路径表示为 system\config，绝对路径表示为 c:\windows\system\config。

例 2：

```
fp=fopen("a1.txt","r");
```

表示相对路径，无路径信息，则 a1.txt 文件在当前目录下（注：此时，当前目录为程序所在工程的目录）。

```
fp=fopen("d:\\qyc\\a1.txt","r")
```

表示绝对路径，a1.txt 在 d 盘 qyc 目录下。

注：此处用“\\”是因为在字符串中“\”是要用转义字符表示的。

11.5.2　文件的读写

与打开文件只有单一的 fopen 函数不同，因为读写时有许多不同的需求，所以针对文件读写操作定义了一系列库函数，具体如图 11.6 和图 11.7 所示。

特别提示：文件的读写都是在文件的当前位置进行的。所谓当前位置，是指文件的数据读写指针在当前时刻指示的位置。文件打开时，该指针指向文件的开头；一次读写完成后，该指针自动后移（移至本次读写数据的下一个字节）。

下面通过一些读写实例进一步说明对这些库函数的使用。

功能	函数	类比标准输入/输出
按字符读写	int fgetc(FILE *fp)	getchar() putchar()
	int fputc(int ch,FILE *fp)	
按格式读写	int fscanf(FILE *fp,char *format,arg_list)	scanf() printf()
	int fprintf(FILE *fp,char *format,arg_list)	

图 11.6　文件读写函数（1）

功能	函数	参数说明
按字符串读写	char *fgets (char *str, int num,FILE *fp)	num：读取字符数 str：字符数组地址
	int fputs(char*str,FILE *fp)	
按数据块读写	int fread(void*buf,int size,int count,FILE *fp)	count：字段数 size：字段长度 buf：缓冲区地址
	int fwrite (void *buf,int size,int count,FILE *fp)	

图 11.7　文件读写函数（2）

【例 11.1】文件的例子 1

逐个按序读出并显示文件 file.txt 中的字符。

【解析】

```
1   //按序逐个读出文件中的字符
2   #include <stdio.h>
3   #include <stdlib.h>
4
5   int main(void)
6   {
7       char ch;
8       FILE *fp;                    //定义一个文件类型的指针变量 fp
9       fp=fopen("file.txt","r"); //以只读方式打开文本文件 file.Txt
10      if (fp==NULL)                //打开文件失败
11      {
12          printf("cannot open this file\n");
13          exit(0);                 //库函数 exit，终止程序
14       }
15      ch=fgetc(fp);                //读出文件中的一个字符，赋给变量 ch
16      while(ch!=EOF)               //判断文件是否结束，本例中等价于(!feof(fp))
17      {
18          putchar(ch);             //输出从文件中读出的字符
19          ch=fgetc(fp);            //读出文件中的一个字符，赋给变量 ch
20       }
21      fclose(fp);                  //关闭文件
22       return 0;
23  }
```

说明：第 16 行使用了 while(ch!=EOF)来判断文件是否结束，这种方式只对以文本文件模式打开的文件有效。若文件是以二进制模式打开的，则应使用!feof(fp)作为判断条件，否则，当文件结束前存在“–1”这个值时，会误以为文件已经结束。

【名词解释】

exit 函数：该函数在<stdlib.h>中声明，其功能是强制结束程序。在检测到输入错误或者程序无法打开要处理的文件时，可以使用该函数结束程序。该函数的参数会被传递给一些操作系统以供其他程序使用。

exit(0)为正常退出，exit(1)为非正常退出（只要 exit 中的参数不为零就为非正常退出，但是建议使用 stdlib.h 中定义的宏 EXIT_FAILURE 来指示非正常退出的原因，该宏定义在头文件中，取值为 1）。

【知识 ABC】C 语言中的 exit 函数和 return 有什么不同？

exit 函数用于退出程序并将控制权返回给操作系统，而用 return 语句仅从当前正在执行的函数中返回，并将控制权返回给调用该函数的函数。如果在 main 函数中加入 return 语句，那么在执行这条语句后将退出 main 函数，并将控制权返回给操作系统，这样的一条 return 语句和 exit 函数的作用是相同的。但是，函数 exit 有一个优点，它可以从其他函数中调用，并且可以用查找程序查找这些调用。

【例 11.2】文件的例子 2

将指定字符串写到文件中；将文件中的字符串读到数组里。

【解析】

```
1   //将指定字符串写到文件中
2   #include <stdio.h>
3   char *s="I am a student";   //设定字符串 s
4   int main(void)
5   {
6       char a[100];
7       FILE *fp;               //定义文件指针为 fp
8       int n=strlen(s);        //计算字符串 s 的长度
9
10  //以写方式打开文本文件 f1.txt
11      if ((fp=fopen("f1.txt","w"))!=NULL)
12      {
13          fputs(s,fp);        //将 s 所指的字符串写到 fp 所指的文件中
14      }
15      fclose(fp);             //关闭 fp 所指向的文件
16
17  //以只读方式打开文本文件 f1.txt
18      fp = fopen("f1.txt","r");
19      fgets(a, n+1, fp);      //将 fp 所指的文件中的内容读到 a 中
20      printf("%s\n",a);       //输出 a 中的内容
21      fclose(fp);             //关闭 fp 所指向的文件
22      return 0;
23  }
```

说明：第 19 行语句 fgets(a, n+1, fp)是将读出的字符串放入串 a 中，其中 a 是已经定义好

的字符串，n+1 是让 fp 所指的文件内容依次取 n 个字符给 a，这 n 个字符恰为串 s 的内容，之后还要在该串后自动加入一个'\0'字符，因此要写 n+1。

【思考与讨论】文件打开函数的返回判断是否有必要？

讨论：在进行程序设计时，优秀的程序员会尽可能地全面考虑可能发生的错误情形。这里仅仅为了示例方便，对字符串 s 设定的长度很短，所以第 19 行不会有问题。但是，如果在实际使用中 s 有可能被设定为一个很长的字符串，那么就需要考虑 a 是否够用，以免引发数组越界。此外，这里第二次以只读方式打开同一个文件时，没有进行操作结果判断，也会给程序带来不稳定因素。

【例 11.3】文件的例子 3

向磁盘写入格式化数据，再从该文件读出显示到屏幕。

【解析】

```
1    //数据成块写入文件
2    #include "stdio.h"
3    #include "stdlib.h"
4
5    struct student                          //定义结构体
6    {
7        char name[15];
8        char num[6];
9        float score[2];
10   } stu;
11   int main(void)
12   {
13       FILE *fp1;
14       int i;
15
16       fp1=fopen("test.txt","wb");
17       if( fp1 == NULL)                    //以二进制只写方式打开文件
18       {
19           printf("cannot open file");
20           exit(0);
21   }
22       printf("input data:\n");
23       for( i=0;i<2;i++)
24       {
25       //输入一行记录
26         scanf("%s%s%f%f",
27         stu.name,stu.num,&stu.score[0],&stu.score[1]);
28       //成块写入文件，一次写结构的一行
29         fwrite(&stu,sizeof(stu),1,fp1);
30       }
31       fclose(fp1);
32
```

```
33      //重新以二进制只写方式打开文件
34      if((fp1=fopen("test.txt","rb"))==NULL)
35      {
36          printf("cannot open file");
37          exit(0);
38      }
39      printf("output from file:\n");
40      for (i=0;i<2;i++)
41      {
42          fread(&stu,sizeof(stu),1,fp1); //从文件成块读
43          printf("%s %s %7.2f %7.2f\n",   //显示到屏幕
44              stu.name,stu.num,stu.score[0],stu.score[1]);
45      }
46      fclose(fp1);
47      return 0;
48  }
```

程序结果：

```
input data:
xiaowang j001 87.5 98.4
xiaoli   j002 99.5 89.6
output from file:
xiaowang j001 87.50 98.40
xiaoli   j002 99.50 89.60
```

【程序设计错误】

把希望的内容写入文件后，查看文件时出现乱码，这往往是文件操作函数要求的文件制式与写入时打开文件的制式不一致造成的。上面的例子里，如果将第29行改为fprintf函数去实现，就会导致输出错误。

11.5.3 关闭文件

古话说“有借有还，再借不难”，说的是借了东西要及时归还，这样信用良好，下次再借时别人也愿意给。在程序设计中，对动态分配的资源也必须遵循这一规则，否则，轻则导致资源泄漏，重则产生意想不到的问题。文件操作中产生的FILE指针也可以视为一种资源，其通过成功调用fopen函数被获取。那么，与之对应的，在使用完文件后，必须将这一资源释放。这里，释放资源就是关闭文件，细心的读者可能已经发现，在上面的几个例子中，每一次使用完文件都会调用一个 fclose 函数，该库函数正是用来执行关闭文件的动作的。其具体描述如下：

- 声明形式：int fclose(FILE *fp)。
- 函数功能：关闭文件指针指向的文件，将缓冲区数据做相应处理后释放缓冲区。
- 输出：若关闭文件出错，则函数返回非零值；否则返回0。

特别提示：使用完文件后应及时关闭，否则可能会丢失数据，因为写文件时，只有当缓冲区满时才将数据真正写入文件，若当缓冲区未满时结束程序运行，则缓冲区中的数据将丢失。

【例 11.4】文件的例子 4

【解析】

```
1   //对 data.txt 文件写入 10 条记录
2   #include <stdio.h>
3   int main(void)
4   {
5       FILE *fp;                       //FILE 为文件类型
6       int i;
7       int x;
8
9       fp=fopen("data.txt","w");       //以文本写方式"w"打开 data.txt
10
11      for(i=1;i<=10; i++)
12      {
13          scanf("%d",&x);
14          fprintf(fp,"%d",x);         //将 x 输出到 fp 指向的文件中
15      }
16      fclose(fp);                     //关闭文件
17      return 0;
18  }
```

程序结果：程序运行结束，在程序文件所在工程 project 的目录下可以找到新建的文件 data.txt，打开后即可看到程序运行时从键盘输入的 10 个数据。

11.5.4 随机读取文件内容

在上面的示例中，我们已经对文件操作的三部曲：打开、读写、关闭做了介绍，细心的读者可能发现一个问题——上面所有的示例中，都只能对文件进行顺序读写操作，即读写文件的位置只能从头至尾读取。那么现实生活中这样是否合适呢？

显然，很多情况下，这种固化、死板的方式并不合适。例如，在一个以学号顺序按行存放的学生信息文件里，我们希望能像数组那样，通过下标快速定位到某个数据。显然，若只有顺序读写的方式则无法满足这样的要求。C 语言中提供了能够确定文件位置的库函数 fseek，详情如下：

- 声明形式：fseek（文件类型指针，位移量，起始点位置）。
- 函数功能：重定位文件内部指针的位置。以“起始点位置”为基准，按“位移量”指定字节数做偏移（起始位置值：文件头 0——SEEK_SET，当前位置 1——SEEK_CUR），文件尾 2——SEEK_END）。
- 返回值：成功返回 0；失败返回-1。

【例 11.5】文件的例子 5

已知 stu_list.txt 中存放了多个学生的信息，在此文件中读出第二个学生的数据。

【解析】

程序实现：

```
1   //在文件指定位置读取数据——对文件进行随机读写
2   #include "stdio.h"
3   #include "stdlib.h"
4
5   struct stu                          //学生信息结构
6   {
7        char name[10];
8        int num;
9        int age;
10       char addr[15];
11  } boy,*qPtr;                        //定义结构变量 boy，结构指针 qPtr
12
13  int main(void)
14  {
15      FILE *fp;
16      char ch;
17      int i=1;                        //跳过结构的前 i 行
18      qPtr = &boy;                    //qPtr 指向 boy 结构体的起始位置
19
20      if ((fp=fopen("stu_list.txt","rb"))==NULL)
21      {
22          printf("Cannot open file!");
23          exit(0);
24      }
25      //使文件的位置指针重新定位于文件开头
26      rewind(fp);
27      //从文件头开始，向后移动 i 个结构大小的字节数
28      fseek(fp,i*sizeof(struct stu),0);
29      //从 fp 文件中读出结构的当前行，放到 qPtr 指向的地址中
30      fread(qPtr ,sizeof(struct stu),1,fp);
31      printf("%st%5d %7d %sn", qPtr->name,
32              qPtr->num, qPtr->age, qPtr->addr);
33      fclose(fp);
34      return 0;
35  }
```

说明：该程序可以正常工作的前提是，所读取的文件以二进制模式写入，同时也用二进制模式打开，如第 20 行语句 fopen("stu_list.txt","rb")。只有在这种情况下，文件中的内容才是依照顺序存放的二进制数据，也才可以使用第 28 行的 fseek(fp,i*sizeof(struct stu),0)，向后移动 i 个结构大小的字节数。

11.6 关于文件读写函数的讨论

有时候我们发现，把希望的文本内容写入文件后，手动打开时却发现显示的是一堆乱码，或者从文件中希望读取二进制数据时发现读取的并不是自己希望得到的数据。这究竟是怎么回事呢？

下面通过对几种不同打开模式和操作函数的组合，对这一问题做简单的探讨。

1．情形一—— fprintf 写 fscanf 读

以二进制形式打开文件，用 fprintf 函数向文件 data.txt 写入数据，用 fscanf 函数读出 data.txt 中的数据。

```
1    //文件的读写方式
2    #include <stdio.h>
3    #include <stdlib.h>
4
5    int main(void)
6    {
7        FILE *fp; //FILE 为文件类型
8        int i;
9        int x;
10       int b=0;
11       char ch;
12       fp=fopen("data.txt","wb");    //以"wb"方式打开 data.txt 文件
13
14       if (fp==NULL)                 //打开文件失败
15       {
16           printf("1:cannot open this file\n");
17           exit(0);                  //库函数 exit 终止程序
18       }
19   //***以 fprintf 格式写入数据****
20     for( i=1; i< 7; i++ )
21     {
22       scanf("%d",&x);
23       fprintf( fp,"%d",x );         //将 x 输出到 fp 指向的文件中
24     }
25     fclose(fp);//关闭文件
26
27   fp=fopen("data.txt","rb");        //以只读方式打开文本文件 data.Txt
28     if (fp==NULL)                   //打开文件失败
29     {
30       printf("2:cannot open this file\n");
31       exit(0);                      //库函数 exit 终止程序
32     }
33
34   //*******以 fscanf 方式从文件中读出数据********
35     fscanf(fp,"%d",&x);             //读出文件中的一个 int 型数值给 x
36     while (!feof(fp) )              //判断文件是否结束
37     {
38      printf("%d  ",x);
39      fscanf(fp,"%d",&x);
40     }
41     fclose(fp);//关闭文件
```

```
42    return 0;
43  }
```

程序结果：

```
输入：2 3 4 5 6 7
输出：2  3  4  5  6  7
```

此时，手动打开data.txt文件，会发现其中是可正常显示的234567。利用诸如EditPlus这样的文本编辑器，选择用十六进制形式打开该文本文件，会发现每个byte依次写入的是“32 0A 33 0A 34 0A 35 0A　36 0A 37 0A”这样的ASCII格式的数字。

2. 情形二——fwrite写 fread读

以二进制形式打开文件，用fwrite函数向文件data.txt写入数据，用fread函数读出data.txt中的数据。分别用以下灰色框中的语句替代情形一中两个灰色框的语句。

```
//***以fwrite格式写入数据****
for( i=1; i<7; i++ )                        //循环6次，把6个int型数据写入文件
{
        scanf("%d",&x);
        fwrite(&x,sizeof(int),1,fp);    //将x输出到fp指向的文件中
}
```

```
//***以fread格式读出数据****
for( i=1; i<7; i++ )
{
        fread(&b,sizeof(int),1,fp);
        printf("b=%x\n",b);
}
```

程序结果：

```
输入：
2 3 4 5 6 7
输出：
b=2
b=3
b=4
b=5
b=6
b=7
```

此时，在操作系统中手动打开data.txt文件，会发现显示的是一些乱码。用十六进制形式打开该文本文件，会发现每个byte依次写入的是“02 00 00 00 03 00 00 00　04 00 00 00 05 00 00 0006 00 00 00 07 00 00 00”，仔细观察不难发现，其存放的正是以4byte为一个int长度的，以2、3、4、5、6、7为值的int变量的二进制比特流。正因为其存放的不是标准ASCII码，所以显示出来是乱码。但是，在程序读取时，因为fread函数是按照二进制int类型长度解析读入的数据，故可以正确识别出相关数字。

3．情形三——fprintf 写 fscanf 读

以二进制形式打开文件，用 fprintf 函数向文件 data.txt 写入数据，用 fscanf 函数读出 data.txt 中的数据。用以下灰色框中的语句替代情形一中第二个灰色框的语句。

```
//***以 fread 格式读出数据****
for( i=1; i<7; i++ )
{
        fread(&b,sizeof(int),1,fp);
        printf("b=%x\n",b);
}
```

程序结果：

```
输入：
2 3 4 5 6 7
输出：
b=0a330a32
b=0a350a34
b=0a370a36
b=0a370a36
b=0a370a36
b=0a370a36
```

此时手动打开 data.txt 文件，会发现和情形一中一样，其中写入的是可正常显示的 234567。但因为读取时采用的是 fread 函数按照二进制 int 去读取，所以显示出来的数字已经与原来输入的不一致了。

4．情形四——fwrite 写 fscanf 读

以二进制形式打开文件，用 fwrite 函数向文件 data.txt 写入数据，用 fscanf 函数读出 data.txt 中的数据。用以下灰色框中的语句替代情形一中第一个灰色框的语句。

```
//***以 fwrite 格式写入数据****
for( i=1; i<7; i++ )                    //循环 6 次，把 6 个 int 型数据写入文件
{
    scanf("%d",&x);
    fwrite(&x,sizeof(int),1,fp);    //将 x 输出到 fp 指向的文件中
}
```

程序结果：

```
输入：
2 3 4 5 6 7
输出：
无限循环输出“ 7”
```

此时手动打开文件，可以看到显示的结果和情形二中是一样的。但是，由于 fscanf 不能正确识别这种二进制 bit 流，因此程序执行异常。

上述四种情形均是采用二进制模式进行的读取，如果采用文本模式进行文件操作，是否会有不同？其实有了我们对上述几种情形的细致分析就不难看出，在文本模式下结果仍然是相似的。有兴趣的读者可以自行尝试文本模式下的四种情形。

【结论】

在进行文件操作时，读和写文件要采用匹配的函数，此时，无论是二进制模式还是文本模式，均可以保证程序读写的正确识别。

所生成的文件手动打开后是否可以正常显示由写入函数决定，与文件打开模式无关，当使用 fprintf 写入时，文件中为 ASCII 码，可以正常显示。使用 fwrite 时，写入的是二进制 bit 流。是否正常显示由这些数据是否符合 ASCII 码决定。大多数情况下，因为不符合，所以显示为乱码。

11.7　程序调试与输入输出重定向

在设计好算法和程序后，要在调试环境中输入测试数据，查看程序运行的结果。由于调试往往不能一次成功，因此每次运行时，都要重新输入一遍测试数据，对于有大量输入数据的题目，这样每次都直接从键盘输入数据需要花费大量时间。有没有简便的方法呢？这个时候，文件就派上用场了。

可以把要输入的数据事先放在文件中，用对文件的读函数读入；将程序运行的结果用文件写函数写入指定的文件。可以根据测试数据的特点选用文件读写函数。下面给出两个代码模板。

1.【代码模板一】使用 fscanf 和 fprintf 函数

```
#include <stdio.h>
int main(void)
{
    FILE *fp1, *fp2;
    fp1=fopen("data.in","r");    //以只读方式打开输入文件 data.in
    fp2=fopen("data.out","w");   //以写方式打开输出文件 data.out

    //中间按原样写代码，把 scanf 改为 fscanf，printf 改为 fprintf 即可

    fclose(fp1);
    fclose(fp2);
    return 0;
}
```

这种方式其实就是利用前面介绍的对文件的基本读写操作来完成的。下面看看如何使用 freopen 函数来实现这一需求。

2. 使用 freopen 函数

- 声明形式：FILE *freopen(const char*path,const char *mode,FILE *stream);

- 参数说明：
  path——文件名，用于存储输入/输出的自定义文件名；
  mode——文件打开的模式，和 fopen 中的模式（如 r 为只读，w 为写）相同；
  stream——一个文件，通常使用标准流文件。
- 功能：实现重定向，把预定义的标准流文件定向到由 path 指定的文件中。
- 返回值：若成功，则返回一个 path 所指定文件的指针；若失败，则返回 NULL（一般不使用它的返回值）。

【知识 ABC】标准流文件

启动一个 C 语言程序时，操作系统环境负责打开 3 个文件，并将这 3 个文件的指针提供给该程序。这 3 个文件指针分别为标准输入 stdin、标准输出 stdout 和标准错误 stderr。它们在<stdio.h>中声明如下。

stdin：标准输入流，默认为键盘输入；

stdout：标准输出流，默认为屏幕输出；

stderr：标准错误流，默认为屏幕输出。

之所以使用 stderr，是由于某种原因造成其中一个文件无法访问，因此相应的诊断信息要在该链接输出的末尾才能打印出来。当输出到屏幕时，这种处理方法尚可接受，但如果输出到一个文件或通过管道（管道是一个固定大小的缓冲区）输出到另一个程序，那么就无法接受了。若有 stderr 存在，则即使对标准输出进行了重定向，写到 stderr 中的输出通常也会显示在屏幕上。

2.【代码模板二】使用 freopen 函数

```
#include <stdio.h>
int main(void)
{
    freopen("data.in", "r", stdin);//输入重定向，由键盘改为文件 data.in
    freopen("data.out", "w", stdout);
    //输出重定向，由屏幕改为文件 data.out

    //中间按原样写代码，什么都不用修改


    fclose(stdin);
    fclose(stdout);
    return 0;
}
```

从上面的模板可以看出，使用 freopen 函数和使用 fprintf、fscanf 函数一样简便，由于其使用了输入、输出重定向，因此原始代码不用修改，较代码模板一更加方便。下面通过一个例子来看看具体实现。

【例 11.6】调试“计算 a+b”的程序

（1）从键盘输入数据的情形。

```
1    #include <stdio.h>
2    int main(void)
3    {
4        int a,b;
5
6        while(scanf("%d %d",&a,&b)!= EOF)
7        {
8            printf("%d\n",a+b);
9        }
10       return 0;
11   }
```

程序结果：

```
5 6
11
^Z
```

（2）从文件 in.txt 输入数据，输出结果写在 out.txt 文件中。

```
1    #include <stdio.h>
2    int main(void)
3    {
4        int a,b;
5    //输入重定向，输入数据从当前 project 的 Debug 目录里的 in.txt 文件中读取
6        freopen("debug\\in.txt","r",stdin);
7    //输出重定向，输出数据保存在当前 project 的 Debug 目录里的 out.txt 文件中
8        freopen("debug\\out.txt","w",stdout);
9        while (scanf("%d %d",&a,&b)!= EOF)
10       {
11           printf("%d\n",a+b);
12       }
13       fclose(stdin);       //关闭文件
14       fclose(stdout);      //关闭文件
15       return 0;
16   }
```

说明：

（1）输入数据从当前 project 的 Debug 目录里的 in.txt 文件中读取。在程序运行前，在 in.txt 文件中保存数据“56”（切记不要忽略了 5 和 6 之间的空格，如果忽略了，那么程序虽无任何语法错误，但执行的结果不是我们的预期结果，有兴趣的读者可以尝试忽略空格，看会发生什么，并利用所学的知识分析一下为什么是这样的结果）。

（2）输出数据将保存在当前 project 的 Debug 目录里的 out.txt 文件中。程序运行后，我们发现 Debug 目录里多了一个 out.txt 文件，打开它，可以看到 out.txt 中的数据为“11”。

11.8 本章小结

本章主要内容及其之间的联系见图 11.8。

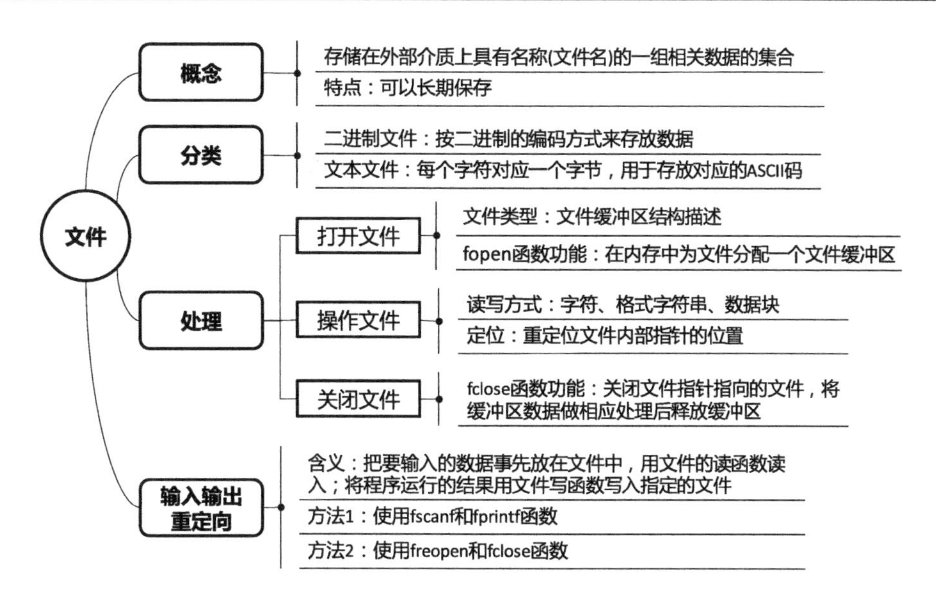

图 11.8　文件基本概念间的联系

文件存数据时间长久，
二进制与文本形式自由。
程序操纵它有三个步骤:
打开、读写、关闭不要遗漏。
注意路径与名称打开不愁;
读写有系列函数功能足够;
记得关闭在操作之后。

习　题

11.1　编写一个程序，使用 sizeof 运算符来确定计算机系统中不同数据类型的字节数。将结果写入文件“datasize.dat”中，这样可以稍后输出结果。文件中的结果格式如下：

data type	size
char	1
unsigned char	1
short int	2
unsigned short int	2
int	4
unsigned int	4
long int	4
unsigned long int	4
float	4
double	8
long double	16

11.2 从键盘输入10个浮点数，以二进制形式存入文件中，再从文件中读出数据显示在屏幕上。修改文件中的第二个数，然后从文件中读出数据显示在屏幕上，以验证修改是否正确。

11.3 调用fputs函数，把10个字符串输出到文件中，再从文件中读出这10个字符串放在一个字符串数组中，最后把字符串数组中的字符串输出到屏幕上，以验证所有操作是否正确。

11.4 将从终端读入的10个整数以二进制方式写入一个名为“test.dat”的新的文件中。

11.5 编程实现：输入6本教材的信息（书名、价格、出版社），输出第1、3、5本教材的信息。

11.6 用户由键盘输入一个文件名，然后输入一串字符（用#结束）存放到此文件中，形成文本文件，并将字符的个数写到文件尾部。

11.7 将输入的不同格式数据以字符串输入，然后将其转换，进行文件的成块读写。

11.8 写入5名学生的记录，记录内容为学生姓名、学号、两科成绩。写入成功后，随机读取第三条记录，并用第二条记录替换。

第 12 章　程序的运行

【主要内容】

- 程序调试环境 VC6.0 介绍；
- 程序调试方法；
- 程序测试方法。

【学习目标】

- 了解典型的软件开发流程，能够按照软件开发流程编写实际的应用程序；
- 了解编译、链接的目的与意义；
- 初步掌握程序调试的基本方法；
- 了解程序测试方法。

任何一个天才都不敢说，他编的代码首次就能完全正确。几乎每一个稍微复杂一点的程序都必须经过反复的调试修改，最终才能完成。

——编程调试经验谈

调试是在应用程序中发现并排除错误的过程。调试是一个程序员应该掌握的最基本的技能，其重要性甚至超过学习一门语言。不会调试，意味着程序员即使会一门编程语言，也不能编制出任何好的软件。

几乎没有首次编写就不出错的代码。对一定规模的程序，由读源代码来寻找 bug 基本不可行，用调试工具找 bug 是最有效率的方法。

调试有助于程序员了解程序的实际执行过程及检查设计与预想的一致性，提高程序开发效率；熟悉调试过程，可以让程序员编写出适合调试的代码，提高对代码的感知力和控制力。

调试工具是学习计算机系统和其他软硬件知识的好帮手。通过软件调试可以快速地了解一个软件和系统的模块、架构和工作流程。

12.1　程序运行环境

一个程序从编码到运行出结果，要经过一系列处理过程，如图 12.1 所示。其中各处理步骤功能如下。

- 编辑（Edit）：录入源程序代码并保存，生成 C 源程序文件，后缀为.c（在 VC6.0 环境下为.cpp）。
- 编译（Compile）：执行编译命令。让编译器分析源程序的语法是否有错，没有问题则生成机器语言代码文件，称为目标程序，后缀为 obj；若有语法错误，程序员则要根据编译器给出的错误或告警信息，修改程序中的错误，直到程序编译通过。

- 链接（Link）：执行链接命令。系统将程序员自己的及程序中使用的库函数等各 obj 文件链接装配，生成一个的可执行程序，后缀为.exe。
- 运行（Run）：执行运行命令。程序运行，产生运行结果。
- 检测：程序员在相应的输出位置，如指定的窗口或文件中查看程序的输出结果，和预期的结果进行比较，得出是否正确的结论。
- 调试（Debug）：若程序结果有错误，则要通过各种调试方法，找出程序错误的原因并进行编辑修改，重新开始以上过程，直至程序结果正确。

以上所有的编辑、编译、链接、运行、调试等与程序运行相关的活动，现在都可以在一个软件集成开发环境（Integrated Development Environment，IDE）里完成。

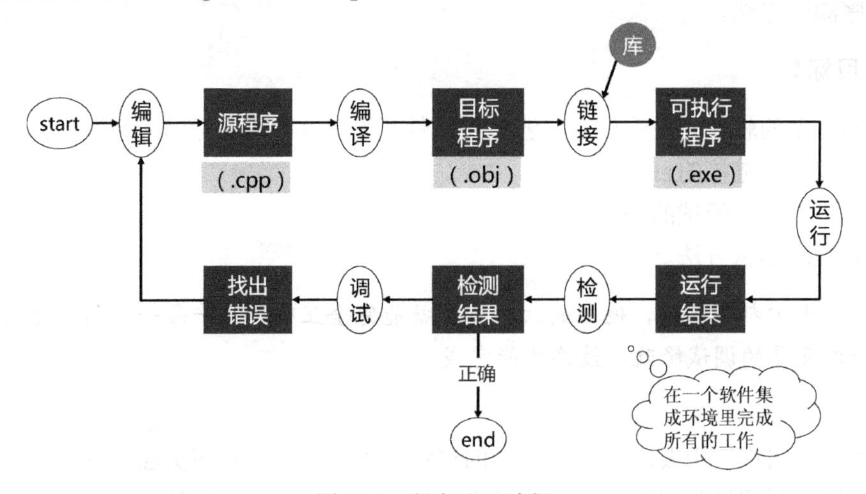

图 12.1 程序处理过程

集成开发环境是提供程序开发环境的应用程序，如图 12.2 所示，是集成了具有代码编辑、编译、调试等功能的一体化服务软件。所有具备这一特性的软件都可以叫集成开发环境。

程序调试的基本思路和一般方法适用各种调试环境，因此在学习中掌握基本方法是最重要的。目前，全国计算机等级考试涉及的所有上机考试，要求使用的集成环境是 Visual C++ 6.0（简称 VC6.0），因此我们也采用 VC6.0 来运行和调试程序。

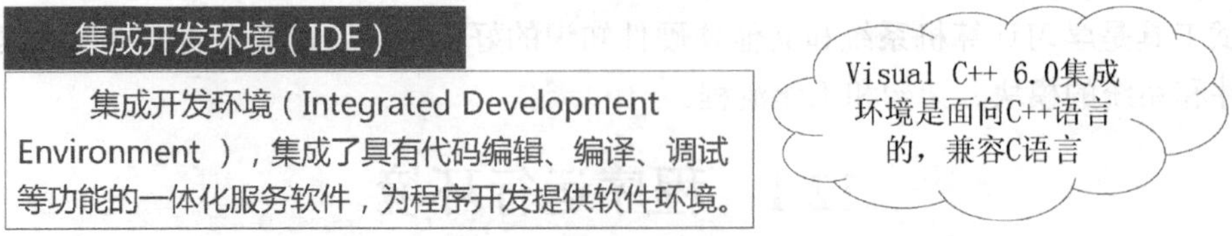

集成开发环境（IDE）

集成开发环境（Integrated Development Environment），集成了具有代码编辑、编译、调试等功能的一体化服务软件，为程序开发提供软件环境。

Visual C++ 6.0集成环境是面向C++语言的，兼容C语言

图 12.2 集成开发环境含义

【知识 ABC】Visual C++ 6.0 集成开发环境

Microsoft Visual C++（简称 Visual C++、MSVC、VC++或 VC）是微软公司的 C++开发工具，用于程序开发的应用程序环境，包括代码编辑器、编译器、调试器和图形用户界面等工具。其产品定位为 Windows 95/98、NT、2000 系列 Win32 系统程序开发，由于其良好的界面和可操作性而被广泛应用。

利用 Visual C++ 6.0 提供的一种控制台操作方式，可以建立 C 语言应用程序。Win32 控制台程序（Win32 Console Application）是一类 Windows 程序，它不使用复杂的图形用户界面，程序与用户间的交互是通过一个标准的正文窗口进行的。下面我们通过图 12.3 中的 7 个方面，对使用 Visual C++ 6.0 编写简单的 C 语言应用程序进行初步的介绍。

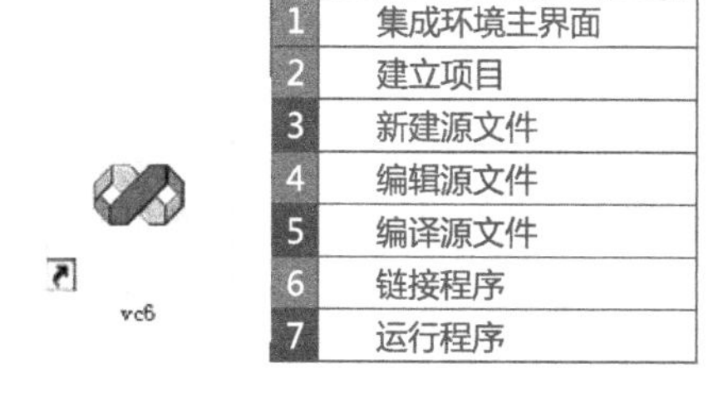

图 12.3　VC6.0 集成环境的使用步骤

12.1.1　集成环境主界面

安装完 Visual C++ 6.0 后，可以通过“开始”菜单或桌面快捷方式启动 Visual C++ 6.0，进入集成开发环境，如图 12.4 所示。跟大多数的 Windows 应用程序一样，VC6.0 主界面最上面是菜单栏和工具栏，下面三个区域分别为工作区、文件编辑区和输出区。

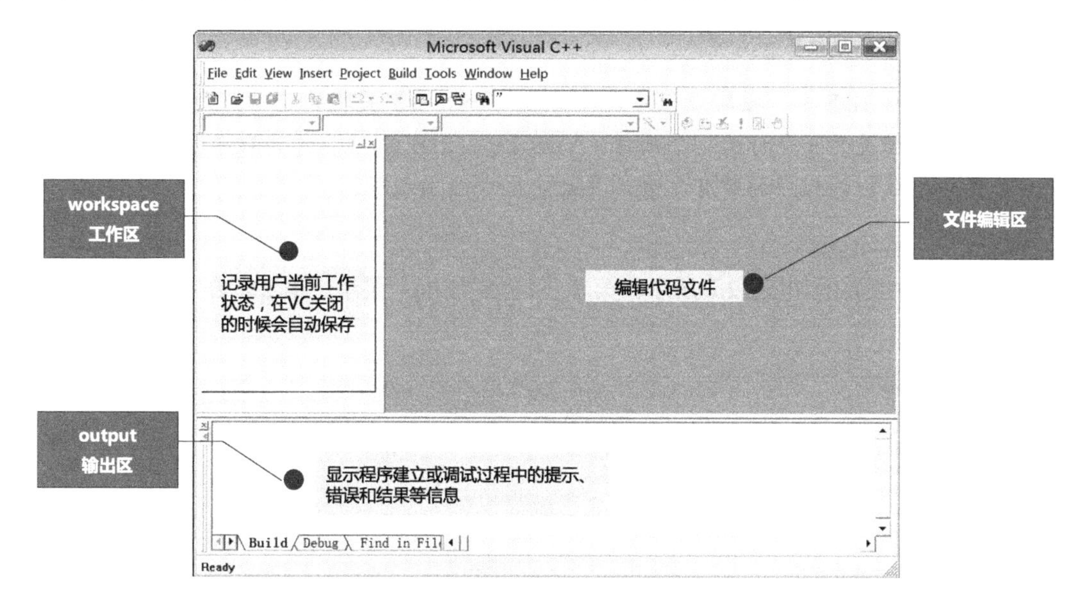

图 12.4　Visual C++ 6.0 集成环境主界面

菜单栏对应的中文含义如图 12.5 所示。

菜单名称	中文含义	菜单名称	中文含义
File	文件	Build	组建
Edit	编辑	Tools	工具
View	查看	Window	窗口
Insert	插入	Help	帮助
Project	项目		

图 12.5　主菜单主要内容

工作区记录用户当前工作状态，在 VC6.0 关闭时自动保存；代码文件要在文件编辑区进行编辑；输出区显示程序在建立或调试过程中的提示、错误或结果等信息。

12.1.2　建立项目

程序的运行是一个系统工程，像演舞台剧，要有舞台、场景布置、灯光、音响等的环境布置，一切准备就绪，演员才能出场演出。

IDE 就是一个“舞台”，VC6.0 把一出剧目所需的所有环境资源都放在一个“项目”（project）中，程序可以看成是剧目中的演员。项目是指一系列互关联的活动，完成一个明确的目标，在特定的时间资源限定内，依据规范完成，如图 12.6 所示。

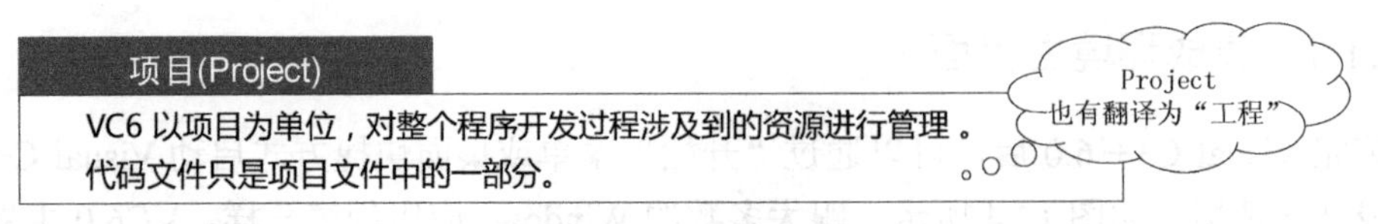

图 12.6　项目的含义

【知识 ABC】VC6.0 中的项目

在 Visual C++ IDE 中，把实现程序设计功能的一组相互关联的 C++源文件、资源文件以及支撑这些文件的类的集合称为一个项目。Visual C++ IDE 以项目作为程序开发的基本单位，项目用于管理组成应用程序的所有元素，并由它生成应用程序。

项目建立步骤如下。

步骤 1、2 对应界面如图 12.7 所示。第 1 步选择“File”菜单；第 2 步在其中选择“New”子菜单。

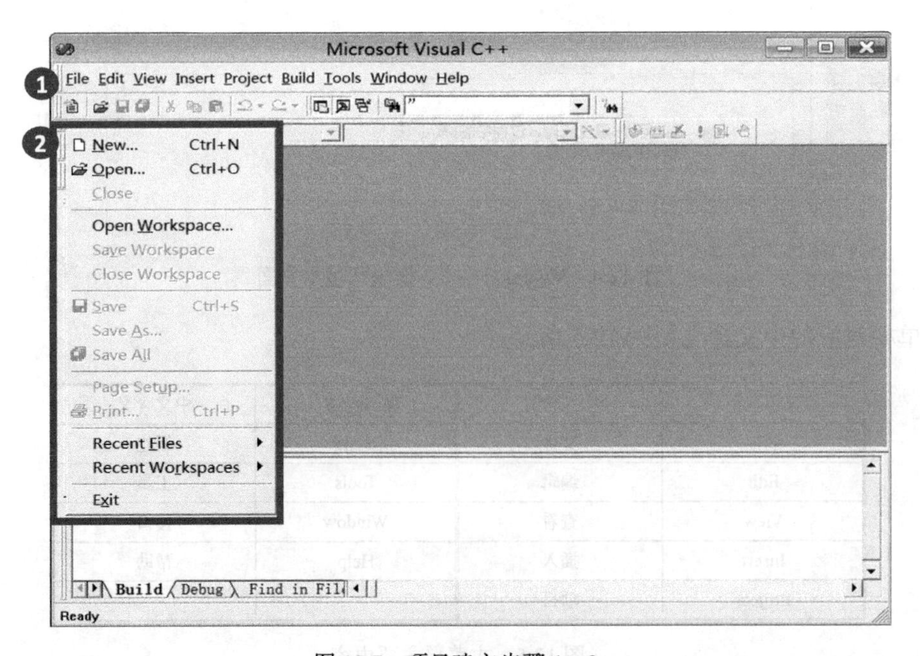

图 12.7　项目建立步骤 1～2

步骤 3～7 对应界面如图 12.8 所示。第 3 步切换到“Project”选项卡；第 4 步选择项目类型，选“Win32 Console Application”一项，含义为工作在 32 位 Windows 环境中的控制台应用程序，是没有图形界面的字符程序；第 5 步输入项目的名称；第 6 步指定存储位置；第 7 步单击“OK”确认。

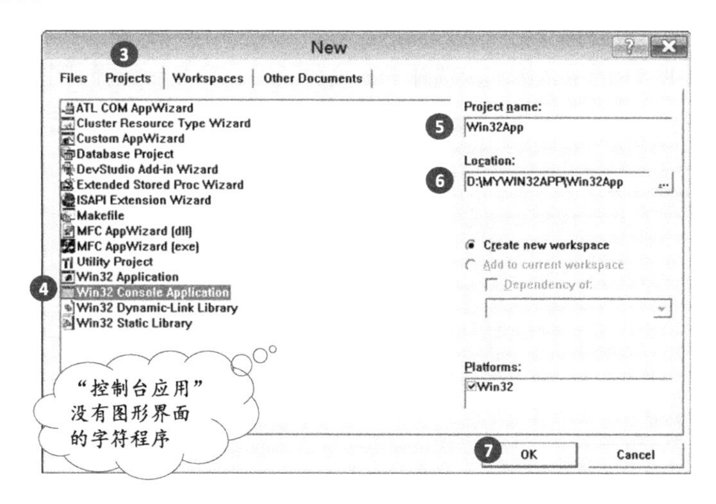

图 12.8　项目建立步骤 3～7

步骤 8～10 对应界面如图 12.9 所示。前面 Project 选项卡确认后，系统会启用向导来给用户生成程序框架，即图 12.9 中左图界面。第 8 步选择“An Empty Project”一个空项目；第 9 步单击“Finish”结束向导，此时会弹出右边的界面；第 10 步单击“OK”确认。

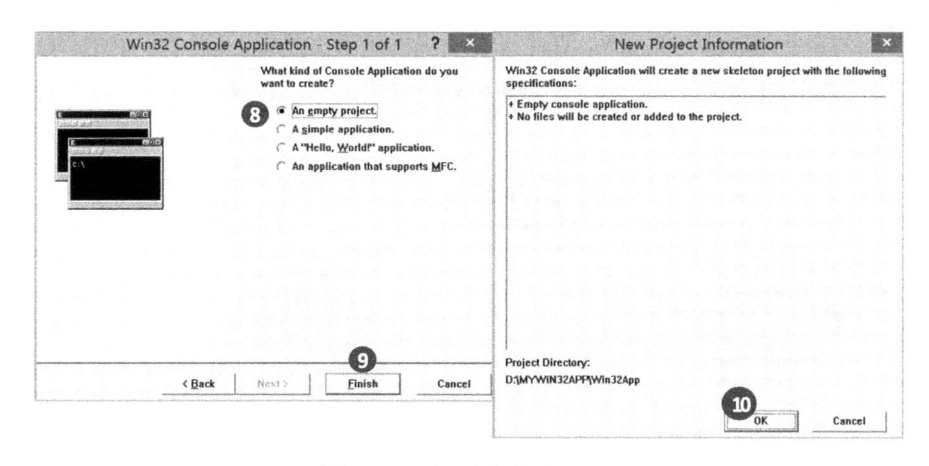

图 12.9　项目建立步骤 8～10

注意，若项目类型未指定控制台应用，则会出现各种链接错误，比如图 12.10 所示，是初学者经常犯的错误。

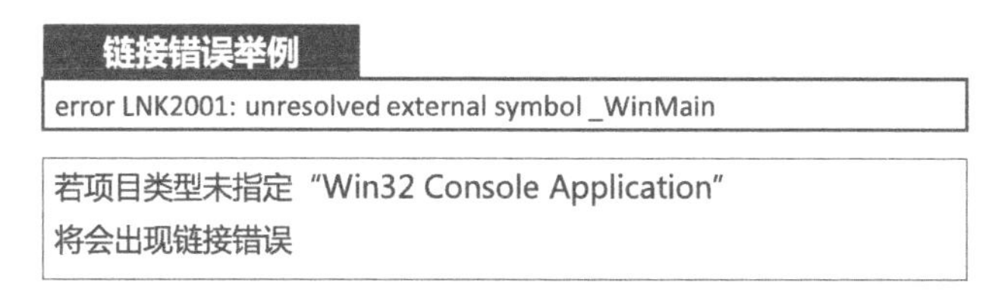

图 12.10　链接错误举例

12.1.3　新建源文件

源程序文件的建立步骤如下。

步骤1～2如图12.11所示。第1步选择File文件菜单；第2步选择其中的“New”子菜单。

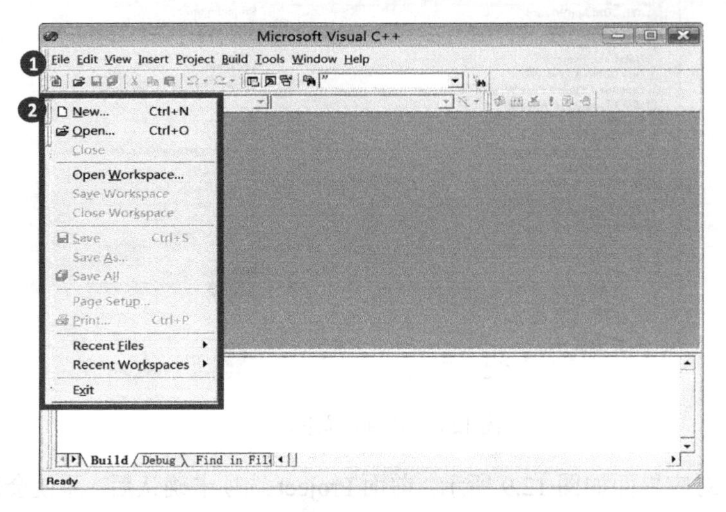

图12.11　源程序文件的建立步骤1～2

步骤3～7如图12.12所示。第3步选择“File”选项卡；第4步选文件类型：C++源程序文件；第5步勾选“Add to project”；第6步输入你自己的文件名；第7步单击“OK”确定。

关于文件名的注意事项：第一，不要输入文件后缀；第二，文件名最好有特定含义，以便于管理。

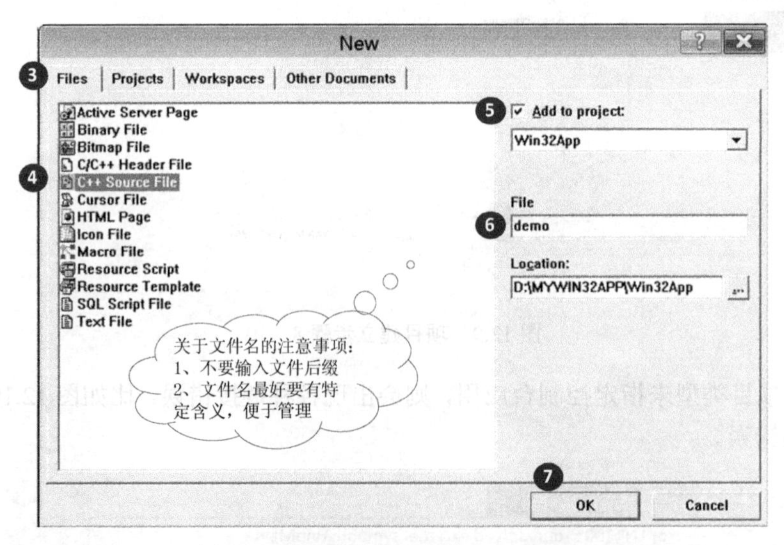

图12.12　源程序文件的建立步骤3～7

12.1.4　编辑源文件

在编辑窗口可以对源程序文件进行各种编辑操作，如打开、浏览文件、输入、修改、复制、剪切、粘贴、查找、替换、撤销等操作，可以通过菜单完成，也可以通过工具栏按钮完成，这些与 Word 之类的 Windows 编辑器用法基本相同，如图 12.13 所示。

对代码格式和字体都有相应的命令可以调整，如图 12.14 所示。如果代码书写较乱，那么可以使用“Edit”菜单“Advanced”子菜单中的“Format Selection”进行格式化，快捷键为 Alt+F8。此处的“格式化”指将代码的对齐方式调整为规定的格式。

如果对编辑区域字体不满意，那么可以在“Tools”菜单“Options”对话框中选择“Format”选项卡对源代码窗口字体进行定制。

注意，不要输入中文标点符号，要注意随时按 Ctrl+S 保存文件。

【程序设计好习惯】成对括号成对输入

上机练习输入程序时，对括号的输入，最好养成一次输入一对的习惯，如 main(){ }，然后在{ }中输入程序语句。这样做的好处是在程序较长时，也不会有忘记配对括号的输入问题。输入时丢括号，也是初学者经常会犯的编译错误，往往要花大量的时间还不容易找到错误，这也是因为编译错误提示得并不明确。

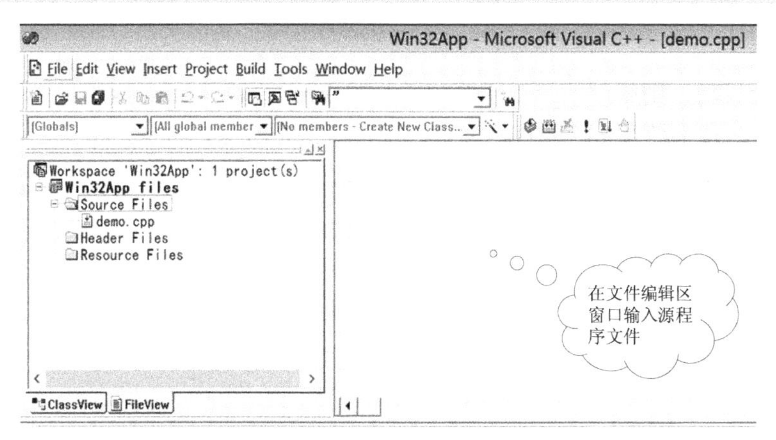

图 12.13　文件编辑区界面

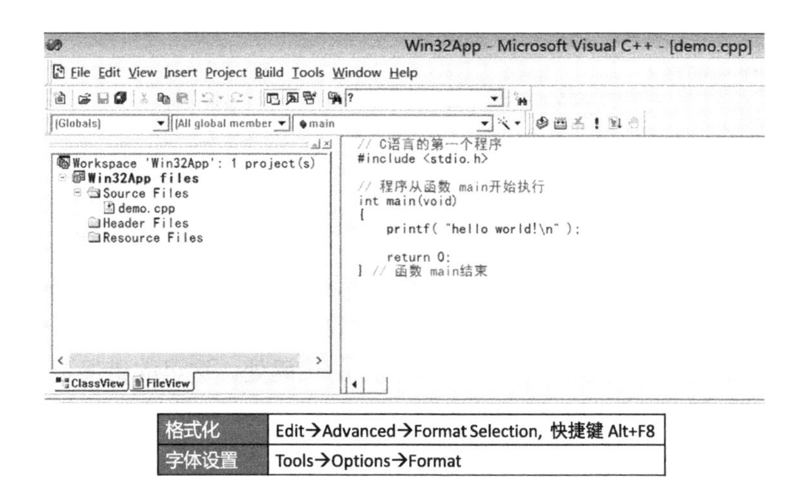

格式化	Edit→Advanced→Format Selection，快捷键 Alt+F8
字体设置	Tools→Options→Format

图 12.14　文件编辑

12.1.5 编译源文件

编译命令是在菜单“Build”（构建）下的“Compile”，热键为Ctrl+F7，“Compile”按钮在“Build MiniBar”工具栏的第一个位置，如图12.15所示。这三种形式选一种使用即可。

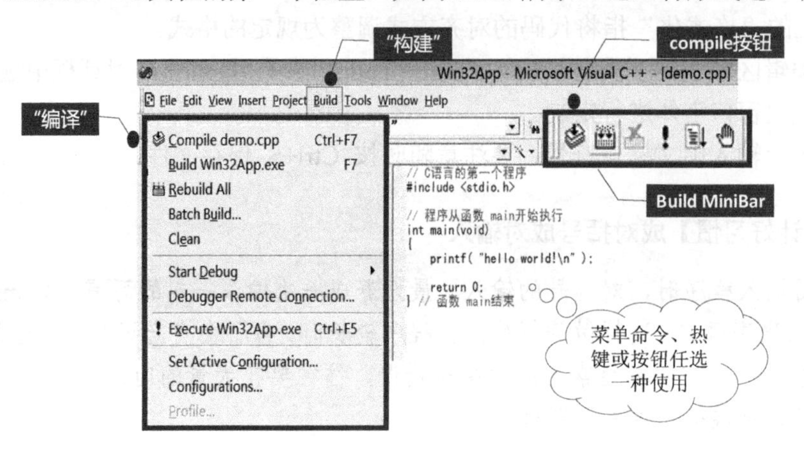

图12.15 编译命令

若编译完全成功，则底部信息提示窗口显示"0 error(s), 0 warning(s)"。

编译成功，生成后缀为obj的目标文件，如图12.16所示。

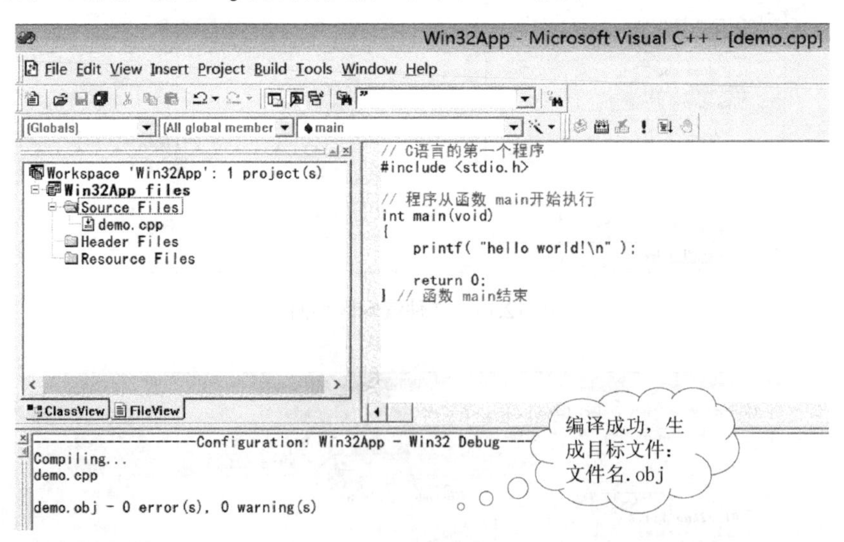

图12.16 编译成功

若编译或者链接过程中出现错误，如图12.17所示，则底部信息提示窗口提示错误所在行以及错误的类型，比如这里提示“第 7 行有未知字符”的错误，双击此行，编辑区出现蓝色箭头指向对应的错误行，这样我们就可以查看相应的代码处。这里的错误是“使用了中文分号”，修改后重新编译连接运行，重复此过程，直到程序没有语法错误为止。

在编译时会给出语法错误的信息，调试时可以根据提示信息具体找出程序出错之处并改正。应当注意的是，有时提示出错的地方并不是真正出错的位置，如果在提示出错的一行找不到错误，那么应该到上一行再找。有时提示出错的类型并非绝对准确，由于出错的情况繁多且各种错误互有关联，因此要善于分析，找出真正的错误，而不要只从字面意义上寻找出错信息，钻牛角尖。

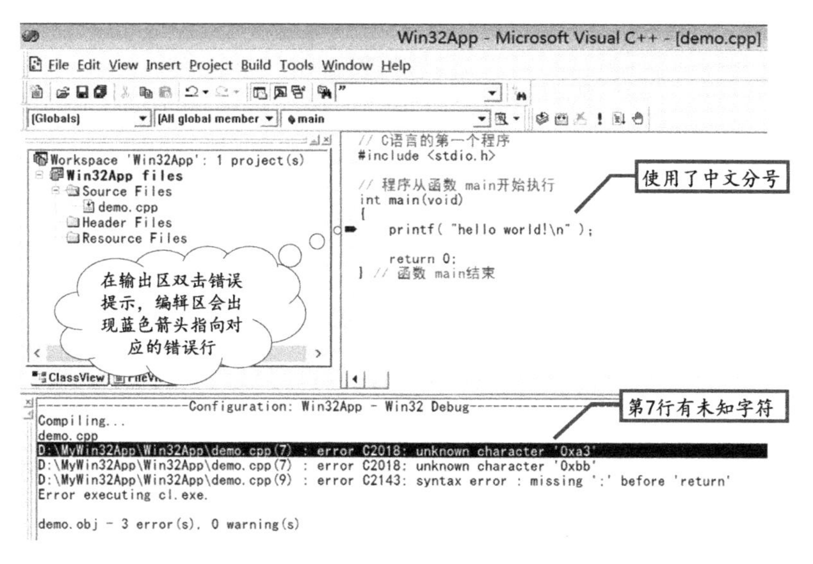

图 12.17　编译有错

语法错误查找修改方法：注意信息窗口中错误与警告的数量；先消除错误、后消除警告；消除错误的过程中一定要有先后次序，前面的错误没解决之前不要消除后面的错误。

12.1.6　链接程序

链接命令有两类，在 Build 下的 Build 和 Rebuild All，它们的作用最终都是生成可执行的 exe 文件。由于一个程序的源码可由多个文件组成，因此这些文件要分别编译，生成各自的 obj 目标文件，链接的作用是把这些 obj 文件以及程序中需要的其他库文件，统一到一个文件中来，形成一个 exe 文件，此 exe 文件便可以在操作系统下直接运行了。

图 12.18 中，Build 和 Rebuild All 选项的区别在于，前者对最后修改过的源文件进行编译后链接，后者编译所有的源文件，而不管它们何时曾经被修改过，然后链接。若链接成功，则生成可执行代码文件，注意这里的文件名是项目名.exe，如图 12.19 所示。

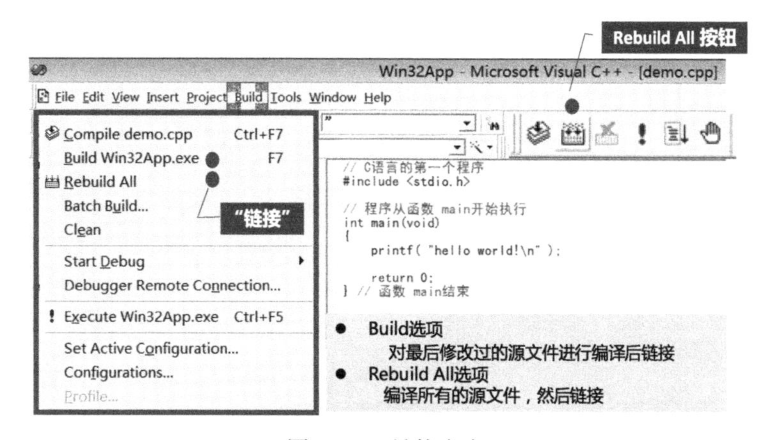

图 12.18　链接命令

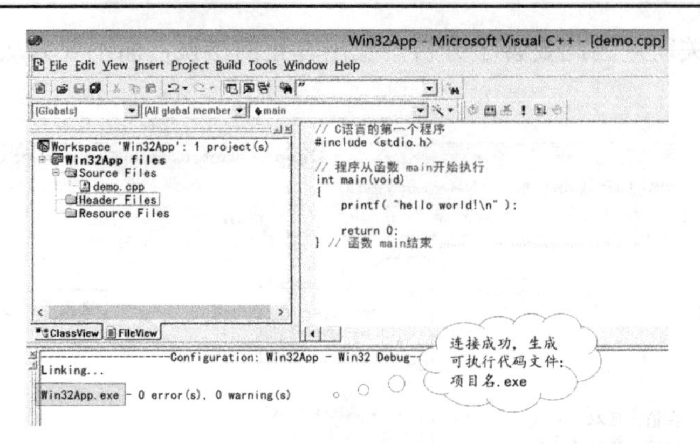

图 12.19　链接成功

12.1.7　运行程序

运行程序，运行命令是在 Build 下的 Execute，如图 12.20 所示。在 Build MiniBar 中，惊叹号图标是 Execute 按钮，其紧邻右侧，另外还有一个执行按钮是 Go 命令，二者都可以执行程序，区别在于，用 Go 命令，控制台窗口是一闪而过的，用 Execute 就可以停在窗口，这样便于查看控制台窗口中的程序结果。

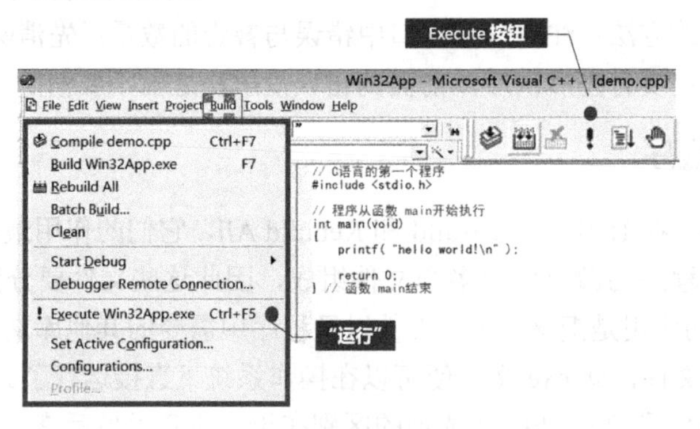

图 12.20　运行命令

运行结果在控制台窗口查看，若运行成功，则屏幕上输出执行结果，如图 12.21 所示。

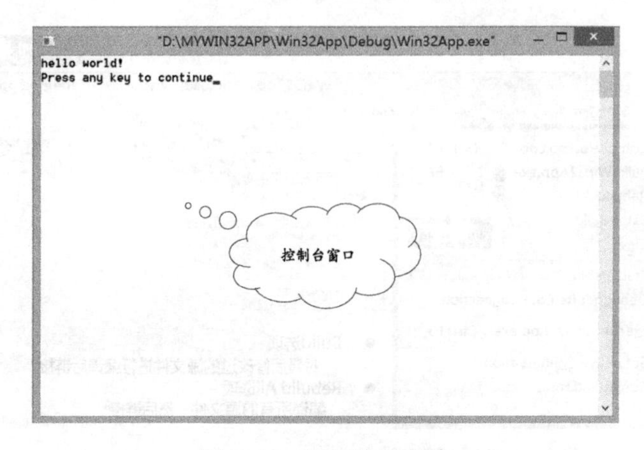

图 12.21　运行结果查看

12.2　程 序 测 试

12.2.1　引子

1. 四则运算自动出题器的漏洞

我们先来看一个故事。老布朗给小布朗编了一个自动出题的软件，机器能随机出四则运算的题目，并判断输入的答案是否正确。

小布朗刚开始练习得不亦乐乎，有一次输入两个数后程序突然崩溃。在询问了小布朗输入的具体数据和操作后，教授通过程序跟踪的数据的查看窗口，发现显示变量值是 1.#INF，如图 12.22 所示。系统提示要检查是否发生了运算结果溢出除零，再细看一下程序，原来是做除法运算时没有限制除零操作。这里的程序只是为演示方便做的一个简化模拟，如图 12.22 所示。

不要以为除零情况是个小问题，1997 年美国约克郡号舰船事件，在演习时推进系统运转失败，在水里长达近 3 小时无法启动。这竟然同样也是由除零运算引起的，如果当时是处于战争环境，那么后果将不堪设想。

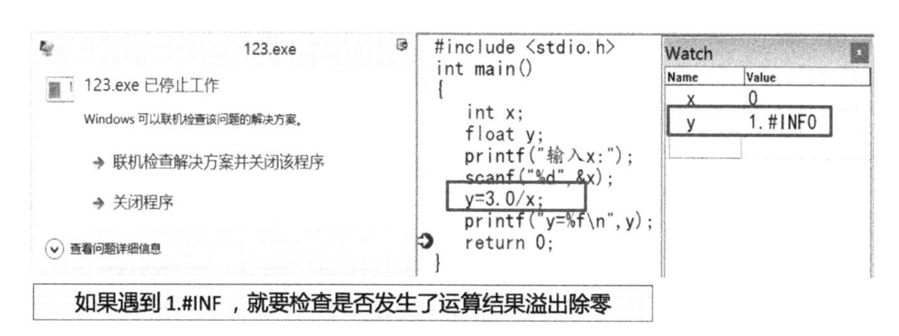

图 12.22　除零异常

2. *n*! 程序的异常处理

在“算法全面性实例”中，我们在设计 *n*! 算法时，通过对异常情形 *n* 为 1 的测试，发现了算法设计中不完善的地方。这说明编程时不仅要考虑需要处理数据的正常取值范围，而且要能处理“数据出界”的情形，如图 12.23 所示，这需要我们在测试程序时有一套完整合理的机制来发现程序中的错误，以提高程序产品的质量。同样，在编程之前需要设计测试的数据，让编程“有法可依”，即测试用例设计的时机，应该是在算法设计之前。

全球每年因软件缺陷引发的问题数不胜数。软件缺陷的代价极其巨大。2002 年，美国国家标准与技术研究所的一项研究表明，软件缺陷给美国每年造成的损失高达 595 亿美元，其中超过 1/3 的损失原本稍加测试即可避免。

一个未能及时检测的软件故障可能造成整个系统的失效、瘫痪，甚至导致巨大的灾难性后果。因此，软件产品的测试非常重要。

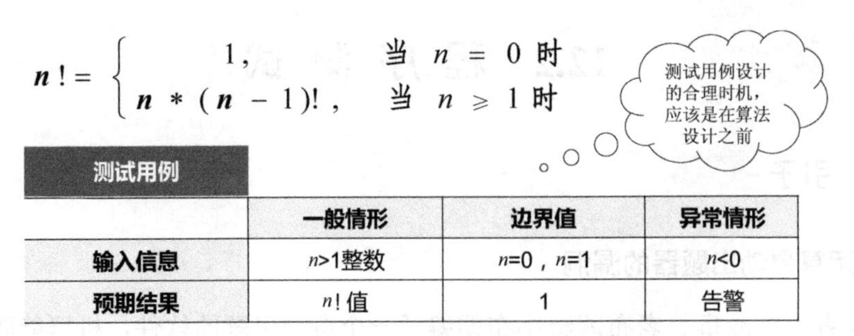

$$n! = \begin{cases} 1, & \text{当 } n = 0 \text{ 时} \\ n * (n-1)!, & \text{当 } n \geqslant 1 \text{ 时} \end{cases}$$

测试用例

	一般情形	边界值	异常情形
输入信息	n>1整数	n=0，n=1	n<0
预期结果	n!值	1	告警

图 12.23　n! 算法的测试数据

12.2.2　程序测试方法与实例

1．程序错误

程序中的错误大体可分为两类：编译期错误和运行期错误，如图 12.24 所示。

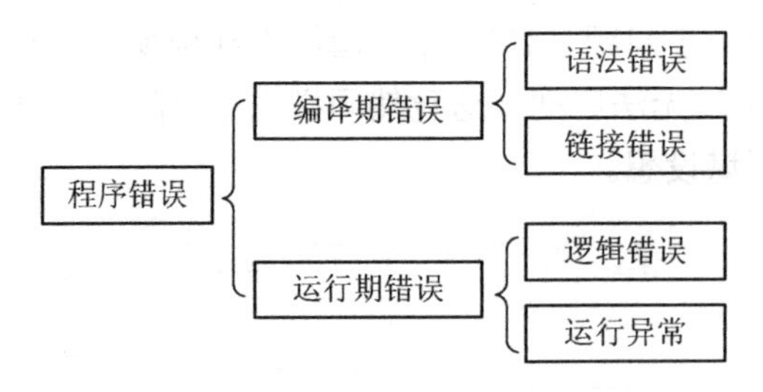

图 12.24　程序错误分类

（1）编译期错误

编译期错误可分为以下两种。

- 语法错误：由于违反了语言有关语句形式或使用规则而产生的错误。例如，关键字拼错、变量名定义错、没有正确地使用标点符号、分支结构或循环结构语句的结构不完整或不匹配、函数调用缺少参数或传递了不匹配的参数等。
- 链接错误：链接程序在装配目标程序时发现的错误。例如，库函数名书写错误、缺少包含文件或包含文件的路径错误等。

（2）运行期错误

运行期错误可分为以下两种。

- 逻辑错误：程序的运行结果和程序员的设想有出入的错误，是程序设计上的错误。例如，设置的选择条件不合适、循环次数不当等。这类错误并不在程序的编译期间或运行期间出现，较难发现和排除。程序员的语言功底和编程经验在排除这类错误时很重要。
- 运行异常：应用程序运行期间，试图执行不可能执行的操作而产生的错误。例如，执行除法操作时除数为 0、无效的输入格式、打开的文件未找到、磁盘空间不足等。

（3）编译警告

如果程序包含的内容直接违反 C 语言的语法规则，那么编译器会提示一条错误消息，但有时编译器只给出一条警告消息，表明代码从技术上来说没有违反语法规则，但因它出乎寻常，所以可能是一个错误。在程序开发阶段，应该将每个警告都视为错误。在有告警的情况下，链接是可以成功的。

2. 程序测试的概念

程序测试及测试用例的概念如图 12.25 所示。

程序测试

程序测试是一种将程序的实际输出与预期输出审查核对的过程，以验证是否能满足设计要求。

测试用例

测试用例（Test Case）是为测试或核实程序是否满足指定需求精心编制的，包括一组输入数据、相应的执行条件以及预期的运行结果。

测试用例的设计，应该在算法设计之前就尽量考虑全面。

图 12.25　程序测试及测试样例概念

3. 程序测试的意义

不论程序员的编程水平、软件设计水平有多高，如果没有通过合适数量和质量的测试用例进行测试，那么其最终的软件质量都是难以保证的。因此说软件质量的好坏，很大程度上取决于测试用例的数量和质量。测试用例设计方法是一种复杂的分析问题的方法，测试驱动开发对开发人员也是一种挑战，不懂测试用例设计就不能算懂开发。

4. 测试用例选取原则

软件测试的目的是发现软件中的各种缺陷，目标是以较少的用例、时间和人力找出软件中的各种错误和缺陷，以确保软件的质量。因此测试用例选取原则如图 12.26 所示，应该选用少量、高效的测试数据，进行尽可能完备的测试。不仅要考虑有效的输入情况，而且要考虑无效的输入也就是异常的输入情况。

“测试用例”设计是一个复杂的过程，更深入的知识可以去查软件工程中的相关资料。

用例选取原则

应该选用少量、高效的测试数据，进行尽可能完备的测试。不仅要考虑有效的输入情况，还要考虑无效的输入情况。

图 12.26　测试用例选取原则

5. 程序测试方法

程序测试方法有两类，白盒法和黑盒法，这里盒子指的是被测试的软件，如图 12.27 所示。

白盒测试是把测试对象视为一个透明盒子，测试者可以看到程序内部的逻辑结构及有关信息，设计的测试用例，是针对对程序的所有逻辑路径来进行的。

黑盒测试，测试人员不知道或完全不考虑程序内部的逻辑结构和特性，只依据程序的需求和功能规格说明，检查程序的功能是否符合它的功能说明。

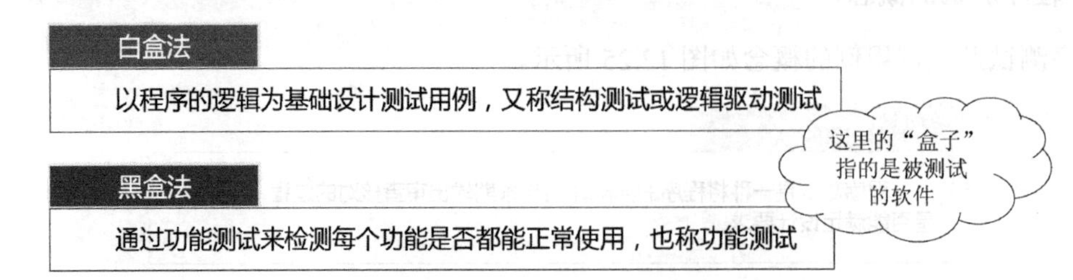

图 12.27　程序测试方法

6. 测试用例设计基本方法

白盒和黑盒测试用例的设计有各种具体的设计方法，每一种设计方法只给出了测试的一个特殊集合，不够全面完整，因此在实际项目运作时，常综合使用各种方法进行用例的设计，如图 12.28 所示。

白盒测试	逻辑覆盖	所有的逻辑值必须测试真、假两个分支
	基本路径测试	每个模块中的所有独立路径至少被执行一次
黑盒测试	等价类划分	将所有可能的输入数据划分成若干个部分，然后从每一个子集中选取少数具有代表性的数据作为测试用例
	边界值分析	测试的合法数据/非法数据，主要在边界值附近选取
	错误推测	列举出程序中所有可能有的错误和容易发生错误的特殊情况，据此选择测试用例
	因果图	充分考虑了输入情况的各种组合及输入条件之间的相互制约关系的一种方法

图 12.28　测试用例设计基本方法

7. 程序测试顺序

实际测试程序时，按照测试顺序的不同，可以分为自底向上测试和自顶向下测试，如图 12.29 所示。

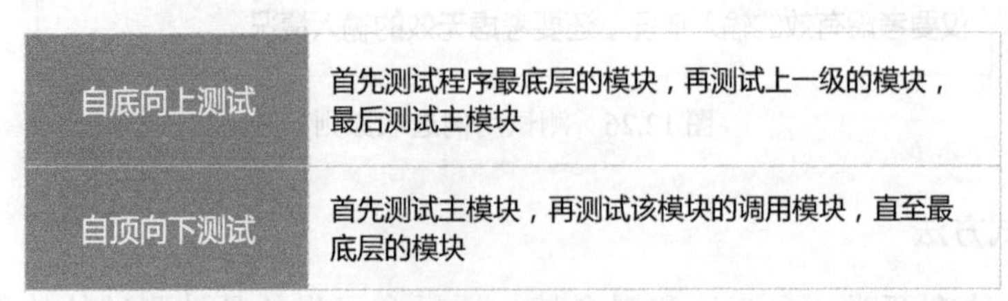

图 12.29　程序测试顺序

我们来看一下测试用例设计的例子。

【例 12.1】判断回文程序的测试

“回文”是指正读反读都能读通的句子或词，编程判断一串字符是否是回文。

【解析】

测试用例的设计要有输入数据，还要列出对应的预期结果。先考虑输入数据，字符串长度可能的情况为长度为奇数或偶数，字符串的情形有对称和不对称两种。以上两个都属于等价划分法。列出“空字串”的特殊情形，属于边界值分析法，如图 12.30 所示。

最后给出预期结果：返回 0——“不对称”，“返回 1”　——“对称”。

Madam,I'm Adam	客上天然居 居然天上客
deified	心清可品茶 茶品可清心

测试用例

	字串长度为奇数		字串长度为偶数		边界
测试数据	非对称字符串	对称字符串	非对称字符串	对称字符串	空字串
预期结果	返回0“不对称”	返回1“对称”	返回0“不对称”	返回1“对称”	返回0“不对称”

图 12.30　判断回文程序测试用例设计

【例 12.2】排序程序的测试

测试对一组数据进行排序的程序。

【解析】

除各数据都不相等的一般情形之外，可推测列出以下几项需要特别测试的边界情况：

- 无输入数据；
- 只有一个数据；
- 输入的数已排好序；
- 输入的数已按逆序排好序；
- 输入的数中部分或全部内容相同。

根据输入情形，给出相应的预期结果即可，如图 12.31 所示。

测试用例

	数列数据	特例	异常情形
输入信息	• 都不相等 • 部分或全部相同 • 已经有序	一个数	无数据
预期结果	有序数列	一个数	告警

图 12.31　排序程序的测试用例设计

12.3 程序调试概念

布朗先生最近一段时间一直在忙着加班，甚至通宵工作，布朗太太问他在干什么，布朗先生眨眨眼说“制造 bug，然后 debug”。在弄清了“bug”和“debug”的含义后，布朗太太更疑惑了：“程序员为什么要一直修复 bug？不能一次就写好吗？”

计算机教授说：“这是一个好问题！”面对编程小白的太太的质疑，计算机教授不禁深思起来，这个看似是个外行提出的好笑问题，却反映了软件产品从设计到上线整个流程中的问题。

12.3.1 bug 与 debug

bug 这个英文单词的本意是小虫、臭虫、缺陷、损坏，现在人们将在电脑系统或程序中隐藏着的一些未被发现的缺陷或问题统称为 bug，把查找 bug 的操作称为 debug。

这样说是有缘由的。1947 年 9 月 9 日，计算机操作员在追踪马克 II（Harvard Mark II）型计算机的错误时，在电路板 70 号中继器的触点旁发现了一只飞蛾，是它停在那里造成了机器故障。操作员把飞蛾拿起来贴在了工作日志上，并写下“首个发现 bug 的实际案例”这样一句话，如图 12.32 所示。他们提出了一个词“debug（调试）”，从而引入新术语“debugging a computer program（调试计算机程序）”。debug 直接的意思是就是去除 bug，但实际还包含了寻找和定位 bug。如何找到 bug，一般比发现后去除 bug 要难得多。

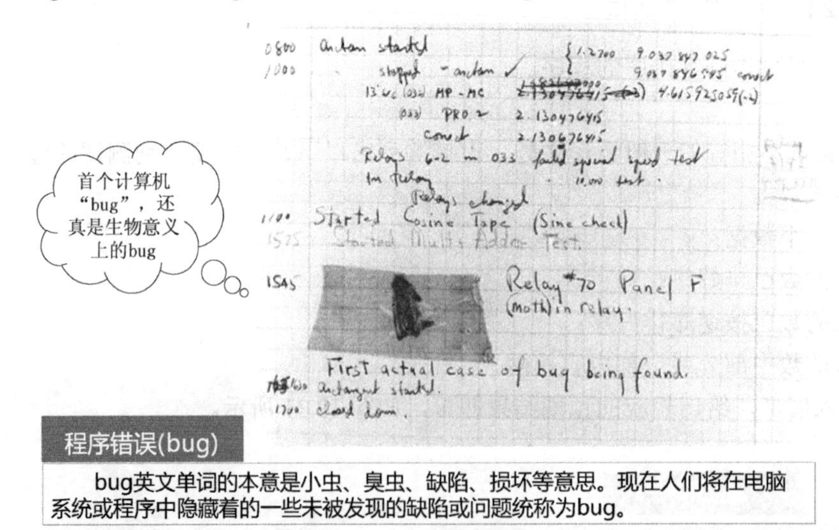

图 12.32 程序中的 bug

自 20 世纪 50 年代开始，人们用 debug 来泛指排除错误的过程，包括重现软件故障、定位故障根源，并最终解决软件问题的过程。软件调试概念如图 12.33 所示，软件调试是使用调试工具求解各种软件问题的过程，基本目标是探索软件缺陷的根源，并寻求其解决方案。除此之外，调试工具还有很多其他用途，比如帮助分析软件的工作原理、分析系统崩溃、辅助解决系统和硬件问题等。

软件调试（debug）

软件调试是使用调试工具求解各种软件问题的过程，基本目标是探索软件缺陷的根源并寻求其解决方案。

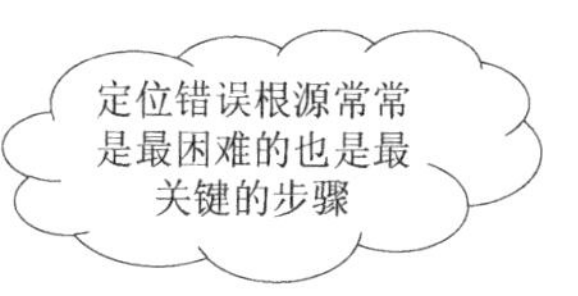

图 12.33　软件调试概念

12.3.2　bug 无处不在

程序开发流程图 12.34 所示，我们在“程序概论”中介绍过，从中可以看出，软件设计并不是简单的事情，程序的错误有可能出现在问题抽象、数据分析、算法设计、程序设计的各个环节。几乎每一个稍微复杂一点的程序都必须经过反复的调试、修改，所以说程序的调试是编程中的一项重要技术。

除在开发过程中会出现种种问题之外，用户使用软件时依然会出现 bug，测试不一定能发现所有的问题。因此，无论是软件开发时还是开发完成后，程序员做得最多的就是不断地更改程序，所以对于外行人来说就是“程序员一直在改 bug”。

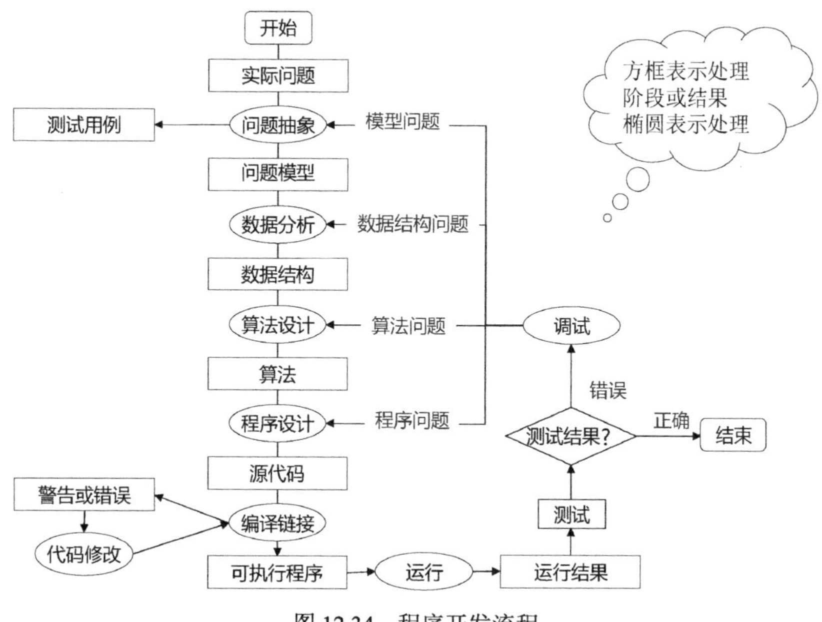

图 12.34　程序开发流程

12.3.3　软件调试的困难

调试是通过现象找出原因的一个思维分析的过程，是一个具有很强技巧性的工作，即使对于有经验的程序员，调试也并非易事。C 语言开发者之一布里安·克尼汉（Brian W. Kernighan）和《软件调试》一书的作者张银奎，都对软件调试的困难性有相关的描述，如图 12.35 所示。

下面就软件调试可以采用什么样的方法进行基本的讨论。

软件调试要比编写代码困难一倍，如果你发挥了最大才智编写代码，那么你的智商便不足以调试这 个代码。

——C语言开发者之一 Brian W. Kernighan

软件调试是软件开发和维护中非常频繁的一项任务。在复杂的计算机系统中寻找软件缺陷不是一个简单的任务。应用程序调试很多时候耗费了比设计编码还要多的时间。

——《软件调试》作者 张银奎

图 12.35　程序调试的困难程度

12.4　软件调试的方法论

12.4.1　引例

1．多米诺骨牌阵的错误查找

小布朗在暑期夏令营里，参加了一个搭大型多米诺骨牌阵的游戏，此处的“大型”意指不能一眼看清全局的状态。布朗队的多米诺骨牌阵首次排好后，在起点触发，但牌阵并没有按预期全部倒下，一定有某些环节出了问题。如何查找问题？可以采取的查错策略有哪些？队友们讨论后认为，可以通过沿着骨牌排列路径逐个查看每一个牌的摆放，还可以用多人分段排查的方法来检查。

程序的结构和运行类似多米诺骨牌，一条语句可以看成一块牌，若干语句或函数是一段程序，因此在程序的查错中也可以借鉴布朗队的策略，如图 12.36 所示。

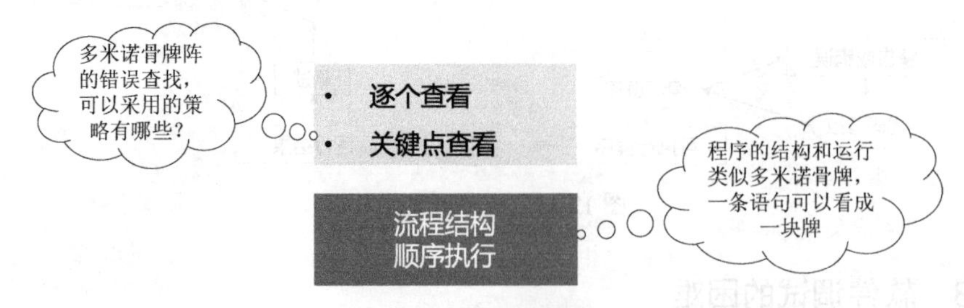

图 12.36　错误查找策略

2．多米诺骨牌阵的崩溃

布朗队的队员们在骨牌阵在找到错误后，连夜进行了重排，排好后时间太晚了，就准备第二天再进行测试。

第二天一早大家进入场地时，发现牌阵有些地方倒了个乱七八糟，夜里锁了门的场地里究竟发生了什么？这时有队员注意到现场有摄像头，立即说可以看监控，从当前时间倒查回去。

同样的思路，如果程序模块的执行踪迹被记录下来了，那么在程序崩溃时查看模块的执行记录，就可以知道是哪个模块出的问题，倒查记录，就可以看出各模块的调用轨迹，如图 12.37 所示。

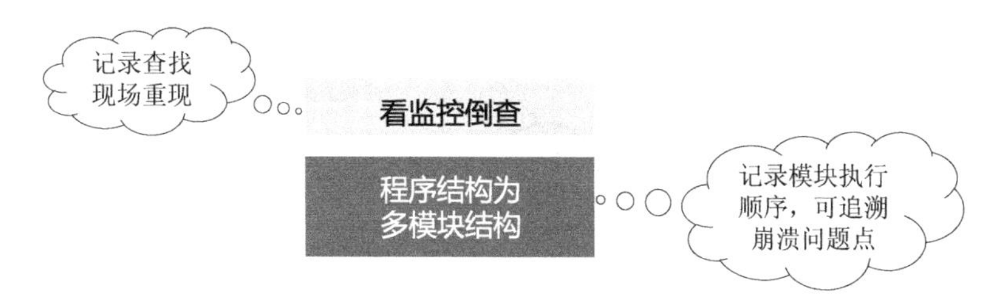

图 12.37　崩溃记录查看

12.4.2　软件调试的基本过程

多米诺骨牌阵的错误查找，是在错误的现场进行的，在牌阵中找到倒下的牌即是错误点。在程序中查找错误，先要在用于调试的系统上，重复导致故障的步骤，使要解决的问题出现在被调试的系统中。此时要分析错误的原因，然后确定解决的方法，最后是修改和验证。

一个完整的软件调试过程应该是循环的，它分为重现故障、定位根源、探索和实现解决方案、验证方案四步，如图 12.38 所示。定位根源，要综合利用各种调试工具，使用各种调试手段寻找导致软件故障的根源。探索和实现解决方案，是根据寻找到的故障根源、资源情况等，设计和实现解决方案。验证方案，是在目标环境中测试方案的有效性。

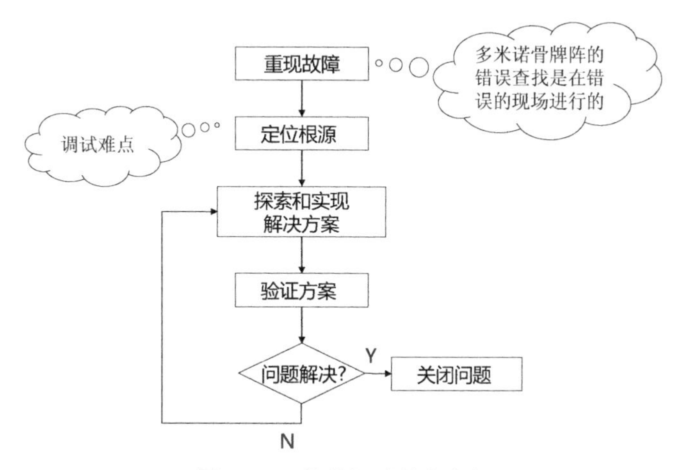

图 12.38　软件调试基本流程

消除软件缺陷的前提是要找到导致缺陷的根本原因。在软件调试的各步骤中，定位根源常常是最困难也是最关键的步骤，它是调试过程的核心问题。

程序逻辑有错如何查找？下面根据程序及其运行的特点进行方法论上的探讨。

12.4.3　程序错误的查找方法讨论

1．程序处理流程分析

首先从程序处理问题的流程来分析，数据经过处理得到相应结果，若要处理的数据是要解决的问题所固有的，即数据的逻辑结构只与问题相关，则其本身应该没有错误，那么，要查找错误，应该从“处理”和“结果”两个环节入手，即程序逻辑错误的查找，要通过数据处理过程的跟踪和结果的查看来进行，如图12.39所示。

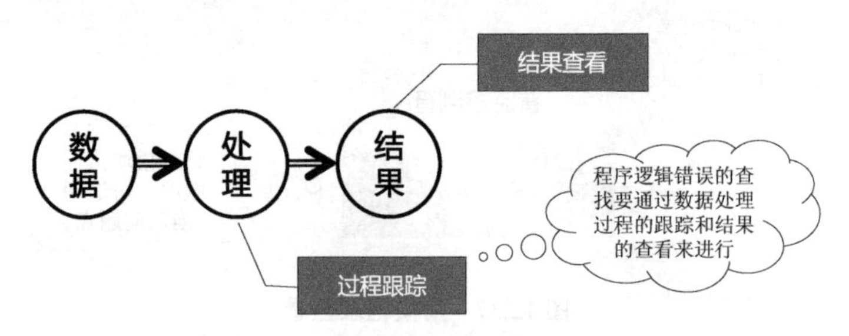

图12.39　程序处理流程中查找错误的部位

【知识ABC】程序的逻辑错

程序的逻辑错主要表现在程序运行后，得到的结果与预期设想的不一致，这就有可能出现了逻辑错。比如运算应该是先加后乘的处理，如果忘了加括号，那么运算结果就会出现错误。通常出现逻辑错的程序都能正常运行，系统不会给出错误在哪里的提示信息。

2．模块间的关系

模块间是通过调用联系起来的，我们来查看一个实际的例子。图12.40中，有3个子函数abc，主函数和子函数之间的调用关系是这样的，按照图中1～8的编号顺序，main调用a，a调用b，b调用c，c函数执行完后，返回到b函数的中断点，继续执行剩余的部分，然后返回到a函数，执行完剩余部分再返回的主函数，继续执行。

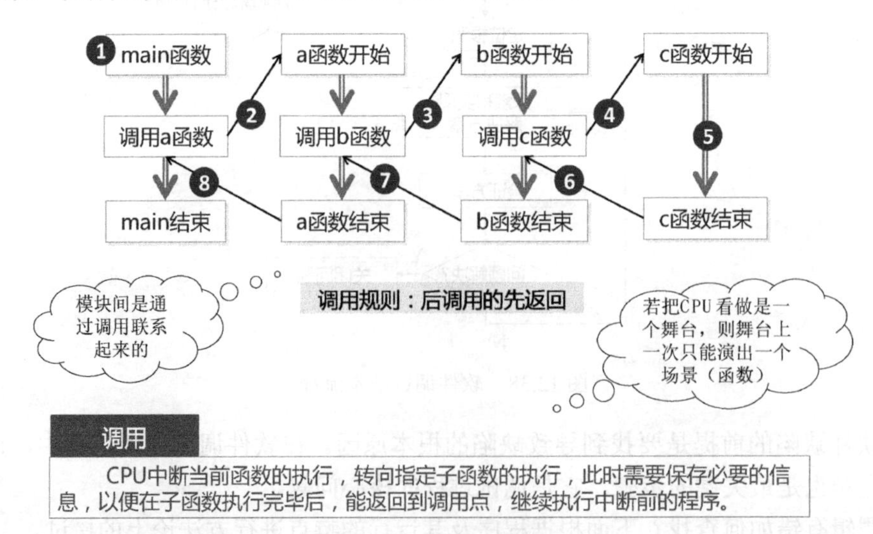

图12.40　模块调用关系

多个函数嵌套调用的规则是：后调用的先返回。

若把CPU视为一个舞台，则舞台上一次只能演出一个场景，也就是每次只能运行一个函数。调用的执行是CPU中断当前函数的处理，转向指定子函数的执行，基于CPU执行程序的特点，此时需要保存必要的信息，以便在子函数执行完毕后能返回到调用点，继续执行中断前的程序。

系统保存调用点的现场信息包括返回地址、一些变量参数等，按照调用和返回顺序可以看出，保存现场和恢复现场的顺序要按先进后出的顺序进行，如图 12.41 所示。图中的编号和图 12.40 中的编号对应，编号 1～4 是保存顺序，6～8 是恢复顺序，此时“现场信息”的存储空间管理方式具有先进后出的特点，是一种经典的“栈式管理”，这样程序模块的执行踪迹也就被记录下来了。

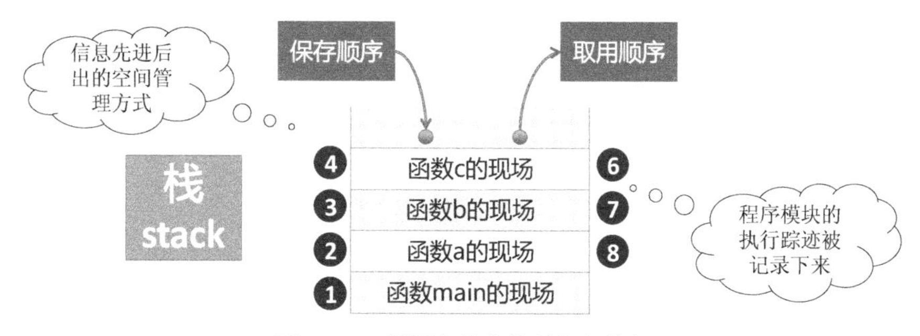

图 12.41　调用点信息的保留与恢复

3．程序错误查找涉及问题

程序的执行路径是在程序的结构之上进行的，如图 12.42 所示。程序由模块组成，故错误的跟踪查找应包括单模块内的跟踪和多模块间的跟踪。

结果的查看，按照数据的组织和存储形式，应该有单个变量、一组地址连续的变量即数组以及变量的地址等形式。

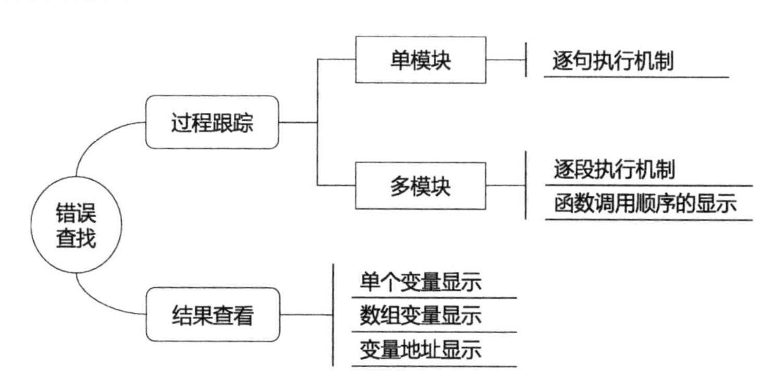

图 12.42　程序错误涉及问题

下面讨论在程序中跟踪查看的具体策略。

12.4.4　跟踪方法方案探索

在多米诺骨牌阵查错，可以一块一块地顺序查看，也可以一段一段地在某些点抽查，或者二者结合起来查看。查看过程中可以随时停下观察和思考和重新搭建。在程序运行时，我们也需要让程序的运行能够暂时停止下来，这样才能查看相应的数据和处理结果。IDE 集成环境提供了这样的机制，使得我们可以运用类似多米诺骨牌阵查错的策略。

1．逐句跟踪方法

（1）单步过程跟踪

从主函数开始，通过单步指令，逐条语句执行，把子函数也当成一条语句处理，比如在图12.43中，这里main函数中有func函数的调用，单步跟踪是把它当成一条语句处理。

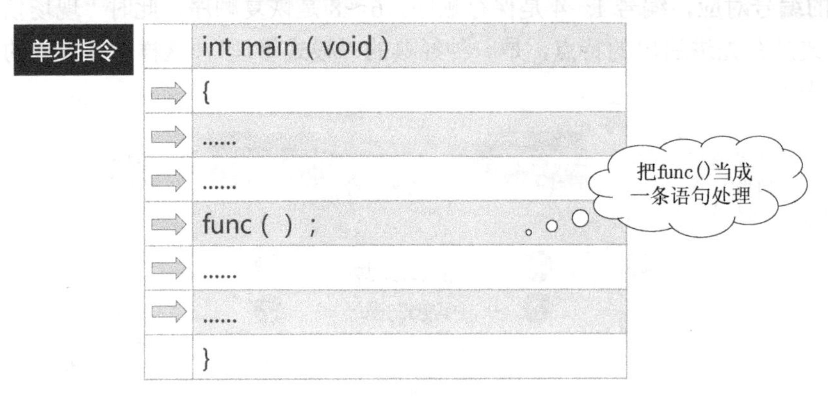

图12.43　单步过程跟踪

（2）单步语句跟踪

从主函数开始执行，通过单步指令，逐条语句执行。遇到子函数时，通过跳转指令，跟踪进入子函数内部，如图12.44所示，在子函数中单步执行，子函数执行完毕，返回调用函数，继续执行剩余语句。

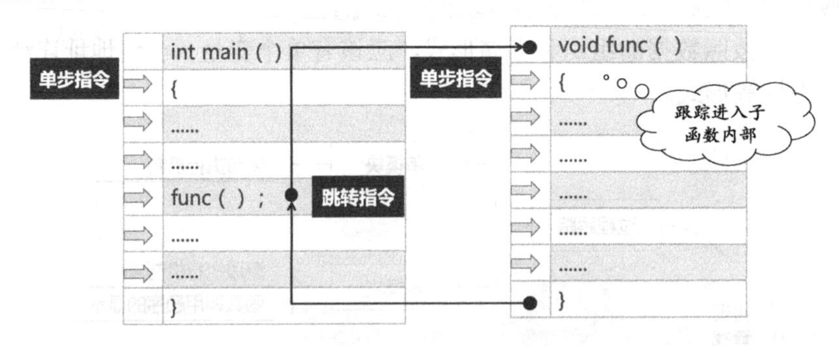

图12.44　单步语句跟踪

2．逐段跟踪方法

我们在需要查看的地方设置暂停点，如图12.45所示，图中用圆点表示让程序暂停下来，查看相应的数据后继续执行。暂停点可以设置多个。通过跳跃到暂停点指令，让程序执行到暂定点时停止运行。多次跳跃后，执行到程序终点。

设置暂停点的操作，在计算机中被称为“中断”。

3．模块执行顺序的倒查

程序在执行时，模块的执行踪迹被系统自动记录在栈中。这样，若遇程序崩溃，则通过查看栈中的信息即可很快定位错误发生在哪个函数，如图12.46所示。出问题的地方会在哪个模块中呢？既然程序是在崩溃时停止运行的，那么问题应该出自位于栈顶部的函数中。

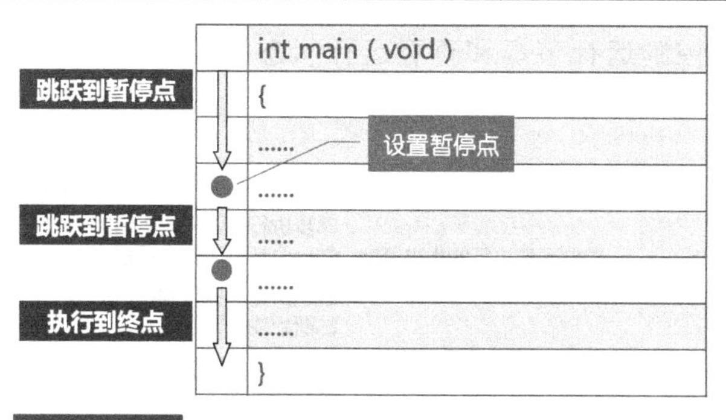

图 12.45　中断设置与分段查看程序

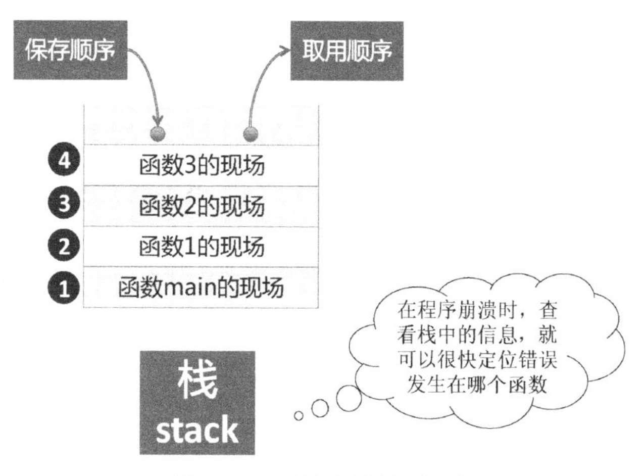

图 12.46　模块执行顺序记录

以上从方法论上讨论了程序跟踪的策略，下面介绍在 IDE 环境中这些策略的实施方法。

12.5　程序调试工具

在软件世界里，螺丝刀、万用表等传统的探测和修理工具都不再适用了，取而代之的是以调试器为核心的各种软件调试工具。

——《软件调试》作者张银奎

调试对于软件的成败至关重要，在软件世界里，螺丝刀、万用表等传统的探测和修理工具都不再适用了，取而代之的是以调试器为核心的各种软件调试工具。调试器属于专业辅助软件，正确使用恰当的调试工具可以提高发现和改正错误的效率。

12.5.1　IDE 中调试器的功能

在一般情况下程序是连续运行的，调试必须能控制程序运行的节奏，使得程序能暂停下来，或一步步地执行，或跳跃执行，在程序停下来时，可以观察程序的状态。IDE

中提供的调试器，具有控制运行节奏和查看运行状态等功能，具体操作就是跟踪和记录 CPU 执行软件的过程，把动态的瞬间凝固下来供程序员检查和分析。如图 12.47 所示。

功能	意义	情形
控制 运行节奏	· 控制程序执行的步进速度 · 观察代码的执行路线	单步执行：以一行语句或函数做一个步进单位执行程序
		跳跃执行：执行到程序员指定的断点或光标处
查看 运行状态	在程序步进暂停时，观察内部数据	变量值、内存值、寄存器值、堆栈值等

图 12.47　IDE 调试器功能

控制运行节奏，即能控制程序执行的步进速度，观察代码的执行路线。其中的单步执行，是以一行语句或函数做一个步进单位执行程序；跳跃执行，可以控制程序执行到程序员指定的断点或光标处停止。单步执行是深入诊断软件动态特征的一种有效方法。但从头到尾跟踪执行一段程序乃至一个模块，一般都显得效率太低。常用的方法是先使用断点功能将程序中断到感兴趣的位置，然后再单步执行关键的代码。

查看运行状态，是在程序步进暂停时，提供观察计算机内部数据的手段。IDE 中可以查看变量值、内存值、寄存器值、堆栈值等。调试过程中最重要的工作之一是观察程序在运行过程中的状态。

以上各种功能要配合起来灵活使用，才能有效率地工作。

【知识 ABC】程序的调试版与发布版

我们之所以可以使用调试器对项目进行调试，是因为在编译单元之中包含有调试过程所需要的调试信息。在使用调试器之前，需要通过编译器将调试信息嵌入到编译单元之中。

Debug 版通常称为调试版本，它包含调试信息，可以单步执行、跟踪等，便于程序员调试程序。它不对代码进行任何优化，生成的可执行文件比较大，代码运行速度较慢。

Release 版称为发布版本，它往往进行了各种优化，使得程序在代码大小和运行速度上都是最优的，以便用户很好地使用，但在编译条件下无法执行调试功能。

Debug 版和 Release 版的真正秘密，在于 IDE 中的一组编译选项，在菜单栏 Build→Batch Build（配置）中可以选择编译一个版本，或者两个版本都编译，如图 12.48 所示。调试版本使用一组编译选项来帮助进行调试。在程序编写、调试完毕准备发布之前，再通过编译选项将调试信息剔出，由此产生有高效代码的发布版本。

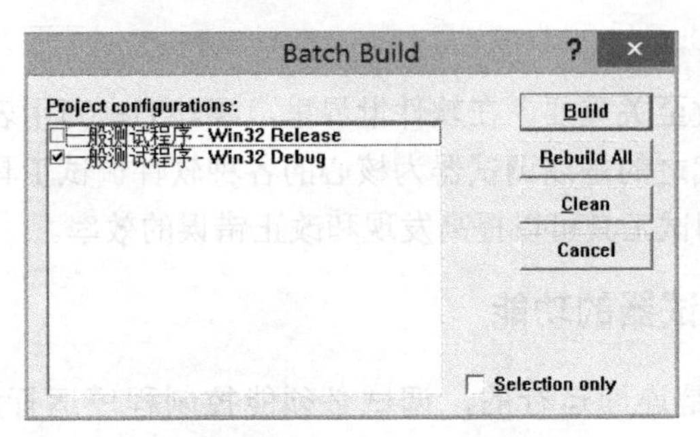

图 12.48　Debug 和 Release 选项

下面具体看一下调试环境中各种指令及其使用方法。

12.5.2　调试命令

1. 进入调试环境

如图 12.49 所示，可以通过 1、2、3 步在“Build”（组建）菜单下的“Start Debug”（开始调试）中单击 Step Into 命令（热键是 F11）进入调试环境，也可以直接使用热键 F10（Step Over）进入调试状态，此时到第 4 步。注意，Build 菜单会自动变成 Debug 菜单，这里有各种调试命令。

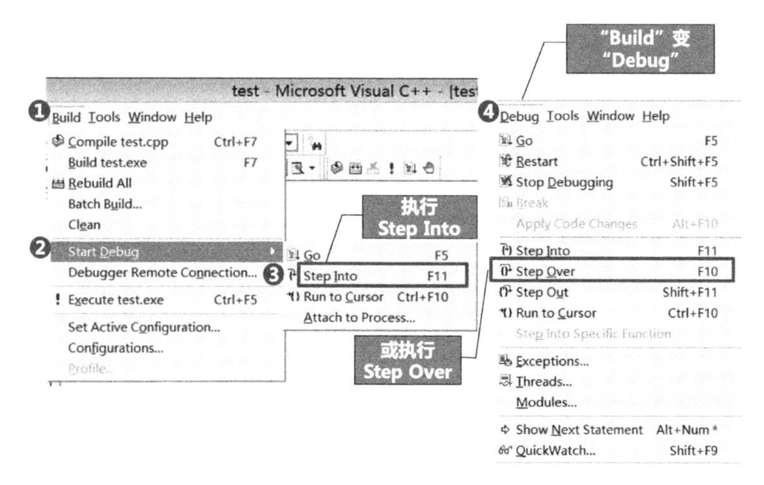

图 12.49　进入调试环境

2. 控制程序运行的命令

控制程序运行的命令配合断点设置和跳转指令，可以完成单步执行和跳跃执行。它们的使用方法将在具体的调试实例中看到。主要的控制程序运行的命令如图 12.50 所示。

3. 断点设置

为方便较大规模程序的跟踪，设置断点（Breakpoints）是最常用的技巧。

菜单命令	快捷键	说 明
Go	F5	继续运行，直到断点处中断。与断点设置配合使用。
Step Over	F10	单步，如果涉及到子函数，不进入子函数内部
Step Into	F11	单步，如果涉及到子函数，进入子函数内部
Run to Cursor	Ctrl+F10	运行到当前光标处。与光标设置配合使用
Step Out	Shift +F11	运行至当前函数的末尾。跳到上一级主调函数
	F9	设置/取消（位置断点）
Stop Debugging	Shift+F5	结束程序调试，返回程序编辑环境

Debug

调试工具条，图标和debug菜单中的命令相对应，建议用快捷键

图 12.50　控制程序运行的主要命令

断点是调试器在代码中设置的一个位置。当程序运行到断点时，程序中断执行，回到调试器，以便程序员检查程序代码、变量值等。程序在断点处停止后，可以进一步让程序单步执行，来查看程序是否在按照所预想的方式运行。

IDE 中的断点设置有三类，分别为位置断点、数据断点和消息断点。基于控制台应用的 C 程序只使用前两种断点。断点的设置界面如图 12.51 所示，在调试状态下，进入主菜单栏 Edit 里的 Breakpoints 子菜单，可以看到有各种断点的选项，根据需要选择相应类型的设置。

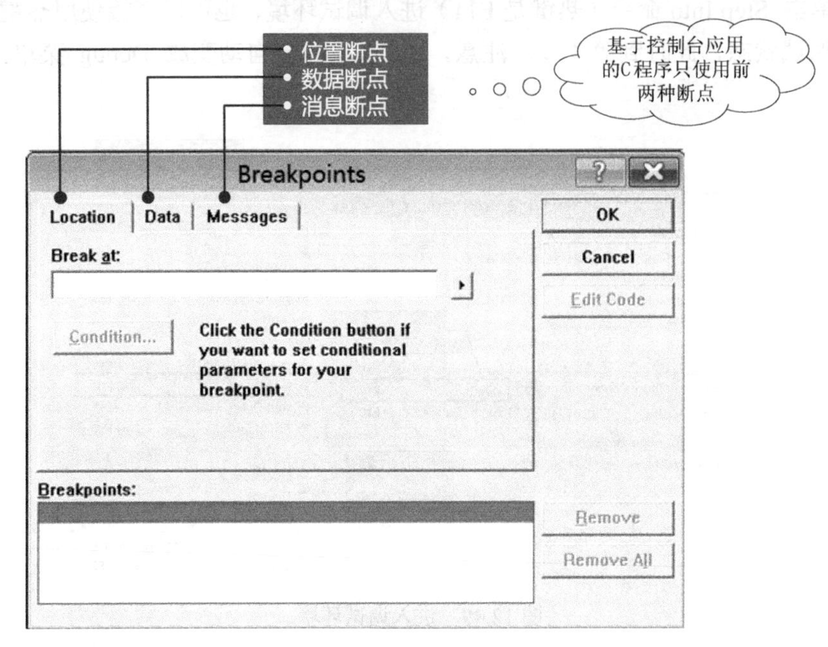

图 12.51　断点设置界面

（1）位置断点

位置断点是最常用的断点。通常在源代码的指定行、函数的开始或指定的内存地址处设置。

可以通过菜单命令 Edit→Breakpoints 或快捷键 F9 设置一个断点。使用快捷方式设置断点，首先把光标移动到需要设置断点的代码行上，然后按快捷键 F9 或者 Build MiniBar 工具条上的“手型”按钮，断点所在程序行的左侧出现一个暗红色圆点，再按一次则清除断点，清除所有断点的热键为 Ctrl+Shift+F9。

（2）数据断点

数据断点是在变量或表达式上设置的，当变量或表达式的值改变时，数据断点将中断程序的执行。

（3）消息断点

消息断点是在窗口函数 WndProc 上设置的，当接收到指定的消息时，消息断点将中断程序的执行。

4．查看运行状态

调试过程中最重要的是要观察程序在运行过程中的状态，这样才能找出程序的错误之处。这里的状态包括各种变量的值、寄存中的值、内存中的值、堆栈中的值等，IDE 中有对应的视窗可以查看这些值，如图 12.52 所示。所有这些观察都必须是在单步跟踪或断点中断的情况下进行的。

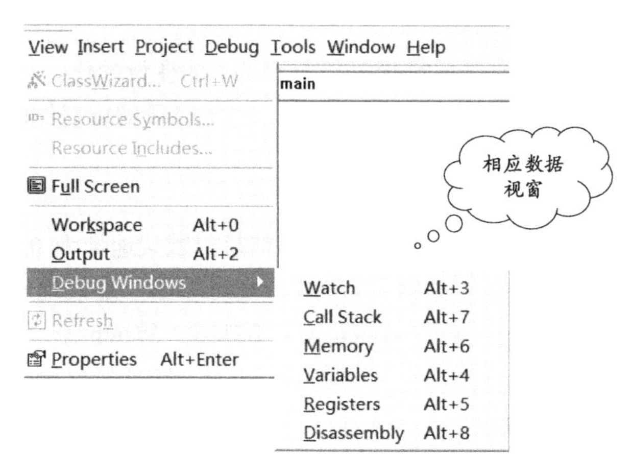

图 12.52 Debug 视窗

查看运行状态的视窗及可显示的内容如图 12.53 所示，程序调试时，具体要查看哪个窗口，需要根据程序的逻辑、配合程序控制命令进行，它们的使用方法会在具体的各章调试实例中介绍。本章中只有部分调试实例。具体视窗样例如图 12.54 所示。

窗口	功能说明
Watch（观察）	在该窗口中输入变量或表达式，就可以看到相应的值
Variables（变量）	自动显示所有当前执行上下文中可见的变量的值
Memory（内存）	显示指定起始地址的一段内存的内容
Registers(寄存器)	显示当前的所有寄存器的值
Call Stack（调用栈）	按函数调用的先后顺序显示所有已被调用但尚未完成运行的函数

图 12.53 Debug 视窗功能

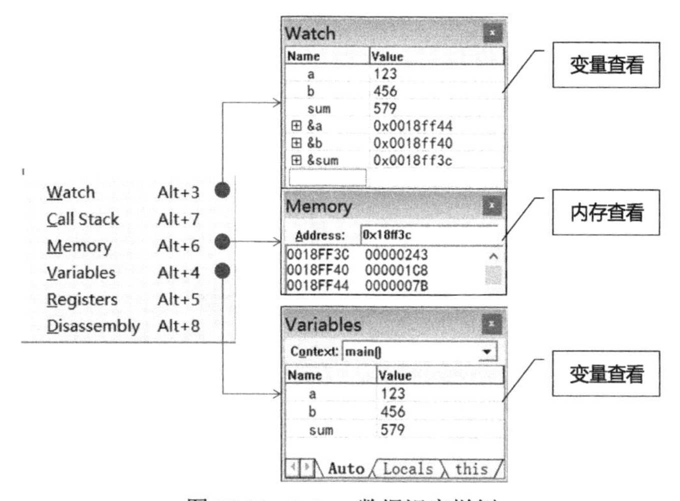

图 12.54 Debug 数据视窗样例

（1）Watch（观察）窗口

在 Watch 窗口中输入想要查看的变量或者表达式，就可以看到相应的值。单步调试程序的过程中，可以在 Watch 窗口中看到变量值的动态变化，我们以此判断程序是否在正确运行。

（2）Variables（变量）窗口

Variables 窗口自动显示所有当前执行语句前后可见的变量的值。特别是，当前指令语句涉及的变量，将以红色显示。如果本地变量比较多，自动显示的窗口比较混乱，这时用 Watch 窗口查看比较清晰。

（3）Memory（内存）窗口

Memory 窗口用于显示某个地址开始处的内存信息，默认地址为 0X00000000。Watch 窗口只能查看固定变量长度的内容，而 Memory 窗口则可以显示连续地址的内容。在 Memory 窗口中需要输入地址，该地址可以通过 Watch 窗口查找到。Watch 窗口不仅显示变量的内容，而且显示每个变量的地址。

（4）Registers（寄存器）窗口

Registers 窗口用于显示当前所有寄存器的值。

5）Call Stack（调用栈）

调用栈反映当前断点处函数是被哪些函数按照什么顺序调用的。Call Stack 窗口中显示了一个调用系列，最上面的是当前函数，往下依次是调用函数的上级函数。单击这些函数名可以跳到对应的函数中。

（6）视窗中数据的显示格式

各数据视窗中提供了不同格式的显示方式，如图 12.55 所示，比如 Memory 视窗中有字节格式（Byte Format）、长十六进制格式（Long Hex Format）等。在 Memory 视窗单击右键，可在弹出的选项中选择自己习惯的显示格式，注意字节格式的显示顺序是逆的，即以字节为单位，从左到右依次显示低位至高位。Watch 视窗中，默认显示变量的值是十进制的，也可以选择以十六进制的形式显示。

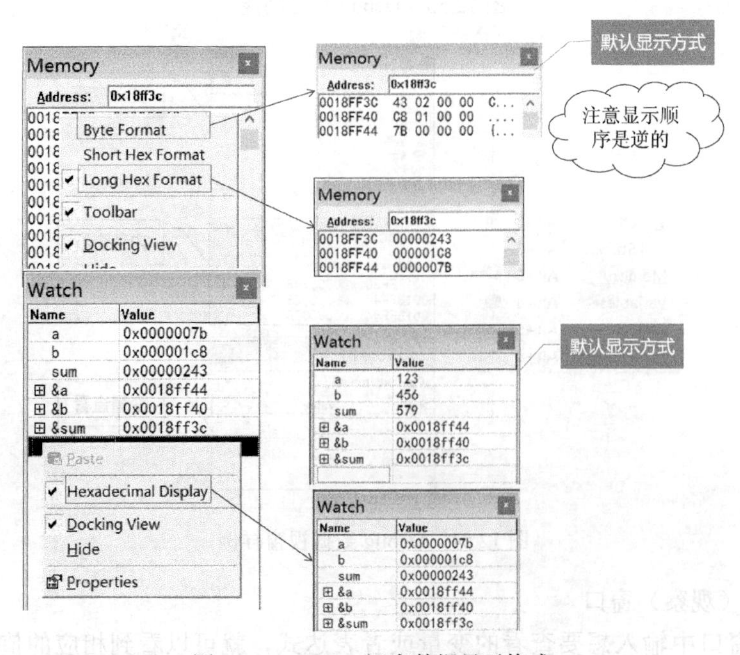

图 12.55　Debug 视窗数据显示格式

【知识 ABC】联机帮助

Visual C++ 6.0 提供了详细的帮助信息。MSDN（Microsoft Developer Network，微软开发者网络）是微软公司面向软件开发者提供的一种信息服务。程序员可以根据需要选择多种方式使用 MSDN，可以安装在自己的机器上，也可以在线使用 MSDN。

在机器上安装 MSDN 后，选择“帮助”（Help）菜单下的“帮助目录”（Contents）命令就可以进入帮助系统。在源文件编辑器中把光标定位在一个需要查询的单词处，然后按 F1 键也可以进入 Visual C++ 6.0 的帮助系统。用户通过 Visual C++ 6.0 的帮助系统可以获得几乎所有 Visual C++ 6.0 的技术信息，这也是 Visual C++ 作为一个非常友好的开发环境的特色之一。

12.6 调 试 实 例

12.6.1 基本调试步骤示例

我们先通过一个简单的程序来熟悉一下程序调试的基本步骤，程序如图 12.56 所示。

1. 设置断点的跟踪方法

在图 12.56 中，我们选定 printf 语句作为断点位置。

可以通过菜单命令 Build→Start Debug→Go 命令或热键 F5 使程序运行到断点。程序执行到第一个断点处将暂停执行，调试程序在程序行的左侧添加一个黄色箭头，表示程序将要执行此条语句，此时用户可进行变量或表达式等数据的观察。继续执行 Go 命令，程序运行到下一个相邻的断点，如后面没有断点，则执行到程序结束。

可以通过菜单命令 View→Debug Windows→Watch 查看变量的值。在图 12.57 的 Watch 窗口中输入变量名，就可以看到它的值。Name 列为要监控的表达式或变量，Value 列为对应的值，通过该窗口可监控在程序运行过程中表达式值的变化。

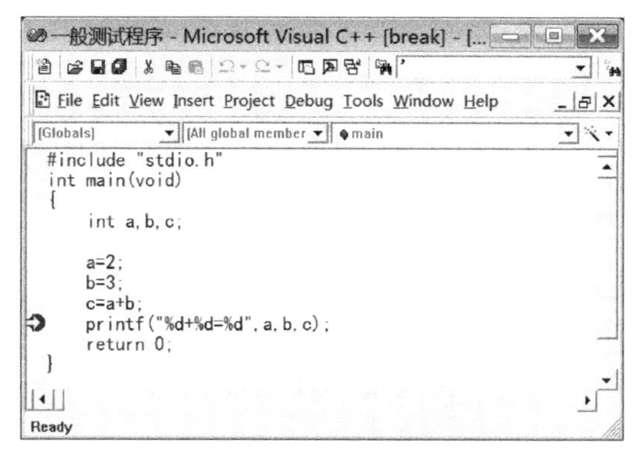

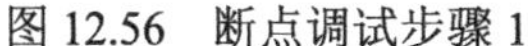
图 12.56　断点调试步骤 1

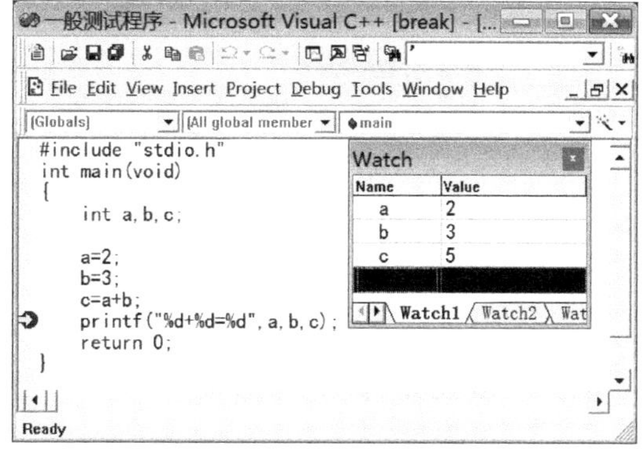

图 12.57　断点调试步骤 2

按 F5 键继续执行程序，得到输出结果，如图 12.58 所示。此时控制台窗口会一闪而过，看不清结果，视窗就消失了。可以用 Build→Execute 命令（Ctrl+F5）来执行程序，可以避免控制台视窗在程序结束的时候消失。

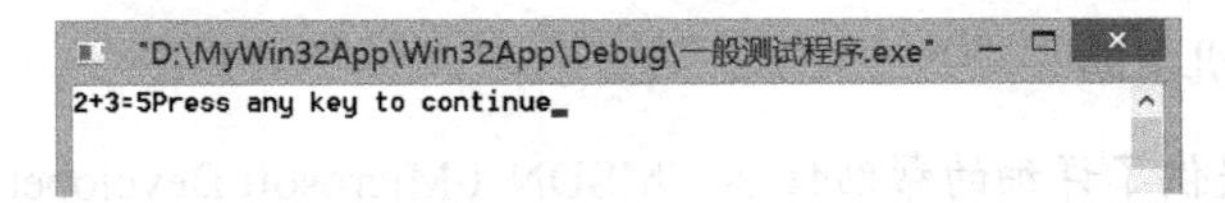

图 12.58　断点调试步骤 3

2. 单步跟踪的方法

选择菜单命令 Build→Start Debug→Step Into 或按热键 F11，进入程序单步跟踪调试状态。程序从主函数 main 开始运行，如图 12.59 所示，注意此时 Build 菜单变为 Debug。

可以通过菜单命令 Debug→Step Over 或热键 F10 使程序单步运行。

跟踪调试步骤 2，如图 12.60 所示，每按一次 F10 键，程序单步执行一条语句，语句指示箭头下移一行。

File Edit View Insert Project Debug Tools Window Help
[Globals]　[All global member]　main

一般测试程序.cpp

```
#include "stdio.h"
int main(void)
{
    int a,b,c;

    a=2;
    b=3;
    c=a+b;
    printf("%d+%d=%d",a,b,c);
    return 0;
}
```

图 12.59　跟踪调试步骤 1

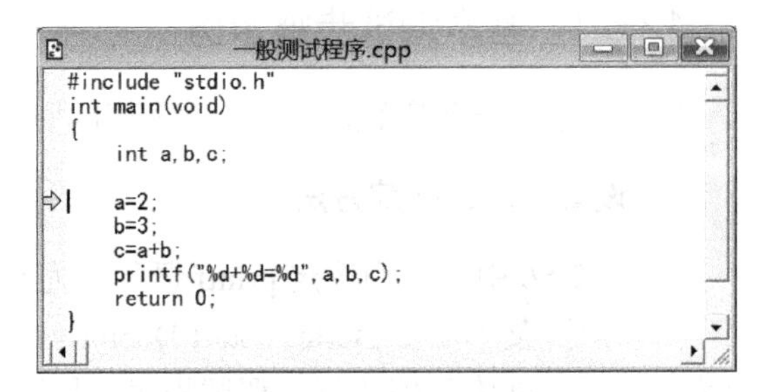

图 12.60　跟踪调试步骤 2

跟踪调试步骤 3，如图 12.61 所示，在 Watch 窗口中可以查看相关的变量。变量 b 和 c 并未在程序中赋成显示的值，这是因为还未执行到相应的赋值语句，所以其变量单元的值是随机的，而非预想的。

可以通过菜单命令 Debug→Run to Cursor 或热键 Ctrl+F10 让程序运行到指定的位置。

跟踪调试步骤 4，如图 12.62 所示。

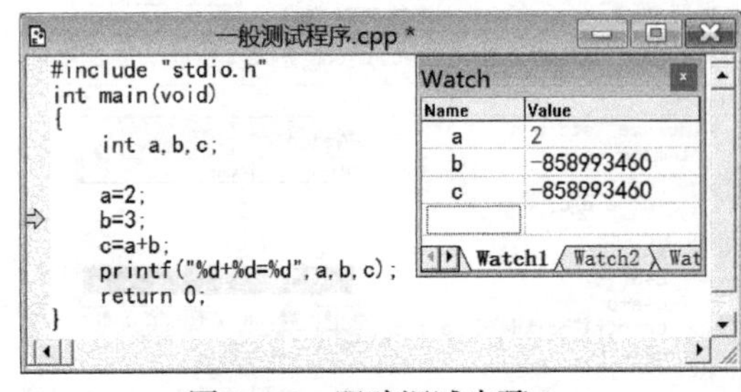

图 12.61　跟踪调试步骤 3

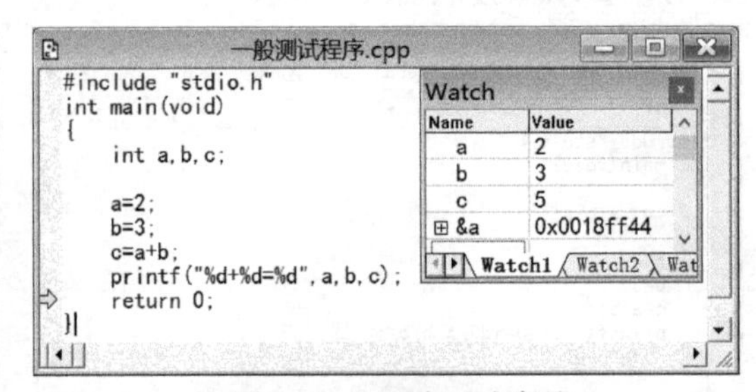

图 12.62　跟踪调试步骤 4

先把光标设到指定的位置，如 return 0 语句行，按下 Ctrl+F10 键，程序运行到 return 0 语句前一条停下来，黄色箭头指在 return 0 语句前，此时可以查看变量的值、变量的地址（变量前加“&”符号），也可以查看控制台窗口的数据输出情形，如图 12.63 所示。

图 12.64 显示了多个窗口信息，0x18ff44 是变量 *a* 的地址，在 Memory 窗口中也可以查看这个地址的值。Memory 窗口中，最左侧一列为内存地址，依次向右的四列为内存中的内容，以十六进制表示，最后一列为内存内容的文本显示。

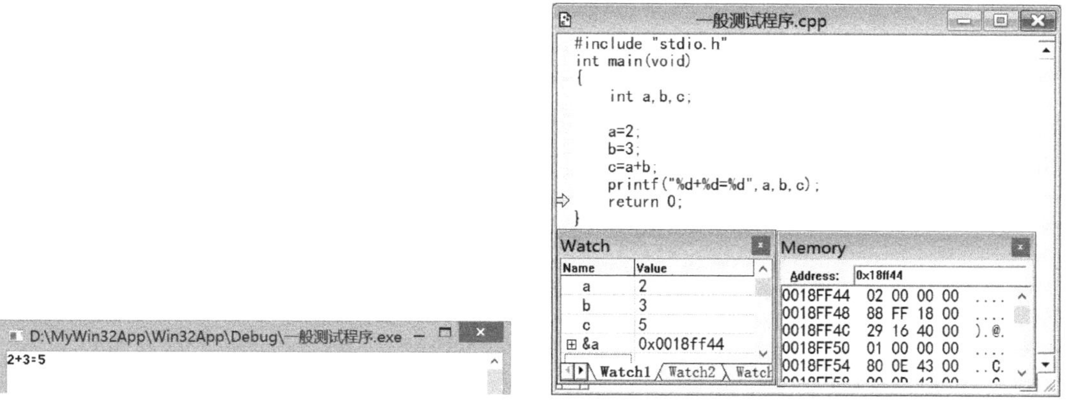

图 12.63　控制台窗口信息　　　　图 12.64　多个窗口信息

12.6.2　调试查找程序错误示例

布朗先生给学生出了一道题目，程序通过键盘接收一个以回车结束的字符串（少于 80 个字符），程序的功能是将它的内容颠倒过来再输出，如“ABCD”颠倒为“DCBA”。

有学生把编好的程序源码用邮件发给了教授，如图 12.65 所示，称程序有错误而自己找不出，请老师帮着看看。

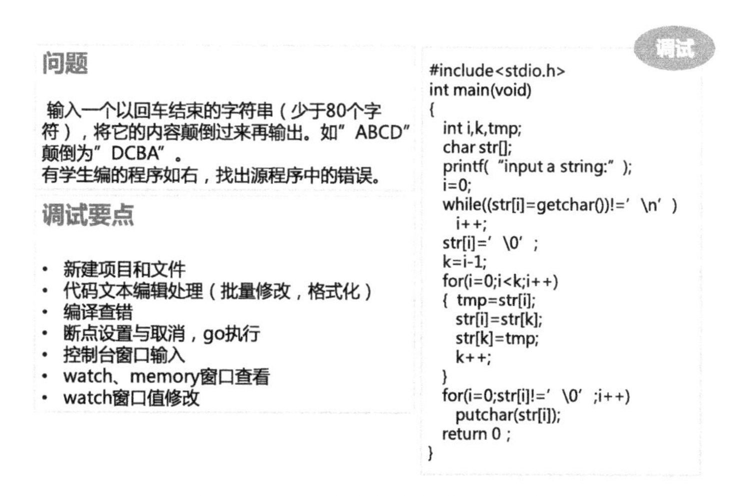

图 12.65　逆序字符串程序调试实例

让我们一起进入 IDE 调试环境去查看一下。程序调试流程中关于项目和文件的建立步骤见 12.1.1 节和 12.1.2 节相关内容。本例中，项目路径为 D:\MYWIN32APP\，项目名是 test;，文件名是 Debugdemo。

1．代码文本编辑处理

当布朗先生设置好项目环境，把邮件中的文件复制到 IDE 环境的文件编辑区域时，发现有很多的“?”，如图 12.66 所示，这是怎么一回事呢？原来从各种文件中复制过来的程序，由于文字编码方式的不同，带有其他的字符，这需要在编译前去掉。去掉本例文本中的“?”，可以用 Edit 菜单中的 Replace 命令批量删除。

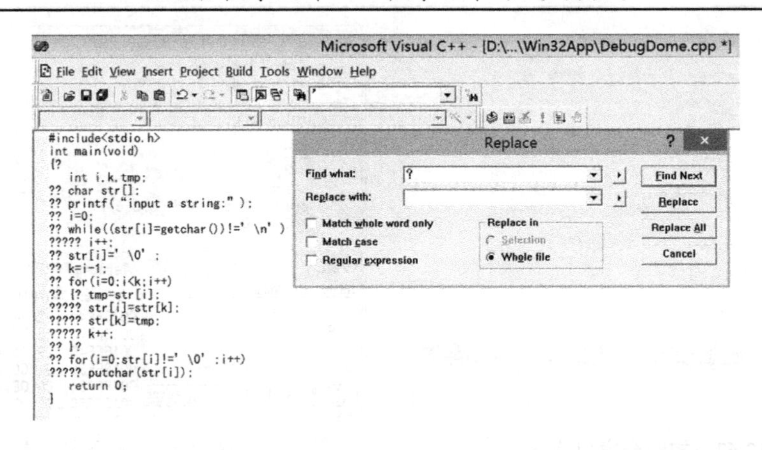

图 12.66 复制的程序

在去掉各种非正常字符后，布朗先生发现代码有些地方没有按格式要求对齐，一个一个调整起来很麻烦，想着要是能有“一键对齐”的功能就好了。在 VC6 中有“格式化文本”这一功能，快捷键是 Alt+F8，一键下去代码格式就自动调试好了，如图 12.67 所示。

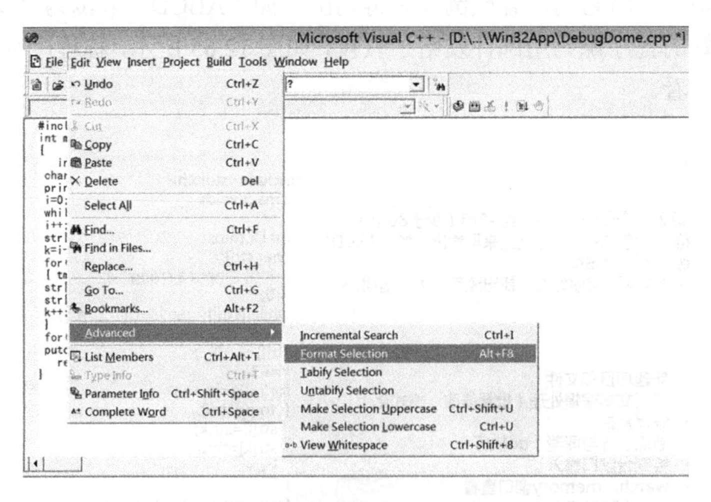

图 12.67 格式化文本功能

2. 编译

教授单击 Build MiniBar 中最左边的编译按钮，对当前打开的源程序进行编译。首次编译，系统弹出一个对话框，如图 12.68 所示，提示要建立一个项目工作区（project workspace），选择“是”。

代码的编译结果在信息输出区，如图 12.69 所示，有 27 个错误。

布朗先生在第一个错误处双击了一下，文件编辑区出现了一个蓝色的小箭头，如图 12.70 所示，错误提示 str 数组长度未知。这的确是个错误，需要给数组确定长度。

将数组长度改为 8 后，继续编译，依然有错，再双击第一个错误，如图 12.71 所示，错误是有“未知字符”，这个打印语句直接从屏幕上看好像并没有错，实在看不出来，教授只好把这部分内容全部重新输入一遍，仔细对比发现，原来是双引号的问题，文件编辑区在全角和半角状态下都可以输入，但对程序代码而言，只有半角状态下输入标点符号才是正确的。

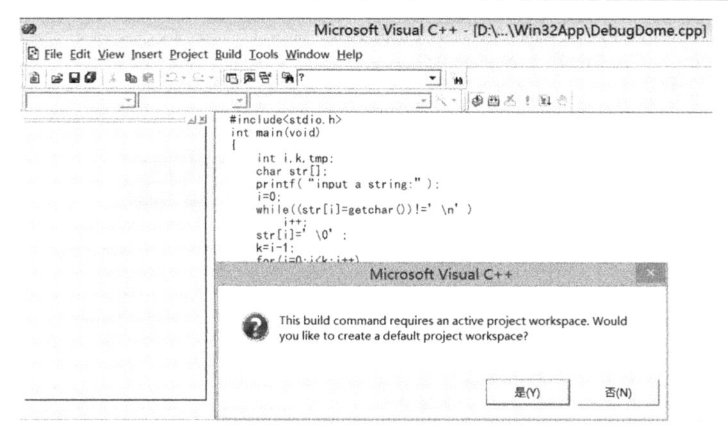

图 12.68　首次编译

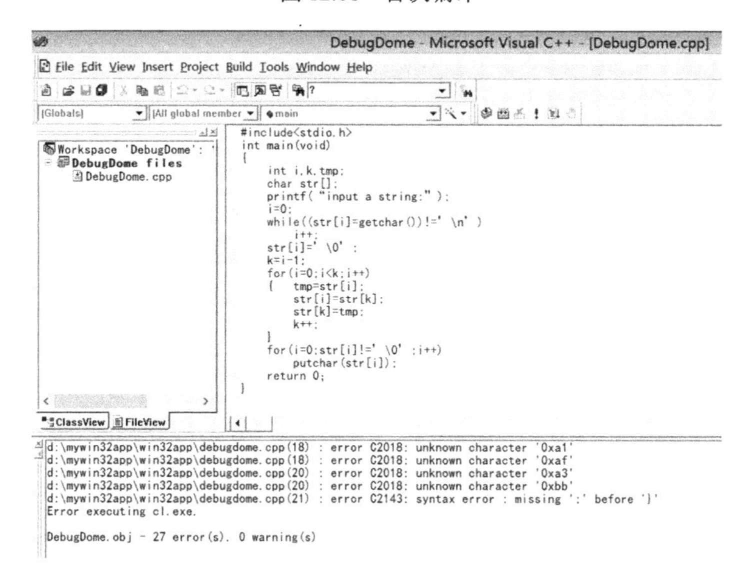

图 12.69　编译结果 27 个错误

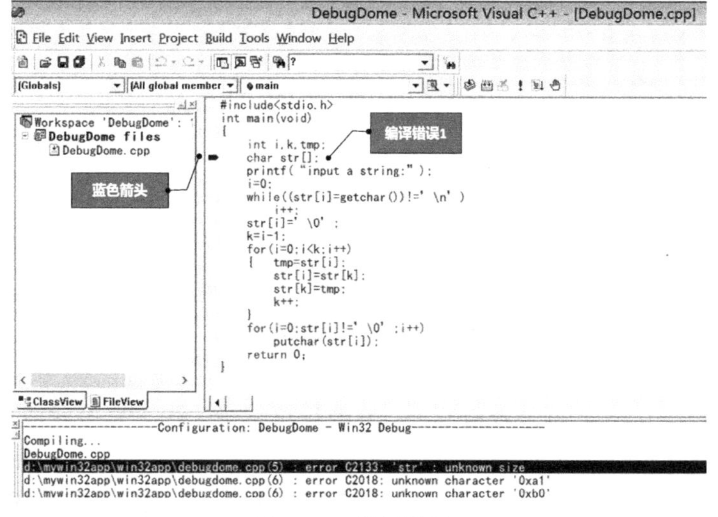

图 12.70　编译错误 1

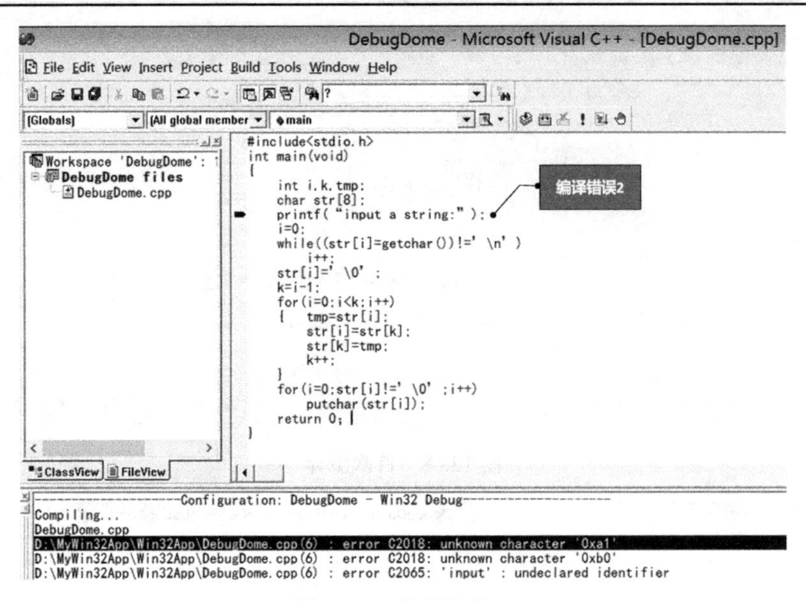

图 12.71　编译错误 2

改正后继续编译，显示有 19 个错误，如图 12.72 所示，错误量一下减少了不少。

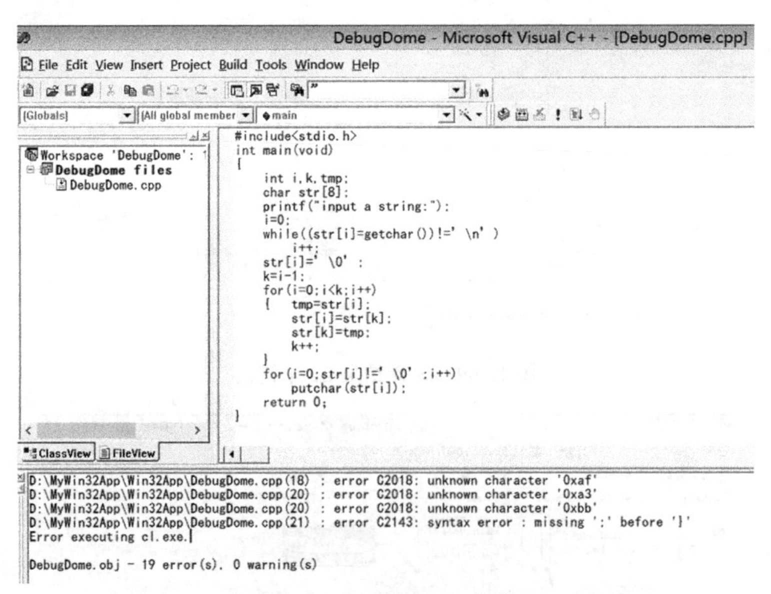

图 12.72　编译结果 19 个错误

再双击第一个错误，错误标记箭头停在 while 语句所在行，如图 12.73 所示。有了前边全角半角引发错误的经验，这次直接就能看出是单引号出的问题，这个问题有好几处，一并都改了。改正后继续编译，显示有 3 个错误，如图 12.74 所示，错误量又减少了很多。

继续双击第一个错误，错误标记箭头停在 return 语句所在行，如图 12.75 所示，布朗先生稍加观察就看出是由全角分号引起的，修改后再编译，这次直接就成功了，如图 12.76 所示。

通过前面的编译过程可以看出，改一个错误后再编译，错误量往往会减少很多，这说明一个错误会引发后续的多个错误，因此每次看编译结果，只需看第一个错误，逐步修改。

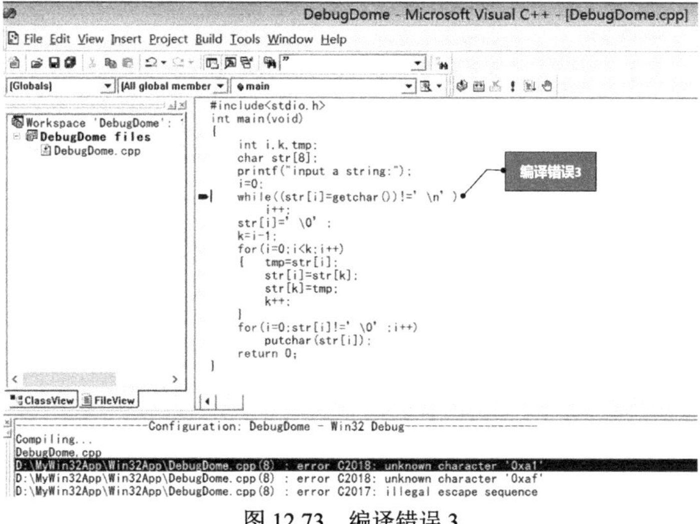

图 12.73　编译错误 3

图 12.74　编译结果 3 个错误

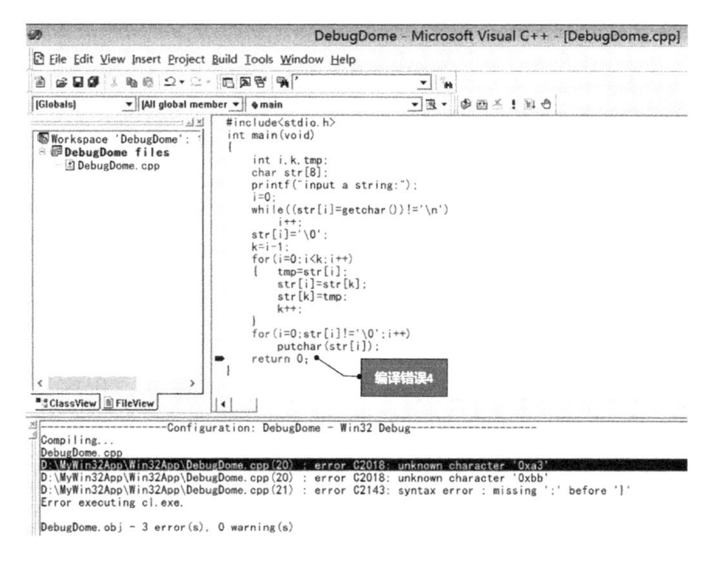

图 12.75　编译错误 4

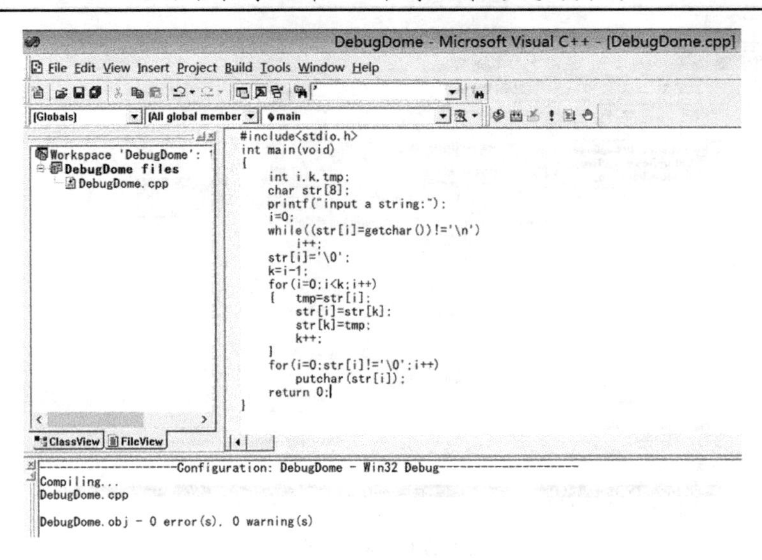

图 12.76　编译成功

3．链接

在编译正确后，布朗先生点了下 Build MiniBar 的第二个按钮，再做链接，链接成功，生成 DebugDemo.exe 文件，结果如图 12.77 所示。

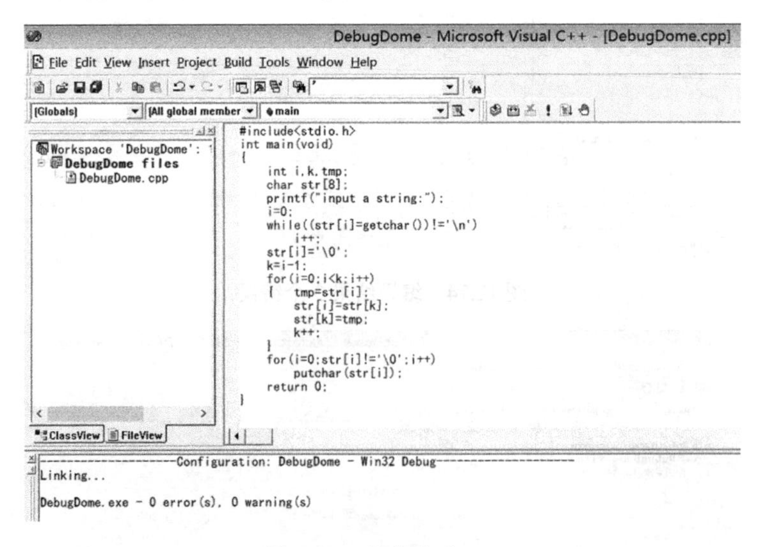

图 12.77　链接生成 exe

4．运行

布朗先生单击“Build MiniBar”工具栏中的“感叹号”按钮，程序运行的结果出现在控制台窗口，发现输入“hello”时，输出的结果只有一个字符“o”。这结果不对呀，如图 12.78 所示。

由于提问的学生并没有解释程序的算法逻辑，因此布朗先生决定通过跟踪调试来逐步查看程序的运行状况，而不是直接读程序分析问题原因。

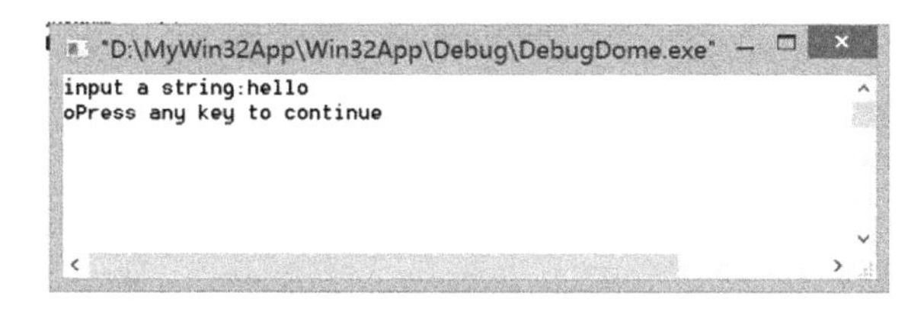

图 12.78　运行结果出现问题

5．调试

（1）设置断点

布朗先生观察到，输入是通过 while 循环逐个字符接收到 str 数组中的，首先要验证一下程序的接收是否正确。布朗先生在 while 循环后单击左键，再单击 Build MiniBar 中的“手型”按钮，就加上了一个断点，如图 12.79 所示。

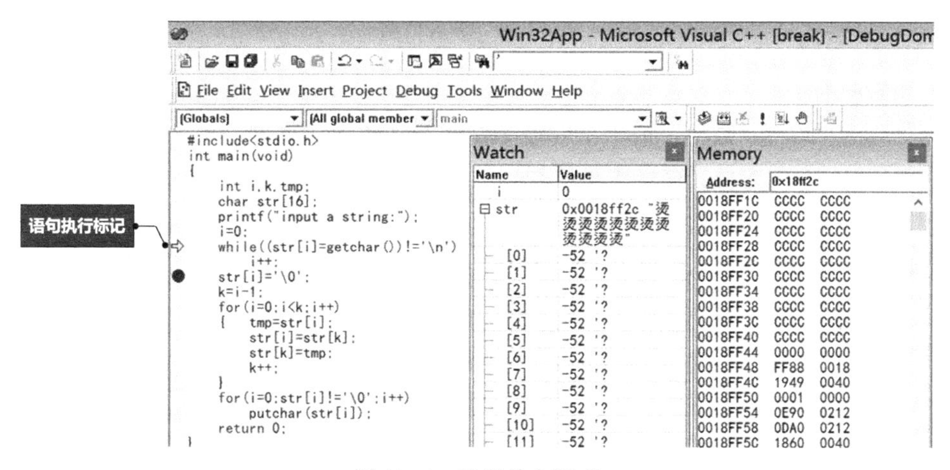

图 12.79　设置输入断点

按 F10 进入单步跟踪状态后，调试程序会在程序行的左侧添加一个黄色箭头，标记将要执行此条语句，每按一次 F10，程序执行一行（若一行有多条语句，则这些语句都被执行）。

while 语句未执行前，字符串未输入，i 为 0，str 数组的地址为 0x18ff2c，其中元素的内容为–52，对应的汉字是“烫”，对应的十六进制数是 CC。此时教授为能多输入一些字符，把 str 数组的长度调整为 16。

【程序设计好习惯】

每行只写一条语句，这样方便调试。

（2）查看输入

在点 Build MiniBar 中 Go 按钮（感叹号按钮右边）后，屏幕上弹出控制台窗口，显示“input a string：”此时布朗先生输入了“hello”，调试程序回到了 IDE 主界面，程序停在断点处，如图 12.80 所示，此时再看 Watch 和 Memory 视窗中，i 值变为 5，str 中被赋值“hello”str[5]的 ASCII 码为十进制 10，是回车。到此，输入部分是正常的。

输入数据没有问题后，再来查看数据的处理是否正常。

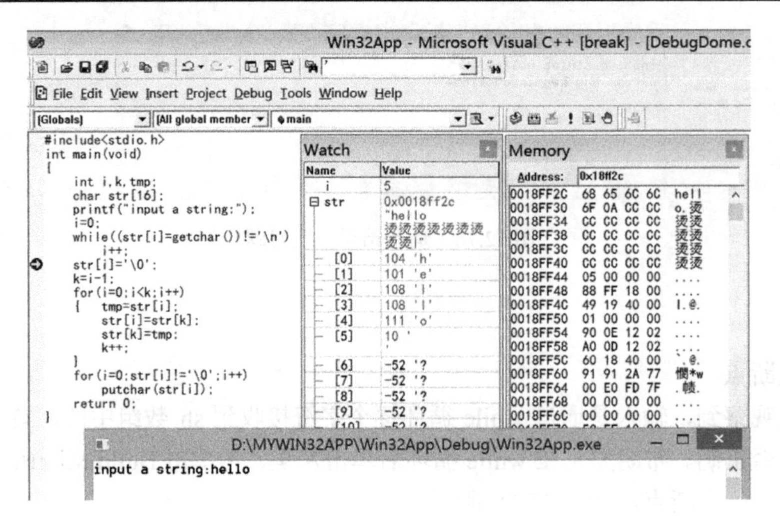

图 12.80　输入数据

（3）跟踪执行

数据处理有两个 for 循环，前一个应该是做字符串的逆序处理，第二个是字符串的输出。我们先查看第一个 for 循环。循环中是置换 str[i]和 str[k]的值，因此需要监控的变量是 i、k 和 str[i]、str[k]，在 Watch 窗口列出这些量，如图 12.81 所示，置换前 i=0，k=4，分别对应输入字串的第 0 个和最后一个下标位置，str[i]=‘h’，str[k]=‘o’，for 循环体中要将二者的值进行交换。

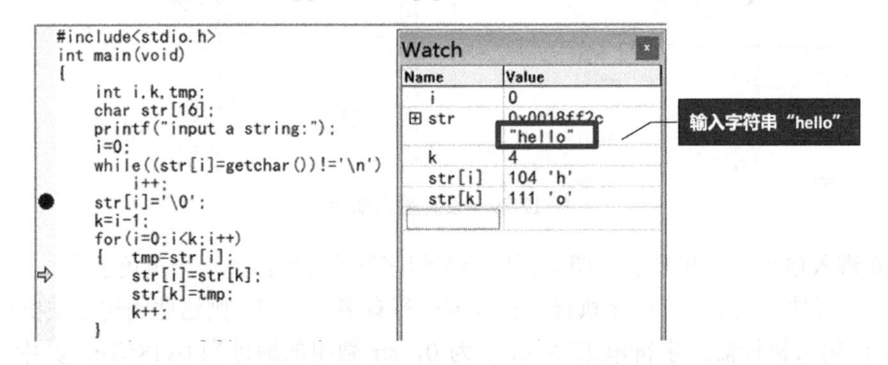

图 12.81　处理过程跟踪 1

在图 12.82 中，for 循环体中值交换过程被执行，结果显示交换成功。

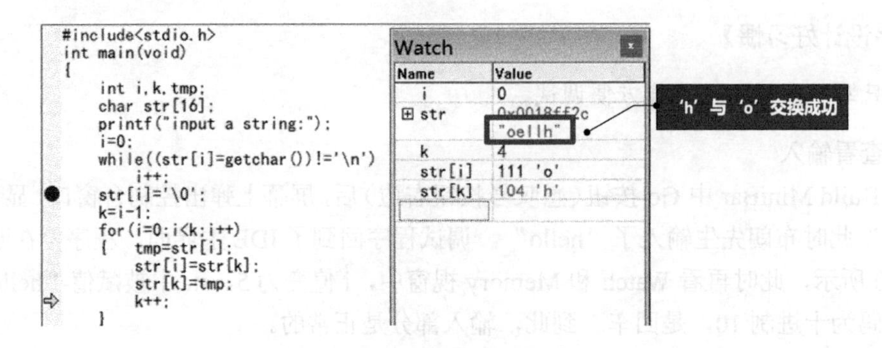

图 12.82　处理过程跟踪 2

在图 12.83 中，i=1，继续 for 的下一次循环，此时字符串中应该交换的字符是‘e’和‘l’，此时 Watch 窗口显示 str[i]=‘e’，而 str[k]却为 0，细看之下，教授发现了问题，逻辑上 k 应该是变小而不是增大，是 k++出的问题。

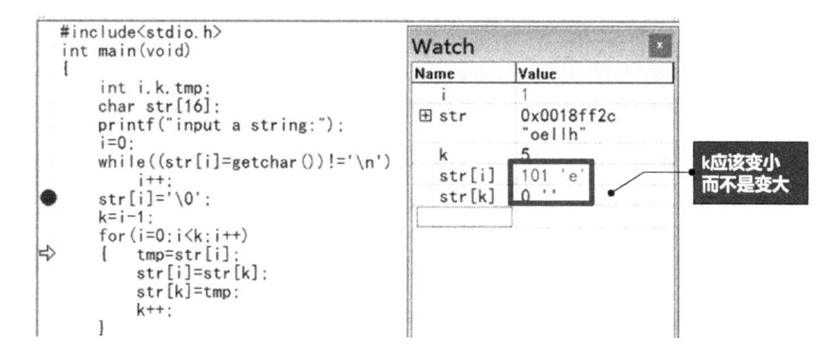

图 12.83　处理过程跟踪 3

（4）修改错误

发现错误后，布朗先生并没有退出调试去修改程序，而是直接在 Watch 窗口的 Value 栏中将 k 改为 3，再继续单步跟踪下去，如图 12.84 所示。

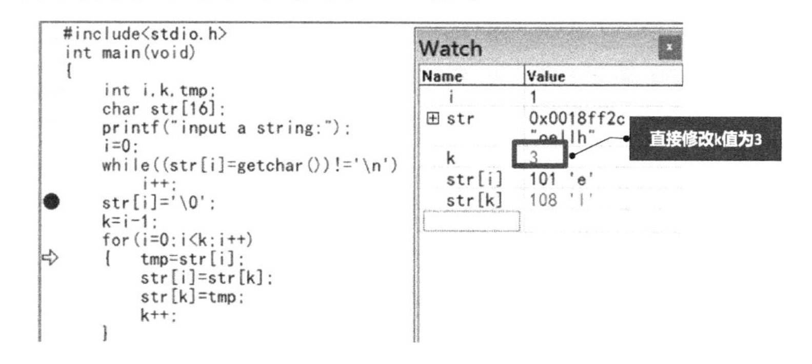

图 12.84　处理过程跟踪 4

每执行一次循环，修改一次 k 值，直到 str 数组中的内容被颠倒完毕，如图 12.85 所示。第二个 for 是输出 str 数组的内容，应该问题不大，教授在 return 前再设置了一个断点。

点 Go 按钮后，控制台窗口显示“olleh”，结果正确，如图 12.86 所示。

```
#include<stdio.h>
int main(void)
{
    int i,k,tmp;
    char str[16];
    printf("input a string:");
    i=0;
    while((str[i]=getchar())!='\n')
        i++;
    str[i]='\0';
    k=i-1;
    for(i=0;i<k;i++)
    {   tmp=str[i];
        str[i]=str[k];
        str[k]=tmp;
        k++;
    }
    for(i=0;str[i]!='\0';i++)
        putchar(str[i]);
    return 0;
}
```

Name	Value
i	0
str	0x0018ff2c "olleh"
k	2
str[i]	111 'o'
str[k]	108 'l'

图 12.85　处理过程跟踪 5

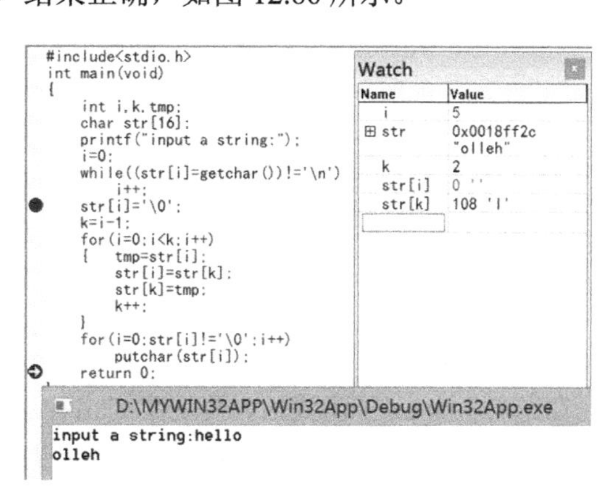

图 12.86　处理过程跟踪 6

跟踪调试完毕，布朗布朗先生把以上跟踪查看过程图加了说明，一并打包回复邮件给学生。回头再看一下，突然发现程序的文件名拼写错了一点，涉及的图片不少，心说编译器要是连程序名称都能查拼写错就好了。罢了罢了！就这样吧。

12.6.3 调用栈的使用示例

在 12.4.4 节里提到，程序在执行时，模块的执行踪迹，被系统自动记录在栈中。这样若遇程序崩溃，则可以通过查看栈顶的信息，即可很快定位错误发生在哪个函数。这里所提到的栈，在 IDE 中具体是调用栈 Call Stack，在 Debug 视窗中可以查看，如图 12.87 所示。

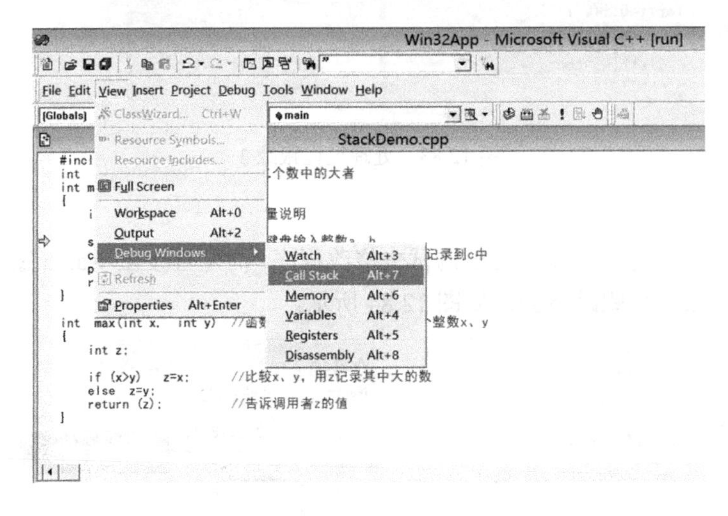

图 12.87 调用栈

下面我们通过一个实际程序来查看一下这个栈的工作过程，如图 12.88 所示。程序执行首先进入 main 函数，单步跟踪箭头标记当前停在将调用子函数 max 处，在 Call Stack 窗口可以看到当前函数箭头标记指向 main，line8——从 include 一行开始起算，到 max 所在行是 8 行（空行也计入在内）。如图 12.89 所示。

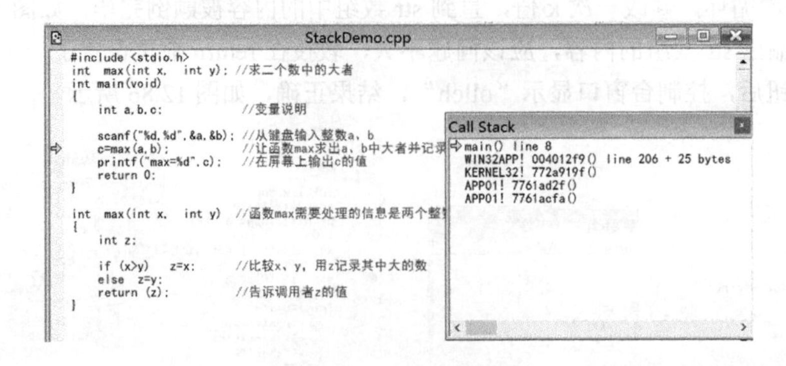

图 12.88 调用栈查看 1

在跳转到 max 子函数后，再观察 Call Stack 窗口，可以看到，当前函数已变为 max，程序当前在第 14 行，同时输入的形参值也显示出来了，通过 Watch 查看形参验证，的确如此，如图 12.90 所示。

图 12.89　调用栈查看 2

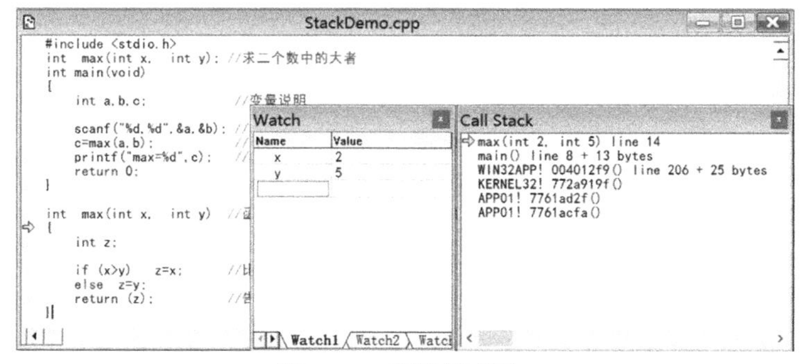

图 12.90　调用栈查看 3

单步跟踪，每执行一步，Call Stack 中 line 的值就随着增加，如图 12.91 和图 12.92 所示，因此当某条语句造成系统故障时，只要这个故障的过程是可重复的，就不必一定单步跟踪，只要通过查看调用栈栈顶信息，就可以查出问题语句了。

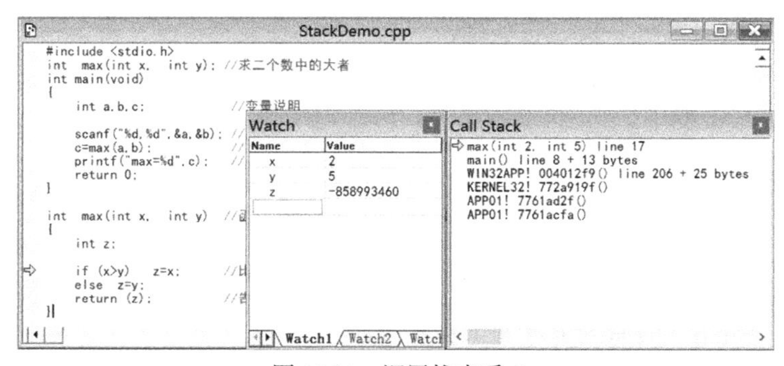

图 12.91　调用栈查看 4

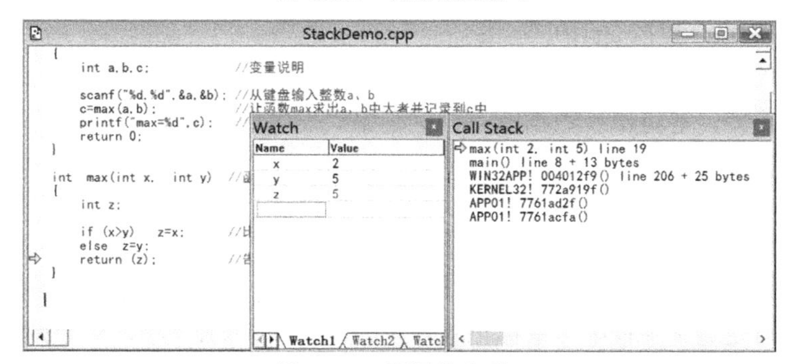

图 12.92　调用栈查看 5

12.6.4 数据断点使用示例

前面我们看了位置断点的例子，下面再来看一下数据断点的设置和查看。

1. 程序源码与运行结果

程序源码与运行结果如图 12.93 所示。

```
#include "stdio.h"
#include"string.h"

int main(void)
{
   char str1[12]="hello world";
   char str2[4];
   int i=0;

   printf("串1内容：%s\n", str1);
   printf("给串2赋值12345678\n");
   do
   {
     str2[i]=getchar();
   }
   while (str2[i++]!='\n');
//  str2[i]='\0';

   printf("串1：%s\n", str1);
   printf("串2：%s\n", str2);
   return 0;
}
```

```
串1内容：hello world
给串2赋值12345678
12345678
串1：5678
 world
串2：12345678
 world
Press any key to continue
```

图 12.93 数据断点调试程序

程序很简单，有两个字符数组 str1 和 str2，str1 中的值是初始化确定的，而 str2 中的值是键盘输入的，然后输出这两个数组的字符。

程序结果显示有问题，在输入 str2 内容前，str1 的内容输出是对的，等输入了 str2 的内容后，str1 的内容就被改变了。

2. 调试计划

根据程序结果显示的错误，str1 是前半部分字符被改，后半部分未变，str1[0]是 5，str1[1]是 6，在输入顺序上 5 先于 6，因此，str1[0]被修改的地方就是错误发生的现场，此时中断程序，就可以观察分析错误的原因了。调试步骤设计如下。

- 单步执行，在输入 str2 之前，观察 str1 和 str2 数组内容；
- 设置数据断点，监控 str1[0]单元；
- 单步跟踪状态下，在控制台窗口一气输入完数据；
- 执行 Go 命令，等待出现数据断点，确定错误发生的时刻。

3. 跟踪调试

（1）在 str2 赋值前查看 str1 和 str2 数组内容

如图 12.94 所示，str1 中内容即是初始化的内容，而 str2 的内容有些奇怪，原因是 IDE 显示字符数组内容时是遇到字符串结束标记才停止的，str2 的长度为 4，对应两个汉字“烫烫”（一个汉字占 2 字节）。

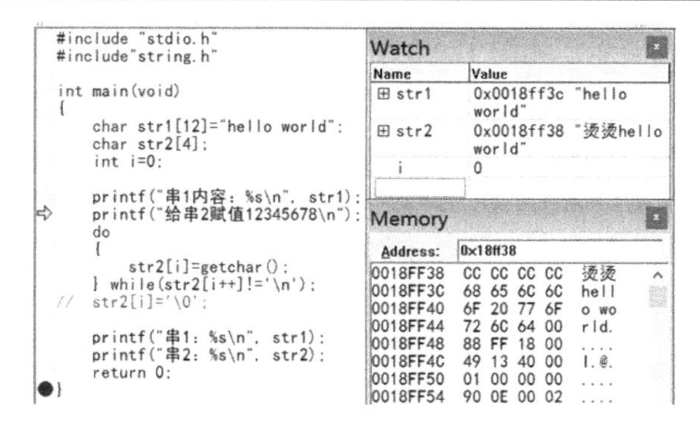

图 12.94　数据断点实例跟踪步骤 1

（2）设置数据断点

进入主菜单栏 Edit 里的 Breakpoints 子菜单，如图 12.95 所示，选“Data”选项卡，在 Enter the expression to be evaluated 文本框中输入要监控的表达式 str1[0]，其他栏中内容都是系统自动添加的。然后在程序结束处设断点。

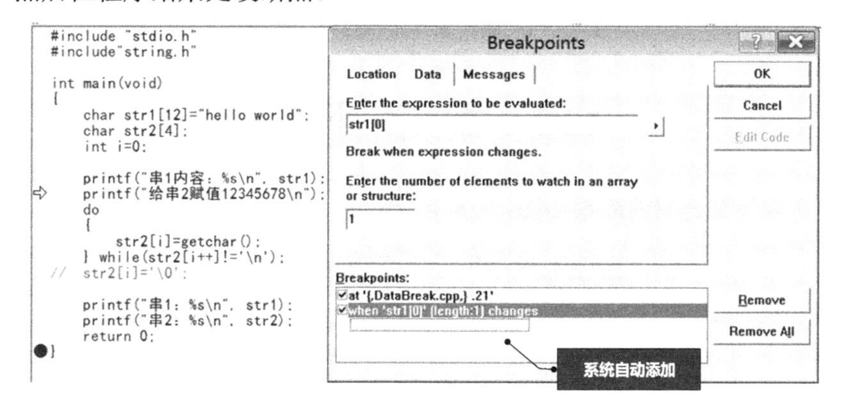

图 12.95　数据断点实例跟踪步骤 2

单步跟踪 do 循环中，遇 getchar()，在控制台窗口一气将“12345678”全部输入，如图 12.96 所示，然后在 Build MiniBar 点“Go”按钮，继续运行程序，此时系统弹出数据断点中断的提示窗口，显示 str1[0]单元被修改，如图 12.97 所示。

```
printf("串1内容：%s\n", str1);
printf("给串2赋值12345678\n");
do
{
    str2[i]=getchar();
} while(str2[i++]!='\n');
// str2[i]='\0';
```

```
D:\MYWIN32AP
串1内容：hello world
给串2赋值12345678
12345678
```

图 12.96　数据断点实例跟踪步骤 3

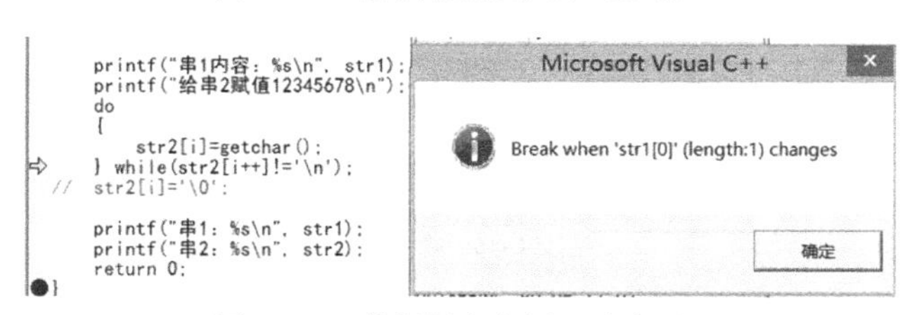

图 12.97　数据断点实例跟踪步骤 4

此时进入 Watch 窗口查看，如图 12.98 所示，显示 str1[0]被修改为 5，此时 i 值为 4，是在 do 循环中逐个给 str2 数组赋值时发生的。原因在于，str1 数组的空间地址紧挨在 str2 后，str2 数组大小只有 4 字节，再多于 4 字节的赋值，就覆盖了 str1 数组的内容。本例的错误原因的查找并不困难，可以从两个 str 数组的地址先后分析出来，但数据断点的设置可以不用逐步跟踪而精确捕捉到错误发生的时刻，这是本例设计的意义所在。

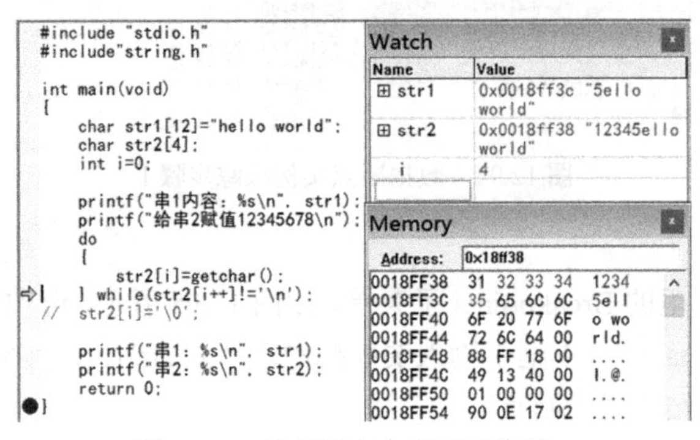

图 12.98　数据断点实例跟踪步骤 5

12.7　本 章 小 结

本章主要内容及其之间的联系如图 12.99 所示。

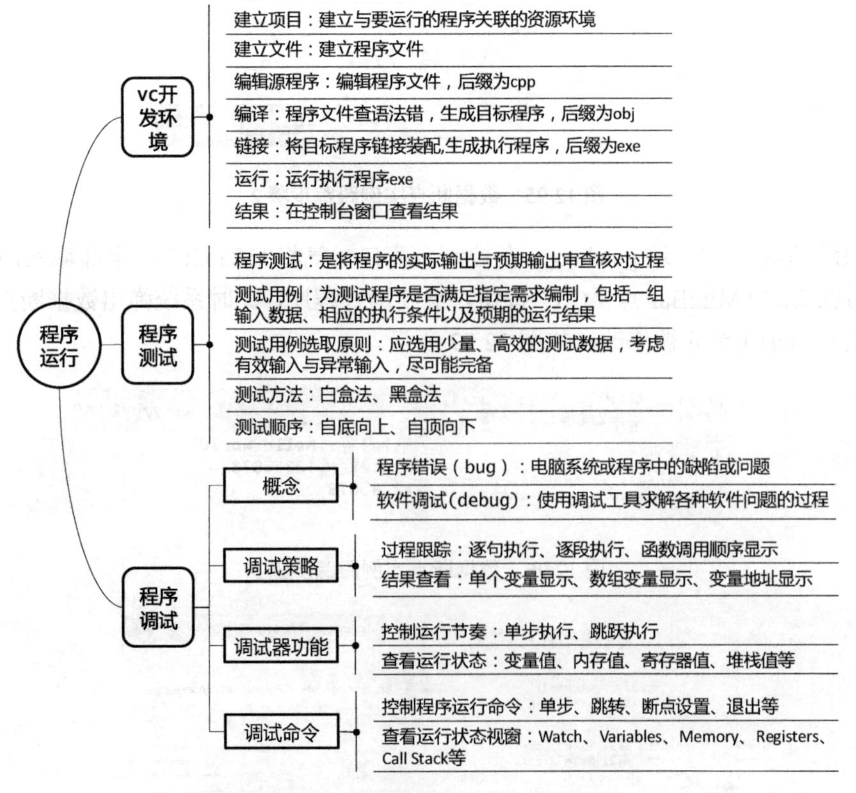

图 12.99　程序运行相关概念及其联系

调试前测试样例设计要费思忖，
输入是什么输出有哪些事前要确认，
正常、异常、边界情形要想周全，
认真仔细达到要求才能完善致臻。

编译时有错不要郁闷，
看提示分析语法错在哪仔细辨认，
一个错会引起连锁错，
改错应该逐步来多改几轮。

看运行结果与设想是否矛盾，
两厢不符则要把设计的逻辑询问。
调试时设断点、单步跟、查变量、看内存，
勤思考细分析找出 bug 直至结果确认。

习　　题

12.1　改正下面程序中的错误：

（1）输入一个字符串，将组成字符串的所有非英文字母的字符删除后输出。

```
#include <stdio.h>
#include <string.h>
int main(void)
{
    char str[256];
    int i,j,k=0,n;

    gets(str);
    n=strlen(str);
    for(i=0;i<n;i++)
    {
            if (tolower(str[i])<'a' || tolower(str[i])>'z')
            {
                str[n]=str[i];
                    n++;
            }
      str[k]='\0';
      printf("%s\n",str);
    }
    return 0;
}
```

（2）运行时输入 10 个数，然后分别输出其中的最大值、最小值。

```
#include <stdio.h>
int main(void)
```

```
{
      float x,max,min;
      int i;

      for(i=0;i<=10;i++)
    {
          if(i=1) { max=x; min=x;}
          if( x>max ) max=x;
          if( x<min ) min=x;
    }
      printf("%f,%f\n",max,min);
      return 0;
}
```

（3）输入 x 和正数 eps，计算多项式 1–x+x*x/2!–x*x*x/3!+…的和，直到末项的绝对值小于 eps 为止。

```
#include <stdio.h>
#include <math.h>
int main(void)
{
     float x,eps,s=1,t=1,i=1;
     scanf("%f%f",&x,&eps);
     do
     {
         t=-t*x/++i;
         s+=t;
      } while( fabs(t)<eps );
     printf( "%f\n", s);
     return 0;
}
```

12.2　补全下面的程序：将数组 a 的每一行均除以该行上绝对值最大的元素，然后将 a 数组写入新建文件 design.txt。

```
#include <stdio.h>
#include <math.h>
int main(void)
{
    float a[3][3]={{1.3,2.7,3.6},{2,3,4.7},{3,4,1.27}};
    FILE *p; float x;
    int i,j;
  /*在下面添加代码*/


  /*添加代码结束*/
  p=fopen("design.txt","w");
  for(i=0;i<3;i++)
  {
```

```
        for(j=0;j<3;j++) fprintf(p,"%10.6f",a[i][j]);
        fprintf(p,"\n");
    }
    fclose(p);
    return 0;
}
```

12.3　代码调试。

（1）输入以下代码然后进行调试，使之实现功能：输入 a、b、c 三个整数，求最小值。写出调试过程。

```
int main(void)
{
    int a,b,c;
    scanf("%d%d%d",a,b,c);
    if((a>b)&&(a>c))
    if(b<c)  printf("min=%d\n",b);
    else   printf("min=%d\n",c);
    if((a<b)&&(a<c)) printf("min=%d\n",a);
    return 0;
}
```

程序中包含一些错误，按下述步骤进行调试：

① 设置观测变量。

② 单步执行程序。

③ 通过单步执行发现程序中的错误。当单步执行到 scanf()函数一句时，注意对比变量的观测值和实际输入值，找出错误原因并改正。

④ 通过充分测试发现程序中的逻辑错误。注意变量 a、b、c 可能存在相等的情况和 a、b、c 分别取最小值的情况。

（2）调试下列程序，使之实现功能：任意输入两个字符串（如"abc 123"和"china"），并存放在 a、b 两个数组中。然后把较短的字符串放在 a 数组，较长的字符串放在 b 数组，并输出。

```
int main(void)
{
    char a[10],b[10];
    int c,d,k;
    scanf("%s",&a);
    scanf("%s",&b);
    printf("a=%s,b=%s\n",a,b);
    c=strlen(a);
    d=strlen(b);
    if(c>d)
    {
        for(k=0;k<d; k++)
        { ch=a[k];a[k]=b[k]; b[k]=ch;}
        }
        printf("a=%s\n",a);
```

```
        printf("b=%s\n",b);
        return 0;
    }
```

提示：程序中的 strlen 是库函数，功能是求字符串的长度，它的原型保存在头文件“string.h”中。调试时注意库函数的调用方法及不同的字符串输入方法，通过错误提示发现程序中的错误。

（3）调试下列程序，使之具有如下功能：输入 10 个整数，按每行 3 个数输出这些整数，最后输出 10 个整数的平均值。写出调试过程。

```
int main(void)
{
    int i,n,a[10],av;
    for(i=0; i<n; i++)
    scanf("%d",a[i]);
    for(i=0; i<n; i++)
    {
        printf("%d",a[i]);
        if(i%3==0) printf("\n");
    }
    for(i=0; i!=n; i++) av+=a[i];
    printf("av=%f\n",av);
    return 0;
}
```

提示：上面给出的程序是可以运行的，但运行结果是错误的。调试时请注意变量的初值问题、输出格式问题等。在程序运行过程中，可以使用<Ctrl>+<Z>键终止程序的运行。

（4）设有 N 名学生，每名学生的数据包括考号、姓名、性别和成绩（提示：可使用结构体）。编写一个程序，要求用指针求出成绩最高的学生，并且输出其全部信息。编写程序，调试程序并记录运行结果。

（5）调试下列程序，使之实现功能：用指针法输入 12 个数，然后按每行 4 个数输出。写出调试过程。

```
int main(void)
{
    int j,k,a[12],*p;
    for (j=0; j<12; j++)
        scanf("%d",p++);
    for (j=0; j<12; j++)
    {
        printf("%d",*p++);
        if(j%4 == 0) printf("\n");
    }
    return 0;
}
```

提示：调试此程序时，可在 Watch 窗口观察数组 a 的元素。调试时注意指针变量指向哪个目标变量。

附录 A　运算符的优先级和结合性

在 C 语言中，参加运算的对象个数称为运算符的“目”。单目运算符是指参加运算的对象只有一个，如+i、–j、x++。双目运算符是指参加运算的对象有两个，如 x+y、p%q。

相同运算符连续出现时，有的运算符是从左至右进行运算的，有的运算符是从右至左进行运算的，C 语言中将运算符的这种特性称为结合性（见表 A.1）。

表 A.1　C 语言中的运算符

<table>
<tr><th>优先级</th><th>运算符</th><th>含义</th><th>运算类型</th><th>结合性</th></tr>
<tr><td>1</td><td>()
[ ]
->
,</td><td>圆括号
下标运算符
指向结构体成员运算符
结构体成员运算符</td><td>单目</td><td>自左向右</td></tr>
<tr><td>2</td><td>!
～
++ --
(类型关键字)
+ -
*
&
sizeof</td><td>逻辑非运算符
按位取反运算符
自增、自减运算符
强制类型转换
正、负号运算符
指针运算符
地址运算符
长度运算符</td><td>单目</td><td>自右向左</td></tr>
<tr><td>3</td><td>* / %</td><td>乘、除、求余运算符</td><td>双目</td><td>自左向右</td></tr>
<tr><td>4</td><td>+ -</td><td>加、减运算符</td><td>双目</td><td>自左向右</td></tr>
<tr><td>5</td><td><<
>></td><td>左移运算符
右移运算符</td><td>双目</td><td>自左向右</td></tr>
<tr><td>6</td><td>< <= > >=</td><td>小于、小于等于、大于、大于等于</td><td>关系</td><td>自左向右</td></tr>
<tr><td>7</td><td>= = ! =</td><td>等于、不等于</td><td>关系</td><td>自左向右</td></tr>
<tr><td>8</td><td>&</td><td>按位与运算符</td><td>位运算</td><td>自左向右</td></tr>
<tr><td>9</td><td>^</td><td>按位异或运算符</td><td>位运算</td><td>自左向右</td></tr>
<tr><td>10</td><td>|</td><td>按位或运算符</td><td>位运算</td><td>自左向右</td></tr>
<tr><td>11</td><td>&&</td><td>逻辑与运算符</td><td>位运算</td><td>自左向右</td></tr>
<tr><td>12</td><td>||</td><td>逻辑或运算符</td><td>位运算</td><td>自左向右</td></tr>
<tr><td>13</td><td>? :</td><td>条件运算符</td><td>三目</td><td>自右向左</td></tr>
<tr><td>14</td><td>= += -= *= /= %=
<<= >>= &= ^= |=</td><td>赋值运算符</td><td>双目</td><td>自右向左</td></tr>
<tr><td>15</td><td>,</td><td>逗号运算</td><td>顺序</td><td>自左向右</td></tr>
</table>

附录 B ASCII 码表

ASCII 值	控制字符	ASCII 值	控制字符	ASCII 值	控制字符	ASCII 值	控制字符
0	NUT	32	(space)	64	@	96	、
1	SOH	33	!	65	A	97	a
2	STX	34	"	66	B	98	b
3	ETX	35	#	67	C	99	c
4	EOT	36	$	68	D	100	d
5	ENQ	37	%	69	E	101	e
6	ACK	38	&	70	F	102	f
7	BEL	39	'	71	G	103	g
8	BS	40	(	72	H	104	h
9	HT	41	)	73	I	105	i
10	LF	42	*	74	J	106	j
11	VT	43	+	75	K	107	k
12	FF	44	,	76	L	108	l
13	CR	45	-	77	M	109	m
14	SO	46	.	78	N	110	n
15	SI	47	/	79	O	111	o
16	DLE	48	0	80	P	112	p
17	DCI	49	1	81	Q	113	q
18	DC2	50	2	82	R	114	r
19	DC3	51	3	83	S	115	s
20	DC4	52	4	84	T	116	t
21	NAK	53	5	85	U	117	u
22	SYN	54	6	86	V	118	v
23	TB	55	7	87	W	119	w
24	CAN	56	8	88	X	120	x
25	EM	57	9	89	Y	121	y
26	SUB	58	:	90	Z	122	z
27	ESC	59	;	91	[	123	{
28	FS	60	<	92	\	124	|
29	GS	61	=	93	]	125	}
30	RS	62	>	94	^	126	～
31	US	63	?	95	_	127	DEL

附录C　C语言常用库函数

库函数并不是C语言的一部分，它是由编译系统根据一般用户的需要编制并提供给用户使用的一组程序。每一种C编译系统都提供了一批库函数，不同的编译系统所提供的库函数的数目、函数名以及函数功能不完全相同。ANSI C标准提出了一批建议提供的标准库函数，它包括目前多数C编译系统所提供的库函数，但也有一些是某些C编译系统未曾实现的。考虑到通用性，本附录列出ANSI C建议的常用库函数。

由于C库函数的种类和数目很多，例如还有屏幕和图形函数、时间日期函数、与系统有关的函数等，每一类函数又包括各种功能的函数，因此限于篇幅，本附录不能全部介绍，只从教学需要的角度列出最基本的。读者在编写C程序时可根据需要，查阅有关系统的函数使用手册。

1. 数学函数

使用数学函数（见表C.1）时，应该在源文件中使用预编译命令：

```
#include <math.h> 或 #include "math.h"
```

表C.1　数学函数

函 数 名	函数原型	功　能	返 回 值
acos	double acos(double x);	计算arccos x的值，其中$-1 \leqslant x \leqslant 1$	计算结果
asin	double asin(double x);	计算arcsin x的值，其中$-1 \leqslant x \leqslant 1$	计算结果
atan	double atan(double x);	计算arctan x的值	计算结果
atan2	double atan2(double x, double y);	计算arctan x/y的值	计算结果
cos	double cos(double x);	计算cos x的值，其中x的单位为弧度	计算结果
cosh	double cosh(double x);	计算x的双曲余弦cosh x的值	计算结果
exp	double exp(double x);	求e^x的值	计算结果
fabs	double fabs(double x);	求x的绝对值	计算结果
floor	double floor(double x);	求出不大于x的最大整数	该整数的双精度实数
fmod	double fmod(double x, double y);	求整除x/y的余数	返回余数的双精度实数
frexp	Double frexp(double val, int *eptr);	把双精度数val分解成数字部分（尾数）和以2为底的指数，即$val=x*2^n$,n存放在eptr指向的变量中	数字部分x $0.5 \leqslant x < 1$
log	double log(double x);	求lnx的值	计算结果
log10	double log10(double x);	求$\log_{10}x$的值	计算结果
modf	double modf(double val, int *iptr);	把双精度数val分解成数字部分和小数部分，把整数部分存放在ptr指向的变量中	val的小数部分
pow	double pow(double x, double y);	求xy的值	计算结果
sin	double sin(double x);	求sin x的值，其中x的单位为弧度	计算结果
sinh	double sinh(double x);	计算x的双曲正弦函数sinh x的值	计算结果
sqrt	double sqrt (double x);	计算x的平方根，其中$x \geqslant 0$	计算结果
tan	double tan(double x);	计算tan x的值，其中x的单位为弧度	计算结果
tanh	double tanh(double x);	计算x的双曲正切函数tanh x的值	计算结果

2. 字符函数

在使用字符函数（见表C.2）时，应该在源文件中使用预编译命令：

```
#include <ctype.h> 或 #include "ctype.h"
```

表C.2　字符函数

函　数　名	函数原型	功　　能	返　回　值
isalnum	int isalnum(int ch);	检查ch是不是字母或数字	是字母或数字返回非0，否则返回0
isalpha	int isalpha(int ch);	检查ch是不是字母	是字母返回0，否则返回0
iscntrl	int iscntrl(int ch);	检查ch是不控制字符(其ASCII码在0～0xlF之间)	是控制字符返回0，否则返回0
isdigit	int isdigit(int ch);	检查ch是不是数字	是数字返回0，否则返回0
isgraph	int isgraph(int ch);	检查ch是不是可打印字符（其ASCII码在0x21～0x7e之间），不包括空格	是可打印字符返回0，否则返回0
islower	int islower(int ch);	检查ch是不是小写字母(a～z)	是小写字母返回0，否则返回0
isprint	int isprint(int ch);	检查ch是不是可打印字符（其ASCII码在0x21～0x7e之间），包括空格	是可打印字符返回0，否则返回0
ispunct	int ispunct(int ch);	检查ch是不是标点字符（不包括空格），即除字母、数字和空格以外的所有可打印字符	是标点返回0，否则返回0
sspace	int isspace(int ch);	检查ch是不空格、跳格符(制表符)或换行符	是返回0，否则返回0
isupper	int isupper(int ch);	检查ch是不是大写字母（A～Z）	是大写字母返回0，否则返回0
isxdigit	int isxdigit(int ch);	检查ch是不是一个十六进制数字（即0～9，或A～F，a～f）	是返回0，否则返回0
tolower	int tolower(int ch);	将ch字符转换为小写字母	返回ch对应的小写字母
toupper	int toupper(int ch);	将ch字符转换为大写字母	返回ch对应的大写字母

3. 字符串函数

使用字符串函数（见表C.3）时，应该在源文件中使用预编译命令：

```
#include <string.h> 或 #include "string.h"
```

表C.3　字符串函数

函数名	函数原型	功　能	返回值
memchr	void memchr(void *buf, char ch,unsigned count);	在buf的前count个字符里搜索字符ch首次出现的位置	返回指向buf中ch的第一次出现的位置指针。若没有找到ch，则返回NULL
memcmp	int memcmp(void *buf1, void*buf2, unsigned count)	按字典顺序比较由buf1和buf2指向的数组的前count个字符	buf1<buf2，为负数 buf1=buf2，返回0 buf1>buf2，为正数
memcpy	void *memcpy(void *to, void*from, unsignedcount);	将from指向的数组中的前count个字符拷贝到to指向的数组中。From和to指向的数组允许重叠	返回指向to的指针
memove	void *memove(void *to, void*from, unsigned count);	将from指向的数组中的前count个字符拷贝到to指向的数组中。from和to指向的数组不允许重叠	返回指向to的指针
memset	void *memset(void *buf, char ch, unsigned count);	将字符ch复制到buf指向的数组前count个字符中	返回buf

续表

函数名	函数原型	功　能	返回值
strcat	char *strcat(char *str1, char *str2);	把字符 str2 接到 str1 后面，取消原来 str1 最后面的串结束符"\0"	返回 str1
strchr	Char *strchr(char *str, int ch);	找出 str 指向的字符串中第一次出现字符 ch 的位置	返回指向该位置的指针，找不到，则应返回 NULL
strcmp	int *strcmp(char *str1, char *str2);	比较字符串 str1 和 str2	str1<str2，为负数 str1=str2，返回 0 str1>str2，为正数
strcpy	char *strcpy(char *str1, char *str2);	把 str2 指向的字符串复制到 str1 中	返回 str1
strlen	unsigned intstrlen(char *str);	统计字符串 str 中字符的个数(不包括终止符 "\0")	返回字符个数
strncat	char*strncat(char*str1,char*str2,unsigned count);	把字符串 str2 指向的字符串中最多 count 个字符连到串 str1 后面，并以 NULL 结尾	返回 str1
strncmp	int strncmp(char *str1, *str2, unsigned count);	比较字符串 str1 和 str2 中至多前 count 个字符	str1<str2，为负数 str1=str2，返回　0 str1>str2，为正数
strncpy	char*strncpy(char*str1, *str2, unsigned count);	把 str2 指向的字符串中最多前 count 个字符复制到串 str1 中	返回 str1
strnset	void *setnset(char *buf, char ch, unsigned count);	将字符 ch 复制到 buf 指向的数组前 count 个字符中	返回 buf
strset	void *setset(void *buf, char ch);	将 buf 所指向的字符串中的全部字符都变为字符 ch	返回 buf
strstr	char *strstr(char *str1, *str2);	寻找 str2 指向的字符串在 str1 指向的字符串中首次出现的位置	返回 str2 指向的字符串首次出现的地址，否则返回 NULL

4．输入/输出函数

在使用输入/输出函数（见表 C.4）时，应该在源文件中使用预编译命令：

```
#include <stdio.h> 或 #include "stdio.h"
```

表 C.4　输入/输出函数

函数名	函数原型	功　能	返回值
clearerr	void clearer(FILE*fp);	清除文件指针错误指示器	无
close	int close(int fp);	关闭文件（非 ANSI 标准）	关闭成功返回 0，不成功返回−1
creat	int creat(char *filename, int mode);	以 mode 所指定的方式建立文件（非 ANSI 标准）	成功返回正数，否则返回−1
eof	int eof(int fp);	判断 fp 所指的文件是否结束	文件结束返回 1，否则返回 0
fclose	int fclose(FILE *fp);	关闭 fp 所指的文件，释放文件缓冲区	关闭成功返回 0，不成功返回非 0
feof	int feof(FILE *fp);	检查文件是否结束	文件结束返回非 0，否则返回 0
ferror	int ferror(FILE *fp);	测试 fp 所指的文件是否有错误	无错返回 0，否则返回非 0
fflush	int fflush(FILE *fp);	将 fp 所指的文件的全部控制信息和数据存盘	存盘正确返回 0，否则返回非 0
fgets	char *fgets(char *buf, int n, FILE *fp);	从 fp 所指的文件读取一个长度为 n−1 的字符串，存入起始地址为 buf 的空间	返回地址 buf。若遇文件结束或出错，则返回 EOF
fgetc	int fgetc(FILE *fp);	从 fp 所指的文件中取得下一个字符	返回所得到的字符。出错返回 EOF

续表

函数名	函数原型	功能	返回值
fopen	FILE*fopen(char*filename, char *mode);	以mode指定的方式打开名为filename的文件	成功返回一个文件指针，否则返回0
fprintf	int fprintf(FILE *fp, char *format, args,…);	把args的值以format指定的格式输出到fp所指的文件中	实际输出的字符数
fputc	int fputc(char ch, FILE *fp);	将字符ch输出到fp所指的文件中	成功返回该字符，出错返回EOF
fputs	int fputs(char str, FILE *fp);	将str指定的字符串输出到fp所指的文件中	成功返回0，出错返回EOF
fread	int fread(char*pt,unsigned size, unsigned n, FILE *fp);	从fp所指定文件中读取长度为size的n个数据项，存到pt所指向的内存区	返回所读的数据项个数，若文件结束或出错则返回0
fscanf	int fscanf(FILE *fp, char *format, args,…);	从fp指定的文件中按给定的format格式将读入的数据送到args所指向的内存变量中（args是指针）	已输入的数据个数
fseek	int fseek(FILE *fp, long offset, int base);	将fp指定的文件的位置指针移到以base所指出的位置为基准、以offset为位移量的位置	返回当前位置，否则返回–1
ftell	long ftell(FILE *fp);	返回fp所指定的文件中的读写位置	返回文件中的读写位置，否则返回0
fwrite	int fwrite(char *ptr, unsigned size, unsigned n, FILE *fp);	把ptr所指向的n*size个字节输出到fp所指向的文件中	写到fp文件中的数据项的个数
getc	int getc(FILE *fp);	从fp所指向的文件中读出下一个字符	返回读出的字符，若文件出错或结束则返回EOF
getchar	int getchar();	从标准输入设备中读取下一个字符	返回字符，若文件出错或结束则返回–1
gets	char *gets(char *str);	从标准输入设备中读取字符串存入str指向的数组	成功返回str，否则返回NULL（注：C11标准使用一个新的更安全的函数gets_s()替代gets()函数）
open	int open(char *filename, int mode);	以mode指定的方式打开已存在的名为filename的文件（非ANSI标准）	返回文件号（正数），若打开失败则返回–1
printf	int printf(char *format, args,…);	在format指定的字符串的控制下，将输出列表args的值输出到标准设备	输出字符的个数，若出错则返回负数
prtc	int prtc(int ch, FILE *fp);	把一个字符ch输出到fp所指的文件中	输出字符ch，若出错则返回EOF
putchar	int putchar(char ch);	把字符ch输出到fp标准输出设备	返回换行符，若失败则返回EOF
puts	int puts(char *str);	把str指向的字符串输出到标准输出设备，将“\0”转换为回车行	返回换行符，若失败则返回EOF
putw	int putw(int w, FILE *fp);	将一个整数i（即一个字）写到fp所指的文件中（非ANSI标准）	返回读出的字符，若文件出错或结束返回EOF
read	int read(int fd, char *buf, unsigned count);	从文件号fp所指定的文件中读count个字节到由buf指示的缓冲区（非ANSI标准）	返回真正读出的字节个数，如文件结束返回0，出错返回–1
remove	int remove(char *fname);	删除以fname为文件名的文件	成功返回0，出错返回–1
rename	int remove(char *oname, char *nname);	把oname所指的文件名改为由nname所指的文件名	成功返回0，出错返回–1
rewind	void rewind(FILE *fp);	将fp指定的文件指针置于文件头，并清除文件结束标志和错误标志	无

续表

函数名	函数原型	功　能	返回值
scanf	int scanf(char *format, args,⋯);	从标准输入设备按 format 指示的格式字符串规定的格式，输入数据给 args 所指示的单元。args 为指针	读入并赋给 args 数据个数。若文件结束则返回 EOF，若出错则返回 0
sscanf	int sscanf (const char *str,const char * format,........);	从一个字符串中读进与指定格式相符的数据。将参数 str 的字符串根据参数 format 字符串来转换并格式化数据。转换后的结果存于对应的参数内	成功则返回参数数目，失败则返回–1，错误原因存于 errno 中
write	int write(int fd, char *buf, unsigned count);	从 buf 指示的缓冲区输出 count 个字符到 fd 所指的文件中（非 ANSI 标准）	返回实际写入的字节数，若出错则返回–1

5．动态存储分配函数

在使用动态存储分配函数（见表 C.5）时，应该在源文件中使用预编译命令：

```
#include <stdlib.h> 或 #include "stdlib.h"
```

表 C.5　动态存储分配函数

函数名	函数原型	功　能	返回值
callloc	void*calloc(unsigned n, unsigned size);	分配 n 个数据项的内存连续空间，每个数据项的大小为 size	分配内存单元的起始地址。若不成功则返回 0
free	void free(void *p);	释放 p 所指的内存区	无
malloc	void*malloc(unsigned size);	分配 size 字节的内存区	所分配的内存区地址，若内存不够则返回 0
realloc	void*realloc(void *p, unsigned size);	将 p 所指的已分配的内存区的大小改为 size。size 可以比原来分配的空间大或小	返回指向该内存区的指针。若重新分配失败，则返回 NULL

6．其他函数

有些函数由于不便归入某一类，因此单独列出，见表 C.6。使用这些函数时，应该在源文件中使用预编译命令：

```
#include <stdlib.h> 或 #include"stdlib.h"
```

表 C.6　其他函数

函数名	函数原型	功　能	返回值
abs	int abs(int num);	计算整数 num 的绝对值	返回计算结果
atof	double atof(char *str);	将 str 指向的字符串转换为一个 double 型的值	返回双精度计算结果
atoi	int atoi(char *str);	将 str 指向的字符串转换为一个 int 型的值	返回转换结果
atol	long atol(char *str);	将 str 指向的字符串转换为一个 long 型的值	返回转换结果
exit	void exit(int status);	终止程序运行，将 status 的值返回调用的过程	无
itoa	char *itoa(int n, char *str, int radix);	将整数 n 的值按照 radix 进制转换为等价的字符串，并将结果存入 str 指向的字符串中	返回一个指向 str 的指针
labs	long labs(long num);	计算 long 型整数 num 的绝对值	返回计算结果
ltoa	char *ltoa(long n, char *str, int radix);	将长整数 n 的值按照 radix 进制转换为等价的字符串，并将结果存入 str 指向的字符串	返回一个指向 str 的指针
rand	int rand();	产生 0 到 RAND_MAX 之间的伪随机数。RAND_MAX 在头文件中定义	返回一个伪随机(整)数
random	int random(int num);	产生 0 到 num 之间的随机数	返回一个随机(整)数
randomize	void randomize();	初始化随机函数，使用时包括头文件 time.h	

附录 D　常用转义字符表

C 语言允许使用一种特殊形式的字符常量，即以一个“\”开头的字符序列，称为转义字符。常用的转义字符参见表 D.1。

表 D.1　常用转义字符表

字符形式	含　义	ASCII 代码
\0	空字符	0
\n	换行符，将当前位置移到下一行开头	10
\t	水平制表符，横向跳格（即跳到下一个输出区，一个输出区占 8 列）	9
\v	垂直制表符	
\b	退格符，将当前位置移到前一列	8
\r	回车符，将当前位置移到本行开头	13
\f	换页符，将当前位置移到下页开头	12
\a	响铃	
\\	反斜杠字符	92
\'	单引号字符	39
\"	双引号字符	34
\?	问号字符	63
\ddd	1～3 位八进制数所代表的字符	
\xhh	1～2 位十六进制数所代表的字符	

附录 E　位运算简介

1．按位与（&）

按位与（&）的用途有以下两方面：

（1）清零。

例如，有数 x=0010 1011，可取数 y=1101 0100 或 y=0000 0000，则 x&y=0。

（2）截取（析出）变量指定的二进制位，其余位清零。

例如，有数 a=0010 1100 1010 1100，占 2 Byte，现要取其低字节。可取数 y=0000 0000 1111 1111，则

a&y=0000 0000 1010 1100

再如，有数 a=0101 0100，要将左面的第 3、4、5、7、8 位保留。可取数 b=0011 1011，则

c=a&b=0001 0000

2．按位或（|）

设 a=0011 0000，b=0000 1111，则 a|b=0011 1111。

用途：将二进制数据的指定位置 1，而不管原来的二进制位状态如何。

工作数：指定位为 1，其余位为 0。

例如，int a=055555，现要将变量对应的存储单元的最高位置 1，则取工作数 b=0x8000，即

a：0101 1011 0110 1101；

b：1000 0000 0000 0000；

a|b：1101 1011 0110 1101。

3．按位异或（^）

当且仅当参加运算的两个操作数对应的二进制位的状态不同时才将对应的二进制位置 1。按位异或也称按位加（即对应位相加，进位丢弃），其用途有以下三方面：

（1）使指定的二进制位状态翻转（1 变 0，0 变 1）。

操作数：指定翻转的位为 1，其余位全为 0。

例如，a=0x0F 0000 0000 0000 1111，可取数 b=0x18 0000 0000 0001 1000，则

a^b= 0000 0000 0001 0111

（2）与 0 相^，保留原值。

（3）常用按位加实现两个变量内容的互换，而不采用任何中间变量。方法如下：

a=a^b;　b=b^a;　a=a^b;

证明：由第 2 式，有

b=b^a=b^(a^b)=b^a^b=a^b^b=a^0=a

再由第 3 式，有

a=a^b=(a^b)^(b^(a^b))=a^b^b^(a^b)=a^0^a^b=a^a^b=0^b=b

4．按位取反（～）

～ 是一个单目运算符，用来对一个二进制数按位取反。

例如：～025 即为～0000 0000 0001 0101，即 1111 1111 1110 1010。

注意：

（1）～025 绝非–025；

（2）对同一操作数连续两次“按位取反”，其结果必须与原操作数相同；

（3）“按位取反”常与“按位与”“按位或”或移位操作结合使用，完成特定功能。

例如，对表达式 x&～077，表示取变量 x 的低 6 位以前的部分，并使结果的低 6 位全为 0。

5．移位运算（>>、<<）

移位运算的一般形式为 m<<n、m>>n。其中 m 是被移位的操作数，n 是移位的位数，且均为整型表达式，移位运算结果的类型取决于 m 的类型。

执行<<时，操作数左端移出的高位部分丢弃，右端低位补 0；

执行>>时，操作数右端移出的低位部分丢弃，左端高位部分若无符号数则一律补 0，若有符号数，则算术移位时填符号位，逻辑移位时填 0。

结合性：<<与>>具有左结合性，左移相当于乘 2 的幂次，右移相当于除 2 的幂次。

用移位操作进行乘和除的例子如表 E.1 所示。

表 E.1　用移位操作进行乘和除举例

字　符　x	每个语句执行后的 x	X　的　值
x=7	00000111	7
x<<1	00001110	14
x<<3	01110000	112
x<<2	11000000	192
x>>1	01100000	96
x>>2	00011000	24

位运算与赋值运算结合可以组成扩展的赋值运算符，如　&=、|=、>>=、<<=、^= 等。

a&=b　　等价于　　a=a&b

a<<=2　　等价于　　a=a<<2

例如，表达式 x>>p+1–n&～（～0<<n）的功能为：对于给出的 x，从 x 右端的第 p 个位置起（假定最右端的位置从 0 开始计数）返回 x 的连续 n 个二进制位，且截出的位段靠右端存放。假定 p=4、n=3，则返回的是 x 的第 2～4 位的内容。

附录 F 在工程中加入多个文件

在一个工程中加入多个文件的方法有多种，下面通过举例说明其中的一种方法。

【例】一个 C 程序由三个文件组成，它们分别是测试文件 1.cpp、测试文件 2.cpp 和测试文件 3.cpp，把它们加入同一工程中。

测试文件 1.cpp：

```
/*本程序由三个文件组成，main 函数在测试文件 1 中*/
01 #include <stdio.h>
02 extern int reset(void);                /*声明 reset 函数是外部函数*/
03 extern int next(void);                 /*声明 next 函数是外部函数*/
04 extern int last(void);                 /*声明 last 函数是外部函数*/
05 extern int news(int i);                /*声明 news 函数是外部函数*/
06
07 int i=1;                               /*定义全局量 i*/
08 int main()
09    {
10    int i, j;                           /*定义局部量 i，j*/
11    i=reset();
12    for (j=1;  j<4;  j++)
13       {
14       printf("%d\t%d\t",i,j);
15       printf("%d\t",next());
16       printf("%d\t",last());
17       printf("%d\n",news(i+j));
18       }
19    return 0;
20    }
```

测试文件 2.cpp：

```
01 extern int i;                          /*声明全局量 i*/
02
03 int next(void)
04    {
05    return ( i+=1);
06    }
07
08 int last(void)
09    {
10    return ( i+=1);
11    }
12
13 int news( int i)                       /*定义形参 i，形参为局部量*/
```

```
14    {
15    static int j=5;                    /*定义静态量j*/
16    return ( j+=i);
17    }
```

测试文件 3.cpp：

```
01 extern int i;                         /*声明全局量i*/
02 int reset(void)
03    {
04    return ( i );
05    }
06
```

名词解释：

- 内部函数：只能被本文件中的其他函数调用，定义时其前加 static。内部函数又称静态函数。
- 外部函数：在定义函数时，若冠以关键字 extern，则表示此函数是外部函数。例如：

```
extern int reset(void);
```

函数 reset 可以为其他文件调用，若在定义函数时省略 extern，则隐含为外部函数。
在需要调用外部函数的文件中，要用 extern 说明所用的函数是外部函数。

声明与定义的区别：函数或变量在声明时，并没有给它实际的物理内存空间，它有时候可以保证所编写的程序能够编译通过，但当函数或变量定义时，它就在内存中有了实际的物理空间，对同一个变量或函数的声明可以有多次，而定义只能有一次。

多个文件的情况如何引用全局变量呢？假如在一个文件中定义全局变量，在别的文件中引用，就要在此文件中用 extern 对全局变量进行说明。但如果全局变量定义时用 static，那么此全局变量只能在本文件中引用，而不能被其他文件引用。

在一个工程中加入多个文件的方法如下：

（1）在 IDE 中新建工程，如工程名为 test，如图 F.1 所示。

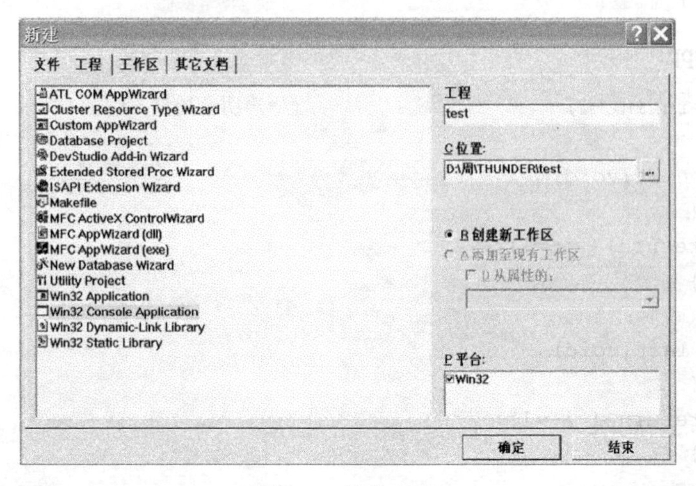

图 F.1 新建工程

（2）在 test 工程中建立新文件“测试文件 1.cpp”，如图 F.2 所示。

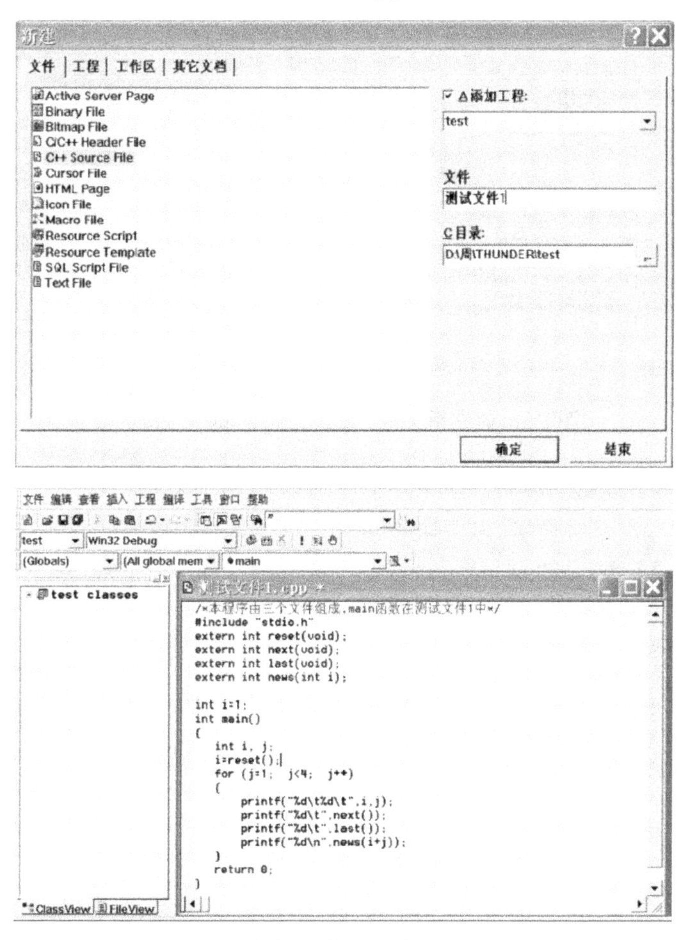

图 F.2　建立新文件“测试文件 1.cpp”

（3）在 test 工程中建立新文件“测试文件 2.cpp”，如图 F.3 所示。

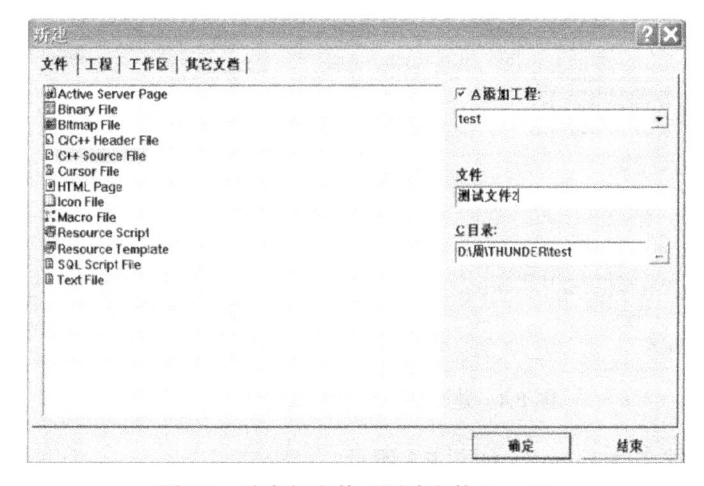

图 F.3　建立新文件“测试文件 2.cpp”

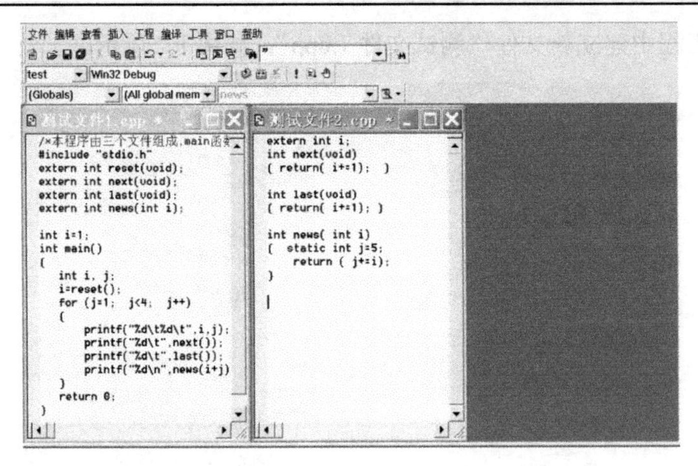

图 F.3 建立新文件“测试文件 2.cpp”（续）

（4）在 test 工程中建立新文件“测试文件 3.cpp”，如图 F.4 所示。

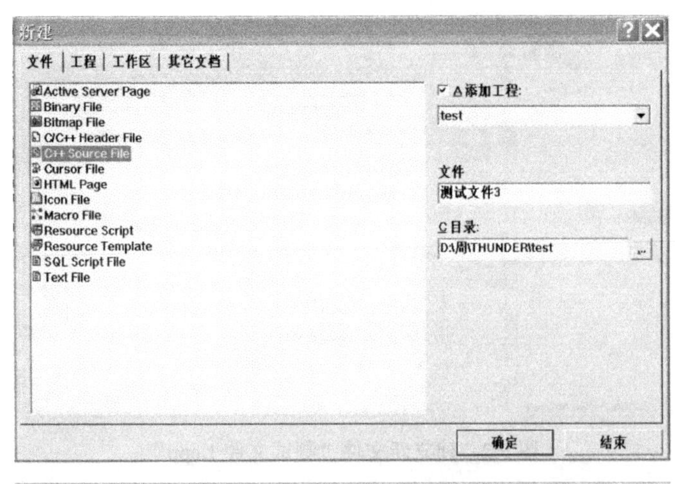

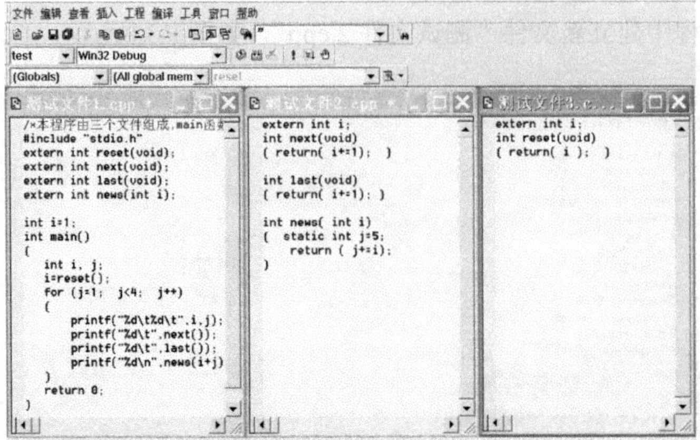

图 F.4 建立新文件“测试文件 3.cpp”

（5）编译“测试文件 1.cpp”，如图 F.5 所示。

（6）编译“测试文件 2.cpp”，如图 F.6 所示。

（7）编译“测试文件 3.cpp”，如图 F.7 所示。

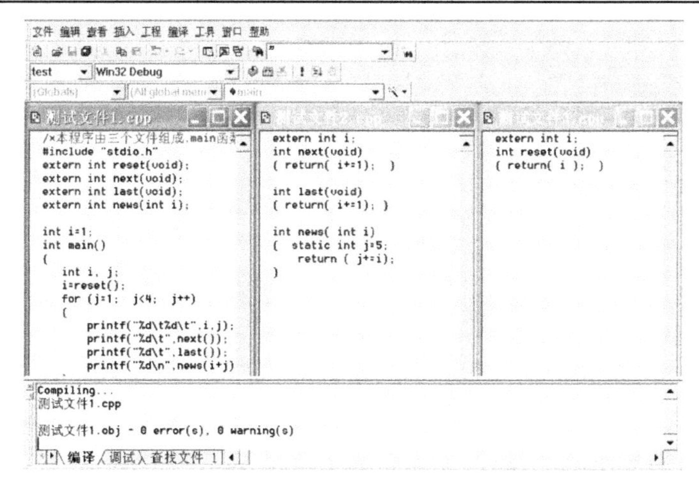

图 F.5 编译“测试文件 1.cpp”

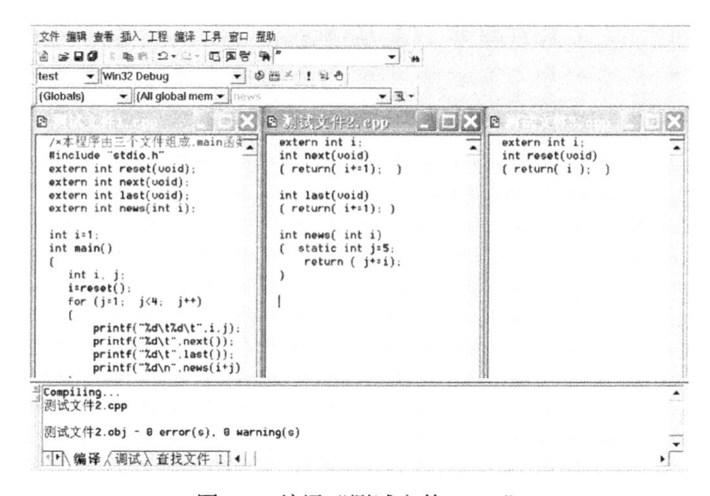

图 F.6 编译“测试文件 2.cpp”

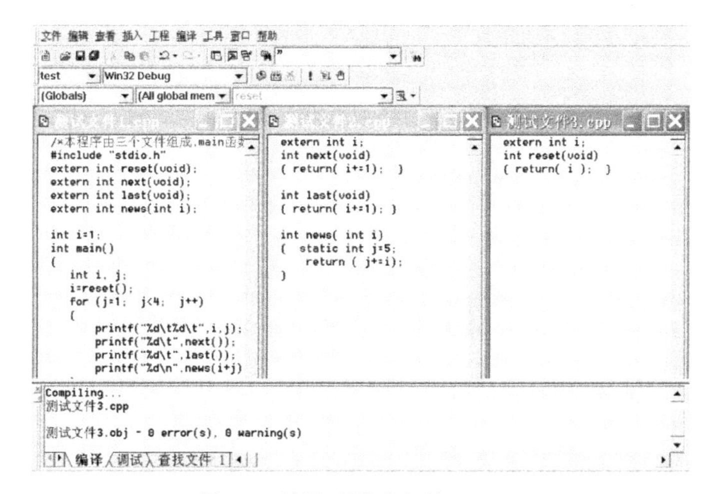

图 F.7 编译“测试文件 3.cpp”

（8）在主函数所在窗口，执行“构建”命令，形成一个可执行的 exe 文件，如图 F.8 所示。

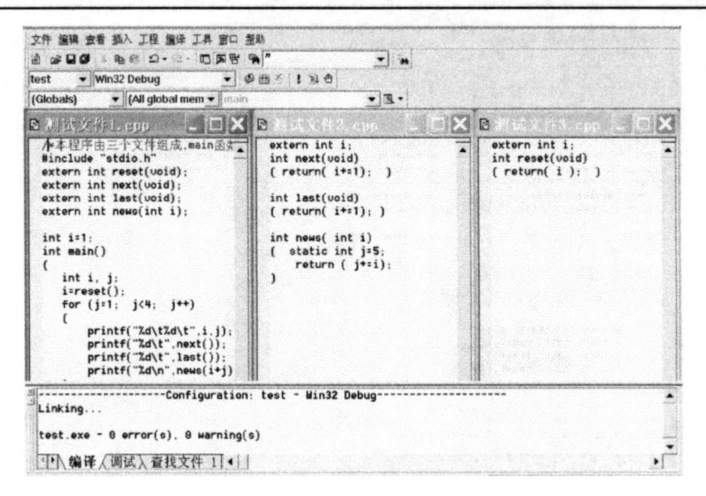

图 F.8　形成可执行的 exe 文件

（9）在主函数所在窗口，运行程序，得到结果。

程序结果：

```
1    1    2    3    7
1    2    4    5    10
1    3    6    7    14
```

附录G 编 程 范 式

编程是为了解决实际问题，每个编程者在创造虚拟世界时都自觉不自觉地采用相应的世界观和方法论，解决问题可以有多种视角和思路，其中普适且行之有效的模式被归结为范式。

具体对编程而言，编程范式（programming paradigm）指的是计算机编程的基本风格或典范模式，每种范式都引导人们带着特有的倾向和思路去分析和解决问题。

我们日常生活中也有“范式”，比如银行存款单、取款单、各种收据、发票等，这些格式化表格文本引导填写者完成特有的要求。

语言编程范式可以分成命令式和声明式两类，如图 G.1 所示。非命令式的编程可归为声明式编程。一种范式可以在不同的程序语言中实现，一种程序语言也可以同时支持多种范式。基本的编程范式有过程式、面向对象式、函数式、逻辑式等。

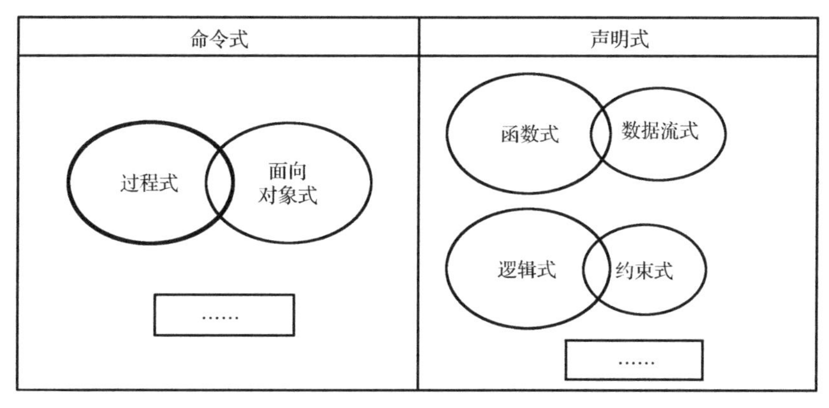

图 G.1　语言范式分类

命令式程序就是一个冯·诺依曼机的指令序列。面向对象式的基本方法是将各程序块对象相互独立，通过消息驱动。函数式编程是面向数学的抽象，将计算描述为数学函数的求值。逻辑式编程通过提供一系列事实和规则来推导或论证结论。

编程语言的流行程度与其擅长的领域密切相关。声明式语言，尤其是函数式语言和逻辑式语言擅长基于数理逻辑的应用，如人工智能、符号处理、数据库、编译器等。大多数面向用户的软件，要求交互性强、多为事件驱动、业务逻辑千差万别，命令式语言在此更有用武之地。

声明式语言与命令式语言之间并无绝对的界限，它们均建立于低级语言之上，可以互相渗透融合，比如在命令式语言中引入函数或过程，这是一种向声明式风格的趋近。

过程式编程语言有 Fortran、COBOL、Pascal、C 等；面向对象的编程语言有 Smalltalk、Java、C++、C#等；函数式语言有 Lisp、Haskell、Clean 等；逻辑程序设计语言如 Prolog 等。

G.1　过程式范式

过程指的是完成特定功能的一组步骤（或指令）。

过程式编程（procedural programming）是为了实现需求功能的特定步骤的一系列命令。

生活中“面向过程”的例子很多。比如，“去校医院看门诊”这个过程，有一系列步骤，如图 G.2 所示，其中的每一个步骤都可以视为功能相对独立的过程，即一次只做一件事，这样的一个步骤的含义在程序设计里就被称为“模块”（注：设校医院的收费规则是完成全部看病流程后一次交费）。

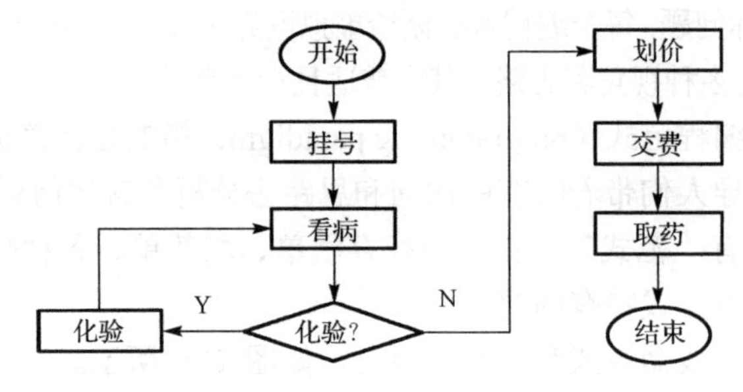

图 G.2 “去校医院看门诊”过程 1

- 模块：能够单独命名并独立地完成一定功能的程序语句的集合，其内部实现和数据外界不可见；与外界联系通过信息接口。
- 信息接口：是其他模块或程序使用该模块的约定方式，接口信息包括输入/输出信息等。

在门诊这个例子里，“处方单”和“化验单”就是接口信息。由于处方单在好几个模块都要处理，因此在程序设计里把这种各模块都可以直接拿来用的数据称为“全局量”。

过程式编程是指引入了子程序概念的命令式编程，由于现代的命令式语言均具备此特征，因此二者往往不加区分。在程序设计术语里，“过程”“子程序”“函数”“模块”等的含义本质是一样的。

“面向过程”是一种以模块为中心的编程思想，采用自顶向下、逐步求精的开发方法，将一个复杂系统分解为若干个功能独立的子模块，并明确各模块间的组装与交互机制（即程序调用关系），在各个子模块设计完成之后将这些子模块组合起来，形成最终的系统。每个模块内部均由顺序、选择和循环三种基本结构组成。

过程化编程思维方式源于计算机指令的顺序排列，方法是将待解问题的解决方案抽象为一系列概念化的步骤，然后通过编程的方式将这些步骤转化为程序指令集，这些指令按照一定的顺序排列。

过程化程序由三部分构成，见图 G.3，其中模块调用规则指定整个程序中各模块的执行顺序。在程序的一次调用过程中，主调程序与被调用程序控制权的转向参见图 G.4。

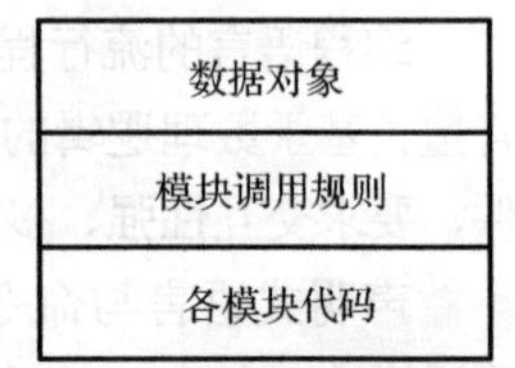

图 G.3　过程化程序构成

程序调用（call）是将程序（通常是一段子程序）的执行交给其他模块，同时保存调用点的相关信息，被调用段执行完毕后返回到调用点继续执行。

面向过程的程序设计，其本质就是将问题按功能划分成若干部分，形成模块，是一种按计算机解题特点来解决实际问题的思维模式，多模块系统的运作方式是按预先设计好的顺序进行模块的调用。

这样的系统在规模较大时，后期局部功能若有变化，则修改起来会比较困难。比如，“去校医院看门诊”问题中，如果要将“化验”模块改放在“交费”之后，则流程修改涉及的地方比较多，若系统较大，则会造成系统维护的困难。另外，全局数据的访问不加限制使用的话，一旦出错，将殃及系统的其他部分。在“看门诊”这个问题中，全局数据是药方，若药房无处方上的药时，就会造成多个模块的数据异常。面向过程的设计要点归结见图 G.5。

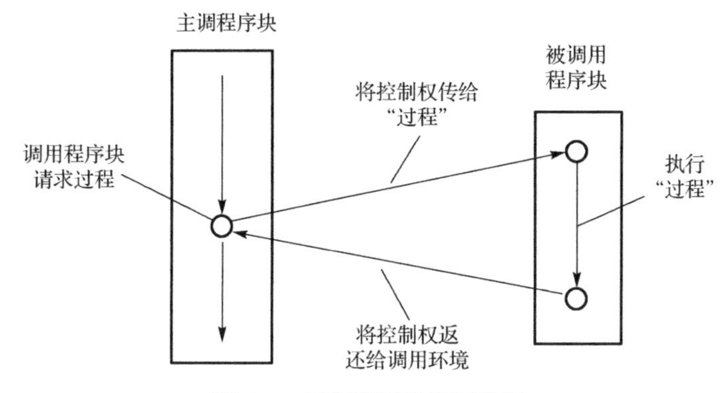

图 G.4　过程调用的流程控制

本质	功能设计	设计者立场：根据计算机的特点设计程序
		运算过程：模块调用
特点	以功能为主的模块结构	复杂的程序被分解成离散单独的过程
	大型系统维护修改困难	如：修改“化验”要先收费后化验
	全局数据的访问没有限制	全局数据的使用，一旦出错，殃及系统其他部分，如药房无处方上的药
	运行方式	按事前约定好的顺序进行

图 G.5　面向过程设计要点

G.2　面向对象范式

我们先来看一个人与动物的故事。图 G.6 中有一只笼子，每次只能放一只动物。若笼子空，则猎手可以向笼子放猴子，之后通知动物园；若笼子空，则农民可以向笼子放猪，之后通知饭店；动物园等待买笼中的猴，饭店等待买笼中的猪。编程模拟上述过程会有什么问题呢？你是不是发现每个人的操作顺序无法事前确定，这也就意味着按照过程化的程序设计方法，没有办法安排各个模块的调用次序。

图 G.6　人与动物的故事

在过程化范式中，各模块的执行顺序是事先安排好的，模块的执行是流程驱动方式，程序设计者以按部就班的方式看待每个问题。系统结构基于要执行的任务，一个局部功能的改动，可能需要其他相关的模块同时改动。

人与动物这个问题中，各个模块的执行顺序取决于系统当时运行的状态，模块的执行由事件或消息驱动，“取、放动物”即事件，“通知”即消息，抽象图如图 G.7 所示。过程化的思维方式不能描述这类事件驱动问题，这就促使人们寻找其他合适的程序设计范式，面向对象范式应运而生。

如果试着用事件驱动的方式来描述一下“看门诊流程”，那么我们会发现整个系统的模块性质发生了很大的变化，图 G.8 中，从患者按功能进行的流程，转变为医院各科室间信息交换后的操作，问题的处理不再以问题中提炼的功能为主，而是以科室这样的实体对象为主。事件驱动是具有一定规格的凭证的到达引起的，比如医疗证、挂号单、处方等，患者持医疗证和人民币才能挂号，拿着已经交过费的化验单才能取药，凭证对实体的作用是启动运作及信息交流。

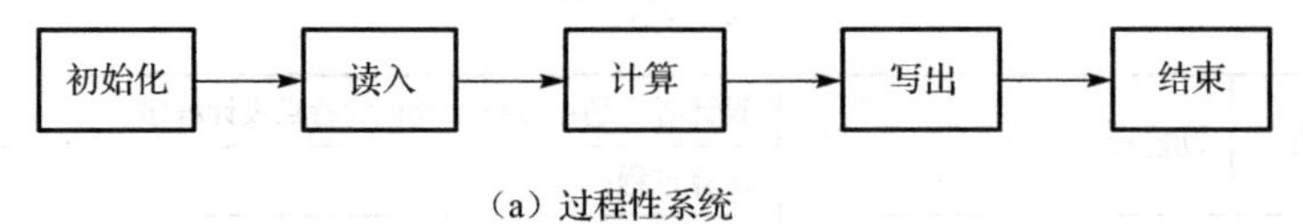

（a）过程性系统

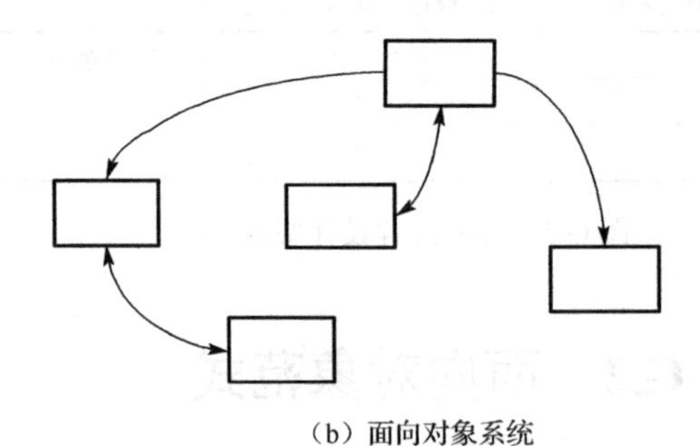

（b）面向对象系统

图 G.7　面向过程与面向对象

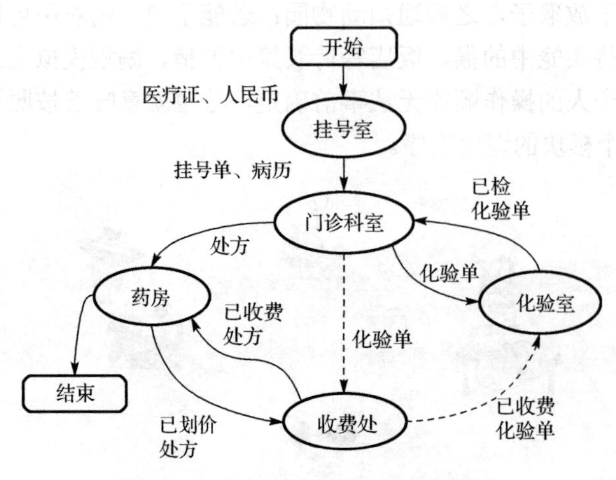

图 G.8　“去校医院看门诊”过程 2

实体具有特定的属性（数据）和行为方式（功能），让实体进行工作的是相应的凭证。在面向对象的范式中，实体对应对象的概念，包括数据和对数据的操作，凭证对应消息（或事件）的概念。对象之间的通信和对象之间的控制是通过消息的收发完成的，如图 G.9 所示。

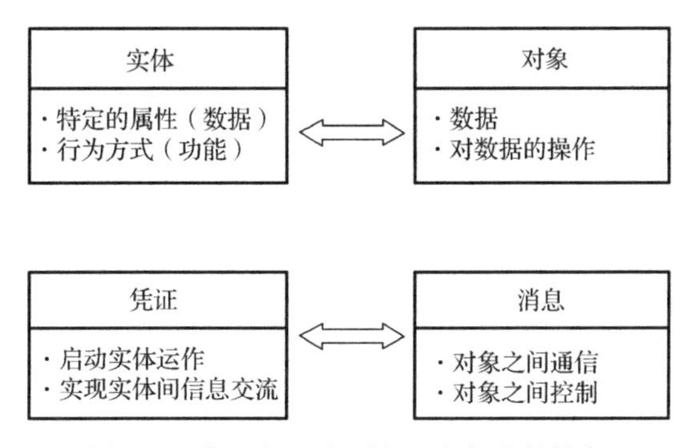

图 G.9　实际问题中面向对象概念的抽象

面向对象系统结构基于对象间的交互，模块的执行由事件或消息驱动。改变其中一个模块功能，通常只具有局部影响。比如“去校医院看门诊”问题中，如果将“化验”改放在“交费”之后，那么在图 G.8 中只需将原来的“化验单”消息发送到化验室，改为发送到收费处，再将“已收费化验单”送至化验室，见图中虚线部分。

“看门诊”这个实例中各个实体是可以并行工作的，但实际中在只有单个 CPU 的计算机中各模块是串行处理的如何在计算机中实现实际问题中“看似并行”的工作呢？解决的机制是把要处理的消息按先来后到的顺序排个队，再串行处理，如图 G.10 所示。事件发生后产生的消息被系统接收，事件管理调度器按消息排队的顺序，从队头取出消息，再根据消息的要求启动相应的处理过程。由于 CPU 的处理速度非常快，因此给人的感觉好像机器在同时处理很多事情。

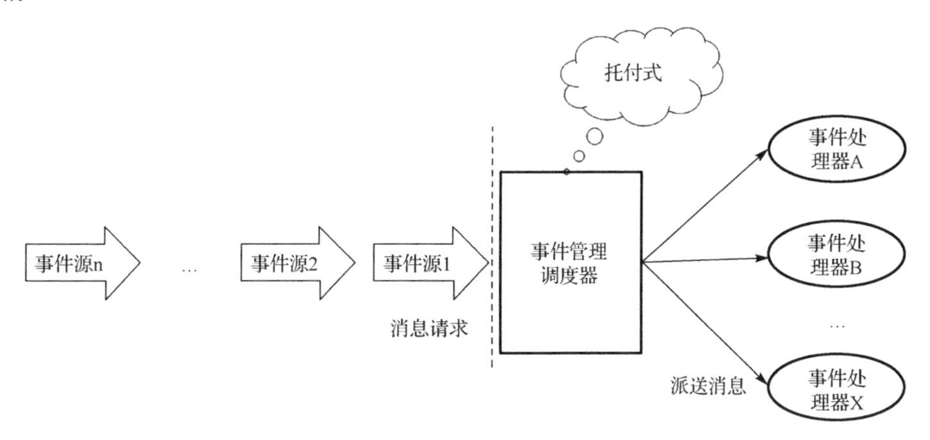

图 G.10　计算机中的事件驱动机制

比如在 Windows 内部，消息是最基本的通信方式，事件需要通过消息来传递，是消息的主要来源。每当用户触发一个事件，如移动鼠标或敲击键盘，系统都会将其转化为消息并放入相应程序的消息队列（message queue）中，程序通过 GetMessage 不断地从消息队列中获取消息，经过 TranslateMessage 预处理后再通过 DispatchMessage 将消息送交窗口过程 WndProc 处理。

面向过程与面向对象主要概念的对应点如图 G.11 所示。

面向过程的方法	面向对象的方法
（1）抽象出的功能为主	（1）抽象化的对象为主
（2）数据与处理的分离	（2）对象中数据与处理的封装化
（3）类似软件的重复开发	（3）类的继承
（4）过程执行顺序事前安排	（4）对象的执行状态由消息控制

图 G.11 面向过程与面向对象的对应点

“面向对象”是一种以事物为中心的编程思想。把数据及对数据的操作放在一起，作为一个相互依存的整体——对象。对同类对象抽象出其共性，形成类。类中的大多数数据，只能用本类的方法进行处理。类通过接口与外界发生关系，对象与对象之间通过消息进行通信。程序流程由用户在使用中决定。

“面向对象”设计的初衷是让“界面”和“实现”分离，从而使下层实现的改动不影响上层的功能。面向对象语言刻画客观系统较为自然，便于软件扩充与复用。其有四个主要特点：

（1）识认性，系统中的基本构件可识认为一组可识别的离散对象；

（2）类别性，系统具有相同数据结构与行为的所有对象可组成一类；

（3）多态性，对象具有唯一的静态类型和多个可能的动态类型；

（4）继承性，在基本层次关系的不同类中共享数据和操作。

其中，前三者为基础，继承是特色。四者（有时再加上动态绑定）结合使用，体现出面向对象语言的表达能力。面向对象的程序的每一成分应是对象，每个对象都有自己的自然属性和行为特征，计算是通过新的对象的建立和对象之间的信息通信来执行的。

G.3 函数式范式

函数式编程的主要思想是把运算过程描述成一系列组合的函数，体现的是数学思维方法。

在函数式编程中，程序被看成一个数学函数，此时函数是把一组输入映射到一组输出的黑盒子，如图 G.12 所示。黑盒子的含义是使用者不知道其中的实现过程，只知道实现的结果。

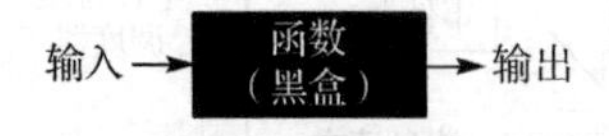

图 G.12 函数式语言中的函数

函数式编程中的**函数**这个术语不是指计算机中的函数（实际上是 Subroutine），而是指数学中的函数，即自变量的映射。

函数式语言主要实现以下功能：

- 函数式语言定义一系列可供任何程序员调用的原始（原子）函数。
- 函数式语言允许程序员通过若干原始函数的组合创建新的函数。

函数式编程的应用场合主要是在数学推理和并行程序方面，最适合解决局部性的数学小问题。

【函数式编程例子 1】

数学表达式：(1 + 2) * 3 – 4

传统的过程式编程，可能这样写：

```
var a = 1 + 2;
var b = a * 3;
var c = b - 4;
```

函数式编程要求使用函数。可以把运算过程定义为不同的函数，然后写成下面这样：

```
var result = subtract(multiply(add(1,2), 3), 4);
```

【函数式编程例子 2】

Scheme 语言定义了一系列原始函数。函数名和函数的输入列表写在括号内，结果是一个可用于其他函数输入的列表。

例如，有一个函数 car，用来从列表中取出第一个元素。第二个函数 cdr 用来从列表中取出除第一个元素以外的其他所有元素。两个函数表示如下：

```
(car 2 3 7 8 11 17 20) -> 2
(cdr 2 3 7 8 11 17 20) -> 3 7 8 11 17 20
```

现在可以通过组合这两个函数来完成从列表中取出第三个元素的功能：（car（cdr（cdr List）））。若 List 为 2 3 7 8 11 17 20，则结果是取出 7。

G.4 逻辑式范式

逻辑式编程，简单地说，就是按照大脑推理和运算的逻辑过程去编写程序：

算法 = 逻辑 + 控制

逻辑程序设计范型是陈述事实，制定规则，程序设计就是构造证明。对象和对象、对象和属性的联系就是事实。事实之间的关系以规则表述，程序的执行就是根据规则找出合乎逻辑的事实推理过程，和传统程序设计范型有较大的差异。

逻辑程序设计将逻辑直接作为程序设计语言，并将计算作为受控推理的一种程序设计技术。用户只需要编写程序的逻辑部分，而系统中的解释程序则实施控制部分的职能。编程过程是：事实 + 规则 = 结果。

1972 年，法国科莫劳埃小组实现了第一个逻辑程序设计语言 Prolog。Prolog 很适合开发有关人工智能方面的程序，如专家系统（程序从一个巨大的模型中产生一个建议或答案）、自然语言理解、定理证明（程序产生一些新定理来扩充现有的理论）以及许多智力游戏。通常是使用某种一般语言和 Prolog 结合，一般语言完成计算、界面之类的操作，而 Prolog 则实现逻辑运算的操作。

【例】逻辑编程样例

Prolog 中的程序全部由论据和规则组成。例如，关于人类的最初事实可以陈述如下：

```
human (John)
mortal (human)
```

用户可以询问：

```
? -mortal (John)
程序会响应 yes
```

我们将编程范式总结在图 G.13 中。

范式	程序	输入	输出	程序设计	程序运行
命令式	自动机	初始状态	最终状态	设计指令	命令执行
函数式	数学函数	自变量	因变量	设计函数	表达式变换
逻辑式	逻辑证明	题设	结论	设计命题	逻辑推理

图 G.13 编程范式小结

附录 H　空类型 void 问题

C 语言中有许多地方使用“空类型”的概念。空类型结合不同的概念有不同的意义，具体内容如下。

1. 空类型

其类型说明符为 void。void 类型不指定具体的数据类型，主要用于表示函数没有返回值和通用指针。

2. 空类型函数

在调用函数值时，通常应向调用者返回一个函数值，这个返回的函数值是具有一定的数据类型的，应在函数定义及函数说明中给予说明。但是，也有一类函数，调用后并不需要向调用者返回函数值，这种函数可以定义为“空类型”。

3. 空类型指针

（1）空类型指针

空类型指针也称通用类型指针或无确切类型指针，其含义是这个指针指向的内存区域的数据可以是 C 允许的任何类型。

为什么要设置 void 类型的指针呢？这是由于指针使用时，在某些情形下指针指向的存储单元无法事前确定要存放什么类型的数据，因此需要专门设计这种解决机制。比如 malloc 库函数，功能是在程序运行的过程中动态地申请一片连续的存储区域，返回这个存储区的起始地址。作为 malloc 函数的设计者，事前无法确定这个函数的调用者会在这片存储区中存放什么类型的数据，为适应所有可能的情形，只有把返回值设计成空类型指针才是合理的。

有些语言的指针有专门的指针类型，这样设计的好处是，不用关心其指向单元的内容究竟是什么类型的数据。

空类型的指针不能直接进行存取内容的操作，必须先强制转成具体的类型的指针才可以把内容解释出来。

（2）空指针

要注意，空类型指针和空指针不是一个概念，空指针是指针值为 NULL，逻辑上表示不指向任何内存，比如当动态申请内存空间失败时，返回空指针 NULL，是一个异常的标记，以区别正常返回值。

参考文献

[1] 谭浩强. C 程序设计．北京：清华大学出版社，2017.

[2] [美]Deitel H M，等著．聂雪军，等译. C 程序设计经典教程．北京：清华大学出版社，2006.

[3] 裘宗燕．从问题到程序：程序设计与 C 语言引论．北京：机械工业出版社，2005 .

[4] [美]Kerni Ghan，等著．徐宝文，等译. C 程序设计语言．北京：机械工业出版社，2004.

[5] 林锐．高质量程序设计指南．北京：电子工业出版社，2007.

[6] 张银奎．软件调试．北京：电子工业出版社，2008.

[7] [美]Metzger R C 著．尹晓峰，等译．软件调试思想．北京：水利电力出版社，2004.

[8] [美]Feuer A R 著．杨涛，译．C 语言解惑．北京：人民邮电出版社，2007.

[9] 严蔚敏，等. 数据结构．北京：清华大学出版社，2006.

[10] [美]Glenford, J, Myers, 等著． 张晓明，译．软件测试的艺术．北京：机械工业出版社, 2012.

[11] [美]Prata S. C 著. Primer Plus. 孙建春，等译．北京：人民邮电出版社，2005.

[12] [美] Pappas C H 著．段来盛，译．C++ 程序调试实用手册．北京：电子工业出版社，2000.

[13] 周颖恒．VC++ 6.0 培训教程．成都：西南交通大学出版社，1999.

[14] [美]J Schachs R. 软件工程．北京 ：机械工业出版社，2009.

[15] 邓良松，等．软件工程．西安：西安电子科技大学出版社，2004.

[16] 张海潘．软件工程导论．北京：清华大学出版社，2008.

[17] Norman，Matloff，等著. 张云，译. 软件调试的艺术. 北京：人民邮电出版社，2009 .

[18] 刘未鹏. 暗时间. 北京：电子工业出版社，2011.

[19] Grady Booch，等著. 王海鹏，等译. 面向对象分析与设计. 北京：人民邮电出版社，2009.

[20] 王婷婷，赵光亮，贾毅峰，等. 软件调试重要性探析——兼论高校计算机专业应该开设调试课程[J]. 毕节学院学报， 2013, 31(4): 80-84. DOI:10.3969/j.issn.1673-7059.2013.04.015.

[21] 沈宇杰，张玉荣. 代码调试技能的培养在软件技术教学中的探讨[J]. 黑龙江科技信息，2017, (12):187. DOI:10.3969/j.issn.1673-1328.2017.12.175.